新課程

2024
実戦 **数学重要問題集**

数学Ⅰ・Ⅱ・Ⅲ・A・B・C（理系）

数研出版編集部 編

＜問題編＞

数研出版
https://www.chart.co.jp

新課程 2024
実戦 数学重要問題集
数学Ⅰ・Ⅱ・Ⅲ・A・B・C（理系）

数研出版編集部 編

INDEX

1	数と式	2
2	関数と方程式・不等式	5
3	式と証明	10
4	整数の性質	13
5	場合の数・確率	17
6	図形の性質	22
7	図形と式	24
8	三角比・三角関数	28
9	指数関数・対数関数	32
10	数　列	34
11	データの分析・統計的な推測	38
12	ベクトル	41
13	複素数平面	46
14	式と曲線	49
15	関　数	52
16	極　限	54
17	微分法	59
18	微分法の応用	61
19	積分法	67
20	積分法の応用	74

はじめに　本書の特色

1　大学入試の準備に万全

高等学校で学習する数学Ⅰ・Ⅱ・Ⅲ・A・B・Cの内容を能率的に学習し，短期間に大学入試の準備を完成できるようにした。したがって，教材は教科書や大学入試の問題を参考にして，出題頻度が高いと思われるもの，類似の問題が将来も多く出題されると予想されるもの，演習・学習効果が高いと思われる良問を厳選してある。

また，本書 80 ページにある QR コードから，問題を解くのに役立つ公式を確認することができる。適宜活用してほしい。(詳細は 80 ページを参照)

2　本書の構成と使用法

(1) 本書では，主に理系学部の大学入試問題から代表的な良問を精選し，数学Ⅰ・Ⅱ・Ⅲ・A・B・Cの内容を 20 の章に分けた。各章の問題は，難易度に応じて Ⓐ，Ⓑ，Ⓒ の 3 段階に分けた。問題を取り上げるにあたっては，次の諸点に留意した。
① Ⓐ 問題は，各項目における標準的かつ重要な問題を扱っている。しかも内容的にも色々なタイプの問題を選んであるので，十分に実力を養うことができるであろう。
② Ⓑ 問題は，各項目においてやや程度の高い重要な問題を扱っている。このレベルの問題を完全に理解できれば，自信をもってよいと言える。
③ Ⓒ 問題は，かなり程度の高い，いわゆる難問と言われる問題を扱っている。余力のある場合にアタックしてほしい。
④ 問題は基本的には，易から難へとスムーズに学習が進められるように配列した。

(2) さらに学習の便をはかるため，問題番号に 必解 印をつけた。必解 印をつけた問題は，重要中の重要な問題 (ぜひ解いてほしい問題) である。
（Ⓐ 問題　167 題　　Ⓑ 問題　118 題　　Ⓒ 問題　16 題　　必解 の問題　176 題
総問題数　301 題）
また，第 17 章から第 20 章の問題について，数学Ⅱの範囲で解けるものには，数Ⅱ 印をつけた。

(3) 別冊の解答編は，指針，左段の詳解，右段の側注 (解答の補足説明) で構成し，問題を解く上で鍵となる考え方や解答途中の箇所における解法のポイントなどをていねいに説明した。さらに，問題によっては，側注にある QR コードから問題に対応した関数ツールなどを活用することで，深い理解へつなげることもできる。

(4) 公式や重要事項の確認に役立つ小冊子 (公式集) を，別冊付録としてつけた。

■　大学入試問題の採用方法

大学入試問題は，本書のねらいを実現するための材料として使用したので，出題原文と一致しないものがある。問題によっては，本書の学習内容に沿うように問題文に手を加えたものや，体裁的に記号などを統一したところもある。このことを含んで，大学名を見てほしい。

1 数と式

A 標準問題

1. 〈因数分解〉
次の式を因数分解せよ。
(1) $2x^2 - 6y^2 - xy + 10x + y + 12$ 〔17 大阪経大〕
(2) $(x-3)(x-5)(x-7)(x-9) - 9$ 〔21 福島大・農〕
(3) $4x^4 + 7x^2 + 16$ 〔13 秋田大・教育文化〕
(4) $a(b^2+c^2) + b(c^2+a^2) + c(a^2+b^2) + 2abc$ 〔18 岡山理科大・教育, 経営〕

必解 2. 〈根号を含む式の計算, 分数式の計算〉
(1) $(\sqrt{3}+\sqrt{5}+\sqrt{7})(\sqrt{3}+\sqrt{5}-\sqrt{7})(2\sqrt{15}-1) = {}^\text{ア}\boxed{}$,
$\dfrac{12\sqrt{3}}{\sqrt{2}+\sqrt{3}+\sqrt{5}} - 3\sqrt{6} + 3\sqrt{10} = {}^\text{イ}\boxed{}$ である。 〔18 摂南大・理工〕

(2) $\sqrt{27-7\sqrt{5}}$ の2重根号をはずすと, $\dfrac{{}^\text{ア}\boxed{}\sqrt{2}-\sqrt{{}^\text{イ}\boxed{}}}{2}$ となる。

〔駒澤大・医療健康科学〕

(3) 等式 $\dfrac{x}{1+\dfrac{1}{x}} - \dfrac{3}{1-\dfrac{4}{x}} = \dfrac{x^2 - {}^\text{ア}\boxed{}x - {}^\text{イ}\boxed{}}{x^2 - {}^\text{ウ}\boxed{}x - {}^\text{エ}\boxed{}}$ が成り立つ。 〔21 金沢工大〕

必解 3. 〈複素数の計算〉
a, b, c, d を実数とし, i を虚数単位とする。
等式 $(-1+3i)^2 + 5 + a = (b+2)i$ が成り立つとき, $a = {}^\text{ア}\boxed{}$ である。また,
$\dfrac{(3+2i)^2}{-1+2i} = c+di$ が成り立つとき, $d = {}^\text{イ}\boxed{}$ である。 〔22 大阪工大(推薦)〕

4. 〈恒等式〉
(1) 等式 $\dfrac{2x^2-x-3}{(x-1)^2(x-2)} = \dfrac{a}{(x-1)^2} + \dfrac{b}{x-1} + \dfrac{c}{x-2}$ が x についての恒等式となるように定数 a, b, c を定めると, $a = {}^\text{ア}\boxed{}$, $b = -{}^\text{イ}\boxed{}$, $c = {}^\text{ウ}\boxed{}$ となる。

〔20 明治大・理工〕

(2) $x < 0 < y$ である x, y について, $\sqrt{x^2-2xy+y^2} + |2x-5y| = mx+ny$ が常に成り立つとき, m, n の値を求めよ。 〔12 神奈川大・理, 工〕

5. 〈整式の割り算と余り〉

(1) a, b, c, d は実数の定数とする。整式 $P(x) = ax^3 + bx^2 + cx + d$ は $x^2 - 1$ で割ると $x + 2$ 余り，$x^2 + 1$ で割ると $3x + 4$ 余るという。このとき $a = -^{ア}\boxed{}$，$b = -^{イ}\boxed{}$，$c = ^{ウ}\boxed{}$，$d = ^{エ}\boxed{}$ である。 〔18 摂南大・理工，薬 改〕

(2) 整式 $x^{2019} + x^{2020}$ を整式 $x^2 + x + 1$ で割った余りを求めよ。 〔20 広島工大〕

6. 〈方程式と不等式〉

(1) 連立方程式 $\begin{cases} x^2 - 2y = 8 \\ y^2 - 2x = 8 \end{cases}$ を解け。 〔13 群馬大・社会情報〕

(2) 不等式 $|2x^2 - x - 3| < x + 1$ を満たす x の値の範囲は $\boxed{}$ である。 〔22 京都産大・理，情報理工〕

7. 〈不等式を満たす整数が存在するための条件〉

不等式 $\dfrac{2x+1}{5} \geqq \dfrac{5-x}{3}$ ……① の解は $^{ア}\boxed{}$ である。不等式 ① と不等式 $|x - 3| \leqq 5$ をともに満たす実数 x のとりうる値の範囲は $^{イ}\boxed{}$ である。また，不等式 ① と不等式 $3x - 5 \leqq 2x - 6 + a$ をともに満たす整数 x がちょうど 4 個存在するような定数 a のとりうる値の範囲は $^{ウ}\boxed{}$ である。 〔19 北里大・医療衛生〕

B 応用問題

8. 〈やや複雑な因数分解〉

(1) 整式 $x^4 + 9x^2 - 4x + 21$ は $(x^2 + a)^2 - (x + b)^2$ と表すことができるので，$(x^2 + x + c)(x^2 - dx + e)$ と因数分解できる。このとき，a, b, c, d, e の値を求めよ。 〔16 防衛医大 改〕

(2) $(a + b + c)(a^2 + b^2 + c^2 - ab - bc - ca)$ を展開すると $^{ア}\boxed{}$ になる。この式を用いて $8x^3 + 27y^3 + 18xy - 1$ を因数分解すると $^{イ}\boxed{}$ になる。 〔立命館大・薬〕

9. 〈因数定理〉

整式 $f(x)$ に対して，整式 $g(x)$ を $g(x) = f(x^2 - 2)$ により定める。

(1) $f(x) = x - 2$ のとき，$g(x)$ を求めよ。

(2) a は実数とし，$f(x) = x - a$ とする。$g(x)$ が $f(x)$ で割り切れるような a の値をすべて求めよ。

(3) a, b は $a < b$ を満たす実数とし，$f(x) = (x - a)(x - b)$ とする。$g(x)$ が $f(x)$ で割り切れるような a, b の組をすべて求めよ。 〔15 埼玉大・理，工（後期）〕

4　1 数と式

必解 10. 〈4次方程式の解（置き換え利用）〉
複素数 x が $x^4-2x^3+3x^2-2x+1=0$ を満たすとする。$y=x+\dfrac{1}{x}$ とおくと y の満たす 2 次方程式は ｱ$\boxed{}=0$ である。したがってもとの方程式の解を複素数の範囲ですべて求めると ｲ$\boxed{}$ となる。　〔18 慶応大・理工〕

11. 〈多項式の決定〉
0 でない 2 つの整式 $f(x)$, $g(x)$ が，次の恒等式を満たすとする。
$$f(x^2)=(x^2+2)g(x)+7,\quad g(x^3)=x^4f(x)-3x^2g(x)-6x^2-2$$
(1)　$f(x)$ の次数と $g(x)$ の次数はともに 2 以下であることを示せ。
(2)　$f(x)$ と $g(x)$ を求めよ。　〔19 九州大〕

必解 12. 〈ガウス記号を含む方程式〉
次の問いに答えよ。ただし，実数 x に対して，$[x]$ は x を超えない最大の整数を表すとする。
(1)　k は整数とする。$\left[\dfrac{x}{2}\right]=k$ を満たす実数 x の範囲を求めよ。
(2)　$\left[\dfrac{x}{2}\right]=\left[\dfrac{x}{3}\right]=1$ を満たす実数 x の範囲を求めよ。
(3)　$\left[\dfrac{x}{2}\right]=\left[\dfrac{x}{3}\right]$ を満たす実数 x の範囲を求めよ。　〔22 信州大〕

発展問題

13. 〈1 の 3 乗根を利用する割り算の証明問題〉
3 で割った余りが 1 となる自然数 n に対し，$(x-1)(x^{3n}-1)$ が $(x^3-1)(x^n-1)$ で割り切れることを証明せよ。　〔18 慶応大・理工〕

2 関数と方程式・不等式

A 標準問題

必解 14. 〈2次関数の係数決定〉

(1) a, b は $a < b$ を満たす定数とする。座標平面において，2次関数 $y = ax^2 + b$ のグラフが点 $(1, 10)$ を通り，直線 $y = -8x$ と点 (c, d) で接するとき，b, d の値を求めよ。　　　　　　　　　　　　　　　　　　　　　　　　　　　[13 近畿大・理工]

(2) 座標平面上に放物線 $C_1 : y = ax^2 + bx + 4$ がある。C_1 と直線 $y = 1$ に関して対称である放物線を C_2，C_2 と直線 $x = 1$ に関して対称である放物線を C_3 とする。C_2 が点 $(-2, -10)$ を通り，C_3 が点 $(3, -2)$ を通るとき，$a + b$ はいくらか。
　　　　　　　　　　　　　　　　　　　　　　　　　　　　　　　　　[13 防衛医大]

15. 〈2次関数のグラフと x 軸〉

(1) xy 平面上に，x の2次関数 $y = -x^2 + ax + 2a - 3$ のグラフがある。このグラフが $0 \leqq x \leqq 2$ において x 軸と少なくとも1つの共有点をもつとき，a の値の範囲は $\boxed{}$ である。　　　　　　　　　　　　　　　　　　　　　　　　　　　　　　　[18 慶応大・薬]

(2) 放物線 $y = 4x^2 - 4kx + 5k^2 + 19k - 4$ が x 軸の負の部分および正の部分と交わるような k の範囲は $^{\mathcal{P}}\boxed{} < k < {}^{\mathcal{1}}\boxed{}$ である。この範囲で k が動くとき，放物線 $y = 4x^2 - 4kx + 5k^2 + 19k - 4$ が切り取る x 軸上の線分の長さの最大値は $^{\mathcal{ウ}}\boxed{}$ である。　　　　　　　　　　　　　　　　　　　　　　　　　　　　　　　　[14 大同大 改]

必解 16. 〈2次関数の最大値から係数決定〉

(1) a を実数とする。関数 $f(x) = x^2 - ax - a^2$ $(0 \leqq x \leqq 4)$ について，$f(x)$ の最大値が 11 となるとき，a の値は $-^{\mathcal{P}}\boxed{}$, $^{\mathcal{1}}\boxed{}$ である。　　　　　[23 星薬大 改]

(2) a を実数の定数とし，x の関数 $f(x) = ax^2 + 4ax + a^2 - 1$ を考える。区間 $-4 \leqq x \leqq 1$ における関数 $f(x)$ の最大値が 5 であるとき，定数 a の値を求めよ。
　　　　　　　　　　　　　　　　　　　　　　　　　　　　　　　　[15 東京理科大・工]

17. 〈区間が動く場合の2次関数の最小値〉

a を実数とする。x の2次関数 $f(x) = x^2 + ax + 1$ の区間 $a - 1 \leqq x \leqq a + 1$ における最小値を $m(a)$ とする。

(1) $m\left(\dfrac{1}{2}\right)$ を求めよ。

(2) $m(a)$ を a の値で場合分けして求めよ。

(3) a が実数全体を動くとき，$m(a)$ の最小値を求めよ。　　　　[17 岡山大・教育，経]

2 関数と方程式・不等式

必解 18. 〈2変数関数の最小値〉
(1) 実数 x, y について, $4x^2+12y^2-12xy+4x-18y+7$ の最小値, およびそのときの x, y の値を求めよ.
(2) a を負の実数とする. $4x^2+12y^2-12xy+4x-18y+7=a$ を満たす x, y が隣り合う整数のとき, a の最大値, およびそのときの x, y の値を求めよ. 〔12 秋田大・医〕

必解 19. 〈絶対値を含む関数のグラフと直線の共有点〉
関数 $f(x)=|x^2-9|-3|x-2|-2$ に対して, 次の問いに答えよ.
(1) 関数 $y=f(x)$ のグラフをかけ.
(2) k を実数とする. 曲線 $y=f(x)$ と直線 $y=k$ の共有点の個数を求めよ.
〔21 同志社大・文系〕

20. 〈関数についての等式から関数の周期を決める〉
実数全体の集合を定義域とする定数関数でない x の関数 $f(x)$ が, 次の条件
　　　　すべての実数 x に対して, $f(-x)=-f(x)$, $f(1+x)=f(1-x)$
を満たしている. このとき, 次の条件
　　　　すべての実数 x に対して, $f(x+m)=f(x)$
を満たすような正の整数 m の最小値は ☐ である. 〔18 早稲田大・商〕

必解 21. 〈2次方程式の解に関する式から係数決定〉
2次方程式 $x^2+Ax+B=0$ の2つの解 α, β は $\alpha \ne 0$, $\beta \ne 0$, $\dfrac{1}{\alpha}+\dfrac{1}{\beta}=2$, $\dfrac{1}{\alpha^3}+\dfrac{1}{\beta^3}=3$ を満たすとする. このとき, A, B の値を求めよ. 〔16 富山大・理〕

必解 22. 〈3次方程式が特定の解をもつ条件〉
(1) a, b を実数とする. x の3次方程式 $x^3+ax^2+9x+b=0$ の1つの解が $1+2i$ であるとき, この3次方程式の実数解は ☐ である. ただし, i は虚数単位を表す.
〔20 芝浦工大〕
(2) 3次方程式 $x^3+(2a^2-1)x^2-(5a^2-4a)x+3a^2-4a=0$ (a は実数) が実数の2重解をもつとき, a のとりうる値の和を求めよ. 〔20 自治医大・医 改〕

② 関数と方程式・不等式

必解 23. 〈対称式の値と3次方程式の解〉
実数 x, y, z が次の3つの等式 $x+y+z=0$, $x^3+y^3+z^3=3$, $x^5+y^5+z^5=15$ を満たしている。$x^2+y^2+z^2=a$ とおくとき，次の問いに答えよ。
(1) $xy+yz+zx$ を a を用いて表せ。
(2) xyz の値を求めよ。
(3) a の値を求めよ。　　　　　　　　　　　　　　　　　　　　　　　　　〔18 静岡大〕

24. 〈不等式がすべての実数 x について成り立つ条件〉
a を定数とする関数 $f(x)=x^2+2x-a^2+5$ について，次が成り立つような a の値の範囲をそれぞれ求めよ。
(1) すべての x について，$f(x)>0$ である。
(2) $x \geqq 0$ を満たすすべての x について，$f(x)>0$ である。
(3) $a \leqq x \leqq a+1$ を満たすすべての x について，$f(x) \leqq 0$ である。
　　　　　　　　　　　　　　　　　　　　　　　　　　　　　　　〔19 名城大・経営，経，外〕

必解 25. 〈2つの2次不等式の解についての条件〉
a を正の定数とする。$2x^2-5ax+3a^2 \leqq 0$ と $x^2-3x+2<0$ をともに満たす x が存在する定数 a の値の範囲は $\dfrac{\text{ア}}{\text{イ}} < a < \text{ウ}$ である。また，$2x^2-5ax+3a^2 \leqq 0$ を満たすすべての x について $x^2-3x+2<0$ が成り立つ定数 a の値の範囲は $\text{エ} < a < \dfrac{\text{オ}}{\text{カ}}$ である。　　　　　　〔19 摂南大・理工〕

B　応用問題

必解 26. 〈四角形の面積の最大値〉
a, b を定数とし，$a<0$ とする。$-1 \leqq x \leqq 2$ を定義域とする2次関数 $f(x)=ax^2-2ax+b$ の最大値は 12，最小値は 0 である。
また，t を $-1<t \leqq 1$ を満たす実数とし，座標平面上に4点 $P(t, 0)$, $Q(t+1, 0)$, $R(t+1, f(t+1))$, $S(t, f(t))$ をとる。さらに，四角形 PQRS の面積を $g(t)$ とする。
(1) 定数 a, b を求めよ。
(2) 関数 $g(t)$ を求めよ。
(3) 関数 $g(t)$ の最大値およびそのときの t の値を求めよ。
　　　　　　　　　　　　　　　　　　　　　　　〔22 広島工大・情報，環境，生命（推薦）〕

2 関数と方程式・不等式

必解 27. 〈2変数関数のとりうる値の範囲〉

実数 x, y が $|2x+y|+|2x-y|=4$ を満たすとき，$2x^2+xy-y^2$ のとりうる値の範囲は $\boxed{}^{ア} \leqq 2x^2+xy-y^2 \leqq \boxed{}^{イ}$ である。　　　　　　　　〔18 東京慈恵会医大〕

必解 28. 〈絶対値を含む関数のグラフと直線の共有点〉

a, b を正の整数とする。このとき，関数 $y=\left|x^2-ax+\dfrac{a^2}{2}-5\right|$ のグラフと直線 $y=b$ との共有点を考える。
(1) 共有点が3個になるような (a, b) の組をすべて求めよ。
(2) 共有点が1個になるような (a, b) の組のうち，b が最小になるものを求めよ。
〔13 千葉大・教育〕

29. 〈ガウス記号を含む関数のグラフ〉

実数 x に対し，$n \leqq x < n+1$ を満たす整数 n を記号 $[x]$ で表す。例えば $[0]=0$，$[\sqrt{2}]=1$，$[\sqrt{5}]=2$ である。
(1) 関数 $y=[x]$ ($0 \leqq x < 3$) のグラフをかけ。
(2) b を定数とする。直線 $y=\dfrac{1}{2}x+b$ と(1)のグラフが共有点をもつような b の値の範囲を求めよ。
(3) 関数 $y=x[x]$ ($0 \leqq x < 3$) のグラフをかけ。
(4) a を正の定数とする。曲線 $y=ax^2+\dfrac{5}{2}$ と(3)のグラフが相異なる2つの共有点をもつような a の値の範囲を求めよ。
〔14 中央大・理工〕

必解 30. 〈$x+y$, xy に関する問題〉

実数 x, y が $x^3+y^3+xy-3=0$ を満たすとする。$s=x+y$，$t=xy$ とおくと，t は s を用いて $t=\boxed{}^{ア}$ と表せる。更にこのとき s のとりうる値の範囲は $\boxed{}^{イ}$ である。
〔18 慶応大・理工〕

31. 〈係数に虚数を含む方程式の実数解〉

i を虚数単位，k を実数とするとき，3次方程式 $2x^3-(6k+3i)x^2-\dfrac{4}{3}x-9+2i=0$ が2つの異なる実数解をもつための必要十分条件は $k=-\dfrac{\boxed{}^{ア}}{\boxed{}^{イ}}$ であり，その2つの実数解は $x=\pm\dfrac{\sqrt{\boxed{}^{ウ}}}{\boxed{}^{エ}}$ である。
〔16 星薬大〕

必解 32. 〈2次不等式を満たす整数の個数から係数決定〉

x の2次不等式
$$6x^2-(16a+7)x+(2a+1)(5a+2)<0$$
を満たす整数 x が10個となるように，正の整数 a の値を定めよ。　〔12 東京慈恵会医大〕

　　　　　　　　　　　　　　　　　　　　　　　　発 展 問 題

33. 〈2次方程式が N 以上の実数解をもつ条件〉

N を正の整数とする。$2N$ 以下の正の整数 m, n からなる組 (m, n) で，方程式 $x^2-nx+m=0$ が N 以上の実数解をもつようなものは何組あるか。　〔東京工大〕

3 式と証明

標準問題

34. 〈式の値〉

(1) $x = \dfrac{\sqrt{5}+1}{2}$ のとき，$x^2 + \dfrac{1}{x^2} = {}^{\text{ア}}\boxed{}$，$x^3 + \dfrac{1}{x^3} = {}^{\text{イ}}\boxed{}\sqrt{{}^{\text{ウ}}\boxed{}}$，

$x^4 - \dfrac{1}{x^4} = {}^{\text{エ}}\boxed{}\sqrt{{}^{\text{オ}}\boxed{}}$ である。　　　　〔21 近畿大・建築，生物理工，工(推薦)〕

(2) $x = \dfrac{1}{1-\sqrt{2}\,i}$ のとき，$3x^3 + 4x^2 + 3x - 1$ の値を求めよ。ただし，i は虚数単位とする。　　　　〔13 茨城大・工(後期)〕

(3) $\dfrac{b+c}{a} = \dfrac{c+a}{b} = \dfrac{a+b}{c}$ とする。このとき，$\dfrac{b+c}{a}$ の値は ${}^{\text{ア}}\boxed{}$ であり，

$a+b+c \neq 0$ のときの $\dfrac{a^3+b^3+c^3+6abc}{(b+c)^3}$ の値を求めると ${}^{\text{イ}}\boxed{}$ である。

〔22 福岡大〕

35. 〈二項展開式・多項展開式とその係数〉

(1) $(3x^2 - y)^7$ を展開したとき，

　(a) $x^8 y^3$ の係数は ${}^{\text{ア}}\boxed{}$ である。

　(b) 係数が 21 になる項の y の次数は ${}^{\text{イ}}\boxed{}$ である。

　(c) $y = \dfrac{1}{3x^5}$ ならば，定数項は ${}^{\text{ウ}}\boxed{}$ である。　　〔23 金沢工大〕

(2) $(1 + x + xy + xy^2)^{10}$ の展開式における $x^8 y^{13}$ の項の係数を求めよ。　〔17 新潟大〕

36. 〈等式の証明〉

実数 $x \geq 0$，$y \geq 0$，$z \geq 0$ に対して $x + y^2 = y + z^2 = z + x^2$ が成り立つとする。このとき $x = y = z$ であることを証明せよ。　　　　〔18 札幌医大・医〕

37. 〈不等式の証明〉

(1) $p > 1$，$q > 1$ のとき，不等式 $p + q < pq + 1$ を証明せよ。

(2) $a > 1$，$b > 1$ のとき，不等式 $\sqrt{a+b-1} < \sqrt{a} + \sqrt{b} - 1$ を証明せよ。

(3) $a > 1$，$b > 1$，$c > 1$ のとき，不等式 $\sqrt{a+b+c-2} < \sqrt{a} + \sqrt{b} + \sqrt{c} - 2$ を証明せよ。　　　　〔14 福井大・工〕

38. 〈集合の要素であることの証明〉

整数 n がある整数の 2 乗で表されるとき，n は平方数であるという。2 つの平方数の和で表される整数全体の集合を A とする。例えば，$0 = 0^2 + 0^2$ より $0 \in A$ であり，また，$13 = 2^2 + 3^2$ より $13 \in A$ である。

(1) 整数 a, b, x, y に対して，等式
$$(a^2 + b^2)(x^2 + y^2) = (ax + by)^2 + (ay - bx)^2$$
が成り立つことを示せ。

(2) 2 つの整数 α, β が A の要素であるとき，積 $\alpha\beta$ は A の要素であることを示せ。

(3) 25，50，1250 のそれぞれが A の要素であることを示せ。　　　〔17 静岡大〕

必解 39. 〈必要条件・十分条件・必要十分条件〉

次の文中の空欄にあてはまるものを，下の ①〜④ のうちから 1 つ選び，記号で答えよ。

(1) a, b は実数とする。「$a^2 + b^2 = 2ab$」は「$a = b$」であるための ア□。また，「$a + b$, ab はともに有理数」は「a, b はともに有理数」であるための イ□。
〔19 東京慈恵会医大 改〕

(2) $\triangle ABC$ において，$\cos A \cos B \cos C > 0$ であることは，$\triangle ABC$ が鋭角三角形であるための □。　〔16 日本女子大・理(推薦)〕

(3) $|x+1| < |x-1| < |x-2|$ は $x < -1$ であるための □。
〔群馬大・教育，社会情報，工 改〕

① 必要十分条件である
② 必要条件であるが，十分条件ではない
③ 十分条件であるが，必要条件ではない
④ 必要条件でも十分条件でもない

B　　応用問題

40. 〈二項係数の最大〉

n を自然数とし，整式 $(2x+1)^n$ を展開した式を $a_0 + a_1 x + a_2 x^2 + \cdots\cdots + a_n x^n$ とする。

(1) $a_0 + a_1 + a_2 + \cdots\cdots + a_n$ を n を用いて表せ。

(2) $\dfrac{a_k}{a_{k-1}}$ $(1 \leqq k \leqq n)$ を n と k を用いて表せ。

(3) $a_k = a_{k-1}$ $(1 \leqq k \leqq n)$ を満たす k が存在するための n の条件を求めよ。

(4) $n = 101$ のとき，a_k が a_0, a_1, a_2, $\cdots\cdots$, a_n の中で最大となる k をすべて求めよ。

〔16 名城大・理工〕

3 式と証明

必解 41. 〈十億の位の数字，割り算の余り（二項定理を利用）〉
(1) 201^{20} の十億の位の数字を求めよ。
(2) 201^{20} を 4×10^7 で割ったときの余りを求めよ。　　　　〔13 群馬大・医〕

42. 〈不等式の証明〉
以下の問いに答えよ。なお，必要があれば等式
$$a^3+b^3+c^3-3abc=(a+b+c)(a^2+b^2+c^2-ab-bc-ca)$$
を利用してもよい。
(1) 実数 a, b, c に対して，不等式 $a^2+b^2+c^2-ab-bc-ca\geqq 0$ を証明せよ。また，等号が成り立つときの a, b, c の条件を求めよ。
(2) 正の実数 x, y, z に対して，P, Q, R を
$$P=\frac{x+y+z}{3},\quad Q=\sqrt[3]{xyz},\quad \frac{1}{R}=\frac{1}{3}\left(\frac{1}{x}+\frac{1}{y}+\frac{1}{z}\right)$$
とおく。このとき，不等式 $P\geqq Q\geqq R$ を証明せよ。また，各等号が成り立つときの x, y, z の条件を求めよ。　　　　〔21 浜松医大〕

必解 43. 〈数の大小比較〉
a, b, c を相異なる正の実数とする。
(1) 次の2数の大小を比較せよ。
$$a^3+b^3,\ a^2b+b^2a$$
(2) 次の4数の大小を比較し，小さい方から順に並べよ。
$$(a+b+c)(a^2+b^2+c^2),\ (a+b+c)(ab+bc+ca),\ 3(a^3+b^3+c^3),\ 9abc$$
(3) x, y, z を正の実数とするとき $\dfrac{y+z}{x}+\dfrac{z+x}{y}+\dfrac{x+y}{z}$ のとりうる値の範囲を求めよ。
　　　　〔東京医歯大・医，歯〕

必解 44. 〈無理数であることの証明〉
(1) $\sqrt{2}$ と $\sqrt[3]{3}$ が無理数であることを示せ。
(2) p, q, $\sqrt{2}\,p+\sqrt[3]{3}\,q$ がすべて有理数であるとする。そのとき，$p=q=0$ であることを示せ。　　　　〔15 大阪大・理系 改〕

4 整数の性質

A 標準問題

必解 45. 〈末尾に連続して並ぶ 0 の個数〉

m, n を自然数とする。

(1) $30!$ が 2^m で割り切れるとき,最大の m の値は $^\text{ア}\boxed{}$ である。

(2) $125!$ は末尾に 0 が連続して $^\text{イ}\boxed{}$ 個並ぶ。したがって,$n!$ が 10^{40} で割り切れる最小の n の値は $^\text{ウ}\boxed{}$ である。　　　〔21 立命館大・スポーツ健康科学,食マネジメント,薬〕

46. 〈3 つの式の値がすべて整数となる条件〉

$\dfrac{n^2}{250}, \dfrac{n^3}{256}, \dfrac{n^4}{243}$ がすべて整数となるような正の整数 n のうち,最小のものを求めよ。

〔12 甲南大〕

必解 47. 〈倍数であることの証明〉

m を整数とする。

(1) m が 3 の倍数でないならば,$(m+2)(m+1)$ が 6 の倍数であることを示せ。

(2) m が奇数ならば,$(m+3)(m+1)$ が 8 の倍数であることを示せ。

(3) $(m+3)(m+2)(m+1)$ が 24 の倍数でないならば,m が偶数であることを示せ。

〔20 東北大・理,経(後期)〕

必解 48. 〈最大公約数,最小公倍数〉

自然数 m, n において,その最大公約数は 23 とする。ただし,$m < n$ とする。

(1) $n = 230$ であるとき,m のとりうる値は $^\text{ア}\boxed{}$ 個あり,その中で最小のものは $^\text{イ}\boxed{}$,最大のものは $^\text{ウ}\boxed{}$ である。m が最大のとき,m と n の最小公倍数は $^\text{エ}\boxed{}$ である。

(2) $mn = 11109$ であるとき,m と n の最小公倍数は $^\text{オ}\boxed{}$ である。

(3) $mn < 7935$ であるとき,mn のとりうる値で最大のものは $^\text{カ}\boxed{}$ である。

(4) $m+n = 1150$ であるとき,mn のとりうる値で最大のものは $^\text{キ}\boxed{}$ である。

〔13 近畿大・理系〕

4 整数の性質

必解 49. 〈2次の不定方程式〉
(1) (a) $f(x, y) = 2x^2 + 11xy + 12y^2 - 5y - 2$ を因数分解すると，
$(x + {}^{ア}\boxed{}y + {}^{イ}\boxed{})({}^{ウ}\boxed{}x + {}^{エ}\boxed{}y - {}^{オ}\boxed{})$ である。
(b) $f(x, y) = 56$ を満たす自然数 x, y の値は，$x = {}^{カ}\boxed{}$，$y = {}^{キ}\boxed{}$ である。
〔15 慶応大・薬〕

(2) $m^2 + 20m - 21 = (m+10)^2 - {}^{ア}\boxed{}$ である。$\sqrt{m^2 + 20m - 21}$ が整数となるような整数 m は ${}^{イ}\boxed{}$ 個存在し，そのうち最小のものは $-{}^{ウ}\boxed{}$，最大のものは ${}^{エ}\boxed{}$ である。
〔21 摂南大・理工，薬(推薦)〕

(3) 方程式 $xy = x^2 + y + 3$ を満たす正の整数解の組 (x, y) は，${}^{ア}\boxed{}$ 組ある。それらの組のうち，$y - x$ の値が最大となるのは，$x = {}^{イ}\boxed{}$，$y = {}^{ウ}\boxed{}$ のときで，最小となるのは，$x = {}^{エ}\boxed{}$，$y = {}^{オ}\boxed{}$ のときである。
〔19 立命館大・理工，情報理工，生命科学〕

必解 50. 〈1次不定方程式〉
(1) 71 と 33 が互いに素であることを示せ。
(2) $71x - 33y = 1$ を満たす整数 x, y の組を1つ求めよ。
(3) 71 で割ると 2 余り，33 で割ると 7 余る自然数のうち，4桁で最小のものを求めよ。
〔15 名城大・農〕

必解 51. 〈n 進法〉
n を 4 以上の整数とする。
(1) $(n+1)(3n^{-1}+2)(n^2-n+1)$ と表される数を n 進法の小数で表せ。
(2) 3 進数 $21201_{(3)}$ を n 進法で表すと $320_{(n)}$ となるような n の値を求めよ。
(3) 正の整数 N を 3 倍して 7 進法で表すと 3 桁の数 $abc_{(7)}$ となり，N を 4 倍して 8 進法で表すと 3 桁の数 $acb_{(8)}$ となる。各位の数字 a, b, c を求めよ。また，N を 10 進法で表せ。
〔17 徳島大・理工，医〕

B 応用問題

52. 〈$3m + 5n$ の形に表されない最大の自然数〉
集合 $\{3m + 5n \mid m, n$ は自然数$\}$ の要素でない自然数のうち，最大のものは $\boxed{}$ である。
〔23 関西大・システム理工，環境都市工，化学生命工〕

必解 53. 〈素数であることの証明〉
n を 2 以上の整数とする。$3^n - 2^n$ が素数ならば n も素数であることを示せ。
〔21 京都大・理系〕

54. 〈等式を満たす整数の組〉

(1) l, m, n を 3 以上の整数とする。

等式 $\left(\dfrac{n}{m} - \dfrac{n}{2} + 1\right)l = 2$ を満たす l, m, n の組をすべて求めよ。 〔10 大阪大・理系〕

(2) 等式 $m^3 - m^2 n + (2n+3)m - 3n + 6 = 0$ を満たす自然数 m, n の組の総数は ☐ である。 〔16 東京理科大・工 改〕

55. 〈ピタゴラス数に関する証明〉

次の 2 つの命題を証明せよ。

(1) 整数 n が 3 の倍数でないならば，n^2 を 3 で割ったときの余りは 1 である。

(2) 3 つの整数 x, y, z が等式 $x^2 + y^2 = z^2$ を満たすならば，x と y の少なくとも一方は 3 の倍数である。 〔22 慶応大・看護医療〕

56. 〈等式を満たす整数の組を求める〉

定数 m に対して，x, y, z の方程式

$$xyz + x + y + z = xy + yz + zx + m \quad \cdots\cdots ①$$

を考える。

(1) $m = 1$ のとき ① 式を満たす実数 x, y, z の組をすべて求めよ。

(2) $m = 5$ のとき ① 式を満たす整数 x, y, z の組をすべて求めよ。ただし $x \leqq y \leqq z$ とする。

(3) $xyz = x + y + z$ を満たす整数 x, y, z の組をすべて求めよ。ただし $0 < x \leqq y \leqq z$ とする。 〔23 早稲田大・社会科学〕

57. 〈ユークリッドの互除法〉

正の整数 m と n の最大公約数を効率よく求めるには，m を n で割ったときの余りを r としたとき，m と n の最大公約数と n と r の最大公約数が等しいことを用いるとよい。たとえば，455 と 208 の場合，次のように余りを求める計算を 3 回行うことで最大公約数 13 を求めることができる。

$$455 \div 208 = 2 \cdots 39, \quad 208 \div 39 = 5 \cdots 13, \quad 39 \div 13 = 3 \cdots 0$$

このように余りを求める計算をして最大公約数を求める方法をユークリッドの互除法という。

(1) 20711 と 15151 のような大きな数の場合であっても，ユークリッドの互除法を用いることで，最大公約数が ア☐ であることを比較的簡単に求めることができる。

(2) 100 以下の正の整数 m と n（ただし $m > n$ とする）の最大公約数をユークリッドの互除法を用いて求めるとき，余りを求める計算の回数が最も多く必要になるのは，$m =$ イ☐，$n =$ ウ☐ のときである。 〔23 慶応大・環境情報〕

58. 〈n との最大公約数が 1 となるものの個数〉

n を 2 以上の整数とする。n 以下の正の整数のうち，n との最大公約数が 1 となるものの個数を $E(n)$ で表す。例えば，$E(2)=1$, $E(3)=2$, $E(4)=2$, ……, $E(10)=4$, …… である。

(1) $E(1024)$ を求めよ。
(2) $E(2015)$ を求めよ。
(3) m を正の整数とし，p と q を異なる素数とする。$n=p^m q^m$ のとき $\dfrac{E(n)}{n} \geqq \dfrac{1}{3}$ が成り立つことを示せ。 〔15 一橋大〕

59. 〈複素数の等式から得られる方程式の整数解〉

i を虚数単位 ($i^2=-1$) とし，整数 a, b, c, d が次の式 ① を満たしている。
$$(a+b\sqrt{5}\,i)(c+d\sqrt{5}\,i)=6 \quad \cdots\cdots ①$$
(1) $(a^2+5b^2)(c^2+5d^2)=36$ が成り立つことを示せ。
(2) $a\geqq 0$, $a\geqq c$, $b\geqq d$ を満たす整数の組 (a, b, c, d) をすべて求めよ。
〔22 兵庫県大・国際商経，社会情報科学〕

発展問題

60. 〈等式を満たす素数の組を求める〉

(1) n が正の偶数のとき，2^n-1 は 3 の倍数であることを示せ。
(2) n を自然数とする。2^n+1 と 2^n-1 は互いに素であることを示せ。
(3) p, q を異なる素数とする。$2^{p-1}-1=pq^2$ を満たす p, q の組をすべて求めよ。
〔15 九州大・理系〕

61. 〈対称式で表された 3 数の最大公約数〉

3 つの正の整数 a, b, c の最大公約数が 1 であるとき，次の問いに答えよ。
(1) $a+b+c$, $bc+ca+ab$, abc の最大公約数は 1 であることを示せ。
(2) $a+b+c$, $a^2+b^2+c^2$, $a^3+b^3+c^3$ の最大公約数となるような正の整数をすべて求めよ。
〔22 東京工大〕

5 場合の数・確率

A 標準問題

必解 62. 〈集合の要素の個数〉
ある会社で 120 人の社員に対して A，B，C の 3 つの疾患の有無を調べたところ，次のようなことがわかった。
  (i) 疾患 B のみをもつ者の数は，どの疾患ももたない者の数と同じであった。
  (ii) 疾患 B をもつ者のうち，疾患 A または疾患 C をもつ者の数は，疾患 B のみをもつ者の数の 3 倍であった。
  (iii) 疾患 A をもつ者は 71 人，疾患 C をもつ者は 43 人，疾患 A と疾患 C の両方をもつ者は 16 人であった。
(1) 疾患 A と疾患 C について，どちらか一方のみをもつ者は □ 人である。
(2) 疾患 B をもつ者は □ 人である。　　　　　　　　〔22 自治医大・看護〕

必解 63. 〈約数の個数，約数の総和〉
(1) 800 の正の約数の個数を求めよ。
(2) 800 の正の約数の総和を求めよ。
(3) 800 の正の約数のうち，4 の倍数であるものの総和を求めよ。　〔23 広島工大〕

必解 64. 〈組分け〉
10 人の学生を次のようにグループ分けする方法は何通りあるか答えよ。
(1) 7 人，3 人の 2 つのグループに分ける。
(2) 5 人，3 人，2 人の 3 つのグループに分ける。
(3) 4 人，3 人，3 人の 3 つのグループに分ける。
(4) 4 人，2 人，2 人，2 人の 4 つのグループに分ける。　〔21 日本女子大・理(推薦)〕

65. 〈辞書式に並べる順列〉
7 つの文字 A，A，A，D，I，M，Y すべてを 1 列に並べてできる文字列について，次の問いに答えよ。
(1) 文字列は全部で何通りあるか求めよ。
(2) A と D が隣り合う文字列は全部で何通りあるか求めよ。
(3) 2 つ以上の A が隣り合う文字列は全部で何通りあるか求めよ。
(4) 全部の文字列をアルファベット順の辞書式に並べるとき，文字列 YAMADAI は何番目の文字列か求めよ。　〔23 山口大〕

66. 〈同じものを含む順列・円順列〉
赤玉，白玉，青玉，黄玉がそれぞれ2個ずつ，合計8個ある。このとき，次のように並べる方法を求めよ。ただし，同じ色の玉は区別がつかないものとする。
(1) 8個の玉から4個取り出して直線上に並べる方法は □ 通りである。
(2) 8個の玉から4個取り出して円周上に並べる方法は □ 通りである。

〔15 立命館大・薬〕

必解 67. 〈方程式・不等式の整数解の個数〉
x，y，z を正の整数とする。
(1) $x+y+z=4$ を満たす正の整数の組 (x, y, z) は何通りあるか。
(2) $4 \leq x+y+z \leq 5$ を満たす正の整数の組 (x, y, z) は何通りあるか。
(3) $n \leq x+y+z \leq n+2$ を満たす正の整数の組 (x, y, z) が109通りであるとき，正の整数 n の値を求めよ。

〔23 広島工大〕

68. 〈図形に関する確率と期待値〉
1辺の長さが1の正六角形 ABCDEF の頂点から異なる3点を選び，これらを頂点とする三角形を作る。
(1) 作られる三角形が正三角形となる確率を求めよ。
(2) 作られる三角形の面積の期待値を求めよ。

〔13 奈良女子大・生活環境〕

必解 69. 〈さいころを n 回投げたときの確率〉
n を2以上の自然数とする。1個のさいころを続けて n 回投げる試行を行い，出た目を順に $X_1, X_2, \cdots\cdots, X_n$ とする。
(1) $X_1, X_2, \cdots\cdots, X_n$ の最大公約数が3となる確率を n の式で表せ。
(2) $X_1, X_2, \cdots\cdots, X_n$ の最大公約数が1となる確率を n の式で表せ。
(3) $X_1, X_2, \cdots\cdots, X_n$ の最小公倍数が20となる確率を n の式で表せ。

〔20 北海道大・理系〕

必解 70. 〈条件付き確率〉
ある病原菌の検査試薬は，その病原菌に感染している個体に対し誤って陰性反応を示す確率が $\dfrac{3}{100}$ であり，感染していない個体に対し誤って陽性反応を示す確率が $\dfrac{1}{100}$ である。ある集団にこの試薬で病原菌の検査を行い，全体の4%が陽性反応を示したとき，次の問いに答えよ。
(1) 病原菌に感染している個体が陽性反応を示す確率を求めよ。
(2) この集団から1つの個体を取り出すとき，その個体が病原菌に感染している確率を求めよ。
(3) この集団の中で陽性反応を示した個体が，実際は病原菌に感染していない確率を求めよ。 〔20 佐賀大・教育，理工，農〕

必解 71. 〈原因の確率〉
ある工場では2つの機械AとBで部品Xを大量に作っている。そのうちの60%をAで，40%をBで作るが，Aからは1%，Bからは0.5%の割合で不良品が出ることもわかっている。この工場で作った部品Xを無作為に1個選び検査をしたとき，それが不良品である確率は ^ア□ である。また，検査した1個が不良品であったとき，それがAで作ったものである条件付き確率は ^イ□ である。 〔19 摂南大・理工(推薦)〕

B 応用問題

72. 〈完全順列〉
n 枚のカード ①，②，……，n を1列に並べる。1番目のカードは ① でなく，2番目のカードは ② でなく，以下同様に n 番目のカードは n でないような並べ方の総数を a_n とおく。
(1) a_2，a_3 を求めよ。
(2) $n=4$ のとき，1番目のカードが ② であり，かつ2番目のカードが ① である並べ方は何通りあるか。
(3) $n=4$ のとき，1番目のカードが ② であり，かつ2番目のカードが ① でない並べ方は何通りあるか。
(4) a_4 を求めよ。
(5) a_5 を求めよ。 〔12 岡山理科大〕

5 場合の数・確率

必解 73. 〈正多面体の塗り分け〉

n を自然数とする。n 色の異なる色を用意し，そのうちの何色かを使って正多面体の面を塗り分ける方法を考える。つまり，1 つの面には 1 色を塗り，辺をはさんで隣り合う面どうしは異なる色となるように塗る。ただし，正多面体を回転させて一致する塗り分け方どうしは区別しない。

(1) 正四面体の面を用意した色で塗り分ける。
  (ア) 少なくとも何色必要か。
  (イ) $n \geq 4$ とする。この方法は何通りあるか。

(2) 正六面体（立方体）の面を用意した色で塗り分ける。
  (ア) 少なくとも何色必要か。
  (イ) $n \geq 6$ とする。この方法は何通りあるか。　　　　　　　　　　　　　　　　　　[21 滋賀医大]

必解 74. 〈最短経路の数〉

立方体 ABCD-EFGH のすべての面に，辺も含めて縦横 5 本の線分を等間隔に引き，格子状の道を作る。これらの道を通って，立方体の表面を点 A から点 G へ行く最短の道筋について，次の問いに答えよ。

(1) 点 C を通る道筋は何通りか。
(2) 辺 BC 上の少なくとも 1 点を通る道筋は何通りか。
(3) 2 辺 BC, CD 上の少なくとも 1 点を通る道筋は何通りか。
(4) すべての道筋は何通りか。

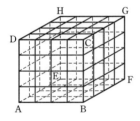

[徳島大・医，歯，薬]

75. 〈じゃんけんの確率と期待値〉

n 人 ($n \geq 3$) でじゃんけんを 1 回行うとき，次の問いに答えよ。

(1) 1 人だけが勝つ確率を求めよ。
(2) あいこになる確率を求めよ。
(3) 勝つ人数の期待値を求めよ。

ここで「あいこ」とは 1 種類または 3 種類の手が出る場合であり，勝つ人数が 0 の場合である。　　　　　　　　　　　　　　　　　　[11 千葉大]

必解 **76.** 〈座標平面上で格子点に移動する点と確率〉

座標平面上で x 座標と y 座標がいずれも整数である点を格子点という。格子点上を次の規則に従って動く点Pを考える。

(a) 最初に，点Pは原点Oにある。

(b) ある時刻で点Pが格子点 (m, n) にあるとき，その1秒後の点Pの位置は，隣接する格子点 $(m+1, n)$, $(m, n+1)$, $(m-1, n)$, $(m, n-1)$ のいずれかであり，また，これらの点に移動する確率は，それぞれ $\dfrac{1}{4}$ である。

(1) 点Pが，最初から6秒後に直線 $y=x$ 上にある確率を求めよ。

(2) 点Pが，最初から6秒後に原点Oにある確率を求めよ。　　　　〔17 東京大・理系〕

77. 〈反復試行ですべての色の玉を取り出す〉

赤玉，白玉，青玉，黄玉が1個ずつ入った袋がある。よくかきまぜた後に袋から玉を1個取り出し，その玉の色を記録してから袋に戻す。この試行を繰り返すとき，n 回目の試行で初めて赤玉が取り出されて4種類全ての色が記録済みとなる確率を求めよ。ただし n は4以上の整数とする。　　　　〔21 京都大・理系〕

必解 **78.** 〈確率の最大〉

白玉3個，赤玉2個の合計5個の玉が入った箱と硬貨がある。箱から無作為に玉を1個取り出し，硬貨を投げて表が出たら，その玉を手元に残し，裏が出たら箱に戻す試行を行う。試行後に箱の中の玉がなくなったら試行は停止する。

また，最初手元に玉はないものとする。

(1) 2回の試行の結果，手元に白玉が2個ある確率を求めよ。

(2) 3回の試行の結果，手元の玉が白玉1個，赤玉1個の計2個となる確率を求めよ。

(3) n を5以上の整数とし，ちょうど n 回目で試行が停止する確率 p_n を求めよ。

(4) (3)の確率 p_n が最大となる n を求めよ。　　　　〔20 東北大・理系〕

発 展 問 題

79. 〈n 回目までに赤玉を k 個取り出す確率〉

赤玉と黒玉が入っている袋の中から無作為に玉を1つ取り出し，取り出した玉を袋に戻した上で，取り出した玉と同じ色の玉をもう1つ袋に入れる操作を繰り返す。初めに袋の中に赤玉が1個，黒玉が1個入っているとする。n 回の操作を行ったとき，赤玉をちょうど k 回取り出す確率を $P_n(k)$ ($k=0, 1, \cdots\cdots, n$) とする。$P_1(k)$ と $P_2(k)$ を求め，さらに $P_n(k)$ を求めよ。　　　　〔23 早稲田大・基幹理工，創造理工，先進理工 改〕

6 図形の性質

A 標準問題

必解 80. 〈三角形の内角の二等分線と辺，外接円の交点〉
直角三角形 ABC において AB＝5，BC＝12，CA＝13 とする。∠A の二等分線と辺 BC の交点をDとする。
(1) 線分 AD の長さを求めよ。
(2) ∠A の二等分線と△ABC の外接円の交点のうち，点Aと異なる点をEとする。線分 DE の長さを求めよ。
(3) △ABC の外接円の中心をOとし，線分 BO と線分 AD の交点をPとする。AP：PD を求めよ。
(4) △ABC の内接円の中心を I とする。AI：ID を求めよ。
〔23 大分大・教育, 経, 理工〕

必解 81. 〈三角形が存在する条件〉
$a>0$ とするとき，3辺の長さが a, a^2, a^3 となる三角形が存在するのは，$^{ア}\boxed{}<a<{}^{イ}\boxed{}$ のときである。 〔13 名城大・薬〕

82. 〈角の二等分線と線分の長さ〉
円周上の点Aにおける円の接線上に点Aと異なる点Pをとる。点Pを通る直線が点Pから近い順に2点 B, C で円と交わっている。∠APB の二等分線と線分 AB, AC との交点をそれぞれ D, E とする。PA：PB＝r：$(1-r)$ とおき，BD＝s, CE＝t とおく。ただし，$0<r<1$ とする。
(1) 線分 AD の長さを r と s で表せ。
(2) PB：PC＝2：3 となるとき，r の値を求めよ。
(3) (2)のとき，線分 AE の長さを t で表せ。 〔12 大分大・経, 工〕

必解 83. 〈円の接線と交わる直線の関係〉
円Oの周上の点Aにおいて円Oの接線を引く。その接線上にAと異なる点Bをとる。Bから円Oに2点で交わるように直線 ℓ を引き，その2点のうちBに近い方をC，Bから遠い方をDとする。ただし，直線 ℓ は，∠ACD＜90° を満たすように引く。また，点Bから直線 AC と直線 AD に下ろした垂線の足をそれぞれ E, F とする。
(1) ∠BFE＝∠ADC を示せ。 (2) BD⊥EF を示せ。

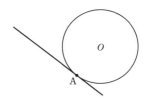

〔21 宮崎大・教, 農〕

84. 〈オイラーの多面体定理と正多面体の面の数〉

(1) 正八面体の面の数は ア□ である。正八面体の1つの面の頂点の数は イ□, 1つの頂点に集まる面の数は ウ□ であるので，正八面体の頂点の数は エ□ である。また，正八面体の1つの面の辺の数は オ□, 1つの辺に集まる面の数は カ□ であるので，正八面体の辺の数は キ□ である。

(2) 凸多面体の頂点，辺，面の数を，それぞれ v, e, f とすると
$v - e + f =$ ク□ が成り立つことが知られている。

(3) 12個の正五角形の面と20個の正六角形の面からなる凸多面体があり，どの頂点にも1個の正五角形と2個の正六角形の面が集まっている。この多面体の頂点の数は ケ□ であり，辺の数は コ□ である。

(4) 各面が正三角形である正多面体が存在すれば，その面の数は サ□ か シ□ か ス□ である。各面が正方形である正多面体が存在すれば，その面の数は セ□ である。各面が正五角形である正多面体が存在すれば，その面の数は ソ□ である。ただし，サ□, シ□, ス□ の解答の順序は問わない。　〔15 大阪経大〕

B　応用問題

必解 85. 〈2つの円と接線の関係〉

2点 A, B で交わる2つの円 O, O′ がある。点Aにおける円Oの接線を ℓ, 点Aにおける円 O′ の接線を ℓ' とする。ℓ' と円Oの交点のうちAと異なるものをC, ℓ と円 O′ の交点のうちAと異なるものをDとする。

(1) △ABC と △DBA が相似であることを証明せよ。

(2) 3点 B, C, D が同一直線上にあるとき，弦 AC は円Oの中心を通ることを証明せよ。

(3) 3点 B, C, D が同一直線上にあり，円Oの中心と点Bを通る直線が点Eで ℓ と交わるとき，$\left(\dfrac{AC}{AD}\right)^2 = \dfrac{AE}{DE}$ が成り立つことを証明せよ。　〔20 岡山理科大〕

86. 〈正四面体であることの証明〉

四面体 OABC が次の条件を満たすならば，それは正四面体であることを示せ。

条件：頂点 A, B, C からそれぞれの対面を含む平面へ下ろした垂線は対面の外心を通る。

ただし，四面体のある頂点の対面とは，その頂点を除く他の3つの頂点がなす三角形のことをいう。　〔16 京都大・理系〕

7 図形と式

A 標準問題

必解 87. 〈3直線が三角形を作らない条件, 3直線が作る三角形の面積〉

(1) 3直線 $y = \frac{1}{2}x - \frac{1}{2}$, $y = -x + 4$, $y = ax$ が三角形を作らないとき, 定数 a の値は全部で ア□ 個あり, そのうち絶対値が最も小さいものは イ□ である。 〔東京薬大・薬〕

(2) 3つの直線 ℓ_1, ℓ_2, ℓ_3 を $\ell_1 : x + 2y - 7 = 0$, $\ell_2 : 2x + y - 8 = 0$, $\ell_3 : x + y = 0$ とする。
このとき, 直線 ℓ_1 と ℓ_2 の交点と直線 ℓ_3 の距離は ア□ であり, 3つの直線 ℓ_1, ℓ_2, ℓ_3 で囲まれた三角形の面積は イ□ である。 〔22 福岡大・理, 工, 薬〕

必解 88. 〈折れ線の長さが最小となる点〉

xy 平面上に放物線 $C : 2x^2 + (k-5)x - (k+1)y + 6k - 14 = 0$ と直線 $\ell : y = \frac{1}{2}x$ がある。k は $k \neq -1$ を満たす実数とする。放物線 C は -1 を除くすべての実数 k に対して 2 定点 $A(x_A, y_A)$, $B(x_B, y_B)$ を通る。ただし, $x_A < x_B$ とする。

(1) 2点 A, B の座標は $(x_A, y_A) = ($ ア□, イ□$)$, $(x_B, y_B) = ($ ウ□, エ□$)$ である。

(2) 直線 ℓ 上に点 P をおき, 2点 A, B をそれぞれ点 P と線分で結ぶとき, 距離の和 AP + BP を最小にする点 P の座標は $($ オ□, カ□$)$ である。 〔14 慶応大・薬〕

89. 〈放物線上の点と直線上の点の距離の最小値〉

曲線 $y = x^2 - 1$ 上を動く点 P と, 直線 $y = x - 3$ 上を動く点 Q との距離が最小となるときの点 Q の座標と, このときの距離を求めよ。 〔12 福岡大・理〕

必解 90. 〈円の接線, 円が直線から切り取る線分〉

座標平面上に円 $C : x^2 + y^2 = 2$ および点 A(2, 1) がある。

(1) 点 A を通り, 円 C に接する直線の方程式を求めよ。

(2) 点 A を通る直線が円 C と異なる 2 点 P と Q で交わり, PQ の長さが 2 であるとき, 直線の方程式を求めよ。 〔16 東京理科大・工〕

7 図形と式

91. 〈2つの円の共通接線〉
2つの円 $C_1:(x-1)^2+(y-1)^2=1$, $C_2:(x-5)^2+(y-3)^2=1$ の共通接線の方程式をすべて求めよ。 〔19 愛知教育大〕

必解 92. 〈2つの円の交点を通る図形〉
$a\ne 1$ とする。円 $C_1:x^2+y^2-4ax-2ay=5-10a$, 円 $C_2:x^2+y^2=10$, 円 $C_3:x^2+y^2-8x-6y=-10$ について，次の問いに答えよ。
(1) 円 C_1 が原点を通るとき，円 C_1 の中心と半径を求めよ。
(2) 定数 a の値にかかわらず円 C_1 は定点Aを通る。この定点Aの座標を求めよ。
(3) 円 C_2 と円 C_3 の2つの交点と原点を通る円の中心と半径を求めよ。
〔20 島根大・医，総合理工〕

必解 93. 〈2つの円の交点における接線が直交する条件〉
座標平面において，以下の方程式で表される2つの円 C_1 と C_2 が異なる2点で交わるとし，x 座標が正である交点をPとする。ただし，a を正の定数とする。
$$C_1:x^2+y^2=1,\quad C_2:x^2+(y-a)^2=\frac{a^2}{4}$$
(1) a がとりうる値の範囲を求めよ。
(2) 点Pの座標を $(\cos\theta,\ \sin\theta)$ とおく。また円 C_1 上のPにおける C_1 の接線を ℓ_1, 円 C_2 上のPにおける C_2 の接線を ℓ_2 とする。ℓ_1 と ℓ_2 をそれぞれ θ と a を用いた方程式で表せ。
(3) (2)の ℓ_1 と ℓ_2 が直交するとき，a の値を求めよ。 〔22 日本女子大・理〕

94. 〈2直線の交点の軌跡〉
3点 $A(-2,\ 0)$, $B(2,\ 0)$, $C(0,\ 1)$ に対し，2点 $P(0,\ p)$, $Q(0,\ q)$ を，$0<p<q$ かつ線分PQの中点がCとなるようにとる。更に，直線APと直線BQの交点をRとおく。
(1) Rの座標を p で表せ。
(2) Rの軌跡を図示せよ。 〔17 法政大・法，国際文化，キャリアデザイン〕

必解 95. 〈円と直線 $y=3$ の両方に接する円の中心の軌跡〉
C を座標平面上の円 $x^2+y^2=1$ とする。
(1) 点 $(a,\ b)$ を中心とし，C に外接する円の半径を a, b の式で表せ。
(2) C に外接し，直線 $y=3$ に接する円の中心の軌跡の方程式を求めよ。
(3) (2)で求めた軌跡の方程式を $y=f(x)$ とする。点 $(x,\ y)$ が不等式 $y\leqq f(x)$ の表す座標平面上の領域を動くとき，$x+2y$ の最大値とそのときの x, y の値を求めよ。
〔22 東京都立大・文系 改〕

7 図形と式

96. 〈円が直線から切り取る線分の中点の軌跡〉
a は定数で $a>1$ とし,点 $(a, 0)$ を通る傾き m の直線と円 $x^2+y^2=1$ が異なる2点 A, B で交わる。
(1) m の値の範囲を求めよ。
(2) (1)で求めた範囲を m が動くとき,線分 AB の中点の軌跡を求めよ。〔19 旭川医大〕

必解 97. 〈絶対値を含む不等式が表す領域〉
連立不等式 $\begin{cases} y \geq |2x+1| \\ 2x-3y+9 \geq 0 \end{cases}$ の表す領域を D とするとき,次の問いに答えよ。
(1) 領域 D を図示せよ。
(2) 点 (x, y) が領域 D 内を動くとき,x^2-4x+y^2 の最大値 M と最小値 m を求めよ。また,M,m を与える D 内の点の座標を求めよ。〔18 香川大〕

98. 〈不等式が表す領域における最小値〉
野菜Aには1個あたり栄養素 x_1 が 8g, 栄養素 x_2 が 4g, 栄養素 x_3 が 2g 含まれ,野菜Bには1個あたり栄養素 x_1 が 4g, 栄養素 x_2 が 6g, 栄養素 x_3 が 6g 含まれている。これら2種類の野菜をそれぞれ何個かずつ選んでミックスし野菜ジュースを作る。選んだ野菜は丸ごとすべて用い,栄養素 x_1 を 42g 以上,栄養素 x_2 を 48g 以上,栄養素 x_3 を 30g 以上含まれるようにしたい。野菜Aの個数と野菜Bの個数の和をなるべく小さくしてジュースを作るとき,野菜Aの個数 a と野菜Bの個数 b の組 (a, b) は
$$(a, b) = (^{ア}\boxed{}, ^{イ}\boxed{}), (^{ウ}\boxed{}, ^{エ}\boxed{})$$
である。ただし $^{ア}\boxed{} < ^{ウ}\boxed{}$ とする。〔21 上智大〕

B 応用問題

必解 99. 〈円外の点から引いた2本の接線の接点を通る直線〉
a は定数で,$a>1$ とする。座標平面において,円 $C: x^2+y^2=1$,直線 $\ell: x=a$ とする。ℓ 上の点Pを通り円 C に接する2本の接線の接点をそれぞれ A, B とするとき,直線 AB は,点Pによらず,ある定点を通ることを示し,その定点の座標を求めよ。

〔早稲田大・商〕

7 図形と式

必解 100. 〈三角形の重心の軌跡と円の位置関係〉
k を正の定数とする。円 $C: x^2+y^2-4x-2y+1=0$ と共有点をもたない直線 $\ell: y=-\frac{1}{2}x+k$ について,次の問いに答えよ。
(1) k のとりうる値の範囲を求めよ。
(2) ℓ 上の2点A, Bの座標をそれぞれ $(2, k-1)$, $(2k-2, 1)$ とする。点PがC上を動くとき,△PABの重心Qの軌跡を求めよ。
(3) (2)で求めたQの軌跡とCがただ1つの共有点をもつとき,kの値を求めよ。
〔14 滋賀大〕

101. 〈2直線の交点の軌跡〉
m を実数とする。方程式
$mx^2-my^2+(1-m^2)xy+5(1+m^2)y-25m=0$ ……(∗) を考える。
(1) xy 平面において,方程式(∗)が表す図形は2直線であることを示せ。
(2) (1)で求めた2直線はmの値にかかわらず,それぞれ定点を通る。これらの定点を求めよ。
(3) m が $-1 \leqq m \leqq 3$ の範囲を動くとき,(1)で求めた2直線の交点の軌跡を図示せよ。
〔15 富山大・薬〕

必解 102. 〈線分の垂直二等分線が通過する領域〉
Oを原点とするxy平面において,直線 $y=1$ の $|x|\geqq 1$ を満たす部分をCとする。
(1) C 上に点 $A(t, 1)$ をとるとき,線分 OA の垂直二等分線の方程式を求めよ。
(2) 点AがC全体を動くとき,線分 OA の垂直二等分線が通過する範囲を求め,それを図示せよ。
〔11 筑波大〕

必解 103. 〈点 $(x+y, xy)$ の動く範囲〉
実数 x, y が $x^2+y^2 \leqq 1$ を満たしながら変化するとする。
(1) $s=x+y$, $t=xy$ とするとき,点 (s, t) の動く範囲を st 平面上に図示せよ。
(2) 負でない定数mをとるとき,$xy+m(x+y)$ の最大値,最小値をmを用いて表せ。
〔東京工大〕

発展問題

104. 〈2つの球に外接する球と軌跡〉
水平な平面αの上に半径r_1の球S_1と半径r_2の球S_2が乗っており,S_1とS_2は外接している。
(1) S_1, S_2 がαと接する点をそれぞれ P_1, P_2 とする。線分 P_1P_2 の長さを求めよ。
(2) αの上に乗っており,S_1とS_2の両方に外接している球すべてを考える。それらの球とαの接点は,1つの円の上または1つの直線の上にあることを示せ。
〔16 東京工大〕

8 三角比・三角関数

A 標準問題

105. 〈三角比・三角関数を含む式の値〉
(1) $\tan^2 35° \sin^2 55° + \tan^2 55° \sin^2 35° + (1+\tan^2 35°)\sin^2 55°$ の値を求めよ。
〔11 日本工大〕

(2) $\sin\theta + \cos\theta = \dfrac{1}{2}$ のとき，$\tan\theta + \dfrac{1}{\tan\theta} = \boxed{}$ である。
〔18 日本女子大・理(推薦)〕

106. 〈三角形の形状の決定〉
△ABC の3つの角の大きさを A, B, C で表し，また，それらの角の対辺の長さをそれぞれ a, b, c で表す。このとき，次の等式が成り立つ △ABC はどのような三角形であるか。
(1) $a\cos A = c\cos C$ 〔17 防衛医大〕
(2) $\sin C = 2\cos A \sin B$ 〔21 札幌医大〕

107. 〈円に内接する四角形〉
四角形 ABCD が円に内接しているとする。辺 DA, AB, BC, CD の長さをそれぞれ a, b, c, d で表し，∠DAB $= \theta$ とおく。また，四角形 ABCD の面積を T とする。
(1) $a^2 + b^2 - c^2 - d^2 = 2(ab+cd)\cos\theta$ が成り立つことを示せ。
(2) $T = \sqrt{(s-a)(s-b)(s-c)(s-d)}$ が成り立つことを示せ。

ただし，$s = \dfrac{1}{2}(a+b+c+d)$ とする。 〔21 山口大・理(後期)〕

108. 〈四面体上の点で作られる三角形の面積の最小値〉
四面体 ABCD を考える。△BCD は1辺の長さが2の正三角形であり，AB $=$ AC $=$ AD $= 3$ とする。また，線分 AB 上に点 E をとり，AE $= m$ とする。
(1) $\cos\angle\mathrm{BAC}$ の値を求めよ。
(2) 線分 EC, ED の長さを m を用いて表せ。
(3) 点 E を点 A から点 B まで動かしたときの △ECD の面積の最小値と，そのときの m の値を求めよ。
(4) m の値を(3)で求めた値とするとき，四面体 EBCD の体積を求めよ。 〔21 山口大〕

必解 109. 〈線分の2乗の和の最小値〉
　$AB=1$，$AC=1$，$BC=\dfrac{1}{2}$ である $\triangle ABC$ の頂点 B から辺 AC に下ろした垂線と辺 AC との交点を H とする。
(1) $\angle BAC$ を θ と表すとき，$\cos\theta$，$\sin\theta$ の値を求めよ。
(2) 実数 s は $0<s<1$ の範囲を動くとする。辺 BH を $s:(1-s)$ に内分する点を P とするとき，$AP^2+BP^2+CP^2$ の最小値およびそのときの s の値を求めよ。
〔20 東北大・理系〕

必解 110. 〈三角関数を含む方程式，不等式〉
(1) $0\leqq x<\dfrac{\pi}{2}$ とする。方程式 $1+\cos x-\sin x-\tan x=0$ を満たす x の値は ア□ であり，不等式 $|\cos x-\sin x|\leqq\dfrac{\sqrt{2}}{2}$ を満たす x の範囲は イ□ である。
〔16 福岡大・理, 薬〕

(2) (ア) $\sin\theta=\dfrac{1}{5}$ であるとき，$\sin 3\theta$ の値を求めよ。
　　(イ) $0\leqq x\leqq\pi$ とする。このとき，
$$-2\sin 3x-\cos 2x+3\sin x+1\leqq 0$$
を満たすような x の値の範囲を求めよ。
〔11 和歌山大〕

必解 111. 〈三角関数を含む関数の最大・最小〉
　k を実数の定数とする。関数
$$f(\theta)=\sqrt{3}\sin 2\theta+\cos 2\theta-2k\sin\theta-2\sqrt{3}k\cos\theta+6 \quad \left(0\leqq\theta\leqq\dfrac{2\pi}{3}\right)$$
について，次の各問いに答えよ。
(1) $t=\sin\theta+\sqrt{3}\cos\theta$ とするとき，t のとりうる値の範囲を求めよ。
(2) (1)の t を用いて，$\sqrt{3}\sin 2\theta+\cos 2\theta$ を t の式で表せ。
(3) $f(\theta)$ の最大値と最小値の差が最小となるように，k の値を定めよ。〔16 芝浦工大〕

112. 〈三角関数を係数とする2次方程式〉
　θ を $0\leqq\theta\leqq\pi$ を満たす実数とし，x の2次方程式 $2x^2-(4\cos\theta)x+3\sin\theta=0$ を考える。
(1) この2次方程式が虚数解をもつような θ の値の範囲を求めよ。
(2) この2次方程式が異なる2つの正の解をもつような θ の値の範囲を求めよ。
(3) この2次方程式の1つの解が虚数解で，その3乗が実数であるとする。このとき，$\sin\theta$ の値を求めよ。
〔20 高知大・理工, 医〕

B 応用問題

113. 〈円に内接する三角形と線分の長さ〉
正三角形 ABC が半径 1 の円に内接しているとする。P は点 A, B と異なる点で, A, B を両端とし点 C を含まない弧の上を動くものとする。
(1) $\angle PBA = \theta$ とおくとき, PA, PB, PC をそれぞれ θ を用いて表せ。また, PA+PB+PC の最大値を求めよ。
(2) $PA^2 + PB^2 + PC^2$ を求めよ。　　　　　　　　　　　　　　　　　　　　　〔18 熊本大・教育, 医〕

必解 114. 〈球が内接する三角錐〉
1 辺の長さが x の正三角形 ABC を底面, 点 O を頂点とし, OA = OB = OC である三角錐 OABC に半径 1 の球が内接しているとする。ただし, 球が三角錐に内接するとは, 球が三角錐のすべての面に接することである。
(1) 三角錐 OABC の体積を x を用いて表せ。
(2) この体積の最小値と, そのときの x の値を求めよ。　　　　　　　　　　　〔14 香川大・医〕

115. 〈和と積の公式と三角関数の方程式〉
(1) 三角関数の加法定理を用いて, 次の等式を示せ。
$$\cos\alpha \sin\beta = \frac{1}{2}\{\sin(\alpha+\beta) - \sin(\alpha-\beta)\}$$
(2) N を自然数とする。次の等式を示せ。
$$(\cos x + \cos 2x + \cdots\cdots + \cos Nx) \times 2\sin\frac{x}{2} = \sin\left(Nx + \frac{x}{2}\right) - \sin\frac{x}{2}$$
(3) $0 < x < 2\pi$ の範囲で $\cos x + \cos 2x + \cos 3x + \cos 4x = 0$ を満たす x をすべて求めよ。　　　　　　　　　　　　　　　　　　　〔19 首都大東京・理, 都市環境, システムデザイン 改〕

116. 〈正接の加法定理と式の値〉
$0 < A < \dfrac{\pi}{2}$, $0 < B < \dfrac{\pi}{2}$, $0 < C < \dfrac{\pi}{2}$ とし, $a = \tan A$, $b = \tan B$, $c = \tan C$ とおく。
(1) $A = \dfrac{\pi}{3}$, $B = \dfrac{\pi}{4}$, $C = \dfrac{5}{12}\pi$ のとき, a, b, c, $a+b+c$, abc の値をそれぞれ求めよ。
(2) $a+b+c = abc$ のとき, 常に $A+B+C = \pi$ が成り立つことを示せ。
(3) $a+b+c = abc$ かつ $C = \dfrac{\pi}{4}$ のとき, $a+b$ の最小値, および, そのときの A, B の値をそれぞれ求めよ。　　　　　　　　　　　　　　　　　　　〔17 静岡大〕

必解 117. 〈$\cos^2\frac{\pi}{10}$ の値〉

n を自然数，θ を実数とするとき，次の問いに答えよ。
(1) $\cos(n+2)\theta - 2\cos\theta\cos(n+1)\theta + \cos n\theta = 0$ を示せ。
(2) $\cos\theta = x$ とおくとき，$\cos 5\theta$ を x の式で表せ。
(3) $\cos^2\frac{\pi}{10}$ の値を求めよ。

[19 信州大・理，医]

必解 118. 〈三角形の内角に関する余弦を含む式の最小値〉

三角形 ABC において $\angle A = A$，$\angle B = B$，$\angle C = C$ とする。
(1) $\cos 2A + \cos 2B = 2\cos(A+B)\cos(A-B)$ が成り立つことを示せ。
(2) $1 - \cos 2A - \cos 2B + \cos 2C = 4\sin A \sin B \cos C$ が成り立つことを示せ。
(3) $A = B$ のとき，$1 - \cos 2A - \cos 2B + \cos 2C$ の最小値を求めよ。

[23 滋賀大・データサイエンス]

必解 119. 〈三角関数で表された五角形の面積の最大値〉

原点 O を中心とする半径 1 の円周上に 2 点 $Q(\cos a, \sin a)$，$R(\cos(a+b), \sin(a+b))$ をとる。ただし a, b は $a > 0$，$b > 0$，$a + b < \frac{\pi}{2}$ を満たす。また，点 Q から x 軸へ下ろした垂線の足を点 P とし，点 R から y 軸へ下ろした垂線の足を点 S とする。△OPQ の面積と △ORS の面積の和を A，五角形 OPQRS の面積を B とおく。
(1) A を a と b で表せ。
(2) b を固定して，a を $0 < a < \frac{\pi}{2} - b$ の範囲で動かすとき，A がとりうる値の範囲を b で表し，A が最大値をとるときの a の値を b で表せ。
(3) B は $a = \frac{\pi}{8}$，$b = \frac{\pi}{4}$ のときに最大値をとることを示せ。

[20 中央大・理工]

発展問題

120. 〈余弦の値が有理数となる条件〉

$0 < \theta < \frac{\pi}{2}$ とする。$\cos\theta$ は有理数ではないが，$\cos 2\theta$ と $\cos 3\theta$ がともに有理数となるような θ の値を求めよ。ただし，p が素数のとき，$\sqrt{p}$ が有理数でないことは証明なしに用いてよい。

[19 京都大・理系]

9 指数関数・対数関数

A 標準問題

必解 121. 〈累乗，対数の大小比較〉

(1) 4, $\sqrt[3]{3^4}$, $2^{\sqrt{3}}$, $3^{\sqrt{2}}$ の大小を比べ，小さい順に並べよ。

〔県立広島大・経営情報，生命環境〕

(2) $1 < b < a$ とするとき，$(\log_a b)^2$, $\log_a b^2$, $\log_a(\log_a b)$ の大小を比べよ。

〔13 防衛大・理工，人文・社会科学〕

122. 〈指数，対数と式の値〉

(1) p, q を1より大きい実数とする。x, y, z を $xyz \neq 0$ かつ $p^x = q^y = (pq)^z$ を満たす実数とするとき，$\dfrac{1}{x} + \dfrac{1}{y}$ を z を用いて表すと □ になる。

〔22 関西大・システム理工，環境都市工，化学生命工〕

(2) $\left(\dfrac{1}{8}\right)^{\log_4 \sqrt[3]{36}} = \dfrac{\text{ア}\boxed{}}{\text{イ}\boxed{}}$ である。 〔21 摂南大・理工，農(推薦)〕

必解 123. 〈対数方程式，対数不等式〉

(1) 連立方程式 $\begin{cases} 4^{-\log_2 x} = \dfrac{y}{2} \\ \log_3 x + \log_3 y = 2 \end{cases}$ の解は $x = \dfrac{\text{ア}\boxed{}}{\text{イ}\boxed{}}$, $y = \dfrac{\text{ウ}\boxed{}}{\text{エ}\boxed{}}$ である。

〔18 摂南大・理工〕

(2) 不等式 $\log_2(n-1) - \log_{\frac{1}{2}}(n+3) \leq 3 + \log_2 n$ を満たす整数 n は □ 個ある。

〔17 金沢工大〕

必解 124. 〈指数関数を含む関数の最小値〉

a を定数，x を実数とし，$y = 9^x + \dfrac{1}{9^x} - 4a\left(3^x + \dfrac{1}{3^x}\right)$ とする。$t = 3^x + \dfrac{1}{3^x}$ とおく。

(1) t のとりうる値の範囲を求めよ。

(2) y を t の式で表せ。

(3) y の最小値とそのときの x の値を，a を用いてそれぞれ表せ。 〔18 大分大〕

9 指数関数・対数関数

必解 125. 〈桁数,小数第何位に初めて 0 でない数字が現れるか〉
$\log_{10}2=0.3010$, $\log_{10}3=0.4771$ として,次の問いに答えよ。
(1) 18^{49} は ア□ 桁の自然数で,最高位の数字は イ□ である。
(2) $\left(\dfrac{15}{32}\right)^{15}$ を小数で表すと,小数第 ウ□ 位に初めて 0 でない数字が現れ,その数字は エ□ である。　　　　　[23 星薬大]

B 応用問題

126. 〈立方根を含む二重根号〉
$a=\sqrt[3]{5\sqrt{2}+7}-\sqrt[3]{5\sqrt{2}-7}$ とする。
(1) a^3 を a の 1 次式で表せ。
(2) a は整数であることを示せ。
(3) $b=\sqrt[3]{5\sqrt{2}+7}+\sqrt[3]{5\sqrt{2}-7}$ とするとき,b を越えない最大の整数を求めよ。
　　　　　　　　　　　　　　　　　　　　　　　[23 早稲田大・社会科学]

必解 127. 〈対数が無理数であることの証明〉
(1) $\log_2 3$ は無理数であることを証明せよ。
(2) p, q を異なる自然数とするとき,$p\log_2 3$ と $q\log_2 3$ の小数部分は等しくないことを証明せよ。
(3) $\log_2 3$ の値の小数第 1 位を求めよ。　　　　　[11 広島大 改]

必解 128. 〈対数の文章題への利用,最高位の数〉
ある細胞 M がはじめ 1 個ある。細胞 M は培養すると,1 分ごとに 5 倍に増殖する。例えば,培養を開始して 1 分後には 5 個に増殖し,2 分後には 25 個に増殖し,3 分後には 125 個に増殖する。ただし,$\log_{10}2=0.3010$, $\log_{10}3=0.4771$ とすること。
(1) $\log_{10}5$ の値を求めよ。
(2) 培養を開始して n 分後に初めて細胞 M が 1 兆個以上になったとする。このとき,自然数 n の値を求めよ。ただし,1 兆は 10^{12} である。
(3) (2) で求めた n を N とするとき,5^N の最高位の数を求めよ。　　[15 名城大・法]

129. 〈対数不等式で表された領域〉
不等式 $\log_x y<2+3\log_y x$ の表す領域を座標平面上に図示せよ。　　[14 宮崎大・工]

10 数 列

標準問題

130. 〈等差数列,等比数列になる3つの数〉
a, b, c を整数とし,a を2以上50以下の偶数とする。a, b, c がこの順で等比数列であり,b, c, $\frac{2}{9}a$ がこの順で等差数列であるとする。このような整数の組 (a, b, c) をすべて求めよ。
〔19 慶応大・商〕

131. 〈等差数列の和〉
$a_n = 3n-1$, $b_n = 5n-1$ ($n=1, 2, 3, \cdots\cdots$) とする。$\{a_n\}$ に現れ $\{b_n\}$ に現れない数のうち,300以下のものの合計を求めよ。
〔20 三重大・教育,工(後期)〕

132. 〈数列の和〉
(1) (a) 和 $A_n = \sum_{k=1}^{n}(-1)^{k-1} = 1+(-1)+\cdots\cdots+(-1)^{n-1}$ を求めよ。

(b) 和 $S_n = \sum_{k=1}^{n}(-1)^{k-1}k = 1+(-1)2+\cdots\cdots+(-1)^{n-1}n$ を求めよ。
〔23 島根大・医,総合理工,材料エネルギー 改〕

(2) $\sum_{k=1}^{20}\frac{1}{k(k+1)(k+2)}$ の値は $\frac{\boxed{}}{\boxed{}}$ である。
〔16 明治大・全学部統一〕

133. 〈数列の和と漸化式〉
数列 $\{a_n\}$ の初項から第 n 項までの和 S_n が
$$S_n = 3a_n + n + 1 \quad (n=1, 2, 3, \cdots\cdots)$$
を満たすとき,次の問いに答えよ。
(1) a_1, a_2 および a_3 を求めよ。
(2) a_{n+1} を a_n の式で表せ。
(3) a_n および S_n をそれぞれ n の式で表せ。
〔22 岩手大・教育,理工,農〕

134. 〈漸化式と対数の利用〉

数列 $\{a_n\}$ を次のように定める。
$$a_1 = 2, \quad a_{n+1} = a_n^3 \cdot 4^n \quad (n = 1, 2, 3, \cdots\cdots)$$

(1) $b_n = \log_2 a_n$ とするとき，b_{n+1} を b_n を用いて表せ。

(2) α，β を定数とし，$f(n) = \alpha n + \beta$ とする。このとき，$b_{n+1} - f(n+1) = 3\{b_n - f(n)\}$ が成り立つように α，β を定めよ。

(3) 数列 $\{a_n\}$，$\{b_n\}$ の一般項をそれぞれ求めよ。 〔19 静岡大・情報，理，工〕

必解 135. 〈一般項を推定して数学的帰納法で証明〉

c を定数として数列 $\{a_n\}$ を次の条件によって定める。
$$a_1 = c+1, \quad a_{n+1} = \frac{n}{n+1} a_n + 1 \quad (n = 1, 2, 3, \cdots\cdots)$$

(1) a_2，a_3，a_4 を求めよ。また，一般項 a_n の形を推定し，その推定が正しいことを証明せよ。

(2) $c = 324$ のとき，a_n の値が自然数となるような n をすべて求めよ。 〔11 三重大・医〕

136. 〈数学的帰納法を利用した不等式の証明〉

$2^{n-1} \leqq n!\ (n = 1, 2, 3, \cdots\cdots)$ を数学的帰納法で証明せよ。さらに，自然数 N を与えたとき，$\displaystyle\sum_{n=1}^{N} \frac{1}{n!} < 2$ を示せ。 〔23 三重大・工(後期)〕

必解 137. 〈確率と漸化式〉

三角形があり，その頂点を反時計回りの順に A，B，C とする。三角形 ABC において，点 P は頂点 A から出発し，1 秒経過するごとに隣の頂点へ移動する。ただし，反時計回りに移動する確率は $\dfrac{2}{3}$，時計回りに移動する確率は $\dfrac{1}{3}$ とする。n を自然数とし，点 P が頂点 A を出発してから n 秒経過したときに頂点 A，B，C にある確率を，それぞれ a_n，b_n，c_n とする。

(1) a_{n+1}，b_{n+1}，c_{n+1} を，a_n，b_n，c_n を用いて表せ。

(2) a_{n+2} を c_n を用いて表せ。

(3) a_{n+6} を a_n を用いて表せ。

(4) 0 以上の整数 k に対して a_{6k+1} を求めよ。 〔17 大阪市大・理，工，医〕

B 応用問題

138. 〈累乗数の和の公式〉

d と n を正の整数とする。1 から n までの d 乗の和を $S_d(n) = 1^d + 2^d + \cdots + n^d$ とおく。

(1) すべての正の整数 n について,$S_3(n) = \dfrac{n^2(n+1)^2}{4}$ が成り立つことを,数学的帰納法を用いて証明せよ。

(2) 恒等式 $k^3(k+1)^3 - (k-1)^3 k^3 = 6k^5 + 2k^3$ を利用して,$S_5(n)$ を求めよ。

(3) すべての正の整数 n について,$24 S_7(n)$ は整数 $n^2(n+1)^2$ で割り切れることを示せ。

[22 琉球大・理系]

139. 〈群数列〉

自然数 k に対して,分母が $2k+1$,分子が k 以下の自然数の平方からなる分数を考える。このような分数を,分母の小さい順に,分母が同じ場合には分子の大きい順に並べてできる数列を作り,下のように群に分ける。

$$\underbrace{\frac{1}{3}}_{第1群} \mid \underbrace{\frac{4}{5}, \frac{1}{5}}_{第2群} \mid \underbrace{\frac{9}{7}, \frac{4}{7}, \frac{1}{7}}_{第3群} \mid \underbrace{\frac{16}{9}, \frac{9}{9}, \frac{4}{9}, \frac{1}{9}}_{第4群} \mid \underbrace{\frac{25}{11}, \frac{16}{11}, \frac{9}{11}, \frac{4}{11}, \frac{1}{11}}_{第5群} \mid \frac{36}{13}, \frac{25}{13}, \cdots$$

(1) 第 n 群の最初の項を n を用いて表せ。

(2) $\dfrac{36}{23}$ が第何項になるかを求めよ。

(3) 第 n 群の項の総和を S_n とする。このとき,$\displaystyle\sum_{k=1}^{n} S_k$ の値 S を n を用いて表せ。

(4) 初項から第 376 項までの和を求めよ。

[18 静岡大・情報,理,工]

140. 〈図形と漸化式〉

円 $x^2 + (y-1)^2 = 1$ と外接し,x 軸と接する円で中心の x 座標が正であるものを条件 P を満たす円ということにする。

(1) 条件 P を満たす円の中心は,曲線 $y = {}^{\text{ア}}\boxed{}$ $(x > 0)$ の上にある。また,条件 P を満たす半径 9 の円を C_1 とし,その中心の x 座標を a_1 とすると,$a_1 = {}^{\text{イ}}\boxed{}$ である。

(2) 条件 P を満たし円 C_1 に外接する円を C_2 とする。また,$n = 3, 4, 5, \cdots$ に対し,条件 P を満たし,円 C_{n-1} に外接し,かつ円 C_{n-2} と異なる円を C_n とする。円 C_n の中心の x 座標を a_n とするとき,自然数 n に対し a_{n+1} を a_n を用いて表せ。

(3) (1),(2) で定めた数列 $\{a_n\}$ の一般項を求めよ。

[12 慶応大・理工]

141. 〈連立漸化式で表される2つの数列〉
容器Aには濃度5％の砂糖水が100g，容器Bには濃度x％の砂糖水が100g入っている。A，Bそれぞれの容器から砂糖水を40gずつ取り出し，容器Aから取り出した砂糖水40gを容器Bに入れ，容器Bから取り出した砂糖水40gを容器Aに入れるという操作を行う。この操作をn回行った後の容器Aと容器Bの砂糖水の濃度をそれぞれa_n％，b_n％とするとき，$a_1=15$であった。xの値は$x=$ ア□ であり，a_n+b_nの値は$a_n+b_n=$ イ□ である。また，b_n-a_nをnの式で表すと$b_n-a_n=$ ウ□ である。よって，a_nをnの式で表すと$a_n=$ エ□ である。　　〔21 関西学院大・文系〕

必解 142. 〈数学的帰納法を利用した証明〉
2次方程式 $x^2-4x+1=0$ の2つの解をα，βとする。
(1) $\alpha^2+\beta^2$，$\alpha^3+\beta^3$の値をそれぞれ求めよ。
(2) すべての自然数nに対して，$\alpha^n+\beta^n$は偶数になることを示せ。
(3) $\alpha>\beta$とする。このとき，すべての自然数nに対して，$[\alpha^n]$は奇数になることを示せ。ただし，$[\alpha^n]$はα^n以下の最大の整数を表す。　　〔18 香川大・医〕

143. 〈確率と漸化式〉
nを自然数とする。n個の箱すべてに，①，②，③，④，⑤の5種類のカードがそれぞれ1枚ずつ計5枚入っている。おのおのの箱から1枚ずつカードを取り出し，取り出した順に左から並べてn桁の数Xを作る。このとき，Xが3で割り切れる確率を求めよ。
〔17 京都大・理系〕

必解 144. 〈格子点の個数〉
xy平面上の点(x, y)でxとyがともに整数である点を格子点という。自然数nについて，$y\geqq nx$ および $y\leqq 2n^2-x^2$ を満たす格子点の総数をnで表せ。
〔18 福島県立医大・医〕

発展問題

145. 〈場合の数と漸化式〉
nを自然数とする。赤色，黄色，青色の3種類のタイルがあり，すべて同じ大きさの正方形であるとする。赤色と黄色のタイルが隣り合わないように，左から右に横一列にn枚並べるときの場合の数をa_nとする。このうち，n枚目が赤色，黄色，青色である場合の数をそれぞれb_n，c_n，d_nとする。
(1) a_1，a_2を求めよ。
(2) b_{n+1}，c_{n+1}，d_{n+1}をb_n，c_n，d_nを用いて表せ。
(3) a_{n+2}をa_{n+1}とa_nを用いて表せ。
(4) a_nを求めよ。　　〔18 大阪市大・理，工(後期)〕

11 データの分析・統計的な推測

A 　　　　　　　　　　　　　　　　　　　　　　　　　　　　　　標 準 問 題

必解 146. 〈データの平均値，分散，標準偏差〉

生徒 10 人に対して，10 点満点の数学の小テストを 2 回行った。1 回目の小テストの成績は平均点 5（点），標準偏差 2（点）であった。

2 回目の小テストでは，成績が 1 回目 3 点から 2 点上がって 5 点になった生徒が 3 人，5 点から 3 点上がって 8 点になった生徒が 2 人，逆に 7 点から 1 点下がって 6 点になった生徒が 2 人いた。他の 3 人の成績は，それぞれ 1 回目と変わらなかった。

このとき，1 回目の小テストの成績の分散は ア□ であり，2 回目の小テストの成績は平均 イ□（点），標準偏差 ウ□（点）である。

ただし，標準偏差が無理数になるときは無理数のままでよい。

〔20 立命館大・スポーツ健康科学，食マネジメント，薬〕

必解 147. 〈箱ひげ図の作図，合格者と入学者の分析〉

ある大学で，複数の科目を受験科目とする入学試験を実施した。下記の表は，すべての科目の合計点が上位 10 名に入る受験者について，数学の点数のみを抜き出したものである。この 10 名の数学の点数の平均値は 84.0 点，分散は 53.0 である。ただし，試験の点数はすべて整数値であり，平均値と分散は四捨五入されていないものとする。また，x, y は $x > y$ を満たす。

受験者	A	B	C	D	E	F	G	H	I	J
数学の点数（点）	95	70	88	84	91	79	83	81	x	y

(1) 受験者 I の数学の点数は ア□ 点である。

(2) この 10 名の数学の点数の箱ひげ図を作図せよ。

ただし，平均値は記入しなくてもよい。

(3) 入学試験に合格した受験者のうち，一部はこの大学に入学しなかった。入学した受験者のすべての科目の合計点上位 10 名を調べたところ，受験者 A から J の 10 名のうち 9 名と受験者 K であった。この受験者 K を含む 10 名の数学の点数の平均値は 83.0 点，分散は 62.0 である。ただし，平均値と分散は四捨五入されていないものとする。

このとき，受験者 A から J の中で入学しなかった受験者は イ□ であり，受験者 K の数学の点数は ウ□ 点である。

〔20 慶応大・薬 改〕

148. 〈偏差値〉

n を 2 以上の自然数とする。n 人の得点が $x_1=100$, $x_i=99$ ($i=2, 3, \ldots, n$) であるとき，n 人の得点の平均 $\bar{x}$，分散 v を求めると $(\bar{x}, v)={}^{\mathcal{P}}\boxed{}$ である。ここで，得点 x_i ($i=1, 2, 3, \ldots, n$) の偏差値 t_i は $t_i=50+\dfrac{10(x_i-\bar{x})}{\sqrt{v}}$ によって計算されることを利用すると，t_1 が 100 以上となる最小の n は ${}^{\mathcal{A}}\boxed{}$ である。　　〔17 福岡大・理，工〕

必解 149. 〈変量の変換〉

A 組と B 組の 2 つのクラスで数学のテストを行ったところ，A 組の得点の平均値が $\bar{x}_A$，分散が $s_A{}^2$，B 組の得点の平均値が $\bar{x}_B$，分散が $s_B{}^2$ となった。ただし，$\bar{x}_A$, $\bar{x}_B$, $s_A{}^2$, $s_B{}^2$ はいずれも 0 ではなかった。このとき，B 組の各生徒の得点 x に対して，正の実数 a と実数 b を用いて $y=ax+b$ と変換し，y の平均値と分散を A 組の得点の平均値と分散に一致させるためには，$a={}^{\mathcal{P}}\boxed{}$, $b={}^{\mathcal{A}}\boxed{}$ と設定すればよい。

〔22 慶応大・看護医療〕

150. 〈変量変換後の分散，共分散と相関係数〉

n は自然数とする。2 つの変量 x, y の n 個のデータ (x_i, y_i) ($i=1, 2, 3, \ldots, n$) が与えられている。変量 x, y の平均をそれぞれ $\bar{x}$, $\bar{y}$ と記し，分散をそれぞれ $s_x{}^2$, $s_y{}^2$ と記す。変量 x と y の共分散を s_{xy} と記す。更に，$z_i=x_i+y_i$, $w_i=x_i-y_i$ ($i=1, 2, 3, \ldots, n$) とおく。また，$\bar{x}=\dfrac{11}{2}$, $\bar{y}=11$, $s_x{}^2=\dfrac{33}{4}$, $s_y{}^2=33$, $s_{xy}=\dfrac{33}{2}$ である。

このとき，変量 z の平均 $\bar{z}$ は ${}^{\mathcal{P}}\boxed{}$，変量 w の平均 $\bar{w}$ は ${}^{\mathcal{A}}\boxed{}$ である。変量 z の分散 $s_z{}^2$ は ${}^{\mathcal{P}}\boxed{}$，変量 w の分散 $s_w{}^2$ は ${}^{\mathcal{I}}\boxed{}$ である。また，変量 z と w の共分散 s_{zw} は ${}^{\mathcal{A}}\boxed{}$ であり，変量 z と w の相関係数 r_{zw} の 2 乗は ${}^{\mathcal{D}}\boxed{}$ である。

〔17 同志社大・政策，文化情報，スポーツ健康科学〕

151. 〈正規分布を利用した確率の計算〉

1 から 9 までの整数が 1 つずつ書かれた 9 枚のカードから，6 枚のカードを同時に抜き出すという試行について，次の問いに答えよ。なお，必要に応じて正規分布表を利用してよい。

(1) この試行において，抜き出された 6 枚のカードに書かれた整数のうち最小のものを X とする。X の期待値と標準偏差を求めよ。

(2) この試行において，抜き出された 6 枚のカードに書かれた整数のうち最小のものが 1 であるという事象を A とする。この試行を 200 回繰り返すとき，事象 A の起こる回数が 125 回以下である確率を，正規分布による近似を用いて求めよ。　　〔22 滋賀大〕

応用問題

152. 〈相関係数 r について $-1 \leqq r \leqq 1$ であることの証明〉
2つの変量 x, y についてのデータが，ともに n 個の値 $x_1, x_2, \cdots\cdots, x_n$
($x_1 = x_2 = \cdots\cdots = x_n$ ではない), $y_1, y_2, \cdots\cdots, y_n$ ($y_1 = y_2 = \cdots\cdots = y_n$ ではない) である
とする。変量 x, y の平均値をそれぞれ $\bar{x}$, $\bar{y}$, x と y の相関係数を r とする。
$f(t) = \dfrac{1}{n}\sum\limits_{k=1}^{n}\{(x_k-\bar{x})t-(y_k-\bar{y})\}^2 \geqq 0$ がすべての実数 t について成り立つことを利用
して，$-1 \leqq r \leqq 1$ であることを示せ。

153. 〈確率密度関数，信頼区間〉
a を実数とする。連続型確率変数 X のとりうる範囲が $0 \leqq X \leqq 1$ であり，その確率密度関数が $f(x)=ax(1-x)$ と表されている。
(1) a の値を求めよ。
(2) 確率変数 $Y=10X-25$ を考える。Y の期待値 $E(Y)$ の値と，分散 $V(Y)$ の値を求めよ。
(3) Y と同じ期待値と分散をもつ母集団から大きさ 25 の標本を無作為に抽出し，その標本平均を $\overline{Y}$ とする。$\overline{Y}$ の平均に対する信頼度 95% の信頼区間を求めよ。ただし，$\overline{Y}$ は正規分布に従うとみなし，正規分布表を用いよ。

〔21 横浜市大・データサイエンス〕

154. 〈仮説検定〉
乱数サイについて，次の各問いに答えよ。ただし，乱数サイとは，正二十面体のさいころで各面に 0 から 9 までの数字が 2 度ずつ書き込まれたものである。
(1) 2つの正常な乱数サイを同時に投げるとき，出る目の和が 14 となる確率を求めよ。
(2) (1)において，出る目の差の絶対値を X とするとき，X の確率分布，期待値 $E(X)$，分散 $V(X)$ を求めよ。
(3) ある乱数サイを 200 回投げたとき，9 の目が 30 回出た。このとき，このサイの 9 の目の出る確率は $\dfrac{1}{10}$ ではないといってよいか。有意水準 5%，1% でそれぞれ検定せよ。

〔旭川医大 改〕

12 ベクトル

A
標準問題

必解 155. 〈ベクトルの等式と三角形の面積比・四面体の体積比〉
空間に四面体 ABCD と点 P, Q があり, $4\overrightarrow{PA}+5\overrightarrow{PB}+6\overrightarrow{PC}=\vec{0}$, $4\overrightarrow{QA}+5\overrightarrow{QB}+6\overrightarrow{QC}+7\overrightarrow{QD}=\vec{0}$ を満たす.
(1) $\overrightarrow{AP}$ を $\overrightarrow{AB}, \overrightarrow{AC}$ を用いて表せ.
(2) 三角形 PAB と三角形 PBC の面積比を求めよ.
(3) 四面体 QABC と四面体 QBCD の体積比を求めよ. 〔14 名古屋市大・医, 経〕

156. 〈正六角形とベクトルのなす角〉
1辺の長さが1の正六角形 ABCDEF において, $\vec{a}=\overrightarrow{AB}, \vec{b}=\overrightarrow{AF}$ と定める.
(1) $\overrightarrow{AC}, \overrightarrow{AD}, \overrightarrow{AE}$ を $\vec{a}, \vec{b}$ で表せ.
(2) 辺 CD 上に点 G を, 辺 DE 上に点 H をとり, 線分 AG と AH で正六角形の面積を3等分する. このとき, $\overrightarrow{AG}$ と $\overrightarrow{AH}$ を $\vec{a}, \vec{b}$ で表せ.
(3) $\overrightarrow{AG}$ と $\overrightarrow{AH}$ のなす角を θ とするとき, $\cos\theta$ の値を求めよ. 〔14 香川大〕

必解 157. 〈ベクトルの等式からベクトルの成分を求める〉
xy 平面上に原点 O と2点 A, B がある. $\overrightarrow{OA}$ の大きさを3, $\overrightarrow{OB}$ の大きさを4とする.
(1) $\overrightarrow{OA}$ と $\overrightarrow{OB}$ のなす角が $\dfrac{2\pi}{3}$ であるとき, $\overrightarrow{OA}+2\overrightarrow{OB}$ の大きさを求めよ.
(2) α が $0<\alpha<\dfrac{\pi}{2}$ の範囲にあり, $\sin\alpha=\dfrac{1}{4}$ を満たすとする. $\overrightarrow{OA}$ と $\overrightarrow{OB}$ のなす角が 4α であるとき, $\triangle OAB$ の面積を求めよ.
(3) 点 E(1, 0) に対し, $4\overrightarrow{OA}+3\overrightarrow{OB}-12\overrightarrow{OE}=\vec{0}$ が成り立つとき, $\overrightarrow{OA}, \overrightarrow{OB}$ を求めよ. 〔15 島根大・医, 総合理工〕

158. 〈ベクトルの内積と大きさの最小値〉
ベクトル $\vec{a}, \vec{b}, \vec{c}$ はどれも大きさが1で, $2\vec{a}+3\vec{b}+4\vec{c}=\vec{0}$ を満たしている. このとき, $\vec{a}$ と $\vec{b}$ の内積 $\vec{a}\cdot\vec{b}$ は $\vec{a}\cdot\vec{b}=$ ア□ であり, $|\vec{a}+\vec{b}+t\vec{c}|$ は $t=$ イ□ のとき, 最小値 ウ□ をとる. 〔18 慶応大・医〕

159. 〈三角形の内心, 外心と位置ベクトル〉

三角形 ABC の内心を I, 外心を O とし, 辺 BC, CA, AB の長さを, それぞれ, a, b, c とする。

(1) $\overrightarrow{AI} = r\overrightarrow{AB} + s\overrightarrow{AC}$ となる実数 r, s を, a, b, c を用いて表せ。

(2) 頂点Aに対応する内角の大きさが $\dfrac{\pi}{3}$ であるとき, $\overrightarrow{AO} = t\overrightarrow{AB} + u\overrightarrow{AC}$ となる実数 t, u を, b, c を用いて表せ。

〔17 埼玉大・教育, 経〕

160. 〈3点が一直線上にあることの証明〉

△ABC の重心をG, 外接円の中心をEとする。

(1) $\overrightarrow{GA} + \overrightarrow{GB} + \overrightarrow{GC} = \vec{0}$ を示せ。

(2) $\overrightarrow{EA} + \overrightarrow{EB} + \overrightarrow{EC} = \overrightarrow{EH}$ となるように点Hをとると, 点Hは △ABC の垂心であることを示せ。

(3) E, G, H は一直線上にあり, EG : GH = 1 : 2 であることを示せ。〔山梨大・教育〕

161. 〈交点の位置ベクトル〉

t は $0 < t < 1$ を満たす定数とする。三角形 OAB において, 辺 OA を 2 : 3 に内分する点を C, 辺 OB を $t : 1-t$ に内分する点を D, 線分 AD と線分 BC の交点を E, 直線 OE と辺 AB の交点をFとする。$\vec{a} = \overrightarrow{OA}$, $\vec{b} = \overrightarrow{OB}$ とするとき, 以下の問いに答えよ。

(1) $\overrightarrow{AD}$ と $\overrightarrow{BC}$ をそれぞれ, $\vec{a}$, $\vec{b}$ と t を用いて表せ。

(2) $\overrightarrow{OE}$ を $\vec{a}$, $\vec{b}$ と t を用いて表せ。

(3) $\overrightarrow{OF}$ を $\vec{a}$, $\vec{b}$ と t を用いて表せ。

(4) ∠AOB $= \theta$ とする。辺 OA と辺 OB の長さが等しく, ∠AEB が直角のとき, $\cos\theta$ を t を用いて表せ。

〔20 大阪府大〕

162. 〈三角形の面積の公式, 3つの空間ベクトルの関係〉

Oを原点とする座標空間内の △OAB について, 次の問いに答えよ。

(1) △OAB の面積 S が次の式を満たすことを証明せよ。
$$S = \frac{1}{2}\sqrt{|\overrightarrow{OA}|^2|\overrightarrow{OB}|^2 - (\overrightarrow{OA}\cdot\overrightarrow{OB})^2}$$

(2) 次の ☐ の中に入る適当な語句を下のア〜エの中から1つ選べ。

点 A(a_1, a_2, a_3), B(b_1, b_2, b_3) に対して, 点Pを P($a_2b_3 - a_3b_2$, $a_3b_1 - a_1b_3$, $a_1b_2 - a_2b_1$) と定める。このとき, $\overrightarrow{OP}$ は $\overrightarrow{OA}$, $\overrightarrow{OB}$ の両方と ☐ である。

ア. 平行　イ. 垂直　ウ. 同じ長さ　エ. 向きが逆

(3) (2)で答えた結論について証明せよ。

〔23 広島工大〕

163. 〈座標空間における四面体の体積と内接する球の半径〉

原点をOとする座標空間に3つの点 A(3, 0, 0), B(0, 2, 0), C(0, 0, 1) がある。

(1) Oから3つの点 A, B, C を含む平面に垂線を下ろし，この平面と垂線の交点をHとすると，点Hの座標は $\left(\dfrac{ア\boxed{}}{イ\boxed{}},\ \dfrac{ウ\boxed{}}{エ\boxed{}},\ \dfrac{オ\boxed{}}{カ\boxed{}}\right)$ である。

(2) 四面体 OABC に内接する球の半径は $\dfrac{キ\boxed{}}{ク\boxed{}}$ である。　〔18 早稲田大・スポーツ科学〕

164. 〈座標空間内の2直線の交点と三角形の面積比〉

座標空間内の4点 A(−3, 1, 1), B(6, 7, −2), C(6, −4, 11), D(1, 11, −9) に対して，次の問いに答えよ。

(1) 直線 AB と直線 CD は1点Pで交わることを示し，Pの座標を求めよ。

(2) △APC と △APD の面積の比を求めよ。　〔18 名古屋工大（推薦）〕

165. 〈球面のベクトル方程式，2つの球面の交円〉

空間において，点 A(0, 6, 0) を中心とする半径3の球面 S_1 上を動く点Qを考える。更に，原点をOとして，線分 OQ の中点をPとする。

(1) 点 A, Q, P の位置ベクトルをそれぞれ $\vec{a},\ \vec{q},\ \vec{p}$ とする。このとき，$\vec{q}$ はベクトル方程式 $|\vec{q}-{}^{ア}\boxed{}\vec{a}|={}^{イ}\boxed{}$ を満たす。また，$\vec{q}$ は $\vec{p}$ を用いて $\vec{q}={}^{ウ}\boxed{}\vec{p}$ と表せる。したがって，$\vec{p}$ はベクトル方程式 $|\vec{p}-{}^{エ}\boxed{}\vec{a}|={}^{オ}\boxed{}$ を満たす。ゆえに，点Pは半径 ${}^{カ}\boxed{}$，中心の座標 ${}^{キ}\boxed{}$ の球面上を動く。この球面を S_2 とする。

(2) 球面 S_1 上の点の座標を (x, y, z) とすると，x, y, z は方程式 ${}^{ク}\boxed{}$ を満たす。同様に，球面 S_2 上の点 (x, y, z) は方程式 ${}^{ケ}\boxed{}$ を満たす。そこで，2つの球面 S_1 と S_2 が交わってできる円を C_1 とするとき，円 C_1 を含む平面の方程式は ${}^{コ}\boxed{}$ となる。このとき，円 C_1 の中心の座標は ${}^{サ}\boxed{}$ であり，半径は ${}^{シ}\boxed{}$ である。更に，点 U(0, −1, 0) に対し，線分 UQ の中点をVとする。点Qが球面 S_1 上を動くときの点Vの軌跡は球面となる。この球面を S_3 とすると，2つの球面 S_1 と S_3 が交わってできる円 C_2 の中心の座標は ${}^{ス}\boxed{}$ であり，半径は ${}^{セ}\boxed{}$ である。　〔16 立命館大・理系〕

B 応用問題

166. 〈2円の共通接線のベクトル方程式〉
$\vec{c_1} = (1, 2)$, $\vec{c_2} = (5, 4)$ を xy 平面上の原点を始点とする位置ベクトルとし，C_1, C_2 をそれぞれベクトル方程式 $|\vec{p} - \vec{c_1}| = 2$, $|\vec{p} - \vec{c_2}| = 2$ で与えられた円とする。
(1) 円 C_1 の中心と円 C_2 の中心を通る直線 ℓ のベクトル方程式を求めよ。
(2) 円 C_1 と円 C_2 の両方に接する直線のうち ℓ と平行であるものは 2 本ある。それらの直線と C_1 との接点を求めよ。
(3) 円 C_1 と円 C_2 の両方に接する直線のうち ℓ と平行でないものは 2 本ある。それらの直線のうち方向ベクトルが $(0, 1)$ でないものを m とする。このとき，m と C_1 との接点および m の方向ベクトルを求めよ。　　　〔19 静岡大・理〕

167. 〈ベクトルの終点の存在範囲の面積〉
平面上に $\triangle OAB$ があり，$OA = 5$, $OB = 8$, $AB = 7$ とする。s, t を実数として，点 P を $\overrightarrow{OP} = s\overrightarrow{OA} + t\overrightarrow{OB}$ で定める。
(1) $\triangle OAB$ の面積は ${}^{ア}\boxed{}\sqrt{{}^{イ}\boxed{}}$ である。
(2) $s \geqq 0$, $t \geqq 0$, $1 \leqq s + t \leqq 2$ のとき，点 P の存在しうる領域の面積は $\triangle OAB$ の面積の ${}^{ウ}\boxed{}$ 倍である。
(3) $s \geqq 0$, $t \geqq 0$, $s + 2t \geqq 2$, $2s + t \leqq 2$ のとき，点 P の存在しうる領域の面積は $\triangle OAB$ の面積の $\dfrac{{}^{エ}\boxed{}}{{}^{オ}\boxed{}}$ 倍である。　　〔21 摂南大・理工〕

168. 〈四面体と位置ベクトル〉
四面体 OABC がある。辺 OA を 2 : 1 に外分する点を D とし，辺 OB を 3 : 2 に外分する点を E とし，辺 OC を 4 : 3 に外分する点を F とする。点 P は辺 AB の中点であり，点 Q は線分 EC 上にあり，点 R は直線 DF 上にある。3 点 P, Q, R が一直線上にあるとき，線分の長さの比 EQ : QC および PQ : QR を求めよ。　〔21 京都工繊大・工芸科学〕

169. 〈球面で反射される光線〉
座標空間において，原点 O を中心とし半径が $\sqrt{5}$ の球面を S とする。点 A(1, 1, 1) からベクトル $\vec{u} = (0, 1, -1)$ と同じ向きに出た光線が球面 S に点 B で当たり，反射して球面 S の点 C に到達したとする。ただし反射光は，点 O, A, B が定める平面上を，直線 OB が $\angle ABC$ を二等分するように進むものとする。点 C の座標を求めよ。
〔20 早稲田大・教育〕

170. 〈平面に垂直な単位ベクトル〉

a, b, c を正の定数とし, 3 点 $A(a, 0, 0)$, $B(0, b, 0)$, $C(0, 0, c)$ の定める平面を α とする。また, 原点を O とし, 平面 α に垂直な単位ベクトルを $\vec{n} = (n_1, n_2, n_3)$ とする。ただし, $n_1 > 0$ とする。

(1) $\vec{n}$ を求めよ。

(2) 平面 α 上に点 H があり, 直線 OH は α に垂直であるとする。$\overrightarrow{OH}$ および $|\overrightarrow{OH}|$ を求めよ。

(3) △ABC の面積を S, △OBC の面積を S_1 とする。四面体 OABC の体積を考えることにより, $S_1 = n_1 S$ であることを示せ。　　　　　　　　　　　　[15 佐賀大・農, 文化教育]

171. 〈球に内接する四面体の体積〉

原点 O を中心とする半径 1 の球面 S に, 四面体 PABC が内接している。点 P と三角形 ABC の重心 G を通る直線が球面 S と交わる P と異なる点を Q とする。また, $\overrightarrow{PA} = \vec{a}$, $\overrightarrow{PB} = \vec{b}$, $\overrightarrow{PC} = \vec{c}$, $\overrightarrow{PO} = \vec{p}$ とする。

(1) $\vec{a} \cdot \vec{a} = 2\vec{a} \cdot \vec{p}$ を示せ。

(2) $\overrightarrow{PQ} = k\overrightarrow{PG}$ となる k を, $\vec{a}, \vec{b}, \vec{c}$ を用いて表せ。

(3) PG : PQ = 1 : 3 とする。角 ∠APB, ∠BPC, ∠CPA に対して, 次のいずれかが成り立つことを示せ。

　・3 つの角のうち, 少なくとも 1 つは鋭角, 少なくとも 1 つは鈍角である。
　・3 つの角はすべて直角である。

(4) PG : PQ = 1 : 3, $|\vec{a}| = |\vec{b}| = |\vec{c}| = \dfrac{2}{\sqrt{3}}$ とする。PQ を求めよ。さらに, 四面体 PABC の体積を求めよ。　　　　　　　　　　　　　[19 早稲田大・基幹理工, 創造理工, 先進理工]

発展問題

172. 〈空間における直線上の点と三角形の面積の最小値〉

座標空間において原点 O と点 $A(0, -1, 1)$ を通る直線を ℓ とし, 点 $B(0, 2, 1)$ と点 $C(-2, 2, -3)$ を通る直線を m とする。ℓ 上の 2 点 P, Q と, m 上の点 R を △PQR が正三角形となるようにとる。このとき, △PQR の面積が最小となるような P, Q, R の座標を求めよ。　　　　　　　　　　　　　　　　　　　　　[17 京都大・文系]

13 複素平面

A 　　　　　　　　　　　　　　　　　　　　　　　　　　　　標準問題

173. 〈複素数の絶対値〉

(1) 複素数 z が $z^2 = -3+4i$ を満たすとき z の絶対値は $^{ア}\boxed{}$ であり，z の共役複素数 $\bar{z}$ を z を用いて表すと $\bar{z} = \dfrac{{}^{イ}\boxed{}}{z}$ である（ただし i は虚数単位）。また，$(z+\bar{z})^2$ の値は $^{ウ}\boxed{}$ である。　　　　　　　　　　　　　　〔21 関西学院大〕

(2) $|z|=1$ を満たす複素数 z に対して，$|z-2|$ の最大値は $^{ア}\boxed{}$ であり，$\left|z+\dfrac{1}{z}+3\right|$ の最大値は $^{イ}\boxed{}$ である。　　　　　　　　　　　　　　〔21 職能開発大〕

必解 174. 〈複素数を含む式の値〉

複素数 α, β が $|\alpha|=1$, $|\beta|=\sqrt{2}$, $|\alpha-\beta|=1$ を満たし，$\dfrac{\beta}{\alpha}$ の虚部は正であるとする。

(1) $\dfrac{\beta}{\alpha}$ および $\left(\dfrac{\beta}{\alpha}\right)^8$ を求めよ。

(2) $|\alpha+\beta|$ を求めよ。

(3) n が 8 で割ると 1 余る整数のとき，$|\alpha^n+\beta^n|$ を n を用いて表せ。　〔17 佐賀大・理工〕

175. 〈複素数のべき乗の和と三角関数の等式〉

n を自然数とする。z を 0 でない複素数とし，
$$S = z^{-2n} + z^{-2n+2} + z^{-2n+4} + \cdots + z^{-2} + 1 + z^2 + \cdots + z^{2n-4} + z^{2n-2} + z^{2n}$$
とする。

(1) $z^{-1}S - zS$ を計算せよ。

(2) i を虚数単位とし，θ を実数とする。$z = \cos\theta + i\sin\theta$ のとき，自然数 k に対して，$z^{-k}+z^k$ の実部と $z^{-k}-z^k$ の虚部を θ と k を用いて表せ。

(3) θ を実数とし，$\sin\theta \neq 0$ とする。次の等式を証明せよ。
$$1 + 2\sum_{k=1}^{n}\cos 2k\theta = \dfrac{\sin(2n+1)\theta}{\sin\theta}$$

〔23 茨城大・理〕

13 複素数平面

必解 176. 〈1の7乗根〉

$z = \cos\dfrac{2\pi}{7} + i\sin\dfrac{2\pi}{7}$ (i は虚数単位) とおく。

(1) $z + z^2 + z^3 + z^4 + z^5 + z^6$ を求めよ。

(2) $\alpha = z + z^2 + z^4$ とするとき，$\alpha + \overline{\alpha}$，$\alpha\overline{\alpha}$ および α を求めよ。ただし，$\overline{\alpha}$ は α の共役複素数である。

(3) $(1-z)(1-z^2)(1-z^3)(1-z^4)(1-z^5)(1-z^6)$ を求めよ。　　　〔16 千葉大・理系〕

必解 177. 〈方程式の解，$w = f(z)$ の表す図形〉

i は虚数単位とする。

(1) 方程式 $z^4 = -1$ を解け。

(2) α を方程式 $z^4 = -1$ の解の1つとする。複素数平面に点 β があって $|z - \beta| = \sqrt{2}\,|z - \alpha|$ を満たす点 z 全体が原点を中心とする円 C を描くとき，複素数 β を α で表せ。

(3) 点 z が (2) の円 C 上を動くとき，点 i と z を結ぶ線分の中点 w はどのような図形を描くか。　　　〔15 鹿児島大・理系〕

必解 178. 〈円周上を動く点 z と $w = f(z)$ の表す図形〉

複素数平面上の点 z が原点を中心とする半径 $\sqrt{2}$ の円周上を動くとする。

(1) 複素数 $w = \dfrac{z-1}{z-i}$ で表される点 w の描く図形を複素数平面上に図示せよ。ただし，i は虚数単位である。

(2) (1) の図形を，原点を中心に $\dfrac{\pi}{6}$ だけ回転して得られる図形を求めよ。

〔17 静岡大・理〕

B 応用問題

179. 〈1の9乗根と3次方程式の決定〉

複素数 $z = \cos\dfrac{2\pi}{9} + i\sin\dfrac{2\pi}{9}$ に対し，$\alpha = z + z^8$ とおく。$f(x)$ は整数係数の3次多項式で，3次の係数が1であり，かつ $f(\alpha) = 0$ となるものとする。ただし，すべての係数が整数である多項式を，整数係数の多項式という。

(1) $f(x)$ を求めよ。ただし，$f(x)$ がただ1つに決まることは証明しなくてよい。

(2) 3次方程式 $f(x) = 0$ の α 以外の2つの解を，α の2次以下の，整数係数の多項式の形で表せ。　　　〔18 千葉大・理, 医〕

13 複素数平面

必解 180. 〈正三角形の頂点, 3点が一直線上にあるための条件〉
複素数平面上の原点Oと2点 A$(2-4\sqrt{3}\,i)$, B$(3+\sqrt{3}\,i)$ を考える。ただし, i を虚数単位とする。三角形 OAB の外側に, 3辺 AB, BO, OA をそれぞれ1辺とする正三角形 ALB, BMO, ONA を作る。
(1) 点 L, M, N を表す複素数をそれぞれ求めよ。
(2) 直線 OL と直線 AM の交点をPとする。点Pを表す複素数を求めよ。
(3) 3点 B, P, N が一直線上にあることを示せ。　〔17 首都大東京・理系 改〕

必解 181. 〈複素数が実数となる条件と $|z-w|$ の最小値〉
(1) $z+\dfrac{1}{z}=\sqrt{3}$ を満たす複素数 z の値を求めよ。また, このとき $\alpha=z^{100}+\dfrac{1}{z^{100}}$ の値を求めよ。
(2) $z+\dfrac{1}{z}$ が実数となるような複素数 z が表す複素数平面上の点全体は, どのような図形を表すか。
(3) $z+\dfrac{1}{z}$ が実数となる複素数 z と, $\left|w-\left(\dfrac{8}{3}+2i\right)\right|=\dfrac{2}{3}$ を満たす複素数 w について, $|z-w|$ の最小値を求めよ。　〔18 名古屋工大〕

必解 182. 〈3点が正三角形, 直角三角形の頂点となる条件〉
複素数 z について, $1, z, z^2$ を表す複素数平面上の点をそれぞれ A, B, C とする。
(1) 点 A, B, C が正三角形の3つの頂点となる z をすべて求めよ。
(2) 点 A, B, C が直角三角形の3つの頂点となるための z に関する条件を求めよ。また, この条件を満たす点 z 全体を図示せよ。　〔22 佐賀大・理工〕

発展問題

183. 〈直線上を動く点 z と $w=f(z)$ の表す図形〉
複素数平面上の原点以外の点 z に対して, $w=\dfrac{1}{z}$ とする。
(1) α を0でない複素数とし, 点 α と原点Oを結ぶ線分の垂直二等分線を L とする。点 z が直線 L 上を動くとき, 点 w の軌跡は円から1点を除いたものになる。この円の中心と半径を求めよ。
(2) 1の3乗根のうち, 虚部が正であるものを β とする。点 β と点 β^2 を結ぶ線分上を点 z が動くときの点 w の軌跡を求め, 複素数平面上に図示せよ。　〔17 東京大・理系〕

14 式と曲線

A
標準問題

184. 〈楕円に引いた2本の接線が直交する点の軌跡〉

(1) 直線 $y=mx+n$ が楕円 $x^2+\dfrac{y^2}{4}=1$ に接するための条件を m, n を用いて表せ。

(2) 点 $(2, 1)$ から楕円 $x^2+\dfrac{y^2}{4}=1$ に引いた2つの接線が直交することを示せ。

(3) 楕円 $x^2+\dfrac{y^2}{4}=1$ の直交する2つの接線の交点の軌跡を求めよ。

〔17 島根大・医, 総合理工〕

必解 185. 〈2つの楕円に関する図形の面積〉

$a>0$, $b>0$, $a\neq b$ とする。また, 2つの楕円 $\dfrac{x^2}{a^2}+\dfrac{y^2}{b^2}=1$, $\dfrac{x^2}{b^2}+\dfrac{y^2}{a^2}=1$ の第1象限における交点を通り, y 軸に平行な直線の方程式を $x=c$ とする。
領域 $D_1: \dfrac{x^2}{a^2}+\dfrac{y^2}{b^2}\leq 1$, $0\leq x\leq c$, $0\leq y$ の面積を S_1, 領域 $D_2: \dfrac{x^2}{b^2}+\dfrac{y^2}{a^2}\leq 1$, $0\leq x\leq c$, $0\leq y$ の面積を S_2 とする。

(1) c を a, b を用いて表せ。

(2) S_1+S_2 を a, b を用いて表せ。

〔22 大分大・医〕

必解 186. 〈双曲線と漸近線に切り取られる線分の性質〉

p を実数とし, 座標平面において $C: 4x^2-y^2=1$, $\ell: y=px+1$ によって与えられる双曲線 C と直線 ℓ を考える。C と ℓ が異なる2つの共有点をもつとき, 次の問いに答えよ。

(1) p の範囲を求めよ。

(2) C と ℓ の共有点を $P_1(x_1, y_1)$, $P_2(x_2, y_2)$ とする。ただし, $x_1<x_2$ であるとする。このとき, 線分 P_1P_2 の中点の座標を求めよ。

(3) C の2つの漸近線と ℓ の交点を $Q_1(x_3, y_3)$, $Q_2(x_4, y_4)$ とする。ただし, $x_3<x_4$ であるとする。このとき, 線分 Q_1Q_2 の中点の座標を求めよ。

(4) (2)の P_1, P_2 および(3)の Q_1, Q_2 に対し, $P_1Q_1=P_2Q_2$ が成り立つことを示せ。

〔21 東京都立大・理, 都市環境, システムデザイン 改〕

14 式と曲線

187. 〈双曲線の回転移動〉

(1) 座標平面上の点 (x, y) を原点の周りに $\dfrac{\pi}{4}$ だけ回転して得られる点の座標を (x', y') とする。x', y' を x, y を用いて表せ。

(2) 双曲線 $x^2 - y^2 = 1$ を原点の周りに $\dfrac{\pi}{4}$ だけ回転して得られる図形の方程式を求めよ。

〔21 大分大・医 改〕

188. 〈媒介変数表示・極方程式で表された曲線〉

座標平面上の曲線 C_1 上を動く点 $P(x, y)$ が媒介変数 t によって $x = \dfrac{-4}{1+t^2}$, $y = \dfrac{4t}{1+t^2}$ で表されているとする。また、曲線 C_2 は極方程式によって $r = 4\cos\left(\theta - \dfrac{\pi}{4}\right)$ と表されているとする。

(1) t を消去して、曲線 C_1 を x と y を用いて表せ。

(2) 曲線 C_2 を直交座標に関する方程式で表せ。

(3) 原点を O、原点から最も遠い曲線 C_2 上の点を A、曲線 C_1 と C_2 の交点を B とする。このとき、△OAB の面積を求めよ。

〔19 甲南大・理工, 知能情報, フロンティアサイエンス〕

B 応用問題

189. 〈放物線上の4点と焦点を結ぶ線分の長さで表された式の値〉

放物線 $y^2 = 4px$ $(p > 0)$ 上に4点があり、それらを y 座標の大きい順に A, B, C, D とする。線分 AC と BD は放物線の焦点 F で垂直に交わっている。ベクトル $\overrightarrow{FA}$ が x 軸の正の方向となす角を θ とする。

(1) 線分 AF の長さを p と θ を用いて表せ。

(2) $\dfrac{1}{\text{AF} \cdot \text{CF}} + \dfrac{1}{\text{BF} \cdot \text{DF}}$ は θ によらず一定であることを示し、その値を p を用いて表せ。

〔名古屋工大〕

190. 〈楕円の法線の性質〉

$a > b > 0$ として、座標平面上の楕円 $\dfrac{x^2}{a^2} + \dfrac{y^2}{b^2} = 1$ を C とおく。C 上の点 $P(p_1, p_2)$ $(p_2 \neq 0)$ における C の接線を ℓ、法線を n とする。

(1) 接線 ℓ および法線 n の方程式を求めよ。

(2) 2点 $A(\sqrt{a^2 - b^2}, 0)$, $B(-\sqrt{a^2 - b^2}, 0)$ に対して、法線 n は ∠APB の二等分線であることを示せ。

〔21 お茶の水大・理〕

191. 〈複素数と2次曲線〉

w を 0 でない複素数，x, y を $w + \dfrac{1}{w} = x + yi$ を満たす実数とする。

(1) 実数 R は $R > 1$ を満たす定数とする。w が絶対値 R の複素数全体を動くとき，xy 平面上の点 (x, y) の軌跡を求めよ。

(2) 実数 α は $0 < \alpha < \dfrac{\pi}{2}$ を満たす定数とする。w が偏角 α の複素数全体を動くとき，xy 平面上の点 (x, y) の軌跡を求めよ。　　　　　　　　　　　　　　　　　　　　　〔17 京都大・理系〕

必解 192. 〈内サイクロイドの媒介変数表示〉

座標平面上に原点 O を中心とする半径 5 の円 C がある。$n = 2$ または $n = 3$ とし，半径 n の円 C_n が円 C に内接して滑ることなく回転していくとする。円 C_n 上に点 P_n がある。最初，円 C_n の中心 O_n が $(5-n, 0)$ に，点 P_n が $(5, 0)$ にあったとして，円 C_n の中心が円 C の内部を反時計回りに n 周して，もとの位置に戻るものとする。円 C と円 C_n の接点を S_n とし，線分 OS_n が x 軸の正の方向となす角を t とする。

(1) 点 P_n の座標を t と n を用いて表せ。
(2) 点 P_2 の描く曲線と点 P_3 の描く曲線は同じであることを示せ。

〔11 大阪大・理，工，基礎工（後期）〕

193. 〈極方程式で表された曲線〉

xy 平面上で，極方程式 $r = \dfrac{1}{1 + \cos\theta}$ により与えられる曲線 C を考える。

(1) 曲線 C の概形を図示せよ。

(2) $0 < \theta < \dfrac{\pi}{2}$ とし，曲線 C 上の，極座標が (r, θ) である点 P を考える。

　　点 P における曲線 C の接線の傾きは $-\dfrac{1 + \cos\theta}{\sin\theta}$ であることを示せ。

(3) (2)の点 P から y 軸に下ろした垂線と y 軸との交点を H，原点を O とする。
　　∠OPH の二等分線と，点 P における曲線 C の接線は直交することを示せ。

〔21 琉球大・理系〕

15 関 数

A 標準問題

必解 194. 〈分数関数の決定, 分数不等式〉

$g(x)$ を x の 1 次式とする。関数 $y = \dfrac{g(x)}{x-1}$ のグラフが点 $(0, 1)$ を通り, 直線 $y = 2$ を漸近線にもつとき, $g(x) = {}^\mathcal{ア}\boxed{}$ である。

このとき, $\dfrac{g(x)}{x-1} > x+1$ を満たす x の値の範囲は, $x < {}^\mathcal{イ}\boxed{}$ または $1 < x < {}^\mathcal{ウ}\boxed{}$ である。

〔19 大阪工大・工, ロボティクス&デザイン工〔推薦〕〕

195. 〈無理不等式, 無理方程式〉

(1) 不等式 $\sqrt{2x^2+x-6} < x+2$ を満たす実数 x の範囲を求めよ。 〔21 学習院大・理〕

(2) 方程式 $x = \sqrt{2+\sqrt{x^2-2}}$ を満たす実数 x の値をすべて求めよ。 〔12 福島大〕

必解 196. 〈無理関数のグラフと直線の共有点〉

曲線 $y = \sqrt{x+2}$ と直線 $y = x+a$ が共有点をもつとき, 定数 a のとりうる値の範囲は ${}^\mathcal{ア}\boxed{}$ であり, 共有点の数が 2 個でかつ, その共有点の y 座標がともに正であるとき, a のとりうる値の範囲は ${}^\mathcal{イ}\boxed{}$ である。

〔16 関西大・システム理工, 環境都市工, 化学生命工〕

必解 197. 〈無理関数とその逆関数を含む不等式〉

関数 $f(x) = \sqrt{7x-3} - 1$ について考える。

(1) $f(x)$ の逆関数は $f^{-1}(x) = \dfrac{{}^\mathcal{ア}\boxed{}}{{}^\mathcal{イ}\boxed{}}(x^2 + {}^\mathcal{ウ}\boxed{} x + {}^\mathcal{エ}\boxed{})$ $(x \geq {}^\mathcal{オ}\boxed{})$ である。

(2) 曲線 $y = f(x)$ と直線 $y = x$ との交点の座標は $({}^\mathcal{カ}\boxed{}, {}^\mathcal{キ}\boxed{})$, $({}^\mathcal{ク}\boxed{}, {}^\mathcal{ケ}\boxed{})$ である。ただし, ${}^\mathcal{カ}\boxed{} < {}^\mathcal{ク}\boxed{}$ とする。

(3) 不等式 $f^{-1}(x) \leq f(x)$ の解は ${}^\mathcal{コ}\boxed{} \leq x \leq {}^\mathcal{サ}\boxed{}$ である。 〔15 金沢工大〕

198. 〈逆関数がもとの関数と一致する分数関数の係数の関係式を求める〉

実数 a, b, c, d が $ad-bc \neq 0$ を満たすとき，関数 $f(x) = \dfrac{ax+b}{cx+d}$ について，次の問いに答えよ。

(1) $f(x)$ の逆関数 $f^{-1}(x)$ を求めよ。

(2) $f^{-1}(x) = f(x)$ を満たし，$f(x) \neq x$ となる a, b, c, d の関係式を求めよ。

[東北大・理系 改]

199. 〈分数関数の合成関数〉

関数 $f(x) = \dfrac{2x+1}{x+2}$ $(x>0)$ に対して
$$f_1(x) = f(x),\ f_n(x) = (f \circ f_{n-1})(x) \quad (n=2,\ 3,\ \cdots\cdots)$$
とおく。

(1) $f_2(x)$, $f_3(x)$, $f_4(x)$ を求めよ。

(2) 自然数 n に対して $f_n(x)$ の式を推測し，その結果を数学的帰納法を用いて証明せよ。

[22 札幌医大・医]

B 応用問題

200. 〈逆関数の曲線上にある点と直線の距離の最小値〉

関数 $f(x) = 2x^2 + 2x + 1$ $\left(x \geq -\dfrac{1}{2}\right)$ の逆関数を $g(x)$ とする。

(1) 関数 $g(x)$ の定義域を求めよ。

(2) $g(x)$ を求めよ。

(3) 曲線 $y = g(x)$ 上の点と直線 $y = 2x-1$ の距離の最小値を求めよ。また，その最小値を与える $y = g(x)$ 上の点を求めよ。

[13 神戸大・理系(後期)]

201. 〈4点が同一円周上にあるための条件〉

座標空間に 5 点 O(0, 0, 0)，A(3, 0, 0)，B(0, 3, 0)，C(0, 0, 4)，P(0, 0, -2) をとる。さらに $0 < a < 3$，$0 < b < 3$ に対して 2 点 Q(a, 0, 0) と R(0, b, 0) を考える。

(1) 点 P，Q，R を通る平面を H とする。平面 H と線分 AC の交点 T の座標，および平面 H と線分 BC の交点 S の座標を求めよ。

(2) 点 Q，R，S，T が同一円周上にあるための必要十分条件を a, b を用いて表し，それを満たす点 (a, b) の範囲を座標平面上に図示せよ。

[20 東京工大]

16 極 限

標準問題

必解 202. 〈数列の極限,無限級数〉

(1) $_nC_r$ を n 個から r 個取る組合せの総数とする。無限級数 $\sum_{n=1}^{\infty} \dfrac{1}{_{n+1}C_2}$ の和は $^ア\boxed{}$ である。また,極限 $\lim_{n\to\infty} \dfrac{_{2n+2}C_{n+1}}{_{2n}C_n}$ は $^イ\boxed{}$ である。

〔23 関西大・システム理工,環境都市工,化学生命工〕

(2) a が正の実数のとき $\lim_{n\to\infty}(1+a^n)^{\frac{1}{n}}$ を求めよ。 〔12 京都大・理系〕

(3) 数列の極限 $\lim_{n\to\infty}(\sqrt[3]{n^9-n^6}-n^3)$ の値は $\boxed{}$ である。 〔19 産業医大・医〕

203. 〈2次方程式の解と数列の極限〉

p を正の整数とする。$\alpha,\ \beta$ は x に関する方程式 $x^2-2px-1=0$ の2つの解で,$|\alpha|>1$ であるとする。

(1) すべての正の整数 n に対し,$\alpha^n+\beta^n$ は整数であり,さらに偶数であることを証明せよ。

(2) 極限 $\lim_{n\to\infty}(-\alpha)^n\sin(\alpha^n\pi)$ を求めよ。 〔20 京都大・理系〕

必解 204. 〈三角形の面積の和と無限級数〉

$0<t<1$ とする。$\triangle P_1Q_1R_1$ において,辺 Q_1R_1 を $t:(1-t)$ に内分する点を P_2,辺 R_1P_1 を $t:(1-t)$ に内分する点を Q_2,辺 P_1Q_1 を $t:(1-t)$ に内分する点を R_2 とし,$\triangle P_2Q_2R_2$ を作る。この操作を繰り返して,自然数 n に対して,$\triangle P_nQ_nR_n$ において,辺 Q_nR_n を $t:(1-t)$ に内分する点を P_{n+1},辺 R_nP_n を $t:(1-t)$ に内分する点を Q_{n+1},辺 P_nQ_n を $t:(1-t)$ に内分する点を R_{n+1} とし,$\triangle P_{n+1}Q_{n+1}R_{n+1}$ を作る。$\triangle P_nQ_nR_n$ の面積を a_n とするとき,次の問いに答えよ。

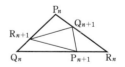

(1) $\triangle P_nR_{n+1}Q_{n+1}$ の面積を a_n と t を用いて表せ。また,a_{n+1} を a_n と t を用いて表せ。

(2) $S=\sum_{n=1}^{\infty} a_n$ とおくとき,S を a_1 と t を用いて表せ。

(3) $a_1=1$ とする。S を最小とする t の値とそのときの S の値を求めよ。

〔14 大阪市大・理,工(後期)〕

205. 〈漸化式と極限〉

a, b を異なる実数とし，実数 α, β は $\beta<0<\alpha$ を満たすとする．2つの数列 $\{a_n\}$，$\{b_n\}$ を条件 $a_1=a$, $b_1=b$, $a_{n+1}=\alpha a_n+\beta b_n$, $b_{n+1}=\beta a_n+\alpha b_n$ によって定めるとき，$\displaystyle\lim_{n\to\infty}\frac{a_n}{b_n}=\boxed{}$ である． 〔23 福岡大・医〕

206. 〈漸化式と極限〉

a を実数とし，数列 $\{x_n\}$ を次の漸化式によって定める．
$$x_1=a,\quad x_{n+1}=x_n+x_n^2 \quad (n=1,\ 2,\ 3,\ \cdots\cdots)$$
(1) $a>0$ のとき，数列 $\{x_n\}$ が発散することを示せ．
(2) $-1<a<0$ のとき，すべての正の整数 n に対して $-1<x_n<0$ が成り立つことを示せ．
(3) $-1<a<0$ のとき，数列 $\{x_n\}$ の極限を調べよ． 〔19 東北大・理系〕

207. 〈確率と極限〉

チームAとBが複数回試合を行って優勝チームを決めるものとする．ただし，いずれの試合においても，引き分けはないものとし，チームAが勝つ確率は $q\ (0<q<1)$ であり，各試合の勝敗は互いに独立に決まるとする．このとき，次の2種類のルールを考える．

　ルール1：最大3回試合を行い，先に2勝したチームを優勝とする．
　ルール2：どちらか一方が2連勝するまで試合を繰り返し，2連勝したチームを優勝とする．
(1) ルール1を採用した場合に，チームAが優勝する確率 $P_1(q)$ を q で表せ．
(2) ルール2を採用した場合に，チームAが優勝する確率 $P_2(q)$ を q で表せ．
(3) $P_1(q) \geqq P_2(q)$ となる条件を求めよ． 〔15 九州大・工（後期）〕

208. 〈関数の極限〉

(1) $\displaystyle\lim_{\theta\to 0}\frac{1}{\theta}\left(\frac{1}{3-\sin 2\theta}-\frac{1}{3+\sin 2\theta}\right)=\boxed{}^{\text{ア}}$ である．

　また，$\displaystyle\lim_{\theta\to 0}\frac{1}{\theta^2}\left(\frac{1}{\sqrt{3-\sin^2 2\theta}}-\frac{1}{\sqrt{3+\sin^2 2\theta}}\right)=\boxed{}^{\text{イ}}$ である． 〔21 関西大・理系〕

(2) 極限値 $\displaystyle\lim_{x\to\infty}\left(\frac{x+3}{x-3}\right)^x$ を求めよ． 〔15 東京理科大・工〕

209. 〈極限の等式から係数決定〉

$p = \lim\limits_{x \to 1} \dfrac{\sqrt{x^2+ax-1}-x-1}{x-1}$ が有限な値となるような定数 a の値は ア$\boxed{}$ であり、このとき、$p =$ イ$\boxed{}$ である。　　　　　〔22 関西大・理系〕

必解 210. 〈円周上の動点と極限〉

θ を $0 \leqq \theta \leqq \pi$ を満たす実数とする。単位円周上の点 P を、動径 OP と x 軸の正の部分とのなす角が θ である点とし、点 Q を x 軸の正の部分の点で、点 P からの距離が 2 であるものとする。また、$\theta = 0$ のときの点 Q の位置を A とする。

(1) 線分 OQ の長さを θ を使って表せ。

(2) 線分 QA の長さを L とするとき、極限値 $\lim\limits_{\theta \to 0} \dfrac{L}{\theta^2}$ を求めよ。　　〔11 愛知教育大〕

B　　応用問題

211. 〈分数式で表された漸化式、不等式と極限〉

数列 $\{a_n\}$ を $a_1 = 5$, $a_{n+1} = \dfrac{4a_n - 9}{a_n - 2}$ $(n = 1, 2, 3, \cdots\cdots)$ で定める。また数列 $\{b_n\}$ を $b_n = \dfrac{a_1 + 2a_2 + \cdots\cdots + na_n}{1 + 2 + \cdots\cdots + n}$ $(n = 1, 2, 3, \cdots\cdots)$ と定める。

(1) 数列 $\{a_n\}$ の一般項を求めよ。

(2) すべての n に対して、不等式 $b_n \leqq 3 + \dfrac{4}{n+1}$ が成り立つことを示せ。

(3) 極限値 $\lim\limits_{n \to \infty} b_n$ を求めよ。　　　　　〔15 東京工大〕

必解 212. 〈格子点の個数と極限〉

xy 平面において、x, y がともに整数であるとき、点 (x, y) を格子点とよぶ。m を正の整数とするとき、放物線 $y = x^2 - 2mx + m^2$ と x 軸および y 軸によって囲まれた図形を D とする。

(1) D の周上の格子点の数 L_m を m で表せ。

(2) D の周上および内部の格子点の数 T_m を m で表せ。

(3) D の面積を S_m とする。$\lim\limits_{m \to \infty} \dfrac{T_m}{S_m}$ を求めよ。　　〔18 東北大・理(後期)〕

213. 〈漸化式と極限〉

(1) n を自然数とする。$x \geq 0$ のとき $(1+x)^n \geq 1+nx+\dfrac{1}{2}n(n-1)x^2$ を示せ。

また，これを用いて $\displaystyle\lim_{n\to\infty}\dfrac{n}{3^n}$ を求めよ。

(2) 数列 $\{a_n\}$ を
$$a_1=5, \quad a_{n+1}=3a_n-6 \quad (n=1,\ 2,\ 3,\ \cdots\cdots)$$
で定める。数列 $\{a_n\}$ の一般項を求めよ。

(3) (2)で与えられた数列 $\{a_n\}$ を用いて，数列 $\{b_n\}$ を
$$b_1=2, \quad 3b_{n+1}(a_n+n)=b_n(a_{n+1}+n+1) \quad (n=1,\ 2,\ 3,\ \cdots\cdots)$$
で定める。数列 $\{b_n\}$ の一般項と，$\displaystyle\lim_{n\to\infty}b_n$ を求めよ。

［22 三重大・教育，工（後期）］

必解 214. 〈漸化式と極限（無理式）〉

$a_1=1,\ a_{n+1}=\sqrt{2a_n+1}-1 \quad (n=1,\ 2,\ 3,\ \cdots\cdots)$ とする。

(1) 次の不等式が成り立つことを証明せよ。
$$0<a_{n+1}<a_n$$

(2) 次の等式が成り立つことを証明せよ。
$$2a_n+\sum_{k=1}^{n}a_k{}^2=3$$

(3) 次の不等式が成り立つことを証明せよ。
$$a_n<\sqrt{\dfrac{3}{n}}$$

(4) 無限級数 $\displaystyle\sum_{n=1}^{\infty}a_n{}^2$ の和を求めよ。

［19 津田塾大・学芸］

必解 215. 〈確率と極限〉

1個のさいころを n 回投げて，k 回目に出た目が1の場合は $X_k=1$，出た目が2の場合は $X_k=-1$，その他の目が出た場合は $X_k=0$ とする。
$$Y_k=\cos\left(\dfrac{\pi}{3}X_k\right)+i\sin\left(\dfrac{\pi}{3}X_k\right)$$
とおき，Y_1 から Y_n までの積 $Y_1Y_2Y_3\cdots\cdots Y_n$ を Z_n で表す。ただし，i は虚数単位とする。

(1) Z_2 が実数でない確率を求めよ。

(2) $Z_1,\ Z_2,\ Z_3,\ \cdots\cdots,\ Z_n$ がいずれも実数でない確率を求めよ。

(3) Z_n が実数となる確率を p_n とする。p_n を n を用いて表し，極限 $\displaystyle\lim_{n\to\infty}p_n$ を求めよ。

［20 大阪大・理系 改］

216. 〈複素数の数列と極限〉

複素数 z_n を $z_1=1$, $z_{n+1}=a(z_n+1)$ $(n=1, 2, 3, \cdots\cdots)$ により定める。ただし，i を虚数単位とし，$a=\dfrac{i}{2}$ とする。

(1) a の絶対値 $|a|$ と偏角 $\arg a$ を求めよ。ただし，偏角の範囲は $0 \leqq \arg a < 2\pi$ とする。

(2) $z_{n+1}+b=a(z_n+b)$ となる複素数 b を求めよ。

(3) z_n の実部 x_n，虚部 y_n を求めよ。

(4) (3) の x_n と y_n について，$\lim\limits_{n\to\infty} x_n$ と $\lim\limits_{n\to\infty} y_n$ をそれぞれ求めよ。

〔17 岐阜大・教育，医，工〕

必解 217. 〈点の座標の極限〉

座標平面上の 3 点 O(0, 0)，A(2, 0)，B(1, $\sqrt{3}$) を考える。点 P_1 は線分 AB 上にあり，A，B とは異なる点とする。

線分 AB 上の点 P_2, P_3, $\cdots\cdots$ を次のように順に定める。点 P_n が定まったとき，点 P_n から線分 OB に下ろした垂線と OB との交点を Q_n とし，点 Q_n から線分 OA に下ろした垂線と OA との交点を R_n とし，点 R_n から線分 AB に下ろした垂線と AB との交点を P_{n+1} とする。

$n \to \infty$ のとき，P_n が限りなく近づく点の座標を求めよ。

〔19 九州大・理系〕

発展問題

218. 〈線分の和の極限〉

n を 2 以上の整数とする。平面上に $n+2$ 個の点 O，P_0，P_1，$\cdots\cdots$，P_n があり，次の 2 つの条件を満たしている。

(A) $\angle P_{k-1}OP_k = \dfrac{\pi}{n}$ $(1 \leqq k \leqq n)$，$\angle OP_{k-1}P_k = \angle OP_0P_1$ $(2 \leqq k \leqq n)$

(B) 線分 OP_0 の長さは 1，線分 OP_1 の長さは $1+\dfrac{1}{n}$ である。

線分 $P_{k-1}P_k$ の長さを a_k とし，$s_n=\sum\limits_{k=1}^{n} a_k$ とおくとき，$\lim\limits_{n\to\infty} s_n$ を求めよ。

〔東京大・理系〕

17 微分法

標準問題

必解 219. 〈関数の微分〉
(1) 関数 $y = xe^{2x}$ を微分せよ。　　　　　　　　　　　　　　　　　　　　[22 甲南大・理工]
(2) 関数 $f(x) = \dfrac{x}{\sin^2 x}$ の導関数は，$f'(x) = \dfrac{\boxed{}}{\sin^3 x}$ である。　　[21 宮崎大・教育，工]
(3) 関数 $y = \log(x + \sqrt{x^2+1})$ を微分せよ。　　　　　　　　　　　　[12 津田塾大]
(4) 関数 $y = x^{\sqrt{x}}$ $(x > 0)$ の導関数を求めよ。　　　　　　　　　　　[16 富山大・理]

必解 220. 〈極限の計算〉
(1) $f(x)$ および $g(x)$ は $x = a$ で微分可能な関数とする。このとき，極限値
$$\lim_{h \to 0} \frac{f(a+3h)g(a+5h) - f(a)g(a)}{h}$$
を $f(a)$，$g(a)$ および微分係数 $f'(a)$，$g'(a)$ を用いて表せ。　　[15 東京理科大・工]

(2) $\displaystyle\lim_{h \to 0} \frac{e^{(h+1)^2} - e^{h^2+1}}{h}$ を計算せよ。　　　　　　　　　　　　　　　[法政大・情報科学]

(3) 極限 $\displaystyle\lim_{x \to \frac{1}{4}} \frac{\tan(\pi x) - 1}{4x - 1}$ の値は $\boxed{}$ である。　　　　　　　　[19 立教大・理]

221. 〈$(x-a)^2$ で割ったときの余りと微分〉
整数係数の多項式 $f(x)$ を $(x-a)^2$ で割ったときの余りを，a，$f(a)$，$f'(a)$ を使って表せ。　　　　　　　　　　　　　　　　　　　　　　　　　　　　　　[早稲田大・教育]

必解 222. 〈逆関数と第2次導関数〉
$y = \cos x$ $(0 \leqq x \leqq \pi)$ の逆関数を $y = f(x)$ とおく。
$x = \dfrac{\sqrt{3}}{2}$ における，$f(x)$ の第2次導関数の値 $f''\left(\dfrac{\sqrt{3}}{2}\right)$ を求めよ。　　[11 防衛医大]

223. 〈媒介変数表示と第2次導関数〉
x の関数 y が媒介変数 θ を用いて $x = 1 - \cos\theta$，$y = \theta - \sin\theta$ と表されているとき

(1) $\dfrac{dy}{dx}$ と $\dfrac{d^2y}{dx^2}$ をそれぞれ θ で表せ。

(2) $\tan\dfrac{\theta}{2} = 2$ のとき，$\dfrac{dy}{dx}$ と $\dfrac{d^2y}{dx^2}$ の値をそれぞれ求めよ。　　[東京理科大・工]

必解 224. 〈微分係数の定義と微分可能性〉
(1) $f(x) = x^4$ とする。$f(x)$ の $x=a$ における微分係数を，定義に従って求めよ。
(2) $g(x) = |x|\sqrt{x^2+1}$ とする。$g(x)$ が $x=0$ で微分可能でないことを証明せよ。

[23 慶応大・理工 改]

応用問題

必解 225. 〈不等式から微分係数を求める〉
$1+2x-3x^2 \leq f(x) \leq 1+2x+3x^2$ が成り立つような関数 $f(x)$ に対し，$f'(0)$ を右側極限と左側極限を考えることにより求めよ。

[13 津田塾大]

226. 〈関数方程式と微分係数〉
微分可能な x の関数 $f(x)$ が任意の実数 x, y に対して次の関係を満たす。
$$f(-x) = -f(x),\ \{f(x)\}^2 + \{f'(x)\}^2 = 1$$
$$f'(x+y) = f'(x)f'(y) - f(x)f(y),\ f'(0) = 1$$
(1) $f(0)$ を求めよ。　　　(2) $f'(x)$ は偶関数であることを証明せよ。
(3) $f'(u) - f'(v) = -2f\left(\dfrac{u+v}{2}\right)f\left(\dfrac{u-v}{2}\right)$ を証明せよ。
(4) $f'(x)$ が微分可能であることを示し，$f''(x) = -f(x)$ を証明せよ。

[20 鳥取大・医，工]

発展問題

227. 〈ライプニッツの公式〉
$f(x)$, $g(x)$ は実数全体において微分可能な関数とする。
(1) 積の微分公式 $\{f(x)g(x)\}' = f'(x)g(x) + f(x)g'(x)$ が成り立つことを導関数の定義を用いて示せ。
(2) すべての自然数 n について，第 n 次導関数 $f^{(n)}(x)$, $g^{(n)}(x)$ が存在するものとする。すべての自然数 n と $F(x) = f(x)g(x)$ の第 n 次導関数 $F^{(n)}(x)$ について，次のライプニッツの公式が成り立つことを示せ。
$$F^{(n)}(x) = \sum_{j=0}^{n} {}_nC_j f^{(n-j)}(x) g^{(j)}(x)$$
ただし，$f^{(0)}(x) = f(x)$, $g^{(0)}(x) = g(x)$ である。

[22 福島県立医大・医 改]

18 微分法の応用

A 標準問題

228. 〈2つの曲線の交点における接線〉
座標平面上の2つの曲線 $y=x^3-5x$ と $y=ax^2-5x$ は2つの交点を有し，1つの交点における各接線は直交している。a の値をすべて求めよ。　　〔20 福島県立医大・医〕

229. 〈4次関数のグラフ上の2点で接する直線〉
曲線 $y=4x^4-12x^3+13x^2+7x+18$ と異なる2点で接する直線は $y={}^{ア}\boxed{}x+{}^{イ}\boxed{}$ である。　　〔17 藤田医大・医〕

230. 〈増減，極値，漸近線，グラフの概形〉
関数 $f(x)=\dfrac{x^2}{\sqrt{x^2+6x+10}}$ および座標平面上の曲線 $C:y=f(x)$ について，次の問いに答えよ。

(1) 極限値 $\displaystyle\lim_{x\to\infty}\dfrac{f(x)}{x}$ を求めよ。

(2) (1)で求めた極限値を a とするとき，極限値 $\displaystyle\lim_{x\to\infty}\{f(x)-ax\}$ を求めよ。

(3) 関数 $f(x)$ の増減と極値，および曲線 C の漸近線を調べて，曲線 C の概形をかけ。
　　〔21 宮崎大・医〕

231. 〈極値から係数決定〉
関数 $f(x)=\dfrac{ax^2+bx}{2x^2+1}$ について，次の問いに答えよ。ただし，a, b は実数とする。

(1) $f(x)$ を微分せよ。

(2) 極限値 $\displaystyle\lim_{x\to\infty}f(x)$ を求めよ。

(3) $f(x)$ が $x=1$ において極小値 -2 をとるとき，a, b の値を求めよ。

(4) a, b を(3)で求めた値とするとき，$f(x)$ の極大値を求めよ。
　　〔14 大阪工大・工(推薦)〕

232. 〈3次方程式が異なる3つの実数解をもつ条件〉

3次関数 $f(x)=x^3-3x^2-3kx-1$ を考える。ただし，k は正の定数とする。関数 $f(x)$ が $x=\alpha$ で極大値をとり，$x=\beta$ で極小値をとるとき，次の問いに答えよ。

(1) $f(x)$ を $f'(x)$ で割ったときの商と余りを求めよ。
(2) (1)の結果を用いて，$f(x)$ の極大値と極小値の積 $f(\alpha)f(\beta)$ を k を用いて表せ。
(3) $f(x)=0$ が相異なる3つの実数解をもつような k の値の範囲を求めよ。

〔21 中央大・経〕

233. 〈図形の計量と最大値〉

図のような半径1の円を底面とする円錐 V と，円錐 V に内接する球 S を考える。V の高さが変わるとき，次の問いに答えよ。

(1) 円錐 V の母線の長さを l，球 S の半径を r とするとき，r を l の式で表せ。
(2) $\dfrac{S \text{の表面積}}{V \text{の表面積}}$ の最大値を求めよ。 〔18 信州大・教育〕

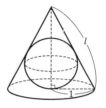

234. 〈3次関数のグラフと異なる3点で交わる直線の存在〉

座標平面上の曲線 $C: y=x^3-x$ を考える。座標平面上のすべての点Pが次の条件(i)を満たすことを示せ。

(i) 点Pを通る直線 ℓ で，曲線 C と相異なる3点で交わるものが存在する。

〔22 東京大・理系 改〕

235. 〈方程式の実数解の個数〉

a を定数とするとき，方程式 $e^{-\frac{1}{4}x^2}=a(x-3)$ の異なる実数解の個数を，a の値で場合分けして調べよ。

〔愛知教育大〕

236. 〈不等式の証明〉

$x \geqq 0$ のとき，$\dfrac{x^2}{2}-\dfrac{x^4}{24} \leqq 1-\cos x \leqq \dfrac{x^2}{2}$ を示せ。 〔22 滋賀医大 改〕

237. 〈不等式の成立条件〉

$a \geqq 0$ である定数 a に対して，$f(x)=2x^3-3(a+1)x^2+6ax+a$ とする。

(1) $f'(x)$ を求めよ。
(2) $a=0$ のとき，$f(x)$ の極値を求め，関数 $y=f(x)$ のグラフをかけ。
(3) $x \geqq 0$ において $f(x) \geqq 0$ となるような a の値の範囲を求めよ。

〔17 岡山理科大・理系〕

18 微分法の応用   63

必解 238. 〈三角形の角と不等式〉
n を 2 以上の自然数とする．三角形 ABC において，辺 AB の長さを c，辺 CA の長さを b で表す．$\angle$ACB $= n\angle$ABC であるとき，$c < nb$ を示せ．　〔20 大阪大・理系〕

必解 239. 〈方程式を満たす自然数の組〉
$x > 0$ の範囲で定義された関数 $f(x) = \dfrac{\log x}{x}$ について，次の問いに答えよ．
(1) 関数 $f(x)$ の増減と極値，曲線 $y = f(x)$ の凹凸と変曲点を調べ，その曲線の概形をかけ．ただし，$\lim\limits_{x \to \infty} f(x) = 0$ は証明なく用いてよい．
(2) $m < n$ である自然数 m, n の組で $m^n = n^m$ を満たすものをすべて求めよ．
〔22 名古屋市大・医，芸術工 改〕

240. 〈不等式の証明と不定形の極限〉
e は自然対数の底，$\log$ は自然対数を表す．
(1) $x > 0$ のとき，不等式 $2\sqrt{x} \geqq \log x + 2$ を証明せよ．
(2) (1)の結果を用いて，$\lim\limits_{x \to \infty} \dfrac{\log x}{x}$ を求めよ．　〔22 甲南大・理工〕

241. 〈座標平面上を運動する点の速度〉
座標平面上を運動する点 P の時刻 t における座標を $x = e^t \cos t$, $y = e^t \sin t$ とするとき，次の問いに答えよ．
(1) 時刻 t における点 P の速度 $\vec{v}$ およびその大きさ $|\vec{v}|$ を求めよ．
(2) $t = \dfrac{\pi}{2}$ のとき，ベクトル $\vec{v}$ が x 軸の正の向きとのなす角 α を求めよ．
(3) 原点を O とするとき，ベクトル $\vec{v}$ とベクトル $\overrightarrow{\mathrm{OP}}$ のなす角 θ は一定であることを示し，θ を求めよ．　〔香川大・工〕

B 応用問題

必解 242. 〈法線に関する線分の長さの極限値〉
座標平面上の曲線 $y = \log x$ $(x > 0)$ を C とする．C 上の異なる 2 点 A(a, $\log a$)，P(t, $\log t$) における法線をそれぞれ ℓ_1, ℓ_2 とし，ℓ_1 と ℓ_2 の交点を Q とする．また，線分 AQ の長さを d とするとき，次の問いに答えよ．ただし，対数は自然対数とする．
(1) d を a と t を用いて表せ．
(2) P が A に限りなく近づくとき，d の極限値を r とする．r を a を用いて表せ．
(3) a が $a > 0$ の範囲を動くとき，(2)で求めた r の最小値を求めよ．
〔21 山口大・理(後期)〕

18 微分法の応用

243. 〈4次関数が極大値をもつ条件〉

a, b を実数とする。x の4次関数 $f(x) = x^4 - ax^2 + bx$ が極大値をもつための必要十分条件を a と b に関する不等式で表せ。　　　　　　　　　〔12 東京理科大・理 改〕

244. 〈極大値の列が作る無限級数の和〉

関数 $f(x) = e^{-\sqrt{3}x} \sin x$ が $x \geq 0$ の範囲で極大値をとる x の値を小さいものから順に $a_1, a_2, \cdots, a_n, \cdots$ とする。

(1) a_1 を求めよ。

(2) 無限級数 $\sum_{n=1}^{\infty} f(a_n)$ の和を求めよ。　　　　　　　　　〔13 茨城大・工(後期)〕

245. 〈条件つきの最大・最小〉

3つの実数 x, y, z は次の条件を同時に満たす。
$$\begin{cases} 4x + y + z = 0 \\ 6x^2 - yz - 18 = 0 \end{cases}$$
このとき, x のとりうる値の範囲は ${}^{\mathcal{P}}\boxed{} \leq x \leq {}^{\mathcal{I}}\boxed{}$ である。
また, $-2x^3 + y^2 + z^2$ は $x = {}^{\mathcal{\dot{\mathcal{P}}}}\boxed{}$, $y = {}^{\mathcal{エ}}\boxed{}$, $z = {}^{\mathcal{オ}}\boxed{}$ のとき最小値 ${}^{\mathcal{カ}}\boxed{}$ をとる。　　　　　　　　　〔11 武庫川女子大・生活環境, 薬〕

246. 〈係数と定義域に文字を含む関数の最大値〉

$s < 1$ のとき, 関数 $y = 2x^3 - 3(s+1)x^2 + 6sx + 1$ の増減を調べ, 極値を求めよ。さらに $0 < s < 1$ として, この関数の区間 $0 \leq x \leq 2s$ における最大値を求めよ。
〔22 三重大・人文, 医〕

247. 〈角の大きさを最小にする値〉

xy 平面上の曲線 $y = x^3$ を C とする。C 上の2点 $A(-1, -1)$, $B(1, 1)$ をとる。さらに, C 上で原点 O と B の間に動点 $P(t, t^3)$ $(0 < t < 1)$ をとる。このとき, 次の問いに答えよ。

(1) 直線 AP と x 軸のなす角を α とし, 直線 PB と x 軸のなす角を β とするとき, $\tan \alpha$, $\tan \beta$ を t を用いて表せ。ただし, $0 < \alpha < \dfrac{\pi}{2}$, $0 < \beta < \dfrac{\pi}{2}$ とする。

(2) $\tan \angle \text{APB}$ を t を用いて表せ。

(3) $\angle \text{APB}$ を最小にする t の値を求めよ。

〔21 早稲田大・基幹理工, 創造理工, 先進理工〕

18 微分法の応用

必解 248. 〈三角関数を含む方程式の実数解が3つとなる条件〉
[数Ⅱ] $-\dfrac{\pi}{2} \leq \theta \leq \dfrac{\pi}{4}$ とし，$f(\theta) = \sin 3\theta - \cos 3\theta - 3\sin 2\theta + 3(\sin\theta + \cos\theta)$ とする．

(1) $t = \sin\theta + \cos\theta$ とするとき，t のとり得る値の範囲を求めよ．
(2) (1)のとき，$f(\theta)$ を t を用いて表せ．
(3) 方程式 $f(\theta) = k$ が異なる3つの実数解をもつとき，定数 k の値の範囲を求めよ．

［18 大分大］

必解 249. 〈接線が3本存在するための条件〉
[数Ⅱ] $f(x) = x^3 - x$ とする．xy 平面上の点 (p, q) から曲線 $y = f(x)$ へ引いた接線を考える．

(1) 直線 $y = m(x-p) + q$ が曲線 $y = f(x)$ の接線となるための条件を m, p, q を用いて表せ．
(2) 点 (p, q) から曲線 $y = f(x)$ に3本の接線を引くことができるとき，p, q の条件を求めよ．
(3) (2)の条件を満たす点 (p, q) の範囲を図示せよ．

［16 早稲田大・基幹理工，創造理工，先進理工］

250. 〈共通接線の本数〉
a を正の定数とする．2つの曲線 $C_1 : y = x\log x$ と $C_2 : y = ax^2$ の両方に接する直線の本数を求めよ．ただし，$\displaystyle\lim_{x \to \infty} \dfrac{(\log x)^2}{x} = 0$ は証明なしに用いてよい．

［16 横浜国大・理工］

必解 251. 〈e^x に関する不等式〉
n を自然数とする．

(1) $x > 0$ のとき，不等式 $e^x > 1 + x$ が成り立つことを示せ．
(2) $x > 0$ のとき，次の不等式が成り立つことを数学的帰納法を用いて示せ．
$$e^x > 1 + \dfrac{x}{1!} + \dfrac{x^2}{2!} + \cdots\cdots + \dfrac{x^n}{n!}$$
(3) 極限値 $\displaystyle\lim_{x \to \infty} \dfrac{x^n}{e^x}$ $(n = 1, 2, 3, \cdots\cdots)$ を求めよ．

［13 同志社大］

252. 〈中間値の定理・平均値の定理〉

(1) $f(x)$ は，$0 \leqq x \leqq 1$ で連続な関数で，$f(0)=1$, $f(1)=0$ を満たす。このとき，$f(x)=x$ を満たす x は $0<x<1$ の範囲に少なくとも1つ存在することを示せ。

(2) $g(x)$ をすべての実数 x で微分可能な関数とする。すべての実数 x に対して $g'(x) \neq 1$ ならば，$g(x)=x$ を満たす実数 x は2つ以上存在しないことを，背理法を用いて示せ。 [19 山口大・理(後期)]

 ··· 発展問題

253. 〈方程式 $f(x)=x$ の解と数列の極限〉

$f(x)=\log(x+1)+1$ とする。

(1) 方程式 $f(x)=x$ は，$x>0$ の範囲でただ1つの解をもつことを示せ。

(2) (1)の解を α とする。実数 x が $0<x<\alpha$ を満たすならば，次の不等式が成り立つことを示せ。
$$0 < \frac{\alpha-f(x)}{\alpha-x} < f'(x)$$

(3) 数列 $\{x_n\}$ を
$$x_1=1,\ x_{n+1}=f(x_n)\ (n=1,\ 2,\ 3,\ \cdots\cdots)$$
で定める。このとき，すべての自然数 n に対して，$\alpha-x_{n+1} < \dfrac{1}{2}(\alpha-x_n)$ が成り立つことを示せ。

(4) (3)の数列 $\{x_n\}$ について，$\displaystyle\lim_{n\to\infty} x_n = \alpha$ を示せ。 [22 大阪大・理系 改]

254. 〈関数の値の範囲，上に凸であることの証明〉

すべての実数で定義され何回でも微分できる関数 $f(x)$ が $f(0)=0$, $f'(0)=1$ を満たし，更に任意の実数 a, b に対して $1+f(a)f(b) \neq 0$ であって
$$f(a+b)=\frac{f(a)+f(b)}{1+f(a)f(b)}$$
を満たしている。

(1) 任意の実数 a に対して，$-1 < f(a) < 1$ であることを証明せよ。

(2) $y=f(x)$ のグラフは $x>0$ で上に凸であることを証明せよ。 [京都大・理系]

19 積分法

A
標準問題

255. 〈積分に関する条件から関数を決定〉
正の整数 m と，定数関数でない x の整式で表された関数 $P(x)$ が，次の条件を満たしている。

$$\text{すべての実数 } x \text{ に対して，} \int_0^x \{P(t)\}^m dt = P(x^3) - P(0)$$

このとき $P(x) = \boxed{}$ である。　　　　　　　　　　　　　　　　　　　〔18 早稲田大・商〕

256. 〈不定積分〉
次の不定積分を求めよ。

(1) $\displaystyle\int \frac{\cos^3 x}{\sin^2 x} dx$ 　　　　　　　　　　　　　　　　　　　　　　　　〔13 信州大・繊維(後期)〕

(2) $\displaystyle\int e^{-x} \sin^2 x\, dx$ 　　　　　　　　　　　　　　　　　　　　　　　　　　〔13 横浜国大〕

257. 〈定積分の計算〉
次の定積分を求めよ。

(1) $\displaystyle\int_0^1 \sqrt{1 + 2\sqrt{x}}\, dx$ 　　　　　　　　　　　　　　　　　　　　　　〔13 横浜国大・理工〕

(2) $\displaystyle\int_1^{\sqrt{3}} \frac{1}{x^2} \log\sqrt{1+x^2}\, dx$ 　　　　　　　　　　　　　　　　　　〔12 京都大・理系〕

(3) $\displaystyle\int_0^{\frac{3}{4}\pi} \sqrt{1 - \cos 4x}\, dx$ 　　　　　　　　　　　　　　　　　　　　〔13 東京理科大・工〕

(4) $\displaystyle\int_0^{\frac{\pi}{2}} \frac{dx}{3\sin x + 4\cos x}$ 　　　　　　　　　　　　　　　　〔17 横浜国大・理工，都市科学〕

258. 〈工夫して定積分を求める〉

関数 $f(x)$, $g(x)$ を
$$f(x)=e^x, \quad g(x)=f\left(x-\frac{\pi}{4}\right)+f\left(\frac{\pi}{4}-x\right)$$
で定める。ただし，e は自然対数の底である。また，
$$I_1=\int_0^{\frac{\pi}{2}}g(x)\cos^2 x\,dx, \quad I_2=\int_0^{\frac{\pi}{2}}g(x)\sin^2 x\,dx$$
とおく。

(1) $g(x)=g\left(\dfrac{\pi}{2}-x\right)$ を示せ。

(2) $I_1=I_2$ を示せ。

(3) $\displaystyle\int_0^{\frac{\pi}{2}}g(x)dx$, I_1 の値をそれぞれ求めよ。　　　　〔17 静岡大・情報，理，工〕

必解 259. 〈定積分 $\displaystyle\int_0^{\frac{\pi}{2}}\sin^n x\,dx$〉

$I_n=\displaystyle\int_0^{\frac{\pi}{2}}\sin^n x\,dx$ について I_{n+2} を I_n を用いて表すと $I_{n+2}=$ ア□ となる。$I_0=$ イ□ であることから $I_4=$ ウ□, $I_6=$ エ□ である。ただし，n は 0 以上の整数とする。

〔18 関西医大〕

260. 〈定積分で表された関数から成る数列の極限〉

実数 x についての関数の列 $\{f_n(x)\}$ が $f_n(x)=\displaystyle\sum_{k=1}^{n}\frac{x^k}{k}-2\int_0^1 f_n(t)dt$ $(n=1,2,3,\cdots\cdots)$ を満たしている。極限値 $\displaystyle\lim_{n\to\infty}f_n(0)$ を求めよ。　　〔19 福島県立医大・医〕

必解 261. 〈定積分で表された関数〉

n を自然数とする。x, y がすべての実数を動くとき，定積分 $\displaystyle\int_0^1(\sin(2n\pi t)-xt-y)^2dt$ の最小値を I_n とおく。極限 $\displaystyle\lim_{n\to\infty}I_n$ を求めよ。　　〔19 九州大・理系〕

19 積分法

必解 262. 〈定積分で表された関数〉

関数 $f(x) = \int_{-x}^{2x} t \sin t \, dt$ について，次の問いに答えよ。

(1) 導関数 $f'(x)$ を求めよ。

(2) $0 \leq x \leq \pi$ において，$f(x)$ が最大値をとる x の値を α とするとき，$\cos \alpha$ の値を求めよ。

(3) $0 \leq x \leq \pi$ において，$f(x)$ の最小値を求めよ。　　　　　　　　　　　　　　　　[18 福井大・工]

必解 263. 〈定積分と級数〉

次の問いに答えよ。

(1) 極限値 $\displaystyle\lim_{n\to\infty} \dfrac{1}{n^2}\left(e^{\frac{1}{n}} + 2e^{\frac{2}{n}} + 3e^{\frac{3}{n}} + \cdots\cdots + ne^{\frac{n}{n}}\right)$ を求めよ。　　[12 岩手大・工]

(2) 数列 $\{a_n\}$ の一般項が $a_n = \sqrt[n]{\left(1+\dfrac{1}{n}\right)\left(1+\dfrac{2}{n}\right)\cdots\cdots\left(1+\dfrac{n}{n}\right)}$ であるとき $\displaystyle\lim_{n\to\infty}\log a_n$ を求めよ。ただし，対数は自然対数とする。　　　　　　　　　　　　　　　　　[22 札幌医大・医]

264. 〈定積分と不等式〉

対数 $\log$ は自然対数とする。正の整数 n と実数 a に対して $S_n(a) = \displaystyle\sum_{k=1}^{n} \dfrac{a^k}{k}$ とおく。

(1) $a < 1$ のとき，等式 $\displaystyle\int_0^a \dfrac{x^n}{x-1} dx = S_n(a) + \log(1-a)$ を示せ。

(2) $0 < a < 1$ のとき，不等式 $\left| S_n(a) - \log \dfrac{1}{1-a} \right| \leq \dfrac{a^{n+1}}{(n+1)(1-a)}$ を示せ。

(3) $a < 0$ のとき，不等式 $\left| S_n(a) - \log \dfrac{1}{1-a} \right| \leq \dfrac{(-a)^{n+1}}{n+1}$ を示せ。

[17 大阪市大・理，工(後期)]

必解 265. 〈定積分と不等式〉

n を自然数とする。

(1) 連続な関数 $f(x)$ が区間 $[0, 1]$ で増加するとき，

$\dfrac{1}{n}\displaystyle\sum_{k=1}^{n} f\left(\dfrac{k-1}{n}\right) \leq \int_0^1 f(x)\, dx \leq \dfrac{1}{n}\sum_{k=1}^{n} f\left(\dfrac{k}{n}\right)$ が成り立つことを示せ。

(2) a が正の有理数のとき，$n^{a+1} \leq (a+1)\displaystyle\sum_{k=1}^{n} k^a \leq (n+1)^{a+1}$ が成り立つことを示せ。

ただし，x^a が連続な関数であることを証明なしに用いてもよい。

[18 山口大・理，医]

B 応用問題

266. 〈逆関数の定積分〉

$f(x) = \dfrac{2e^{3x}}{e^{2x}+1}$ とおく。

(1) $a < b$ ならば $f(a) < f(b)$ であることを示せ。また $f(\log\sqrt{3})$ を求めよ。

(2) 関数 $f(x)$ の逆関数を $g(x)$ とおく。$\displaystyle\int_1^{\frac{3\sqrt{3}}{2}} g(x)\,dx$ を求めよ。

［18 神戸大・理系(後期)］

267. 〈定積分で表された関数の最小値〉

a の関数を $F(a) = \displaystyle\int_0^1 |x^2 - (2a+2)x + a^2 + 2a|\,dx$ と定める。$-1 \leqq a \leqq 1$ における $F(a)$ の最小値を求めよう。x の 2 次方程式 $x^2 - (2a+2)x + a^2 + 2a = 0$ の解は $x = {}^{\mathcal{P}}\boxed{}$ である。これより，$F(a)$ を a を用いて表すと，$a < 0$ のとき $F(a) = {}^{\mathcal{A}}\boxed{}$ であり，$a \geqq 0$ のとき $F(a) = {}^{\mathcal{D}}\boxed{}$ となる。したがって，a が $-1 \leqq a \leqq 1$ の範囲を動くとき，$F(a)$ は $a = {}^{\mathcal{I}}\boxed{}$ で最小値 ${}^{\mathcal{A}}\boxed{}$ をとる。

［15 明治薬大］

268. 〈定積分で表された関数の等式の証明〉

$f(x)$ は微分可能かつ導関数が連続な関数とする。$f(0) = 0$ であるとき

$$\frac{d}{dx}\left(\int_0^x e^{-t} f(x-t)\,dt\right) = \int_0^x e^{-t} f'(x-t)\,dt$$

を示せ。

［21 一橋大・経(後期)］

269. 〈定積分と極限値〉

(1) 次の定積分を求めよ。

$$f(x) = \int_0^x e^{t-x} \sin(t+x)\,dt$$

(2) (1)で求めた x の関数 $f(x)$ に対し，極限値 $\displaystyle\lim_{x \to 0} \frac{f(x)}{x}$ を求めよ。　［18 千葉大・理系］

270. 〈定積分と不等式〉

実数 a, b は $1 < a < b$ を満たすとする。$0 \leqq x \leqq 1$ で定義された関数
$$f(x) = \frac{1}{2}(a^x b^{1-x} + a^{1-x} b^x)$$
に対して，次の問いに答えよ。ただし，$\log$ は自然対数とする。

(1) 1 ではない正の実数 c に対して $(c^x)' = c^x \log c$ であることを，対数微分法を用いて示せ。

(2) 第1次導関数 $f'(x)$ および第2次導関数 $f''(x)$ をそれぞれ求めよ。

(3) 関数 $f(x)$ の増減を調べ，最大値と最小値を求めよ。

(4) 定積分 $\int_0^1 f(x)\,dx$ を求めよ。

(5) 次の不等式が成り立つことを示せ。
$$\sqrt{ab} \leqq \frac{b-a}{\log b - \log a} \leqq \frac{a+b}{2}$$

〔23 静岡大・情報, 理, 工(後期)〕

271. 〈定積分と無限級数〉

$n = 1, 2, 3, \cdots\cdots$ に対し，$I_n = \int_0^{\frac{\pi}{4}} \tan^{n-1} x\,dx$ とおく。

(1) $I_n + I_{n+2}$ を n の式で表せ。

(2) $I_n < \dfrac{1}{n}$ を示せ。

(3) 次の等式を示せ。
$$I_1 - (-1)^n I_{2n+1} = \frac{1}{1} - \frac{1}{3} + \frac{1}{5} - \frac{1}{7} + \cdots\cdots + (-1)^{n-1}\frac{1}{2n-1}$$

(4) (2) と (3) を利用して，次の等式を示せ。
$$\frac{\pi}{4} = \frac{1}{1} - \frac{1}{3} + \frac{1}{5} - \frac{1}{7} + \cdots\cdots + (-1)^{n-1}\frac{1}{2n-1} + \cdots\cdots$$

〔23 中央大・理工〕

19 積分法

必解 272. 〈自然対数の底 e の近似〉

(1) 正の実数 a と正の整数 n に対して次の等式が成り立つことを示せ。ただし，e は自然対数の底とする。
$$e^a = 1 + a + \frac{a^2}{2!} + \cdots\cdots + \frac{a^n}{n!} + \int_0^a \frac{(a-x)^n}{n!} e^x dx$$

(2) 正の実数 a と正の整数 n に対して次の不等式を示せ。
$$\frac{a^{n+1}}{(n+1)!} \leq \int_0^a \frac{(a-x)^n}{n!} e^x dx \leq \frac{e^a a^{n+1}}{(n+1)!}$$

(3) 不等式
$$\left| e - \left(1 + 1 + \frac{1}{2!} + \cdots\cdots + \frac{1}{n!} \right) \right| < 10^{-3}$$

を満たす最小の正の整数 n を求めよ。必要ならば $2 < e < 3$ であることは証明なしに用いてもよい。　　　　　　　　　　　　　　　　　　　　　　　　　　　　［21 東北大・理系］

必解 273. 〈定積分と無限級数〉

数列 $\{a_n\}$，$\{b_n\}$ を
$$a_n = \sum_{j=1}^{2n} \frac{(-1)^{j-1}}{j} = \frac{1}{1} - \frac{1}{2} + \frac{1}{3} - \frac{1}{4} + \cdots\cdots + \frac{1}{2n-1} - \frac{1}{2n}$$
$$b_n = \sum_{j=1}^{n} \frac{1}{n+j}$$

により定める。

(1) b_1，b_2，b_3 を求めよ。　　(2) $a_n = b_n$ $(n=1, 2, 3, \cdots\cdots)$ を示せ。

(3) $\displaystyle\lim_{n\to\infty} a_n$ を求めよ。　　　　　　　　　　　　　　　　　　　　　　　　　　　　［19 埼玉大・理，工］

274. 〈定積分で表された 2 変数関数〉

正の整数 m，n に対して実数 $A(m, n)$ を次の定積分で定める。
$$A(m, n) = \int_0^{\frac{\pi}{2}} \cos^m x \sin^n x\, dx$$

(1) 次の等式が成り立つことを示せ。
$$A(m, n) = A(n, m),\quad A(m+2, n) + A(m, n+2) = A(m, n)$$

(2) $A(m, 1)$ を求めよ。

(3) 次の等式が成り立つことを示せ。
$$A(m, n+2) = \frac{n+1}{m+1} A(m+2, n)$$

(4) m または n が奇数ならば，$A(m, n)$ は有理数であることを示せ。

　　　［20 東北大・理系］

275. 〈定積分と極限〉

n を自然数とする。
(1) 関数 $f(x) = x^{n+1}e^{-x}$ の $x \geq 0$ における最大値を求めよ。
(2) 極限 $\lim_{x \to \infty} x^n e^{-x}$ を求めよ。
(3) すべての自然数 n に対して $\lim_{x \to \infty} \int_0^x t^n e^{-t} dt = n!$ を示せ。　〔15 弘前大・理工（後期）〕

276. 〈線分の長さの和の極限〉

n は 2 以上の整数とする。△OAB において，OA $= 8$, OB $= 5$, AB $= 7$ とする。線分 OA を n 等分する点を O に近い方から P_1, P_2, ……, P_{n-1} とし，$P_n = A$ とする。線分 OB を n 等分する点を O に近い方から Q_1, Q_2, ……, Q_{n-1} とし，$Q_n = B$ とする。また，各 k $(k = 1, 2, ……, n-1)$ について線分 AQ_k と線分 BP_k の交点を R_k とおく。さらに，R_n を線分 AB の中点とする。
(1) $\overrightarrow{OR_k}$ を $\overrightarrow{OA}$, $\overrightarrow{OB}$ および n, k を用いて表せ。
(2) $|\overrightarrow{OR_k}|$ を n と k を用いて表せ。
(3) 極限 $\lim_{n \to \infty} \frac{1}{n} \sum_{k=1}^{n} |\overrightarrow{OR_k}|$ を求めよ。　〔21 富山大・理, 医, 薬 改〕

発展問題

277. 〈正の整数の逆数の平方和に関する不等式〉

各項が正の整数である数列 $\{a_n\}$ が，条件
$$a_1 < a_2 < a_3 < \cdots\cdots < a_n < a_{n+1} < \cdots\cdots$$
を満たすとき，次の問いに答えよ。
(1) すべての正の整数 n に対し，$a_n \geq n$ が成り立つことを示せ。
(2) $\sum_{n=1}^{\infty} \left(\frac{1}{a_n}\right)^2 < 2$ であることを示せ。　〔22 鳥取大・医〕

20 積分法の応用

標 準 問 題

必解 278. 〈2曲線と共通接線で囲まれた部分の面積〉
数Ⅱ　座標平面上の曲線 $C:y=x^2$ と C 上の点 $P(a, a^2)$ について，次の問いに答えよ。ただし，$a>0$ とする。
(1) 点 P における C の接線 ℓ の方程式を求めよ。
(2) (1)で求めた直線 ℓ が曲線 $C':y=(x+b)^2-b^2$ に接しているとする。その接点を Q としたとき，b および点 Q の座標を a を用いて表せ。ただし，$b\neq 0$ とする。
(3) (2)のとき，曲線 C，C' および直線 ℓ で囲まれた図形の面積を a を用いて表せ。
〔18 香川大〕

279. 〈放物線と円で囲まれた部分の面積〉
数Ⅱ　座標平面上において，点 A$(0, 1)$ を中心とし原点 O を通る円 C_1 について，点 B$(0, -1)$ から引いた 2 本の接線の接点を P, Q とする。ただし，点 P の x 座標は正とする。さらに，y 軸に関して対称な放物線 C_2 が直線 BP と直線 BQ にそれぞれ点 P と点 Q で接するものとする。
(1) 2 点 P, Q の座標を求めよ。
(2) 放物線 C_2 を表す方程式を求めよ。
(3) 点 A から放物線 C_2 上の各点までの距離は 1 以上であることを示せ。
(4) 円 C_1 の原点 O を含む弧 PQ と放物線 C_2 で囲まれる部分の面積 S を求めよ。
〔11 宮崎大・工〕

280. 〈4次関数のグラフとそのグラフと2点で接する直線で囲まれた部分の面積〉
数Ⅱ　曲線 $y=x^4-2x^3+x^2-2x+2$ を C とし，異なる 2 点で C と接する直線を ℓ とする。曲線 C と直線 ℓ に囲まれる部分の面積を求めよ。〔21 横浜市大・理，データサイエンス，医〕

必解 281. 〈点 $(xy, x+y)$ の存在する範囲の面積〉
数Ⅱ　実数 x, y が，不等式 $x^2+y^2\leqq 1$ を満たしながら変化するとき，点 $(xy, x+y)$ の存在する範囲の面積は $\dfrac{\boxed{\ア\ }\sqrt{\boxed{\ イ\ }}}{\boxed{\ ウ\ }}$ である。
〔18 早稲田大・人間科学〕

20 積分法の応用

必解 282. 〈面積の極限値〉

e は自然対数の底とし，$f(x) = \dfrac{e^x}{e^x - 1}$ $(x > 0)$ とする。

(1) 関数 $y = f(x)$ の増減，グラフの凹凸，極限 $\lim_{x \to +0} f(x)$ および $\lim_{x \to \infty} f(x)$ を調べ，グラフの概形をかけ。

(2) $x > 0$ のとき，不等式 $f(x) > \dfrac{1}{x}$ を示せ。

(3) $0 < t < 1$ とし，2 つの曲線 $y = f(x)$, $y = \dfrac{1}{x}$ $(t \leqq x \leqq 1)$，および 2 直線 $x = t$, $x = 1$ で囲まれた部分の面積を $S(t)$ とする。$S(t)$ および極限値 $\lim_{t \to +0} S(t)$ を求めよ。

[21 茨城大・理]

283. 〈x, y の方程式が表す曲線で囲まれた図形の面積〉

曲線 $C : x^4 - 2xy + y^2 = 0$ に関して，次の問いに答えよ。

(1) C 上の点 (x, y) に対して，y を x の式で表し，x の値のとりうる範囲を求めよ。

(2) C 上の点で，x 座標が最大となる点と，y 座標が最大となる点をそれぞれ求めよ。

(3) C で囲まれた図形の面積を求めよ。

[16 鳥取大・工，農，医]

必解 284. 〈媒介変数で表された曲線と面積〉

次のように媒介変数表示された xy 平面上の曲線を C とする：
$$\begin{cases} x = 3\cos t - \cos 3t \\ y = 3\sin t - \sin 3t \end{cases}$$
ただし $0 \leqq t \leqq \dfrac{\pi}{2}$ である。

(1) $\dfrac{dx}{dt}$ および $\dfrac{dy}{dt}$ を計算し，C の概形を図示せよ。

(2) C と x 軸と y 軸で囲まれた部分の面積を求めよ。

[16 東京工大]

数II 285. 〈面積の最小値〉

k を実数とする。関数 $y = |x(x-1)|$ のグラフと直線 $y = kx$ が異なる 3 点を共有している。これらで囲まれた 2 つの部分の面積の和を S とする。

(1) k の値の範囲を求めよ。　　(2) S を k の式で表せ。

(3) S が最小になるときの k の値を求めよ。

[15 大分大]

20 積分法の応用

必解 286. 〈面積の最小値〉
a を $a \geqq 0$ を満たす実数とし，xy 平面において不等式
$$0 \leqq x \leqq e-1 \text{ かつ } y\{y-\log(x+1)+a\} \leqq 0$$
の表す部分の面積を $S(a)$ とする。
(1) $S(a)$ を求めよ。
(2) $S(a)$ の最小値を求めよ。 　　　　　　　　　　　　〔20 神戸大・理系(後期)〕

必解 287. 〈x 軸の周りの回転体の体積〉
(1) $0 \leqq x \leqq \pi$ の範囲で方程式 $\cos 2x - \cos x = 0$ の解を求めよ。
(2) $0 \leqq x \leqq \pi$ の範囲で 2 つの曲線 $y = \cos 2x$ と $y = \cos x$ で囲まれた図形の面積 S を求めよ。
(3) (2)の図形を x 軸の周りに 1 回転させてできる立体の体積 V を求めよ。
　　　　　　　　　　　　〔14 富山大・理, 工〕

288. 〈軸の周りの回転体の体積〉
xy 平面上において，極方程式 $r = \dfrac{4\cos\theta}{4-3\cos^2\theta}$ $\left(-\dfrac{\pi}{2} \leqq \theta \leqq \dfrac{\pi}{2}\right)$ で表される曲線を C とする。
(1) 曲線 C を直交座標に関する方程式で表せ。
(2) 曲線 C で囲まれた部分を x 軸の周りに 1 回転してできる立体の体積を求めよ。
(3) 曲線 C で囲まれた部分を y 軸の周りに 1 回転してできる立体の体積を求めよ。
　　　　　　　　　　　　〔19 鳥取大・医, 工〕

必解 289. 〈媒介変数で表された曲線の回転体の体積〉
媒介変数表示 $x = \sin t$, $y = -\cos 2t - 2\cos t - 1$ $(0 \leqq t \leqq \pi)$ で表される曲線を C とする。
(1) $\dfrac{dx}{dt} = 0$ または $\dfrac{dy}{dt} = 0$ となる t の値を求めよ。
(2) C の概形をかけ。
(3) C と y 軸で囲まれた図形を y 軸の周りに 1 回転してできる立体の体積を求めよ。
　　　　　　　　　　　　〔22 神戸大・理系(後期)〕

必解 290. 〈曲線の長さ〉
(1) 関数 $f(u) = \log(\sqrt{u}-1) - \log(\sqrt{u}+1)$ の導関数 $f'(u)$ を求めよ。
(2) 関数 $F(x) = \log(\sqrt{e^{2x}+1}-1) - \log(\sqrt{e^{2x}+1}+1)$ の導関数 $F'(x)$ を求めよ。
(3) 等式 $\sqrt{e^{2x}+1} = \dfrac{e^{2x}}{\sqrt{e^{2x}+1}} + \dfrac{1}{\sqrt{e^{2x}+1}}$ を用いて，不定積分 $\displaystyle\int \sqrt{e^{2x}+1}\, dx$ を求めよ。
(4) 曲線 $y = e^x$ $\left(\dfrac{1}{2}\log 8 \leqq x \leqq \dfrac{1}{2}\log 24\right)$ の長さを求めよ。　　〔16 同志社大〕

応用問題

291. 〈放物線と直線で囲まれた2つの図形の面積比〉
$a>0$ を定数とし，座標平面上の点 $P(p, 0)$ から放物線 $C: y = ax^2 + 2a$ に2本の接線 PQ_1, PQ_2 を引く。ここで Q_1, Q_2 は接点で，Q_1 の x 座標 q_1 は Q_2 の x 座標 q_2 より小さいとする。
(1) q_1 と q_2 を，p を用いて表せ。
(2) 直線 Q_1Q_2 の方程式を，a と p を用いて表せ。
(3) S_1 を直線 Q_1Q_2 と曲線 C で囲まれた部分の面積，S_2 を曲線 C と線分 PQ_1, PQ_2 で囲まれた部分の面積とする。S_1 と S_2 を，a と p を用いて表し，$\dfrac{S_1}{S_2}$ の値を求めよ。
(4) $PQ_1 \perp PQ_2$ となるとき，a の値を求めよ。　　　　〔15 東京理科大・理工〕

292. 〈面積の最小値〉
a を正の実数とする。関数 $f(x) = e^{a(x+1)} - ax$ とする。
(1) $f(x)$ の最小値を求めよ。
(2) 原点から曲線 $y = f(x)$ に引いた接線の方程式を求めよ。
(3) この曲線と y 軸，および (2) で求めた接線によって囲まれた部分の面積 $S(a)$ を求めよ。
(4) $S(a)$ の最小値を求めよ。　　　　〔16 東京電機大〕

293. 〈面積と極限〉
a を正の定数とする。微分可能な関数 $f(x)$ はすべての実数 x に対して次の条件を満たしているとする。
$$0 < f(x) < 1, \quad \int_0^x \dfrac{f'(t)}{\{1-f(t)\}f(t)} dt = ax$$
さらに，$f(0) = \dfrac{1}{3}$ であるとする。
(1) $f(x)$ を求めよ。
(2) 曲線 $y = f(x)$ と x 軸および2直線 $x=0$, $x=1$ で囲まれる図形の面積 $S(a)$ を求めよ。さらに，$\lim_{a \to +0} S(a)$ を求めよ。　　　　〔20 北海道大・理系〕

294. 〈立体の体積，切り口の面積，側面積〉
半径1の円柱を，底面の直径を含み底面と角 $\alpha \left(0 < \alpha < \dfrac{\pi}{2}\right)$ をなす平面で切ってできる小さい方の立体を考える。ただし，円柱の高さは $\tan \alpha$ 以上であるとする。
(1) この立体の体積 V を求めよ。　　(2) 切り口の面積 A を求めよ。
(3) この立体の側面積 B を求めよ。ただし，側面積 B は，切り口の面積 A を含まないものとする。　　　　〔17 大阪市大・理，工，医 改〕

295. 〈定積分の等式と回転体の体積〉

関数 $y=f(x)$ は逆関数 $y=g(x)$ をもつとする。定数 a, b に対して $f(a)=c$, $f(b)=d$ とする。導関数 $f'(x)$ が連続であるとき，次の問いに答えよ。

(1) 置換積分法を用いて次の等式が成り立つことを示せ。
$$\int_c^d \{g(y)\}^2 dy = \int_a^b x^2 f'(x) dx$$

(2) 部分積分法を用いて次の等式が成り立つことを示せ。
$$\int_a^b x^2 f'(x) dx = b^2 d - a^2 c - 2\int_a^b x f(x) dx$$

(3) $f(x)=\dfrac{1}{xe^x}$ とおくと，関数 $y=f(x)$ $(x>0)$ は逆関数をもつ。曲線 $y=\dfrac{1}{xe^x}$ $(x>0)$ と 2 直線 $y=\dfrac{1}{e}$, $y=\dfrac{1}{2e^2}$ および y 軸で囲まれた図形を y 軸の周りに 1 回転してできる回転体の体積を V とする。(1) と (2) の等式を用いて V の値を求めよ。

〔21 宮城教育大〕

296. 〈直線 $y=-x$ の周りの回転体の体積〉

xy 平面内の図形
$$S : \begin{cases} x+y^2 \leqq 2 \\ x+y \geqq 0 \\ x-y \leqq 2 \end{cases}$$
を考える。図形 S を直線 $y=-x$ の周りに 1 回転して得られる立体の体積を V とする。

(1) S を xy 平面に図示せよ。
(2) V を求めよ。

〔18 東北大・理系〕

297. 〈球形の容器に水を注ぐときの水面の面積の増加する速度〉

半径 r の球形の容器に，単位時間あたり a の割合で体積が増えるように水を入れるとき，次の問いに答えよ。

(1) 水の深さが h $(0<h<r)$ に達したときの水の体積 V と水面の面積 S をそれぞれ求めよ。

(2) 水の深さが $\dfrac{r}{2}$ になったときの水面の上昇する速度 v_1 と水面の面積の増加する速度 v_2 をそれぞれ求めよ。

〔21 鳥取大・医，工〕

298. 〈四面体を z 軸の周りに回転してできる立体の体積〉

座標空間内の 4 点 A$(1, 0, 0)$, B$(-1, 0, 0)$, C$(0, 1, \sqrt{2})$, D$(0, -1, \sqrt{2})$ を頂点とする四面体 ABCD を考える。

(1) 点 P$(0, 0, t)$ を通り z 軸に垂直な平面と，辺 AC が点 Q において交わるとする。Q の座標を t で表せ。

(2) 四面体 ABCD (内部を含む) を z 軸の周りに 1 回転させてできる立体の体積を求めよ。

〔17 岡山大・理系〕

299. 〈球の通過領域の体積〉

(1) 平面上の，1 辺の長さが 1 の正方形 ABCD を考える。点 P が正方形 ABCD の辺の上を 1 周するとき，点 P を中心とする半径 r の円 (内部を含む) が通過する部分の面積 $S(r)$ を求めよ。

(2) 空間内の，1 辺の長さが 1 の正方形 ABCD を考える。点 P が正方形 ABCD の辺の上を 1 周するとき，点 P を中心とする半径 1 の球 (内部を含む) が通過する部分の体積 V を求めよ。

〔19 富山大・医，薬〕

300. 〈座標平面上の動点が移動する距離〉

原点 O を中心とする半径 3 の円 C の外側に接する半径 1 の円 C' がある。C' の中心を O′ とし，A, B を C' の円周上の定点とする。最初は，O, A, O′, B がこの順で，x 軸上に一直線上にある。C' が C に接しながら，滑ることなく C の周りを反時計回りに 1 回りしてもとの位置に戻るとする。

(1) 円 C' の中心 O′ が θ だけ回転したとき，点 B の座標 (x, y) をそれぞれ θ で表せ。

(2) C の周りを C' が 1 回りしてもとの位置に戻るとき，B が描く曲線の長さを求めよ。

〔19 鳥取大・工 (後期)〕

発 展 問 題

301. 〈極方程式で表された曲線の長さ〉

極方程式で表された xy 平面上の曲線 $r = 1 + \cos\theta \ (0 \leq \theta \leq 2\pi)$ を C とする。

(1) 曲線 C 上の点を直交座標 (x, y) で表したとき，$\dfrac{dx}{d\theta} = 0$ となる点，および $\dfrac{dy}{d\theta} = 0$ となる点の直交座標を求めよ。

(2) $\lim_{\theta \to \pi} \dfrac{dy}{dx}$ を求めよ。

(3) 曲線 C の概形を xy 平面上にかけ。

(4) 曲線 C の長さを求めよ。

〔16 神戸大・理系〕

初　版　（実戦数学重要問題集－数学Ⅰ・Ⅱ・Ⅲ・A・B（理系））
第1刷　2014年11月1日　発行
新課程　（実戦数学重要問題集　数学Ⅰ・Ⅱ・Ⅲ・A・B・C（理系））
第1刷　2023年11月1日　発行

<公式集コンテンツのご利用について>

大学入試レベルまでの公式を収録したコンテンツを，インターネットに接続できるコンピュータやスマートフォン等でご利用いただけます。下記のURL，左のQRコードからアクセスできます。

https://cds.chart.co.jp/books/mf4tcyelst

※学校や公共の場では，先生の指示やマナーを守ってスマートフォン等をご利用ください。
※追加費用なしにご利用いただけますが，通信費はお客様のご負担となります。
※QRコードは，株式会社デンソーウェーブの登録商標です。

新課程 2024
実戦　数学重要問題集
数学Ⅰ・Ⅱ・Ⅲ・A・B・C（理系）

ISBN978-4-410-14230-7

※解答・解説は数研出版株式会社が作成したものです。

編　者　　数研出版編集部
発行者　　星野　泰也
発行所　　数研出版株式会社

〒101-0052　東京都千代田区神田小川町2丁目3番地3
　　〔振替〕00140-4-118431
〒604-0861　京都市中京区烏丸通竹屋町上る大倉町205番地
　　〔電話〕代表(075)231-0161

ホームページ　https://www.chart.co.jp
印刷　寿印刷株式会社

乱丁本・落丁本はお取り替えいたします。　　　　　　　　230901
本書の一部または全部を許可なく複写・複製すること，
および本書の解説書，解答書ならびにこれに類するも
のを無断で作成することを禁じます。

正 規 分 布 表

次の表は、標準正規分布の分布曲線における右図の灰色部分の面積の値をまとめたものである。

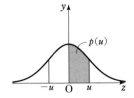

u	.00	.01	.02	.03	.04	.05	.06	.07	.08	.09
0.0	0.0000	0.0040	0.0080	0.0120	0.0160	0.0199	0.0239	0.0279	0.0319	0.0359
0.1	0.0398	0.0438	0.0478	0.0517	0.0557	0.0596	0.0636	0.0675	0.0714	0.0753
0.2	0.0793	0.0832	0.0871	0.0910	0.0948	0.0987	0.1026	0.1064	0.1103	0.1141
0.3	0.1179	0.1217	0.1255	0.1293	0.1331	0.1368	0.1406	0.1443	0.1480	0.1517
0.4	0.1554	0.1591	0.1628	0.1664	0.1700	0.1736	0.1772	0.1808	0.1844	0.1879
0.5	0.1915	0.1950	0.1985	0.2019	0.2054	0.2088	0.2123	0.2157	0.2190	0.2224
0.6	0.2257	0.2291	0.2324	0.2357	0.2389	0.2422	0.2454	0.2486	0.2517	0.2549
0.7	0.2580	0.2611	0.2642	0.2673	0.2704	0.2734	0.2764	0.2794	0.2823	0.2852
0.8	0.2881	0.2910	0.2939	0.2967	0.2995	0.3023	0.3051	0.3078	0.3106	0.3133
0.9	0.3159	0.3186	0.3212	0.3238	0.3264	0.3289	0.3315	0.3340	0.3365	0.3389
1.0	0.3413	0.3438	0.3461	0.3485	0.3508	0.3531	0.3554	0.3577	0.3599	0.3621
1.1	0.3643	0.3665	0.3686	0.3708	0.3729	0.3749	0.3770	0.3790	0.3810	0.3830
1.2	0.3849	0.3869	0.3888	0.3907	0.3925	0.3944	0.3962	0.3980	0.3997	0.4015
1.3	0.4032	0.4049	0.4066	0.4082	0.4099	0.4115	0.4131	0.4147	0.4162	0.4177
1.4	0.4192	0.4207	0.4222	0.4236	0.4251	0.4265	0.4279	0.4292	0.4306	0.4319
1.5	0.4332	0.4345	0.4357	0.4370	0.4382	0.4394	0.4406	0.4418	0.4429	0.4441
1.6	0.4452	0.4463	0.4474	0.4484	0.4495	0.4505	0.4515	0.4525	0.4535	0.4545
1.7	0.4554	0.4564	0.4573	0.4582	0.4591	0.4599	0.4608	0.4616	0.4625	0.4633
1.8	0.4641	0.4649	0.4656	0.4664	0.4671	0.4678	0.4686	0.4693	0.4699	0.4706
1.9	0.4713	0.4719	0.4726	0.4732	0.4738	0.4744	0.4750	0.4756	0.4761	0.4767
2.0	0.4772	0.4778	0.4783	0.4788	0.4793	0.4798	0.4803	0.4808	0.4812	0.4817
2.1	0.4821	0.4826	0.4830	0.4834	0.4838	0.4842	0.4846	0.4850	0.4854	0.4857
2.2	0.4861	0.4864	0.4868	0.4871	0.4875	0.4878	0.4881	0.4884	0.4887	0.4890
2.3	0.4893	0.4896	0.4898	0.4901	0.4904	0.4906	0.4909	0.4911	0.4913	0.4916
2.4	0.4918	0.4920	0.4922	0.4925	0.4927	0.4929	0.4931	0.4932	0.4934	0.4936
2.5	0.4938	0.4940	0.4941	0.4943	0.4945	0.4946	0.4948	0.4949	0.4951	0.4952
2.6	0.4953	0.4955	0.4956	0.4957	0.4959	0.4960	0.4961	0.4962	0.4963	0.4964
2.7	0.4965	0.4966	0.4967	0.4968	0.4969	0.4970	0.4971	0.4972	0.4973	0.4974
2.8	0.4974	0.4975	0.4976	0.4977	0.4977	0.4978	0.4979	0.4979	0.4980	0.4981
2.9	0.4981	0.4982	0.4982	0.4983	0.4984	0.4984	0.4985	0.4985	0.4986	0.4986
3.0	0.4987	0.4987	0.4987	0.4988	0.4988	0.4989	0.4989	0.4989	0.4990	0.4990

ISBN978-4-410-14230-7

実戦数重理系　問題編

場合の数と確率

15 場合の数・順列
- 集合の要素の個数
$n(A\cup B)=n(A)+n(B)-n(A\cap B)$
$n(A\cup B\cup C)=n(A)+n(B)+n(C)$
$\qquad -n(A\cap B)-n(B\cap C)-n(C\cap A)$
$\qquad +n(A\cap B\cap C)$

- 順列 $\quad {}_n\mathrm{P}_r=n(n-1)\cdots\cdots(n-r+1)=\dfrac{n!}{(n-r)!}$

- 円順列 $\quad (n-1)!$

- じゅず順列 $\quad \dfrac{(n-1)!}{2}$ （円順列÷2)

- 重複順列　異なる n 個のものから重複を許して r 個とる順列 $\quad n^r$ （$n<r$ でもよい)

16 組合せ
- 組合せ $\quad {}_n\mathrm{C}_r=\dfrac{{}_n\mathrm{P}_r}{r!}=\dfrac{n!}{r!(n-r)!}$
- ${}_n\mathrm{C}_r={}_n\mathrm{C}_{n-r}\quad {}_n\mathrm{C}_r={}_{n-1}\mathrm{C}_{r-1}+{}_{n-1}\mathrm{C}_r$

17 確率
- 確率の基本
$0\leq P(A)\leq 1,\ P(\varnothing)=0,\ P(U)=1$
- 和事象の確率
$P(A\cup B)=P(A)+P(B)-P(A\cap B)$
- 余事象の確率 $\quad P(\overline{A})=1-P(A)$
- 反復試行の確率　n 回試行するとき r 回起こる確率は $\quad {}_n\mathrm{C}_r p^r q^{n-r}\quad (q=1-p)$
- 条件付き確率 $\quad P_A(B)$
事象 A が起こったときに
事象 B の起こる確率 $\quad P_A(B)=\dfrac{P(A\cap B)}{P(A)}$

18 期待値
X のとる値と確率が右の表のようなとき，X の期待値は
$x_1p_1+x_2p_2+\cdots\cdots+x_np_n$

X	x_1	x_2	$\cdots$	x_n	計
確率	p_1	p_2	$\cdots$	p_n	1

図形の性質

19 三角形の五心
- 外心　3辺の垂直二等分線の交点
- 内心　3つの内角の二等分線の交点
- 重心　3つの中線の交点
この点は各中線を $2:1$ に内分する。
- 垂心　各頂点から対辺またはその延長に下ろした垂線の交点
- 傍心　1つの内角と他の2つの外角の二等分線の交点

20 空間における直線や平面の位置関係
直線 ℓ が，平面 α 上の交わる2直線 m，n に垂直ならば，ℓ は α に垂直である。

整数の性質

21 余りによる整数の分類
すべての整数は，正の整数 m で割った余りによって
$\quad mk,\ mk+1,\ mk+2,\ \cdots\cdots,\ mk+(m-1)$
のいずれかの形で表される。（k は整数)

22 1次不定方程式
方程式 $ax+by=c$ （a, b, c は整数で，a, b は互いに素）の整数解の1つを $x=p,\ y=q$ とすると，すべての整数解は
$\quad x=bk+p,\ y=-ak+q$ （k は整数)

三角，指数・対数関数

23 正弦定理・余弦定理
- $\dfrac{a}{\sin A}=\dfrac{b}{\sin B}=\dfrac{c}{\sin C}=2R\quad \left(\begin{array}{l}R\text{ は外接円}\\ \text{の半径}\end{array}\right)$
- $a^2=b^2+c^2-2bc\cos A$ など

24 三角形の面積 $\quad (2s=a+b+c)$
- 2辺とその間の角 $\quad S=\dfrac{1}{2}bc\sin A$

25 三角関数の性質
- $\sin(-\theta)=-\sin\theta\quad \cos(-\theta)=\cos\theta$
$\tan(-\theta)=-\tan\theta$
- $\sin(\pi\pm\theta)=\mp\sin\theta\quad \cos(\pi\pm\theta)=-\cos\theta$
$\tan(\pi\pm\theta)=\pm\tan\theta$
- $\sin\left(\dfrac{\pi}{2}\pm\theta\right)=\cos\theta\quad \cos\left(\dfrac{\pi}{2}\pm\theta\right)=\mp\sin\theta$
$\tan\left(\dfrac{\pi}{2}\pm\theta\right)=\mp\dfrac{1}{\tan\theta}$

26 三角関数の加法定理
- $\sin(\alpha\pm\beta)=\sin\alpha\cos\beta\pm\cos\alpha\sin\beta$
- $\cos(\alpha\pm\beta)=\cos\alpha\cos\beta\mp\sin\alpha\sin\beta$
- $\tan(\alpha\pm\beta)=\dfrac{\tan\alpha\pm\tan\beta}{1\mp\tan\alpha\tan\beta}$

27 2倍角・半角の公式
- $\sin 2\alpha=2\sin\alpha\cos\alpha\qquad \tan 2\alpha=\dfrac{2\tan\alpha}{1-\tan^2\alpha}$
$\cos 2\alpha=\cos^2\alpha-\sin^2\alpha$
$\qquad =2\cos^2\alpha-1=1-2\sin^2\alpha$
- $\sin^2\dfrac{\alpha}{2}=\dfrac{1-\cos\alpha}{2}\qquad \cos^2\dfrac{\alpha}{2}=\dfrac{1+\cos\alpha}{2}$
$\tan^2\dfrac{\alpha}{2}=\dfrac{1-\cos\alpha}{1+\cos\alpha}$

28 指数・対数の性質 $\quad (a>0, a\neq 1, M>0, N>0)$
- $a^p=M \iff p=\log_a M$
- $\log_a MN=\log_a M+\log_a N\quad \log_a\dfrac{M}{N}=\log_a M-\log_a N$
- $\log_a M^k=k\log_a M\quad$ （k は実数)
- $\log_a b=\dfrac{\log_c b}{\log_c a}\quad \left(\begin{array}{l}b>0,\ b\neq 1\\ c>0,\ c\neq 1\end{array}\right)$

数　列

初項 a，第 n 項 a_n，初項から第 n 項までの和 S_n

29　等差数列
- $a_n = a + (n-1)d$ （d は公差：定数）
- $S_n = \dfrac{n}{2}(a + a_n) = \dfrac{n}{2}\{2a + (n-1)d\}$
- 数列 a, b, c が等差数列 $\iff 2b = a + c$

30　等比数列
- $a_n = ar^{n-1}$ （r は公比：定数）
- $r \neq 1$ のとき $S_n = \dfrac{a(1-r^n)}{1-r} = \dfrac{a(r^n-1)}{r-1}$

  $r = 1$ のとき $S_n = na$
- 数列 a, b, c が等比数列 $\iff b^2 = ac$

31　いろいろな数列の和
$\displaystyle\sum_{k=1}^{n} c = nc$ （c は定数） $\quad \displaystyle\sum_{k=1}^{n} k = \dfrac{1}{2}n(n+1)$

$\displaystyle\sum_{k=1}^{n} k^2 = \dfrac{1}{6}n(n+1)(2n+1) \quad \displaystyle\sum_{k=1}^{n} k^3 = \left\{\dfrac{1}{2}n(n+1)\right\}^2$

32　漸化式と一般項
- $a_{n+1} = a_n + d \longrightarrow$ 等差数列（公差 d）
- $a_{n+1} = ra_n \longrightarrow$ 等比数列（公比 r）
- $a_{n+1} - a_n = $（$n$ の式）$\longrightarrow$ 階差数列を利用
- $a_{n+1} = pa_n + q \longrightarrow a_{n+1} - c = p(a_n - c)$ と変形

33　数学的帰納法
自然数 n に関する事柄 P が，すべての自然数 n について成り立つことを示す手順は
[1] $n=1$ のとき P が成り立つことを示す。
[2] $n=k$ のとき P が成り立つと仮定して，$n=k+1$ のときにも P が成り立つことを示す。

統計的な推測

34　確率変数の期待値，分散，標準偏差
確率変数 X が右のような確率分布に従うとき

X	x_1 x_2 $\cdots$ x_n	計
P	p_1 p_2 $\cdots$ p_n	1

期待値
$$E(X) = x_1 p_1 + x_2 p_2 + \cdots + x_n p_n$$
分散　$V(X) = (x_1 - m)^2 p_1 + \cdots + (x_n - m)^2 p_n$
$\qquad\qquad = E(X^2) - \{E(X)\}^2 \quad (m = E(X))$
標準偏差　$\sigma(X) = \sqrt{V(X)}$

35　二項分布　$(0 < p < 1, \ q = 1 - p)$
確率変数 X が二項分布 $B(n, p)$ に従うとき
$$E(X) = np \quad V(X) = npq \quad \sigma(X) = \sqrt{npq}$$

36　標本平均
母平均 m，母標準偏差 σ の母集団から大きさ n の無作為標本を抽出するとき，標本平均 $\overline{X}$ について
$$E(\overline{X}) = m \quad \sigma(\overline{X}) = \dfrac{\sigma}{\sqrt{n}}$$

37　母平均の推定　（母標準偏差は σ，標本平均は $\overline{X}$）
標本の大きさ n が大きいとき，母平均 m に対する信頼度 95 % の信頼区間は
$$\left[\overline{X} - 1.96 \cdot \dfrac{\sigma}{\sqrt{n}},\ \overline{X} + 1.96 \cdot \dfrac{\sigma}{\sqrt{n}}\right]$$

38　仮説検定の手順
① 事象が起こった状況や原因を推測し，仮説を立てる。
② 有意水準 α を定め，仮説に基づいて棄却域を求める。
③ 標本から得られた確率変数の値が棄却域に入れば仮説を棄却し，入らなければ仮説を棄却しない。

ベクトル

39　ベクトルの演算
$\overrightarrow{AP} + \overrightarrow{PB} = \overrightarrow{AB}, \quad \overrightarrow{PB} - \overrightarrow{PA} = \overrightarrow{AB}$

40　平面ベクトルの成分　（θ は $\vec{a}$, $\vec{b}$ のなす角）
$\vec{a} = (a_1, a_2)$, $\vec{b} = (b_1, b_2)$ のとき
- $k\vec{a} + l\vec{b} = (ka_1 + lb_1,\ ka_2 + lb_2)$
- 大きさ $|\vec{a}| = \sqrt{a_1^2 + a_2^2}$
- 内積 $\vec{a} \cdot \vec{b} = |\vec{a}||\vec{b}|\cos\theta = a_1 b_1 + a_2 b_2$

41　内積の性質
- $(\vec{a} + \vec{b}) \cdot \vec{c} = \vec{a} \cdot \vec{c} + \vec{b} \cdot \vec{c}$
- $(k\vec{a}) \cdot \vec{b} = k(\vec{a} \cdot \vec{b})$

42　ベクトルの平行，垂直
$\vec{a} \neq \vec{0}$, $\vec{b} \neq \vec{0}$ とする。
- 平行条件　$\vec{a} \parallel \vec{b} \iff \vec{a} = k\vec{b}$ （k は実数）
- 垂直条件　$\vec{a} \perp \vec{b} \iff \vec{a} \cdot \vec{b} = 0$

43　ベクトルと図形　（k, l は実数）
- P は直線 AB 上の点 $\iff \overrightarrow{AP} = k\overrightarrow{AB}$
- P は平面 ABC 上の点 $\iff \overrightarrow{AP} = k\overrightarrow{AB} + l\overrightarrow{AC}$

44　位置ベクトル
$A(\vec{a})$, $B(\vec{b})$ とする。
- 線分 AB を $m : n$ に内分する点　$\dfrac{n\vec{a} + m\vec{b}}{m + n}$
- 線分 AB を $m : n$ に外分する点　$\dfrac{-n\vec{a} + m\vec{b}}{m - n}$

45　直線のベクトル方程式
- $A(\vec{a})$ を通り，$\vec{d}$ に平行　$\vec{p} = \vec{a} + t\vec{d}$
- 2 点 $A(\vec{a})$, $B(\vec{b})$ を通る　$\vec{p} = (1-t)\vec{a} + t\vec{b}$

46　球面の方程式
中心 (a, b, c)，半径 r の球面
$$(x-a)^2 + (y-b)^2 + (z-c)^2 = r^2$$

2024 実戦 数学重要問題集

数学Ⅰ・Ⅱ・Ⅲ・A・B・C（理系）

数研出版編集部 編

＜解答編＞

数研出版
https://www.chart.co.jp

1 数と式

指針 1 〈因数分解〉
- (1), (4)　2つ以上の文字を含む式 ➡ 最低次の文字について整理
- (2)　同じ形のものは置き換え ➡ 積の組み合わせを工夫して，同じ形のものを作り出す
- (3)　平方の差の形に変形　(4) まず1文字について整理する。

(1)　$2x^2-6y^2-xy+10x+y+12$
　　$=2x^2-(y-10)x-(6y^2-y-12)$
　　$=2x^2-(y-10)x-(3y+4)(2y-3)$
　　$=\{2x+(3y+4)\}\{x-(2y-3)\}$
　　$=(2x+3y+4)(x-2y+3)$

```
3       4  →   8
2   ✕  -3  →  -9
6      -12     -1
```

```
2           3y+4   →    3y+ 4
1       ✕  -(2y-3) →   -4y+ 6
2       -(3y+4)(2y-3)   -y+10
```

← xについて整理。たすき掛けの計算では符号を誤りやすいので注意。

(2)　$(x-3)(x-5)(x-7)(x-9)-9$
　　$=(x-3)(x-9)\times(x-5)(x-7)-9$
　　$=\{(x^2-12x)+27\}\{(x^2-12x)+35\}-9$
　　$=(x^2-12x)^2+62(x^2-12x)+3^3\cdot 35-3^2$
　　$=(x^2-12x)^2+62(x^2-12x)+2^3\cdot 3^2\cdot 13$
　　$=(x^2-12x+26)(x^2-12x+36)$
　　$=(x-6)^2(x^2-12x+26)$

← 展開したときのxの係数が等しくなるように項を組み合わせる。

← ここで計算をやめないように注意。

(3)　$4x^4+7x^2+16=(4x^4+16x^2+16)-9x^2=\{2(x^2+2)\}^2-(3x)^2$
　　$=\{2(x^2+2)+3x\}\{2(x^2+2)-3x\}=(2x^2+3x+4)(2x^2-3x+4)$

← A^2-B^2の形
$x^2=t$と置き換えて，$4t^2+7t+16$とすると，因数分解できなくなるので注意。

(4)　$a(b^2+c^2)+b(c^2+a^2)+c(a^2+b^2)+2abc$
　　$=ab^2+ac^2+bc^2+a^2b+a^2c+b^2c+2abc$
　　$=(b+c)a^2+(b^2+2bc+c^2)a+b^2c+bc^2$
　　$=(b+c)a^2+(b+c)^2a+bc(b+c)$
　　$=(b+c)\{a^2+(b+c)a+bc\}$
　　$=(b+c)(a+b)(a+c)=(a+b)(b+c)(c+a)$

← aについて整理する。

← $b+c$をくくり出す。

指針 2 〈根号を含む式の計算，分数式の計算〉
- (1)　分母の有理化 ➡ 分母は根号を含まない形に（この問題では，2回有理化を行う）
- (2)　2重根号　$a>0$, $b>0$ のとき　$\sqrt{(a+b)+2\sqrt{ab}}=\sqrt{a}+\sqrt{b}$
　　　　　　　　$a>b>0$ のとき　$\sqrt{(a+b)-2\sqrt{ab}}=\sqrt{a}-\sqrt{b}$
　　　中の$\sqrt{}$の前に2がないときは，$2\sqrt{}$の形にする。
- (3)　繁分数式（分母や分子に分数式を含む式）
　　　➡ $\dfrac{A}{B}=\dfrac{AC}{BC}$として分数式をなくす　または　$\dfrac{A}{B}=A\div B$として計算

(1)　$(\sqrt{3}+\sqrt{5}+\sqrt{7})(\sqrt{3}+\sqrt{5}-\sqrt{7})(2\sqrt{15}-1)$
　　$=\{(\sqrt{3}+\sqrt{5})^2-(\sqrt{7})^2\}(2\sqrt{15}-1)=(2\sqrt{15}+1)(2\sqrt{15}-1)={}^\mathcal{7}59$

← $\sqrt{3}+\sqrt{5}$をひとつのかたまりと見る。

2　数学重要問題集（理系）

$$\frac{12\sqrt{3}}{\sqrt{2}+\sqrt{3}+\sqrt{5}}-3\sqrt{6}+3\sqrt{10}$$

$$=\frac{12\sqrt{3}(\sqrt{2}+\sqrt{3}-\sqrt{5})}{(\sqrt{2}+\sqrt{3}+\sqrt{5})(\sqrt{2}+\sqrt{3}-\sqrt{5})}-3\sqrt{6}+3\sqrt{10}$$

$$=\frac{12\sqrt{6}+36-12\sqrt{15}}{(\sqrt{2}+\sqrt{3})^2-(\sqrt{5})^2}-3\sqrt{6}+3\sqrt{10}$$

$$=\frac{12\sqrt{6}+36-12\sqrt{15}}{2\sqrt{6}}-3\sqrt{6}+3\sqrt{10}$$

$$=6+3\sqrt{6}-3\sqrt{10}-3\sqrt{6}+3\sqrt{10}={}^{\tau}\mathbf{6}$$

← $\sqrt{2}+\sqrt{3}$ をひとつのかたまりと見て，まず $\sqrt{5}$ を分母からなくす。

(2) $\sqrt{27-7\sqrt{5}}=\sqrt{27-\sqrt{245}}=\sqrt{\dfrac{54-2\sqrt{245}}{2}}$

$$=\frac{\sqrt{49}-\sqrt{5}}{\sqrt{2}}=\frac{7-\sqrt{5}}{\sqrt{2}}=\frac{{}^{\tau}\mathbf{7}\sqrt{2}-\sqrt{{}^{\tau}\mathbf{10}}}{2}$$

← $2\sqrt{}$ の形にするために，$\dfrac{27-\sqrt{245}}{1}$ の分母・分子に 2 を掛ける。

(3) $\dfrac{x}{\dfrac{x}{1+\dfrac{1}{x}}-\dfrac{3}{1-\dfrac{4}{x}}}=\dfrac{x}{\dfrac{x^2}{x+1}-\dfrac{3x}{x-4}}=\dfrac{x(x+1)(x-4)}{x^2(x-4)-3x(x+1)}$

← 分母の分数式の分母・分子にそれぞれ x を掛ける。

$$=\frac{(x+1)(x-4)}{x(x-4)-3(x+1)}=\frac{x^2-{}^{\tau}\mathbf{3}x-{}^{\tau}\mathbf{4}}{x^2-{}^{\dot{\tau}}\mathbf{7}x-{}^{\tau}\mathbf{3}}$$

指針 3 〈複素数の計算〉

(ア) 複素数の相等
a, b, c, d が実数のとき $a+bi=c+di \iff a=c$ かつ $b=d$

(イ) 分母と共役な複素数を，分母と分子に掛けて，分母を実数化する。

$(-1+3i)^2+5+a=(b+2)i$ から $a-3-6i=(b+2)i$
a, b は実数であるから，$a-3$, $b+2$ は実数である。
よって $a-3=0$, $-6=b+2$ ゆえに $a={}^{\tau}\mathbf{3}$, $b=-8$

← 実部と虚部をそれぞれ比較。

また，$\dfrac{(3+2i)^2}{-1+2i}=c+di$ において

$$(左辺)=\frac{9+12i-4}{-1+2i}=\frac{5+12i}{-1+2i}$$

$$=\frac{(5+12i)(-1-2i)}{(-1+2i)(-1-2i)}=\frac{19-22i}{1+4}=\frac{19-22i}{5}$$

← 分母と共役な複素数 $-1-2i$ を分母と分子に掛ける。

よって $\dfrac{19}{5}-\dfrac{22}{5}i=c+di$

c, d は実数であるから $c=\dfrac{19}{5}$, $d={}^{\tau}-\dfrac{22}{5}$

指針 4 〈恒等式〉

(1) 分数式の恒等式 ➡ 分母を払った等式も恒等式

(2) $\sqrt{A^2}=|A|=\begin{cases} A & (A\geqq 0) \\ -A & (A<0) \end{cases}$

$\sqrt{x^2-2xy+y^2}=\sqrt{(x-y)^2}=|x-y|$ であるから，$x-y$, $2x-5y$ の正負を調べる。

(1) 両辺に $(x-1)^2(x-2)$ を掛けて得られる等式
$2x^2-x-3=a(x-2)+b(x-1)(x-2)+c(x-1)^2$ ……①

数学重要問題集（理系） 3

も x についての恒等式である。
① の両辺を x について整理すると
$$2x^2-x-3=(b+c)x^2+(a-3b-2c)x+(-2a+2b+c)$$
両辺の同じ次数の項の係数が等しいから
$$b+c=2,\ a-3b-2c=-1,\ -2a+2b+c=-3$$
これを解いて　　$a={}^{\mathcal{P}}2,\ b=-{}^{\mathcal{A}}1,\ c={}^{\mathcal{P}}3$

←まずは，第2式，第3式から a を消去する。

別解（数値代入法）
（① までは同じ）
① が x についての恒等式ならば，x にどのような値を代入しても等式が成り立つから
　　$x=0$ を代入して　　　$-3=-2a+2b+c$　……②
　　$x=1$ を代入して　　　$-2=-a$　　　　　……③
　　$x=2$ を代入して　　　$3=c$　　　　　　　……④
③，④ より　　$a=2,\ c=3$
これを ② に代入して　$-3=-4+2b+3$　　よって　$b=-1$
逆に，このとき ① の右辺は
$$2(x-2)-(x-1)(x-2)+3(x-1)^2=2x^2-x-3$$
となり，① の左辺と一致するから，① は恒等式である。
よって　　$a={}^{\mathcal{P}}2,\ b=-{}^{\mathcal{A}}1,\ c={}^{\mathcal{P}}3$

←代入する数値は0となる項が出るように選ぶ。
つまり，$x=0,\ x-1=0$，$x-2=0$ となる x の値を代入。

←数値代入法では，逆の確認が必要なので注意する。

(2)　$\sqrt{x^2-2xy+y^2}+|2x-5y|=mx+ny$
　　$\sqrt{(x-y)^2}+|2x-5y|=mx+ny$
　　$|x-y|+|2x-5y|=mx+ny$　……①
$x<0<y$ であるから　　$x-y<0$
さらに，$2x<0,\ -5y<0$ であるから　$2x-5y=2x+(-5y)<0$
これらより，等式 ① は　　$-(x-y)-(2x-5y)=mx+ny$
左辺を整理すると　　$-3x+6y=mx+ny$
これが $x<0<y$ である $x,\ y$ について常に成り立つから，係数を比較して　　$m=-3,\ n=6$

←$\sqrt{(x-y)^2}=x-y$ としないように注意。
←条件から $x-y,\ 2x-5y$ の正負を調べる。

指針 5 〈整式の割り算と余り〉

割り算の問題　➡　等式 $A=BQ+R$ を利用
(1)　$P(x)$ を x^2-1 で割ったときの商を $Q_1(x)$，x^2+1 で割ったときの商を $Q_2(x)$ とすると，
$P(x)=(x^2-1)Q_1(x)+x+2,\ P(x)=(x^2+1)Q_2(x)+3x+4$ が成り立つ。
そこで，$x^2-1=0$ の解 $x=1,\ -1,\ x^2+1=0$ の解の1つ $x=i$ を，それぞれ両辺に代入する。なお，実数 $A,\ B$ について　$A+Bi=0 \iff A=0$ かつ $B=0$
(2)　$x^2+x+1=0$ の解の1つを ω とすると，$\omega^2+\omega+1=0$ から
$$\omega^3-1=(\omega-1)(\omega^2+\omega+1)=0$$
よって，$\omega^3=1$ であるから，ω は **1の3乗根**である。この ω を利用する。

---

(1)　$P(x)$ を x^2-1 で割ったときの商を $Q_1(x)$ とすると
$$P(x)=(x^2-1)Q_1(x)+x+2$$
が成り立つから　　$P(1)=1+2=3,\ P(-1)=(-1)+2=1$

←$A=BQ+R$ の形

4　数学重要問題集（理系）

一方，$P(1) = a+b+c+d$, $P(-1) = -a+b-c+d$ より
$a+b+c+d = 3$ ……①, $-a+b-c+d = 1$ ……②
また，$P(x)$ を x^2+1 で割ったときの商を $Q_2(x)$ とすると，
$$P(x) = (x^2+1)Q_2(x) + 3x + 4$$
が成り立つから　　$P(i) = 4+3i$
一方，$P(i) = ai^3 + bi^2 + ci + d = (-b+d) + (-a+c)i$ より
$(-b+d) + (-a+c)i = 4+3i$ ……③
a, b, c, d は実数であるから，③ より
$-b+d = 4, -a+c = 3$ ……④
また，①+②, ①−② から　　$2b+2d = 4, 2a+2c = 2$
すなわち　　$b+d = 2, a+c = 1$ ……⑤
④, ⑤ を解いて　　$a = -{}^{ア}1, b = -{}^{イ}1, c = {}^{ウ}2, d = {}^{エ}3$

(2) 整式 $x^{2019} + x^{2020}$ を整式 x^2+x+1 で割ったときの商を $Q(x)$，余りを $ax+b$（a, b は実数）とすると
$$x^{2019} + x^{2020} = (x^2+x+1)Q(x) + ax + b \quad \text{……①}$$
方程式 $x^2+x+1 = 0$ の解の1つを ω とすると，ω は虚数で
$$\omega^2 + \omega + 1 = 0$$
よって，$\omega^3 - 1 = (\omega-1)(\omega^2+\omega+1) = 0$ であるから　$\omega^3 = 1$
① に $x = \omega$ を代入すると　　$\omega^{2019} + \omega^{2020} = a\omega + b$
また　　$\omega^{2019} + \omega^{2020} = (\omega^3)^{673} + (\omega^3)^{673} \cdot \omega = \omega + 1$
よって　　$\omega + 1 = a\omega + b$　　すなわち　　$(a-1)\omega = 1-b$
$a-1, 1-b$ は実数，ω は虚数であるから　　$a-1 = 0, 1-b = 0$
よって　　$a = 1, b = 1$　　ゆえに，求める余りは　　$x+1$

←$P(1), P(-1)$ は $P(x)$ の式にそれぞれ $x = 1, x = -1$ を代入して求める。

←$A = BQ + R$ の形

←実数 A, B について
$A + Bi = 0$
$\iff A = 0$ かつ $B = 0$
を利用している。

←2次式で割っているので，余りは1次以下。

←$x^2+x+1 = 0$ の判別式を D とすると，$D = -3 < 0$ となり解は虚数である。

←① は，x が実数の場合だけでなく，複素数の場合も成り立つ。

←$a-1 \neq 0$ とすると，$\omega = \dfrac{b-1}{a-1}$ となり，(虚数) = (実数) となってしまう。

指針 6 〈方程式と不等式〉

(1) 代入法では計算が煩雑。
　　2つの式の差をとると，右辺は 0，また，左辺は $x-y$ を因数にもつ。
(2) 絶対値 ➡ 場合分けをしてはずす　が基本

---

(1) $\begin{cases} x^2 - 2y = 8 \text{ ……①} \\ y^2 - 2x = 8 \text{ ……②} \end{cases}$　とおく。

①−② から　　$x^2 - y^2 - 2y + 2x = 0$
すなわち　　$(x+y)(x-y) + 2(x-y) = 0$
よって　　$(x+y+2)(x-y) = 0$
ゆえに　　$x+y+2 = 0$　または　$x = y$
[1] $x+y+2 = 0$ のとき　　$y = -x-2$ ……③
　③ を ① に代入して　　$x^2 - 2(-x-2) = 8$
　よって　　$x^2 + 2x - 4 = 0$　　ゆえに　　$x = -1 \pm \sqrt{5}$
　③ から　　$x = -1 + \sqrt{5}$ のとき　　$y = -1 - \sqrt{5}$
　　　　　　　$x = -1 - \sqrt{5}$ のとき　　$y = -1 + \sqrt{5}$

←① から $2y = x^2 - 8$ …Ⓐ
② から $(2y)^2 - 8x = 32$
これに Ⓐ を代入して整理すると
$x^4 - 16x^2 - 8x + 32 = 0$
この方程式を解いてもよい。

数学重要問題集（理系）　5

[2] $x=y$ のとき
　　　① から　　$x^2-2x=8$
　　　すなわち　$(x+2)(x-4)=0$　　よって　$x=-2, 4$
　　　$x=y$ から　$x=-2$ のとき　$y=-2$
　　　　　　　　$x=4$ のとき　　$y=4$
　　[1], [2] から，求める解は
　　　　$(x, y)=(-1+\sqrt{5}, -1-\sqrt{5}), (-1-\sqrt{5}, -1+\sqrt{5}),$
　　　　　　　　$(-2, -2), (4, 4)$
(2)　$2x^2-x-3=(x+1)(2x-3)$ であるから

　　$2x^2-x-3\geqq 0$ の解は　　$x\leqq -1, \dfrac{3}{2}\leqq x$

　　$2x^2-x-3<0$ の解は　　$-1<x<\dfrac{3}{2}$

　　[1]　$x\leqq -1, \dfrac{3}{2}\leqq x$ のとき，不等式は　　$2x^2-x-3<x+1$
　　　　よって　$2x^2-2x-4<0$　　ゆえに　$(x+1)(x-2)<0$
　　　　したがって　$-1<x<2$

　　　　$x\leqq -1, \dfrac{3}{2}\leqq x$ との共通範囲は　　$\dfrac{3}{2}\leqq x<2$　……①

　　[2]　$-1<x<\dfrac{3}{2}$ のとき，不等式は　　$-2x^2+x+3<x+1$
　　　　よって　$2x^2-2>0$　　ゆえに　$(x+1)(x-1)>0$
　　　　したがって　$x<-1, 1<x$

　　　　$-1<x<\dfrac{3}{2}$ との共通範囲は　　$1<x<\dfrac{3}{2}$　……②

　　求める解は，① と ② を合わせた範囲で　　$\boldsymbol{1<x<2}$

別解　$|2x^2-x-3|<x+1$ から　　$|(x+1)(2x-3)|<x+1$
　　すなわち　$|x+1||2x-3|<x+1$
　　$x+1\leqq 0$ のとき，不等式を満たす x は存在しないから　　$x+1>0$
　　すなわち　$x>-1$　……①
　　よって　$(x+1)|2x-3|<x+1$
　　両辺を $x+1 (>0)$ で割ると　　$|2x-3|<1$
　　ゆえに　$-1<2x-3<1$
　　すなわち　$1<x<2$　……②
　　求める解は，① と ② の共通範囲で　　$\boldsymbol{1<x<2}$

←絶対値の中の符号で場合分けする。

←$|AB|=|A||B|$

←$x+1>0$ であるから，不等号の向きは変わらない。

指針 7 〈不等式を満たす整数が存在するための条件〉
数直線を利用して，条件を満たす a の値の範囲を求める。

$\dfrac{2x+1}{5}\geqq \dfrac{5-x}{3}$　……① から　　$3(2x+1)\geqq 5(5-x)$
整理すると　$11x\geqq 22$　　よって　　${}^{\mathcal{T}}\boldsymbol{x\geqq 2}$
次に，$|x-3|\leqq 5$　……② とする。
② から　　$-5\leqq x-3\leqq 5$
ゆえに　　$-2\leqq x\leqq 8$

←絶対値を外す。

6　　数学重要問題集（理系）

よって，不等式 ① と ② をともに満たす実数 x のとりうる値の範囲は，$x \geqq 2$ と $-2 \leqq x \leqq 8$ の共通範囲を求めて　ᴵ$2 \leqq x \leqq 8$
$3x-5 \leqq 2x-6+a$ ……③ とする。
③ から　$x \leqq a-1$
右の図から，不等式 ① と ③ をともに満たす整数 x がちょうど 4 個存在するような定数 a のとりうる値の範囲は，
$5 \leqq a-1 < 6$ より　ᵘ$\boldsymbol{6 \leqq a < 7}$

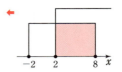
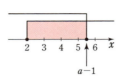

←不等式 $2 \leqq x \leqq a-1$ を満たす整数 x が $x = 2, 3, 4, 5$ となるような a の値の範囲を考える。

指針 8 〈やや複雑な因数分解〉

(1) まず，$(x^2+a)^2-(x+b)^2$ を展開する。次に，係数を比較する。
(2) a について整理して展開する。
　(イ)の因数分解は(ア)の展開式が利用できる。

(1) $(x^2+a)^2-(x+b)^2 = x^4+(2a-1)x^2-2bx+a^2-b^2$
これが $x^4+9x^2-4x+21$ と一致するから，係数を比較して
　　$2a-1=9$ ……①，$-2b=-4$ ……②，$a^2-b^2=21$ ……③
①，② から　$\boldsymbol{a=5, b=2}$　これらは ③ も満たす。
よって　$x^4+9x^2-4x+21 = (x^2+5)^2-(x+2)^2$
$= \{(x^2+5)+(x+2)\}\{(x^2+5)-(x+2)\}$
$= (x^2+x+7)(x^2-x+3)$
したがって　$\boldsymbol{c=7, d=1, e=3}$

(2) (ア)　$(a+b+c)(a^2+b^2+c^2-ab-bc-ca)$
$= \{a+(b+c)\}\{a^2-(b+c)a+b^2-bc+c^2\}$
$= a^3+\{(b+c)-(b+c)\}a^2+\{-(b+c)^2+(b^2-bc+c^2)\}a$
$\qquad\qquad +(b+c)(b^2-bc+c^2)$
$= a^3-3bca+b^3+c^3 = {}^{\mathcal{P}}\boldsymbol{a^3+b^3+c^3-3abc}$

←a について整理し，a の整式とみて展開するとよい。

(イ)　$8x^3+27y^3+18xy-1 = (2x)^3+(3y)^3+(-1)^3-3 \cdot 2x \cdot 3y \cdot (-1)$
よって，(ア) から
　　$8x^3+27y^3+18xy-1$
$= (2x+3y-1)\{(2x)^2+(3y)^2+(-1)^2-2x \cdot 3y-3y \cdot (-1)-(-1) \cdot 2x\}$
$= (2x+3y-1)(4x^2+9y^2+1-6xy+3y+2x)$
$= {}^{\prime}\boldsymbol{(2x+3y-1)(4x^2-6xy+9y^2+2x+3y+1)}$

←$a^3+b^3+c^3-3abc$ の形。

指針 9 〈因数定理〉

(2), (3) 次の 因数定理 を利用する。
　$x-a$ が整式 $P(x)$ の因数である $\iff P(a)=0$

(1)　$g(x) = f(x^2-2) = (x^2-2)-2 = \boldsymbol{x^2-4}$
(2)　$g(x) = f(x^2-2) = (x^2-2)-a = x^2-a-2$
$g(x)$ が $x-a$ で割り切れるから　$g(a)=0$
よって　$a^2-a-2=0$　すなわち　$(a+1)(a-2)=0$
したがって　$\boldsymbol{a=-1, 2}$

←「$f(x)=x-2$」の x の部分に x^2-2 を代入する。

←因数定理。

(3) $g(x) = \{(x^2-2)-a\}\{(x^2-2)-b\} = (x^2-a-2)(x^2-b-2)$
$g(x)$ が $(x-a)(x-b)$ で割り切れるから
　　　　　　$g(a)=0$ かつ $g(b)=0$
すなわち　　$(a^2-a-2)(a^2-b-2)=0$
　　かつ　　$(b^2-a-2)(b^2-b-2)=0$
ゆえに　　$(a+1)(a-2)(a^2-b-2)=0$ ……①
　　かつ　　$(b+1)(b-2)(b^2-a-2)=0$ ……②

① より　　$a=-1$ または $a=2$ または $a^2-b-2=0$

[1] $a=-1$ のとき
　② より　　$b=-1$ または $b=2$ または $b^2-(-1)-2=0$
　すなわち　$b=-1$ または $b=2$ または $b^2=1$
　ゆえに　　$b=-1, 1, 2$
　$a<b$ より　$(a, b)=(-1, 1), (-1, 2)$

[2] $a=2$ のとき
　② より　　$b=-1$ または $b=2$ または $b^2-2-2=0$
　すなわち　$b=-1$ または $b=2$ または $b^2=4$
　ゆえに　　$b=-2, -1, 2$
　このとき，$a<b$ を満たす a, b の組は存在しない。

[3] $a^2-b-2=0$ ……③ のとき
　② より　　$b=-1$ または $b=2$ または $b^2-a-2=0$
　(i) $b=-1$ のとき
　　③ から　$a^2-(-1)-2=0$　　すなわち　$a^2=1$
　　よって　$a=\pm 1$
　　このとき，$a<b$ を満たす a, b の組は存在しない。
　(ii) $b=2$ のとき
　　③ から　$a^2-2-2=0$　　すなわち　$a^2=4$
　　よって　$a=\pm 2$　　$a<b$ より　$(a, b)=(-2, 2)$
　(iii) $b^2-a-2=0$ ……④ のとき
　　③－④ より　　$a^2-b^2+(a-b)=0$
　　よって　　$(a+b)(a-b)+(a-b)=0$
　　ゆえに　　$(a-b)(a+b+1)=0$
　　$a<b$ より $a-b \neq 0$ であるから　　$a+b+1=0$
　　$a+b+1=0$ より　　$b=-a-1$ ……⑤
　　これを ③ に代入すると　　$a^2+a-1=0$
　　これを解いて　　$a=\dfrac{-1\pm\sqrt{5}}{2}$
　　⑤ より　　$b=\dfrac{-1\mp\sqrt{5}}{2}$ （複号同順）
　　$a<b$ より　$(a, b)=\left(\dfrac{-1-\sqrt{5}}{2}, \dfrac{-1+\sqrt{5}}{2}\right)$

[1]～[3] から，求める (a, b) の組は
　　$(a, b)=(-1, 1), (-1, 2), (-2, 2), \left(\dfrac{-1-\sqrt{5}}{2}, \dfrac{-1+\sqrt{5}}{2}\right)$

←$g(x)$ は $x-a$ で割り切れ，かつ，$x-b$ で割り切れる。

←③ と ④ の連立方程式を解く。定数項を消去した式が因数分解できる。

指針 10 〈4次方程式の解（置き換え利用）〉

4次方程式 $ax^4+bx^3+cx^2+bx+a=0$ は，両辺を x^2 で割ることで，$y=x+\dfrac{1}{x}$ とおいて，y の2次方程式に帰着できる。
$ax^4+bx^3+cx^2+bx+a=0$ のように，係数が左右対称な方程式を **相反方程式** という。

$x^4-2x^3+3x^2-2x+1=0$ …… ① とする。
① は $x=0$ を解にもたないから　　$x \neq 0$

よって，① の両辺を x^2 で割って　　$x^2-2x+3-\dfrac{2}{x}+\dfrac{1}{x^2}=0$

すなわち　　$\left(x^2+\dfrac{1}{x^2}\right)-2\left(x+\dfrac{1}{x}\right)+3=0$

ゆえに　　$\left(x+\dfrac{1}{x}\right)^2-2\left(x+\dfrac{1}{x}\right)+1=0$

ここで，$y=x+\dfrac{1}{x}$ とおくと，y の満たす2次方程式は

$^{\text{ア}}\boldsymbol{y^2-2y+1=0}$ である。

すなわち　　$(y-1)^2=0$　　よって　　$y=1$

ゆえに　　$x+\dfrac{1}{x}=1$　　よって　　$x^2-x+1=0$

したがって，方程式 ① の解を複素数の範囲ですべて求めると

$^{\text{イ}}\boldsymbol{x=\dfrac{1 \pm \sqrt{3}\,i}{2}}$ となる。

←x^2 で割るためには，$x \neq 0$ を確認する必要がある。

←$x^2+\dfrac{1}{x^2}=\left(x+\dfrac{1}{x}\right)^2-2$

指針 11 〈多項式の決定〉

(1) $f(x)$ の次数を m，$g(x)$ の次数を n として，与えられた恒等式の両辺の次数を比較する。
(2) (1) から，$f(x)=ax^2+bx+c$, $g(x)=px^2+qx+r$ とおける。

(1) $f(x^2)=(x^2+2)g(x)+7$ …… ①，
　　$g(x^3)=x^4 f(x)-3x^2 g(x)-6x^2-2$ …… ②
とする。
また，0以上の整数 m，n を用いて，
$f(x)$ の次数を m，$g(x)$ の次数を n とする。
① において，$f(x^2)$ の次数は　　$2m$
　　　　　　　$(x^2+2)g(x)+7$ の次数は　　$n+2$
よって　　$2m=n+2$　すなわち　$n=2m-2$ …… ③
$n \geqq 0$ であるから，③ より　　$m \geqq 1$
② において，$g(x^3)$ の次数は　　$3n$
また　$x^4 f(x)$ の次数は　　$m+4$，
　　　$-3x^2 g(x)$ の次数は　　$n+2$
であり　$(m+4)-(n+2)=m+4-(2m-2+2)=4-m$
よって　　$1 \leqq m \leqq 3$ のとき　　$m+4 > n+2$
　　　　　$m=4$ のとき　　$m+4=n+2$
　　　　　$m \geqq 5$ のとき　　$m+4 < n+2$

←$(x^m)^2=x^{2m}$
←$x^2 \cdot x^n=x^{n+2}$

←$x^4 f(x)$ の次数と $-3x^2 g(x)$ の次数を比較する。

ここで，$m \geqq 3$ または $n \geqq 3$ と仮定する。　　　　　　　　　　　←背理法を利用して証明する。
$n \geqq 3$ のとき，③ より $m \geqq 3$ であるから，$m \geqq 3$ のみ考える。
[1]　$m=3$ のとき
　　③ から　　$n=4$
　　このとき，$g(x^3)$ の次数は　　12
　　$x^4f(x)-3x^2g(x)-6x^2-2$ の次数は　　7　　　　　　　　　←$m+4>n+2$ より次数は
　　よって，② の両辺の次数は一致しないから不適。　　　　　　　　　　　$m+4$
[2]　$m=4$ のとき
　　③ から　　$n=6$
　　このとき，$g(x^3)$ の次数は　　18
　　$x^4f(x)-3x^2g(x)-6x^2-2$ の次数は 8 以下となる。　　　　　　　←$x^4f(x)$ と $3x^2g(x)$ の次数
　　よって，② の両辺の次数は一致しないから不適。　　　　　　　　　　　はともに 8 であるが，最高
[3]　$m \geqq 5$ のとき　　　　　　　　　　　　　　　　　　　　　　　　　　次の係数が一致して ② の
　　③ から　　$n \geqq 8$　　　　　　　　　　　　　　　　　　　　　　　　右辺の次数は 8 より小さく
　　このとき，$g(x^3)$ の次数は　　$3n$　　　　　　　　　　　　　　　　　なる場合がある。
　　$x^4f(x)-3x^2g(x)-6x^2-2$ の次数は　　$n+2$
　　$n \geqq 8$ において，$3n \neq n+2$ より，② の両辺の次数は一致しない　　←$m+4<n+2$ より次数は
　　から不適。　　　　　　　　　　　　　　　　　　　　　　　　　　　　　　$n+2$
[1]〜[3] から，$m \geqq 3$ と仮定すると，② の両辺の次数が一致しない。
よって　　$m \leqq 2$　　このとき，③ から　　$n \leqq 2$
したがって，$f(x)$ の次数と $g(x)$ の次数はともに 2 以下である。
(2) (1)から，$f(x)=ax^2+bx+c$，$g(x)=px^2+qx+r$ とする。
　① から　　$ax^4+bx^2+c=(x^2+2)(px^2+qx+r)+7$
　　　　　　　　　　　　　　　$=px^4+qx^3+(r+2p)x^2+2qx+2r+7$
両辺の同じ次数の項の係数を比較して
　　　　　　　　$a=p,\ 0=q,\ b=r+2p,\ c=2r+7$
よって　　　　$p=a,\ q=0,\ r=b-2p=b-2a$
このとき　　$g(x)=ax^2+b-2a$
② から
　　$ax^6+b-2a=x^4(ax^2+bx+c)-3x^2(ax^2+b-2a)-6x^2-2$　　　←$g(x^3)=a(x^3)^2+b-2a$
　　　　　　　　$=ax^6+bx^5+(c-3a)x^4+3(2a-b-2)x^2-2$
両辺の同じ次数の項の係数を比較して
　　　　　　　　$0=b,\ 0=c-3a,\ 0=2a-b-2$
これを解いて　　$a=1,\ b=0,\ c=3$
このとき　　　　$p=1,\ q=0,\ r=-2$
したがって　　　$f(x)=x^2+3,\ g(x)=x^2-2$

指針 12 〈ガウス記号を含む方程式〉

$[a]=k$ のとき $k \leqq a<k+1$
(3) $\left[\dfrac{x}{2}\right]=\left[\dfrac{x}{3}\right]=k$ とおき，$\left[\dfrac{x}{2}\right]=k$ から得られる不等式と $\left[\dfrac{x}{3}\right]=k$ から得られる不等式
を連立して考える。k の符号で場合分けして，まず k の値を求めるとよい。

(1) $\left[\dfrac{x}{2}\right]=k$ のとき　　$k \leqq \dfrac{x}{2} < k+1$

　　よって　　$2k \leqq x < 2k+2$

(2) $\left[\dfrac{x}{2}\right]=1$ かつ $\left[\dfrac{x}{3}\right]=1$ を満たす実数 x の範囲を求める。

　　$\left[\dfrac{x}{2}\right]=1$ のとき，$1 \leqq \dfrac{x}{2} < 2$ より　　$2 \leqq x < 4$　……①

　　$\left[\dfrac{x}{3}\right]=1$ のとき，$1 \leqq \dfrac{x}{3} < 2$ より　　$3 \leqq x < 6$　……②

　　①，②の共通範囲を求めて　　$3 \leqq x < 4$

(3) $\left[\dfrac{x}{2}\right]=\left[\dfrac{x}{3}\right]=k$（$k$ は整数）とおく。

　　$\left[\dfrac{x}{2}\right]=k$ より　　$2k \leqq x < 2k+2$　……③

　　$\left[\dfrac{x}{3}\right]=k$ より　　$3k \leqq x < 3k+3$　……④

　[1]　$k \geqq 0$ のとき

　　$2k \leqq 3k$ であるから，③ かつ ④ を満たす実数 x が存在するための条件は

$$3k < 2k+2$$

　　よって　　$k < 2$

　　これと $k \geqq 0$ より　　$0 \leqq k < 2$

　　k は整数であるから　　$k = 0,\ 1$

　　(i) $k=0$ のとき

　　　③，④ から　　$0 \leqq x < 2$ かつ $0 \leqq x < 3$

　　　よって　　$0 \leqq x < 2$

　　(ii) $k=1$ のとき

　　　(2) より　　$3 \leqq x < 4$

　[2]　$k < 0$ のとき

　　$2k > 3k$ であるから，③ かつ ④ を満たす実数 x が存在するための条件は

$$2k < 3k+3$$

　　よって　　$k > -3$

　　これと $k < 0$ より　　$-3 < k < 0$

　　k は整数であるから　　$k = -2,\ -1$

　　(i) $k=-2$ のとき

　　　③，④ から　　$-4 \leqq x < -2$ かつ $-6 \leqq x < -3$

　　　よって　　$-4 \leqq x < -3$

　　(ii) $k=-1$ のとき

　　　③，④ から　　$-2 \leqq x < 0$ かつ $-3 \leqq x < 0$

　　　よって　　$-2 \leqq x < 0$

　[1]，[2] から，求める x の範囲は

$$-4 \leqq x < -3,\ -2 \leqq x < 2,\ 3 \leqq x < 4$$

←$[a]=k$ のとき
$k \leqq a < k+1$

←k の符号で場合分け。

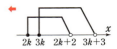

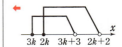

指針 13 〈1の3乗根を利用する割り算の証明問題〉

x^2+x+1 で割り切れることを示すには，方程式 $x^2+x+1=0$ の解の1つである ω，その共役複素数 $\overline{\omega}$ について成り立つ次の性質を利用する。

ω と $\overline{\omega}$ は1の3乗根であり
$\omega^3=1$, $\omega^2+\omega+1=0$, $(\overline{\omega})^3=1$, $(\overline{\omega})^2+\overline{\omega}+1=0$

$$(x-1)(x^{3n}-1)=(x-1)(x^n-1)(x^{2n}+x^n+1)$$
$$(x^3-1)(x^n-1)=(x-1)(x^2+x+1)(x^n-1)$$

← $x^{3n}-1=(x^n)^3-1$
$=(x^n-1)\{(x^n)^2+x^n+1\}$

よって，$x^{2n}+x^n+1$ が x^2+x+1 で割り切れることを示せばよい。
ここで，$x^2+x+1=0$ の両辺に $x-1$ を掛けると
$(x-1)(x^2+x+1)=0$ すなわち $x^3=1$
よって，1の3乗根のうち，虚数であるものの1つを ω とおくと，
$\omega^3=1$, $\omega^2+\omega+1=0$ である。
また，ω の共役複素数 $\overline{\omega}$ も方程式 $x^2+x+1=0$ の解であるから，
$x^2+x+1=(x-\omega)(x-\overline{\omega})$ と因数分解できる。
ここで，$f(x)=x^{2n}+x^n+1$ とおくと $f(\omega)=\omega^{2n}+\omega^n+1$
n は3で割った余りが1となる自然数であるから，k を0以上の整数とすると，$n=3k+1$ とおける。
よって $f(\omega)=\omega^{2(3k+1)}+\omega^{3k+1}+1=(\omega^3)^{2k}\cdot\omega^2+(\omega^3)^k\cdot\omega+1$
$=\omega^2+\omega+1=0$

← $\omega^3=1$ を代入。
← $\omega^2+\omega+1=0$ を代入。

また，同様にして，$f(\overline{\omega})=0$ も成り立つから，$x^{2n}+x^n+1$ は $(x-\omega)(x-\overline{\omega})$ すなわち x^2+x+1 で割り切れる。
したがって，3で割った余りが1となる自然数 n に対し，$(x-1)(x^{3n}-1)$ は $(x^3-1)(x^n-1)$ で割り切れる。

2 関数と方程式・不等式

指針 14 〈2次関数の係数決定〉

(1) 2次関数 $y=f(x)$ のグラフが直線 $y=ax+b$ と接する
 → 2次方程式 $f(x)=ax+b$ が重解をもつ
 → この2次方程式の判別式 D について $D=0$
(2) C_2, C_3 が通る点を対称移動して，C_1 が通る点の座標を求める。

(1) $y=ax^2+b$ ……①, $y=-8x$ ……② とする。
①のグラフは点 $(1, 10)$ を通るから $a+b=10$
また，①のグラフが直線②に接するための必要十分条件は，2次方程式 $ax^2+b=-8x$ すなわち $ax^2+8x+b=0$ ……③ が重解をもつことである。
この2次方程式の判別式を D とすると
$\dfrac{D}{4}=4^2-ab=0$ ゆえに $ab=16$

← $10=a\cdot 1^2+b$

← ③が重解をもつ ⟺ $D=0$

よって，a，b は2次方程式 $t^2-10t+16=0$ の2つの解である。
これを解くと，$(t-2)(t-8)=0$ から　　$t=2$，8
$a<b$ であるから　　$a=2$，$b=8$
このとき，接点の x 座標 c は，③ の重解で　　$c=-\dfrac{8}{2\cdot 2}=-2$
接点の y 座標 d は，② から　　$d=-8\cdot(-2)=16$

⇐ 和が p，積が q である2つの数は，$x^2-px+q=0$ の解。

(2) 直線 $y=1$ に関して，放物線 C_1 と放物線 C_2 は対称であるから，直線 $y=1$ に関して点 $(-2, -10)$ と対称な点の座標を $(-2, q)$ とすると　　$\dfrac{-10+q}{2}=1$　　ゆえに　　$q=12$

点 $(-2, 12)$ は放物線 C_1 上にあるから　　$12=4a-2b+4$
整理すると　　$2a-b=4$　……①
また，直線 $x=1$ に関して，放物線 C_2 と放物線 C_3 は対称であるから，直線 $x=1$ に関して点 $(3, -2)$ と対称な点の座標を $(p, -2)$ とすると　　$\dfrac{3+p}{2}=1$　　ゆえに　　$p=-1$
よって，点 $(-1, -2)$ は放物線 C_2 上にある。
さらに，直線 $y=1$ に関して点 $(-1, -2)$ と対称な点の座標を $(-1, r)$ とすると　　$\dfrac{-2+r}{2}=1$　　ゆえに　　$r=4$
よって，点 $(-1, 4)$ は放物線 C_1 上にあるから　　$4=a-b+4$
整理すると　　$a-b=0$　……②
①，② を連立して解くと　　$a=4$，$b=4$
したがって　　$a+b=8$

⇐ 直線 $y=1$ に関して点 $(-2, -10)$ と対称な点
→ x 座標 $=-2$ のまま。
　2つの点を結んだ線分の中点が直線 $y=1$ 上にある。

指針 15 〈2次関数のグラフと x 軸〉

(1) $f(x)=-x^2+ax+2a-3$ とおく。
　　$f(0)f(2)\leqq 0$　⇒　2次関数 $y=f(x)$ のグラフは，$0\leqq x\leqq 2$ で x 軸と少なくとも1つの共有点をもつ
　　$f(0)f(2)>0$　⇒　次の (i)〜(iii) を満たすとき，2次関数 $y=f(x)$ のグラフは，$0<x<2$ で x 軸と2つの共有点をもつ(接する場合を含む)
　　　　(i) 2次方程式 $f(x)=0$ の判別式を D とするとき　$D\geqq 0$
　　　　(ii) $0<$ 軸 <2
　　　　(iii) $f(0)<0$ かつ $f(2)<0$

(2) 下に凸の放物線 $y=f(x)$ が x 軸の負の部分および正の部分と交わる
　　⇒　放物線の形を考えると　$f(0)<0$
　　放物線 $y=f(x)$ が x 軸から切り取る線分の長さ
　　⇒　$f(x)=0$ の解を α，β $(\alpha<\beta)$ とすると，線分の長さは　$\beta-\alpha$

(1) $f(x)=-x^2+ax+2a-3$ とおくと
$$f(x)=-\left(x-\dfrac{a}{2}\right)^2+\dfrac{a^2}{4}+2a-3$$

よって，放物線 $y=f(x)$ は上に凸で，軸は直線 $x=\dfrac{a}{2}$ である。
また　　$f(0)=2a-3$，$f(2)=4a-7$

[1] $f(0)f(2) \leqq 0$ のとき

このとき，$y=f(x)$ のグラフは，$0 \leqq x \leqq 2$ において x 軸と少なくとも1つの共有点をもつ。

よって $(2a-3)(4a-7) \leqq 0$ ゆえに $\dfrac{3}{2} \leqq a \leqq \dfrac{7}{4}$

[2] $f(0)f(2) > 0$ のとき

2次方程式 $f(x)=0$ の判別式を D とすると，次の (i), (ii), (iii) を同時に満たせばよい。

(i) $D \geqq 0$

$D = a^2 - 4 \cdot (-1) \cdot (2a-3) = a^2 + 8a - 12$

より $a^2 + 8a - 12 \geqq 0$

よって $a \leqq -4 - 2\sqrt{7},\ -4 + 2\sqrt{7} \leqq a$ ……①

(ii) 軸 $x = \dfrac{a}{2}$ について $0 < \dfrac{a}{2} < 2$

よって $0 < a < 4$ ……②

(iii) $f(0) < 0$ かつ $f(2) < 0$

すなわち $2a - 3 < 0$ かつ $4a - 7 < 0$

よって $a < \dfrac{3}{2}$ ……③

ここで $-4 + 2\sqrt{7} = -\sqrt{16} + \sqrt{28} > 0$

$\dfrac{3}{2} - (-4 + 2\sqrt{7}) = \dfrac{11 - 4\sqrt{7}}{2} = \dfrac{\sqrt{121} - \sqrt{112}}{2} > 0$

ゆえに，①, ②, ③ の共通範囲は $-4 + 2\sqrt{7} \leqq a < \dfrac{3}{2}$

[1], [2] から，求める a の値の範囲は $-4 + 2\sqrt{7} \leqq a \leqq \dfrac{7}{4}$

(2) $f(x) = 4x^2 - 4kx + 5k^2 + 19k - 4$ とおく。

放物線 $y = f(x)$ が x 軸の負の部分および正の部分と交わるための条件は $f(0) < 0$ すなわち $5k^2 + 19k - 4 < 0$

ゆえに $(k+4)(5k-1) < 0$ よって ᵃ$-4 < k <$ ᵃ$\dfrac{1}{5}$

このとき，2次方程式 $f(x) = 0$ を解くと

$x = \dfrac{2k \pm \sqrt{(2k)^2 - 4(5k^2 + 19k - 4)}}{4} = \dfrac{k \pm \sqrt{-4k^2 - 19k + 4}}{2}$

よって，放物線 $y = f(x)$ が切り取る x 軸上の線分の長さを l ($l > 0$) とすると

$l = \dfrac{k + \sqrt{-4k^2 - 19k + 4}}{2} - \dfrac{k - \sqrt{-4k^2 - 19k + 4}}{2}$

$= \sqrt{-4k^2 - 19k + 4}$

ゆえに $l^2 = -4k^2 - 19k + 4 = -4\left(k + \dfrac{19}{8}\right)^2 + \dfrac{425}{16}$

$-4 < k < \dfrac{1}{5}$ であるから，l^2 は $k = -\dfrac{19}{8}$ で最大値 $\dfrac{425}{16}$ をとる。

したがって，l の最大値は $\sqrt{\dfrac{425}{16}} =$ ᵂ$\dfrac{5\sqrt{17}}{4}$

← $f(0) = 0$ または $f(2) = 0$ のときは，$x = 0$ または $x = 2$ が解。

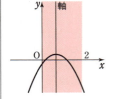

関数ツールで確認!!

← [1], [2] で求めた2つの範囲の和集合になる。

← $f(0) < 0$ ならば放物線 $y = f(x)$ は x 軸の負の部分および正の部分と交わる。

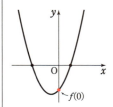

関数ツールで確認!!

指針 16 〈2次関数の最大値から係数決定〉

(1) グラフの軸の位置によって，最大値をとる x の値が異なる
  ➡ 軸の位置によって場合分けが必要
(2) グラフが下に凸か上に凸かによって，最大値をとる x の値が異なる
  ➡ x^2 の係数の符号によって場合分けが必要

(1) $f(x) = x^2 - ax - a^2 = \left(x - \dfrac{a}{2}\right)^2 - \dfrac{5}{4}a^2$

[1] $\dfrac{a}{2} < 2$ すなわち $a < 4$ のとき

$x = 4$ で最大値 $-a^2 - 4a + 16$ をとる。
ゆえに $-a^2 - 4a + 16 = 11$
すなわち $a^2 + 4a - 5 = 0$
よって $a = -5,\ 1$
これらは $a < 4$ を満たす。

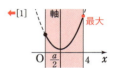

[2] $2 \leqq \dfrac{a}{2}$ すなわち $4 \leqq a$ のとき

$x = 0$ で最大値 $-a^2$ をとる。
ゆえに $-a^2 = 11$
よって，条件を満たす a の値は存在しない。
[1]，[2] から，求める a の値は
$a = {}^{\mathcal{P}}-5,\ {}^{\mathcal{I}}1$

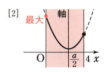

(2) $f(x) = ax^2 + 4ax + a^2 - 1 = a(x+2)^2 + a^2 - 4a - 1$

区間 $-4 \leqq x \leqq 1$ の中央の値は $-\dfrac{3}{2}$

← $y = f(x)$ のグラフの軸は直線 $x = -2$
x^2 の係数である a の符号によってグラフの形が変わる。

[1] $a > 0$ のとき
$y = f(x)$ のグラフは下に凸の放物線であり，$-4 \leqq x \leqq 1$ において $f(x)$ は $x = 1$ で最大値 $f(1)$ をとる。
$f(1) = a^2 + 5a - 1$ であるから $a^2 + 5a - 1 = 5$
すなわち $a^2 + 5a - 6 = 0$
よって $(a+6)(a-1) = 0$
$a > 0$ を満たすのは $a = 1$

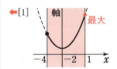

[2] $a = 0$ のとき
$f(x) = -1$ となり，条件を満たさない。

[3] $a < 0$ のとき
$y = f(x)$ のグラフは上に凸の放物線であり，$-4 \leqq x \leqq 1$ において $f(x)$ は $x = -2$ で最大値 $f(-2)$ をとる。
$f(-2) = a^2 - 4a - 1$ であるから $a^2 - 4a - 1 = 5$
すなわち $a^2 - 4a - 6 = 0$
よって $a = 2 \pm \sqrt{10}$
このうち，$a < 0$ を満たすのは $a = 2 - \sqrt{10}$

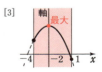

← この確認を忘れない。

[1]〜[3] から，求める a の値は
$a = 1,\ 2 - \sqrt{10}$

17 〈区間が動く場合の 2 次関数の最小値〉

指針　軸と区間の位置関係で場合分けをする
　→　2 次関数のグラフが
　　　　下に凸のとき，軸から遠いほど y の値は大きくなる　が基本
(3)はグラフをかいて最小値を求める。

(1) $a = \dfrac{1}{2}$ のとき

$$f(x) = x^2 + \dfrac{1}{2}x + 1 = \left(x + \dfrac{1}{4}\right)^2 + \dfrac{15}{16} \quad \left(-\dfrac{1}{2} \leqq x \leqq \dfrac{3}{2}\right)$$

$y = f(x)$ のグラフは下に凸の放物線で，軸は直線 $x = -\dfrac{1}{4}$ であるから，$-\dfrac{1}{2} \leqq x \leqq \dfrac{3}{2}$ の範囲において，$f(x)$ は $x = -\dfrac{1}{4}$ のとき最小値 $\dfrac{15}{16}$ をとる。

したがって　$m\left(\dfrac{1}{2}\right) = \dfrac{15}{16}$

(2) $f(x) = x^2 + ax + 1 = \left(x + \dfrac{a}{2}\right)^2 - \dfrac{a^2}{4} + 1$

$y = f(x)$ のグラフは下に凸の放物線で，軸は直線 $x = -\dfrac{a}{2}$，頂点は点 $\left(-\dfrac{a}{2},\ -\dfrac{a^2}{4} + 1\right)$ である。

[1] $a + 1 < -\dfrac{a}{2}$ すなわち $a < -\dfrac{2}{3}$

のとき，$f(x)$ は $x = a + 1$ で最小となる。
よって
　$m(a) = f(a+1) = 2a^2 + 3a + 2$

[2] $a - 1 \leqq -\dfrac{a}{2} \leqq a + 1$ すなわち

$-\dfrac{2}{3} \leqq a \leqq \dfrac{2}{3}$ のとき，$f(x)$ は

$x = -\dfrac{a}{2}$ で最小となる。

よって　$m(a) = f\left(-\dfrac{a}{2}\right) = -\dfrac{a^2}{4} + 1$

[3] $-\dfrac{a}{2} < a - 1$ すなわち $\dfrac{2}{3} < a$ のとき，$f(x)$ は $x = a - 1$ で最小となる。
よって　$m(a) = f(a-1) = 2a^2 - 3a + 2$

関数ツールで確認!!

←区間の右端 $x = a + 1$ が軸 $x = -\dfrac{a}{2}$ より左側にある場合。

←区間の中に軸がある場合。

←区間の左端 $x = a - 1$ が軸 $x = -\dfrac{a}{2}$ より右側にある場合。

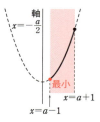

以上から $a < -\dfrac{2}{3}$ のとき　　$m(a) = 2a^2 + 3a + 2$

　　　　$-\dfrac{2}{3} \leqq a \leqq \dfrac{2}{3}$ のとき　$m(a) = -\dfrac{a^2}{4} + 1$

　　　　$\dfrac{2}{3} < a$ のとき　　　　$m(a) = 2a^2 - 3a + 2$

(3) $2a^2 \pm 3a + 2 = 2\left(a \pm \dfrac{3}{4}\right)^2 + \dfrac{7}{8}$ （複号同順）

よって，$y = m(a)$ のグラフは，
右の図のようになる。

よって，$m(a)$ は $a = \pm \dfrac{3}{4}$ のとき

最小値 $\dfrac{7}{8}$ をとる。

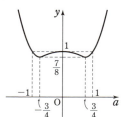

指針 18 〈2変数関数の最小値〉

(1) まず，x について整理して平方完成をし，y の2次式も平方完成をする。
(2) x，y が隣り合う整数のとき　　$y = x+1$　または　$y = x-1$
　　これをもとの式に代入して，x が整数で a の値が負であるときの最大値を求める。

---

(1) 　$4x^2 + 12y^2 - 12xy + 4x - 18y + 7$
　　$= 4x^2 + (-12y + 4)x + 12y^2 - 18y + 7$
　　$= 4\{x^2 + (-3y + 1)x\} + 12y^2 - 18y + 7$
　　$= 4\left(x + \dfrac{-3y+1}{2}\right)^2 + 3y^2 - 12y + 6 = 4\left(x + \dfrac{-3y+1}{2}\right)^2 + 3(y-2)^2 - 6$

　　←x について整理して平方完成。

よって，$4x^2 + 12y^2 - 12xy + 4x - 18y + 7$ は $x + \dfrac{-3y+1}{2} = 0$，

$y - 2 = 0$ すなわち $x = \dfrac{5}{2}$，$y = 2$ のとき，最小値 -6 をとる。

(2) x，y が隣り合う整数のとき　　$y = x+1$　または　$y = x-1$
　[1] $y = x+1$ のとき
　　　$4x^2 + 12y^2 - 12xy + 4x - 18y + 7$
　　　$= 4x^2 + 12(x+1)^2 - 12x(x+1) + 4x - 18(x+1) + 7$
　　　$= 4x^2 - 2x + 1 = 4\left(x - \dfrac{1}{4}\right)^2 + \dfrac{3}{4} > 0$

　　←$y = x+1$ を代入。

　　よって，$4x^2 + 12y^2 - 12xy + 4x - 18y + 7 = a$ を満たす負の実数
　　a は存在しない。

[2] $y=x-1$ のとき

$4x^2+12y^2-12xy+4x-18y+7$
$=4x^2+12(x-1)^2-12x(x-1)+4x-18(x-1)+7$
$=4x^2-26x+37=4\left(x-\dfrac{13}{4}\right)^2-\dfrac{21}{4}$

$a=4\left(x-\dfrac{13}{4}\right)^2-\dfrac{21}{4}$ のグラフは右
の図のようになる。 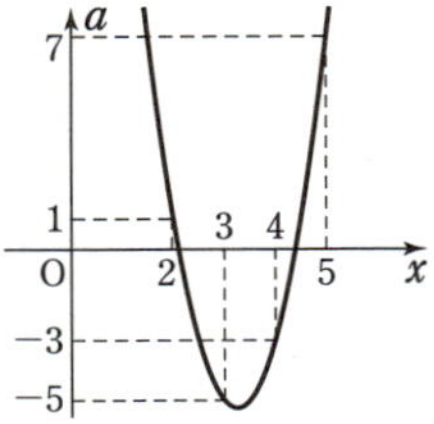
a は負の実数,x は整数であるから,
グラフより a は $x=4$ のとき最大値
-3 をとる。
したがって,a は $x=4$,$y=3$ のとき最大値 -3 をとる。
[1],[2] から,a は $x=4$,$y=3$ のとき最大値 -3 をとる。

← $y=x-1$ を代入。

指針 19 〈絶対値を含む関数のグラフと直線の共有点〉

(1) 絶対値を含む関数のグラフ ➡ 場合分けをして絶対値をはずす
(2) 共有点の個数はグラフを用いて考える。

(1) $f(x)=|(x+3)(x-3)|-3|x-2|-2$ から

$x<-3$ のとき　　$f(x)=(x^2-9)-3(-x+2)-2$
　　　　　　　　　　$=x^2+3x-17=\left(x+\dfrac{3}{2}\right)^2-\dfrac{77}{4}$

$-3\leqq x<2$ のとき　$f(x)=(-x^2+9)-3(-x+2)-2$
　　　　　　　　　　$=-x^2+3x+1=-\left(x-\dfrac{3}{2}\right)^2+\dfrac{13}{4}$

$2\leqq x<3$ のとき　$f(x)=(-x^2+9)-3(x-2)-2$
　　　　　　　　　　$=-x^2-3x+13=-\left(x+\dfrac{3}{2}\right)^2+\dfrac{61}{4}$

$3\leqq x$ のとき　　$f(x)=(x^2-9)-3(x-2)-2$
　　　　　　　　　　$=x^2-3x-5=\left(x-\dfrac{3}{2}\right)^2-\dfrac{29}{4}$

← $x^2-9>0$ かつ $x-2<0$

← $x^2-9\leqq 0$ かつ $x-2<0$

← $x^2-9<0$ かつ $x-2\geqq 0$

← $x^2-9\geqq 0$ かつ $x-2>0$

また　$f(-3)=-3|-3-2|-2=-17$
　　　$f(2)=|-5|-2=3$
　　　$f(3)=-3|3-2|-2=-5$
よって,グラフは右の図のようになる。

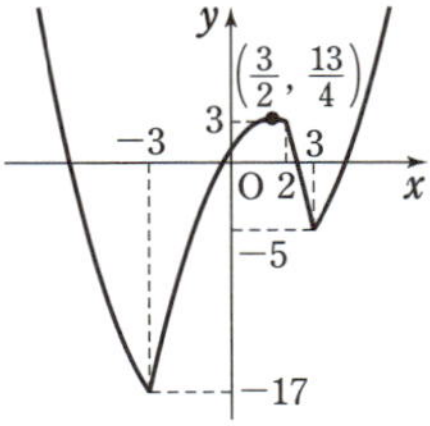

(2) (1)のグラフにより
　$k<-17$ のとき 0 個;
　$k=-17$ のとき 1 個;
　$-17<k<-5$,$\dfrac{13}{4}<k$ のとき 2 個;
　$k=-5$,$\dfrac{13}{4}$ のとき 3 個;
　$-5<k<\dfrac{13}{4}$ のとき 4 個

指針 20 〈関数についての等式から関数の周期を決める〉

2つの等式を用いて，$f(x+2)$, $f(x+3)$, $f(x+4)$ などを調べる。
例えば，等式 $f(1+x)=f(1-x)$ において x の代わりに $x+1$ とすると
$f(1+(1+x))=f(1-(1+x))$ すなわち $f(x+2)=f(-x)=-f(x)$ など

すべての実数 x に対して，関数 $f(x)$ は
$$f(-x)=-f(x) \cdots\cdots ①, \quad f(1+x)=f(1-x) \cdots\cdots ②$$
を満たしているから
$$f(x+2)=f(1+(1+x))=f(1-(1+x))$$
$$=f(-x)=-f(x) \cdots\cdots ③$$

①, ②, ③ から
$$f(x+3)=f((x+1)+2)=-f(x+1)$$
$$=-f(1-x)=f(x-1) \cdots\cdots ④$$

③ から $\quad f(x+4)=f((x+2)+2)=-f(x+2)=f(x) \cdots\cdots ⑤$

[1] $f(x+1)=f(x)$ が成り立つと仮定するとき
　　x に $x+1$ を代入すると $\quad f(x+2)=f(x+1)$
　　仮定より $\quad f(x+2)=f(x)$
　　③ より $\quad -f(x)=f(x) \quad$ ゆえに $\quad f(x)=0$
　　これは，関数 $f(x)$ が定数関数でないことに矛盾するから
$$f(x+1) \neq f(x)$$

[2] $f(x+2)=f(x)$ が成り立つと仮定するとき
　　③ より $\quad -f(x)=f(x) \quad$ ゆえに $\quad f(x)=0$
　　これは，関数 $f(x)$ が定数関数でないことに矛盾するから
$$f(x+2) \neq f(x)$$

[3] $f(x+3)=f(x)$ が成り立つと仮定するとき
　　④ より $\quad f(x-1)=f(x)$
　　x に $x+1$ を代入すると $\quad f(x)=f(x+1)$
　　このときも [1] で調べたことにより矛盾が生じるから
$$f(x+3) \neq f(x)$$

[1], [2], [3] と ⑤ から，求める正の整数 m の最小値は **4** である。

← ② の x に $1+x$ を代入し，次に ① を使う。

← ③ の $f(x+2)=-f(x)$ の x に $x+1$ を代入し，次に②，① を順に使う。

← ⑤ からは $m=4$ と結論できない。$m=1, 2, 3$ でないことを確かめる必要がある。

指針 21 〈2次方程式の解に関する式から係数決定〉

解と係数の関係を利用して，A, B の方程式を導く。

2次方程式 $x^2+Ax+B=0$ について，解と係数の関係から
$$\alpha+\beta=-A, \quad \alpha\beta=B$$

$\dfrac{1}{\alpha}+\dfrac{1}{\beta}=2$ より $\quad \alpha+\beta=2\alpha\beta \quad$ よって $\quad -A=2B$

$\dfrac{1}{\alpha^3}+\dfrac{1}{\beta^3}=3$ より $\quad \alpha^3+\beta^3=3\alpha^3\beta^3$

$\quad\quad \alpha^3+\beta^3=(\alpha+\beta)^3-3\alpha\beta(\alpha+\beta)=-A^3+3AB$,
$\quad\quad 3\alpha^3\beta^3=3(\alpha\beta)^3=3B^3$

であるから $\quad -A^3+3AB=3B^3$
$A=-2B$ を代入して $\quad 8B^3-6B^2=3B^3$

数学重要問題集（理系） 19

よって　　$B^2(5B-6)=0$
$\alpha \neq 0$, $\beta \neq 0$ から　　$B \neq 0$
ゆえに　　$B=\dfrac{6}{5}$　　また　　$A=-2B=-\dfrac{12}{5}$

← $\alpha\beta=B$ より

指針 22 〈3次方程式が特定の解をもつ条件〉

(2) 与えられた3次方程式は **(1次式)(2次式)=0** と因数分解できる。
このとき，3次方程式が2重解をもつ条件を考える。
→ 「(2次式)=0 が重解をもつ」だけではない
→ 場合分けが必要

(1) $x^3+ax^2+9x+b=0$ …… ① とする。
① が $1+2i$ を解にもつならば
$$(1+2i)^3+a(1+2i)^2+9(1+2i)+b=0$$
展開して整理すると　　$(-3a+b-2)+4(a+4)i=0$
a, b は実数であるから，$-3a+b-2$, $4(a+4)$ も実数で
$$-3a+b-2=0,\ 4(a+4)=0$$
これを解いて　　$a=-4$, $b=-10$
このとき，方程式 ① は　　$x^3-4x^2+9x-10=0$
左辺を因数分解すると　　$(x-2)(x^2-2x+5)=0$
したがって，求める実数解は　　$x=2$

別解 実数を係数とする3次方程式 ① が $1+2i$ を解にもつとき，
その共役な複素数 $1-2i$ も解にもつ。
3次方程式 ① の残りの解を α とすると，解と係数の関係により
$$(1+2i)(1-2i)+(1-2i)\alpha+\alpha(1+2i)=9$$
すなわち　　$2\alpha=4$　　よって　　$\alpha=2$
したがって，3次方程式 ① の実数解は　　$x=2$

参考 一般に，実数を係数とする n 次方程式が虚数 $a+bi$ (a, b は実数)を解にもつとき，その共役な複素数 $a-bi$ も解にもつ。

(2) $x^3+(2a^2-1)x^2-(5a^2-4a)x+3a^2-4a=0$ …… ① とする。
① の左辺は　$x^3+(2a^2-1)x^2-(5a^2-4a)x+3a^2-4a$
$$=(x-1)(x^2+2a^2x-3a^2+4a)$$
と因数分解できる。
$f(x)=x^2+2a^2x-3a^2+4a$ とおくと，① が2重解をもつのは，次の [1], [2] のどちらかの場合である。

[1] x の2次方程式 $f(x)=0$ が **1以外の2重解** をもつ場合
$f(x)=0$ の判別式を D とすると
$$\dfrac{D}{4}=a^4+3a^2-4a=a(a-1)(a^2+a+4)$$
重解をもつのは $D=0$ のときであるから
$$a(a-1)(a^2+a+4)=0$$
$a^2+a+4=\left(a+\dfrac{1}{2}\right)^2+\dfrac{15}{4}>0$ であるから　　$a=0$, 1
ここで，$f(x)=0$ の解は　　$x=-\dfrac{2a^2}{2\cdot 1}=-a^2$

← $(1+2i)^3$
$=1^3+3\cdot 1^2\cdot 2i+3\cdot 1\cdot(2i)^2$
　　　　　　　　　　$+(2i)^3$
$=1+6i-12-8i$
$=-11-2i$

← A, B が実数のとき
$A+Bi=0$
$\iff A=0$, $B=0$

← 3次方程式の解と係数の関係
3次方程式
$ax^3+bx^2+cx+d=0$ の
3つの解を α, β, γ とすると
$\alpha+\beta+\gamma=-\dfrac{b}{a}$,
$\alpha\beta+\beta\gamma+\gamma\alpha=\dfrac{c}{a}$,
$\alpha\beta\gamma=-\dfrac{d}{a}$

← ① は $x=1$ を解にもつ。

← $f(x)=0$ が 1 を2重解にもつと，もとの方程式は3重解をもつことになる。

20　数学重要問題集（理系）

ゆえに，$f(x)=0$ は $a=0$ のとき 0 を 2 重解としてもち，$a=1$ のとき -1 を 2 重解としてもつ。

← 重解が $x \neq 1$ である（$x=1$ が 3 重解ではない）ことを必ず確認する。

[2] x の 2 次方程式 $f(x)=0$ が 1 とそれ以外の解をもつ場合
1 を解にもつから，$f(1)=0$ より $1+2a^2-3a^2+4a=0$
すなわち $a^2-4a-1=0$ ゆえに $a=2\pm\sqrt{5}$
ここで，$f(x)=0$ が 1 と α を解にもつとすると，解と係数の関係により $1\cdot\alpha=-3a^2+4a$
$a=2\pm\sqrt{5}$ を代入して
$$\alpha=-3a^2+4a=-3(2\pm\sqrt{5})^2+4(2\pm\sqrt{5})$$
$$=-19\mp 8\sqrt{5} \quad (複号同順)$$
よって，$\alpha \neq 1$ を満たす。

← 求めた a を $f(x)=0$ に代入して $\alpha \neq 1$ を確認してもよいが，計算が煩雑であり，α を求めるのが大変であるため，ここでは解と係数の関係を利用している。

← この確認を忘れずに。

[1]，[2] から，a のとりうる値の和は
$$0+1+(2+\sqrt{5})+(2-\sqrt{5})=5$$

指針 23 〈対称式の値と 3 次方程式の解〉

(1) 等式 $(x+y+z)^2=x^2+y^2+z^2+2(xy+yz+zx)$ が利用できる。

(2) 等式 $(x+y+z)(x^2+y^2+z^2-xy-yz-zx)=x^3+y^3+z^3-3xyz$ が利用できる。

(3) $x+y+z$，$xy+yz+zx$，xyz の値 ➡ 3 次方程式の解と係数の関係を利用

3 次方程式の解と係数の関係
3 次方程式 $ax^3+bx^2+cx+d=0$ の 3 つの解を α，β，γ とすると
$$\alpha+\beta+\gamma=-\frac{b}{a} \quad \alpha\beta+\beta\gamma+\gamma\alpha=\frac{c}{a} \quad \alpha\beta\gamma=-\frac{d}{a}$$

(1) $(x+y+z)^2=x^2+y^2+z^2+2(xy+yz+zx)$
これに $x+y+z=0$，$x^2+y^2+z^2=a$ を代入すると
$0=a+2(xy+yz+zx)$ よって $xy+yz+zx=-\dfrac{a}{2}$

(2) $(x+y+z)(x^2+y^2+z^2-xy-yz-zx)=x^3+y^3+z^3-3xyz$
これに $x+y+z=0$，$x^3+y^3+z^3=3$ を代入すると
$0=3-3xyz$ よって $\boldsymbol{xyz=1}$

← $x^3+y^3+z^3-3xyz$ の因数分解の公式を逆に使っている。

(3) $x+y+z=0$ と (1)，(2) の結果により，3 次方程式の解と係数の関係から，x，y，z は t の 3 次方程式 $t^3-\dfrac{a}{2}t-1=0$ の 3 つの実数解である。

よって，$x^3-\dfrac{a}{2}x-1=0$ から $x^3=\dfrac{a}{2}x+1$

同様にして $y^3=\dfrac{a}{2}y+1$，$z^3=\dfrac{a}{2}z+1$

ゆえに $x^5+y^5+z^5=x^2\cdot x^3+y^2\cdot y^3+z^2\cdot z^3$
$$=x^2\left(\frac{a}{2}x+1\right)+y^2\left(\frac{a}{2}y+1\right)+z^2\left(\frac{a}{2}z+1\right)$$
$$=\frac{a}{2}(x^3+y^3+z^3)+(x^2+y^2+z^2)$$

$x^5+y^5+z^5=15$，$x^3+y^3+z^3=3$，$x^2+y^2+z^2=a$ を代入すると

← $x^5=x^3\cdot x^2$ から，x^3 を簡単な式（x の 1 次式）で表すことを考える。

$$15 = \frac{a}{2} \cdot 3 + a \qquad \text{すなわち} \qquad 15 = \frac{5}{2}a$$

よって　$a = 6$

24 〈不等式がすべての実数 x について成り立つ条件〉

(1),(2)　$f(x)$ の最小値を m とすると，$m > 0$ を満たすような a の値の範囲を求める。
(3)　$f(x)$ の最大値を M とすると，$M \leqq 0$ を満たせばよい。
　　　区間が動くので，場合分けをする。

(1)　$f(x) = (x+1)^2 - a^2 + 4$ ……①
　　関数 $f(x)$ は $x = -1$ で最小値 $-a^2 + 4$ をとる。
　　よって，すべての x について，$f(x) > 0$ であるための条件は
　　　　$-a^2 + 4 > 0$　　ゆえに　　$-2 < a < 2$

(2)　① より，$x \geqq -1$ のとき，関数 $f(x)$ の値は増加するから，
　　$x \geqq 0$ において，関数 $f(x)$ は $x = 0$ で最小値 $f(0)$ をとる。
　　$f(0) = -a^2 + 5$ であるから，$x \geqq 0$ を満たすすべての x について，
　　$f(x) > 0$ であるための条件は　　$-a^2 + 5 > 0$
　　ゆえに　　$-\sqrt{5} < a < \sqrt{5}$

(3)　$a \leqq x \leqq a+1$ における関数 $f(x)$ の最大値を M とする。
　　$a \leqq x \leqq a+1$ を満たすすべての x について，
　　$f(x) \leqq 0$ であるための条件は　　$M \leqq 0$
　　ここで，関数 $y = f(x)$ のグラフの軸は　　直線 $x = -1$
　　また，区間 $a \leqq x \leqq a+1$ の中央の x の値は
　　　　$\dfrac{a + (a+1)}{2} = \dfrac{2a+1}{2}$

[1]　$\dfrac{2a+1}{2} < -1$ すなわち $a < -\dfrac{3}{2}$ のとき
　　$M = f(a)$ であるから　　$a^2 + 2a - a^2 + 5 \leqq 0$
　　すなわち　　$2a + 5 \leqq 0$　　ゆえに　　$a \leqq -\dfrac{5}{2}$
　　これは，$a < -\dfrac{3}{2}$ を満たす。

[2]　$\dfrac{2a+1}{2} = -1$ すなわち $a = -\dfrac{3}{2}$ のとき
　　$M = f(a) = f(a+1) = 2$
　　$M \leqq 0$ とならないから，不適である。

[3]　$\dfrac{2a+1}{2} > -1$ すなわち $a > -\dfrac{3}{2}$ のとき
　　$M = f(a+1)$ であるから　　$(a+1)^2 + 2(a+1) - a^2 + 5 \leqq 0$
　　すなわち　　$4a + 8 \leqq 0$　　ゆえに　　$a \leqq -2$
　　これは，$a > -\dfrac{3}{2}$ を満たさないから，不適である。

以上から　　$a \leqq -\dfrac{5}{2}$

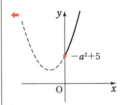

←頂点の y 座標

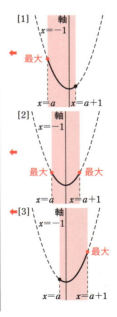

25 〈2つの2次不等式の解についての条件〉

$2x^2-5ax+3a^2 \leqq 0$ ……①, $x^2-3x+2<0$ ……② とする。
①と②を同時に満たすxが存在する
→ ①の解と②の解に共通するxの値がある
①を満たすすべてのxの値が②を満たす
→ ①の解が②の解に含まれる

$2x^2-5ax+3a^2 \leqq 0$ ……①
$x^2-3x+2<0$ ……② とする。
①の左辺を因数分解して $(x-a)(2x-3a) \leqq 0$
$a>0$ であるから，①の解は $a \leqq x \leqq \frac{3}{2}a$

←

②の左辺を因数分解して $(x-1)(x-2)<0$
よって，②の解は $1<x<2$

[1] $0<a\leqq 1$ のとき
①，②をともに満たすxが
存在するための条件は
$1<\frac{3}{2}a$ すなわち $a>\frac{2}{3}$
$0<a\leqq 1$ であるから $\frac{2}{3}<a\leqq 1$

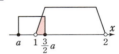

←①と②が共通部分をもつようなaの値の範囲を求める。

[2] $a>1$ のとき
①，②をともに満たすxが
存在するための条件は
$a<2$ すなわち $1<a<2$

[1], [2] から $\dfrac{^{\text{ア}}2}{_{\text{イ}}3} < a < {}^{\text{ウ}}2$

また，①を満たすすべてのx
について②が成り立つための
条件は $a>1$ かつ $\frac{3}{2}a<2$
ゆえに ${}^{\text{エ}}1 < a < \dfrac{{}^{\text{オ}}4}{{}_{\text{カ}}3}$

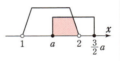

←[1], [2] のいずれかを満たすようなaの値の範囲。

26 〈四角形の面積の最大値〉

(2) 四角形 PQRS は台形。辺 PS，QR の長さを求めるため，点 S, R がx軸より上側にあること，すなわち $f(t)>0$, $f(t+1)>0$ であることを確かめる。

(1) $f(x) = a(x^2-2x)+b = a(x-1)^2-a+b$
よって，放物線 $y=f(x)$ の頂点は 点$(1, -a+b)$
$a<0$ より，$-1 \leqq x \leqq 2$ において，$f(x)$ は $x=1$ で最大値をとり，
$x=-1$ で最小値をとる。
すなわち $f(1)=12$, $f(-1)=0$
よって $a \cdot 1^2 - 2a \cdot 1 + b = 12$, $a \cdot (-1)^2 - 2a \cdot (-1) + b = 0$

ゆえに　　　$-a+b=12$,　　$3a+b=0$
これを解くと　　$a=-3$, $b=9$

(2) (1) より　　$f(x)=-3x^2+6x+9$
　　　　　　　　　　　$=-3(x-1)^2+12$

また，$f(x)$ は $-1<x\leqq2$ において常に
正の値をとる。
$-1<t\leqq1$ より，$0<t+1\leqq2$ であるから
　$f(t)>0$,　$f(t+1)>0$

よって，四角形 PQRS の面積 $g(t)$ は

$$g(t)=(\text{PS}+\text{QR})\cdot\text{PQ}\cdot\frac{1}{2}=\{f(t)+f(t+1)\}\cdot1\cdot\frac{1}{2}$$

$$=\{(-3t^2+6t+9)+(-3t^2+12)\}\cdot\frac{1}{2}$$

$$=-3t^2+3t+\frac{21}{2}$$

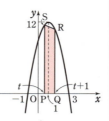

←PS$=f(t)$,　QR$=f(t+1)$

←台形の面積の公式

←$f(t+1)$
　$=-3\{(t+1)-1\}^2+12$
　$=-3t^2+12$

(3)　$g(t)=-3(t^2-t)+\dfrac{21}{2}=-3\left(t-\dfrac{1}{2}\right)^2+\dfrac{45}{4}$

$-1<t\leqq1$ において，$g(t)$ は $t=\dfrac{1}{2}$ で最大値 $\dfrac{45}{4}$ をとる。

参考　$t=\dfrac{1}{2}$ のとき，四角形 PQRS は長方形である。

指針 **27** 〈2変数関数のとりうる値の範囲〉

2変数関数の最大値，最小値は，条件式を用いて1変数の関数に直して求める。その際，変数のとりうる値の範囲に注意する。条件式 $|2x+y|+|2x-y|=4$ はこのままでは使えないから，$2x+y$ と $2x-y$ の符号で場合分けして絶対値記号をはずす。

$P=2x^2+xy-y^2$ とおく。

[1]　$2x+y\geqq0$ かつ $2x-y\geqq0$ のとき
　　　$(2x+y)+(2x-y)=4$　　すなわち　　$4x=4$
　　よって　　$x=1$
　　このとき　　$P=2\cdot1^2+y-y^2=-\left(y-\dfrac{1}{2}\right)^2+\dfrac{9}{4}$
　　また，$2\cdot1+y\geqq0$ かつ $2\cdot1-y\geqq0$ から　$-2\leqq y\leqq2$
　　ゆえに　　$-4\leqq P\leqq\dfrac{9}{4}$

[2]　$2x+y\geqq0$ かつ $2x-y\leqq0$ のとき
　　　$(2x+y)-(2x-y)=4$　　すなわち　　$2y=4$
　　よって　　$y=2$
　　このとき　　$P=2x^2+2x-2^2=2\left(x+\dfrac{1}{2}\right)^2-\dfrac{9}{2}$
　　また，$2x+2\geqq0$ かつ $2x-2\leqq0$ から　$-1\leqq x\leqq1$
　　ゆえに　　$-\dfrac{9}{2}\leqq P\leqq0$

[3]　$2x+y\leqq0$ かつ $2x-y\geqq0$ のとき
　　　$-(2x+y)+(2x-y)=4$　　すなわち　　$-2y=4$

←$P=-y^2+y+2$ を平方完成

←P は $y=\dfrac{1}{2}$ で最大値 $\dfrac{9}{4}$，
$y=-2$ で最小値 -4 をとる。

←P は $x=-\dfrac{1}{2}$ で最小値 $-\dfrac{9}{2}$，$x=1$ で最大値 0 をとる。

24　数学重要問題集（理系）

よって　$y=-2$

このとき　$P=2x^2-2x-(-2)^2=2\left(x-\dfrac{1}{2}\right)^2-\dfrac{9}{2}$

また，$2x-2\leqq 0$ かつ $2x+2\geqq 0$ から　$-1\leqq x\leqq 1$

ゆえに　$-\dfrac{9}{2}\leqq P\leqq 0$

← P は $x=\dfrac{1}{2}$ で最小値 $-\dfrac{9}{2}$，$x=-1$ で最大値 0 をとる。

[4]　$2x+y\leqq 0$ かつ $2x-y\leqq 0$ のとき

$-(2x+y)-(2x-y)=4$　すなわち　$-4x=4$

よって　$x=-1$

このとき　$P=2\cdot(-1)^2-y-y^2=-\left(y+\dfrac{1}{2}\right)^2+\dfrac{9}{4}$

また，$2\cdot(-1)+y\leqq 0$ かつ $2\cdot(-1)-y\leqq 0$ から　$-2\leqq y\leqq 2$

ゆえに　$-4\leqq P\leqq \dfrac{9}{4}$

← $P=-y^2-y+2$ を平方完成

← P は $y=-\dfrac{1}{2}$ で最大値 $\dfrac{9}{4}$，$y=2$ で最小値 -4 をとる。

[1]～[4] から　${}^{\text{ア}}-\dfrac{9}{2}\leqq 2x^2+xy-y^2\leqq {}^{\text{イ}}\dfrac{9}{4}$

指針 28　〈絶対値を含む関数のグラフと直線の共有点〉

関数 $y=|f(x)|$ のグラフは，$y=f(x)$ のグラフの x 軸より下側の部分を x 軸に関して対称に折り返した曲線。
(1)　共有点が 3 個　➡　折り返しがあって，直線 $y=b$ が折り返した後の頂点を通る
(2)　共有点が 1 個　➡　折り返しがなく，直線 $y=b$ が放物線の頂点を通る

$y=\left|x^2-ax+\dfrac{a^2}{2}-5\right|$ を変形すると

$y=\left|\left(x-\dfrac{a}{2}\right)^2+\dfrac{a^2}{4}-5\right|$

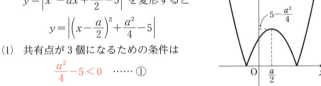

← $\dfrac{a}{2}>0$ に注意。

(1)　共有点が 3 個になるための条件は

　　$\dfrac{a^2}{4}-5<0$　……①

　　かつ　$5-\dfrac{a^2}{4}=b$　……②

①から　$-2\sqrt{5}<a<2\sqrt{5}$

これを満たす正の整数 a は　$a=1, 2, 3, 4$

このうち，②において b が正の整数になる a の値は　$a=2, 4$ だけである。

$a=2$ のとき，②から　$b=5-\dfrac{2^2}{4}=4$

$a=4$ のとき，②から　$b=5-\dfrac{4^2}{4}=1$

よって　$(a, b)=(2, 4), (4, 1)$

← 折り返しがある
→頂点が x 軸より下側

← 折り返した後の頂点を直線 $y=b$ が通る。

← ②から，b が整数になるのは a が偶数のときである。

(2)　共有点が 1 個になるための条件は

　　$\dfrac{a^2}{4}-5\geqq 0$　……③

　　かつ　$\dfrac{a^2}{4}-5=b$　……④

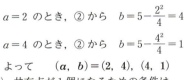

← 折り返しがない
→頂点が x 軸より上側
　または x 軸上

← 放物線の頂点を直線 $y=b$ が通る。

③から $a \leqq -2\sqrt{5}$, $2\sqrt{5} \leqq a$
これを満たす正の整数 a は
$\quad a = 5, \ 6, \ 7, \ \cdots\cdots$
このうち，④において b が正の整数になり，b が最小となるものは $a = 6$ である。

←④から，b が整数になるのは a が偶数のときである。

$a = 6$ のとき，④から $b = \dfrac{6^2}{4} - 5 = 4$ よって $(a, b) = (6, 4)$

指針 29 〈ガウス記号を含む関数のグラフ〉

$k \leqq x < k+1$ では，$[x]$ は定数である。$k \leqq x < k+1$ の範囲に区切って考える。

(1) $0 \leqq x < 1$ のとき $[x] = 0$
$1 \leqq x < 2$ のとき $[x] = 1$
$2 \leqq x < 3$ のとき $[x] = 2$
よって，関数 $y = [x]$ $(0 \leqq x < 3)$
のグラフは右の図のようになる。

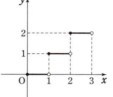

(2) $y = \dfrac{1}{2}x + b$ において
$y = 0$ とすると $x = -2b$
$y = 1$ とすると $x = 2(1-b)$
$y = 2$ とすると $x = 2(2-b)$

直線 $y = \dfrac{1}{2}x + b$ と (1) のグラフの $0 \leqq x < 1$ の部分が共有点をもつ条件は $\quad 0 \leqq -2b < 1$ すなわち $-\dfrac{1}{2} < b \leqq 0$ …… ①

直線 $y = \dfrac{1}{2}x + b$ と (1) のグラフの $1 \leqq x < 2$ の部分が共有点をもつ条件は $\quad 1 \leqq 2(1-b) < 2$ すなわち $0 < b \leqq \dfrac{1}{2}$ …… ②

直線 $y = \dfrac{1}{2}x + b$ と (1) のグラフの $2 \leqq x < 3$ の部分が共有点をもつ条件は $\quad 2 \leqq 2(2-b) < 3$ すなわち $\dfrac{1}{2} < b \leqq 1$ …… ③

よって，求める b の値の範囲は，①，②，③ を合わせた範囲で
$\quad -\dfrac{1}{2} < b \leqq 1$

←(1) より $0 \leqq x < 3$ で $y = [x]$ がとる値は $0, 1, 2$ のいずれかである。$y = \dfrac{1}{2}x + b$ についてこれらの値をとる x を求めておく。

←$\dfrac{1}{2}x + b = 0$ となる x が，$0 \leqq x < 1$ の範囲にあればよい。

←$\dfrac{1}{2}x + b = 1$ となる x が $1 \leqq x < 2$ の範囲にあればよい。

←$\dfrac{1}{2}x + b = 2$ となる x が $2 \leqq x < 3$ の範囲にあればよい。

(3) $0 \leqq x < 1$ のとき
$\quad x[x] = x \cdot 0 = 0$
$1 \leqq x < 2$ のとき
$\quad x[x] = x \cdot 1 = x$
$2 \leqq x < 3$ のとき
$\quad x[x] = x \cdot 2 = 2x$
よって，関数 $y = x[x]$ $(0 \leqq x < 3)$
のグラフは右の図のようになる。

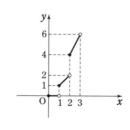

26　数学重要問題集（理系）

(4) $a>0$ から，$y=ax^2+\dfrac{5}{2}$ について $y\geqq \dfrac{5}{2}$

一方，$y=x[x]$ について，$0\leqq x<2$ のとき $y<2$

したがって，曲線 $y=ax^2+\dfrac{5}{2}$ と (3) のグラフの $0\leqq x<2$ の部分は共有点をもたない。

よって，曲線 $y=ax^2+\dfrac{5}{2}$ と (3) のグラフの $2\leqq x<3$ の部分，すなわち直線 $y=2x$ の $2\leqq x<3$ の部分が相異なる 2 つの共有点をもつ条件を考えればよい。

この条件は，2 次方程式 $ax^2+\dfrac{5}{2}=2x$ すなわち $ax^2-2x+\dfrac{5}{2}=0$ が，$2\leqq x<3$ の範囲で異なる 2 つの実数解をもつことと同値である。

$f(x)=ax^2-2x+\dfrac{5}{2}$ とすると，求める条件は，次の 4 つが同時に成り立つことである。

[1] $f(x)=0$ の判別式を D とすると $\dfrac{D}{4}=(-1)^2-a\cdot \dfrac{5}{2}>0$

　　$1-\dfrac{5}{2}a>0$ より　$a<\dfrac{2}{5}$ ……④

[2] $y=f(x)$ のグラフの軸は直線 $x=\dfrac{1}{a}$ で，この軸について

　　$2<\dfrac{1}{a}<3$ 　すなわち　$\dfrac{1}{3}<a<\dfrac{1}{2}$ ……⑤

[3] $f(2)=4a-\dfrac{3}{2}\geqq 0$ 　ゆえに　$a\geqq \dfrac{3}{8}$ ……⑥

[4] $f(3)=9a-\dfrac{7}{2}>0$ 　ゆえに　$a>\dfrac{7}{18}$ ……⑦

求める a の値の範囲は，④〜⑦ の共通範囲を求めて　$\dfrac{7}{18}<a<\dfrac{2}{5}$

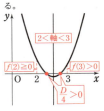
←グラフをイメージして考える。

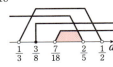

指針 30 〈$x+y$, xy に関する問題〉

　$s=x+y$, $t=xy$ のとき，x, y は X の 2 次方程式 $X^2-sX+t=0$ の実数解
　→ $D\geqq 0$ であるから $(-s)^2-4t\geqq 0$ が隠れた条件

$x^3+y^3+xy-3=0$ を変形すると
$$(x+y)^3-3xy(x+y)+xy-3=0$$
$s=x+y$, $t=xy$ とおくと　　$s^3-3st+t-3=0$
t について整理すると　　$(3s-1)t=s^3-3$
$s=\dfrac{1}{3}$ を代入するとこの等式は成り立たないから　$s\neq \dfrac{1}{3}$

よって　　$t=\dfrac{s^3-3}{3s-1}$ ……①

←x^3+y^3
$\quad =(x+y)^3-3xy(x+y)$

←$3s-1$ で割るから，0 でないことを確認する。

ここで, x, y は X の2次方程式 $X^2-sX+t=0$ ……② の実数解であるから, 2次方程式②の判別式を D とすると $D \geqq 0$

$D=s^2-4t$ であるから $\qquad s^2-4t \geqq 0$

① を代入すると $\qquad s^2-4 \cdot \dfrac{s^3-3}{3s-1} \geqq 0$

両辺に $(3s-1)^2$ を掛けると $\qquad s^2(3s-1)^2-4(3s-1)(s^3-3) \geqq 0$

整理すると $\qquad (s-2)(3s-1)(s^2+3s+6) \leqq 0$

ここで, $s^2+3s+6=\left(s+\dfrac{3}{2}\right)^2+\dfrac{15}{4}>0$ より

$\qquad (s-2)(3s-1) \leqq 0 \qquad$ ゆえに $\qquad \dfrac{1}{3} \leqq s \leqq 2$

$s \neq \dfrac{1}{3}$ であるから $\qquad {}^{\prec}\dfrac{1}{3} < s \leqq 2$

←分数式を含む不等式では, 両辺に (分母の式)$^2>0$ を掛ければ, 不等号の向きは変わらない。

31 〈係数に虚数を含む方程式の実数解〉

i について整理して, 複素数の相等条件
a, b が実数のとき $\quad a+bi=0 \iff a=0, b=0$ を利用。

与えられた方程式を変形すると
$$\left(2x^3-6kx^2-\dfrac{4}{3}x-9\right)-(3x^2-2)i=0 \quad \cdots\cdots ①$$

k は実数であるから, 方程式が実数解をもつとき, その解を α とすると

$$2\alpha^3-6k\alpha^2-\dfrac{4}{3}\alpha-9=0 \quad \cdots\cdots ②, \qquad 3\alpha^2-2=0 \quad \cdots\cdots ③$$

が同時に成り立つ。

③から $\qquad \alpha^2=\dfrac{2}{3}$

②に代入すると $\qquad 2\alpha \cdot \dfrac{2}{3} - 6k \cdot \dfrac{2}{3} - \dfrac{4}{3}\alpha - 9 = 0$

よって $\qquad -4k-9=0 \qquad$ したがって $\qquad k=-\dfrac{9}{4}$

①に代入すると $\qquad \left(2x^3+\dfrac{27}{2}x^2-\dfrac{4}{3}x-9\right)-(3x^2-2)i=0$

両辺に6を掛けると $\qquad (12x^3+81x^2-8x-54)-6(3x^2-2)i=0$

よって $\qquad (3x^2-2)(4x+27)-6(3x^2-2)i=0$

整理すると $\qquad (3x^2-2)\{4x+(27-6i)\}=0$

よって, この方程式の解は $x=\pm\dfrac{\sqrt{6}}{3}, \; -\dfrac{27-6i}{4}$ であり, 2つの異なる実数解をもつ。

ゆえに, 方程式が2つの異なる実数解をもつための必要十分条件は $k=-\dfrac{{}^{\mathcal{P}}9}{{}^{\prec}4}$ であり, その2つの実数解は $\quad x=\pm\dfrac{\sqrt{{}^{\mathcal{P}}6}}{{}^{\bot}3}$

← i について整理

← a, b が実数のとき
$a+bi=0$
$\iff a=0, b=0$

← $x^2=\dfrac{2}{3}$ から
$x=\pm\dfrac{\sqrt{6}}{3}$

指針 32 〈2次不等式を満たす整数の個数から係数決定〉

2次不等式を解くと $\dfrac{2a+1}{2} < x < \dfrac{5a+2}{3}$

a は整数であり，$\dfrac{2a+1}{2} = a + \dfrac{1}{2}$ であるから，この不等式を満たす10個の整数は $a+1$, $a+2$, ……, $a+10$ である。

このとき，$\dfrac{5a+2}{3}$ が満たす条件を考える。

$6x^2 - (16a+7)x + (2a+1)(5a+2) < 0$ から

$\quad \{2x - (2a+1)\}\{3x - (5a+2)\} < 0$

よって $\left(x - \dfrac{2a+1}{2}\right)\left(x - \dfrac{5a+2}{3}\right) < 0$ ……①

ここで $\dfrac{5a+2}{3} - \dfrac{2a+1}{2} = \dfrac{4a+1}{6} > 0$ （$a > 0$ より）

ゆえに $\dfrac{2a+1}{2} < \dfrac{5a+2}{3}$

したがって，① を解くと $\dfrac{2a+1}{2} < x < \dfrac{5a+2}{3}$ ……②

a は整数であり，$\dfrac{2a+1}{2} = a + \dfrac{1}{2}$ であるから，② を満たす整数が10個であるとき，その整数は $a+1$, $a+2$, ……, $a+10$ である。

したがって，このとき $a + 10 < \dfrac{5a+2}{3} \leqq a + 11$

これより $14 < a \leqq \dfrac{31}{2}$

これを満たす整数 a は $a = 15$

← $\begin{array}{r} 2 \times -(2a+1) \longrightarrow -6a-3 \\ 3 \quad -(5a+2) \longrightarrow -10a-4 \\ \hline -(16a+7) \end{array}$

← $\dfrac{2a+1}{2} = a + \dfrac{1}{2}$

10個 $a+11$
$a+1 \quad a+10$

指針 33 〈2次方程式が N 以上の実数解をもつ条件〉

条件から，m と n が満たす不等式を導き，その不等式が表す mn 平面上の領域を考える。

$f(x) = x^2 - nx + m$ とすると，$0 < n \leqq 2N$ のとき，$y = f(x)$ のグラフの軸 $x = \dfrac{n}{2}$ について，$0 < \dfrac{n}{2} \leqq N$ であるから，$f(x) = 0$ が N 以上の実数解をもつ条件は $f(N) \leqq 0$

$f(N) \leqq 0$ であれば，$y = f(x)$ のグラフは x 軸と共有点をもつから，判別式を調べる必要はない。

$f(x) = x^2 - nx + m$ とする。

関数 $y = f(x)$ のグラフは下に凸の放物線であり，軸は直線 $x = \dfrac{n}{2}$ である。

ここで，$0 < n \leqq 2N$ であるから

$\quad 0 < \dfrac{n}{2} \leqq N$

よって，方程式 $f(x) = 0$ が N 以上の実数解をもつための条件は，右の図より

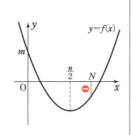

← n は正の整数であるから $n > 0$

$f(N) \leqq 0$

すなわち $\quad N^2 - nN + m \leqq 0$

この不等式を n について解くと，$N > 0$ であるから

$$n \geqq \frac{1}{N}m + N$$

これを満たす $2N$ 以下の正の整数 m, n の組 (m, n) の個数を求める。

$g(m) = \frac{1}{N}m + N$ とする。

関数 $n = g(m)$ は 1 次関数であり，そのグラフは右の図のようになる。

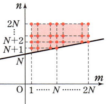

← $n \geqq \frac{1}{N}m + N$, $0 < m \leqq 2N$, $0 < n \leqq 2N$ が表す mn 平面上の領域を考え，この領域内にあって，座標がともに整数となる点の個数を求める。

[1] $2N \geqq N+2$ すなわち $N \geqq 2$ のとき
　条件を満たす整数 m, n の組 (m, n)
　が表す点は，右の図より，
　　直線 $n = N+1$ 上に N 個，
　　直線 $n = k$
　　　　　（ただし，$N+2 \leqq k \leqq 2N$）
　上に $2N$ 個だけ存在する。
　よって，全部で
　　　$N + 2N \cdot \{2N - (N+1)\}$
　　$= 2N^2 - N$ （組）

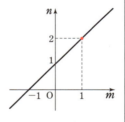

← m 軸に平行な直線上にある点を数えていくと個数を求めやすい。

← $2N - (N+1)$ は $N+2$ から $2N$ までの整数の個数。

[2] $N = 1$ のとき
　このとき $\quad g(m) = m+1$
　よって，条件を満たす整数 m, n の組
　(m, n) は，右の図より，
　$(m, n) = (1, 2)$ の 1 組。

ここで，$2N^2 - N$ において，$N = 1$ とすると $\quad 2 \cdot 1^2 - 1 = 1$

よって，すべての正の整数 N に対して，求める組の個数は $\quad 2N^2 - N$ （組）

3 式と証明

指針 34 〈式の値〉

(1) それぞれの式を $x + \frac{1}{x}$ や $x - \frac{1}{x}$ を用いて表す。

(2) x の多項式の値 ➡ 割り算の利用を考える

　　与えられた $x = \frac{1}{1 - \sqrt{2}i}$ の分母を実数化し，x が満たす 2 次方程式を作る。

(3) 比例式 ➡ （比例式）$= k$ とおく

(1) $x + \dfrac{1}{x} = \dfrac{\sqrt{5}+1}{2} + \dfrac{2}{\sqrt{5}+1} = \dfrac{\sqrt{5}+1}{2} + \dfrac{2(\sqrt{5}-1)}{(\sqrt{5}+1)(\sqrt{5}-1)}$

$\qquad = \dfrac{\sqrt{5}+1}{2} + \dfrac{\sqrt{5}-1}{2} = \sqrt{5}$

また　　$x - \dfrac{1}{x} = \dfrac{\sqrt{5}+1}{2} - \dfrac{\sqrt{5}-1}{2} = 1$

よって　　$x^2 + \dfrac{1}{x^2} = \left(x + \dfrac{1}{x}\right)^2 - 2 \cdot x \cdot \dfrac{1}{x} = (\sqrt{5})^2 - 2 = {}^{\mathcal{7}}3$

$x^3 + \dfrac{1}{x^3} = \left(x + \dfrac{1}{x}\right)^3 - 3 \cdot x \cdot \dfrac{1}{x}\left(x + \dfrac{1}{x}\right)$
$= (\sqrt{5})^3 - 3\sqrt{5} = {}^{\mathcal{1}}2\sqrt{{}^{\mathcal{ウ}}5}$

$x^4 - \dfrac{1}{x^4} = \left(x^2 + \dfrac{1}{x^2}\right)\left(x^2 - \dfrac{1}{x^2}\right)$
$= \left(x^2 + \dfrac{1}{x^2}\right)\left(x + \dfrac{1}{x}\right)\left(x - \dfrac{1}{x}\right) = 3 \cdot \sqrt{5} \cdot 1 = {}^{\mathcal{エ}}3\sqrt{{}^{\mathcal{オ}}5}$

←$a^2 + b^2 = (a+b)^2 - 2ab$

←$a^3 + b^3$
　$= (a+b)^3 - 3ab(a+b)$

←$a^4 - b^4 = (a^2+b^2)(a^2-b^2)$

(2)　$x = \dfrac{1}{1-\sqrt{2}i} = \dfrac{1+\sqrt{2}i}{(1-\sqrt{2}i)(1+\sqrt{2}i)} = \dfrac{1+\sqrt{2}i}{3}$

よって　　$3x - 1 = \sqrt{2}i$
両辺を2乗すると　　$9x^2 - 6x + 1 = -2$　ゆえに　$3x^2 - 2x + 1 = 0$
ここで，$3x^3 + 4x^2 + 3x - 1$ を $3x^2 - 2x + 1$ で割ると，次のようになる。

$$\begin{array}{r}
x + 2 \\
3x^2 - 2x + 1 \overline{)3x^3 + 4x^2 + 3x - 1} \\
\underline{3x^3 - 2x^2 + x} \\
6x^2 + 2x - 1 \\
\underline{6x^2 - 4x + 2} \\
6x - 3
\end{array}$$

よって　　$3x^3 + 4x^2 + 3x - 1 = (3x^2 - 2x + 1)(x+2) + 6x - 3$
$= 0 + 6 \cdot \dfrac{1+\sqrt{2}i}{3} - 3 = \boldsymbol{-1 + 2\sqrt{2}i}$

←余りの次数が，割る式の次数より低くなるまで計算。

(3)　分母は0ではないから　　$abc \neq 0$

$\dfrac{b+c}{a} = \dfrac{c+a}{b} = \dfrac{a+b}{c} = k$　とすると
　　　$b + c = ka$　……①，$c + a = kb$　……②，$a + b = kc$　……③
①+②+③ から　　$2(a+b+c) = (a+b+c)k$
よって　　$(a+b+c)(k-2) = 0$
ゆえに　　$a+b+c = 0$　または　$k = 2$
[1]　$a+b+c = 0$ のとき　　$b+c = -a$
　よって　　$k = \dfrac{b+c}{a} = \dfrac{-a}{a} = -1$
[2]　$k = 2$ のとき，①−② から　　$a = b$
　②−③ から　　$b = c$
　よって　　$a = b = c$
[1]，[2] から　　$\dfrac{b+c}{a} = k = {}^{\mathcal{7}}\boldsymbol{-1, \ 2}$

$a+b+c \neq 0$ のとき，$k = 2$ であるから，[2] より　$a = b = c$
よって　　$\dfrac{a^3 + b^3 + c^3 + 6abc}{(b+c)^3} = \dfrac{a^3 + a^3 + a^3 + 6a^3}{(a+a)^3}$
$= \dfrac{9a^3}{8a^3} = {}^{\mathcal{1}}\boldsymbol{\dfrac{9}{8}}$

←①〜③の和をとると両辺に $a+b+c$ が現れる。

←$a+b+c = 0$ の場合を忘れないように注意。

数学重要問題集（理系）　31

指針 35 〈二項展開式・多項展開式とその係数〉

(1) 二項定理から，$(3x^2-y)^7$ の展開式の一般項は $\quad {}_7C_r \cdot (3x^2)^{7-r} \cdot (-y)^r$

(2) 多項定理から，$(1+x+xy+xy^2)^{10}$ の展開式の一般項は
$$\frac{10!}{p!q!r!s!} \cdot 1^p \cdot x^q \cdot (xy)^r \cdot (xy^2)^s \quad (p+q+r+s=10,\ p \geq 0,\ q \geq 0,\ r \geq 0,\ s \geq 0)$$

(1) $(3x^2-y)^7$ の展開式の一般項は
$\quad {}_7C_r \cdot (3x^2)^{7-r} \cdot (-y)^r = {}_7C_r(-1)^r 3^{7-r} x^{14-2r} y^r$ ……①

(a) $x^8 y^3$ の項は $r=3$ のときであり，そのときの係数は
$\quad {}_7C_3(-1)^3 3^4 =$ ア-2835

(b) 係数が 21 となるのは $r=6$ のときである。
このとき，① より y の次数は　イ6

(c) ① に $y=\dfrac{1}{3x^5}$ を代入すると
$\quad {}_7C_r(-1)^r 3^{7-r} x^{14-2r} \left(\dfrac{1}{3x^5}\right)^r = {}_7C_r(-1)^r 3^{7-2r} x^{14-7r}$

← $\left(\dfrac{1}{3x^5}\right)^r = 3^{-r} x^{-5r}$

定数項は，$14-7r=0$ すなわち $r=2$ のときであるから
$\quad {}_7C_2(-1)^2 3^3 =$ ウ567

(2) $(1+x+xy+xy^2)^{10}$ の展開式の一般項は
$$\frac{10!}{p!q!r!s!} \cdot 1^p \cdot x^q \cdot (xy)^r \cdot (xy^2)^s = \frac{10!}{p!q!r!s!} x^{q+r+s} y^{r+2s}$$
ただし $\quad p+q+r+s=10,\ p \geq 0,\ q \geq 0,\ r \geq 0,\ s \geq 0$
$x^8 y^{13}$ の項は，$q+r+s=8,\ r+2s=13$ のときである。
$p+q+r+s=10,\ q+r+s=8$ から $\quad p=2$
よって，$q+r+s=8,\ r+2s=13$ を満たす $(p,\ q,\ r,\ s)$ は
$\quad (p,\ q,\ r,\ s) = (2,\ 1,\ 1,\ 6),\ (2,\ 0,\ 3,\ 5)$
したがって，求める係数は
$$\frac{10!}{2!1!1!6!} + \frac{10!}{2!0!3!5!} = 2520 + 2520 = \mathbf{5040}$$

← $2s$ は偶数なので，r は奇数。$r=1,\ 3,\ \cdots$ として考えるとよい。

指針 36 〈等式の証明〉

3つの等式を変形し，辺々を掛けることで $(x-y)(y-z)(z-x)=0$ を導く。

$x+y^2 = y+z^2$ から $\quad x-y = (z+y)(z-y)$ ……①
$y+z^2 = z+x^2$ から $\quad y-z = (x+z)(x-z)$ ……②
$z+x^2 = x+y^2$ から $\quad z-x = (y+x)(y-x)$ ……③

①，②，③ を辺々掛けて
$\quad (x-y)(y-z)(z-x) = (z+y)(z-y)(x+z)(x-z)(y+x)(y-x)$
すなわち $\quad (x-y)(y-z)(z-x)\{1+(y+z)(z+x)(x+y)\} = 0$
$x \geq 0,\ y \geq 0,\ z \geq 0$ であるから $\quad 1+(y+z)(z+x)(x+y) \geq 1$
ゆえに $\quad (x-y)(y-z)(z-x) = 0$
よって $\quad x=y$ または $y=z$ または $z=x$
ここで，$x=y$ のとき，③ に代入して $\quad z-x=0$
よって $\quad x=y=z$
$y=z,\ z=x$ のときも同様にして $\quad x=y=z$

← $z-y = -(y-z)$，$x-z = -(z-x)$，$y-x = -(x-y)$ から，辺々を掛けた等式は因数分解できる。

指針 37 〈不等式の証明〉

(1) 大小比較は差を作る ➡ (右辺)−(左辺)>0 を示す
(2) 両辺がともに正 ➡ 2乗してからの差 (右辺)^2−(左辺)^2 を考える。(1)の結果を利用する。
(3) (2)の結果を利用するには，$a+b+c-2 = a+(b+c-1)-1$ とする。

(1) $pq+1-(p+q) = pq-p-q+1 = (p-1)(q-1)$
  $p>1$, $q>1$ より，$p-1>0$, $q-1>0$ であるから
    $(p-1)(q-1)>0$ よって $p+q < pq+1$

(2) $(\sqrt{a}+\sqrt{b}-1)^2 - (\sqrt{a+b-1})^2$
  $= a+b+1+2\sqrt{ab}-2\sqrt{b}-2\sqrt{a}-(a+b-1)$
  $= 2(\sqrt{ab}-\sqrt{a}-\sqrt{b}+1) = 2\{(\sqrt{ab}+1)-(\sqrt{a}+\sqrt{b})\}$
  $a>1$, $b>1$ より，$\sqrt{a}>1$, $\sqrt{b}>1$ である。
  したがって，(1) より $2\{(\sqrt{ab}+1)-(\sqrt{a}+\sqrt{b})\}>0$
  よって $(\sqrt{a+b-1})^2 < (\sqrt{a}+\sqrt{b}-1)^2$
  $\sqrt{a+b-1}>0$, $\sqrt{a}+\sqrt{b}-1>0$ であるから
    $\sqrt{a+b-1} < \sqrt{a}+\sqrt{b}-1$

別解 $(\sqrt{a}+\sqrt{b}-1)^2 - (\sqrt{a+b-1})^2$
  $= 2(\sqrt{ab}-\sqrt{a}-\sqrt{b}+1) = 2(\sqrt{a}-1)(\sqrt{b}-1)$
  $a>1$, $b>1$ より，$\sqrt{a}-1>0$, $\sqrt{b}-1>0$ であるから
    $2(\sqrt{a}-1)(\sqrt{b}-1)>0$
  よって $(\sqrt{a+b-1})^2 < (\sqrt{a}+\sqrt{b}-1)^2$
  以下，同様。

(3) $b>1$, $c>1$ より $b+c-1>1$
  したがって，(2) より
    $\sqrt{a+b+c-2} = \sqrt{a+(b+c-1)-1} < \sqrt{a}+\sqrt{b+c-1}-1$
  さらに，(2) より $\sqrt{b+c-1} < \sqrt{b}+\sqrt{c}-1$
  よって $\sqrt{a+b+c-2} < \sqrt{a}+(\sqrt{b}+\sqrt{c}-1)-1$
          $= \sqrt{a}+\sqrt{b}+\sqrt{c}-2$
  ゆえに $\sqrt{a+b+c-2} < \sqrt{a}+\sqrt{b}+\sqrt{c}-2$

←$A>0$, $B>0$ のとき
  $A>B \Longleftrightarrow A^2>B^2$
      $\Longleftrightarrow A^2-B^2>0$

←この確認を忘れずに。

←この確認を忘れずに。

←因数分解。

←$(\sqrt{a}+\sqrt{b}-1)^2-(\sqrt{a+b-1})^2$
  >0

←(2)の結果を利用できるように式変形する。

指針 38 〈集合の要素であることの証明〉

(2) $\alpha \in A$, $\beta \in A$ のとき，整数 a, b, x, y を用いて，$\alpha = a^2+b^2$, $\beta = x^2+y^2$ と表される。
  (1)の等式が利用できる。
(3) $2 = 1^2+1^2$, $5 = 1^2+2^2$ と(2)で示したことを用いる。

(1) (右辺) $= a^2x^2+2abxy+b^2y^2+a^2y^2-2abxy+b^2x^2$
        $= a^2(x^2+y^2)+b^2(y^2+x^2)$
        $= (a^2+b^2)(x^2+y^2) =$ (左辺)
  よって $(a^2+b^2)(x^2+y^2) = (ax+by)^2+(ay-bx)^2$

(2) $\alpha \in A$, $\beta \in A$ のとき，整数 a, b, x, y を用いて
    $\alpha = a^2+b^2$, $\beta = x^2+y^2$

と表される。このとき，(1) から
$$\alpha\beta = (a^2+b^2)(x^2+y^2) = (ax+by)^2 + (ay-bx)^2$$
$ax+by$, $ay-bx$ は整数であるから　　$\alpha\beta \in A$

(3)　$2 = 1^2 + 1^2$, $5 = 1^2 + 2^2$ であるから　　$2 \in A$, $5 \in A$
よって，(2) から
$$25 = 5 \times 5 \in A, \quad 50 = 2 \times 25 \in A, \quad 1250 = 25 \times 50 \in A$$

←$ax+by$, $ay-bx$ が整数であることを断る必要がある。

指針 39 〈必要条件・十分条件・必要十分条件〉

p は q であるための □
→ □ を埋めるには 2 つの命題 $p \Longrightarrow q$, $q \Longrightarrow p$ の真偽を調べる
① どちらも真　→　必要十分条件
② $p \Longrightarrow q$ が真，$q \Longrightarrow p$ が偽　→　十分条件であるが，必要条件ではない
③ $p \Longrightarrow q$ が偽，$q \Longrightarrow p$ が真　→　必要条件であるが，十分条件ではない
④ どちらも偽　→　必要条件でも十分条件でもない

(1)　(ア)　(条件 p)：$a^2 + b^2 = 2ab$，(条件 q)：$a = b$　とする
$$a^2 + b^2 = 2ab \iff (a-b)^2 = 0 \iff a-b = 0 \iff a = b$$
よって，$p \iff q$ が成り立つから，「$a^2 + b^2 = 2ab$」は
「$a = b$」であるための必要十分条件である。　答 ①

(イ)　(条件 p)：$a+b$, ab はともに有理数
　　(条件 q)：a, b はともに有理数　とする。
$a = \sqrt{2}$, $b = -\sqrt{2}$ とすると
$$a+b = \sqrt{2} + (-\sqrt{2}) = 0, \quad ab = \sqrt{2} \cdot (-\sqrt{2}) = -2$$
よって，$p \Longrightarrow q$ は偽である。
また，a, b がともに有理数であるならば，$a+b$, ab はともに有理数であるから，$q \Longrightarrow p$ は真である。
したがって，「$a+b$, ab はともに有理数」は「a, b はともに有理数」であるための必要条件であるが，十分条件ではない。　答 ②

←偽であることを示すには，反例を 1 つ見つける。

(2)　(条件 p)：$\triangle$ABC において，$\cos A \cos B \cos C > 0$ である
　　(条件 q)：$\triangle$ABC が鋭角三角形である　とする。
$\cos A \cos B \cos C > 0$ のとき
[1]　$\cos A$, $\cos B$, $\cos C$ がすべて正
[2]　$\cos A$, $\cos B$, $\cos C$ のうち 1 つが正で，残りの 2 つが負
のどちらかが成り立つ。
ここで，[2] が成り立つとすると，$\triangle$ABC の内角のうち 2 つが鈍角となるため，不適。
よって，[1] が成り立つから
$$0° < A < 90°, \quad 0° < B < 90°, \quad 0° < C < 90°$$
ゆえに，$\triangle$ABC は鋭角三角形である。
よって，$p \Longrightarrow q$ は真である。
$\triangle$ABC が鋭角三角形のとき
$$0° < A < 90°, \quad 0° < B < 90°, \quad 0° < C < 90°$$
よって　　$\cos A > 0$, $\cos B > 0$, $\cos C > 0$
ゆえに　　$\cos A \cos B \cos C > 0$

←3 つの内角のうち 2 つが鈍角となる三角形は存在しない。

よって，$q \Longrightarrow p$ も真である。

したがって，$\triangle ABC$ において，$\cos A \cos B \cos C > 0$ であることは，$\triangle ABC$ が鋭角三角形であるための必要十分条件である。　答　①

(3) 前半の不等式を p，後半の不等式を q とし，p，q を満たすもの全体の集合を，それぞれ P，Q とする。

すなわち　　$P = \{x \mid |x+1| < |x-1| < |x-2|\}$，$Q = \{x \mid x < -1\}$

不等式 $|x+1| < |x-1|$ について

　　$x > 1$ のとき　　　　$x+1 < x-1$
　　　　　　　　　　　　　この不等式は成り立たない。
　　$-1 < x \leqq 1$ のとき　$x+1 < -x+1$
　　　　　　　　　　　　　よって，$x < 0$ であるから　$-1 < x < 0$
　　$x \leqq -1$ のとき　　　$-x-1 < -x+1$
　　　　　　　　　　　　　$x \leqq -1$ を満たすすべての x について
　　　　　　　　　　　　　この不等式は成り立つ。
　よって　　$x < 0$ ……①

←絶対値は場合分けをする。

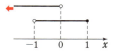

不等式 $|x-1| < |x-2|$ について

　　$x > 2$ のとき　　　　$x-1 < x-2$
　　　　　　　　　　　　　この不等式は成り立たない。
　　$1 < x \leqq 2$ のとき　$x-1 < -x+2$
　　　　　　　　　　　　　よって，$x < \frac{3}{2}$ であるから　$1 < x < \frac{3}{2}$
　　$x \leqq 1$ のとき　　　$-x+1 < -x+2$
　　　　　　　　　　　　　$x \leqq 1$ を満たすすべての x について
　　　　　　　　　　　　　この不等式は成り立つ。
　よって　　$x < \frac{3}{2}$ ……②

←絶対値は場合分けをする。

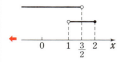

①，② から　　$P = \{x \mid x < 0\}$

よって，$Q \subset P$ であるから，$q \Longrightarrow p$ は真である。

また，$x = -\frac{1}{2}$ は p を満たすが q を満たさない。

よって，$p \Longrightarrow q$ は偽である。

したがって，$|x+1| < |x-1| < |x-2|$ は $x < -1$ であるための必要条件であるが，十分条件ではない。　答　②

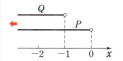

指針 40 〈二項係数の最大〉

(2) まず，整式の展開式の x^k の項を求める。
(3) $a_k = a_{k-1}$ を満たす k を n で表す。k は $1 \leqq k \leqq n$ を満たす自然数。
(4) (3) と同様にして $a_k > a_{k-1}$，$a_k < a_{k-1}$ についても考える。
k の値の変化による a_k の増減がわかる。

(1) $(2x+1)^n = a_0 + a_1 x + a_2 x^2 + \cdots\cdots + a_n x^n$
$x = 1$ とおくと　　$(2+1)^n = a_0 + a_1 + a_2 + \cdots\cdots + a_n$
よって　　$\boldsymbol{a_0 + a_1 + a_2 + \cdots\cdots + a_n = 3^n}$

(2) $(2x+1)^n$ の展開式の x^k の項は　${}_n C_k (2x)^k = 2^k {}_n C_k x^k$　$(0 \leqq k \leqq n)$
a_k は x^k の係数であるから　　$a_k = 2^k {}_n C_k$

←$(1+2x)^n$ の展開式で
${}_n C_k 1^{n-k} \cdot (2x)^k = {}_n C_k (2x)^k$

数学重要問題集（理系）　35

よって，$1 \leqq k \leqq n$ のとき
$$\frac{a_k}{a_{k-1}} = \frac{2^k {}_nC_k}{2^{k-1} {}_nC_{k-1}} = 2 \cdot \frac{n!}{k!(n-k)!} \cdot \frac{(k-1)!\{n-(k-1)\}!}{n!}$$
$$= \frac{2(n-k+1)}{k}$$

(3) $a_k = a_{k-1}$ のとき $\dfrac{a_k}{a_{k-1}} = 1$

(2) より $\dfrac{2(n-k+1)}{k} = 1$ 整理して $k = \dfrac{2(n+1)}{3}$

よって，$a_k = a_{k-1}$ $(1 \leqq k \leqq n)$ を満たす k が存在するための条件は
$k = \dfrac{2(n+1)}{3}$ が 1 以上 n 以下の自然数となることである。

$1 \leqq \dfrac{2(n+1)}{3} \leqq n$ を解くと $n \geqq 2$

また，$\dfrac{2(n+1)}{3}$ が自然数となるための条件は，l を自然数として
$n+1 = 3l$ すなわち $n = 3l-1$ と表せることである。
$3l-1 \geqq 2$ であるから，求める条件は l を自然数として $n = 3l-1$
と表せることである。

← $n+1$ が 3 の倍数。

(4) (3)から，$a_k = a_{k-1}$ のとき $k = \dfrac{2(n+1)}{3}$ 同様に考えて

$a_k > a_{k-1}$ のとき $\dfrac{a_k}{a_{k-1}} > 1$ すなわち $k < \dfrac{2(n+1)}{3}$

$a_k < a_{k-1}$ のとき $\dfrac{a_k}{a_{k-1}} < 1$ すなわち $k > \dfrac{2(n+1)}{3}$

$n = 101$ のとき，$\dfrac{2(n+1)}{3} = \dfrac{2 \cdot 102}{3} = 68$ であるから

$a_0 < a_1 < \cdots\cdots < a_{67} = a_{68} > a_{69} > \cdots\cdots > a_{101}$

したがって，求める k は $k = 67,\ 68$

← $k < 68$ のとき $a_k > a_{k-1}$
$k > 68$ のとき $a_k < a_{k-1}$
$k = 68$ のとき $a_k = a_{k-1}$

指針 41 〈十億の位の数字，割り算の余り（二項定理を利用）〉

(1) **二項定理** を利用する
➡ $201^{20} = (200+1)^{20} = \sum_{k=0}^{20} {}_{20}C_k 200^k$ であるから，十億以下の位の数字がすべて 0 になる数以外の数について考える

(2) まず，(1)を利用して，百万以下の位の数字がすべて 0，すなわち 10^7 で割り切れる数をとる k の値の範囲を考える。

(1) 二項定理により $201^{20} = (200+1)^{20} = \sum_{k=0}^{20} {}_{20}C_k 200^k$

ここで，$200^5 = 320000000000$ であるから，$\sum_{k=5}^{20} {}_{20}C_k 200^k$ の十億以下の位の数字はすべて 0 である。

よって，$\sum_{k=0}^{4} {}_{20}C_k 200^k$ の十億の位の数字を求めればよい。

← $2^5 = 32$

36　数学重要問題集（理系）

$$\sum_{k=0}^{4} {}_{20}C_k 200^k$$
$= {}_{20}C_0 \cdot 200^0 + {}_{20}C_1 \cdot 200^1 + {}_{20}C_2 \cdot 200^2 + {}_{20}C_3 \cdot 200^3 + {}_{20}C_4 \cdot 200^4$
$= 1 \cdot 1 + 20 \cdot 200 + \dfrac{20 \cdot 19}{2} \cdot 40000 + \dfrac{20 \cdot 19 \cdot 18}{3 \cdot 2} \cdot 8000000$
$\qquad\qquad\qquad\qquad\qquad + \dfrac{20 \cdot 19 \cdot 18 \cdot 17}{4 \cdot 3 \cdot 2} \cdot 1600000000$
$= 1 + 4000 + 7600000 + 9120000000 + 7752000000000$
$= 7761127604001$

←${}_{20}C_0 = 1$, $200^0 = 1$

したがって，十億の位の数字は　　**1**

←7761127604001

(2)　(1) より，$\sum_{k=3}^{20} {}_{20}C_k 200^k$ は百万以下の位の数字がすべて 0 であるから，10^7 で割り切れる。

←${}_{20}C_3 \cdot 200^3 = 9120000000$

さらに，一億と千万の位の 2 桁が 12 で 4 の倍数であるから，$\sum_{k=3}^{20} {}_{20}C_k 200^k$ は 4×10^7 で割り切れる。

←${}_{20}C_4 \cdot 200^4$ の一億以下の位の数字はすべて 0

よって，求める余りは $\sum_{k=0}^{2} {}_{20}C_k 200^k$ を 4×10^7 で割ったときの余りに等しく，(1) の計算から　　**7604001**

指針 42 〈不等式の証明〉

(1)　(実数)$^2 \geqq 0$ を利用する　➡　$(a-b)^2$, $(b-c)^2$, $(c-a)^2$ を用いて表す
(2)　与えられた等式と (1) の結果を利用する。

(1)　$a^2 + b^2 + c^2 - ab - bc - ca$
$= \dfrac{1}{2}(2a^2 + 2b^2 + 2c^2 - 2ab - 2bc - 2ca)$
$= \dfrac{1}{2}(a^2 - 2ab + b^2 + b^2 - 2bc + c^2 + c^2 - 2ca + a^2)$
$= \dfrac{1}{2}\{(a-b)^2 + (b-c)^2 + (c-a)^2\} \geqq 0$

←(実数)$^2 \geqq 0$

したがって　　$a^2 + b^2 + c^2 - ab - bc - ca \geqq 0$
等号が成り立つのは $a - b = 0$ かつ $b - c = 0$ かつ $c - a = 0$, すなわち $\boldsymbol{a = b = c}$ のときである。

(2)　$a^3 + b^3 + c^3 - 3abc = (a+b+c)(a^2 + b^2 + c^2 - ab - bc - ca)$
　　　　　　　　　　　　　　　　　…… ①

とする。まず，$P \geqq Q$ を示す。
$a = \sqrt[3]{x}$, $b = \sqrt[3]{y}$, $c = \sqrt[3]{z}$ とおくと，① から
$\quad 3(P - Q) = x + y + z - 3\sqrt[3]{xyz}$
$\qquad\qquad\quad = (\sqrt[3]{x})^3 + (\sqrt[3]{y})^3 + (\sqrt[3]{z})^3 - 3\sqrt[3]{x}\sqrt[3]{y}\sqrt[3]{z}$
$\qquad\qquad\quad = a^3 + b^3 + c^3 - 3abc$
$\qquad\qquad\quad = (a+b+c)(a^2 + b^2 + c^2 - ab - bc - ca)$

$a > 0$ かつ $b > 0$ かつ $c > 0$ であるから　　$a + b + c > 0$　…… ②
また，(1) から　　$a^2 + b^2 + c^2 - ab - bc - ca \geqq 0$
よって　　$3(P - Q) \geqq 0$　　ゆえに　　$P \geqq Q$

(1)から，等号が成り立つのは $a=b=c$ より $\sqrt[3]{x}=\sqrt[3]{y}=\sqrt[3]{z}$，すなわち $x=y=z$ のときである。

次に $Q \geqq R$ を示す。

$Q>0$ かつ $R>0$ より，$Q \geqq R$ であることと $\dfrac{1}{R} \geqq \dfrac{1}{Q}$ であることは互いに同値であるから，$\dfrac{1}{R} \geqq \dfrac{1}{Q}$ を示す。

$$\dfrac{1}{Q}=\dfrac{1}{\sqrt[3]{x}\sqrt[3]{y}\sqrt[3]{z}}=\dfrac{1}{\sqrt[3]{x}}\cdot\dfrac{1}{\sqrt[3]{y}}\cdot\dfrac{1}{\sqrt[3]{z}}$$

← 同符号の2数は逆数をとると大小関係が逆転する。

よって

$$\dfrac{1}{R}-\dfrac{1}{Q}=\dfrac{1}{3}\left\{\left(\dfrac{1}{\sqrt[3]{x}}\right)^3+\left(\dfrac{1}{\sqrt[3]{y}}\right)^3+\left(\dfrac{1}{\sqrt[3]{z}}\right)^3\right\}-\dfrac{1}{\sqrt[3]{x}}\cdot\dfrac{1}{\sqrt[3]{y}}\cdot\dfrac{1}{\sqrt[3]{z}}$$

ここで，$a=\dfrac{1}{\sqrt[3]{x}},\ b=\dfrac{1}{\sqrt[3]{y}},\ c=\dfrac{1}{\sqrt[3]{z}}$ とおくと，① から

$$\dfrac{1}{R}-\dfrac{1}{Q}=\dfrac{1}{3}(a^3+b^3+c^3)-abc=\dfrac{1}{3}(a^3+b^3+c^3-3abc)$$
$$=\dfrac{1}{3}(a+b+c)(a^2+b^2+c^2-ab-bc-ca)$$

よって，② と (1) から $\dfrac{1}{R}-\dfrac{1}{Q} \geqq 0$ ゆえに $\dfrac{1}{R} \geqq \dfrac{1}{Q}$

よって $Q \geqq R$

等号が成り立つのは，(1) から，$a=b=c$ より $\dfrac{1}{\sqrt[3]{x}}=\dfrac{1}{\sqrt[3]{y}}=\dfrac{1}{\sqrt[3]{z}}$，すなわち $x=y=z$ のときである。

---

43 〈数の大小比較〉

(2) 2数ずつ差をとって考える。
　※まず，a, b, c に適当な数を代入して，大小関係の見当をつける。

(3) 分数を分解し，x と y，y と z，x と z の分数式について，それぞれ相加平均と相乗平均の大小関係 を利用する。

(1) $(a^3+b^3)-(a^2b+b^2a)=a^2(a-b)-b^2(a-b)=(a-b)^2(a+b)$
a, b は相異なる正の実数であるから $(a-b)^2>0$, $a+b>0$
よって，$(a-b)^2(a+b)>0$ となり $a^3+b^3>a^2b+b^2a$

(2) $P=(a+b+c)(a^2+b^2+c^2)$, $Q=(a+b+c)(ab+bc+ca)$,
$R=3(a^3+b^3+c^3)$, $S=9abc$ とおくと
$R-P=2a^3+2b^3+2c^3-a^2b-ab^2-b^2c-bc^2-c^2a-ca^2$
$=\{(a^3+b^3)-(a^2b+ab^2)\}+\{(b^3+c^3)-(b^2c+bc^2)\}$
$\qquad\qquad\qquad\qquad +\{(c^3+a^3)-(c^2a+ca^2)\}$

a, b, c は相異なる正の実数であるから，(1) より $R-P>0$
ゆえに $P<R$
$P-Q=(a+b+c)(a^2+b^2+c^2-ab-bc-ca)$
$=(a+b+c)\cdot\dfrac{1}{2}\{(a-b)^2+(b-c)^2+(c-a)^2\}$

a, b, c は相異なる正の実数であるから
$a+b+c>0$, $(a-b)^2+(b-c)^2+(c-a)^2>0$

← $a=1$, $b=2$, $c=3$ とすると $P=84$, $Q=66$, $R=108$, $S=54$ となり，$S<Q<P<R$ と予想できる。

← $b^3+c^3>b^2c+bc^2$,
$c^3+a^3>c^2a+ca^2$

← $a^2+b^2+c^2-ab-bc-ca$
$=\dfrac{1}{2}\{(a-b)^2+(b-c)^2$
$\qquad\qquad +(c-a)^2\}$

よって　　$P-Q>0$　　　　ゆえに　　$Q<P$
$$Q-S = a^2b+ab^2+a^2c+ac^2+b^2c+bc^2-6abc$$
$$= ab^2-2abc+ac^2+bc^2-2abc+ba^2+ca^2-2abc+cb^2$$
$$= a(b-c)^2+b(c-a)^2+c(a-b)^2$$

a, b, c は相異なる正の実数であるから
$$a(b-c)^2>0, \quad b(c-a)^2>0, \quad c(a-b)^2>0$$

よって　　$Q-S>0$　　　　ゆえに　　$S<Q$
したがって，$S<Q<P<R$ となり，4数を小さい方から順に並べると　　$9abc$，$(a+b+c)(ab+bc+ca)$，
　　　$(a+b+c)(a^2+b^2+c^2)$，$3(a^3+b^3+c^3)$

(3) x, y, z はすべて正であるから，$\dfrac{y}{x}$, $\dfrac{x}{y}$, $\dfrac{z}{y}$, $\dfrac{y}{z}$, $\dfrac{x}{z}$, $\dfrac{z}{x}$ はすべて正である。

よって，相加平均と相乗平均の大小関係から
$$\dfrac{y}{x}+\dfrac{x}{y} \geq 2\sqrt{\dfrac{y}{x}\cdot\dfrac{x}{y}}=2 \quad \cdots\cdots ①$$
$$\dfrac{z}{y}+\dfrac{y}{z} \geq 2\sqrt{\dfrac{z}{y}\cdot\dfrac{y}{z}}=2 \quad \cdots\cdots ②$$
$$\dfrac{x}{z}+\dfrac{z}{x} \geq 2\sqrt{\dfrac{x}{z}\cdot\dfrac{z}{x}}=2 \quad \cdots\cdots ③$$

← 文字が正であり，和に対し積が定数などの特徴をもつとき，相加平均と相乗平均の大小関係がよく使われる。

①，②，③ の辺々を加えると
$$\dfrac{y+z}{x}+\dfrac{z+x}{y}+\dfrac{x+y}{z} \geq 6 \quad \cdots\cdots ④$$

等号が成り立つのは，$\dfrac{y}{x}=\dfrac{x}{y}$ かつ $\dfrac{z}{y}=\dfrac{y}{z}$ かつ $\dfrac{x}{z}=\dfrac{z}{x}$ すなわち $x=y=z$ のときである。

次に，④ の左辺で，y, z を固定して x の関数とみると，これは連続関数で，x が十分大きいと限りなく大きな値をとりうる。
以上により，④ の左辺のとりうる値の範囲は
$$\dfrac{y+z}{x}+\dfrac{z+x}{y}+\dfrac{x+y}{z} \geq 6$$

← $x>0$ を満たすすべての x の値で関数が連続。

別解　(2)の $Q>S$ を示した式から，正の実数 x, y, z に対し
$$yz(y+z)+zx(z+x)+xy(x+y) \geq 6xyz$$
ゆえに　　$\dfrac{y+z}{x}+\dfrac{z+x}{y}+\dfrac{x+y}{z} \geq 6$

等号が成り立つのは，$x-y=0$ かつ $y-z=0$ かつ $z-x=0$ すなわち $x=y=z$ のときである。（以下，本解と同様）

← $a^2b+ab^2+a^2c+ac^2+b^2c$
$+bc^2-6abc>0$
ここでは，x, y, z は必ずしも相異なる数ではない。

指針 44 〈無理数であることの証明〉

(1) 無理数である（＝有理数でない）ことを直接示すのは困難　➡　背理法 を利用
(2) $\sqrt{2}\,p+\sqrt[3]{3}\,q=r$（有理数）として，まず $\sqrt[3]{3}$ が消去できるように式変形する。

(1) $\sqrt{2}$ が無理数でない，すなわち有理数であると仮定すると
$$\sqrt{2}=\dfrac{m}{n} \quad (m, n \text{ は互いに素である自然数})$$
と表される。

← このとき，$\dfrac{m}{n}$ は既約分数である。

数学重要問題集（理系）　39

このとき，$m = \sqrt{2}\,n$ であり，両辺を2乗すると $m^2 = 2n^2$ ……①
よって，m^2 は2の倍数であるから，m も2の倍数である。
ゆえに，自然数 k を用いて，$m = 2k$ ……② と表される。
② を ① に代入すると $4k^2 = 2n^2$ すなわち $n^2 = 2k^2$
よって，n^2 は2の倍数であるから，n も2の倍数である。
これは，*m と n が互いに素であることに矛盾*する。　　　　　　　　　　←m も n も2の倍数となり，m と n は互いに素でないことになる。
したがって，$\sqrt{2}$ は無理数である。
また，*$\sqrt[3]{3}$ が無理数でない，すなわち有理数であると仮定すると*
$$\sqrt[3]{3} = \frac{a}{b} \quad (a,\ b \text{ は互いに素である自然数})$$
と表される。
このとき，$a = \sqrt[3]{3}\,b$ であり，両辺を3乗すると $a^3 = 3b^3$ ……③
よって，a^3 は3の倍数であるから，a も3の倍数である。
ゆえに，自然数 l を用いて，$a = 3l$ ……④ と表される。
④ を ③ に代入すると $27l^3 = 3b^3$
すなわち $b^3 = 9l^3$
よって，b^3 は9の倍数であるから，b は3の倍数である。　　　　　　　←b は9の倍数とは限らないので注意。
これは，*a と b が互いに素であることに矛盾*する。
したがって，$\sqrt[3]{3}$ は無理数である。

(2) $\sqrt{2}\,p + \sqrt[3]{3}\,q = r$ （r は有理数）とすると
$\sqrt[3]{3}\,q = r - \sqrt{2}\,p$ ……⑤
⑤ の両辺を3乗すると $3q^3 = r^3 - 3\sqrt{2}\,pr^2 + 6p^2 r - 2\sqrt{2}\,p^3$ 　　　　　←$\sqrt[3]{3}$ を消去する。
整理すると $\sqrt{2}\,p(2p^2 + 3r^2) = r^3 + 6p^2 r - 3q^3$
$p(2p^2 + 3r^2) \neq 0$ と仮定すると $\sqrt{2} = \dfrac{r^3 + 6p^2 r - 3q^3}{p(2p^2 + 3r^2)}$　　　　←背理法を利用して，$p(2p^2+3r^2)=0$ を導く。
p, q, r は有理数であるから，この等式の右辺は有理数である。
(1)より，この等式の左辺 $\sqrt{2}$ は無理数であるから，これは矛盾である。
よって $p(2p^2 + 3r^2) = 0$
ゆえに $p = 0$ または $2p^2 + 3r^2 = 0$
$2p^2 + 3r^2 = 0$ のとき p, r は実数であるから $p = 0$ かつ $r = 0$
したがって $p = 0$
このとき，⑤ から $\sqrt[3]{3}\,q = r$
$q \neq 0$ と仮定すると $\sqrt[3]{3} = \dfrac{r}{q}$　　　　　　　　　　　　　　　←背理法を利用して，$q=0$ を導く。
q, r は有理数であるから，この等式の右辺は有理数である。
(1)より，この等式の左辺 $\sqrt[3]{3}$ は無理数であるから，これは矛盾である。
よって $q = 0$
したがって，p, q, $\sqrt{2}\,p + \sqrt[3]{3}\,q$ がすべて有理数であるとき
$p = q = 0$

4 整数の性質

> **指針 45** 〈末尾に連続して並ぶ 0 の個数〉
> (2) $125!$ を 10 ($=2\times5$) で何回割れるかを調べる ➡ 素因数 5 の個数がポイント

(1) 30 以下の自然数のうち

　　　2 の倍数は 15 個，2^2 の倍数は 7 個，
　　　2^3 の倍数は 3 個，2^4 の倍数は 1 個

ある。
よって，$30!$ を素因数分解したときの素因数 2 の個数は，
　　　$15+7+3+1=26$
である。
したがって，最大の m の値は 　ア26

← 2^2 の倍数は，素因数 2 を 2 個もつが，2 の倍数として 1 個，2^2 の倍数として 1 個と数え上げればよい。2^3 の倍数，2^4 の倍数についても同様。

(2) 125 以下の自然数のうち

　　　5 の倍数は 25 個，5^2 の倍数は 5 個，5^3 の倍数は 1 個

ある。
よって，$125!$ を素因数分解したときの素因数 5 の個数は，
$25+5+1=31$ である。
また，125 以下の自然数のうち 2 の倍数は 62 個あるから，$125!$ は素因数 2 を 62 個以上もつ。
ゆえに，$125!$ は $5^{31}\cdot 2^{31}$ すなわち 10^{31} で割り切れる。
また，$125!$ は 10^{32} では割り切れない。
よって，$125!$ が 10^m で割り切れるときの最大の m の値は 31 である。
したがって，$125!$ の末尾に 0 が連続して イ31 個並ぶ。
さらに，125 より大きい 5 の倍数は，小さい方から順に
　　　130，135，140，145，150，155，160，165，……
であり，130 から 165 までの 8 個の整数について素因数分解したときの素因数 5 の個数は
　　　150 については 2 個，それ以外については 1 個
である。
よって，$165!$ を素因数分解したときの素因数 5 の個数は，
$31+9=40$ である。
したがって，$n!$ が 5^{40} で割り切れるための条件は $n\geqq 165$ である。
$165!$ は素因数 2 を 82 個以上もつから，$165!$ は $5^{40}\cdot 2^{40}$ すなわち 10^{40} で割り切れる。
したがって，$n!$ が 10^{40} で割り切れる最小の n の値は ウ165 である。

← 5^2 の倍数は，素因数 5 を 2 個もつが，5 の倍数として 1 個，5^2 の倍数として 1 個と数え上げればよい。5^3 の倍数についても同様。

> **指針 46** 〈3 つの式の値がすべて整数となる条件〉
> $\dfrac{a}{b}$ が整数 ➡ a は b の倍数，b は a の約数
> 250，256，243 をそれぞれ 素因数分解 すると　$250=2\cdot 5^3$，$256=2^8$，$243=3^5$
> ➡ 求める正の整数 n は 2，3，5 を素因数にもつ
> ➡ $n=2^a\cdot 3^b\cdot 5^c$（a，b，c は自然数）とおいて考える

数学重要問題集（理系）　41

$250 = 2 \cdot 5^3$, $256 = 2^8$, $243 = 3^5$ であるから，求める正の整数 n は 2, 3, 5 を素因数にもつ。

最小の n を求めるから，$n = 2^a \cdot 3^b \cdot 5^c$ (a, b, c は自然数) とおける。

このとき　　$\dfrac{n^2}{250} = \dfrac{2^{2a} \cdot 3^{2b} \cdot 5^{2c}}{2 \cdot 5^3} = 2^{2a-1} \cdot 3^{2b} \cdot 5^{2c-3}$

　　　　　　$\dfrac{n^3}{256} = \dfrac{2^{3a} \cdot 3^{3b} \cdot 5^{3c}}{2^8} = 2^{3a-8} \cdot 3^{3b} \cdot 5^{3c}$

　　　　　　$\dfrac{n^4}{243} = \dfrac{2^{4a} \cdot 3^{4b} \cdot 5^{4c}}{3^5} = 2^{4a} \cdot 3^{4b-5} \cdot 5^{4c}$

これらがすべて正の整数となるための条件は
　　　　$2a - 1 \geqq 0$, $2c - 3 \geqq 0$, $3a - 8 \geqq 0$, $4b - 5 \geqq 0$

よって　　$a \geqq \dfrac{8}{3}$, $b \geqq \dfrac{5}{4}$, $c \geqq \dfrac{3}{2}$

これらを満たす最小の自然数 a, b, c は，$a = 3$, $b = 2$, $c = 2$ であるから，求める正の整数 n は　　$n = 2^3 \cdot 3^2 \cdot 5^2 = \mathbf{1800}$

←素因数分解。

←$2b$, $3b$, $3c$, $4a$, $4c$ は自然数。

←a, b, c が最小のとき，n も最小となる。

 47 〈倍数であることの証明〉

連続した n 個の整数には，n の倍数が含まれる。
(2) $m = 2k + 1$ (k は整数) とおいて式変形する。
(3) 対偶を示す。

(1) m が 3 の倍数でないとき，$m+2$, $m+1$ のいずれかは 3 の倍数であるから，$(m+2)(m+1)$ は 3 の倍数である。
また，$(m+2)(m+1)$ は連続する 2 つの整数の積であるから，2 の倍数である。
したがって，$(m+2)(m+1)$ は 3 の倍数かつ 2 の倍数であるから，6 の倍数である。

(2) m が奇数のとき，整数 k を用いて $m = 2k + 1$ と表される。
このとき　　$(m+3)(m+1) = (2k+4)(2k+2) = 4(k+2)(k+1)$
ここで，$(k+2)(k+1)$ は連続する 2 つの整数の積であるから，2 の倍数である。
よって，$(m+3)(m+1)$ は 2 の倍数と 4 の積であるから，8 の倍数である。

(3) 対偶「m が奇数ならば，$(m+3)(m+2)(m+1)$ が 24 の倍数である」を証明する。
(2) より，m が奇数のとき $(m+3)(m+1)$ は 8 の倍数である。
また，$(m+3)(m+2)(m+1)$ は連続した 3 つの整数の積であるから，3 の倍数である。
したがって，$(m+3)(m+2)(m+1)$ は 8 の倍数かつ 3 の倍数であるから，24 の倍数である。
よって，対偶は真である。
したがって，$(m+3)(m+2)(m+1)$ が 24 の倍数でないならば，m が偶数である。

←連続する 3 つの整数 $m+2$, $m+1$, m のいずれか 1 つは 3 の倍数。

←連続する 2 つの整数 $m+2$, $m+1$ のうち 1 つは 2 の倍数。

←2 と 3 の最小公倍数は 6

←整数 l を用いて
$(k+2)(k+1) = 2l$ と表せるから　$(m+3)(m+1) = 8l$

←連続する 3 つの整数 $m+3$, $m+2$, $m+1$ のいずれか 1 つは 3 の倍数。

←8 と 3 の最小公倍数は 24

←対偶が真であるとき，もとの命題も真。

48 〈最大公約数，最小公倍数〉

指針　$m=23k,\ n=23l$（$k,\ l$ は $k<l$ を満たす互いに素な自然数）とおいて考える。
このとき，m と n の最小公倍数は $23kl$

与えられた条件から，
　$m=23k,\ n=23l$（$k,\ l$ は $k<l$ を満たす互いに素な自然数）
とおける。

(1) $n=230$ のとき　$l=10$
　k は l 未満で l と互いに素な自然数であるから，1, 3, 7, 9 のいずれかである。
　よって，m のとりうる値は ^ア**4** 個あり，最小のものは
　$m=23\times1={}^{イ}$**23**，最大のものは $m=23\times9={}^{ウ}$**207** である。
　$m=23\times9$ と $n=23\times10$ の最小公倍数は　$23\times9\times10={}^{エ}$**2070**

(2) $11109=23^2\times21$ であるから　$kl=21$
　これと $k<l$ を満たす互いに素な自然数 $k,\ l$ は存在するから，m と n の最小公倍数は　$23kl=23\times21={}^{オ}$**483**

(3) $7935=23^2\times15$ であるから　$kl<15$
　これと $k<l$ を満たす互いに素な自然数 $k,\ l$ のうち，kl が最大になる組は　$(k,\ l)=(1,\ 14),\ (2,\ 7)$
　このとき　$mn=23^2\times14={}^{カ}$**7406**

(4) $1150=23\times50$ であるから　$k+l=50$
　$k<l$ であるから　$1\leqq k\leqq24$
　$l=50-k$ であるから
　　　$mn=23^2kl=23^2k(50-k)=23^2\{-(k-25)^2+625\}$
　ゆえに，$1\leqq k\leqq24$ に対し，k が増加すると mn も増加する。
　$k=24$ のとき，$l=26$ であり，k と l は互いに素ではないから，不適。
　$k=23$ のとき，$l=27$ であり，k と l は互いに素である。
　よって，mn のとりうる値で最大のものは
　　　$23^2\times23\times27={}^{キ}$**328509**

← 自然数 $m,\ n$ の最大公約数が 23 であるから，$m,\ n$ は 23 の倍数。

← 最小公倍数は $23kl$
← $mn=23^2kl$
← $(k,\ l)=(1,\ 21),\ (3,\ 7)$

← $kl=14$

← $m+n=23(k+l)$
← $2k<50$

← この確認を忘れずに。

49 〈2次の不定方程式〉

指針
(1) (b) まず，$x+4y+1,\ 2x+3y-2$ がとりうる値の範囲を求める。
(2) $\sqrt{m^2+20m-21}=k$（k は整数）とおき，両辺を 2 乗して左辺を文字だけの式に整理する。
(3) $x\ne1$ より，等式を y について整理すると　$y=\dfrac{x^2+3}{x-1}=x+1+\dfrac{4}{x-1}$
　$\dfrac{4}{x-1}$ は整数であるから，x の値を絞れる。

(1) (a) $f(x,\ y)=2x^2+11yx+(4y+1)(3y-2)$
　　　　　　　　$=(x+{}^{ア}\mathbf{4}y+{}^{イ}\mathbf{1})({}^{ウ}\mathbf{2}x+{}^{エ}\mathbf{3}y-{}^{オ}\mathbf{2})$
　(b) $f(x,\ y)=56$ より，(1) から　$(x+4y+1)(2x+3y-2)=56$
　　$x,\ y$ は自然数であるから　$x\geqq1,\ y\geqq1$
　　よって，$x+4y+1,\ 2x+3y-2$ も自然数であり

$x+4y+1 \geqq 6, \quad 2x+3y-2 \geqq 3$

したがって，$f(x, y)=56$ を満たす自然数の組 $(x+4y+1, 2x+3y-2)$ は $(7, 8), (8, 7), (14, 4)$

[1] $(x+4y+1, 2x+3y-2)=(7, 8)$ のとき $x=\dfrac{22}{5}, y=\dfrac{2}{5}$
x, y は自然数であるから，不適。

[2] $(x+4y+1, 2x+3y-2)=(8, 7)$ のとき $x=3, y=1$
x, y は自然数であるから，適する。

[3] $(x+4y+1, 2x+3y-2)=(14, 4)$ のとき $x=-3, y=4$
x, y は自然数であるから，不適。

[1]～[3] から，$f(x, y)=56$ を満たす自然数 x, y の値は
$x={}^{カ}3, y={}^{キ}1$

⇐ $x+4y+1 \geqq 1+4\cdot1+1=6$
$2x+3y-2 \geqq 2\cdot1+3\cdot1-2=3$

⇐連立方程式
$\begin{cases} x+4y+1=7 \\ 2x+3y-2=8 \end{cases}$ を解く。
[2], [3] も同様。

(2) $m^2+20m-21=(m+10)^2-{}^{ア}121$
$\sqrt{m^2+20m-21}=k$（k は整数）とすると $(m+10)^2-121=k^2$
よって $(m+10)^2-k^2=121$
すなわち $(m+10+k)(m+10-k)=11^2$
$k \geqq 0$ より $m+10+k \geqq m+10-k$
よって $(m+10+k, m+10-k)=(11^2, 1), (11, 11),$
$(-1, -11^2), (-11, -11)$
ゆえに $(m, k)=(51, 60), (1, 0), (-71, 60), (-21, 0)$
したがって，$\sqrt{m^2+20m-21}$ が整数となるような整数 m は ${}^{イ}4$ 個存在し，そのうち最小のものは $-{}^{ウ}71$，最大のものは ${}^{エ}51$ である。

⇐大小関係を調べておくと，解を更に絞り込むことができる。

(3) $xy=x^2+y+3$ から $(x-1)y=x^2+3$ ……①
$x=1$ のとき，① は成り立たないから $x \neq 1$
ゆえに，① の両辺を $x-1$ で割ると $y=\dfrac{x^2+3}{x-1}$
$x^2+3=(x-1)(x+1)+4$ であるから
$y=\dfrac{(x-1)(x+1)+4}{x-1}=x+1+\dfrac{4}{x-1}$
$y, x+1$ は整数であるから，$\dfrac{4}{x-1}$ も整数である。
x は正の整数であるから $x-1=1, 2, 4$
よって $x=2, 3, 5$
$x=2$ のとき，$y=7$ であり $y-x=5$
$x=3$ のとき，$y=6$ であり $y-x=3$
$x=5$ のとき，$y=7$ であり $y-x=2$
以上から，正の整数解の組 (x, y) は ${}^{ア}3$ 組ある。
また，$y-x$ の値が最大となるのは $x={}^{イ}2, y={}^{ウ}7$
$y-x$ の値が最小となるのは $x={}^{エ}5, y={}^{オ}7$

⇐ y を x で表すためには $x-1$ で両辺を割る必要があるため，必ず確認する。

⇐ $\dfrac{x^2+3}{x-1}$ が整数となるような x を得るための式変形。

指針 50 〈1次不定方程式〉

(2) 71 と 33 に互除法を用いる。
(3) 求める自然数 n は，$n=71a+2, n=33b+7$（a, b は整数）と表される。
➡ **1次不定方程式** を導く

44　数学重要問題集（理系）

(1) 71 は素数である。
33 を素因数分解すると　　33 = 3·11
よって，71 と 33 の最大公約数は 1 であるから，71 と 33 は互いに素である。

(2) 71 と 33 に互除法を用いると
$71 = 33·2 + 5$　　移項すると　$5 = 71 - 33·2$
$33 = 5·6 + 3$　　移項すると　$3 = 33 - 5·6$
$5 = 3·1 + 2$　　移項すると　$2 = 5 - 3·1$
$3 = 2·1 + 1$　　移項すると　$1 = 3 - 2·1$

よって　$1 = 3 - 2·1 = 3 - (5 - 3·1)·1 = 3·2 - 5 = (33 - 5·6)·2 - 5$
$= 33·2 - 5·13 = 33·2 - (71 - 33·2)·13$
$= 33·28 - 71·13 = 71·(-13) - 33·(-28)$

したがって，求める整数 x, y の組の 1 つは
$\boldsymbol{x = -13, \ y = -28}$　（答は他にもある）

別解　$71 = 33·2 + 5$ より，等式は次のように変形できる。
$(33·2 + 5)x - 33y = 1$　　整理して　$33(2x - y) + 5x = 1$
$2x - y = 2, \ x = -13 \ \cdots\cdots (*)$ は，この等式を満たす。
$(*)$ を解くと　$x = -13, \ y = -28$

←互除法を使わなくても求められるように，係数を小さくしている。

(3) 求める自然数を n とすると，n は整数 a, b を用いて，
$n = 71a + 2, \ n = 33b + 7$ と表される。
よって　　$71a + 2 = 33b + 7$
すなわち　$71a - 33b = 5$ ……①
ここで，(2) より　$71·(-13) - 33·(-28) = 1$
両辺に 5 を掛けると　$71·(-65) - 33·(-140) = 5$ ……②
①－② から　$71(a + 65) - 33(b + 140) = 0$
すなわち　$71(a + 65) = 33(b + 140)$
(1) より，71 と 33 は互いに素であるから，$a + 65$ は 33 の倍数である。
よって，$a + 65 = 33k$（k は整数）と表される。
ゆえに　$a = 33k - 65$
したがって　$n = 71a + 2 = 71(33k - 65) + 2 = 2343k - 4613$
$2343k - 4613$ が 4 桁の自然数で最小となるのは，$k = 3$ のときで
$n = 2343·3 - 4613 = \boldsymbol{2416}$

指針 51 ⟨n 進法⟩

(1) 整理して $an^3 + bn^2 + cn + d + en^{-1}$ となる数は，n 進法では $abcd.e_{(n)}$ になる。
(2) $21201_{(3)}$ と $320_{(n)}$ をそれぞれ 10 進法で表した数は一致する。
(3) 10 進法で表した数で計算する。なお，各位の数字のとりうる範囲に注意する。
　たとえば，$abc_{(7)}$ では　　$1 \leq a \leq 6, \ 0 \leq b \leq 6, \ 0 \leq c \leq 6$　（a, b, c は整数）

(1) $(n+1)(3n^{-1} + 2)(n^2 - n + 1) = (n^3 + 1)(2 + 3n^{-1})$
$= 2n^3 + 3n^2 + 2 + 3n^{-1}$
n は 4 以上の整数であるから，n 進法の小数で表すと　$\boldsymbol{2302.3_{(n)}}$

(2) $21201_{(3)}$ と $320_{(n)}$ をそれぞれ 10 進法で表すと

←n の位の数字は 0，$n^0 = 1$ の位の数字は 2 である。

数学重要問題集（理系）　45

$$21201_{(3)} = 2\cdot 3^4 + 1\cdot 3^3 + 2\cdot 3^2 + 0\cdot 3^1 + 1\cdot 3^0$$
$$= 162 + 27 + 18 + 1 = 208$$
$$320_{(n)} = 3\cdot n^2 + 2\cdot n^1 + 0\cdot n^0 = 3n^2 + 2n$$

これらが一致するから　　$3n^2 + 2n = 208$

移項して　$3n^2 + 2n - 208 = 0$　　よって　$(n-8)(3n+26) = 0$

n は 4 以上の整数であるから　　$n = 8$

(3) $abc_{(7)}$ と $acb_{(8)}$ はともに 3 桁の数であり，底について $7 < 8$ であるから　　$1 \leq a \leq 6$, $0 \leq b \leq 6$, $0 \leq c \leq 6$ ← 7 進数の各位の数字が満たす条件を考えればよい。

$3N = a\cdot 7^2 + b\cdot 7^1 + c\cdot 7^0 = 49a + 7b + c$ ……①

$4N = a\cdot 8^2 + c\cdot 8^1 + b\cdot 8^0 = 64a + 8c + b$ ……②

（8 進数についての条件も同時に満たすので）

①×4 － ②×3 より　　$4a + 25b - 20c = 0$

整理すると　　$4a = 5(4c - 5b)$ ……③

4 と 5 は互いに素であるから，a は 5 の倍数である。

$1 \leq a \leq 6$ であるから　　$a = 5$

③ から　　$4c - 5b = 4$　　よって　　$5b = 4(c-1)$ ……④

5 と 4 は互いに素であるから，b は 4 の倍数である。

$0 \leq b \leq 6$ から　　$b = 0, 4$

[1] $b = 0$ のとき

　④ から　　$5\cdot 0 = 4(c-1)$　　ゆえに　　$c = 1$
　このとき　　$3N = 49\cdot 5 + 7\cdot 0 + 1 = 246$　　よって　　$N = 82$

[2] $b = 4$ のとき

　④ から　　$5\cdot 4 = 4(c-1)$　　ゆえに　　$c = 6$
　このとき　　$3N = 49\cdot 5 + 7\cdot 4 + 6 = 279$　　よって　　$N = 93$

[1], [2] から，求める a, b, c と N は

　　$(a, b, c) = (5, 0, 1)$ のとき　$N = 82$
　　$(a, b, c) = (5, 4, 6)$ のとき　$N = 93$

指針 52 〈$3m + 5n$ の形に表されない最大の自然数〉

自然数 l に対して $3m + 5n = l$ の整数解を求め，それから自然数解が存在する条件を考える。

自然数 l に対して $3m + 5n = l$ ……① は $(m, n) = (2l, -l)$ を解の 1 つにもち　　$3\cdot 2l + 5\cdot (-l) = l$ ……②

① － ② から　　$3(m - 2l) + 5(n + l) = 0$

3 と 5 は互いに素であるから，整数 k を用いて
$$m - 2l = 5k \quad \text{すなわち} \quad m = 5k + 2l$$

と表される。

このとき，$n + l = -3k$ から　　$n = -3k - l$

よって，自然数 m, n が存在するためには
$$5k + 2l > 0 \quad \text{かつ} \quad -3k - l > 0$$

ゆえに，$-\dfrac{2}{5}l < k < -\dfrac{l}{3}$ ……③ が必要である。

ここで，$\left(-\dfrac{l}{3}\right) - \left(-\dfrac{2}{5}l\right) > 1$ すなわち $l > 15$ であれば③を満たす整数 k が少なくとも 1 個存在する。

すなわち，$l \geq 16$ のとき①を満たす自然数の組 (m, n) が存在する。

← 変数は m, n である。
$3\cdot 2 - 5\cdot 1 = 1$ をヒントにするとこの解が見つかる。

← 一般に，$b - a > 1$ であれば $a < k < b$ を満たす整数 k が存在する。

そこで $3m+5n=15$ について調べると
$$3m=5(3-n)$$
と変形できる。
　3と5は互いに素であるから，$3-n$ は正の3の倍数でなければならないが，n は自然数であるから，そのような n は存在しない。よって，$3m+5n=15$ を満たす自然数の組 (m, n) は存在しない。
　以上より，$3m+5n$ の形で表されない最大の自然数は　　**15**

指針 53 〈素数であることの証明〉

直接の証明は難しいため，対偶を示す。すなわち，n が素数でない（合成数である）ならば 3^n-2^n は素数でないことを示す。

対偶「n が素数でないならば 3^n-2^n は素数でない」を示す。
n は素数でないとすると，$p \geqq 2$，$q \geqq 2$ である2つの整数 p, q を用いて $n=pq$ と表される。
$$3^n-2^n=3^{pq}-2^{pq}=(3^p)^q-(2^p)^q$$
$$=(3^p-2^p)\{(3^p)^{q-1}+(3^p)^{q-2}\cdot(2^p)+(3^p)^{q-3}\cdot(2^p)^2+\cdots\cdots+(2^p)^{q-1}\}$$
ここで　　$(3^{p+1}-2^{p+1})-(3^p-2^p)=2\cdot 3^p-2^p>0$
よって，$3^{p+1}-2^{p+1}>3^p-2^p$ が成り立つから，$p \geqq 2$ より
$$3^p-2^p \geqq 3^2-2^2=5$$
ゆえに，3^p-2^p は5以上の整数である。
また，$p \geqq 2$，$q \geqq 2$ から
$$(3^p)^{q-1}+(3^p)^{q-2}\cdot(2^p)+(3^p)^{q-3}\cdot(2^p)^2+\cdots\cdots+(2^p)^{q-1}>3^2=9$$
$(3^p)^{q-1}+(3^p)^{q-2}\cdot(2^p)+(3^p)^{q-3}\cdot(2^p)^2+\cdots\cdots+(2^p)^{q-1}$ は9以上の整数である。
したがって，3^n-2^n が2以上の2つの整数の積で表せることになり，3^n-2^n は素数でない。
よって，対偶は真である。
したがって，3^n-2^n が素数ならば n も素数である。

←n は2以上であり，素数でないから，合成数である。

←a^n-b^n
$=(a-b)(a^{n-1}+a^{n-2}b+\cdots+ab^{n-2}+b^{n-1})$

←3^n-2^n は合成数。

指針 54 〈等式を満たす整数の組〉

(1) 等式 $\left(\dfrac{n}{m}-\dfrac{n}{2}+1\right)l=2$ を式変形し，条件 $l \geqq 3$，$m \geqq 3$ を利用して不等式を導く。
(2) 等式を n について解き，m の分数式が整数となる条件を考える。

(1) $\left(\dfrac{n}{m}-\dfrac{n}{2}+1\right)l=2$ から　　$(2n-mn+2m)l=4m$
　　$l>0$，$4m>0$ から　　$2n-mn+2m>0$
　　よって　　$(m-2)(n-2)<4$　……①
　　m, n はいずれも3以上の整数であるから，$m-2$，$n-2$ はともに自然数である。
　　①を満たす $m-2$，$n-2$ の組は
$$(m-2, n-2)=(1, 1), (1, 2), (1, 3), (2, 1), (3, 1)$$

←両辺に $2m$ を掛ける。

←$l \geqq 3$，$m \geqq 3$ から $l>0$，$4m>0$

ゆえに $(m, n) = (3, 3), (3, 4), (3, 5), (4, 3), (5, 3)$
よって $(l, m, n) = (4, 3, 3), (6, 3, 4), (12, 3, 5),$
$(8, 4, 3), (20, 5, 3)$

←それぞれ順に
$3l = 12, 2l = 12, l = 12,$
$2l = 16, l = 20$

(2) $m^3 - m^2n + (2n+3)m - 3n + 6 = 0$ を変形すると
$n(m^2 - 2m + 3) = m^3 + 3m + 6$
$m^2 - 2m + 3 = (m-1)^2 + 2 \neq 0$ より
$n = \dfrac{m^3 + 3m + 6}{m^2 - 2m + 3} = m + 2 + \dfrac{4m}{m^2 - 2m + 3}$ ……①
$m^2 - 2m + 3 = (m-1)^2 + 2 > 0$ であるから,n が自然数となるためには,$m^2 - 2m + 3 \leqq 4m$ であることが必要である。
これを解くと $3 - \sqrt{6} \leqq m \leqq 3 + \sqrt{6}$
これを満たす自然数 m は $m = 1, 2, 3, 4, 5$
このうち,$m^2 - 2m + 3$ が $4m$ の約数になる m を求めて
$m = 1, 3$
①から $m = 1$ のとき $n = 5$
$m = 3$ のとき $n = 7$
よって,求める自然数 m, n の組の総数は **2**

←次数の低い文字 n について整理。

←$m^2 - 6m + 3 \leqq 0$

←$2 < \sqrt{6} < 3$,$m \geqq 1$ より $1 \leqq m \leqq 5$

←何を問われたのか,結論をきちんと確認。

指針 55 〈ピタゴラス数に関する証明〉

(1) 3の倍数でない整数 n は整数 k を用いて $n = 3k \pm 1$ と表される。
(2) 背理法を用いる。x, y がともに 3 の倍数でないと仮定して矛盾を導く。(1)の結果が使える。

(1) n が 3 の倍数でないとき,整数 k を用いて
$n = 3k+1, 3k-1$
のいずれかの形で表される。
このとき $n^2 = (3k \pm 1)^2 = 9k^2 \pm 6k + 1 = 3(3k^2 \pm 2k) + 1$
(複号同順)
$3k^2 \pm 2k$ は整数であるから,n^2 を 3 で割った余りは 1 である。

←n は 3 で割った余りが 2 のとき,$n = 3k-1$ と表される。

別解(合同式を用いた解法)
2 つの整数 a, b に対して,$a - b$ が 3 の倍数であるとき,$a \equiv b \pmod{3}$ と表す。
n が 3 の倍数でないとき $n \equiv \pm 1 \pmod{3}$
よって $n^2 \equiv (\pm 1)^2 \equiv 1 \pmod{3}$
したがって,n^2 を 3 で割った余りは 1 である。

←$a \equiv b \pmod{m}$ のとき自然数 p に対して
$a^p \equiv b^p \pmod{m}$

(2) x, y がともに 3 の倍数でないと仮定する。
(1)の結果から,x^2, y^2 を 3 で割った余りはそれぞれ 1 である。
よって $x^2 + y^2$ を 3 で割った余りは 2 ……①
一方,z が 3 の倍数のとき,z^2 は 3 の倍数であり,z が 3 の倍数でないとき,(1)の結果から z^2 を 3 で割った余りは 1 である。
したがって z^2 を 3 で割った余りは 0 または 1 ……②
①,②は $x^2 + y^2 = z^2$ であることに矛盾する。
ゆえに,x と y の少なくとも一方は 3 の倍数である。

←両辺を 3 で割った余りが異なるから矛盾。

56 〈等式を満たす整数の組を求める〉

(1), (2) 1つの文字について整理

(3) $0 < x \leq y \leq z$ を利用して xy の値の範囲を絞り込み，各値で場合分けをする。

(1) $m=1$ のとき，① は
$$xyz + x + y + z = xy + yz + zx + 1$$
$$(xy - x - y + 1)z - (xy - x - y + 1) = 0$$
$$(xy - x - y + 1)(z - 1) = 0$$
$$(x - 1)(y - 1)(z - 1) = 0$$

←z について整理。

よって　$x = 1$ または $y = 1$ または $z = 1$

したがって，求める実数 x, y, z の組は
$$(x, y, z) = (1, a, b), (c, 1, d), (e, f, 1)$$
ただし，a, b, c, d, e, f は任意の実数

(2) $m=5$ のとき，① は
$$xyz + x + y + z = xy + yz + zx + 5$$
$$(xy - x - y + 1)z - (xy - x - y + 1) = 4$$
$$(xy - x - y + 1)(z - 1) = 4$$
$$(x - 1)(y - 1)(z - 1) = 4$$

←z について整理。

x, y, z は $x \leq y \leq z$ すなわち $x - 1 \leq y - 1 \leq z - 1$ を満たす整数であるから
$$(x-1, y-1, z-1) = (-4, -1, 1), (-2, -2, 1),$$
$$(-2, -1, 2), (-1, -1, 4),$$
$$(1, 1, 4), (1, 2, 2)$$

したがって，求める整数 x, y, z の組は
$$(x, y, z) = (-3, 0, 2), (-1, -1, 2), (-1, 0, 3),$$
$$(0, 0, 5), (2, 2, 5), (2, 3, 3)$$

(3) $xyz = x + y + z$ ……②

$0 < x \leq y \leq z$ であるから　$xyz = x + y + z \leq z + z + z = 3z$

←$x \leq z, y \leq z$

よって　$xyz \leq 3z$　　$z > 0$ であるから　$xy \leq 3$

これと $0 < x \leq y$ を満たす整数 x, y の組は
$$(x, y) = (1, 1), (1, 2), (1, 3)$$

[1] $(x, y) = (1, 1)$ のとき

② は　$z = 2 + z$

これを満たす正の整数 z は存在しない。

[2] $(x, y) = (1, 2)$ のとき

② は　$2z = 3 + z$　　よって　$z = 3$

これは，$0 < x \leq y \leq z$ を満たす。

[3] $(x, y) = (1, 3)$ のとき

② は　$3z = 4 + z$　　よって　$z = 2$

これは，$0 < x \leq y \leq z$ を満たさないから不適。

[1]～[3] から，求める整数 x, y, z の組は
$$(x, y, z) = (1, 2, 3)$$

指針 57 〈ユークリッドの互除法〉

(2) k 回目の余りを求める計算における商を q_k, 余りを r_k として, q_k がなるべく小さくなる条件を考える。N 回目で終わるとき, $r_{N-2} > r_{N-1} > r_N = 0$ に注意する。

(1) 20711 と 15151 にユークリッドの互除法を用いると
$$20711 = 15151 \cdot 1 + 5560$$
$$15151 = 5560 \cdot 2 + 4031$$
$$5560 = 4031 \cdot 1 + 1529$$
$$4031 = 1529 \cdot 2 + 973$$
$$1529 = 973 \cdot 1 + 556$$
$$973 = 556 \cdot 1 + 417$$
$$556 = 417 \cdot 1 + 139$$
$$417 = 139 \cdot 3$$

よって, 20711 と 15151 の最大公約数は ア**139**

(2) m と n に対してユークリッドの互除法を用いたとき, k 回目の余りを求める計算における商を q_k, 余りを r_k とする。

余りを求める計算が N 回目で終わるとすると, 余りを求める計算は以下のようになる。
$$m = nq_1 + r_1$$
$$n = r_1 q_2 + r_2$$
$$r_1 = r_2 q_3 + r_3$$
$$\vdots$$
$$r_{N-3} = r_{N-2} q_{N-1} + r_{N-1}$$
$$r_{N-2} = r_{N-1} q_N$$

ここで, 割り算の性質により $\quad n > r_1 > r_2 > r_3 > \cdots\cdots > r_{N-1} > 0$　　←(割る数)>(余り)

また, N を大きくするためには, q_k ($k = 1, 2, \cdots\cdots, N$) をなるべく小さくすればよいから, それぞれの k に対する q_k の最小値は, $r_{N-2} > r_{N-1}$ に注意すると

$$q_1 = q_2 = \cdots\cdots = q_{N-1} = 1, \quad q_N = 2$$

←$q_N = 1$ としてしまうと, $r_{N-2} = r_{N-1} q_N$ より, $r_{N-2} = r_{N-1}$ となり, $r_{N-2} > r_{N-1}$ に反する。

r_{N-1} が最小となるとき, N は最大となるから, $r_{N-1} = 1$ として余りを求める計算を逆順にたどり, 左辺を求めていくと

$$1 \cdot 2 = 2$$
$$2 \cdot 1 + 1 = 3$$
$$3 \cdot 1 + 2 = 5$$
$$5 \cdot 1 + 3 = 8$$
$$8 \cdot 1 + 5 = 13$$
$$13 \cdot 1 + 8 = 21$$
$$21 \cdot 1 + 13 = 34$$
$$34 \cdot 1 + 21 = 55$$
$$55 \cdot 1 + 34 = 89$$
$$89 \cdot 1 + 55 = 144$$

←144 は 3 桁の数であるから, 計算はここで終わり, 直前の 2 数 89, 55 が求める答えとなる。

したがって, $m = 89$, $n = 55$ のとき, $N = 9$ となり N は最大となる。

よって，$m = {}^{\prime}\mathbf{89}$, $n = {}^{\prime}\mathbf{55}$ とすると，余りを求める計算の回数が最も多く必要になる。

参考 整数 m, n $(m>n>0)$ の最大公約数をユークリッドの互除法で求めるときに必要な割り算の回数は，n が d 桁の整数のとき，$5d$ 以下であることが知られている（ラメの定理）。

指針 58 〈n との最大公約数が 1 となるものの個数〉

$E(n)$ は，n 以下の正の整数のうち，n のいずれの素因数でも割り切れない数の個数である。
(2) $2015 = 5 \cdot 13 \cdot 31$ から，2015 以下の正の整数の中で，5 の倍数の集合，13 の倍数の集合，31 の倍数の集合について考える。
(3) $E(n)$ を n, p, q で表す。
  $2 \leqq p < q$ とすると $p \geqq 2$, $q \geqq 3$

(1) $1024 = 2^{10}$ であるから，1024 との最大公約数が 1 となるのは，2 で割り切れない数である。

1024 以下の正の整数のうち，2 の倍数の個数は $\dfrac{1024}{2} = 512$

よって $E(1024) = 1024 - 512 = \mathbf{512}$

(2) $2015 = 5 \cdot 13 \cdot 31$ であるから，2015 との最大公約数が 1 となるのは，5, 13, 31 のいずれでも割り切れない数である。ここで
$\quad U = \{x \mid x \text{ は } 2015 \text{ 以下の正の整数}\}$,
$\quad A = \{x \mid x \text{ は } 5 \text{ の倍数}, x \in U\}$,
$\quad B = \{x \mid x \text{ は } 13 \text{ の倍数}, x \in U\}$,
$\quad C = \{x \mid x \text{ は } 31 \text{ の倍数}, x \in U\}$
とする。集合 X に対し，X の要素の個数を $N(X)$ で表すとすると
$E(2015) = N(\overline{A \cup B \cup C}) = N(U) - N(A \cup B \cup C)$
$= N(U) - \{N(A) + N(B) + N(C) - N(A \cap B)$
$\qquad - N(B \cap C) - N(C \cap A) + N(A \cap B \cap C)\}$
$= 2015 - \left(\dfrac{2015}{5} + \dfrac{2015}{13} + \dfrac{2015}{31} - \dfrac{2015}{5 \cdot 13} - \dfrac{2015}{13 \cdot 31} - \dfrac{2015}{31 \cdot 5} + \dfrac{2015}{5 \cdot 13 \cdot 31}\right)$
$= 2015 - (403 + 155 + 65 - 31 - 5 - 13 + 1) = \mathbf{1440}$

←(3)で n を使うので $n(X)$ としていない。

←$N(A \cup B \cup C)$
$= N(A) + N(B) + N(C)$
$\quad - N(A \cap B) - N(B \cap C)$
$\quad - N(C \cap A)$
$\qquad + N(A \cap B \cap C)$

(3) p, q は素数であるから，$n = p^m q^m$ との最大公約数が 1 となるのは，p, q いずれでも割り切れない数である。ここで
$\quad W = \{x \mid x \text{ は } n \text{ 以下の正の整数}\}$,
$\quad P = \{x \mid x \text{ は } p \text{ の倍数}, x \in W\}$,
$\quad Q = \{x \mid x \text{ は } q \text{ の倍数}, x \in W\}$
とすると
$E(n) = N(\overline{P \cup Q}) = N(W) - \{N(P) + N(Q) - N(P \cap Q)\}$
$= n - \left(\dfrac{n}{p} + \dfrac{n}{q} - \dfrac{n}{pq}\right) = n\left(1 - \dfrac{1}{p} - \dfrac{1}{q} + \dfrac{1}{pq}\right)$
$= n\left(1 - \dfrac{1}{p}\right)\left(1 - \dfrac{1}{q}\right)$

p, q は異なる素数であるから，$2 \leqq p < q$ としてよい。

このとき，$p \geqq 2$, $q \geqq 3$ であるから $\dfrac{1}{p} \leqq \dfrac{1}{2}$, $\dfrac{1}{q} \leqq \dfrac{1}{3}$

数学重要問題集（理系） 51

よって　$n\left(1-\dfrac{1}{p}\right)\left(1-\dfrac{1}{q}\right) \geqq n\left(1-\dfrac{1}{2}\right)\left(1-\dfrac{1}{3}\right) = n \cdot \dfrac{1}{2} \cdot \dfrac{2}{3} = \dfrac{n}{3}$　　　←$2 \leqq q < p$ としても同じ結果になる。

ゆえに　$E(n) \geqq \dfrac{n}{3}$　すなわち　$\dfrac{E(n)}{n} \geqq \dfrac{1}{3}$

参考 オイラー関数 $\phi(n)$　　　←ϕ は「ファイ」と読む。

n は自然数とする。1 から n までの自然数で，n と互いに素であるものの個数を $\phi(n)$ と表す。この $\phi(n)$ をオイラー関数といい，次の性質があることが知られている。
[1] p は素数，k は自然数のとき　　$\phi(p) = p-1$，$\phi(p^k) = p^k - p^{k-1}$
[2] p と q が異なる素数のとき　　$\phi(pq) = \phi(p)\phi(q) = (p-1)(q-1)$
[2]′ 整数 a，b が互いに素のとき　$\phi(ab) = \phi(a)\phi(b)$

指針 59 〈複素数の等式から得られる方程式の整数解〉

(1) ① の両辺の絶対値を考える。
(2) ① を展開して整理した等式において，$x + yi \iff x = y = 0$（x，y は実数）を利用する。

(1) ① より　　$|(a + b\sqrt{5}i)(c + d\sqrt{5}i)| = 6$
すなわち　　$|a + b\sqrt{5}i||c + d\sqrt{5}i| = 6$
両辺を 2 乗すると　　$(a^2 + 5b^2)(c^2 + 5d^2) = 36$　　　←複素数 $x + yi$（x，y は実数）に対して $|x + yi| = \sqrt{x^2 + y^2}$

(2) (1) の結果から　　$a^2 \leqq a^2 + 5b^2 = \dfrac{36}{c^2 + 5d^2} \leqq 36$

よって　　$0 \leqq a \leqq 6$
① より　　$ac + ad\sqrt{5}i + bc\sqrt{5}i - 5bd = 6$
すなわち　　$(ac - 5bd) + (ad + bc)\sqrt{5}i = 6$
a，b，c，d は整数すなわち実数であるから，$ac - 5bd$，$ad + bc$ も実数である。

よって　　$ac - 5bd = 6$　……②，$ad + bc = 0$　……③　　　←実数 x，y に対して $x + yi = 0 \iff x = y = 0$

②×c＋③×$5d$ より　　$a = \dfrac{6c}{c^2 + 5d^2}$　……④

④ と $a \geqq 0$ から　　$c \geqq 0$　よって　　$0 \leqq c \leqq a \leqq 6$　……⑤

また，②×d－③×c より　　$b = -\dfrac{6d}{c^2 + 5d^2}$　……⑥

[1] $b = 0$ のとき
　⑥ から $d = 0$ であり，① は $ac = 6$ となる。
　これと ⑤ を満たす整数の組 (a, c) は　　$(a, c) = (3, 2), (6, 1)$

[2] $b \geqq 1$ のとき
　⑥ から　　$d \leqq -1$
　これと (1) の結果から　　$5b^2 \leqq a^2 + 5b^2 = \dfrac{36}{c^2 + 5d^2} \leqq \dfrac{36}{5}$　　　←$c^2 + 5d^2 \geqq 0^2 + 5 \cdot (-1)^2 = 5$ よって $\dfrac{36}{c^2 + 5d^2} \leqq \dfrac{36}{5}$
　よって　　$b = 1$
　このとき ②，③ は $ac - 5d = 6$，$ad + c = 0$ となるから，これらより
　　$-d(a^2 + 5) = 6$
　これと $a \geqq 0$，$d \leqq -1$ を満たす整数の組 (a, d) は
　　$(a, d) = (1, -1)$
　このとき　　$c = -ad = 1$

[3] $b \leqq -1$ のとき
⑥から $d > 0$ となるが、これは $b \geqq d$ に反する。
以上から、$a \geqq 0$, $a \geqq c$, $b \geqq d$ を満たす整数の組 (a, b, c, d) は
$(a, b, c, d) = (3, 0, 2, 0), (6, 0, 1, 0), (1, 1, 1, -1)$

指針 60 〈等式を満たす素数の組を求める〉

(1) 二項定理を利用する。
(2) 背理法を利用する ➡ 2^n+1 と 2^n-1 が互いに素でないと仮定する
 ➡ $2^n+1 = ga$, $2^n-1 = gb$ ($g \geqq 3$; a, b は $a > b$ で互いに素な奇数)
(3) $p = 2$ のとき、$p \geqq 3$ のときに分けて考える。
$p \geqq 3$ のとき、(1)と(2)の結果を利用する。

(1) n は正の偶数であるから $n = 2m$ (m は自然数) と表される。
このとき $2^n - 1 = 2^{2m} - 1 = 4^m - 1 = (3+1)^m - 1$ ……①
ここで、二項定理から
$(3+1)^m = {}_mC_0 3^m + {}_mC_1 3^{m-1} + \cdots + {}_mC_{m-1} 3 + {}_mC_m$
$= 3({}_mC_0 3^{m-1} + {}_mC_1 3^{m-2} + \cdots + {}_mC_{m-1}) + 1$
$N = {}_mC_0 3^{m-1} + {}_mC_1 3^{m-2} + \cdots + {}_mC_{m-1}$ とすると、N は自然数で
$(3+1)^m = 3N + 1$ ……②
②を①に代入して $2^n - 1 = (3N+1) - 1 = 3N$
したがって、n が正の偶数のとき、$2^n - 1$ は 3 の倍数である。

別解 1 $4^m - 1 = (4-1)(4^{m-1} + 4^{m-2} + \cdots + 4 + 1)$ と変形して、証明してもよい。 ← $4^m - 1 = 3(4^{m-1} + \cdots + 1)$

別解 2 2 つの整数 a, b について、$a - b$ が 3 の倍数であるとき、$a \equiv b \pmod{3}$ とかく。 ← 合同式を利用する解答。
n は正の偶数であるから $n = 2m$ (m は自然数) と表される。
このとき $2^n - 1 = 2^{2m} - 1 = 4^m - 1$
ここで、$4 \equiv 1 \pmod{3}$ であるから $4^m \equiv 1^m \equiv 1 \pmod{3}$
したがって、n が正の偶数のとき、$4^m - 1$ すなわち $2^n - 1$ は 3 の倍数である。

(2) $2^n + 1$ と $2^n - 1$ は互いに素でないと仮定する。 ← 背理法の利用。
$2^n + 1 > 2^n - 1$ であり、$2^n + 1$, $2^n - 1$ はともに奇数であるから、$2^n + 1$ と $2^n - 1$ の最大公約数を g とすると
$2^n + 1 = ga$ ……③, $2^n - 1 = gb$ ……④ ← 2^n+1, 2^n-1 はともに奇数であるから $g \neq 2$
 ($g \geqq 3$; a, b は $a > b$ で、互いに素な奇数)
と表される。
③−④ より $g(a-b) = 2$
$g \geqq 3$, $a - b \geqq 2$ であるから、これを満たす g, a, b は存在しない。 ← a, b は異なる奇数であるから $a - b \geqq 2$
したがって、$2^n + 1$ と $2^n - 1$ は互いに素である。

別解 2 数 A, B の最大公約数を (A, B) で表す。
$2^n + 1 = (2^n - 1) \cdot 1 + 2$
よって $(2^n+1, 2^n-1) = (2^n-1, 2)$ ← 2^n+1 と 2^n-1 に互除法を用いている。
$2^n - 1$ は奇数であるから、$2^n - 1$ と 2 の最大公約数は 1 である。
したがって、$2^n + 1$ と $2^n - 1$ は互いに素である。

数学重要問題集(理系) 53

(3) $2^{p-1}-1=pq^2$ ……⑤

　[1] $p=2$ のとき
　　　⑤より　　$2-1=2q^2$　　　すなわち　　$2q^2=1$
　　　これを満たす素数 q は存在しない。
　[2] $p\geqq 3$ のとき
　　　p は 2 以外の素数，すなわち奇数であるから $p=2m+1$（m は自然数）と表される。
　　　このとき，⑤より　　$2^{2m}-1=pq^2$ ……⑥
　　　(1) より，$2^{2m}-1$ は 3 の倍数であり，p，q は異なる素数であるから
　　　　　$p=3$　または　$q=3$
　　(i) $p=3$ のとき
　　　　⑤より　　$2^2-1=3q^2$　　　すなわち　　$q^2=1$
　　　　これを満たす素数 q は存在しない。
　　(ii) $q=3$ のとき
　　　　⑥より　　$2^{2m}-1=9p$
　　　　よって　　$(2^m+1)(2^m-1)=9p$
　　　　ここで，$p\geqq 5$ より $m\geqq 2$ であるから　　$2^m-1>1$ 　　　　　←$p\geqq 5$ より　$2m+1\geqq 5$ すなわち　$m\geqq 2$
　　　　更に，(2) より，2^m+1 と 2^m-1 は互いに素であるから
　　　　　　　　$2^m+1=9$　かつ　$2^m-1=p$　……⑦
　　　　　または　　$2^m+1=p$　かつ　$2^m-1=9$　……⑧
　　　　⑦より　　$m=3$，$p=7$
　　　　⑧を満たす m，p は存在しない。
　[1]，[2] から，求める p，q の組は　　$\boldsymbol{p=7, q=3}$

指針 61 〈対称式で表された 3 数の最大公約数〉

(1) $a+b+c$, $bc+ca+ab$, abc の共通の素因数 p が存在すると仮定して，矛盾を導く。
(2) $a^2+b^2+c^2$, $a^3+b^3+c^3$ を $s=a+b+c$, $t=ab+bc+ca$, $u=abc$ で表して考える。
　a, b, c にいくつか具体的な値を代入して予想を立て，それを示すとよい。

---

(1) $a+b+c$, $bc+ca+ab$, abc をすべて割り切る素数 p が存在すると仮定する。　　　　　　　　　　　　　　　　　　　　←背理法で示す。
　このとき，$a+b+c$, $bc+ca+ab$, abc はすべて p の倍数であるから，整数 k, l, m を用いて
　　　　$a+b+c=pk$　……①
　　　　$bc+ca+ab=pl$　……②
　　　　$abc=pm$　……③
　と表される。
　③より a, b, c のうち少なくとも 1 つは p の倍数である。
　$a+b+c$, $bc+ca+ab$, abc は a, b, c についての対称式であるから，a が p の倍数であるとしてよい。　　　　　　　　　　　　←必要に応じて文字を入れ替えれば，a が p の倍数となる。
　このとき，$a=pn$（n は整数）と表される。
　これを①，②に代入すると　　$pn+b+c=pk$，
　　　　　　　　　　　　　　　　$bc+cpn+pnb=pl$
　よって　　$b+c=p(k-n)$　　……④

54　数学重要問題集（理系）

$$bc = p(l - bn - cn) \quad \cdots\cdots ⑤$$

⑤より，b，c の少なくとも一方が p の倍数である。
対称性より b が p の倍数であるとしてよい。
このとき，④より c も p の倍数となるから，a，b，c はすべて p の倍数となるが，これは a，b，c の最大公約数が 1 であることに矛盾する。
したがって，$a+b+c$，$bc+ca+ab$，abc の最大公約数は 1 である。

(2) $a^2+b^2+c^2 = (a+b+c)^2 - 2(ab+bc+ca)$，
$\quad a^3+b^3+c^3 = (a+b+c)(a^2+b^2+c^2-ab-bc-ca)+3abc$

よって，$s = a+b+c$，$t = ab+bc+ca$，$u = abc$ とおくと，s，t，u は整数であり $\quad a^2+b^2+c^2 = s^2 - 2t$
$$a^3+b^3+c^3 = s\{(s^2-2t)-t\}+3u = s^3-3st+3u$$
したがって，s，s^2-2t，$s^3-3st+3u$ の最大公約数を求めればよい。
s^2，s^3-3st は s の倍数であるから，s，s^2-2t，$s^3-3st+3u$ の最大公約数は，s，$2t$，$3u$ の最大公約数に一致する。
また，(1)より，s，t，u の最大公約数は 1 である。
s，$2t$，$3u$ の最大公約数を G とする。
G が 5 以上の素数 q で割り切れると仮定すると，s，t，u はすべて q の倍数となるが，これは s，t，u の最大公約数が 1 であることに矛盾する。
次に，G が 4 でも 9 でも割り切れないことを示す。
r を 2 または 3 とし，G が r^2 で割り切れると仮定する。
このとき，整数 k，l，m を用いて
$$s = r^2 k \quad \cdots ⑥, \quad 2t = r^2 l \quad \cdots ⑦, \quad 3u = r^2 m \quad \cdots ⑧$$
と表される。
r は 2 または 3 であるから，⑥，⑦，⑧ より，s，t，u はすべて r の倍数となるが，これは s，t，u の最大公約数が 1 であることに矛盾する。
以上より，s，$2t$，$3u$ の最大公約数 G がとりうる値は $G = 1, 2, 3, 6$ に限られる。
逆に，例えば
$(a, b, c) = (1, 2, 2)$ のとき
$(s, 2t, 3u) = (5, 16, 12)$ より $\quad G = 1$
$(a, b, c) = (1, 1, 2)$ のとき
$(s, 2t, 3u) = (4, 10, 6)$ より $\quad G = 2$
$(a, b, c) = (1, 1, 1)$ のとき
$(s, 2t, 3u) = (3, 6, 3)$ より $\quad G = 3$
$(a, b, c) = (1, 1, 4)$ のとき
$(s, 2t, 3u) = (6, 18, 12)$ より $\quad G = 6$
となり，いずれの値もとりうる。
ゆえに，$a+b+c$，$a^2+b^2+c^2$，$a^3+b^3+c^3$ の最大公約数となるような正の整数は **1, 2, 3, 6**

← G が 5 以上の素数で割り切れないから，G が 7 以上の整数で割り切れるとすると，その整数は 4 または 9 の倍数である。

← 実際に $G = 1, 2, 3, 6$ となることがあるかどうかを確認する。

5 場合の数・確率

指針 62 〈集合の要素の個数〉
(1) AとCについてAのみをもつ ➡ $n(A\cap\overline{C})$ のタイプ
(2) 疾患Bのみをもつ者の数を x とおき，3つの集合のベン図を利用して考える。
$n(A\cup C)=n(A)+n(C)-n(A\cap C)$ を利用する。

120人の社員全体の集合を U とし，疾患A，B，Cをもつ者の集合をそれぞれ A，B，C とおく。
(1) 条件(iii)から
$$n(A)=71,\ n(C)=43,\ n(A\cap C)=16$$
よって，疾患Aと疾患Cについて，どちらか一方のみもつ者の数は
$n(A\cap\overline{C})+n(\overline{A}\cap C)$
$=\{n(A)-n(A\cap C)\}$
$\qquad +\{n(C)-n(A\cap C)\}$
$=n(A)+n(C)-2n(A\cap C)$
$=71+43-2\times16=\mathbf{82}$ (人)

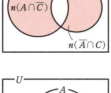

⬅ $n(X\cap\overline{Y})$
$\ =n(X)-n(X\cap Y)$

(2) 疾患Bのみをもつ者の数を x とする。
このとき，条件(i)から
$n(\overline{A}\cap\overline{B}\cap\overline{C})=x$
また，条件(ii)から
$n(A\cap B)+n(B\cap C)$
$\qquad\qquad -n(A\cap B\cap C)$
$=3x$
よって
$n(B)=x+n(A\cap B)+n(B\cap C)-n(A\cap B\cap C)$
$\quad\ =4x$
また，全体の人数は120人であるから
$x+n(A\cup C)+n(\overline{A}\cap\overline{B}\cap\overline{C})=120$
ここで $n(A\cup C)=n(A)+n(C)-n(A\cap C)$
$\qquad\qquad\qquad =71+43-16=98$
ゆえに $x+98+x=120$
よって $x=11$
したがって，疾患Bをもつ者の数は $n(B)=4x=\mathbf{44}$ (人)

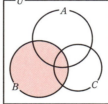

⬅ベン図の B の部分を参照。

指針 63 〈約数の個数，約数の総和〉
自然数 N を素因数分解した結果が $N=p^k q^l r^m s^n$ であるとき
① N の正の約数の個数は $(k+1)(l+1)(m+1)(n+1)$
② N の正の約数の総和は
$(1+p+\cdots\cdots+p^k)(1+q+\cdots\cdots+q^l)(1+r+\cdots\cdots+r^m)(1+s+\cdots\cdots+s^n)$

56 数学重要問題集（理系）

(1) $800 = 2^5 \cdot 5^2$ であるから，800 の正の約数の個数は
$$(5+1)(2+1) = 6 \times 3 = 18 \text{ (個)}$$

⬅ 800 の正の約数は $2^a \cdot 5^b$ の形に表される。ただし，a, b は $0 \leqq a \leqq 5$, $0 \leqq b \leqq 2$ を満たす整数である。

(2) 800 の正の約数の総和は
$$(1+2+2^2+2^3+2^4+2^5)(1+5+5^2) = 63 \times 31 = \mathbf{1953}$$

(3) 800 の正の約数は $0 \leqq a \leqq 5$, $0 \leqq b \leqq 2$ を満たす整数 a, b を用いて $2^a \cdot 5^b$ と表される。
これが 4 の倍数となるのは，$a = 2, 3, 4, 5$ の場合である。
よって，800 の正の約数のうち，4 の倍数であるものの総和は
$$(2^2+2^3+2^4+2^5)(1+5+5^2) = 60 \times 31 = \mathbf{1860}$$

⬅ 4 の倍数は 2 で 2 回以上割り切れる。

別解 800 の正の約数のうち，4 の倍数でないものの総和は
$$(1+2)(1+5+5^2) = 3 \times 31 = 93$$
(2) の結果より，800 の正の約数の総和は 1953 であるから，800 の正の約数のうち，4 の倍数であるものの総和は $1953 - 93 = \mathbf{1860}$

指針 64 〈組分け〉

1 分けるものが区別できるかどうか。
2 分けてできる組が区別できるかどうか。
を明確にしておく。

少ない人数の方から考えて

(1) $_{10}C_3 \cdot {_7}C_7 = \dfrac{10 \cdot 9 \cdot 8}{3 \cdot 2 \cdot 1} \cdot 1 = \mathbf{120}$ (通り)

⬅ 人数が異なるグループは区別できる。

(2) $_{10}C_2 \cdot {_8}C_3 \cdot {_5}C_5 = \dfrac{10 \cdot 9}{2 \cdot 1} \cdot \dfrac{8 \cdot 7 \cdot 6}{3 \cdot 2 \cdot 1} \cdot 1 = \mathbf{2520}$ (通り)

(3) 3 人ずつのグループの区別はつけないから
$$(_{10}C_3 \cdot {_7}C_3 \cdot {_4}C_4) \div 2! = \dfrac{10 \cdot 9 \cdot 8}{3 \cdot 2 \cdot 1} \cdot \dfrac{7 \cdot 6 \cdot 5}{3 \cdot 2 \cdot 1} \cdot 1 \cdot \dfrac{1}{2} = \mathbf{2100} \text{ (通り)}$$

⬅ 4 人のグループは 3 人のグループと区別できるが，3 人のグループは互いに区別できない。3 人のグループに A, B の区別をつけると，2 個の順列の数 2! 通りの分け方ができるから ÷2!

(4) 2 人ずつのグループの区別はつけないから
$$(_{10}C_2 \cdot {_8}C_2 \cdot {_6}C_2 \cdot {_4}C_4) \div 3! = \dfrac{10 \cdot 9}{2 \cdot 1} \cdot \dfrac{8 \cdot 7}{2 \cdot 1} \cdot \dfrac{6 \cdot 5}{2 \cdot 1} \cdot 1 \cdot \dfrac{1}{6} = \mathbf{3150} \text{ (通り)}$$

指針 65 〈辞書式に並べる順列〉

(2) 隣り合う A と D をまとめて考えようとすると
　　A [AD] AIMY　と　AA [DA] IMY
は異なる並べ方となるが，実際は同じ並べ方であるからうまくいかない。
よって，(A と D が隣り合う) = (総数) − (A と D が隣り合わない) と考える。

(4) 辞書式に並べる順列 ➡ 左から順に文字を決めて個数を調べる。

(1) 7 文字のうち，A は 3 個あるから文字列は全部で
$$\dfrac{7!}{3!} = \mathbf{840} \text{ (通り)}$$

(2) A と D が隣り合わない場合を考える。
A 以外の 4 文字を 1 列に並べる方法は　4! 通り

4文字の間と両端の5箇所のうち，Dの両端を除いた3箇所から重複を許して3箇所選び，3つのAを入れる方法は $_5C_3$ 通り
よって，AとDが隣り合わない文字列は $4! \times {}_5C_3 = 240$ (通り)
したがって，求める文字列は全部で $840 - 240 = 600$ (通り)

(3) Aが連続しない場合を考える。
A以外の4文字を1列に並べ，4文字の間と両端の5箇所から3箇所選んで，3つのAを入れればよい。
よって，Aが連続しない文字列は $4! \times {}_5C_3 = 240$ (通り)
したがって，求める文字列は全部で $840 - 240 = 600$ (通り)

(4) YAMADAIより前に並んでいる文字列のうち

A□□□□□ の形のものは $\dfrac{6!}{2!} = 360$ (個)

D□□□□□ の形のものは $\dfrac{6!}{3!} = 120$ (個)

I□□□□□ の形のものは 120 個
M□□□□□ の形のものは 120 個
YAA□□□ の形のものは $4! = 24$ (個)

YAD□□□ の形のものは $\dfrac{4!}{2!} = 12$ (個)

YAI□□□ の形のものは 12 個
YAMAA□ の形のものは $2! = 2$ (個)
よって，YAMADAIより前に並んでいる文字列の数は
$360 + 120 \times 3 + 24 + 12 \times 2 + 2 = 770$ (個)
したがって，YAMADAI は **771 番目**

← Dの両端以外の3箇所からAを入れる場所を選ぶ。

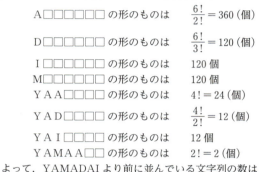

← (2)と同様の理由で，Aが連続しない場合を考える。

← □には A, A, D, I, M, Y が入る。

← □には A, A, A, I, M, Y が入る。

指針 66 〈同じものを含む順列・円順列〉

取り出す4個の玉の色の数で場合分けをする。
(1) 同じものを含む順列で考える。
(2) 同じものを含む円順列 特定のものを固定して，他のものの配列を考える。

(1) [1] 玉の色が4色のとき，すなわち**すべての玉の色が異なるとき**
玉の色の選び方は 1 通り
玉の並べ方は $4!$ 通り
よって，直線上に並べる方法の総数は $1 \times 4! = 24$ (通り)

[2] 玉の色が3色のとき，すなわち**1種類の色の玉が2個，それと異なる2種類の色の玉が1個ずつあるとき**
玉の色の選び方は ${}_4C_3 \times {}_3C_1$ 通り

そのおのおのに対して，玉の並べ方は $\dfrac{4!}{2!}$ 通り

よって，直線上に並べる方法の総数は
$${}_4C_3 \times {}_3C_2 \times \dfrac{4!}{2!} = 144 \text{ (通り)}$$

[3] 玉の色が2色のとき，すなわち**2種類の色の玉が2個ずつあるとき**

← 3色の選び方が ${}_4C_3$ 通り。そのおのおのに対して，2個ある色の選び方が ${}_3C_1$ 通り。

58 数学重要問題集（理系）

玉の色の選び方は　　$_4C_2$ 通り

　　　そのおのおのに対して，玉の並べ方は　　$\dfrac{4!}{2!2!}$ 通り

　　　よって，直線上に並べる方法の総数は　　$_4C_2 \times \dfrac{4!}{2!2!} = 36$ (通り)

　[1]～[3] から，求める総数は　　$24+144+36 = \mathbf{204}$ (通り)

(2) [1] 玉の色が 4 色のとき，すなわちすべての玉の色が異なるとき

　　　玉の色の選び方は　　1 通り

　　　玉の並べ方は　　$(4-1)!$ 通り

　　　よって，円周上に並べる方法の総数は　　$1 \times (4-1)! = 6$ (通り)

　[2] 玉の色が 3 色のとき，すなわち 1 種類の色の玉が 2 個，それと異なる 2 種類の色の玉が 1 個ずつあるとき

　　　玉の色の選び方は　　$_4C_3 \times _3C_1$ 通り

　　　玉の並べ方は　　$\dfrac{(4-1)!}{2!}$ 通り

　　　よって，円周上に並べる方法の総数は

　　　　　$_4C_3 \times _3C_2 \times \dfrac{(4-1)!}{2!} = 36$ (通り)

⇐1 個だけの色の玉を固定して考えると，1 種類の色の玉 2 個，残り 1 種類の色の玉 1 個の順列となる。

　[3] 玉の色が 2 色のとき，すなわち 2 種類の色の玉が 2 個ずつあるとき

　　　玉の色の選び方は

　　　　　$_4C_2$ 通り

　　　玉の並べ方は，右の図から

　　　　　2 通り

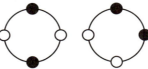

　　　よって，円周上に並べる方法の総数は　　$_4C_2 \times 2 = 12$ (通り)

　[1]～[3] から，求める総数は　　$6+36+12 = \mathbf{54}$ (通り)

指針 67 〈方程式・不等式の整数解の個数〉

(1) x, y, z は 0 であってはいけない。そこで $x'=x-1$, $y'=y-1$, $z'=z-1$ とおき，$x' \geqq 0$, $y' \geqq 0$, $z' \geqq 0$ の整数解の場合に帰着させる。

(3) $x'+y'+z' = m$ $(m=n-3, n-2, n-1)$ とおいて考える。

$x'=x-1$, $y'=y-1$, $z'=z-1$ とおく。

$x \geqq 1$, $y \geqq 1$, $z \geqq 1$ より　　$x' \geqq 0$, $y' \geqq 0$, $z' \geqq 0$

(1) $x=x'+1$, $y=y'+1$, $z=z'+1$ であるから $x+y+z=4$ が満たされるとき

　　　$(x'+1)+(y'+1)+(z'+1) = 4$

　　すなわち　　$x'+y'+z' = 1$

　　この等式を満たす 0 以上の整数 x', y', z' の組は，1 個の ○ と 2 個の │ の順列の総数に等しいから　　$_3C_2 = 3$ (通り)

　　x', y', z' の組の個数と x, y, z の組の個数は等しいから，求める組 (x, y, z) は　　3 通り

(2) $4 \leqq x+y+z \leqq 5$ が満たされるとき　　$1 \leqq x'+y'+z' \leqq 2$

　[1] $x'+y'+z' = 1$ となる場合

　　　(x', y', z') の組の個数は (1) より　　3 通り

⇐$x' \geqq 0$, $y' \geqq 0$, $z' \geqq 0$ の整数解の場合に帰着させる。

[2] $x'+y'+z'=2$ となる場合

2個の○と2個の|の順列の総数に等しいから $\quad {}_4C_2 = 6$ (通り)

[1], [2] から, 求める組 (x, y, z) は $\quad 3+6 = 9$ (通り)

(3) $n \leq x+y+z \leq n+2$ が満たされるとき, x, y, z は正の整数であるから $\quad n \geq 3$ ……①

また $\quad n-3 \leq x'+y'+z' \leq n-1$ ……②

m を 0 以上の整数とすると $x'+y'+z'=m$ を満たす x', y', z' の組は, m 個の○と2個の|の順列の総数に等しいから

$${}_{m+2}C_2 = \frac{(m+1)(m+2)}{2} \text{ (通り)}$$

←x', y', z' は, m 個の○を2つの仕切りで3つの組に分けるとき, 各組の○の個数に対応する。

したがって, ② を満たす正の整数の組 (x, y, z) が 109 通りであるとき

$$\frac{(n-2)(n-1)}{2} + \frac{(n-1)n}{2} + \frac{n(n+1)}{2} = 109$$

←m に $n-3, n-2, n-1$ を1つずつ代入して加える。

整理すると $\quad (n+8)(n-9)=0$

これを解くと $\quad n = -8, 9$

① より, 求める正の整数は $\quad n=9$

指針 68 〈図形に関する確率と期待値〉

(2) 作られる三角形は二等辺三角形, 直角三角形, 正三角形の 3 種類がある。
それぞれの三角形が作られる確率と, その面積を求める。

(1) 正六角形の 6 個の頂点から異なる 3 点を選ぶ選び方は $\quad {}_6C_3 = 20$ (通り)

作られる三角形が正三角形となるのは, △ACE, △BDF の 2 個であるから, 求める確率は $\quad \dfrac{2}{20} = \dfrac{1}{10}$

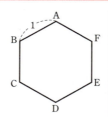

(2) 作られる三角形は, △ABC, △ABD, △ACE のいずれかに合同である。

[1] △ABC と合同な三角形は, △ABC を含めて 6 個ある。

面積は $\quad \dfrac{1}{2} \cdot AB \cdot BC \cdot \sin 120° = \dfrac{1}{2} \cdot 1 \cdot 1 \cdot \dfrac{\sqrt{3}}{2} = \dfrac{\sqrt{3}}{4}$

←△ABC は B が頂点の二等辺三角形であり, これと合同な二等辺三角形の頂点の取り方は A〜F の 6 通り。

[2] △ABD と合同な三角形は, 辺 AD を含むものが 4 通りあり, 同様に辺 BE, 辺 CF を含むものもそれぞれ 4 通りあるから

$4+4+4 = 12$ (個)

面積は $\quad \dfrac{1}{2} \cdot AB \cdot AD \cdot \sin 60° = \dfrac{1}{2} \cdot 1 \cdot 2 \cdot \dfrac{\sqrt{3}}{2} = \dfrac{\sqrt{3}}{2}$

←△ABD は辺 AD が斜辺となる直角三角形であり, これと合同で辺 AD が斜辺となる直角三角形は, 直角となる頂点が B, C, E, F の 4 通り。

[3] △ACE と合同な三角形は, (1) より 2 個ある。

ここで $\quad AC = AB \sin 60° \times 2 = \sqrt{3}$

よって, 面積は $\quad \dfrac{1}{2} \cdot AC^2 \cdot \sin 60° = \dfrac{3\sqrt{3}}{4}$

[1]〜[3] から, 求める期待値は

$$\frac{\sqrt{3}}{4} \cdot \frac{6}{20} + \frac{\sqrt{3}}{2} \cdot \frac{12}{20} + \frac{3\sqrt{3}}{4} \cdot \frac{2}{20} = \frac{9\sqrt{3}}{20}$$

指針 69 〈さいころを n 回投げたときの確率〉

(1) n 回すべてで 3 または 6 の目が出る場合から，n 回すべてで 6 の目が出る場合を除けばよい。
(3) $X_1, X_2, \cdots, X_n$ がすべて 20 の約数となる。ベン図を用いて，確率を求める事象を整理する。

---

n 回の目の出方は全部で 6^n 通りあり，これらは同様に確からしい。
$X_1, X_2, \cdots, X_n$ の最大公約数を d_n とする。

(1) $d_n = 3$ となるのは，$X_1, X_2, \cdots, X_n$ が**すべて 3, 6 のいずれか**であり，かつ，$X_1, X_2, \cdots, X_n$ のうち**少なくとも 1 つは 3** のときである。

よって，$d_n = 3$ となるような組 $(X_1, X_2, \cdots, X_n)$ の総数は $(2^n - 1)$ 通りであり，求める確率は $\quad\dfrac{2^n - 1}{6^n}$

⇐ $X_1, X_2, \cdots, X_n$ がすべて 3, 6 のいずれかである場合から，$X_1, X_2, \cdots, X_n$ がすべて 6 である場合を除く。

(2) $X_1, X_2, \cdots, X_n$ はすべて 1 以上 6 以下の整数であるから，d_n は 1 以上 6 以下の整数である。

$d_n = 3$ となるような組 $(X_1, X_2, \cdots, X_n)$ の総数は，(1) から $\quad 2^n - 1$ (通り)

$d_n = 5$ となるのは，$X_1, X_2, \cdots, X_n$ がすべて 5 のときで，そのような組 $(X_1, X_2, \cdots, X_n)$ の総数は $\quad 1$ 通り

$d_n = 2$ または $d_n = 4$ または $d_n = 6$ となるのは，$X_1, X_2, \cdots, X_n$ がすべて 2 の倍数のときで，そのような組 $(X_1, X_2, \cdots, X_n)$ の総数は $\quad 3^n$ 通り

ゆえに，$d_n = 1$ となるような組 $(X_1, X_2, \cdots, X_n)$ の総数は
$$6^n - (2^n - 1 + 1 + 3^n) = 6^n - 3^n - 2^n \text{ (通り)}$$

よって，求める確率は $\quad\dfrac{6^n - 3^n - 2^n}{6^n}$

⇐ 余事象「$d_n \ne 1$ となる場合」を考える。

(3) $20 = 2^2 \times 5$ から，$X_1, X_2, \cdots, X_n$ の最小公倍数が 20 となるのは，$X_1, X_2, \cdots, X_n$ が**すべて 1, 2, 4, 5 のいずれか**であり，かつ $X_1, X_2, \cdots, X_n$ のうち**少なくとも 1 つは 4** で，かつ $X_1, X_2, \cdots, X_n$ のうち**少なくとも 1 つは 5** のときである。

$X_1, X_2, \cdots, X_n$ がすべて 1, 2, 4, 5 のいずれかであるような組 $(X_1, X_2, \cdots, X_n)$ の総数は
$\quad 4^n$ 通り

これらの 4^n 通りの組のうち，4 を 1 つも含まないような組は 3^n 通り，5 を 1 つも含まないような組は 3^n 通り，4 および 5 を 1 つも含まないような組は 2^n 通りある。

⇐ 複数の事象の共通部分や和集合を考えるときは，ベン図を用いると理解しやすい。

ゆえに，$X_1, X_2, \cdots, X_n$ の最小公倍数が 20 となるような組 $(X_1, X_2, \cdots, X_n)$ の総数は
$$4^n - (3^n + 3^n - 2^n) = 4^n - 2 \cdot 3^n + 2^n \text{ (通り)}$$

よって，求める確率は $\quad\dfrac{4^n - 2 \cdot 3^n + 2^n}{6^n}$

指針 70 〈条件付き確率〉

条件付き確率
　事象 A が起こったときの事象 B が起こる条件付き確率 $P_A(B)$
$$P_A(B) = \frac{P(A \cap B)}{P(A)}$$

病原菌に感染しているという事象を A，陽性反応を示すという事象を B とすると　　$P(B) = \dfrac{4}{100}$，

$$P_A(\overline{B}) = \frac{3}{100}, \quad P_{\overline{A}}(B) = \frac{1}{100}$$

← 病原体に感染しているとき，陰性反応を示す確率は $P_A(\overline{B})$，病原体に感染していないとき，陽性反応を示す確率は $P_{\overline{A}}(B)$ で表される。

(1) 求める確率は $P_A(B)$ であるから
$$P_A(B) = 1 - P_A(\overline{B}) = \frac{97}{100}$$

← 余事象を考える。

(2) 求める確率は $P(A)$ である。ここで，
$$P(B) = P(A \cap B) + P(\overline{A} \cap B)$$
$$= P(A)P_A(B) + P(\overline{A})P_{\overline{A}}(B)$$
$$= P(A)P_A(B) + \{1 - P(A)\}P_{\overline{A}}(B)$$
$$= P(A)\{P_A(B) - P_{\overline{A}}(B)\} + P_{\overline{A}}(B)$$

← 確率の乗法定理
$P(A \cap B) = P(A)P_A(B)$
を用いる。

であるから　$P(A) = \dfrac{P(B) - P_{\overline{A}}(B)}{P_A(B) - P_{\overline{A}}(B)} = \dfrac{\dfrac{4}{100} - \dfrac{1}{100}}{\dfrac{97}{100} - \dfrac{1}{100}} = \dfrac{1}{32}$

← (1) より
$P_A(B) - P_{\overline{A}}(B) \neq 0$

(3) 求める確率は $P_B(\overline{A})$ であるから
$$P_B(\overline{A}) = \frac{P(B \cap \overline{A})}{P(B)} = \frac{P(\overline{A})P_{\overline{A}}(B)}{P(B)} = \frac{\{1 - P(A)\}P_{\overline{A}}(B)}{P(B)}$$
$$= \frac{\left(1 - \dfrac{1}{32}\right) \cdot \dfrac{1}{100}}{\dfrac{4}{100}} = \frac{31}{128}$$

← 確率の乗法定理
$P(A \cap B) = P(A)P_A(B)$
を用いる。

指針 71 〈原因の確率〉

選んだ 1 個の部品が，機械 A，B で作られたものであるという事象をそれぞれ A，B とし，選んだ 1 個の部品が不良品であるという事象を E として考える。
(ア) 不良品はAで作られた場合とBで作られた場合があり，それらの事象は互いに排反である。
(イ) 求める確率は，**条件付き確率 $P_E(A)$** である。

選んだ 1 個の部品が，機械 A，B で作られたものであるという事象を，それぞれ A，B とし，不良品であるという事象を E とすると
$$P(A) = \frac{60}{100}, \quad P(B) = \frac{40}{100}, \quad P_A(E) = \frac{1}{100}, \quad P_B(E) = \frac{0.5}{100}$$

選んだ 1 個の部品が不良品である確率は
$$P(E) = P(A \cap E) + P(B \cap E)$$
$$= P(A)P_A(E) + P(B)P_B(E)$$
$$= \frac{60}{100} \cdot \frac{1}{100} + \frac{40}{100} \cdot \frac{0.5}{100} = \frac{80}{10000} = {}^{\mathcal{P}}\frac{1}{125}$$

したがって，選んだ1個が不良品であったとき，それがAで作ったものである条件付き確率は

$$P_E(A) = \frac{P(A \cap E)}{P(E)}$$
$$= \frac{60}{10000} \div \frac{80}{10000} = {}^{\checkmark}\frac{3}{4}$$

←後の確率を求める計算がしやすいように，約分する前の分数を使って計算する。

指針 72 〈完全順列〉

(1)～(4) どのような並べ方になるかを実際に書き出す。
(5) a_3, a_4 を利用するために，左から5番目と4番目に着目する。

(1) k 番目のカードが $\boxed{k}$ $(1 \leq k \leq n)$ でないような並べ方は
　　$n = 2$ のとき　　$\boxed{2}\boxed{1}$
　　$n = 3$ のとき　　$\boxed{2}\boxed{3}\boxed{1}$, $\boxed{3}\boxed{1}\boxed{2}$
　よって　　$a_2 = 1,\ a_3 = 2$

(2) $\boxed{2}\boxed{1}\boxed{4}\boxed{3}$ の **1通り**

←$\boxed{2}\boxed{1}\boxed{\ }\boxed{\ }$の形は，$\boxed{2}\boxed{1}\boxed{4}\boxed{3}$の1通り。

(3) $\boxed{2}\boxed{3}\boxed{4}\boxed{1}$, $\boxed{2}\boxed{4}\boxed{1}\boxed{3}$ の **2通り**

(4) 1番目のカードが $\boxed{3}$ である並べ方は
　　$\boxed{3}\boxed{1}\boxed{4}\boxed{2}$, $\boxed{3}\boxed{4}\boxed{1}\boxed{2}$, $\boxed{3}\boxed{4}\boxed{2}\boxed{1}$ の　3通り
　1番目のカードが $\boxed{4}$ である並べ方は
　　$\boxed{4}\boxed{1}\boxed{2}\boxed{3}$, $\boxed{4}\boxed{3}\boxed{1}\boxed{2}$, $\boxed{4}\boxed{3}\boxed{2}\boxed{1}$ の　3通り
　1番目のカードは $\boxed{2}$, $\boxed{3}$, $\boxed{4}$ のいずれかであるから (2), (3) より
　　$a_4 = 3 + 3 + 3 = \mathbf{9}$

(5) 左から5番目を $\boxed{4}$ として
　[1] 左から4番目が $\boxed{5}$ であるとき
　　　残り $\boxed{1}\boxed{2}\boxed{3}$ の並べ方は，(1) から　　$a_3 = 2$
　[2] 左から4番目が $\boxed{5}$ でないとき
　　　$\boxed{1}\boxed{2}\boxed{3}\boxed{5}$ の $\boxed{5}$ は4番目にないから，$\boxed{5}$ を $\boxed{4}$ に置き換えた $\boxed{1}\boxed{2}\boxed{3}\boxed{4}$ の並べ方と考えても同じである。
　　　ゆえに，(4) から　　$a_4 = 9$
　よって，左から5番目は $\boxed{1}$, $\boxed{2}$, $\boxed{3}$, $\boxed{4}$ の4通りあるから
　　$a_5 = 4 \times (a_3 + a_4) = \mathbf{44}$

参考 完全順列の性質

$1 \sim n$ の数字を1列に並べた順列のうち，どの k 番目の数も k でないものを**完全順列**という。
n 個の数 $1, 2, \cdots\cdots, n$ の順列の完全順列の総数を $W(n)$ とすると，一般に次のように表される。
　　$W(1) = 0$,
　　$W(2) = 1$,
　　$W(n) = (n-1)\{W(n-1) + W(n-2)\}$ 　$(n \geq 3)$

数学重要問題集（理系）　63

73 〈正多面体の塗り分け〉

(2) (イ) 底面の1色を固定して考える。5色で塗り分けるとき，底面と上面に同じ色を塗るとすると，側面は4色のじゅず順列になる。6色で塗り分けるとき，上面の塗り方は5通りになり，側面は4色の円順列になる。

(1) (ア) 正四面体の1つの面は，他のすべての面と辺をはさんで隣り合う面どうしであるから，他の面と同じ色を塗ることができない。したがって，正四面体に色を塗るためには，少なくとも **4色必要** である。

(イ) (ア) から，正四面体を塗り分ける色の数は4色のみである。
4色の選び方は $_nC_4$ 通り
底面に1色を固定すると側面は3色を塗り分ける円順列になる。
よって，色の塗り方は
$$_nC_4 \cdot (3-1)! = \frac{n(n-1)(n-2)(n-3)}{12} \text{ (通り)}$$

(2) (ア) 正六面体の1つの面には，辺をはさんで隣り合わない面がただ1つ存在する。
よって，正六面体には，ある面と，その面と辺をはさんで隣り合わない面との組合せが3組できる。
ある面と，その面と辺をはさんで隣り合わない面には同じ色を塗ることができるから，正六面体を塗り分けるには少なくとも **3色** 必要である。

(イ) (ア) から，正六面体には3色，4色，5色，6色で塗り分ける場合がある。

[1] 3色で塗り分けるとき
3色の選び方は $_nC_3$ 通り
底面に1色を固定すると，それと向かい合う面も同じ色となり，側面は2色の色分けとなるが，どのように塗り分けても，底面を軸に側面を回転すると塗り分け方は一致するから，色の塗り方は1通りに定まる。
よって，色の塗り方は $_nC_3 = \dfrac{n(n-1)(n-2)}{6}$ (通り)

← まず，色の選び方を決める。
← 底面と上面の2色を決めると，底面を軸とした回転で一致する塗り方は同一視される。

[2] 4色で塗り分けるとき
4色の選び方は $_nC_4$ 通り
1つの色を正六面体の3つ以上の面に塗ることはないから，4色のうち2つの面に塗る色は2色ある。
ゆえに，2つの面に塗る2色の選び方は $_4C_2 = 6$ (通り)
ここで，2つの面に塗る1色に塗られた面を底面に固定すると，それと向かい合う面も同じ色となり，側面のうち2つの面に塗る色が1色あるから，残りの2色は側面の互いに向かい合う面に塗られる。
ゆえに，残りの2色はどのように塗り分けても，底面を軸に側面を回転すると塗り分け方は一致するから，残りの2色の塗られ方は1通りに定まる。

64 数学重要問題集（理系）

よって，色の塗り方は
$$_nC_4 \times 6 = \frac{n(n-1)(n-2)(n-3)}{4} \text{ (通り)}$$

[3]　5色で塗り分けるとき
　5色の選び方は　　$_nC_5$ 通り
　1つの色を正六面体の3つ以上の面に塗ることはないから，5色のうち2つの面に塗る色は1色ある。
　ゆえに，2つの面に塗る1色の選び方は　　5通り
　ここで，2つの面に塗る1色に塗られた面を底面に固定すると，それと向かい合う面も同じ色に塗られる。
　このとき，側面は4色を塗り分けるじゅず順列になる。
　よって，色の塗り方は
$$_nC_5 \times 5 \times \frac{(4-1)!}{2} = \frac{n(n-1)(n-2)(n-3)(n-4)}{8} \text{ (通り)}$$

←底面と上面が同じ色のとき，底面を上面にひっくり返す回転で一致する塗り方は同一視される。

[4]　6色で塗り分けるとき
　6色の選び方は　　$_nC_6$ 通り
　底面を1つの色で固定すると向かいの面は5通り，
　側面は4色の円順列になる。
　よって，色の塗り方は
$$_nC_6 \times 5 \times (4-1)!$$
$$= \frac{n(n-1)(n-2)(n-3)(n-4)(n-5)}{24} \text{ (通り)}$$

[1]～[4]から，求める色の塗り方は
$$\frac{n(n-1)(n-2)}{6} + \frac{n(n-1)(n-2)(n-3)}{4}$$
$$+ \frac{n(n-1)(n-2)(n-3)(n-4)}{8}$$
$$+ \frac{n(n-1)(n-2)(n-3)(n-4)(n-5)}{24}$$
$$= \frac{n(n-1)(n-2)}{24}\{4 + 6(n-3) + 3(n-3)(n-4)$$
$$+ (n-3)(n-4)(n-5)\}$$
$$= \frac{\boldsymbol{n(n-1)(n-2)(n^3-9n^2+32n-38)}}{24} \text{ (通り)}$$

指針 74 〈最短経路の数〉

(1)　面ABCD上を点Aから点Cへ行き，辺CGを点Cから点Gへ行く道筋である。
(2)　2つの面 ABCD，BFGC 上を行く道筋である。
(3)　(辺BCを通る道筋)＋(辺CDを通る道筋)－(点Cを通る道筋) を計算すればよい。
(4)　点Aから点Gへ最短で行くときに，横切らなければならない辺の数と，そのとき重複している頂点の数を考える。

(1)　点Cを通る最短の道筋は，面ABCD上を点Aから点Cへ行き，辺CGを点Cから点Gへ行く道筋であるから
$$\frac{8!}{4!4!} \times 1 = \boldsymbol{70} \text{ (通り)}$$

←点Aから点Cまでの道筋は，→4個と↑4個の順列と考える。

(2) 辺 BC 上の少なくとも1点を通
る道筋は，2つの面 ABCD，
BFGC 上を行く道筋であるから
$$\frac{12!}{8!4!} = 495 \,(通り)$$

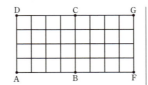

← 辺 BC が交線となる2つの面の展開図をかく。

(3) (2)と同様に，辺 CD 上の少なくとも1点を通る道筋も 495 通りある。
点Cを通る道筋は，辺 BC を通る道筋と辺 CD を通る道筋の両方に含まれるから，(1), (2) により，求める道筋の数は
$$495+495-70 = \mathbf{920} \,(通り)$$

← (辺 BC 上の少なくとも1点を通る)+(辺 CD 上の少なくとも1点を通る)−(点Cを通る)

(4) 点Aから点Gへ行く最短の道筋は，辺 BC, CD, DH, HE, EF, FB のいずれか1辺を横切らなければならない。これら6つの辺を通る道筋には，(3)と同様に，頂点 B, C, D, H, E, F のいずれかを通るものが，重複して含まれている。
よって，すべての道筋の数は $495 \times 6 - 70 \times 6 = \mathbf{2550} \,(通り)$

指針 75 〈じゃんけんの確率と期待値〉

(2) 余事象を考える。
$_nC_k$ の和の計算では，次の二項定理の式に $a=1, b=1$ を代入したものとして計算する。
$(a+b)^n = {}_nC_0 a^n + {}_nC_1 a^{n-1}b + {}_nC_2 a^{n-2}b^2 + \cdots\cdots + {}_nC_{n-1}ab^{n-1} + {}_nC_n b^n$

(1) n 人の手の出し方の総数は 3^n 通り
1人だけが勝つ場合，勝者の決まり方が n 通りあり，その各々について，勝ち方がグー，チョキ，パーの3通りある。
よって，求める確率は $\dfrac{n \times 3}{3^n} = \dfrac{\boldsymbol{n}}{\boldsymbol{3^{n-1}}}$

(2) あいこにならないのは，勝つ人数が1人以上 $(n-1)$ 人以下となる場合である。勝つ人数が k 人 $(1 \leq k \leq n-1)$ の場合，勝者の決まり方が $_nC_k$ 通りあり，その各々について，勝ち方がグー，チョキ，パーの3通りあるから，その確率は $\dfrac{{}_nC_k \times 3}{3^n} = \dfrac{{}_nC_k}{3^{n-1}}$

よって，あいこになる確率は
$$1 - \sum_{k=1}^{n-1} \frac{{}_nC_k}{3^{n-1}} = 1 - \frac{1}{3^{n-1}} \sum_{k=1}^{n-1} {}_nC_k \quad \cdots\cdots ①$$
ここで $\sum_{k=1}^{n-1} {}_nC_k = \sum_{k=0}^{n} {}_nC_k - 2 = (1+1)^n - 2 = 2^n - 2$

したがって，① から，求める確率は
$$1 - \frac{1}{3^{n-1}} \sum_{k=1}^{n-1} {}_nC_k = \mathbf{1 - \frac{2^n-2}{3^{n-1}}}$$

← $_nC_0 = 1$, $_nC_n = 1$ を和に加えている。
また，二項定理より
$\sum_{k=0}^{n} {}_nC_k = (1+1)^n$

別解 あいこにならないのは，手の出し方が2種類の場合である。
n 人が2種類の手を出す場合の数は
$$_3C_2 \cdot (2^n - 2) = 3(2^n - 2) \,(通り)$$
よって，あいこになる確率は $1 - \dfrac{3(2^n-2)}{3^n} = \mathbf{1 - \dfrac{2^n-2}{3^{n-1}}}$

← 出される2種類の手を決めると，全員が同じ手を出す場合が2通りあり，このときはあいこになるから，この2通りを引く。

(3) 勝つ人数の期待値は

$$\sum_{k=1}^{n-1}\frac{k\cdot {}_nC_k}{3^{n-1}} = \sum_{k=1}^{n-1}\frac{k}{3^{n-1}}\cdot\frac{n!}{(n-k)!k!}$$
$$= \sum_{k=1}^{n-1}\frac{n}{3^{n-1}}\cdot\frac{(n-1)!}{\{(n-1)-(k-1)\}!(k-1)!}$$
$$= \frac{n}{3^{n-1}}\sum_{k=1}^{n-1}{}_{n-1}C_{k-1} \quad\cdots\cdots ②$$

ここで
$$\sum_{k=1}^{n-1}{}_{n-1}C_{k-1} = \sum_{k=1}^{n}{}_{n-1}C_{k-1}-1$$
$$= \sum_{k=0}^{n-1}{}_{n-1}C_k-1$$
$$= (1+1)^{n-1}-1 = 2^{n-1}-1$$

←${}_{n-1}C_{n-1}=1$ を和に加えている。

←二項定理より
$\sum_{k=0}^{n-1}{}_{n-1}C_k = (1+1)^{n-1}$

よって，② から，求める期待値は $\dfrac{n}{3^{n-1}}\sum_{k=1}^{n-1}{}_{n-1}C_{k-1} = \dfrac{\boldsymbol{n(2^{n-1}-1)}}{\boldsymbol{3^{n-1}}}$

指針 76 〈座標平面上で格子点に移動する点と確率〉

移動の前後で x 座標が $+1$，-1 する移動回数，y 座標が $+1$，-1 する移動回数を，それぞれ a，b，c，d とすると，6 秒後の点Pの座標は $(a-b, c-d)$ である。
$a+b+c+d=6$ に注意して場合の数を求め，確率を計算する。
(1) $a-b=c-d$ すなわち $a+d=b+c$ が成り立つ。
(2) $a-b=0$ かつ $c-d=0$ が成り立つ。

移動の前後で x 座標が $+1$，-1 する移動回数，y 座標が $+1$，-1 する移動回数を，それぞれ a，b，c，d とすると，6 秒後の点Pの座標は $(a-b, c-d)$ である。
また $a+b+c+d=6$ ……①

←原点からの移動なので，
x 座標の増減は $a-b$
y 座標の増減は $c-d$

(1) 6 秒後に点Pが直線 $y=x$ 上にあるとき，$a-b=c-d$ すなわち $a+d=b+c$ である。
このとき，① より $a+d=b+c=3$
移動の前後で，x 座標が $+1$ または y 座標が -1 する事象が起こる確率は $\dfrac{1}{4}+\dfrac{1}{4}=\dfrac{1}{2}$
移動の前後で，x 座標が -1 または y 座標が $+1$ する事象が起こる確率も $\dfrac{1}{4}+\dfrac{1}{4}=\dfrac{1}{2}$
これらの事象が 3 回ずつ起こるから，求める確率は
${}_6C_3\left(\dfrac{1}{2}\right)^3\left(\dfrac{1}{2}\right)^3 = \dfrac{\boldsymbol{5}}{\boldsymbol{16}}$

←上の事象の余事象なので，
$1-\dfrac{1}{2}=\dfrac{1}{2}$
と計算してもよい。

(2) 6 秒後に点Pが原点Oにあるとき，$a-b=0$ かつ $c-d=0$
すなわち $a=b$ かつ $c=d$ である。
このとき，① より $a+c=3$，$b+d=3$
a，b，c，d はそれぞれ 0 以上の整数であるから
$(a, b, c, d) = (0, 0, 3, 3), (1, 1, 2, 2), (2, 2, 1, 1),$
$(3, 3, 0, 0)$
よって，求める確率は $\left(\dfrac{6!}{3!3!}+\dfrac{6!}{2!2!}\right)\times\left(\dfrac{1}{4}\right)^6\times 2 = \dfrac{400}{4^6} = \dfrac{\boldsymbol{25}}{\boldsymbol{256}}$

←6 秒後の点Pの座標は $(a-b, c-d)$ である。

←a，c を先に決める。
b，d は，$b=a$，$d=c$ から決まる。

指針 77 〈反復試行ですべての色の玉を取り出す〉

$(n-1)$ 回目までの試行で，赤以外の3種類の色の玉をすべて取り出すのは，赤以外の色の玉のみを取り出す場合のうち，赤以外の1色の玉のみを取り出したり，赤以外の2色の玉のみを取り出したりしない場合である。

$(n-1)$ 回目までの試行で，赤以外の3種類の色の玉をすべて取り出す確率 P を求める。
$(n-1)$ 回目までの試行で，
　　赤以外の色の玉のみを取り出す事象を A，
　　赤以外の1色の玉のみを取り出す事象を B，
　　赤以外の2色の玉のみを取り出す事象を C
とすると

$$P = P(A) - P(B) - P(C)$$
$$= \left(\frac{3}{4}\right)^{n-1} - {}_3C_1 \left(\frac{1}{4}\right)^{n-1} - {}_3C_2 \left\{\left(\frac{2}{4}\right)^{n-1} - 2\left(\frac{1}{4}\right)^{n-1}\right\}$$
$$= \frac{3^{n-1} - 3 \cdot 2^{n-1} + 3}{4^{n-1}}$$

← 1から引くのではなく，$P(A)$ から引くことに注意。1色の選び方が ${}_3C_1$ 通り，2色の選び方が ${}_3C_2$ 通りある。

したがって，求める確率は

$$P \times \frac{1}{4} = \frac{3^{n-1} - 3 \cdot 2^{n-1} + 3}{4^{n-1}} \cdot \frac{1}{4} = \frac{3^{n-1} - 3 \cdot 2^{n-1} + 3}{4^n}$$

指針 78 〈確率の最大〉

(4) $\dfrac{p_{n+1}}{p_n}$ と1の大小を比較して p_n を最大にする n を求める。

(1) 2回の試行とも，「白玉を取り出し，硬貨の表が出る」という場合であり，その確率は $\dfrac{3}{5} \cdot \dfrac{1}{2} \times \dfrac{2}{4} \cdot \dfrac{1}{2} = \dfrac{3}{40}$

(2) 3回の試行のうち，「白玉を取り出し，硬貨の表が出る」，「赤玉を取り出し，硬貨の表が出る」，「白玉または赤玉を取り出し，硬貨の裏がでる」という結果が1回ずつ起きる場合であり，その確率は

$$\frac{3}{5} \cdot \frac{1}{2} \times \frac{2}{4} \cdot \frac{1}{2} \times \frac{1}{2} \times 3! = \frac{9}{40}$$

(3) ちょうど n 回目で試行が停止するのは，取り出される玉の色に関係なく，$(n-1)$ 回目までの試行において，硬貨の表が4回出て，n 回目の試行で硬貨の表が出るときである。
よって

$$p_n = {}_{n-1}C_4 \left(\frac{1}{2}\right)^4 \left(\frac{1}{2}\right)^{n-5} \times \frac{1}{2} = {}_{n-1}C_4 \left(\frac{1}{2}\right)^n$$
$$= \frac{(n-1)(n-2)(n-3)(n-4)}{3 \cdot 2^{n+3}}$$

(4) (3) から，$n \geq 5$ のとき

$$\frac{p_{n+1}}{p_n} = \frac{\dfrac{n(n-1)(n-2)(n-3)}{3 \cdot 2^{n+4}}}{\dfrac{(n-1)(n-2)(n-3)(n-4)}{3 \cdot 2^{n+3}}} = \frac{n}{2(n-4)}$$

← p_{n+1} は (3) の答えの n に $n+1$ を代入すればよい。

$\dfrac{p_{n+1}}{p_n} > 1$ とすると $\dfrac{n}{2(n-4)} > 1$ ゆえに $n < 8$

$n=8$ のとき $\dfrac{n}{2(n-4)} = 1$ であり，$n > 8$ のとき $\dfrac{n}{2(n-4)} < 1$ であるから $\quad p_5 < p_6 < p_7 < p_8,\ p_8 = p_9,\ p_9 > p_{10} > p_{11} > \cdots$

したがって，p_n が最大となる n は $\quad n = 8,\ 9$

← $n \geq 5$ より $n-4 \geq 1$

← $\dfrac{p_{n+1}}{p_n} < 1$ となる n の範囲も確認しておく。

指針 79 〈n 回目までに赤玉を k 個取り出す確率〉

$P_1(k)$，$P_2(k)$ から $P_n(k)$ を推測し，その推測が正しいことを数学的帰納法で証明する。

$P_1(0)$ は黒玉 1 個を，$P_1(1)$ は赤玉 1 個を取り出す確率である。
初めに袋の中に赤玉 1 個，黒玉 1 個が入っていることから
$$P_1(0) = \dfrac{1}{2},\ P_1(1) = \dfrac{1}{2}$$
ゆえに $\quad \boldsymbol{P_1(k) = \dfrac{1}{2}\ (k = 0,\ 1)}$

$n=2$ のとき，$P_2(k)$ は 2 回の操作で赤玉を k 回取り出す確率である。
$k=0$ のとき，2 回続けて黒玉を取り出す確率であるから
$$P_2(0) = P_1(0) \cdot \dfrac{2}{3} = \dfrac{1}{3}$$
$k=2$ のとき，2 回続けて赤玉を取り出す確率であるから
$$P_2(2) = P_1(1) \cdot \dfrac{2}{3} = \dfrac{1}{3}$$
また，$P_2(0) + P_2(1) + P_2(2) = 1$ であるから
$$P_2(1) = 1 - \dfrac{1}{3} - \dfrac{1}{3} = \dfrac{1}{3}$$
よって $\quad \boldsymbol{P_2(k) = \dfrac{1}{3}\ (k = 0,\ 1,\ 2)}$

以上より，すべての自然数 n に対して，
$P_n(k) = \dfrac{1}{n+1}\ (k = 0,\ 1,\ 2,\ \cdots,\ n)$ であると推測できる。

このことを数学的帰納法で示す。

「$P_n(k) = \dfrac{1}{n+1}\ (k = 0,\ 1,\ 2,\ \cdots,\ n)$ である」を ① とする。

[1] $P_1(k) = \dfrac{1}{1+1}$ であるから，$n=1$ のとき ① は成り立つ。

[2] $n = l\ (l \geq 1)$ のとき ① が成り立つ，すなわち $P_l(k) = \dfrac{1}{l+1}$ であると仮定する。

$n = l+1$ のとき，$P_{l+1}(k)$ は $(l+1)$ 回の操作で赤玉を k 回取り出す確率である。
$(l+1)$ 回の操作で赤玉を k 回取り出すのは，次の (i), (ii) のときである。

(i) l 回目までに赤玉が $(k-1)$ 回取り出され，$(l+1)$ 回目に赤玉を取り出すとき

その確率は $\quad P_l(k-1) \cdot \dfrac{1+(k-1)}{2+l} = \dfrac{k}{(l+1)(2+l)}$

← l 回目までに赤玉を $k-1$ 回取り出すと，$l+1$ 回目の操作を行うとき赤玉は全部で $1+(k-1)$ 個ある。

(ii) l 回目までに赤玉が k 回取り出され，$(l+1)$ 回目に黒玉を取り出すとき

その確率は $P_l(k) \cdot \dfrac{1+(l-k)}{2+l} = \dfrac{l-k+1}{(l+1)(2+l)}$

← l 回目までに赤玉を k 回取り出すと，$l+1$ 回目の操作を行うとき黒玉は全部で $1+(l-k)$ 個ある。

(i)，(ii) より

$$P_{l+1}(k) = \dfrac{k}{(l+1)(2+l)} + \dfrac{l-k+1}{(l+1)(2+l)} = \dfrac{l+1}{(l+1)(2+l)}$$

$$= \dfrac{1}{(l+1)+1}$$

したがって，$n = l+1$ のときにも ① は成り立つ。

[1]，[2] より，① はすべての自然数 n に対して成り立つ。

よって $P_n(k) = \dfrac{1}{n+1}$ $(k = 0, 1, \cdots, n)$

6 図形の性質

指針 80 〈三角形の内角の二等分線と辺，外接円の交点〉

(2) 外接円の弦 AE，BC は点Dで交わる ➡ 方べきの定理を利用

(3) △ADC と直線 BO について，メネラウスの定理を利用する。

(1) AD は ∠A の二等分線であるから
 BD : DC = AB : AC = 5 : 13

よって $BD = \dfrac{5}{5+13} BC = \dfrac{5}{18} \times 12 = \dfrac{10}{3}$

△ABD において，三平方の定理により

$$AD^2 = 5^2 + \left(\dfrac{10}{3}\right)^2 = \dfrac{325}{9}$$

AD > 0 であるから $AD = \sqrt{\dfrac{325}{9}} = \dfrac{5\sqrt{13}}{3}$

(2) 方べきの定理により
 DA・DE = DB・DC

よって
$\dfrac{5\sqrt{13}}{3} DE = \dfrac{10}{3} \cdot \left(12 - \dfrac{10}{3}\right)$

したがって
$DE = \dfrac{4\sqrt{13}}{3}$

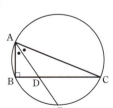

← D は外接円の弦 AE，BC の交点。

(3) △ADC と直線 BO にメネラウスの定理を用いると
$\dfrac{AP}{PD} \cdot \dfrac{DB}{BC} \cdot \dfrac{CO}{OA} = 1$

よって $\dfrac{AP}{PD} \cdot \dfrac{5}{5+13} \cdot \dfrac{1}{1} = 1$

すなわち $\dfrac{AP}{PD} = \dfrac{18}{5}$

したがって $AP : PD = 18 : 5$

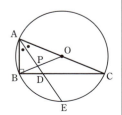

← 三角形と三角形の頂点を通らない1直線について，メネラウスの定理が成り立つ。
図形ツールで確認!!

(4) I は △ABC の内心であるから，BI は ∠B の二等分線である。
よって

$$AI : ID = BA : BD = 5 : \frac{10}{3} = 3 : 2$$

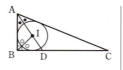

指針 81 〈三角形が存在する条件〉

正の数 a, b, c の中で a が最大であれば，3 辺の長さが a, b, c である三角形が存在するための必要十分条件は，$a < b + c$ である。

[1] $0 < a < 1$ のとき

$a^3 < a^2 < a$ であるから，三角形が存在するための条件は

$$a < a^2 + a^3$$

すなわち $a(a^2 + a - 1) > 0$

$a > 0$ であるから $a^2 + a - 1 > 0$

これを解くと $a < \dfrac{-1 - \sqrt{5}}{2}, \ \dfrac{-1 + \sqrt{5}}{2} < a$

$0 < a < 1$ より $\dfrac{-1 + \sqrt{5}}{2} < a < 1$

⇐ $0 < a < 1$ のとき，a, a^2, a^3 の中で最大となるのは a である。

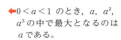

[2] $a = 1$ のとき

$a = a^2 = a^3 = 1$ であるから，1 辺の長さが 1 の正三角形となり，存在する。

[3] $a > 1$ のとき

$a < a^2 < a^3$ であるから，三角形が存在するための条件は

$$a^3 < a + a^2$$

すなわち $a(a^2 - a - 1) < 0$

$a > 0$ であるから $a^2 - a - 1 < 0$

これを解くと $\dfrac{1 - \sqrt{5}}{2} < a < \dfrac{1 + \sqrt{5}}{2}$

$a > 1$ より $1 < a < \dfrac{1 + \sqrt{5}}{2}$

⇐ $a > 1$ のとき，a, a^2, a^3 の中で最大となるのは a^3 である。

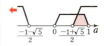

[1]〜[3] から，三角形が存在するのは

$$^{ア}\dfrac{-1 + \sqrt{5}}{2} < a < {}^{イ}\dfrac{1 + \sqrt{5}}{2}$$

のときである。

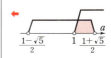

指針 82 〈角の二等分線と線分の長さ〉

(1) 次の三角形の内角の二等分線の定理を利用する。
△PAB の ∠P の二等分線と辺 AB の交点を D とすると
AD : BD = PA : PB

(2) 方べきの定理を利用して，r についての方程式を作る。

(3) 三角形の内角の二等分線の定理を利用する。

(1) PD は ∠APB の二等分線であるから
　　　　　AD : BD = PA : PB
　　よって　　AD : s = r : $(1-r)$
　　すなわち　$(1-r)\cdot$AD $= rs$
　　$1-r \neq 0$ であるから　　AD $= \dfrac{rs}{1-r}$

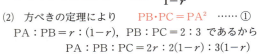

←△PAB に着目する。

(2) 方べきの定理により　　PB・PC = PA² ……①
　　PA : PB = r : $(1-r)$，PB : PC = 2 : 3 であるから
　　　　　PA : PB : PC = $2r$: $2(1-r)$: $3(1-r)$
　　よって，正の数 k を用いて
　　　　　PA = $2rk$，PB = $2(1-r)k$，PC = $3(1-r)k$
　　とおける。これらを①に代入すると
　　　　　$2(1-r)k\cdot 3(1-r)k = (2rk)^2$
　　両辺を $2k^2 (\neq 0)$ で割って　　$3(1-r)^2 = 2r^2$
　　整理すると　$r^2 - 6r + 3 = 0$　これを解くと　$r = 3 \pm \sqrt{6}$
　　$0 < r < 1$ であるから　　$r = 3 - \sqrt{6}$

←PA : PB = $2r$: $2(1-r)$，
　PB : PC = $2(1-r)$: $3(1-r)$
　とし，PB の比の値をそろ
　える。
←PA，PB，PC の長さを r
　と正の数 k を用いて表す。

←$0 < r < 1$ であることに注意。

(3) PE は ∠APC の二等分線であるから　　AE : CE = PA : PC
　　よって　　AE : t = $2r$: $3(1-r)$
　　すなわち　$3(1-r)\cdot$AE $= 2rt$
　　(2)のとき，$r = 3 - \sqrt{6}$ であるから
　　　　　AE $= \dfrac{2r}{3(1-r)}t = \dfrac{2(3-\sqrt{6})}{3(\sqrt{6}-2)}t = \dfrac{2(3-\sqrt{6})(\sqrt{6}+2)}{3(\sqrt{6}-2)(\sqrt{6}+2)}t$
　　　　　　　$= \dfrac{2\sqrt{6}}{3(6-4)}t = \dfrac{\sqrt{6}}{3}t$

←△PAC に着目する。

指針 83 〈円の接線と交わる直線の関係〉
(1) 円 O について，接弦定理を用いる。また，四角形 AEBF が円に内接することに着目する。

(1) 接弦定理から
　　　　　∠ADC = ∠BAC
　　また，∠BEA = ∠AFB = 90°
　　より，四角形 AEBF は円に内
　　接する。
　　よって　　∠BAE = ∠BFE
　　∠BAC = ∠BAE より
　　　　　∠BFE = ∠ADC

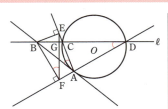

←対角の和が 180°
←円周角の定理

(2) 直線 BD と直線 EF の交点を G とすると
　　　　　∠BFG + ∠GFD = 90°
　　(1)より　∠BFG = ∠FDG
　　よって，△DGF において，∠FDG + ∠GFD = 90° となるから
　　　　　∠DGF = 90°
　　よって　BD ⊥ EF

←∠DGF = 180° − 90°

指針 84 〈オイラーの多面体定理と正多面体の面の数〉

(2) 凸多面体の頂点，辺，面の数を，それぞれ v, e, f とすると，$v-e+f=2$ が成り立つ。これを **オイラーの多面体定理** という。

(4) 多面体について，次のことがいえる。
　[1]　多面体の1つの頂点に集まる面の数は3以上である。
　[2]　凸多面体の1つの頂点に集まる角の大きさの和は，360° より小さい。
　[1]，[2] と，オイラーの多面体定理を利用する。

※　正多面体は，正四面体，正六面体（立方体），正八面体，正十二面体，正二十面体の5種類しかないことが知られている。それぞれの立体について，面の数，面の形などは覚えておくとよい。

---

(1) 正八面体は，8つの正三角形で囲まれた立体であるから，面の数は ｱ**8**，1つの面の頂点の数は ｲ**3**，1つの頂点に集まる面の数は ｳ**4** である。

よって，正八面体の頂点の数は　$\dfrac{8 \times 3}{4} =$ ｴ**6**

また，1つの面の辺の数は ｵ**3**，1つの辺に集まる面の数は ｶ**2** である。

よって，正八面体の辺の数は　$\dfrac{8 \times 3}{2} =$ ｷ**12**

(2) オイラーの多面体定理から　　$v-e+f=$ ｸ**2**　……①

(3) 1つの頂点に集まる面の数は3であるから，頂点の数は
$$(12 \times 5 + 20 \times 6) \div 3 = \text{ｹ}\mathbf{60}$$
1つの辺に集まる面の数は2であるから，辺の数は
$$(12 \times 5 + 20 \times 6) \div 2 = \text{ｺ}\mathbf{90}$$

(4) 頂点，辺，面の数を，それぞれ v, e, f とする。
多面体の1つの頂点に集まる面の数は3以上である。
また，正多面体は凸多面体であるから，1つの頂点に集まる角の大きさの和は，360° より小さい。
各面が正三角形である正多面体について，正三角形の1つの角の大きさは 60° であるから，1つの頂点に集まる面の数を n とすると
$$3 \leq n < \dfrac{360}{60}$$
n は自然数であるから　　$n=3$, 4, 5

[1]　$n=3$ のとき
1つの頂点に集まる面，1つの辺に集まる面の数は，それぞれ3，2であるから　　$v=\dfrac{3f}{3}$, $e=\dfrac{3f}{2}$　……②

②を①に代入すると　　$\dfrac{3f}{3} - \dfrac{3f}{2} + f = 2$

よって　　$f=4$

[2]　$n=4$ のとき
1つの頂点に集まる面，1つの辺に集まる面の数は，それぞれ4，2であるから　　$v=\dfrac{3f}{4}$, $e=\dfrac{3f}{2}$　……③

←正八面体

←12個の正五角形の面と20個の正六角形の面からなる凸多面体

この凸多面体について，面の数は $12+20=32$ であるから
$v-e+f = 60-90+32 = 2$
となり，オイラーの多面体定理が成り立つことがわかる。

←オイラーの多面体定理の利用。

③ を ① に代入すると $\dfrac{3f}{4}-\dfrac{3f}{2}+f=2$

よって $f=8$

[3] $n=5$ のとき

1つの頂点に集まる面，1つの辺に集まる面の数は，それぞれ 5，2 であるから $v=\dfrac{3f}{5},\ e=\dfrac{3f}{2}$ …… ④

④ を ① に代入すると $\dfrac{3f}{5}-\dfrac{3f}{2}+f=2$

よって $f=20$

[1]～[3] より，各面が正三角形である正多面体が存在すれば，面の数は $^{サ}4$, $^{シ}8$, $^{ス}20$ である。((サ)，(シ)，(ス)は順不同)

各面が正方形である正多面体について，正方形の 1 つの角の大きさは $90°$ であるから，1 つの頂点に集まる面の数を n とすると

$$3 \leqq n < \dfrac{360}{90}$$

n は自然数であるから $n=3$

このとき，1 つの頂点に集まる面，1 つの辺に集まる面の数は，それぞれ 3，2 であるから $v=\dfrac{4f}{3},\ e=\dfrac{4f}{2}$ …… ⑤

⑤ を ① に代入すると $\dfrac{4f}{3}-\dfrac{4f}{2}+f=2$

よって $f=6$

ゆえに，各面が正方形である正多面体が存在すれば，面の数は $^{セ}6$ である。

各面が正五角形である正多面体について，正五角形の 1 つの角の大きさは $108°$ であるから，1 つの頂点に集まる面の数を n とすると

$$3 \leqq n < \dfrac{360}{108}$$

n は自然数であるから $n=3$

このとき，1 つの頂点に集まる面，1 つの辺に集まる面の数は，それぞれ 3，2 であるから $v=\dfrac{5f}{3},\ e=\dfrac{5f}{2}$ …… ⑥

⑥ を ① に代入すると $\dfrac{5f}{3}-\dfrac{5f}{2}+f=2$

よって $f=12$

ゆえに，各面が正五角形である正多面体が存在すれば，面の数は $^{ソ}12$ である。

指針 85 〈2 つの円と接線の関係〉

(1) 接弦定理を用いて，2 組の角が等しいことを示す。
(2) 半円弧に対する円周角の大きさが $90°$ であることに注目する。
(3) メネラウスの定理を用いて，まずは相似比を求める。

(1) △ABC と △DBA について，接弦定理
から　　∠ACB = ∠DAB,
　　　　∠BAC = ∠BDA
よって　　△ABC ∽ △DBA

(2) 3点 B，C，D が同一直線上にあるとき
　　　∠CBA + ∠ABD = 180°
(1) より，∠CBA = ∠ABD であるから
　　　∠CBA = 90°
ゆえに，線分 AC は円 O の直径である。
よって，弦 AC は円 O の中心を通る。

(3) 円 O の中心を S とする。
△ACD と直線 EB において，メネラウス
の定理から　$\dfrac{AE}{ED} \cdot \dfrac{DB}{BC} \cdot \dfrac{CS}{SA} = 1$

$\dfrac{CS}{SA} = 1$ であるから　$\dfrac{AE}{ED} \cdot \dfrac{DB}{BC} = 1$

ゆえに　　AE : ED = BC : DB　……①
3点 B，C，D が同一直線上にあるから
　　　△ABC : △DBA = BC : DB　……②
また，(1) より，△ABC ∽ △DBA であるから
　　　△ABC : △DBA = $AC^2 : DA^2$　……③
①，②，③ から　$AC^2 : DA^2 = AE : ED$
よって　$\left(\dfrac{AC}{AD}\right)^2 = \dfrac{AE}{DE}$

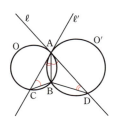

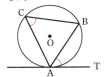

←接弦定理
円 O の弦 AB と，その端点 A における接線 AT が作る角 ∠BAT は，その角の内部に含まれる弧 AB に対する円周角 ∠ACB に等しい。

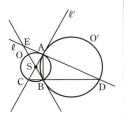

←S は円 O の中心であるから
CS = SA

←高さが等しくなるので，面積の比は底辺の長さの比に等しい。
←2つの相似な図形の相似比が $m : n$ であるとき，それらの面積の比は $m^2 : n^2$ である。

指針 86 〈正四面体であることの証明〉

A から対面を含む平面へ下ろした垂線と，対面を含む平面の交点を H とすると，条件より
　OH = BH = CH

頂点 A から対面を含む平面へ下ろした垂線と，対面を含む平面の交点
を H とする。
条件より，H は △OBC の外心であるから　　OH = BH = CH
また，AO = $\sqrt{AH^2 + OH^2}$,
　　　AB = $\sqrt{AH^2 + BH^2}$,
　　　AC = $\sqrt{AH^2 + CH^2}$
であるから　　AO = AB = AC
同様に，B，C からそれぞれの対面へ垂
線を下ろすと，
　　BO = BC = BA，CO = CA = CB
が成り立つ。
よって　　OA = OB = OC = AB = BC = CA
したがって，四面体 OABC は正四面体である。

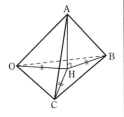

←AH ⊥ OH，AH ⊥ BH,
　AH ⊥ CH

7 図形と式

指針 87 〈3直線が三角形を作らない条件, 3直線が作る三角形の面積〉
(1) 3直線が三角形を作らないのは, 次の場合である。
   ① 3直線のうち, 2直線が平行となる。
   ② 3直線が1点で交わる。
(2) 3直線が作る三角形の面積
   → 1辺の長さと高さを求める。高さは点と直線の距離の公式で求める。

(1) $y = \dfrac{1}{2}x - \dfrac{1}{2}$ ……①, $y = -x + 4$ ……②,
$y = ax$ ……③ とする。
3直線が三角形を作らないのは, 次の [1], [2], [3] のいずれかの場合である。
[1] ①と③が平行   [2] ②と③が平行
[3] ①, ②, ③ が1点で交わる

[1] の場合 $a = \dfrac{1}{2}$

[2] の場合 $a = -1$

[3] の場合 $\dfrac{1}{2}x - \dfrac{1}{2} = -x + 4$ とすると $x = 3$
よって, ①と②の交点の座標は (3, 1)
この点を③が通るから $1 = 3a$ ゆえに $a = \dfrac{1}{3}$

以上から, 条件を満たす定数 a の値は全部で ^{7}**3** 個あり, そのうち絶対値が最も小さいものは $^{4}\dfrac{1}{3}$ である。

← ①の傾きは $\dfrac{1}{2}$, ②の傾きは -1 であるから, ①と②は平行にならない。

← まず, ①と②の交点を求める。その交点を直線③が通ると考える。
関数ツールで確認!!

(2) $x + 2y - 7 = 0$ ……①, $2x + y - 8 = 0$ ……②,
$x + y = 0$ ……③ とする。
直線 ℓ_1 と ℓ_2 の交点をAとする。
点Aの座標は, ①, ② を解くと A(3, 2)
これと直線 ℓ_3 の距離を d とすると
$$d = \dfrac{|3+2|}{\sqrt{1^2+1^2}}$$
$$= \dfrac{5}{\sqrt{2}} = \dfrac{^{7}\mathbf{5\sqrt{2}}}{\mathbf{2}}$$

← 点と直線の距離の公式

直線 ℓ_2 と ℓ_3, ℓ_3 と ℓ_1 の交点をそれぞれ B, C とする。
点Bの座標は, ②, ③ を解くと
   B(8, -8)
点Cの座標は, ①, ③ を解くと
   C(-7, 7)
3つの直線 ℓ_1, ℓ_2, ℓ_3 で囲まれた三角形 ABC の面積は

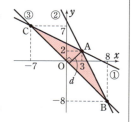

$$= \frac{1}{2} \cdot BC \cdot d$$
$$= \frac{1}{2}\sqrt{(-7-8)^2+\{7-(-8)\}^2} \cdot \frac{5\sqrt{2}}{2}$$ ← 2点間の距離の公式
$$= \frac{1}{2} \cdot 15\sqrt{2} \cdot \frac{5\sqrt{2}}{2} = {}^1\!\frac{75}{2}$$

指針 88 〈折れ線の長さが最小となる点〉

(1) 方程式 $f(x, y, k)=0$ が表す図形が k の値に関係なく通る定点
 ➡ $f(x, y, k)=0$ が k についての恒等式となるような x, y を求める
(2) 折れ線の長さの最小値 ➡ 対称な点をとって考える

(1) $2x^2+(k-5)x-(k+1)y+6k-14=0$ から
 $k(x-y+6)+(2x^2-5x-y-14)=0$
これが $k=-1$ を除くすべての実数 k で成り立つための条件は
 $x-y+6=0$ …… ①
 $2x^2-5x-y-14=0$ …… ②
① から $y=x+6$ …… ③
これを ② に代入すると $2x^2-5x-(x+6)-14=0$
整理すると $x^2-3x-10=0$
ゆえに $(x-5)(x+2)=0$ よって $x=-2, 5$
③ から $x=-2$ のとき $y=4$, $x=5$ のとき $y=11$
したがって A($^ア\!-2$, $^イ4$), B($^ウ5$, $^エ11$)

← k について整理して, k についての恒等式とみる。

← $kA+B=0$ が k についての恒等式
 $\iff A=0, B=0$

関数ツールで確認!!

← $x_A < x_B$

(2) 直線 OA は, 傾きが -2 であるから直線 ℓ と垂直である。
よって, 直線 ℓ に関して点 A を対称移動した点を A′ とすると, A′ は点 A と原点に関して対称な点である。
したがって, 点 A′ の座標は
 A′(2, -4)
ここで AP+BP＝A′P+BP ≧ A′B
等号が成立するときの点 P を P_0 とすると, P_0 は直線 ℓ と直線 A′B の交点である。
直線 A′B の方程式は $y+4=\dfrac{11+4}{5-2}(x-2)$
よって $y=5x-14$
これと $y=\dfrac{1}{2}x$ を連立して解くと, 点 P_0 の座標は $\left(^オ\dfrac{28}{9}, {}^カ\dfrac{14}{9}\right)$

← 直線 ℓ の傾きは $\dfrac{1}{2}$

← 点 A, A′ が直線 ℓ に関して対称であるから, 直線 ℓ 上の任意の点 P について
 AP = A′P
また, 三角形の 2 辺の長さの和は他の 1 辺の長さより大きいという性質から
 A′P+BP ≧ A′B

指針 89 〈放物線上の点と直線上の点の距離の最小値〉

点 P を固定して考えると, P と直線 $y=x-3$ 上を動く点 Q との距離の最小値は P と直線 $y=x-3$ の距離に等しい。
P(t, t^2-1) として, P と直線 $y=x-3$ の距離を t で表す。

P(t, t^2-1) とする。
Pと直線 $y=x-3$ の距離 d は
$$d = \frac{|t-(t^2-1)-3|}{\sqrt{1^2+(-1)^2}} = \frac{|-t^2+t-2|}{\sqrt{2}}$$
$$= \frac{|t^2-t+2|}{\sqrt{2}} = \frac{1}{\sqrt{2}}\left|\left(t-\frac{1}{2}\right)^2+\frac{7}{4}\right|$$

よって，d は $t=\frac{1}{2}$ で最小値

$\frac{1}{\sqrt{2}} \cdot \frac{7}{4} = \frac{7\sqrt{2}}{8}$ をとる。

このとき，P の座標は $\left(\frac{1}{2}, -\frac{3}{4}\right)$ であり，直線 PQ の傾きは -1 で，$PQ = \frac{7\sqrt{2}}{8}$ であるから，右の図より点 Q の座標は

$\left(\frac{1}{2}+\frac{7}{8}, -\frac{3}{4}-\frac{7}{8}\right)$ すなわち $\left(\frac{11}{8}, -\frac{13}{8}\right)$

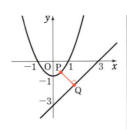

←P(t, t^2-1) と直線 $x-y-3=0$ の距離。

←直線 PQ は直線 $y=x-3$ に垂直。

←x 座標は $\frac{7}{8}$ 増え，y 座標は $\frac{7}{8}$ 減る。

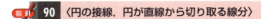

指針 90 〈円の接線，円が直線から切り取る線分〉
(1) 円 $x^2+y^2=r^2$ 上の点 (x_1, y_1) における接線の方程式は
　　$x_1x+y_1y=r^2$
(2) 切り取った線分の長さと円の半径から，中心と直線の距離が求められる。

(1) 接点を B(x_1, y_1) とすると　　$x_1^2+y_1^2=2$ ……①
　　点 B における接線の方程式は　$x_1x+y_1y=2$ ……②
　　直線② が点 A(2, 1) を通るから　$2x_1+y_1=2$
　　よって　$y_1=-2x_1+2$ ……③
　　① に代入して　$x_1^2+(-2x_1+2)^2=2$
　　整理して　$5x_1^2-8x_1+2=0$　　ゆえに　$x_1=\frac{4\pm\sqrt{6}}{5}$
　　③ から　$x_1=\frac{4+\sqrt{6}}{5}$ のとき　$y_1=\frac{2-2\sqrt{6}}{5}$
　　　　　　$x_1=\frac{4-\sqrt{6}}{5}$ のとき　$y_1=\frac{2+2\sqrt{6}}{5}$
　　よって，求める直線の方程式は
　　　$\frac{4\pm\sqrt{6}}{5}x+\frac{2\mp2\sqrt{6}}{5}y=2$ （複号同順）

←② に代入した。

(2) 点 A を通る直線の方程式は，傾きを m とおくと　$y=m(x-2)+1$ ……④
　　すなわち　$mx-y-2m+1=0$
　　直線 ④ と原点との距離を d とすると，
　　　OP=OQ=$\sqrt{2}$
　　であるから，PQ=2 のとき　$d=1$
　　ゆえに　$\frac{|-2m+1|}{\sqrt{m^2+(-1)^2}}=1$

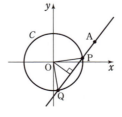

←点 A を通り x 軸に垂直な直線 $x=2$ は，円 C と交わらない。

←PQ の中点を M とすると，PM=1 から $d=\sqrt{OP^2-PM^2}=1$

すなわち $|-2m+1|=\sqrt{m^2+1}$
両辺を2乗して整理すると $3m^2-4m=0$
すなわち $m(3m-4)=0$ よって $m=0, \dfrac{4}{3}$
したがって,求める直線の方程式は
 $m=0$ を ④ に代入して $y=1$
 $m=\dfrac{4}{3}$ を ④ に代入して $y=\dfrac{4}{3}x-\dfrac{5}{3}$

指針 91 〈2つの円の共通接線〉

円 C_1 上の点 (x_1, y_1) における接線の方程式は $(x_1-1)(x-1)+(y_1-1)(y-1)=1$
この直線が円 C_2 に接するための条件を考える。

円 C_1 上の接点の座標を (x_1, y_1) とすると
$$(x_1-1)^2+(y_1-1)^2=1 \quad \cdots\cdots ①$$
点 (x_1, y_1) における円 C_1 の接線は,円 $x^2+y^2=1$ 上の点 (x_1-1, y_1-1) における接線 $(x_1-1)x+(y_1-1)y=1$ を x 軸方向に 1, y 軸方向に 1 だけ平行移動したものであるから,接線の方程式は
$$(x_1-1)(x-1)+(y_1-1)(y-1)=1$$
したがって $(x_1-1)x+(y_1-1)y-x_1-y_1+1=0 \quad \cdots\cdots ②$
直線 ② が円 C_2 に接するための条件は,円 C_2 の中心 $(5, 3)$ と直線 ② の距離が,円 C_2 の半径 1 に等しいことである。
よって $\dfrac{|5(x_1-1)+3(y_1-1)-x_1-y_1+1|}{\sqrt{(x_1-1)^2+(y_1-1)^2}}=1$
① を代入して整理すると $|4x_1+2y_1-7|=1$
ゆえに $4x_1+2y_1-7=1, \ 4x_1+2y_1-7=-1$
よって $y_1=-2x_1+4, \ y_1=-2x_1+3$

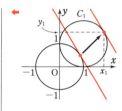

◀円と直線が接するとき (円の中心と直線の距離)＝(半径)

◀① より,分母は 1 になる。

[1] $y_1=-2x_1+4 \quad \cdots\cdots ③$ のとき
 ① に代入して $(x_1-1)^2+(-2x_1+3)^2=1$
 整理して $5x_1^2-14x_1+9=0$
 ゆえに $(x_1-1)(5x_1-9)=0$ よって $x_1=1, \dfrac{9}{5}$
 ③ から $x_1=1$ のとき $y_1=2$, $x_1=\dfrac{9}{5}$ のとき $y_1=\dfrac{2}{5}$
 これらを ② に代入して整理すると $y=2, \ 4x-3y-6=0$

[2] $y_1=-2x_1+3 \quad \cdots\cdots ④$ のとき
 ① に代入して $(x_1-1)^2+(-2x_1+2)^2=1$
 ゆえに $5(x_1-1)^2=1$
 $x_1-1=\pm\dfrac{1}{\sqrt{5}}$ から $x_1=1\pm\dfrac{1}{\sqrt{5}} \quad \cdots\cdots ⑤$
 このとき,④ から $y_1=-2\left(1\pm\dfrac{1}{\sqrt{5}}\right)+3=1\mp\dfrac{2}{\sqrt{5}} \quad \cdots\cdots ⑥$
 ⑤,⑥ を ② に代入すると
 $\pm\dfrac{1}{\sqrt{5}}x\mp\dfrac{2}{\sqrt{5}}y\pm\dfrac{1}{\sqrt{5}}-1=0$ (以上,複号同順)

よって　　　$x-2y+1=\sqrt{5}$,　$-x+2y-1=\sqrt{5}$

[1], [2] から, 求める共通接線の方程式は
$y=2$, $4x-3y-6=0$, $x-2y+1-\sqrt{5}=0$,
$x-2y+1+\sqrt{5}=0$

指針 92 〈2つの円の交点を通る図形〉

(3) 2つの曲線 $f(x, y)=0$, $g(x, y)=0$ の交点を通る図形の方程式は
$$kf(x, y)+g(x, y)=0\ (k\text{ は定数})$$
で表される。(ただし, 曲線 $f(x, y)=0$ を除く)

(1) 円 C_1 が原点を通るとき　$0=5-10a$　すなわち　$a=\dfrac{1}{2}$

←$(x, y)=(0, 0)$ を代入する。

よって, 円 C_1 の方程式は　$x^2+y^2-2x-y=0$

ゆえに　$(x-1)^2+\left(y-\dfrac{1}{2}\right)^2=\dfrac{5}{4}$

したがって, 円 C_1 の中心は点 $\left(1, \dfrac{1}{2}\right)$, 半径は $\dfrac{\sqrt{5}}{2}$ である。

(2) 円 C_1 の方程式を a について整理すると
$(-4x-2y+10)a+(x^2+y^2-5)=0$

この等式が a の値にかかわらず成り立つための条件は
$-4x-2y+10=0$ ……①　かつ　$x^2+y^2-5=0$ ……②

←a についての恒等式と考える。

① から　$y=-2x+5$

これを ② に代入して　$x^2+(-2x+5)^2-5=0$

整理して　$x^2-4x+4=0$　よって　$x=2$

これを $y=-2x+5$ に代入して　$y=1$

したがって, 定点Aの座標は　$(2, 1)$

関数ツールで確認!!

(3) k を定数として
$k(x^2+y^2-10)+(x^2+y^2-8x-6y+10)=0$ ……③

とすると, 方程式 ③ は円 C_2 と円 C_3 の2つの交点を通る図形を表す。

←この段階では, まだ「2つの交点を通る円」とは言えない。
$k=-1$ を代入すると, ③ は直線を表す。

③ が原点を通るとき　$-10k+10=0$　よって　$k=1$

これを ③ に代入して整理すると
$x^2+y^2-4x-3y=0$

すなわち　$(x-2)^2+\left(y-\dfrac{3}{2}\right)^2=\dfrac{25}{4}$

よって, 求める円の中心は点 $\left(2, \dfrac{3}{2}\right)$,

半径は $\dfrac{5}{2}$ である。

関数ツールで確認!!

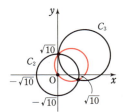

指針 93 〈2つの円の交点における接線が直交する条件〉

(1) 2つの円が相異なる2点で交わる条件
　➡ (半径の差の絶対値)<(中心間の距離)<(半径の和)

(2) 条件から, 円 C_1, C_2 の中心と交点Pを結ぶ三角形は直角三角形であることを利用する。

(1) 円 C_1 の半径は 1，円 C_2 の半径は $a>0$ より $\dfrac{a}{2}$ である。

2 つの円 C_1 と C_2 の中心間の距離を d とすると，$a>0$ より
$$d=|a-0|=a$$
2 つの円 C_1 と C_2 が異なる 2 点で交わるための必要十分条件は
$$\left|1-\dfrac{a}{2}\right|<d<1+\dfrac{a}{2} \qquad \text{よって} \qquad \left|1-\dfrac{a}{2}\right|<a<1+\dfrac{a}{2}$$

←d は原点と点 $(0,\ a)$ の距離。

$a<1+\dfrac{a}{2}$ より $\qquad a<2$ …… ①

$\left|1-\dfrac{a}{2}\right|<a$ より $\qquad -a<1-\dfrac{a}{2}<a$

←$a>0$

$-a<1-\dfrac{a}{2}$ より $\qquad -2<a$ …… ②

$1-\dfrac{a}{2}<a$ より $\qquad \dfrac{2}{3}<a$ …… ③

②，③ より $\qquad \dfrac{2}{3}<a$ …… ④

①，④ より $\qquad \dfrac{2}{3}<a<2$

(2) 直線 ℓ_1 の方程式は $\qquad (\cos\theta)x+(\sin\theta)y=1$

よって $\qquad x\cos\theta+y\sin\theta=1$

点 P は円 C_2 上の点であるから $\qquad \cos^2\theta+(\sin\theta-a)^2=\dfrac{a^2}{4}$

点 P における円 C_2 の接線は円 $x^2+y^2=\dfrac{a^2}{4}$ 上の点

$(\cos\theta,\ \sin\theta-a)$ における接線 $(\cos\theta)x+(\sin\theta-a)y=\dfrac{a^2}{4}$ を y 軸方向に a だけ平行移動したものであるから，接線の方程式は
$$(\cos\theta)x+(\sin\theta-a)(y-a)=\dfrac{a^2}{4}$$

←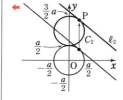

整理すると $\qquad \boldsymbol{x\cos\theta+y(\sin\theta-a)=a\sin\theta-\dfrac{3}{4}a^2}$

(3) 円 C_2 の中心を Q$(0,\ a)$ とする。直線 ℓ_1 と ℓ_2 が直交するとき
$$\angle \mathrm{OPQ}=90°$$
△OPQ において，三平方の定理により
$$\mathrm{OP}^2+\mathrm{PQ}^2=\mathrm{OQ}^2$$
よって $\qquad 1^2+\left(\dfrac{a}{2}\right)^2=a^2$

ゆえに $\qquad a^2=\dfrac{4}{3}$

$a>0$ であるから $\qquad a=\sqrt{\dfrac{4}{3}}=\dfrac{2\sqrt{3}}{3}$

これは $\dfrac{2}{3}<a<2$ を満たす。

指針 94 〈2直線の交点の軌跡〉

(1) 2点 $(a, 0), (0, b)$ を通る直線の方程式は $\dfrac{x}{a}+\dfrac{y}{b}=1$ （切片形）

(2) $R(x, y)$ とおいて，p を消去して x, y の関係式（方程式）を求める。定義域（x のとりうる値の範囲）に注意。まず，$0<p<q$ から p のとりうる値の範囲を求める。

(1) Cは線分 PQ の中点であるから
$$\dfrac{p+q}{2}=1 \quad \text{すなわち} \quad q=2-p \quad \cdots\cdots ①$$
2 直線 AP, BQ の方程式はそれぞれ
$$\dfrac{x}{-2}+\dfrac{y}{p}=1 \quad \cdots\cdots ②, \quad \dfrac{x}{2}+\dfrac{y}{q}=1$$
辺々足すと $\dfrac{y}{p}+\dfrac{y}{q}=2$ すなわち $y=\dfrac{2pq}{p+q}$

これに ① を代入すると $y=\dfrac{2p(2-p)}{p+(2-p)}=p(2-p)$

これを ② に代入すると
$$\dfrac{x}{-2}+\dfrac{p(2-p)}{p}=1 \quad \text{すなわち} \quad x=2(1-p)$$
よって，R の座標は $(2(1-p), p(2-p))$

(2) $R(x, y)$ とおくと，(1) から
$$x=2(1-p) \quad \cdots\cdots ③, \quad y=p(2-p)$$
③ より，$p=1-\dfrac{x}{2}$ であるから $y=\left(1-\dfrac{x}{2}\right)\left\{2-\left(1-\dfrac{x}{2}\right)\right\}$

したがって $y=-\dfrac{1}{4}x^2+1 \quad \cdots\cdots ④$

また，$0<p<q$ から $0<p<2-p$
よって $0<p<1$
ゆえに，③ から $0<x<2$
よって，条件を満たす点は，放物線 ④ 上の $0<x<2$ の部分にある。逆に，放物線 ④ 上の $0<x<2$ の部分の任意の点は条件を満たす。したがって，点 R の軌跡は放物線 $y=-\dfrac{x^2}{4}+1$ の $0<x<2$ の部分。

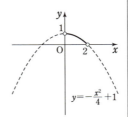

← 2つの式から p を消去すると，x, y の方程式が得られる。

← $0<p<1$ のとき
 $0<1-p<1$
 $0<2(1-p)<2$

関数ツールで確認!!

指針 95 〈円と直線 $y=3$ の両方に接する円の中心の軌跡〉

次のことを利用する。
 2つの円が外接する ➡ （中心間の距離）＝（半径の和）
 中心 (a, b)，半径 r の円が直線 $y=c$ に接する ➡ $r=|b-c|$

(1) C に外接する円の半径を r とすると $\sqrt{a^2+b^2}=r+1$
 すなわち $r=\sqrt{a^2+b^2}-1$

← （中心間の距離）
　＝（半径の和）

(2) C に外接し，直線 $y=3$ に接する円を C' とし，C' の半径を r，中心を $P(x, y)$ とする。

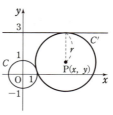

(1)から $r=\sqrt{x^2+y^2}-1$ ……①
C' は直線 $y=3$ に接しているから
$r=|y-3|$
図より，直線 $y=3$ に対して，C と C' は同じ側にあるから $r=-y+3$ ……②
①，②から $\sqrt{x^2+y^2}-1=-y+3$
すなわち $\sqrt{x^2+y^2}=-y+4$
両辺は正であるから，両辺を2乗して
$x^2+y^2=(-y+4)^2$
整理して $y=-\dfrac{1}{8}x^2+2$ ……③

←$-y+3>0$ であるから $-y+4>0$

したがって，求める軌跡の方程式は $\boldsymbol{y=-\dfrac{1}{8}x^2+2}$

(3) $y \leqq f(x)$ の表す領域は図の赤く塗った部分である。
ただし，境界線を含む。
$x+2y=k$ とおくと
$y=-\dfrac{1}{2}x+\dfrac{k}{2}$ ……④

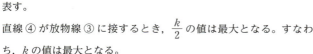

④は傾きが $-\dfrac{1}{2}$，y 切片が $\dfrac{k}{2}$ の直線を表す。

直線④が放物線③に接するとき，$\dfrac{k}{2}$ の値は最大となる。すなわち，k の値は最大となる。

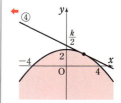

③，④から y を消去すると
$-\dfrac{1}{8}x^2+2=-\dfrac{1}{2}x+\dfrac{k}{2}$
すなわち $x^2-4x+4k-16=0$ ……⑤
この2次方程式の判別式を D とすると
$\dfrac{D}{4}=(-2)^2-(4k-16)=-4k+20$
直線④が放物線③に接するとき，$D=0$ であるから
$-4k+20=0$
よって $k=5$
このとき，⑤から $x=2$
④から $y=-\dfrac{1}{2}\cdot 2+\dfrac{5}{2}=\dfrac{3}{2}$

したがって，$x+2y$ は $\boldsymbol{x=2}$，$\boldsymbol{y=\dfrac{3}{2}}$ のとき最大値 $\boldsymbol{5}$ をとる。

指針 96 〈円が直線から切り取る線分の中点の軌跡〉

(2) 円と直線の交点の x 座標を α, β とすると, α, β は, 円と直線の方程式から y を消去して得られる 2 次方程式の実数解で, 2 つの交点を結ぶ線分の中点の x 座標は $\dfrac{\alpha+\beta}{2}$

➡ 解と係数の関係を利用する。

(2)別解 原点を O, 線分 AB の中点を M, Q $(a, 0)$ とする。次のことに注目する。
$m \neq 0$ ➡ 常に $\angle \mathrm{OMQ} = 90°$
$m = 0$ ➡ 点 M は点 O に一致する。

原点を O とし, $C_0 : x^2+y^2=1$ とする。

(1) 点 $(a, 0)$ を通る傾き m の直線の方程式は $y=m(x-a)$ …… ①

これを円 C_0 の方程式 $x^2+y^2=1$ に代入すると $x^2+m^2(x-a)^2=1$

すなわち $(1+m^2)x^2-2am^2x+a^2m^2-1=0$ …… ②

$1+m^2>0$ であるから, 2 次方程式 ② の判別式を D とすると

$$\frac{D}{4}=a^2m^4-(1+m^2)(a^2m^2-1)=-(a^2-1)m^2+1$$

直線 ① と円 C_0 が異なる 2 点で交わるための条件は $D>0$

ゆえに $-(a^2-1)m^2+1>0$ すなわち $(a^2-1)m^2-1<0$

$a>1$ より, $a^2-1>0$ であるから

$$(\sqrt{a^2-1}\,m+1)(\sqrt{a^2-1}\,m-1)<0$$

よって $-\dfrac{1}{\sqrt{a^2-1}}<m<\dfrac{1}{\sqrt{a^2-1}}$ …… ③

(2) 2 次方程式 ② の 2 つの解を $\alpha, \beta\ (\alpha<\beta)$ とすると,

解と係数の関係より $\alpha+\beta=\dfrac{2am^2}{1+m^2}$

よって, 2 つの交点を結んだ線分の中点 M の x 座標 X は

$$X=\frac{\alpha+\beta}{2}=\frac{am^2}{1+m^2}$$

また, 中点 M の y 座標 Y は

$$Y=m(X-a)=-\frac{am}{1+m^2} \quad \cdots\cdots ④$$

←直線 ① の式を利用する。

ここで, $a>1$ から, $m \neq 0$ のとき $\dfrac{X}{Y}=-m$

これを ④ に代入すると $Y=\dfrac{a\cdot\dfrac{X}{Y}}{1+\left(\dfrac{X}{Y}\right)^2}$

←m を消去。

整理すると $X^2-aX+Y^2=0$ すなわち $\left(X-\dfrac{a}{2}\right)^2+Y^2=\dfrac{a^2}{4}$

これは円(C とする)を表す。

←中心 $\left(\dfrac{a}{2},\ 0\right)$, 半径 $\dfrac{a}{2}$

また $X=\dfrac{am^2}{1+m^2}=a\left(1-\dfrac{1}{1+m^2}\right)$

③ より, $1<1+m^2<\dfrac{a^2}{a^2-1}$ であるから $0<1-\dfrac{1}{1+m^2}<\dfrac{1}{a^2}$

←X のとりうる値の範囲を調べる。

ゆえに $0 < a\left(1 - \dfrac{1}{1+m^2}\right) < \dfrac{1}{a}$　　よって　$0 < X < \dfrac{1}{a}$

さらに，$m = 0$ のとき，点 M は点Oに一致し，円 C 上にある。
したがって，求める軌跡は

円 $\left(x - \dfrac{a}{2}\right)^2 + y^2 = \dfrac{a^2}{4}$ の $0 \leq x < \dfrac{1}{a}$ の部分

関数ツールで確認!!

別解 原点をOとし，$C_0 : x^2 + y^2 = 1$ とする。

(1) 点 $(a, 0)$ を通る傾き m の直線の方程式は　$y = m(x - a)$
すなわち　　　$mx - y - ma = 0$ ……①
直線①と円 C_0 が異なる2点で交わるための条件は，
円 C_0 の中心 $(0, 0)$ と直線①の距離が円の半径1より小さいこと
であるから，$\dfrac{|-ma|}{\sqrt{m^2 + (-1)^2}} < 1$ より　$|ma| < \sqrt{m^2 + 1}$

←(中心と直線の距離)
　＜(半径)

両辺は負でないから，2乗して　　$m^2 a^2 < m^2 + 1$
ゆえに　　$(a^2 - 1)m^2 - 1 < 0$
$a > 1$ より，$a^2 - 1 > 0$ であるから
　　$(\sqrt{a^2 - 1}\, m + 1)(\sqrt{a^2 - 1}\, m - 1) < 0$
よって　　$-\dfrac{1}{\sqrt{a^2 - 1}} < m < \dfrac{1}{\sqrt{a^2 - 1}}$

(2) 線分 AB の中点を M とし，$Q(a, 0)$ とする。
$m \neq 0$ のとき，常に $\angle \mathrm{OMQ} = 90°$ であるから，点 M の軌跡は，
線分 OQ を直径とする円(C とする)のうち，円 C_0 の内部にある部分である。

←円周角の定理の逆
←M は線分 AB の中点であるから，円 C_0 の内部にある。

また，$m = 0$ のとき，点 M は点Oに一致し，円 C 上にある。
線分 OQ の中点の座標は，$\left(\dfrac{a}{2}, 0\right)$ であるから，

円 C の方程式は　$\left(x - \dfrac{a}{2}\right)^2 + y^2 = \dfrac{a^2}{4}$

これと $x^2 + y^2 = 1$ から y を消去すると　$\left(x - \dfrac{a}{2}\right)^2 + 1 - x^2 = \dfrac{a^2}{4}$

整理すると　　$-ax + 1 = 0$
よって　　$x = \dfrac{1}{a}$

←円 C の中心は線分 OQ の中点に等しい。
←円 C と円 C_0 の交点の x 座標を求める。

したがって，求める軌跡は

円 $\left(x - \dfrac{a}{2}\right)^2 + y^2 = \dfrac{a^2}{4}$ の

$0 \leq x < \dfrac{1}{a}$ の部分

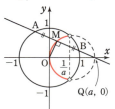

指針 97 〈絶対値を含む不等式が表す領域〉

絶対値を含む不等式　➡　場合分けをして絶対値をはずす

(2) $x^2 - 4x + y^2 = k$ とおくと　$(x - 2)^2 + y^2 = k + 4$
$k > -4$ のとき，これは中心 $(2, 0)$，半径 $\sqrt{k+4}$ の円を表す。
この円が領域 D と共有点をもつような半径 $\sqrt{k+4}$ が最大，最小となるときを考える。

(1) $y \geqq |2x+1|$ から

$x \geqq -\dfrac{1}{2}$ のとき $y \geqq 2x+1$

$x < -\dfrac{1}{2}$ のとき $y \geqq -2x-1$

また，$2x-3y+9 \geqq 0$ から

$y \leqq \dfrac{2}{3}x+3$

よって，領域 D は右の図の斜線部分である。
ただし，境界線を含む。

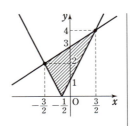

← 2つの直線 $y=2x+1$, $y=-2x-1$ は点 $\left(-\dfrac{1}{2},\ 0\right)$ で交わる。

(2) $x^2-4x+y^2=k$ …… ① とおくと

$(x-2)^2+y^2=k+4$

$k=-4$ のとき，① は点 $(2, 0)$ を表すが，領域 D に含まれない。

$k>-4$ のとき，① は点 $(2, 0)$ を中心とする半径 $\sqrt{k+4}$ の円を表す。この円 ① が領域 D と共有点をもつような k の値の最大値と最小値を求めればよい。

ここで，$A\left(-\dfrac{3}{2},\ 2\right)$, $B\left(\dfrac{3}{2},\ 4\right)$, $C(2, 0)$ とおくと

$AC = \sqrt{\left(2+\dfrac{3}{2}\right)^2+(-2)^2} = \dfrac{\sqrt{65}}{2}$

$BC = \sqrt{\left(2-\dfrac{3}{2}\right)^2+(-4)^2} = \dfrac{\sqrt{65}}{2}$

よって　$AC = BC$

ゆえに，図から，円 ① が点 A, B を通るとき，半径は最大になり，このとき k も最大になる。

← 領域内の点で円の中心から一番遠い点を調べるため，三角形の頂点までの距離を比べる。

よって　$\sqrt{k+4} = \dfrac{\sqrt{65}}{2}$　すなわち　$k = \dfrac{49}{4}$

また，円 ① が直線 $y=2x+1$ と接するとき，半径 $\sqrt{k+4}$ は最小になり，このとき k は最小になる。
円 ① の半径は点 C と直線 $y=2x+1$ の距離に等しいから

$\sqrt{k+4} = \dfrac{|2\cdot 2-1\cdot 0+1|}{\sqrt{2^2+(-1)^2}}$

$= \sqrt{5}$

すなわち　$k=1$

接点の座標は，点 $(2, 0)$ を通り，傾きが $-\dfrac{1}{2}$ の直線と直線 $y=2x+1$ の交点の座標に一致する。

ゆえに，$y=-\dfrac{1}{2}x+1$ と $y=2x+1$ を解いて　$x=0, y=1$

以上から

$M=\dfrac{49}{4}$, M を与える点の座標は　$\left(-\dfrac{3}{2},\ 2\right)$, $\left(\dfrac{3}{2},\ 4\right)$

$m=1$, m を与える点の座標は　$(0, 1)$

← 半径が最小
⇔ (半径)$^2 = k+4$ が最小
⇔ k が最小

← 点 $(2, 0)$ と直線 $2x-y+1=0$ の距離を計算。

← 接点を P とすると，CP と直線 $y=2x+1$ が垂直であることを利用している。

指針 98 〈不等式が表す領域における最小値〉

a, b の連立不等式が表す領域において，直線 $a+b=k$ の b 切片 k が最小となる点の座標を求める。

➡ a, b は整数であるから，k は整数であることに注意する。

栄養素 x_1 について　　$8a+4b \geqq 42$

すなわち　　$b \geqq -2a + \dfrac{21}{2}$ ……①

栄養素 x_2 について　　$4a+6b \geqq 48$

すなわち　　$b \geqq -\dfrac{2}{3}a + 8$ ……②

栄養素 x_3 について　　$2a+6b \geqq 30$

すなわち　　$b \geqq -\dfrac{1}{3}a + 5$ ……③

ここで，

$\ell : b = -2a + \dfrac{21}{2}$, $m : b = -\dfrac{2}{3}a + 8$, $n : b = -\dfrac{1}{3}a + 5$

とすると，$a \geqq 0$, $b \geqq 0$, ①, ②, ③ を満たす点 (a, b) の存在する領域は，右の図の斜線部分である。ただし，境界線を含む。

野菜Aと野菜Bの個数の和 $a+b$ が最小となるような (a, b) の組を考える。
$a+b=k$ ……④ とすると，④ は傾き -1，b 切片 k の直線を表す。

ここで，直線 ④ が点 $\left(\dfrac{15}{8}, \dfrac{27}{4}\right)$ を通るとき

$$k = \dfrac{15}{8} + \dfrac{27}{4} = \dfrac{69}{8} = 8 + \dfrac{5}{8}$$

a, b は整数であるから，k は整数である。
よって，k の最小値は 9 以上である。
$a+b=9$ を満たすような 0 以上の整数 a, b の組を考えると，$(a, b) = (2, 7)$, $(3, 6)$ のとき，①, ②, ③ を満たす。
したがって，k は最小値 9 をとり，求める a, b の組は

　　$(a, b) = (^{\mathcal{P}}\mathbf{2}, {}^{\mathcal{イ}}\mathbf{7})$, $(^{\mathcal{ウ}}\mathbf{3}, {}^{\mathcal{エ}}\mathbf{6})$

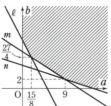
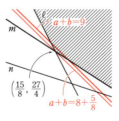

⬅ まず，k を実数として，④ が領域と共有点をもつときの b 切片 k の値を求める。

指針 99 〈円外の点から引いた2本の接線の接点を通る直線〉

円外の点から引いた2本の接線の接点を通る直線
➡ 2つの接点の座標を求めて，2点を通る直線の方程式を求めてもよいが，計算は煩雑
➡ $P(a, t)$, $A(x_1, y_1)$, $B(x_2, y_2)$ とすると，2本の接線がともに点Pを通ることから
　　　$ax_1 + ty_1 = 1$, $ax_2 + ty_2 = 1$
これより，2点 A, B がある直線上にあることがわかる。

数学重要問題集（理系）

P(a, t), A(x_1, y_1), B(x_2, y_2) とする。
点 A, B における接線の方程式は，それ
ぞれ　　$x_1 x + y_1 y = 1$, $x_2 x + y_2 y = 1$
それぞれの直線が点Pを通るから
$$a x_1 + t y_1 = 1,\quad a x_2 + t y_2 = 1$$
これは 2 点 A, B が直線 $ax+ty=1$ 上
にあることを示している。

すなわち，直線 AB の方程式は　　$ax+ty=1$
したがって　　　$ax-1+ty=0$
この等式が任意の t について成り立つための条件は
$$ax-1=0,\quad y=0$$
$a>1$ であるから　　$x=\dfrac{1}{a}$

よって，直線 AB は，点Pによらず，点 $\left(\dfrac{1}{a},\ 0\right)$ を常に通る。

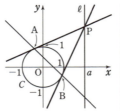

← 円 $x^2+y^2=r^2$ 上の点 $(p,\ q)$ における接線の方程式は $px+qy=r^2$

← $(x_1,\ y_1)$, $(x_2,\ y_2)$ が方程式 $ax+ty=1$ を満たしている。

← 2 点を通る直線はただ 1 つなので，直線 $ax+ty=1$ と直線 AB は一致する。

関数ツールで確認!!

指針 100　〈三角形の重心の軌跡と円の位置関係〉

(1)　円 C と直線 ℓ が共有点をもたない　➡　（C の中心と直線 ℓ の距離）＞（C の半径）
(2)　P$(s,\ t)$, Q$(x,\ y)$ として，s を x で，t を y で表して，$(s-2)^2+(t-1)^2=2^2$ に代入する。
(3)　ただ 1 つの共有点をもつ　➡　内接の場合と外接の場合がある

---

(1)　円 $C : (x-2)^2+(y-1)^2=2^2$
　　直線 $\ell : x+2y-2k=0$
　　円 C と直線 ℓ が共有点をもたないから，円 C の中心 $(2, 1)$ と直線 ℓ の距離 d は，円 C の半径 2 より大きい。
$$d=\dfrac{|2+2\cdot 1-2k|}{\sqrt{1^2+2^2}}=\dfrac{2|k-2|}{\sqrt{5}}$$
　　よって　　$\dfrac{2|k-2|}{\sqrt{5}}>2$　　すなわち　$|k-2|>\sqrt{5}$
　　ゆえに　　$k-2<-\sqrt{5}$, $\sqrt{5}<k-2$
　　すなわち　$k<2-\sqrt{5}$, $2+\sqrt{5}<k$
　　k は正の定数であるから　　$k>2+\sqrt{5}$　……①

(2)　点 P の座標を $(s,\ t)$, 点 Q の座標を $(x,\ y)$ とする。
　　点 Q は $\triangle$PAB の重心であるから
$$x=\dfrac{s+2+(2k-2)}{3},$$
$$y=\dfrac{t+(k-1)+1}{3}$$
　　よって　　$s=3x-2k$, $t=3y-k$
　　P$(s,\ t)$ は円 C 上の点であるから
$$(s-2)^2+(t-1)^2=2^2$$
　　よって　　$(3x-2k-2)^2+(3y-k-1)^2=4$

← 円 C と直線 ℓ が共有点をもたないとき
（C の中心と直線 ℓ の距離）＞（C の半径）

← $|A|>c$　（c は正の数）
$\longrightarrow$ $A<-c$, $c<A$

ゆえに $\left(x-\dfrac{2k+2}{3}\right)^2+\left(y-\dfrac{k+1}{3}\right)^2=\left(\dfrac{2}{3}\right)^2$

したがって，点Qの軌跡は中心 $\left(\dfrac{2k+2}{3},\ \dfrac{k+1}{3}\right)$，半径 $\dfrac{2}{3}$ の円である。

⬅ $(3x-2k-2)^2$
$=\left\{3\left(x-\dfrac{2k+2}{3}\right)\right\}^2$
$(3y-k-1)^2$
$=\left\{3\left(y-\dfrac{k+1}{3}\right)\right\}^2$

(3) 点Qの軌跡を C' とする。
C と C' の中心間の距離の2乗は
$$\left(\dfrac{2k+2}{3}-2\right)^2+\left(\dfrac{k+1}{3}-1\right)^2=\dfrac{5(k-2)^2}{9}$$
C と C' が内接するとき，2つの円の半径の差と中心間の距離は等しいから $\left(2-\dfrac{2}{3}\right)^2=\dfrac{5(k-2)^2}{9}$

⬅ (半径の差)²
　 ＝(中心間の距離)²

これを解くと $k=2\pm\dfrac{4\sqrt{5}}{5}$

これは ① を満たさない。
C と C' が外接するとき，2つの円の半径の和と中心間の距離は等しいから $\left(2+\dfrac{2}{3}\right)^2=\dfrac{5(k-2)^2}{9}$

⬅ (半径の和)²
　 ＝(中心間の距離)²

これを解くと $k=2\pm\dfrac{8\sqrt{5}}{5}$

このうち，① を満たすのは $k=2+\dfrac{8\sqrt{5}}{5}$ である。

したがって，k の値は $k=2+\dfrac{8\sqrt{5}}{5}$

関数ツールで確認!!

指針 101 〈2直線の交点の軌跡〉

(1) (＊)の左辺を因数分解する。
(3) 2直線の傾きに着目する。$m=0$, $m\neq 0$ で場合分け。

(1) 方程式(＊)を x について整理すると
$$mx^2+(1-m^2)yx+(-my+5)(y-5m)=0$$
よって $\{mx+(y-5m)\}\{x+(-my+5)\}=0$
ゆえに $mx+y-5m=0$, $x-my+5=0$
したがって，方程式(＊)が表す図形は，直線
$mx+y-5m=0$ ……①, $x-my+5=0$ ……②
である。直線① と直線② が平行になるための条件は
$m\cdot(-m)-1\cdot 1=0$ すなわち $m^2+1=0$
この等式を満たす実数 m は存在しないから，直線① と直線② は平行でない。よって，一致することもない。
ゆえに，方程式(＊)が表す図形は2直線である。

(2) ① を m について整理すると $(x-5)m+y=0$
この等式が m の値にかかわらず成り立つための条件は
$x-5=0$, $y=0$
よって，直線① が常に通る定点は 点 $(5,\ 0)$
② を m について整理すると $(-y)m+(x+5)=0$

⬅ $\begin{array}{c}m\diagup y-5m \to y-5m\\1\diagup -my+5 \to -m^2y+5m\\\hline(1-m^2)y\end{array}$

⬅ 2直線 $ax+by+c=0$,
$a'x+b'y+c'=0$ が平行
$\iff ab'-a'b=0$

⬅ 2直線であることを示すため，直線① と直線② が一致しないことを確かめる必要がある。

この等式が m の値にかかわらず成り立つための条件は
$$-y=0,\ x+5=0$$
よって，直線 ② が常に通る定点は　　点 $(-5,\ 0)$

(3) 2直線の交点を $\mathrm{P}(x,\ y)$ とする。

[1] $m=0$ のとき　　①，② より $x=-5,\ y=0$ であるから
$$\mathrm{P}(-5,\ 0)$$

[2] $m \ne 0$ のとき
(2)で求めた定点 $(5,\ 0),\ (-5,\ 0)$ を
それぞれ A，B とする。
直線 ① は　　$y=-mx+5m$
直線 ② は　　$y=\dfrac{1}{m}x+\dfrac{5}{m}$
よって，直線 ① と直線 ② の傾きの積は
$$(-m)\cdot\dfrac{1}{m}=-1$$
ゆえに，直線 ① と直線 ② は m の値にかかわらず直交するから
$$\angle \mathrm{APB}=90°$$
したがって，**点 P は AB を直径とする円周上を動く。**
ここで，$-1 \leqq m \leqq 3$ より
$$-3 \leqq -m \leqq 1$$
$-m=-3$ すなわち $m=3$ のとき
$$\mathrm{P}(4,\ 3)$$
$-m=1$ すなわち $m=-1$ のとき
$$\mathrm{P}(0,\ -5)$$
[1]，[2] から，2直線の交点の軌跡を図示
すると，右の図の実線部分のようになる。

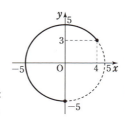

←①，② を連立させて，交点の x 座標を求め，m を消去して交点の軌跡を求めることもできるが，計算がやや煩雑になる。

関数ツールで確認!!

指針 102 〈線分の垂直二等分線が通過する領域〉

(2) 線分 OA の垂直二等分線の方程式を t の2次方程式とみる。
直線が点 $(x,\ y)$ を通る　➡　$x,\ y$ を係数とする t についての2次方程式が $|t| \geqq 1$ の範囲に実数解をもつと考える

(1) 直線 OA の傾きは　$\dfrac{1}{t}$

また，線分 OA の中点の座標は　$\left(\dfrac{t}{2},\ \dfrac{1}{2}\right)$

よって，線分 OA の垂直二等分線の方程式は　$y=-t\left(x-\dfrac{t}{2}\right)+\dfrac{1}{2}$

すなわち　　$y=-tx+\dfrac{t^2}{2}+\dfrac{1}{2}$　　ただし　$t \leqq -1,\ 1 \leqq t$

←線分 OA の中点 $\left(\dfrac{t}{2},\ \dfrac{1}{2}\right)$ を通り，直線 OA に垂直な直線。

(2) $y=-tx+\dfrac{t^2}{2}+\dfrac{1}{2}$ を t について整理すると
$$t^2-2xt-2y+1=0 \quad \cdots\cdots ①$$
線分 OA の垂直二等分線が点 $(x,\ y)$ を通るための条件は，① を満たす実数 t が $|t| \geqq 1$ の範囲に存在することである。

←t についての2次方程式とみる。

$f(t)=t^2-2xt-2y+1$ とおく。
$s=f(t)$ のグラフの軸 $t=x$ について考える。

[1] $-1 \leqq x \leqq 1$ のとき
　このとき，求める条件は　　$f(-1) \leqq 0$ または $f(1) \leqq 0$
　したがって　　$y \geqq x+1$ または $y \geqq -x+1$

←$f(-1)=2x-2y+2$
　$f(1)=-2x-2y+2$

[2] $x<-1$，$1<x$ のとき
　t についての 2 次方程式 ① の判別式を D とすると，求める条件
　は　　$D \geqq 0$
　$\dfrac{D}{4}=(-x)^2-(-2y+1)=x^2+2y-1$
　より　$x^2+2y-1 \geqq 0$
　すなわち　　$y \geqq -\dfrac{1}{2}x^2+\dfrac{1}{2}$

以上から，求める範囲は右の図の斜線
部分になる。ただし，境界線を含む。

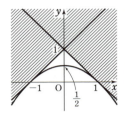

指針 103 〈点 $(x+y, xy)$ の動く範囲〉

(1) $x^2+y^2 \leqq 1$ から s，t が満たす不等式を導く。
　s，t が満たす条件はそれだけではないことに注意
　➡ $X^2-sX+t=0$ の実数解が x，y であるから，s，t の満たす条件がある
(2) $xy+m(x+y)=t+ms$
　$t+ms=k$ とおくと，これは st 平面上で傾きが $-m$ ($\leqq 0$)，t 切片が k の直線を表す。
　傾き $-m$ の値によって，最小値をとる点が異なる ➡ 場合分けが必要

---

(1) $x^2+y^2 \leqq 1$ から　$(x+y)^2-2xy \leqq 1$
　よって　　$s^2-2t \leqq 1$　……①
　また，x，y は方程式 $X^2-sX+t=0$ の 2 つの実数解であるから，
　この 2 次方程式の判別式を D とすると　　$D \geqq 0$
　ゆえに　　$s^2-4t \geqq 0$　……②
　①，② から点 (s, t) の動く範囲は
$$\dfrac{1}{2}s^2-\dfrac{1}{2} \leqq t \leqq \dfrac{1}{4}s^2$$
よって，求める範囲は右の図の斜線部
分になる。
ただし，境界線を含む。

←この条件を忘れないように！

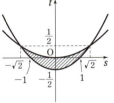

(2) $s=x+y$，$t=xy$ とすると　$xy+m(x+y)=t+ms$
　$t+ms=k$ ……③ とおくと，これは st 平面上で傾きが $-m$ ($\leqq 0$)，
　t 切片が k の直線を表す。

図から，直線③ が点 $\left(\sqrt{2}, \dfrac{1}{2}\right)$ を通
るとき，k は最大である。
よって，k の最大値は　$\dfrac{1}{2}+\sqrt{2}\,m$

次に，直線 ③ が放物線

←$t+ms=k$ から
　$t=-ms+k$

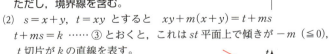

←③ において $s=\sqrt{2}$，
　$t=\dfrac{1}{2}$ のとき

$t = \dfrac{1}{2}s^2 - \dfrac{1}{2}$ …… ④ に接するときの k と s の値を求める。

③ と ④ から t を消去して整理すると
$$s^2 + 2ms - (2k+1) = 0 \quad \cdots\cdots ⑤$$
直線③が放物線④に接するとき、⑤ の判別式を D とすると
$$D = 0$$
$\dfrac{D}{4} = m^2 + (2k+1) = m^2 + 2k + 1$ から　　$m^2 + 2k + 1 = 0$

ゆえに　　$k = -\dfrac{m^2+1}{2}$

このとき、⑤ は重解をもち　$s = -\dfrac{2m}{2} = -m$

← k が最小となるのは、直線③が放物線④に接するときと考えられるが、接点が(1)で求めた領域内にある必要がある。そこで接点の座標を求める。

[1] $-\sqrt{2} \leqq -m \leqq 0$ すなわち $0 \leqq m \leqq \sqrt{2}$ のとき

図から、k が最小になるのは、直線③が放物線④に接するときである。

よって、k の最小値は　$-\dfrac{m^2+1}{2}$

← 接点が領域内にある場合

[2] $m > \sqrt{2}$ のとき

図から、k が最小になるのは、直線③が点 $\left(-\sqrt{2}, \dfrac{1}{2}\right)$ を通るときである。

よって、k の最小値は　$\dfrac{1}{2} - \sqrt{2}\,m$

← 接点が領域内にない場合

以上より、k の最大値は　$\dfrac{1}{2} + \sqrt{2}\,m$

k の最小値　$0 \leqq m \leqq \sqrt{2}$ のとき　$-\dfrac{m^2+1}{2}$

　　　　　　$m > \sqrt{2}$ のとき　　$\dfrac{1}{2} - \sqrt{2}\,m$

指針 104 〈2つの球に外接する球と軌跡〉

(1) 2つの球の中心と P_1、P_2 を通る断面で考える。

(2) 平面 α に座標を設定して考える。P_1 を原点とし、S_1 と S_2 の両方に外接する球と α の接点 (x, y) の軌跡を求める。

(1) S_1、S_2 の中心をそれぞれ O_1、O_2 とし、P_1、P_2、O_1、O_2 を通る平面で球と α を切ったときの断面は、右の図のようになる。

$r_1 < r_2$ として考える。

点 O_1 から線分 O_2P_2 に下ろした垂線を O_1H とする。

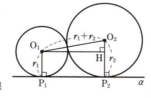

ここで　　$P_1P_2 = O_1H$、$HP_2 = O_1P_1 = r_1$

$\triangle O_1O_2H$ において、$\angle H = 90°$ であるから
$$O_1H^2 = O_1O_2{}^2 - O_2H^2 = (r_1+r_2)^2 - (r_2-r_1)^2 = 4r_1r_2$$

$O_1H > 0$ であるから　　$O_1H = 2\sqrt{r_1r_2}$

よって　　$P_1P_2 = 2\sqrt{r_1r_2}$

同様に，$r_1 > r_2$ としても $P_1P_2 = 2\sqrt{r_1 r_2}$
$r_1 = r_2$ のとき，$P_1P_2 = O_1O_2$ であるから $P_1P_2 = r_1 + r_2 = 2r_1$
また，$r_1 = r_2$ のとき $2\sqrt{r_1 r_2} = 2\sqrt{r_1^2} = 2r_1$ であるから，
$r_1 = r_2$ のときも $P_1P_2 = 2\sqrt{r_1 r_2}$ は成り立つ。
したがって $\mathbf{P_1P_2} = 2\sqrt{r_1 r_2}$

← $r_1 = r_2$ の場合，$r_1 \neq r_2$ の場合と状況が異なるので，確認する。

(2) 平面 α の上に乗っており，S_1 と S_2 の両方に外接している球を S_3 とおき，S_3 の半径を r_3 とおく。
また，S_3 が平面 α と接する点を P_3 とする。
(1) と同様に考えると $P_1P_3 = 2\sqrt{r_1 r_3}$ ……①
$P_2P_3 = 2\sqrt{r_2 r_3}$ ……②
①，② から $\sqrt{r_3}$ を消去すると $\sqrt{r_2}\, P_1P_3 = \sqrt{r_1}\, P_2P_3$ ……③

← ①÷② から
$\dfrac{P_1P_3}{P_2P_3} = \dfrac{\sqrt{r_1}}{\sqrt{r_2}}$ など

ここで，平面 α に $P_1(0, 0)$，$P_2(2\sqrt{r_1 r_2}, 0)$ となるように座標軸をとり，$P_3(x, y)$ とおくと $P_1P_3 = \sqrt{x^2 + y^2}$
$P_2P_3 = \sqrt{(x - 2\sqrt{r_1 r_2})^2 + y^2}$
③ に代入して $\sqrt{r_2}\sqrt{x^2 + y^2} = \sqrt{r_1}\sqrt{(x - 2\sqrt{r_1 r_2})^2 + y^2}$
両辺を 2 乗して $r_2(x^2 + y^2) = r_1\{(x - 2\sqrt{r_1 r_2})^2 + y^2\}$
整理すると $(r_1 - r_2)(x^2 + y^2) - 4r_1\sqrt{r_1 r_2}\, x + 4r_1^2 r_2 = 0$ ……④

[1] $r_1 = r_2$ のとき
④ は $-4r_1^2 x + 4r_1^3 = 0$ 整理すると $x = r_1$
よって，点 P_3 は直線 $x = r_1$ 上の点である。

[2] $r_1 \neq r_2$ のとき
④ を変形すると $\left(x - \dfrac{2r_1\sqrt{r_1 r_2}}{r_1 - r_2}\right)^2 + y^2 = \dfrac{4r_1^2 r_2^2}{(r_1 - r_2)^2}$
よって，点 P_3 は $\left(\dfrac{2r_1\sqrt{r_1 r_2}}{r_1 - r_2},\ 0\right)$ を中心とする半径 $\dfrac{2r_1 r_2}{|r_1 - r_2|}$ の円周上の点である。

[1]，[2] から，接点 P_3 は 1 つの円の上または 1 つの直線の上にある。

8 三角比・三角関数

指針 105 〈三角比・三角関数を含む式の値〉

(1) 次のことを利用する。
 ① 三角比の相互関係
  ① $\tan\theta = \dfrac{\sin\theta}{\cos\theta}$ ② $\sin^2\theta + \cos^2\theta = 1$ ③ $1 + \tan^2\theta = \dfrac{1}{\cos^2\theta}$
 ② $90° - \theta$ の三角比
  $\sin(90° - \theta) = \cos\theta$，$\cos(90° - \theta) = \sin\theta$，$\tan(90° - \theta) = \dfrac{1}{\tan\theta}$

(2) 基本対称式 $\sin\theta + \cos\theta$，$\sin\theta\cos\theta$ で表す。

(1) $\tan^2 35° \sin^2 55° = (\tan 35° \sin 55°)^2 = \{\tan 35° \sin(90° - 35°)\}^2$
$= (\tan 35° \cos 35°)^2 = \left(\dfrac{\sin 35°}{\cos 35°} \cdot \cos 35°\right)^2 = \sin^2 35°$

← $\sin(90° - \theta) = \cos\theta$

$$\tan^2 55° \sin^2 35° = (\tan 55° \sin 35°)^2 = \{\tan(90°-35°)\sin 35°\}^2$$
$$= \left(\frac{1}{\tan 35°}\cdot \sin 35°\right)^2 = \left(\frac{\cos 35°}{\sin 35°}\cdot \sin 35°\right)^2 = \cos^2 35°$$

$$(1+\tan^2 35°)\sin^2 55° = \frac{1}{\cos^2 35°}\cdot \sin^2(90°-35°)$$
$$= \frac{1}{\cos^2 35°}\cdot \cos^2 35° = 1$$

← $\tan(90°-\theta) = \dfrac{1}{\tan\theta}$

← $1+\tan^2\theta = \dfrac{1}{\cos^2\theta}$

よって　　$\tan^2 35° \sin^2 55° + \tan^2 55° \sin^2 35° + (1+\tan^2 35°)\sin^2 55°$
　　　　$= \sin^2 35° + \cos^2 35° + 1 = 1+1 = \mathbf{2}$

← $\sin^2\theta + \cos^2\theta = 1$

(2)　$\sin\theta + \cos\theta = \dfrac{1}{2}$ の両辺を 2 乗すると

$$\sin^2\theta + 2\sin\theta\cos\theta + \cos^2\theta = \frac{1}{4}$$

← $\sin^2\theta + \cos^2\theta = 1$

よって　　$1+2\sin\theta\cos\theta = \dfrac{1}{4}$　　ゆえに　　$\sin\theta\cos\theta = -\dfrac{3}{8}$

したがって　　$\tan\theta + \dfrac{1}{\tan\theta} = \dfrac{\sin\theta}{\cos\theta} + \dfrac{\cos\theta}{\sin\theta} = \dfrac{\sin^2\theta + \cos^2\theta}{\sin\theta\cos\theta}$
　　　　　　　$= \dfrac{1}{\sin\theta\cos\theta} = -\dfrac{\mathbf{8}}{\mathbf{3}}$

指針 106 〈三角形の形状の決定〉

正弦定理，余弦定理 を用いて，与えられた等式から，辺の関係などを導く。
　例　　$b = c$　　➡　AB = AC の二等辺三角形
　　　　$a^2 + b^2 = c^2$　➡　$\angle C = 90°$ の直角三角形

(1)　余弦定理により　$a\cos A = c\cos C$ は
$$a\cdot \frac{b^2+c^2-a^2}{2bc} = c\cdot \frac{a^2+b^2-c^2}{2ab}$$

← $\cos A = \dfrac{b^2+c^2-a^2}{2bc}$
　$\cos C = \dfrac{a^2+b^2-c^2}{2ab}$

よって　　$a^2(b^2+c^2-a^2) - c^2(a^2+b^2-c^2) = 0$
ゆえに　　$(a^2-c^2)\{b^2-(a^2+c^2)\} = 0$

← $a^2(b^2-a^2-c^2)$
　　$-c^2(b^2-a^2-c^2) = 0$

よって　　$a = c$ または $b^2 = a^2 + c^2$
ゆえに，△ABC は
　BC = AB の二等辺三角形 または **$\angle \mathbf{B} = 90°$ の直角三角形**

(2)　△ABC の外接円の半径を R とすると，正弦定理から
$$\frac{b}{\sin B} = \frac{c}{\sin C} = 2R$$

よって　　$\sin B = \dfrac{b}{2R}$,　$\sin C = \dfrac{c}{2R}$　……①

余弦定理から　　$\cos A = \dfrac{b^2+c^2-a^2}{2bc}$　……②

← $\sin B$, $\sin C$, $\cos A$ を a, b, c などを用いて表す。

$\sin C = 2\cos A \sin B$ が成り立つとき，①，② を代入して
$$\frac{c}{2R} = 2\cdot \frac{b^2+c^2-a^2}{2bc}\cdot \frac{b}{2R}$$

両辺に $2cR$ をかけて　　$c^2 = b^2 + c^2 - a^2$
よって　　$a^2 = b^2$
$a > 0$, $b > 0$ であるから　　$a = b$
ゆえに，△ABC は　**BC = CA の二等辺三角形**

94　数学重要問題集（理系）

別解 $2\cos A\sin B = \sin(A+B) - \sin(A-B)$
$A+B+C=\pi$ から $\sin(A+B) = \sin(\pi-C) = \sin C$
よって，$\sin C = 2\cos A \sin B$ が成り立つから
$\sin C = \sin C - \sin(A-B)$ すなわち $\sin(A-B) = 0$
$-\pi < A-B < \pi$ であるから $A-B = 0$
ゆえに，△ABC は **BC＝CA** の二等辺三角形

←三角関数の積 → 和の公式
$\cos\alpha\sin\beta$
$=\dfrac{1}{2}\{\sin(\alpha+\beta)-\sin(\alpha-\beta)\}$

←$-\pi < \theta < \pi$ のとき，
$\sin\theta = 0$ の解は $\theta = 0$

指針 107 〈円に内接する四角形〉

(1) △ABD，△BCD それぞれにおいて **余弦定理** を適用
（∠BCD＝180°−∠DAB を利用）
(2) △ABD，△BCD それぞれの面積の和を求める。

(1) △ABD において，余弦定理から
$$BD^2 = a^2 + b^2 - 2ab\cos\theta \quad \cdots\cdots ①$$
四角形 ABCD は円に内接しているので
$$\angle BCD = 180° - \theta$$
△BCD において，余弦定理から
$$BD^2 = c^2 + d^2 - 2cd\cos(180°-\theta)$$
$$= c^2 + d^2 + 2cd\cos\theta \quad \cdots\cdots ②$$
①，② から $a^2+b^2-2ab\cos\theta = c^2+d^2+2cd\cos\theta$
よって $a^2+b^2-c^2-d^2 = 2(ab+cd)\cos\theta$

(2) $T = △ABD + △BCD$
$= \dfrac{1}{2}ab\sin\theta + \dfrac{1}{2}cd\sin(180°-\theta)$
$= \dfrac{1}{2}(ab+cd)\sin\theta$

また，$\sin\theta > 0$ であるから $\sin\theta = \sqrt{1-\cos^2\theta}$

(1) から $\cos\theta = \dfrac{a^2+b^2-c^2-d^2}{2(ab+cd)}$

よって
$T = \dfrac{1}{2}(ab+cd)\sqrt{1-\left\{\dfrac{a^2+b^2-c^2-d^2}{2(ab+cd)}\right\}^2}$

$= \dfrac{1}{4}\sqrt{\{2(ab+cd)\}^2 - (a^2+b^2-c^2-d^2)^2}$

$= \dfrac{1}{4}\sqrt{\{2(ab+cd)+(a^2+b^2-c^2-d^2)\}}$
$\qquad\qquad \times \sqrt{\{2(ab+cd)-(a^2+b^2-c^2-d^2)\}}$

$= \dfrac{1}{4}\sqrt{\{(a+b)^2-(c-d)^2\}\{(c+d)^2-(a-b)^2\}}$

$= \dfrac{1}{4}\sqrt{(a+b+c-d)(a+b-c+d)}$
$\qquad\qquad \times \sqrt{(c+d+a-b)(c+d-a+b)}$

$= \dfrac{1}{4}\sqrt{2(s-d)\cdot 2(s-c)\cdot 2(s-b)\cdot 2(s-a)}$

$= \sqrt{(s-a)(s-b)(s-c)(s-d)}$

←円に内接する四角形の対角の和は 180°

←$\cos(180°-\theta) = -\cos\theta$

←θ を消去。

108 〈四面体上の点で作られる三角形の面積の最小値〉

(2) (1)の結果を利用して △AEC に余弦定理を適用する。
(3) △ECD は EC＝ED の二等辺三角形である。
　→　E から辺 CD に垂線 EH を下ろすと，EH が最小のとき △ECD の面積も最小になる。

(1) $\cos \angle BAC = \dfrac{3^2+3^2-2^2}{2\cdot 3\cdot 3} = \dfrac{7}{9}$ ←余弦定理

(2) EC＝ED であり，△AEC に余弦定理を用いると
$$EC^2 = m^2 + 3^2 - 2\cdot m \cdot 3 \cdot \dfrac{7}{9}$$
$$= \dfrac{3m^2-14m+27}{3}$$

$3m^2-14m+27 = 3\left(m-\dfrac{7}{3}\right)^2 + \dfrac{32}{3} > 0$,

EC＞0 であるから　　$EC = ED = \dfrac{\sqrt{9m^2-42m+81}}{3}$

←(1)の結果を利用。

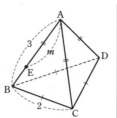

(3) △ECD は EC＝ED の二等辺三角形であるから，E から辺 CD に垂線 EH を下ろすと，H は辺 CD の中点である。

このとき　△ECD $= \dfrac{1}{2}$EH・CD

また　　EH $= \sqrt{EC^2-1}$ ……①

←三平方の定理

したがって，EC が最小となるとき，EH も最小となり，このとき，△ECD の面積も最小となる。

(1)より　　EC $= \dfrac{\sqrt{9m^2-42m+81}}{3} = \dfrac{\sqrt{(3m-7)^2+32}}{3}$

したがって，EC が最小となるのは $m=\dfrac{7}{3}$ のときで，このとき
$$EC = \dfrac{4\sqrt{2}}{3}$$

よって，①より　　EH $= \dfrac{\sqrt{23}}{3}$

ゆえに，△ECD の面積は，$m=\dfrac{7}{3}$ のとき最小値
$$\dfrac{1}{2} \cdot \dfrac{\sqrt{23}}{3} \cdot 2 = \dfrac{\sqrt{23}}{3}$$
をとる。

(4) $m=\dfrac{7}{3}$ のとき　　BE $= \dfrac{2}{3}$

このとき，△BEC において，$BC^2 = BE^2 + EC^2$ であるから
　　∠BEC＝90°
同様に，∠BED＝90° であるから，辺 BE は平面 ECD に垂直である。
よって，求める体積は　　$\dfrac{1}{3} \cdot BE \cdot \triangle ECD = \dfrac{1}{3} \cdot \dfrac{2}{3} \cdot \dfrac{\sqrt{23}}{3} = \dfrac{2\sqrt{23}}{27}$

指針 109 〈線分の2乗の和の最小値〉

(2) 三平方の定理や正弦,余弦の値を利用して,$AP^2+BP^2+CP^2$ を s の式で表す。

(1) △ABC において,余弦定理から
$$\cos\theta = \frac{1^2+1^2-\left(\frac{1}{2}\right)^2}{2\cdot 1\cdot 1} = \frac{7}{8}$$
$0°<\theta<180°$ より,$\sin\theta>0$ であるから
$$\sin\theta = \sqrt{1-\cos^2\theta} = \sqrt{1-\left(\frac{7}{8}\right)^2} = \frac{\sqrt{15}}{8}$$

◀ 3辺の長さが分かっているので,ここでは余弦定理を使うとよい。

(2) △APH は ∠PHA = 90° の直角三角形であり,△PCH は ∠CHP = 90° の直角三角形であるから
$$AP^2+BP^2+CP^2 = AH^2+PH^2+BP^2+CH^2+PH^2$$
ここで,(1)から $AH = \cos\theta = \frac{7}{8}$,$BH = \sin\theta = \frac{\sqrt{15}}{8}$

ゆえに
$$AP^2+BP^2+CP^2 = \left(\frac{7}{8}\right)^2 + 2\left\{\frac{\sqrt{15}}{8}(1-s)\right\}^2 + \left(\frac{\sqrt{15}}{8}s\right)^2 + \left(\frac{1}{8}\right)^2$$
$$= \frac{1}{64}(45s^2-60s+80) = \frac{45}{64}\left(s^2-\frac{4}{3}s+\frac{16}{9}\right)$$
$$= \frac{45}{64}\left(s-\frac{2}{3}\right)^2 + \frac{15}{16}$$

◀ $BP=sBH$,$CH=AC-AH$

$0<s<1$ であるから,$AP^2+BP^2+CP^2$ は,$s=\frac{2}{3}$ のとき最小値 $\frac{15}{16}$ をとる。

指針 110 〈三角関数を含む方程式,不等式〉

(1) 方程式の両辺に $\cos x$ ($\neq 0$) を掛けて考える。途中,三角関数の合成を用いる。
(2) (ア) 加法定理を用いる。
　　　※以下の **3倍角の公式** はそのまま使用してもよい。
　　　　$\sin 3\alpha = 3\sin\alpha - 4\sin^3\alpha$,$\cos 3\alpha = -3\cos\alpha + 4\cos^3\alpha$
　　(イ) 与えられた不等式を $\sin x$ だけの式で表す。x の値の範囲に注意。

(1) $0 \leq x < \frac{\pi}{2}$ から $\cos x \neq 0$

方程式 $1+\cos x-\sin x-\tan x=0$ の両辺に $\cos x$ を掛けると
$$\cos x+\cos^2 x-\sin x\cos x-\sin x=0$$
ゆえに $(1+\cos x)(\cos x-\sin x)=0$

$0 \leq x < \frac{\pi}{2}$ より $1+\cos x \neq 0$ であるから $\cos x-\sin x=0$

よって,$\sin x-\cos x=0$ から $\sqrt{2}\sin\left(x-\frac{\pi}{4}\right)=0$

$-\frac{\pi}{4} \leq x-\frac{\pi}{4} < \frac{\pi}{4}$ から $x-\frac{\pi}{4}=0$　　よって $x={}^{\mathcal{F}}\frac{\pi}{4}$

◀ $\tan x \cdot \cos x$
$= \frac{\sin x}{\cos x}\cdot \cos x$
$= \sin x$

数学重要問題集（理系）　97

また $|\cos x - \sin x| = \sqrt{2}\left|\sin\left(x - \dfrac{\pi}{4}\right)\right|$

$|\cos x - \sin x| \leqq \dfrac{\sqrt{2}}{2}$ から $\sqrt{2}\left|\sin\left(x - \dfrac{\pi}{4}\right)\right| \leqq \dfrac{\sqrt{2}}{2}$

よって，$\left|\sin\left(x - \dfrac{\pi}{4}\right)\right| \leqq \dfrac{1}{2}$ から $-\dfrac{1}{2} \leqq \sin\left(x - \dfrac{\pi}{4}\right) \leqq \dfrac{1}{2}$

$-\dfrac{\pi}{4} \leqq x - \dfrac{\pi}{4} < \dfrac{\pi}{4}$ であるから $-\dfrac{\pi}{6} \leqq x - \dfrac{\pi}{4} \leqq \dfrac{\pi}{6}$

したがって，求める x の範囲は $^{イ}\dfrac{\pi}{12} \leqq x \leqq \dfrac{5}{12}\pi$

←$|\cos x - \sin x|$
$= |\sin x - \cos x|$

(2) (ア) $\sin 3\theta = \sin(2\theta + \theta) = \sin 2\theta \cos\theta + \cos 2\theta \sin\theta$
$ = 2\sin\theta \cos\theta \cdot \cos\theta + (1 - 2\sin^2\theta)\sin\theta$
$ = 2\sin\theta(1 - \sin^2\theta) + \sin\theta - 2\sin^3\theta$
$ = 3\sin\theta - 4\sin^3\theta = 3 \cdot \dfrac{1}{5} - 4 \cdot \left(\dfrac{1}{5}\right)^3 = \dfrac{\mathbf{71}}{\mathbf{125}}$

(イ) $-2\sin 3x - \cos 2x + 3\sin x + 1 \leqq 0$ から
$-2(3\sin x - 4\sin^3 x) - (1 - 2\sin^2 x) + 3\sin x + 1 \leqq 0$
整理すると $8\sin^3 x + 2\sin^2 x - 3\sin x \leqq 0$
よって $\sin x(8\sin^2 x + 2\sin x - 3) \leqq 0$
ゆえに $\sin x(2\sin x - 1)(4\sin x + 3) \leqq 0$
$0 \leqq x \leqq \pi$ より，$4\sin x + 3 > 0$ であるから
$\sin x(2\sin x - 1) \leqq 0$ ゆえに $0 \leqq \sin x \leqq \dfrac{1}{2}$
$0 \leqq x \leqq \pi$ であるから $0 \leqq x \leqq \dfrac{\pi}{6}, \dfrac{5}{6}\pi \leqq x \leqq \pi$

←(ア) から
$\sin 3x = 3\sin x - 4\sin^3 x$

←$0 \leqq x \leqq \pi$ から
$0 \leqq \sin x \leqq 1$
よって $4\sin x + 3 > 0$

指針 111 〈三角関数を含む関数の最大・最小〉
(1) 三角関数の合成を利用する。
(2) $t = \sin\theta + \sqrt{3}\cos\theta$ の両辺を2乗する。
(3) $f(\theta)$ を t の式で表し，k の値の範囲によって場合分けして考える。
➡ 最大値と最小値で場合分けの仕方が異なるので注意

---

(1) $t = \sin\theta + \sqrt{3}\cos\theta = 2\sin\left(\theta + \dfrac{\pi}{3}\right)$

$0 \leqq \theta \leqq \dfrac{2}{3}\pi$ より $\dfrac{\pi}{3} \leqq \theta + \dfrac{\pi}{3} \leqq \pi$ であるから $0 \leqq \sin\left(\theta + \dfrac{\pi}{3}\right) \leqq 1$

よって $\mathbf{0 \leqq t \leqq 2}$

(2) $t^2 = (\sin\theta + \sqrt{3}\cos\theta)^2$ から
$t^2 = \sin^2\theta + 2\sqrt{3}\sin\theta\cos\theta + 3\cos^2\theta$
$ = \dfrac{1 - \cos 2\theta}{2} + \sqrt{3}\sin 2\theta + 3 \cdot \dfrac{1 + \cos 2\theta}{2}$
$ = \sqrt{3}\sin 2\theta + \cos 2\theta + 2$
よって $\sqrt{3}\sin 2\theta + \cos 2\theta = t^2 - 2$

(3) (1), (2) から
$f(\theta) = t^2 - 2 - 2kt + 6 = (t - k)^2 - k^2 + 4$ $(0 \leqq t \leqq 2)$

$f(\theta)$ の最大値を考える。

[1] $k \leqq 1$ のとき
　　$t = 2$ で最大値 $-4k+8$ をとる。
[2] $k > 1$ のとき
　　$t = 0$ で最大値 4 をとる。

$f(\theta)$ の最小値を考える。

[3] $k < 0$ のとき
　　$t = 0$ で最小値 4 をとる。
[4] $0 \leqq k \leqq 2$ のとき
　　$t = k$ で最小値 $-k^2+4$ をとる。
[5] $k > 2$ のとき
　　$t = 2$ で最小値 $-4k+8$ をとる。

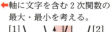
←軸に文字を含む2次関数の最大・最小を考える。
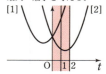
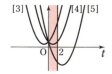

$f(\theta)$ の最大値と最小値を k の関数とみると，グラフは右の図のようになる。
よって，右の図から，最大値と最小値の差が最小となる k の値は，$0 \leqq k \leqq 1$ の範囲にある。

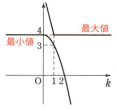

$0 \leqq k \leqq 1$ のとき，最大値と最小値の差は
　　$-4k+8-(-k^2+4) = k^2-4k+4 = (k-2)^2$
$0 \leqq k \leqq 1$ であるから，$k = 1$ で最大値と最小値の差は最小値 1 をとる。
よって，求める k の値は　　$k = 1$

指針 112 〈三角関数を係数とする2次方程式〉

(1) 与えられた方程式は2次方程式だから **判別式** を考えればよい。
(2) 方程式の左辺を $f(x)$ とおく。放物線 $y = f(x)$ が x 軸の正の部分と異なる2個の共有点をもつような θ の値の範囲を考える。
(3) 2次方程式の虚数解を t とするとき，t^3 を t の1次式で表す。t^3 は実数，t は虚数であるから，1次の係数は 0 になる。

(1) $f(x) = 2x^2 - (4\cos\theta)x + 3\sin\theta$ とし，2次方程式 $f(x) = 0$ の判別式を D とすると
$$\frac{D}{4} = (-2\cos\theta)^2 - 2\cdot 3\sin\theta = 4\cos^2\theta - 6\sin\theta$$
$$= -4\sin^2\theta - 6\sin\theta + 4$$

2次方程式 $f(x) = 0$ が虚数解をもつための条件は $D < 0$ であるから
　　　　$2\sin^2\theta + 3\sin\theta - 2 > 0$
よって　　$(\sin\theta + 2)(2\sin\theta - 1) > 0$
$\sin\theta + 2 > 0$ であるから　　$2\sin\theta - 1 > 0$
ゆえに　$\sin\theta > \dfrac{1}{2}$　　$0 \leqq \theta \leqq \pi$ であるから　$\dfrac{\pi}{6} < \theta < \dfrac{5}{6}\pi$

←$\cos^2\theta = 1 - \sin^2\theta$
後の計算のために，ここでは $\sin\theta$ に統一しておくとよい。
←$2x^2 + 3x - 2 = (x+2)(2x-1)$

(2) 放物線 $y = f(x)$ の軸は　　直線 $x = \cos\theta$
2次方程式 $f(x) = 0$ が異なる2つの正の解をもつための条件は，次の3つが同時に成り立つことである。

←$x = -\dfrac{-4\cos\theta}{2\cdot 2} = \cos\theta$

$D>0$, $\cos\theta>0$, $f(0)>0$

$D>0$ から　　$(\sin\theta+2)(2\sin\theta-1)<0$

$\sin\theta+2>0$ であるから　$2\sin\theta-1<0$　　よって　$\sin\theta<\dfrac{1}{2}$

$0\leqq\theta\leqq\pi$ であるから　　$0\leqq\theta<\dfrac{\pi}{6}$, $\dfrac{5}{6}\pi<\theta\leqq\pi$　……①

$\cos\theta>0$, $0\leqq\theta\leqq\pi$ から　　$0\leqq\theta<\dfrac{\pi}{2}$　……②

$f(0)>0$ から　　$\sin\theta>0$
$0\leqq\theta\leqq\pi$ であるから　　$0<\theta<\pi$　……③

①, ②, ③ から, 求める θ の値の範囲は　　$\boldsymbol{0<\theta<\dfrac{\pi}{6}}$

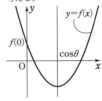

←放物線 $y=f(x)$ は下に凸であるから, 下の図のような位置にあるための条件を考える。

(3)　2次方程式 $f(x)=0$ が虚数解をもつから, (1) より
$$\dfrac{\pi}{6}<\theta<\dfrac{5}{6}\pi \quad \cdots\cdots ④$$

2次方程式 $f(x)=0$ の1つの虚数解を t とすると
$$2t^2-(4\cos\theta)t+3\sin\theta=0$$

ゆえに　　$t^2=(2\cos\theta)t-\dfrac{3}{2}\sin\theta$

よって　　$t^3=t^2\cdot t=(2\cos\theta)t^2-\dfrac{3t}{2}\sin\theta$

$\qquad\qquad\qquad =\left(4\cos^2\theta-\dfrac{3}{2}\sin\theta\right)t-3\cos\theta\sin\theta$

ここで, t^3, $\cos\theta$, $\sin\theta$ は実数, t は虚数であるから

$4\cos^2\theta-\dfrac{3}{2}\sin\theta=0$　　ゆえに　　$-4\sin^2\theta-\dfrac{3}{2}\sin\theta+4=0$

すなわち　　$8\sin^2\theta+3\sin\theta-8=0$

これを $\sin\theta$ の2次方程式として解くと　　$\sin\theta=\dfrac{-3\pm\sqrt{265}}{16}$

④ より, $\dfrac{1}{2}<\sin\theta\leqq 1$ であるから　　$\boldsymbol{\sin\theta=\dfrac{-3+\sqrt{265}}{16}}$

←1次の係数が0でないとすると, 左辺が実数, 右辺が虚数となる。

←$\sin\theta-\dfrac{1}{2}=\dfrac{-11\pm\sqrt{265}}{16}$

←$11=\sqrt{121}<\sqrt{265}$

指針 **113** 〈円に内接する三角形と線分の長さ〉

円に内接する三角形の辺の長さには正弦定理が利用できる。線分の長さは θ の三角関数で表せるので, 和の最大値を求めるには, 簡単な三角関数で表すことを考える。その際に, 三角関数の加法定理, 合成を利用する。ただし, θ の範囲に注意。

(1)　$\triangle\text{PAB}$ において, 正弦定理
により　　$\dfrac{\text{PA}}{\sin\angle\text{PBA}}=2\cdot 1$

よって　　$\textbf{PA}=\boldsymbol{2\sin\theta}$
$\triangle\text{PBC}$ において
$\qquad\angle\text{PCB}=\angle\text{ACB}-\angle\text{PCA}$
$\qquad\qquad\quad =\dfrac{\pi}{3}-\angle\text{PBA}=\dfrac{\pi}{3}-\theta$

$\qquad\angle\text{PBC}=\angle\text{ABC}+\angle\text{PBA}=\dfrac{\pi}{3}+\theta$

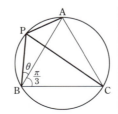

←外接円の半径は1

←円周角の定理により
$\quad\angle\text{PCA}=\angle\text{PBA}$

また，△PBC において，正弦定理により

$$\frac{PB}{\sin \angle PCB} = 2 \cdot 1, \quad \frac{PC}{\sin \angle PBC} = 2 \cdot 1$$

ゆえに $\quad \mathbf{PB} = 2\sin\left(\dfrac{\pi}{3}-\theta\right), \quad \mathbf{PC} = 2\sin\left(\dfrac{\pi}{3}+\theta\right)$

したがって

$$\begin{aligned}
PA + PB + PC &= 2\sin\theta + 2\sin\left(\frac{\pi}{3}-\theta\right) + 2\sin\left(\frac{\pi}{3}+\theta\right) \\
&= 2\sin\theta + 2\left(\frac{\sqrt{3}}{2}\cos\theta - \frac{1}{2}\sin\theta\right) \\
&\qquad + 2\left(\frac{\sqrt{3}}{2}\cos\theta + \frac{1}{2}\sin\theta\right) \\
&= 2(\sin\theta + \sqrt{3}\cos\theta) = 4\sin\left(\theta + \frac{\pi}{3}\right)
\end{aligned}$$

◀加法定理を用いることで，簡単な式になる。

◀三角関数の合成。

ここで，$\theta = \angle PBA = \angle PCA$ より，点P が弧 AB 上を動くとき

$$0 < \theta < \frac{\pi}{3} \qquad \text{よって} \qquad \frac{\pi}{3} < \theta + \frac{\pi}{3} < \frac{2}{3}\pi$$

したがって，PA + PB + PC は $\theta + \dfrac{\pi}{3} = \dfrac{\pi}{2}$，すなわち $\theta = \dfrac{\pi}{6}$ のとき，**最大値 4** をとる。

(2) (1) から

$$\begin{aligned}
PA^2 + PB^2 + PC^2 &= 4\sin^2\theta + 4\sin^2\left(\frac{\pi}{3}-\theta\right) + 4\sin^2\left(\frac{\pi}{3}+\theta\right) \\
&= 4\sin^2\theta + 4\left(\frac{\sqrt{3}}{2}\cos\theta - \frac{1}{2}\sin\theta\right)^2 \\
&\qquad + 4\left(\frac{\sqrt{3}}{2}\cos\theta + \frac{1}{2}\sin\theta\right)^2 \\
&= 6\sin^2\theta + 6\cos^2\theta = 6(\sin^2\theta + \cos^2\theta) = \mathbf{6}
\end{aligned}$$

◀加法定理を用いることで，$\sin\theta\cos\theta$ が消えて簡単な式になる。

◀$\sin^2\theta + \cos^2\theta = 1$

指針 114 〈球が内接する三角錐〉

(1) 辺 AB の中点を M，点O から △ABC に下ろした垂線を OH として，直角三角形 OHM に着目し，三角錐の高さ $h(=OH)$ と x の関係式を求める。
　➡ まず HM を求める。

(2) 相加平均・相乗平均 の不等式を利用できるように式変形する。
　※微分を利用してもよい。

---

(1) 辺 AB の中点を M とする。
点O から △ABC に下ろした垂線を OH とすると，OH ⊥ △ABC であるから，△OAH，△OBH，△OCH はいずれも ∠H = 90° の直角三角形であり　OA = OB = OC，OH は共通
よって　△OAH ≡ △OBH ≡ △OCH
ゆえに，AH = BH = CH が成り立つから，H は △ABC の外心であり，AH は △ABC の外接円の半径である。
よって，△ABC において，正弦定理により

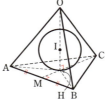

◀直角三角形の合同条件。

$$\frac{x}{\sin 60°} = 2\text{AH} \qquad \text{よって} \qquad \text{AH} = \frac{x}{\sqrt{3}}$$

◀HM を求めるため，まず AH を求めた。

ゆえに $\quad \text{HM} = \sqrt{\text{AH}^2 - \text{AM}^2} = \sqrt{\left(\frac{x}{\sqrt{3}}\right)^2 - \left(\frac{x}{2}\right)^2} = \frac{\sqrt{3}}{6}x$

三角錐 OABC に内接する球の中心を I，△OAB と球の接点を D とする。このとき，中心 I は線分 OH 上にあり，D は線分 OM 上にある。
IH，ID は内接する球の半径に等しいから
$\quad \text{IH} = \text{ID} = 1$
ここで，OM $= y$，OH $= h$ とすると，
△OMH において，三平方の定理により

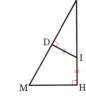

$$y^2 = \left(\frac{\sqrt{3}}{6}x\right)^2 + h^2 \quad \cdots\cdots ①$$

◀$\text{OM}^2 = \text{HM}^2 + \text{OH}^2$

また，△ODI と △OHM について，∠IOD = ∠MOH（共通），
∠ODI = ∠OHM = 90° であるから $\quad$ △ODI ∽ △OHM

◀2 組の角がそれぞれ等しい。

ゆえに $\quad$ ID : MH = OI : OM
すなわち $\quad 1 : \frac{\sqrt{3}}{6}x = (h-1) : y \quad$ よって $\quad y = \frac{\sqrt{3}}{6}x(h-1)$

これを ① に代入すると $\quad \frac{1}{12}x^2(h-1)^2 = \frac{1}{12}x^2 + h^2$

整理すると $\quad h\{(x^2-12)h - 2x^2\} = 0$
$h > 0$ より $\quad (x^2-12)h = 2x^2$
$x = 2\sqrt{3}$ はこの式を満たさないから $\quad h = \frac{2x^2}{x^2-12}$

また，$h > 0$ であるから $\quad \dfrac{2x^2}{x^2-12} > 0$

このとき $\quad x^2 - 12 > 0 \quad$ すなわち $\quad x > 2\sqrt{3} \quad \cdots\cdots ②$
よって，三角錐 OABC の体積は

$$\frac{1}{3}\triangle\text{ABC}\cdot\text{OH} = \frac{1}{3}\cdot\frac{1}{2}\cdot x\cdot\frac{\sqrt{3}}{2}x\cdot\frac{2x^2}{x^2-12} = \frac{\sqrt{3}\,x^4}{6(x^2-12)}$$

(2) (1) の結果より $\quad \dfrac{\sqrt{3}\,x^4}{6(x^2-12)} = \dfrac{\sqrt{3}}{6}\left(x^2+12+\dfrac{144}{x^2-12}\right)$

$$= \frac{\sqrt{3}}{6}\left\{(x^2-12)+\frac{144}{x^2-12}+24\right\} \quad \cdots\cdots ③$$

◀相加平均・相乗平均の不等式を利用できるように変形。

② より，$x^2-12 > 0$，$\dfrac{144}{x^2-12} > 0$ であるから，相加平均・相乗平均の大小関係により

$$(x^2-12)+\frac{144}{x^2-12} \geq 2\sqrt{(x^2-12)\cdot\frac{144}{x^2-12}} = 24$$

等号が成り立つのは，$x^2-12 = \dfrac{144}{x^2-12}$ すなわち $x^2-12 = 12$ のときである。

◀$(x^2-12)^2 = 144$
$x^2-12 > 0$ から
$x^2-12 = 12$

ゆえに $\quad x = 2\sqrt{6}$
このとき，③ は最小となり，その最小値は $\quad \dfrac{\sqrt{3}}{6}(24+24) = 8\sqrt{3}$

したがって，三角錐 OABC の体積は $x=2\sqrt{6}$ のとき最小値 $8\sqrt{3}$ をとる。

別解 $f(x)=\dfrac{x^4}{x^2-12}$ $(x>2\sqrt{3})$ とおくと

$$f'(x)=\dfrac{4x^3(x^2-12)-x^4\cdot 2x}{(x^2-12)^2}=\dfrac{2x^5-48x^3}{(x^2-12)^2}=\dfrac{2x^3(x^2-24)}{(x^2-12)^2}$$

$x>2\sqrt{3}$ において $f'(x)=0$ とすると $x=2\sqrt{6}$

よって，$x>2\sqrt{3}$ における $f(x)$ の増減表は次のようになる。

x	$2\sqrt{3}$	$\cdots$	$2\sqrt{6}$	$\cdots$
$f'(x)$		$-$	0	$+$
$f(x)$		↘	48	↗

したがって，三角錐 OABC の体積は $x=2\sqrt{6}$ のとき最小値 $\dfrac{\sqrt{3}}{6}\cdot 48=8\sqrt{3}$ をとる。

指針 115 〈和と積の公式と三角関数の方程式〉

(1) $\sin(\alpha+\beta)$, $\sin(\alpha-\beta)$ を利用する。
　※三角関数の和と積の公式は，正弦と余弦の加法定理から導けるようにしておこう。
(2) (1)の等式に $\alpha=x, 2x, \cdots\cdots, Nx$, $\beta=\dfrac{x}{2}$ をそれぞれ代入し，辺々を加える。
(3) (2)の等式に $N=4$ を代入する。(1)の式も利用し，三角関数の方程式を解く。

(1) $\sin(\alpha+\beta)=\sin\alpha\cos\beta+\cos\alpha\sin\beta$ ……①
　　$\sin(\alpha-\beta)=\sin\alpha\cos\beta-\cos\alpha\sin\beta$ ……② とする。

①−② から　　$\sin(\alpha+\beta)-\sin(\alpha-\beta)=2\cos\alpha\sin\beta$

よって　　$\cos\alpha\sin\beta=\dfrac{1}{2}\{\sin(\alpha+\beta)-\sin(\alpha-\beta)\}$

(2) (1)から　　$2\cos x\sin\dfrac{x}{2}=\sin\dfrac{3}{2}x-\sin\dfrac{x}{2}$

$2\cos 2x\sin\dfrac{x}{2}=\sin\dfrac{5}{2}x-\sin\dfrac{3}{2}x$

$2\cos 3x\sin\dfrac{x}{2}=\sin\dfrac{7}{2}x-\sin\dfrac{5}{2}x$

$\vdots$

$2\cos Nx\sin\dfrac{x}{2}=\sin\left(Nx+\dfrac{x}{2}\right)-\sin\left(Nx-\dfrac{x}{2}\right)$

←示す等式の左辺を参考にして，(1)の等式に
　$\alpha=x, 2x, \cdots\cdots, Nx$
　$\beta=\dfrac{x}{2}$
をそれぞれ代入する。

辺々を加えると

$(\cos x+\cos 2x+\cdots\cdots+\cos Nx)\times 2\sin\dfrac{x}{2}$

$=\sin\left(Nx+\dfrac{x}{2}\right)-\sin\dfrac{x}{2}$

(3) (2)において，$N=4$ のとき

$(\cos x+\cos 2x+\cos 3x+\cos 4x)\times 2\sin\dfrac{x}{2}$

$=\sin\dfrac{9}{2}x-\sin\dfrac{x}{2}$

$0 < x < 2\pi$ より，$0 < \dfrac{x}{2} < \pi$ であるから　　$\sin\dfrac{x}{2} \neq 0$

よって，$\sin\dfrac{9}{2}x - \sin\dfrac{x}{2} = 0$ のとき
$$\cos x + \cos 2x + \cos 3x + \cos 4x = 0$$

(1)において，$\alpha + \beta = \dfrac{9}{2}x,\ \alpha - \beta = \dfrac{x}{2}$ とすると　$\alpha = \dfrac{5}{2}x,\ \beta = 2x$

ゆえに　　$\sin\dfrac{9}{2}x - \sin\dfrac{x}{2} = 2\cos\dfrac{5}{2}x\sin 2x$

よって　　$2\cos\dfrac{5}{2}x\sin 2x = 0$

したがって　　$\cos\dfrac{5}{2}x = 0$ または $\sin 2x = 0$

$\cos\dfrac{5}{2}x = 0$ のとき，$0 < x < 2\pi$ より，$0 < \dfrac{5}{2}x < 5\pi$ であるから
$$\dfrac{5}{2}x = \dfrac{\pi}{2},\ \dfrac{3}{2}\pi,\ \dfrac{5}{2}\pi,\ \dfrac{7}{2}\pi,\ \dfrac{9}{2}\pi$$

ゆえに　　$x = \dfrac{\pi}{5},\ \dfrac{3}{5}\pi,\ \pi,\ \dfrac{7}{5}\pi,\ \dfrac{9}{5}\pi$

$\sin 2x = 0$ のとき，$0 < x < 2\pi$ より，$0 < 2x < 4\pi$ であるから
$$2x = \pi,\ 2\pi,\ 3\pi\quad ゆえに\quad x = \dfrac{\pi}{2},\ \pi,\ \dfrac{3}{2}\pi$$

以上から，求める x の値は
$$x = \dfrac{\pi}{5},\ \dfrac{\pi}{2},\ \dfrac{3}{5}\pi,\ \pi,\ \dfrac{7}{5}\pi,\ \dfrac{3}{2}\pi,\ \dfrac{9}{5}\pi$$

←必ず確認する。
$\sin\dfrac{x}{2} \neq 0$ から
$\cos x + \cos 2x + \cos 3x + \cos 4x = 0$ と
$\sin\dfrac{9}{2}x - \sin\dfrac{x}{2} = 0$ が同値となる。

←$AB = 0$ のとき
　$A = 0$ または $B = 0$

指針 116 〈正接の加法定理と式の値〉

正接の加法定理　$\tan(\alpha + \beta) = \dfrac{\tan\alpha + \tan\beta}{1 - \tan\alpha\tan\beta},\ \tan(\alpha - \beta) = \dfrac{\tan\alpha - \tan\beta}{1 + \tan\alpha\tan\beta}$

(1) $\dfrac{5}{12}\pi = \dfrac{\pi}{4} + \dfrac{\pi}{6}$ として，正接の加法定理を利用する。

(2) $\tan A = \dfrac{\sin A}{\cos A}$ などを代入して，正弦の加法定理により $\sin(A + B + C) = 0$ を示す。

(3) (2)の結果を利用すると $A + B = \pi - C = \dfrac{3}{4}\pi$ で，$B = \dfrac{3}{4}\pi - A$ として正接の加法定理が利用できる。

---

(1)　$a = \tan\dfrac{\pi}{3} = \sqrt{3},\ b = \tan\dfrac{\pi}{4} = 1$

$$c = \tan\dfrac{5}{12}\pi = \tan\left(\dfrac{\pi}{4} + \dfrac{\pi}{6}\right) = \dfrac{\tan\dfrac{\pi}{4} + \tan\dfrac{\pi}{6}}{1 - \tan\dfrac{\pi}{4}\tan\dfrac{\pi}{6}}$$

$$= \dfrac{1 + \dfrac{1}{\sqrt{3}}}{1 - 1\cdot\dfrac{1}{\sqrt{3}}} = \dfrac{\sqrt{3}+1}{\sqrt{3}-1} = \dfrac{(\sqrt{3}+1)^2}{(\sqrt{3})^2 - 1^2} = 2 + \sqrt{3}$$

よって　　$a + b + c = \sqrt{3} + 1 + (2 + \sqrt{3}) = 3 + 2\sqrt{3}$
　　　　　$abc = \sqrt{3}\cdot 1\cdot(2 + \sqrt{3}) = 3 + 2\sqrt{3}$

←正接の加法定理を利用。

←分母，分子に $\sqrt{3}$ を掛け，さらに分母，分子に $\sqrt{3}+1$ を掛ける。

(2) $a+b+c=abc$ のとき
$$\tan A+\tan B+\tan C=\tan A\tan B\tan C$$
すなわち $\dfrac{\sin A}{\cos A}+\dfrac{\sin B}{\cos B}+\dfrac{\sin C}{\cos C}=\dfrac{\sin A\sin B\sin C}{\cos A\cos B\cos C}$

両辺に $\cos A\cos B\cos C$ を掛けると
$\sin A\cos B\cos C+\cos A\sin B\cos C+\cos A\cos B\sin C$
$=\sin A\sin B\sin C$

よって $\sin(A+B)\cos C+\cos(A+B)\sin C=0$

ゆえに $\sin(A+B+C)=0$

$0<A<\dfrac{\pi}{2}$, $0<B<\dfrac{\pi}{2}$, $0<C<\dfrac{\pi}{2}$ より $0<A+B+C<\dfrac{3}{2}\pi$

であるから $A+B+C=\pi$

← 加法定理を利用している。

← $\sin(A+B+C)=0$ を解くには，$A+B+C$ の範囲を調べる。

(3) (2)と $C=\dfrac{\pi}{4}$ から $B=\pi-\left(A+\dfrac{\pi}{4}\right)=\dfrac{3}{4}\pi-A$

よって $b=\tan\left(\dfrac{3}{4}\pi-A\right)=\dfrac{\tan\dfrac{3}{4}\pi-\tan A}{1+\tan\dfrac{3}{4}\pi\tan A}$

$=\dfrac{-1-a}{1-a}=\dfrac{a+1}{a-1}$

ゆえに $a+b=a+\dfrac{a+1}{a-1}$

$=a-1+\dfrac{2}{a-1}+2$

ここで，$0<A<\dfrac{\pi}{2}$, $0<B<\dfrac{\pi}{2}$ より，$\dfrac{\pi}{4}<A<\dfrac{\pi}{2}$ であるから

$a=\tan A>1$

すなわち $a-1>0$

よって，相加平均と相乗平均の大小関係により

$a-1+\dfrac{2}{a-1}\geqq 2\sqrt{(a-1)\cdot\dfrac{2}{a-1}}$

$=2\sqrt{2}$

等号は $a-1=\dfrac{2}{a-1}$ すなわち $a=1+\sqrt{2}$ のとき成り立つ。

ゆえに，**$a+b$ は $a=1+\sqrt{2}$ で最小値 $2+2\sqrt{2}$** をとる。

このとき，$b=2+2\sqrt{2}-a=1+\sqrt{2}$ となり $a=b$

$0<A<\dfrac{\pi}{2}$, $0<B<\dfrac{\pi}{2}$ と $\tan A=\tan B$ から $A=B$

また，$A+B=\dfrac{3}{4}\pi$ であるから

$$A=B=\dfrac{1}{2}\cdot\dfrac{3}{4}\pi=\dfrac{3}{8}\pi$$

← 正接の加法定理を利用。

← 相加平均と相乗平均の大小関係が使えるように変形。$a-1>0$ の確認も必要。$B=\dfrac{3}{4}\pi-A$ に注意。

← $a-1+\dfrac{2}{a-1}=2\sqrt{2}$
かつ $a-1=\dfrac{2}{a-1}$
より $2(a-1)=2\sqrt{2}$
よって $a=1+\sqrt{2}$

指針 117 〈$\cos^2 \frac{\pi}{10}$ の値〉

(1) 三角関数の和と積の公式を利用する。
(2) (1)の式を利用する。$\cos 3\theta$ から考えると求めやすい。
(3) $\cos \frac{\pi}{10} = x$ とする。(2)で表した式を x の方程式とみてこれを解く。
x^2 のとりうる値の範囲に注意する。

(1) $2\cos(n+1)\theta \cos\theta = \cos\{(n+1)\theta+\theta\} + \cos\{(n+1)\theta-\theta\}$
$\qquad\qquad\qquad\quad = \cos(n+2)\theta + \cos n\theta$
よって $\cos(n+2)\theta - 2\cos\theta\cos(n+1)\theta + \cos n\theta = 0$

◀和と積の公式
$\cos\alpha\cos\beta$
$= \frac{1}{2}\{\cos(\alpha+\beta)$
$\qquad + \cos(\alpha-\beta)\}$

(2) (1)から $\cos(n+2)\theta = 2\cos\theta\cos(n+1)\theta - \cos n\theta$
$\cos 2\theta = 2\cos^2\theta - 1 = 2x^2-1$ であるから
$\qquad \cos 3\theta = 2\cos\theta\cos 2\theta - \cos\theta = 2x(2x^2-1) - x$
$\qquad\qquad = 4x^3-3x$
$\qquad \cos 4\theta = 2\cos\theta\cos 3\theta - \cos 2\theta$
$\qquad\qquad = 2x(4x^3-3x) - (2x^2-1)$
$\qquad\qquad = 8x^4-8x^2+1$
よって $\cos 5\theta = 2\cos\theta\cos 4\theta - \cos 3\theta$
$\qquad\qquad = 2x(8x^4-8x^2+1) - (4x^3-3x)$
$\qquad\qquad = \mathbf{16x^5-20x^3+5x}$

参考 $\cos 3\theta = -3\cos\theta + 4\cos^3\theta = 4x^3-3x$ としてもよい。

◀3倍角の公式

(3) $\cos \frac{\pi}{10} = x$ とすると,求めるものは x^2 の値である。

(2)から $16x^5-20x^3+5x = \cos\left(5 \cdot \frac{\pi}{10}\right)$
すなわち $16x^5-20x^3+5x = 0$
よって $x(16x^4-20x^2+5) = 0$

◀$\cos\frac{\pi}{2} = 0$

$x \neq 0$ であるから $16x^4-20x^2+5 = 0$ ゆえに $x^2 = \frac{5\pm\sqrt{5}}{8}$

ここで,$0 < \frac{\pi}{10} < \frac{\pi}{6}$ から $\cos^2 \frac{\pi}{6} < \cos^2 \frac{\pi}{10} < \cos^2 0$

よって $\frac{3}{4} < x^2 < 1$

$2 < \sqrt{5} < 3$ から $\frac{5+\sqrt{5}}{8} < \frac{5+3}{8} = 1$

また $\frac{5+\sqrt{5}}{8} - \frac{3}{4} = \frac{\sqrt{5}-1}{8} > 0$,

$\frac{5-\sqrt{5}}{8} - \frac{3}{4} = \frac{-\sqrt{5}-1}{8} < 0$

◀これより
$\frac{5-\sqrt{5}}{8} < \frac{3}{4} < \frac{5+\sqrt{5}}{8} < 1$

ゆえに,$\frac{3}{4} < x^2 < 1$ を満たす x^2 の値は $x^2 = \frac{5+\sqrt{5}}{8}$

よって,求める値は $\dfrac{5+\sqrt{5}}{8}$

118 〈三角形の内角に関する余弦を含む式の最小値〉

(1) 余弦の加法定理を利用する。
(2) (1)の等式，$C=\pi-(A+B)$，2倍角の公式，余弦の加法定理を用いる。
(3) (2)の等式，$C=\pi-2A$ を用いて，$\sin^2 A$ の2次関数の問題に帰着。

(1) $\alpha = A+B,\ \beta = A-B$ とおくと，
$\alpha+\beta = 2A,\ \alpha-\beta = 2B$
(左辺) $= \cos(\alpha+\beta) + \cos(\alpha-\beta)$
$= \cos\alpha\cos\beta - \sin\alpha\sin\beta + \cos\alpha\cos\beta + \sin\alpha\sin\beta$
$= 2\cos\alpha\cos\beta$
$= 2\cos(A+B)\cos(A-B)$ ←余弦の加法定理

よって，等式は証明された。

(2) (1)の式を用いると
(左辺) $= 1 - 2\cos(A+B)\cos(A-B) + \cos 2C$
$= 1 - 2\cos(\pi-C)\cos(A-B) + \cos 2C$ ←$A+B+C=\pi$
$= 1 + 2\cos C \cdot \cos(A-B) + (2\cos^2 C - 1)$
$= 2\cos C\{\cos(A-B) + \cos C\}$
$= 2\cos C\{\cos(A-B) + \cos(\pi-A-B)\}$ ←$A+B+C=\pi$
$= 2\cos C\{\cos(A-B) - \cos(A+B)\}$
$= 2\cos C(\cos A\cos B + \sin A\sin B$
$\qquad - \cos A\cos B + \sin A\sin B)$
$= 4\sin A\sin B\cos C$

よって，等式は証明された。

(3) $A = B$ のとき
$C = \pi - 2A > 0$ であるから　$0 < A < \dfrac{\pi}{2}$
よって　$0 < \sin A < 1$
$y = 1 - \cos 2A - \cos 2B + \cos 2C$ とおく。
$1 - \cos 2A - \cos 2B + \cos 2C$
$= 4\sin^2 A\cos(\pi - 2A) = 4\sin^2 A(-\cos 2A)$
$= -4\sin^2 A(1 - 2\sin^2 A) = 8\sin^4 A - 4\sin^2 A$
よって　$y = 8\sin^4 A - 4\sin^2 A$
$t = \sin^2 A$ とおくと　$0 < t < 1$
y を t の式で表すと　$y = 8t^2 - 4t = 8\left(t - \dfrac{1}{4}\right)^2 - \dfrac{1}{2}$

$0 < t < 1$ において，y は $t = \dfrac{1}{4}$ のとき最小値 $-\dfrac{1}{2}$ をとる。

$t = \dfrac{1}{4}$ のとき $0 < \sin A < 1$ より　$\sin A = \dfrac{1}{2}$

$0 < A < \dfrac{\pi}{2}$ の範囲でこの方程式を解くと　$A = \dfrac{\pi}{6}$

よって，y は $A = \dfrac{\pi}{6},\ B = \dfrac{\pi}{6},\ C = \dfrac{2}{3}\pi$ のとき最小値 $-\dfrac{1}{2}$ をとる。

指針 119 〈三角関数で表された五角形の面積の最大値〉

(1) OP, PQ, RS, OS を a, b の三角比で表す。図をかいて考えると見通しがよくなる。
(2) 和積の公式を利用する。a, b のとりうる値の範囲に注意する。
(3) (2)と同様，まずは b を固定して考える。

(1) $\triangle OPQ = \dfrac{1}{2}\cos a \sin a = \dfrac{1}{4}\sin 2a$

$\triangle ORS = \dfrac{1}{2}\sin(a+b)\cos(a+b)$
$= \dfrac{1}{4}\sin(2a+2b)$

よって $A = \dfrac{1}{4}\sin 2a + \dfrac{1}{4}\sin(2a+2b)$

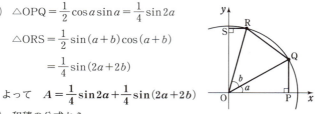

← $\triangle OPQ = \dfrac{1}{2} \cdot OP \cdot PQ$
← $OS = \cos\left\{\dfrac{\pi}{2}-(a+b)\right\}$
$= \sin(a+b)$
$RS = \sin\left\{\dfrac{\pi}{2}-(a+b)\right\}$
$= \cos(a+b)$

(2) 和積の公式から

$A = \dfrac{1}{4} \cdot 2 \sin\dfrac{2a+2b+2a}{2}\cos\dfrac{2a+2b-2a}{2}$

$= \dfrac{1}{2}\sin(2a+b)\cos b$

$0 < a < \dfrac{\pi}{2} - b$ から $\quad b < 2a+b < \pi - b$

$0 < b < \dfrac{\pi}{2}$ であるから $\quad \sin b < \sin(2a+b) \leqq 1, \ \cos b > 0$

ゆえに $\quad \dfrac{1}{2}\sin b \cos b < A \leqq \dfrac{1}{2}\cos b$

$A = \dfrac{1}{2}\cos b$ となるのは $\sin(2a+b)=1$ のときであり，このとき

$2a+b = \dfrac{\pi}{2} \qquad$ よって $\quad a = \dfrac{\pi}{4} - \dfrac{b}{2}$

← $\sin A + \sin B$
$= 2\sin\dfrac{A+B}{2}\cos\dfrac{A-B}{2}$

← 下の図から
$\sin b < \sin(2a+b) \leqq \sin\dfrac{\pi}{2}$

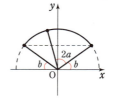

(3) $\triangle OQR = \dfrac{1}{2}\sin b$ であるから

$B = A + \dfrac{1}{2}\sin b = \dfrac{1}{2}\sin(2a+b)\cos b + \dfrac{1}{2}\sin b$

b を固定して考えると，(2)から，B が最大となるのは $a = \dfrac{\pi}{4} - \dfrac{b}{2}$

のときであり，このとき $\quad B = \dfrac{1}{2}\cos b + \dfrac{1}{2}\sin b$

ここで $\quad \dfrac{1}{2}\cos b + \dfrac{1}{2}\sin b = \dfrac{\sqrt{2}}{2}\sin\left(b+\dfrac{\pi}{4}\right)$

ゆえに，b を $0 < b < \dfrac{\pi}{2}$ の範囲で動かすとき，$\dfrac{1}{2}\cos b + \dfrac{1}{2}\sin b$

は $b + \dfrac{\pi}{4} = \dfrac{\pi}{2}$ すなわち $b = \dfrac{\pi}{4}$ で最大値 $\dfrac{\sqrt{2}}{2}$ をとる。

$b = \dfrac{\pi}{4}$ のとき $\quad a = \dfrac{\pi}{4} - \dfrac{b}{2} = \dfrac{\pi}{8}$

よって，B は $a = \dfrac{\pi}{8}$，$b = \dfrac{\pi}{4}$ のときに最大値をとる。

指針 120 〈余弦の値が有理数となる条件〉

背理法を利用する。逆の確認も必ず行う。

$\cos 2\theta = 2\cos^2\theta - 1$ から
$$\cos 3\theta = 4\cos^3\theta - 3\cos\theta = 2\cos\theta(2\cos^2\theta - 1) - \cos\theta$$
$$= 2\cos\theta\cos 2\theta - \cos\theta = \cos\theta(2\cos 2\theta - 1)$$

← 3倍角の公式

ここで，$2\cos 2\theta - 1 \neq 0$ とすると $\cos\theta = \dfrac{\cos 3\theta}{2\cos 2\theta - 1}$ ……①

← 背理法の利用。

$\cos 2\theta$，$\cos 3\theta$ がともに有理数のとき，① より $\cos\theta$ も有理数となるから，条件を満たさない。
よって，条件を満たすには，$2\cos 2\theta - 1 = 0$ でなくてはならない。

このとき $\cos 2\theta = \dfrac{1}{2}$

$0 < \theta < \dfrac{\pi}{2}$ より，$0 < 2\theta < \pi$ であるから $2\theta = \dfrac{\pi}{3}$

よって $\theta = \dfrac{\pi}{6}$

逆に，$\theta = \dfrac{\pi}{6}$ のとき $\cos\theta = \dfrac{\sqrt{3}}{2}$

← 逆の確認は必ず行う。

$\cos\theta$ が有理数であるとすると，$2\cos\theta = \sqrt{3}$ から，$\sqrt{3}$ は有理数である。

← 背理法の利用。

一方，3 は素数であるから，$\sqrt{3}$ は有理数でない。
ゆえに，矛盾するから，$\cos\theta$ は有理数でない。
また，$\cos 2\theta = \cos\dfrac{\pi}{3} = \dfrac{1}{2}$，$\cos 3\theta = \cos\dfrac{\pi}{2} = 0$ から，$\cos 2\theta$，$\cos 3\theta$ は有理数である。

以上から，求める θ の値は $\dfrac{\pi}{6}$

9 指数関数・対数関数

指針 121 〈累乗，対数の大小比較〉

累乗の大小比較
　① 底をそろえて，指数の大小で比較
　　　[1] $a > 1$　　のとき　$p < q \iff a^p < a^q$　大小一致
　　　[2] $0 < a < 1$　のとき　$p < q \iff a^p > a^q$　大小反対
　② 何乗かして，大小を比較

対数の大小比較　底をそろえて，真数を比較
　　　[1] $a > 1$　　のとき　$0 < p < q \iff \log_a p < \log_a q$　大小一致
　　　[2] $0 < a < 1$　のとき　$0 < p < q \iff \log_a p > \log_a q$　大小反対
　(2) $\log_a b$ に着目。まず $\log_a b$ の範囲を求める。

---

(1) $\sqrt[3]{3^4} = 3^{\frac{4}{3}}$

4，$3^{\frac{4}{3}}$ をそれぞれ 3 乗すると $4^3 = 64$，$(3^{\frac{4}{3}})^3 = 3^4 = 81$

よって $4^3 < (3^{\frac{4}{3}})^3$　　ゆえに $4 < 3^{\frac{4}{3}}$ ……①

← 整数になるようにそれぞれを 3 乗する。

数学重要問題集（理系）　　109

また　　$4=2^2$

底 2 は 1 より大きく，$\sqrt{3}<2$ であるから　　$2^{\sqrt{3}}<2^2$

すなわち　　$2^{\sqrt{3}}<4$　……②

←底が等しいものは指数を比較。

また，底 3 は 1 より大きく，$\dfrac{4}{3}<\sqrt{2}$ であるから

$$3^{\frac{4}{3}}<3^{\sqrt{2}}\ \text{……③}$$

①，②，③ から，4 つの数を小さい順に並べると　　$2^{\sqrt{3}},\ 4,\ \sqrt[3]{3^4},\ 3^{\sqrt{2}}$

(2)　$1<b<a$ の各辺の $a\,(>1)$ を底とする対数をとると

$$\log_a 1<\log_a b<\log_a a$$

すなわち　　$0<\log_a b<1$

ここで，$\log_a b=t$ とおくと　　$0<t<1$　……①

$A=(\log_a b)^2,\ B=\log_a b^2,\ C=\log_a(\log_a b)$ とおくと

　　　$A=t^2,\ B=2\log_a b=2t,\ C=\log_a t$

① から　　$A>0,\ B>0,\ C<0$

また　　$B-A=2t-t^2=t(2-t)$

① より，$t(2-t)>0$ であるから　　$B-A>0$

すなわち　　$B>A$　　　よって　　$C<A<B$

すなわち　　$\log_a(\log_a b)<(\log_a b)^2<\log_a b^2$

←底 a は 1 より大きいから，対数をとった後の大小関係は一致する。

←$a>1,\ 0<t<1$ から $C=\log_a t<0$

指針 122 〈指数，対数と式の値〉

(1)　対数の定義 $a^b=M\iff b=\log_a M$ を利用して $x,\ y,\ z$ の値を求める。

(2)　$a^{\log_a M}=M$ を利用する。

(1)　$p^x=q^y=(pq)^z=k$ とおくと　　$k>0$

$xyz\ne 0$ より，$x\ne 0,\ y\ne 0,\ z\ne 0$ であるから　　$k\ne 1$

$p^x=k$ から　　$x=\log_p k$

$q^y=k$ から　　$y=\log_q k$

$(pq)^z=k$ から　　$z=\log_{pq} k$

よって　　$\dfrac{1}{x}+\dfrac{1}{y}=\dfrac{1}{\log_p k}+\dfrac{1}{\log_q k}=\log_k p+\log_k q$

$$=\log_k pq=\dfrac{1}{\log_{pq} k}=\dfrac{1}{z}$$

←対数の定義
　　$a^x=M\iff x=\log_a M$

←$\log_a b=\dfrac{1}{\log_b a}$

別解　$p^x=q^y=(pq)^z$ から　　$p^x=q^y$　……①

　　　　　　　　　　　　　　　　　$p^x=(pq)^z$　……②

$y\ne 0$ であるから，① より　　$p^{\frac{x}{y}}=q$　……③

② から　　$p^x=p^z q^z$　　よって　　$p^{x-z}=q^z$

これと ③ から　　$p^{x-z}=(p^{\frac{x}{y}})^z$　　よって　　$p^{x-z}=p^{\frac{xz}{y}}$

ゆえに　　$x-z=\dfrac{xz}{y}$

$x\ne 0$ であるから，両辺を x で割ると　　$1-\dfrac{z}{x}=\dfrac{z}{y}$

すなわち　　$\dfrac{z}{x}+\dfrac{z}{y}=1$

$z\ne 0$ であるから，両辺を z で割ると　　$\dfrac{1}{x}+\dfrac{1}{y}=\dfrac{1}{z}$

←底を p にそろえる。

(2) $\left(\dfrac{1}{8}\right)^{\log_4 \sqrt[3]{36}} = (2^{-3})^{\frac{\log_2 6^{\frac{2}{3}}}{\log_2 4}} = 2^{-3 \cdot \frac{2}{3} \cdot \frac{\log_2 6}{2}}$

$\phantom{\left(\dfrac{1}{8}\right)^{\log_4 \sqrt[3]{36}}} = 2^{\log_2 \frac{1}{6}} = \dfrac{^{\mathcal{7}}1}{^{\mathcal{1}}6}$

←$p = \log_a M$ とおくと
$a^p = M$ から $a^{\log_a M} = M$

別解 $\left(\dfrac{1}{8}\right)^{\log_4 \sqrt[3]{36}} = x$ とおく。左辺は正であるから，両辺の2を底と

する対数をとると $\log_2 \left(\dfrac{1}{8}\right)^{\log_4 \sqrt[3]{36}} = \log_2 x$

すなわち $\log_2 x = \log_4 \sqrt[3]{36} \cdot \log_2 \dfrac{1}{8}$

よって $\log_2 x = \dfrac{\log_2 6^{\frac{2}{3}}}{\log_2 2^2} \cdot \log_2 2^{-3}$ ゆえに $\log_2 x = -\dfrac{3}{2} \log_2 6^{\frac{2}{3}}$

したがって $x = 6^{-1} = \dfrac{^{\mathcal{7}}1}{^{\mathcal{1}}6}$

←$\log_2 x = \log_2 6^{-1}$ から。

指針 123 〈対数方程式，対数不等式〉

真数 >0 の条件が必要。底が文字の場合は，さらに底 >0，底 $\neq 1$ の条件も必要である。底が異なる場合は，底の変換 $\log_a b = \dfrac{1}{\log_b a}$，$\log_a b = \dfrac{\log_c b}{\log_c a}$ を利用して，底をそろえる。

(2) 不等式では，底が1より大きいか小さいかによって真数の大小関係が変わるので注意。

---

(1) $\begin{cases} 4^{-\log_2 x} = \dfrac{y}{2} & \cdots\cdots ① \\ \log_3 x + \log_3 y = 2 & \cdots\cdots ② \end{cases}$ とする。

真数は正であるから $x>0$ かつ $y>0$

①の左辺は $(2^2)^{-\log_2 x} = 2^{\log_2 x^{-2}} = x^{-2}$

よって，①から $x^{-2} = \dfrac{y}{2}$ すなわち $y = \dfrac{2}{x^2}$

②に代入すると $\log_3 x + \log_3 \dfrac{2}{x^2} = 2$

よって $\log_3 \dfrac{2}{x} = 2$ ゆえに $\dfrac{2}{x} = 3^2 = 9$

したがって $x = \dfrac{^{\mathcal{7}}2}{^{\mathcal{1}}9}$ このとき $y = \dfrac{2}{\left(\dfrac{2}{9}\right)^2} = \dfrac{^{\mathcal{7}}81}{^{\mathcal{I}}2}$

これは，$x>0$ かつ $y>0$ を満たす。

←$a^{\log_a p} = p$ により
$2^{\log_2 x^{-2}} = x^{-2}$

←$\log_3 x + \log_3 \dfrac{2}{x^2}$
$= \log_3 \left(x \cdot \dfrac{2}{x^2}\right)$

(2) 真数は正であるから，$n-1>0$ かつ $n+3>0$ かつ $n>0$ より
$n>1$ ……①

$\log_{\frac{1}{2}}(n+3) = \dfrac{\log_2(n+3)}{\log_2 \dfrac{1}{2}} = -\log_2(n+3)$ から，不等式は

$\log_2(n-1) + \log_2(n+3) \leqq \log_2 8 + \log_2 n$

よって $\log_2(n-1)(n+3) \leqq \log_2 8n$

底2は1より大きいから $(n-1)(n+3) \leqq 8n$

すなわち $n^2 - 6n - 3 \leqq 0$

ゆえに $3 - 2\sqrt{3} \leqq n \leqq 3 + 2\sqrt{3}$ ……②

①，②の共通範囲を求めて $1 < n \leqq 3 + 2\sqrt{3}$

$6 < 3 + 2\sqrt{3} < 7$ より，これを満たす整数 n は

$n = 2, 3, 4, 5, 6$ の **5個**

←まず，真数条件を確認。

←底を2にそろえるために，底を変換している。

←$a>1$ のとき
  $\log_a p < \log_a q$
  $\iff 0<p<q$
$0<a<1$ のとき
  $\log_a p < \log_a q$
  $\iff 0<q<p$

指針 124 〈指数関数を含む関数の最小値〉

(1) $a^x + a^{-x}$ の値の範囲 ➡ 相加平均・相乗平均の大小関係 を利用

(2) $9^x + \dfrac{1}{9^x}$ を t の式で表す ➡ $k^{2x} + k^{-2x} = (k^x + k^{-x})^2 - 2$ を利用

(3) y は t の2次関数で文字係数 a を含む。y の最小値は，t のとりうる値の範囲に注意して，放物線の軸の位置によって場合分けをして求める。

(1) $3^x > 0$, $\dfrac{1}{3^x} > 0$ であるから，相加平均・相乗平均の大小関係により

$$t = 3^x + \dfrac{1}{3^x} \geq 2\sqrt{3^x \cdot \dfrac{1}{3^x}} = 2$$

等号が成り立つのは，$3^x = \dfrac{1}{3^x}$ すなわち $x = 0$ のときである。　　　　　　　　　　　　　　　　　　　　　　　　　　　　　　　　←$3^{2x} = 1$ から $x = 0$

よって　　$t \geq 2$

(2) $$9^x + \dfrac{1}{9^x} = \left(3^x + \dfrac{1}{3^x}\right)^2 - 2$$

であるから，y を t の式で表すと　　$y = (t^2 - 2) - 4at$

すなわち　　$\boldsymbol{y = t^2 - 4at - 2}$

(3) $y = t^2 - 4at - 2 = (t - 2a)^2 - 4a^2 - 2$　　$(t \geq 2)$　　　　　　　　　　　　　　　　　　　　　　　　　　　　　　　　　　　←定義域 $t \geq 2$ に注意。

[1] $2a < 2$ すなわち $a < 1$ のとき
　関数 y は $t = 2$ で最小値をとる。
　$t = 2$ のとき，(1)から
　　$x = 0$
　このとき，y の最小値は
　　$y = 2^2 - 4a \cdot 2 - 2$
　　　$= -8a + 2$

←[1] 軸 $t = 2a$ が関数の定義域 $t \geq 2$ の左側にあるときは，定義域の端 $t = 2$ で最小。

[2] $2a \geq 2$ すなわち $a \geq 1$ のとき
　関数 y は $t = 2a$ で最小値
　$-4a^2 - 2$ をとる。
　$t = 2a$ のとき　$3^x + \dfrac{1}{3^x} = 2a$
　ゆえに　$3^{2x} - 2a \cdot 3^x + 1 = 0$
　よって　$3^x = a \pm \sqrt{a^2 - 1}$
　したがって　$x = \log_3(a \pm \sqrt{a^2 - 1})$

←[2] 軸 $t = 2a$ が関数の定義域 $t \geq 2$ 内にあるときは，$t = 2a$ で最小。

←$a \geq 1$ より $a^2 - 1 \geq 0$

[1], [2] から，y の最小値は
　$\boldsymbol{a < 1}$ のとき　　$\boldsymbol{x = 0}$ で $\boldsymbol{-8a + 2}$,
　$\boldsymbol{a \geq 1}$ のとき　　$\boldsymbol{x = \log_3(a \pm \sqrt{a^2 - 1})}$ で $\boldsymbol{-4a^2 - 2}$

指針 125 〈桁数，小数第何位に初めて 0 でない数字が現れるか〉

正の数 N の整数部分が k 桁 $\iff k - 1 \leq \log_{10} N < k$
正の数 N は小数第 k 位に初めて 0 でない数字が現れる $\iff -k \leq \log_{10} N < -k + 1$

(1) $\log_{10} 18^{49} = 49 \log_{10}(2 \cdot 3^2)$
　　　　　　　$= 49(\log_{10} 2 + 2\log_{10} 3)$

112　　数学重要問題集（理系）

$$= 49(0.3010 + 2 \times 0.4771)$$
$$= 61.5048$$

よって　　$61 < \log_{10} 18^{49} < 62$

ゆえに　　$10^{61} < 18^{49} < 10^{62}$

したがって，18^{49} は ^{7}**62** 桁の自然数である。

$\log_{10} 18^{49} = 61 + 0.5048$ であるから　　$18^{49} = 10^{61} \times 10^{0.5048}$

$\log_{10} 3 = 0.4771$，$\log_{10} 4 = 2\log_{10} 2 = 0.6020$ であるから

$$\log_{10} 3 < 0.5048 < \log_{10} 4$$

よって　　$3 < 10^{0.5048} < 4$

ゆえに　　$3 \times 10^{61} < 18^{49} < 4 \times 10^{61}$

したがって，最高位の数字は ^{イ}**3** である。

← $10^{k-1} \leq N < 10^k$ のとき，整数 N の桁数は k

(2) $\log_{10}\left(\dfrac{15}{32}\right)^{15} = 15\log_{10}\dfrac{15}{32} = 15\log_{10}\dfrac{30}{64}$

$$= 15(\log_{10} 30 - \log_{10} 64)$$
$$= 15(\log_{10} 3 + 1 - \log_{10} 2^6)$$
$$= 15(\log_{10} 3 + 1 - 6\log_{10} 2)$$
$$= 15(0.4771 + 1 - 6 \times 0.3010)$$
$$= 15 \times (-0.3289) = -4.9335$$

よって　　$-5 < \log_{10}\left(\dfrac{15}{32}\right)^{15} < -4$

ゆえに　　$10^{-5} < \left(\dfrac{15}{32}\right)^{15} < 10^{-4}$

また，$\log_{10}\left(\dfrac{15}{32}\right)^{15} = -5 + 0.0665$ から　　$\left(\dfrac{15}{32}\right)^{15} = 10^{-5} \times 10^{0.0665}$

$0 < 0.0665 < 0.3010$ であるから　　$\log_{10} 1 < 0.0665 < \log_{10} 2$

よって　　$1 < 10^{0.0665} < 2$

ゆえに　　$1 \times 10^{-5} < \left(\dfrac{15}{32}\right)^{15} < 2 \times 10^{-5}$

したがって，小数第 ^{ウ}**5** 位にはじめて 0 でない数字が現れ，その数字は ^{エ}**1** である。

←小数第 k 位に初めて 0 でない数字が現れる正の数 N について
$10^{-k} \leq N < 10^{-k+1}$

指針 126 〈立方根を含む二重根号〉

$p = 5\sqrt{2} + 7$，$q = 5\sqrt{2} - 7$ とおくと，$p+q$，$p-q$，pq が簡単な式になることを利用する。
(2) (1)から得られる 3 次方程式を解く。

$p = 5\sqrt{2} + 7$，$q = 5\sqrt{2} - 7$ とおくと

$$p + q = (5\sqrt{2} + 7) + (5\sqrt{2} - 7) = 10\sqrt{2},$$
$$p - q = (5\sqrt{2} + 7) - (5\sqrt{2} - 7) = 14,$$
$$pq = (5\sqrt{2} + 7)(5\sqrt{2} - 7) = 1$$

(1) $a = \sqrt[3]{p} - \sqrt[3]{q}$ より

$$a^3 = (\sqrt[3]{p} - \sqrt[3]{q})^3$$
$$= p - 3\sqrt[3]{p^2 q} + 3\sqrt[3]{pq^2} - q$$
$$= (p - q) - 3\sqrt[3]{pq}(\sqrt[3]{p} - \sqrt[3]{q})$$
$$= 14 - 3a$$

← $(x - y)^3$
$= x^3 - 3x^2 y + 3xy^2 - y^3$

(2) (1)から $a^3+3a-14=0$
よって $(a-2)(a^2+2a+7)=0$
これを解くと $a=2, -1\pm\sqrt{6}i$
a は実数であるから $a=2$
したがって，a は整数である。

← 方程式の左辺に $a=2$ を代入して計算すると 0 になるから，左辺は $a-2$ で割り切れる。

(3) $b=\sqrt[3]{p}+\sqrt[3]{q}$ から
$\begin{aligned} b^3 &= (\sqrt[3]{p}+\sqrt[3]{q})^3 \\ &= p+3\sqrt[3]{p^2q}+3\sqrt[3]{pq^2}+q \\ &= (p+q)+3\sqrt[3]{pq}(\sqrt[3]{p}+\sqrt[3]{q}) \\ &= 10\sqrt{2}+3b \end{aligned}$

← $(x+y)^3$
$= x^3+3x^2y+3xy^2+y^3$

よって $b^3-3b-10\sqrt{2}=0$
ゆえに $(b-2\sqrt{2})(b^2+2\sqrt{2}b+5)=0$
これを解くと $b=2\sqrt{2}, -\sqrt{2}\pm\sqrt{3}i$
b は実数であるから $b=2\sqrt{2}$

← 方程式の左辺に $b=2\sqrt{2}$ を代入して計算すると 0 になるから，左辺は $b-2\sqrt{2}$ で割り切れる。

$2^2 < (2\sqrt{2})^2 < 3^2$ より，$2 < 2\sqrt{2} < 3$ であるから，b を越えない最大の整数は **2**

[参考] 問題文で与えられた $a=\sqrt[3]{5\sqrt{2}+7}-\sqrt[3]{5\sqrt{2}-7}$ は3次方程式 $a^3+3a-14=0$ に3次方程式の解の公式を適用すると得られるが，(2)からわかるようにこの値は2に等しい。

指針 127 〈対数が無理数であることの証明〉

(1) 無理数であることの証明　$\dfrac{m}{n}$（有理数）と仮定し，背理法を利用。

(2) 小数部分が等しいと仮定し，背理法を利用。

(3) 2の累乗と3の累乗の不等式について対数をとり，$\log_2 3$ を含む不等式を導く。

➡ 累乗に関する不等式の指数は **$\log_2 3$ の値を評価できる** ようなものを考える。

(1) $\log_2 3$ が有理数であると仮定する。

$\log_2 3 > 0$ であるから，$\log_2 3 = \dfrac{m}{n}$（m, n は自然数）と表される。

← $\log_2 3 > \log_2 1$ から $\log_2 3 > 0$

このとき，$2^{\frac{m}{n}}=3$ であり，両辺を n 乗すると $2^m = 3^n$ ……①
ここで，m, n は自然数であるから，2^m は偶数，3^n は奇数である。
よって，①の等式は矛盾である。
したがって，$\log_2 3$ は無理数である。

(2) $p\log_2 3$ と $q\log_2 3$ の小数部分が等しいと仮定する。
このとき，$p\log_2 3 - q\log_2 3 = (p-q)\log_2 3$ は，$p \neq q$ から 0 でない整数となる。
その整数を k とすると $(p-q)\log_2 3 = k$
$p \neq q$ から $\log_2 3 = \dfrac{k}{p-q}$ ……②
ここで，(1)から $\log_2 3$ は無理数であり，$\dfrac{k}{p-q}$ は有理数である。
よって，等式②は矛盾である。
したがって，$p\log_2 3$ と $q\log_2 3$ の小数部分は等しくない。

← 小数部分が等しい2つの数を n_1+p, n_2+p とする。
（n_1, n_2 はそれぞれの整数部分，p は小数部分）
このとき
$(n_1+p)-(n_2+p)=n_1-n_2$
であり，n_1-n_2 は整数。

(3) $2^3 < 3^2$ において，両辺の 2 を底とする対数をとると
$$\log_2 2^3 < \log_2 3^2$$
すなわち $3 < 2\log_2 3$　　よって　$1.5 < \log_2 3$　……③

$3^5 < 2^8$ において，両辺の 2 を底とする対数をとると
$$\log_2 3^5 < \log_2 2^8$$
すなわち $5\log_2 3 < 8$　　よって　$\log_2 3 < 1.6$　……④

③, ④ より，$1.5 < \log_2 3 < 1.6$ であるから，$\log_2 3$ の値の小数第 1 位は **5**

←$\log_2 3 < 1.6$ を示すには，$5\log_2 3 < 8$ すなわち $3^5 < 2^8$ から考えればよい。

指針 128 〈対数の文章題への利用，最高位の数〉

(2) 問題の条件を不等式に表し，不等式の両辺の **常用対数をとる**。
(3) **最高位の数**
正の数 N の最高位の数は **$\log_{10} N$ の小数部分** に注目。
$\log_{10} N$ の小数部分を q とすると，$\log_{10} a \leq q < \log_{10}(a+1)$ すなわち $a \leq 10^q < (a+1)$ を満たす自然数 a が最高位の数となる。

(1) $\log_{10} 5 = \log_{10} 10 - \log_{10} 2 = 1 - 0.3010 = \mathbf{0.6990}$

(2) n 分後の細胞 M の個数は　$1 \cdot 5^n = 5^n$（個）
よって，$5^n \geq 10^{12}$ を満たす最小の自然数 n を求めればよい。
不等式 $5^n \geq 10^{12}$ の両辺の常用対数をとると　$\log_{10} 5^n \geq \log_{10} 10^{12}$
すなわち　$n\log_{10} 5 \geq 12$
(1) から　$0.6990n \geq 12$　　ゆえに　$n \geq 17.16\cdots\cdots$
よって，求める自然数 n は　**18**

(3) (2) より $N = 18$ であるから，5^{18} の最高位の数を求めればよい。
$$\log_{10} 5^{18} = 18\log_{10} 5 = 18 \times 0.6990 = 12.5820$$
ゆえに　$5^{18} = 10^{12.5820} = 10^{12} \cdot 10^{0.5820}$
$\log_{10} 3 = 0.4771$, $\log_{10} 4 = 2\log_{10} 2 = 0.6020$ から
$$\log_{10} 3 < 0.5820 < \log_{10} 4$$
よって　$10^{\log_{10} 3} < 10^{0.5820} < 10^{\log_{10} 4}$　　すなわち　$3 < 10^{0.5820} < 4$
したがって，5^{18} の最高位の数は　**3**

←$a \leq 10^{0.5820} < a+1$ を満たす 1 桁の自然数 a が最高位の数となる。

指針 129 〈対数不等式で表された領域〉

$\log_x y$ の 2 次不等式に帰着して考える。
その際，$\log_x y$ の符号を x, y の範囲によって以下のように場合分けする。
$\log_x y > 0 \iff$ 「$0 < x < 1$ かつ $0 < y < 1$」または「$x > 1$ かつ $y > 1$」
$\log_x y < 0 \iff$ 「$0 < x < 1$ かつ $y > 1$」または「$x > 1$ かつ $0 < y < 1$」

真数，底の条件から　$x > 0$, $x \neq 1$, $y > 0$, $y \neq 1$

$\log_x y < 2 + 3\log_y x$ から　$\log_x y - 2 - \dfrac{3}{\log_x y} < 0$　……①

[1] $\log_x y > 0$ のとき
すなわち「$0 < x < 1$ かつ $0 < y < 1$」または「$x > 1$ かつ $y > 1$」のとき
① の両辺に $\log_x y$（> 0）を掛けると　$(\log_x y)^2 - 2\log_x y - 3 < 0$

数学重要問題集（理系）　115

ゆえに　　$(\log_x y - 3)(\log_x y + 1) < 0$

$\log_x y > 0$ から　　$0 < \log_x y < 3$

したがって　　$\log_x 1 < \log_x y < \log_x x^3$

(i) $0 < x < 1$ かつ $0 < y < 1$ のとき　　$x^3 < y < 1$　……②

(ii) $x > 1$ かつ $y > 1$ のとき　　$1 < y < x^3$　……③

[2] $\log_x y < 0$ のとき

すなわち「$0 < x < 1$ かつ $y > 1$」または「$x > 1$ かつ $0 < y < 1$」のとき

①の両辺に $\log_x y\ (<0)$ を掛けると　　$(\log_x y)^2 - 2\log_x y - 3 > 0$

ゆえに　　$(\log_x y - 3)(\log_x y + 1) > 0$

$\log_x y < 0$ から　$\log_x y < -1$　したがって　$\log_x y < \log_x \dfrac{1}{x}$

(iii) $0 < x < 1$ かつ $y > 1$ のとき

　　$y > \dfrac{1}{x}$　……④

(iv) $x > 1$ かつ $0 < y < 1$ のとき

　　$y < \dfrac{1}{x}$　……⑤

②～⑤から，求める不等式の表す領域は右の図の斜線部分である。ただし，境界線を含まない。

←不等号の向きは，底 x が
　$0 < x < 1$ のとき　反対
　$x > 1$ のとき　　　一致

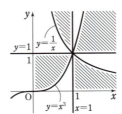

10　数　列

指針 130 〈等差数列，等比数列になる3つの数〉

数 a, b, c がこの順で等差数列であるとき　　$2b = a + c$　（b を等差中項という）

数 a, b, c がこの順で等比数列であるとき　　$b^2 = ac$　（b を等比中項という）

a, b, c が整数であることに注意する。

数列 a, b, c が等比数列をなすから　　$b^2 = ac$　……①

数列 $b, c, \dfrac{2}{9}a$ が等差数列をなすから　　$2c = b + \dfrac{2}{9}a$　……②

②から　　$2a = 9(2c - b)$

2と9は互いに素であるから，a は9の倍数である。

また，a は2以上50以下の偶数でもあるから　　$a = 18, 36$

ここで，①から　$2b^2 = a \cdot 2c$　②を代入して　$2b^2 = a\left(b + \dfrac{2}{9}a\right)$

整理して　$2a^2 + 9ab - 18b^2 = 0$　ゆえに　$(a + 6b)(2a - 3b) = 0$

$a + 6b = 0$ から　$b = -\dfrac{a}{6}$，　$2a - 3b = 0$ から　　$b = \dfrac{2}{3}a$

[1] $b = -\dfrac{a}{6}$ のとき，②から　　$c = \dfrac{a}{36}$

$a = 18$ のとき $c = \dfrac{1}{2}$ となり，c は整数でないから不適。

$a = 36$ のとき　　$b = -6, c = 1$

←$2(9c - a) = 9b$ という変形もできるが，b が2の倍数であること以外に b についての条件がなく，候補を絞り込むことができない。

[2] $b=\dfrac{2}{3}a$ のとき,② から $c=\dfrac{4}{9}a$

$a=18$ のとき $b=12$, $c=8$

$a=36$ のとき $b=24$, $c=16$

以上から,求める整数 (a, b, c) の組は

$(a, b, c)=(36, -6, 1), (18, 12, 8), (36, 24, 16)$

指針 131 〈等差数列の和〉

2つの数列 $\{a_n\}$, $\{b_n\}$ において,どちらの数列にも現れる数を $a_p=b_q$ とすると,$3p=5q$ が導かれ,3と5が互いに素であることから,p が5の倍数であることがわかる。
数列 $\{a_n\}$ に現れ数列 $\{b_n\}$ に現れない数を足していくのは計算が面倒であるから,数列 $\{a_n\}$ に現れる300以下の数の合計から,数列 $\{a_n\}$ と数列 $\{b_n\}$ に共通する項のうち300以下のものの合計を引く。

$\{a_n\}$, $\{b_n\}$ において,ともに現れる数を $a_p=b_q$ とすると

$3p-1=5q-1$ すなわち $3p=5q$

3と5は互いに素であるから,p は5の倍数である。

よって,p は自然数 k を用いて $p=5k$ と表される。

$3n-1 \leqq 300$ を解くと $n \leqq \dfrac{301}{3}$

n は自然数であるから $n \leqq 100$

さらに,$a_p=15k-1$ から,$15k-1 \leqq 300$ を解くと $k \leqq \dfrac{301}{15}$

k は自然数であるから $k \leqq 20$

したがって,$\{a_n\}$ に現れ $\{b_n\}$ に現れない数のうち,300以下のものの合計は

$\displaystyle\sum_{n=1}^{100}(3n-1)-\sum_{k=1}^{20}(15k-1)$

$=\dfrac{1}{2}\cdot 100\cdot(2+299)-\dfrac{1}{2}\cdot 20\cdot(14+299)=\mathbf{11920}$

←a, b が互いに素で,an が b の倍数ならば,n は b の倍数である。
 $(a, b, n$ は整数$)$

←$\dfrac{301}{3}$ を超えない最大の自然数。

←$\dfrac{301}{15}$ を超えない最大の自然数。

←$(\{a_n\}$ の和$)$
 −(共通する項の和)

指針 132 〈数列の和〉

(1) (等差数列)×(等比数列) の形の数列の和 S は,$S-rS$(r は等比数列の公比)を考える。

(2) 部分分数に分解する。$\dfrac{1}{k(k+1)(k+2)}=\dfrac{1}{2}\left\{\dfrac{1}{k(k+1)}-\dfrac{1}{(k+1)(k+2)}\right\}$

(1) (a) A_n は初項 1,公比 -1,項数 n の等比数列の和であるから

$A_n=\dfrac{1-(-1)^n}{1-(-1)}=\dfrac{\mathbf{1+(-1)^{n-1}}}{\mathbf{2}}$

(b) $S_n=1+2\cdot(-1)+3\cdot(-1)^2+\cdots\cdots+n\cdot(-1)^{n-1}$

$-S_n=1\cdot(-1)+2\cdot(-1)^2+\cdots\cdots+(n-1)\cdot(-1)^{n-1}+n\cdot(-1)^n$

辺々引くと $2S_n=1+(-1)+(-1)^2+\cdots\cdots+(-1)^{n-1}-n\cdot(-1)^n$

$=A_n-n\cdot(-1)^n$

$=\dfrac{1+(-1)^{n-1}}{2}-n\cdot(-1)^n$

$=\dfrac{1+(-1)^{n-1}(2n+1)}{2}$

←両辺に -1 を掛ける。

←(1)より

数学重要問題集(理系) 117

したがって　　$S_n = \dfrac{1+(-1)^{n-1}(2n+1)}{4}$

(2) $\dfrac{1}{k(k+1)(k+2)} = \dfrac{1}{2}\left\{\dfrac{(k+2)-k}{k(k+1)(k+2)}\right\}$

$\phantom{(2) \dfrac{1}{k(k+1)(k+2)}} = \dfrac{1}{2}\left\{\dfrac{1}{k(k+1)} - \dfrac{1}{(k+1)(k+2)}\right\}$

←第 k 項が $f(k)-f(k+1)$ の形になるように変形。

よって

$\displaystyle\sum_{k=1}^{20}\dfrac{1}{k(k+1)(k+2)} = \sum_{k=1}^{20}\dfrac{1}{2}\left\{\dfrac{1}{k(k+1)} - \dfrac{1}{(k+1)(k+2)}\right\}$

$= \dfrac{1}{2}\left\{\left(\dfrac{1}{1\cdot 2} - \dfrac{1}{2\cdot 3}\right) + \left(\dfrac{1}{2\cdot 3} - \dfrac{1}{3\cdot 4}\right) + \cdots\cdots + \left(\dfrac{1}{20\cdot 21} - \dfrac{1}{21\cdot 22}\right)\right\}$

$= \dfrac{1}{2}\left(\dfrac{1}{2} - \dfrac{1}{462}\right) = {}^{\mathcal{P}}\dfrac{115}{{}^{\mathcal{A}}462}$

←途中が消えて，最初と最後だけが残る。

指針 133 〈数列の和と漸化式〉

(2) 数列 $\{a_n\}$ の初項から第 n 項までの和 S_n について　　$a_{n+1} = S_{n+1} - S_n\ (n \geqq 1)$
　　これを利用して，a_{n+1} を a_n の式で表す。

(3) 漸化式 $a_{n+1} = pa_n + q$ ……Ⓐ から一般項を求めるには，次の解法がある。
　　① $\alpha = p\alpha + q$ ……Ⓑ として，Ⓐ－Ⓑ から，$a_{n+1} - \alpha = p(a_n - \alpha)$ より，数列 $\{a_n - \alpha\}$ は初項が $a_1 - \alpha$，公比が p の等比数列となる。
　　② $a_{n+2} = pa_{n+1} + q$ ……Ⓐ′ として，Ⓐ′－Ⓐ から，$a_{n+2} - a_{n+1} = p(a_{n+1} - a_n)$ より，数列 $\{a_{n+1} - a_n\}$ は初項が $a_2 - a_1$，公比が p の等比数列となる。

(1) $S_n = 3a_n + n + 1$ ……① とする。
　① に $n=1$ を代入すると　　$S_1 = 3a_1 + 2$
　$S_1 = a_1$ より　　$a_1 = 3a_1 + 2$
　よって　　$a_1 = -1$
　① に $n=2$ を代入すると　　$S_2 = 3a_2 + 3$
　すなわち　　$a_1 + a_2 = 3a_2 + 3$
　よって　　$a_2 = -2$
　① に $n=3$ を代入すると　　$S_3 = 3a_3 + 4$
　すなわち　　$a_1 + a_2 + a_3 = 3a_3 + 4$
　よって　　$a_3 = -\dfrac{7}{2}$

(2) ① より　　$S_{n+1} = 3a_{n+1} + (n+1) + 1$ ……②
　②－① より　　$S_{n+1} - S_n = 3a_{n+1} - 3a_n + 1$
　$S_{n+1} - S_n = a_{n+1}$ であるから　　$a_{n+1} = 3a_{n+1} - 3a_n + 1$
　したがって　　$a_{n+1} = \dfrac{3}{2}a_n - \dfrac{1}{2}$

←① において，n の代わりに $n+1$ とおく。

(3) $a_{n+1} = \dfrac{3}{2}a_n - \dfrac{1}{2}$ を変形すると　　$a_{n+1} - 1 = \dfrac{3}{2}(a_n - 1)$
　よって，数列 $\{a_n - 1\}$ は初項 $a_1 - 1 = -2$，公比 $\dfrac{3}{2}$ の等比数列であるから　　$a_n - 1 = -2\cdot\left(\dfrac{3}{2}\right)^{n-1}$

←$\alpha = \dfrac{3}{2}\alpha - \dfrac{1}{2}$ を満たす α は $\alpha = 1$

数学重要問題集（理系）

よって　　$a_n = 1 - 2 \cdot \left(\dfrac{3}{2}\right)^{n-1}$

また，① より　　$S_n = 3\left\{1 - 2 \cdot \left(\dfrac{3}{2}\right)^{n-1}\right\} + n + 1$

$ = n - 6 \cdot \left(\dfrac{3}{2}\right)^{n-1} + 4$

別解（解法 2）　$a_{n+1} = \dfrac{3}{2}a_n - \dfrac{1}{2}$　……Ⓐ　から

$a_{n+2} = \dfrac{3}{2}a_{n+1} - \dfrac{1}{2}$　……Ⓐ′

Ⓐ′ − Ⓐ から　　$a_{n+2} - a_{n+1} = \dfrac{3}{2}(a_{n+1} - a_n)$

よって，数列 $\{a_{n+1} - a_n\}$ は初項 $a_2 - a_1 = -1$，公比 $\dfrac{3}{2}$ の等比数列であるから

$\qquad a_{n+1} - a_n = -1 \cdot \left(\dfrac{3}{2}\right)^{n-1}$

$n \geqq 2$ のとき　　$a_n = a_1 + \displaystyle\sum_{k=1}^{n-1} (-1) \cdot \left(\dfrac{3}{2}\right)^{k-1}$

$ = -1 - \dfrac{\left(\dfrac{3}{2}\right)^{n-1} - 1}{\dfrac{3}{2} - 1}$

$ = 1 - 2 \cdot \left(\dfrac{3}{2}\right)^{n-1}$　……③

③ において，$n = 1$ とすると　　$a_1 = 1 - 2 \cdot \left(\dfrac{3}{2}\right)^{1-1} = -1$

よって，③ は $n = 1$ のときも成り立つ。

ゆえに　　$a_n = 1 - 2 \cdot \left(\dfrac{3}{2}\right)^{n-1}$

指針 134　〈漸化式と対数の利用〉

(1) 与えられた漸化式の両辺において，2 を底とする対数をとる。
(2) 与えられた式を展開して整理し，(1)で求めた式と各項の係数を比較する。
(3) (2)から，まずは数列 $\{b_n\}$ の一般項を求める。数列 $\{a_n\}$ の一般項は，$a_n = 2^{b_n}$ から求められる。

---

(1)　$a_1 = 2 > 0$ と漸化式の形から $a_n > 0$ である。
$a_{n+1} = a_n^3 \cdot 4^n$ の両辺の 2 を底とする対数をとると
$\qquad \log_2 a_{n+1} = \log_2 a_n^3 + \log_2 4^n$

ゆえに　　$\log_2 a_{n+1} = 3\log_2 a_n + 2n$

$b_n = \log_2 a_n$ とすると　　$b_{n+1} = 3b_n + 2n$

(2)　$b_{n+1} - f(n+1) = 3\{b_n - f(n)\}$ から
$\qquad b_{n+1} = 3b_n + f(n+1) - 3f(n)$
$f(n) = \alpha n + \beta$，$f(n+1) = \alpha n + \alpha + \beta$ を代入して
$\qquad b_{n+1} = 3b_n + \alpha n + \alpha + \beta - 3(\alpha n + \beta)$

整理して　　$b_{n+1} = 3b_n - 2\alpha n + \alpha - 2\beta$

←$\log_2 a_n$ を利用するため，$a_n > 0$ を確認しておく。（真数条件）

←$\log_2 4 = 2$
←$b_{n+1} = \log_2 a_{n+1}$

これと (1) の結果から　　$-2\alpha = 2, \ \alpha - 2\beta = 0$　　←各項の係数を比較する。

連立して解くと　　$\alpha = -1, \ \beta = -\dfrac{1}{2}$

(3) (2) から　　$f(n) = -n - \dfrac{1}{2}$

$b_{n+1} - f(n+1) = 3\{b_n - f(n)\}$ より，数列 $\left\{b_n + n + \dfrac{1}{2}\right\}$ は，

初項 $b_1 + 1 + \dfrac{1}{2} = \log_2 a_1 + \dfrac{3}{2} = \dfrac{5}{2}$，公比 3 の等比数列で

あるから　　$b_n + n + \dfrac{1}{2} = \dfrac{5}{2} \cdot 3^{n-1}$

ゆえに　　$b_n = \dfrac{5}{2} \cdot 3^{n-1} - n - \dfrac{1}{2}$

また，$b_n = \log_2 a_n$ から　　$a_n = 2^{b_n}$

すなわち　　$a_n = 2^{\frac{5}{2} \cdot 3^{n-1} - n - \frac{1}{2}}$

指針 135 〈一般項を推定して数学的帰納法で証明〉

(1) $a_1 = c+1, \ a_2 = \dfrac{1}{2}c + \dfrac{3}{2}, \ a_3 = \dfrac{1}{3}c + 2, \ a_4 = \dfrac{1}{4}c + \dfrac{5}{2}$ から，$a_n = \dfrac{1}{n}c + \dfrac{n+1}{2}$ と推定される。この推定が正しいことを，数学的帰納法で証明する。

(2) $a_n = \dfrac{324}{n} + \dfrac{n+1}{2}$ について，n が奇数，偶数で場合を分けて考える。
　大きい数の約数は，素因数分解すると考えやすい。

---

(1)　$a_2 = \dfrac{1}{1+1}a_1 + 1 = \dfrac{1}{2}(c+1) + 1 = \dfrac{1}{2}c + \dfrac{3}{2}$

　　$a_3 = \dfrac{2}{2+1}a_2 + 1 = \dfrac{2}{3}\left(\dfrac{1}{2}c + \dfrac{3}{2}\right) + 1 = \dfrac{1}{3}c + 2$

　　$a_4 = \dfrac{3}{3+1}a_3 + 1 = \dfrac{3}{4}\left(\dfrac{1}{3}c + 2\right) + 1 = \dfrac{1}{4}c + \dfrac{5}{2}$

よって，数列 $\{a_n\}$ の一般項は，$a_n = \dfrac{1}{n}c + \dfrac{n+1}{2}$ ……(A) と推定

できる。
これが正しいことを数学的帰納法を用いて証明する。

[1]　$n = 1$ のとき
　　(A) において，$n = 1$ とすると　　$a_1 = c + 1$
　　よって，$n = 1$ のとき，(A) は成り立つ。

[2]　$n = k$ のとき，(A) が成り立つ，すなわち
$$a_k = \dfrac{1}{k}c + \dfrac{k+1}{2}$$
　　と仮定する。$n = k+1$ のときを考えると　　　　　←(A) で $n = k$ とおいたもの。
$$a_{k+1} = \dfrac{k}{k+1}a_k + 1 = \dfrac{k}{k+1}\left(\dfrac{1}{k}c + \dfrac{k+1}{2}\right) + 1$$
$$= \dfrac{1}{k+1}c + \dfrac{k}{2} + 1 = \dfrac{1}{k+1}c + \dfrac{(k+1)+1}{2}$$

←漸化式から $a_{k+1} = \dfrac{k}{k+1}a_k + 1$

←$n = k+1$ のときの (A) の右辺の式が導かれた。

　　よって，$n = k+1$ のときも (A) は成り立つ。
[1], [2] から，すべての自然数 n に対して (A) は成り立つ。

120　　数学重要問題集（理系）

(2) (1)から，$c=324$ のとき　　$a_n = \dfrac{324}{n} + \dfrac{n+1}{2}$

　[1]　n が奇数のとき

　　$\dfrac{n+1}{2}$ は自然数であるから，a_n が自然数となるための条件は，n が 324 の正の約数となることである。

　　$324 = 2^2 \cdot 3^4$ であるから，324 の正の約数のうち奇数であるものは 3^x（x は整数，$0 \leqq x \leqq 4$）の形で表される。　　　　　　　　　　　　　　　　　　　　　　　　　←奇数は，素因数として 2 をもたない。

　　よって，条件を満たす n は　　$n = 1, 3, 9, 27, 81$

　[2]　n が偶数のとき

　　a_n が自然数となるための条件は，$\dfrac{324}{n} = \dfrac{m}{2}$ となる奇数 m が存在することである。　　　　　　　　　　　　　　　　　　　　　　　　　←$a_n = \dfrac{m}{2} + \dfrac{n+1}{2}$（$n$ が偶数，m が奇数）のとき，a_n が自然数となる。

　　このとき，$\dfrac{648}{n} = m$，$648 = 2^3 \cdot 3^4$ であり，m は奇数であるから，条件を満たす n は，$n = 2^3 \cdot 3^x$（x は整数，$0 \leqq x \leqq 4$）の形で表される。

　　よって，条件を満たす n は　　$n = 8, 24, 72, 216, 648$

　[1]，[2] から，求める自然数 n は
　　$\boldsymbol{n = 1, 3, 8, 9, 24, 27, 72, 81, 216, 648}$

指針 136 〈数学的帰納法を利用した不等式の証明〉

$n = k$（$k \geqq 1$）のときを仮定し，$n = k+1$ のときを証明する。
後半は，前半で示した不等式の両辺の逆数をとって，和を考える。

$2^{n-1} \leqq n!$　……①　とする。

[1]　$n = 1$ のとき
　　（左辺）$= 2^0 = 1$，（右辺）$= 1! = 1$
　　よって，$n = 1$ のとき ① は成り立つ。

[2]　$n = k$（$k \geqq 1$）のとき，① が成り立つと仮定すると
　　　$2^{k-1} \leqq k!$　……②
　　$n = k+1$ のときを考えると，② から
　　　$2^k = 2 \cdot 2^{k-1} \leqq 2k! \leqq (k+1) \cdot k! = (k+1)!$　　　　　　　　　　　　　　　　　←② の両辺に 2 を掛けると $2 \cdot 2^{k-1} \leqq 2k!$
　　ゆえに，$n = k+1$ のときにも ① は成り立つ。　　　　　　　　　　　　　　　　　　　　　　　　また，$1 \leqq k$ のとき，$2 \leqq k+1$ であるから，両辺に $k!$ を掛けると $2k! \leqq (k+1) \cdot k!$

[1]，[2] から，すべての自然数 n について ① は成り立つ。

① から　　$\dfrac{1}{n!} \leqq \dfrac{1}{2^{n-1}}$

よって　　$\displaystyle\sum_{n=1}^{N} \dfrac{1}{n!} \leqq \sum_{n=1}^{N} \dfrac{1}{2^{n-1}}$

ここで　　$\displaystyle\sum_{n=1}^{N} \dfrac{1}{2^{n-1}} = \sum_{n=1}^{N} \left(\dfrac{1}{2}\right)^{n-1} = \dfrac{1 - \left(\dfrac{1}{2}\right)^N}{1 - \dfrac{1}{2}} = 2 - 2\left(\dfrac{1}{2}\right)^N < 2$　　　　←等比数列の和の公式

ゆえに　　$\displaystyle\sum_{n=1}^{N} \dfrac{1}{n!} < 2$

137 〈確率と漸化式〉

指針
(1) $(n+1)$ 秒後にいる頂点に対して，n 秒後にいる頂点は 2 通りある。
(2) a_{n+2} を a_n, b_n, c_n で表し，$a_n+b_n+c_n=1$ を利用。
(3) (2)と同様に考えて，b_{n+2} を a_n で，c_{n+2} を b_n で表してみる。
(4) (3)の結果を利用すると，$a_{6k+7}-c=p(a_{6k+1}-c)$ の形に表せる。

(1) 点 P が $(n+1)$ 秒後に頂点 A にいるとき，n 秒後は頂点 B にいる場合と，頂点 C にいる場合がある。

よって $$a_{n+1}=\frac{1}{3}b_n+\frac{2}{3}c_n \quad \cdots\cdots ①$$

同様に考えて
$$b_{n+1}=\frac{1}{3}c_n+\frac{2}{3}a_n \quad \cdots\cdots ② \qquad c_{n+1}=\frac{1}{3}a_n+\frac{2}{3}b_n \quad \cdots\cdots ③$$

← 1 回の移動で
B→A となる確率は $\frac{1}{3}$
C→A となる確率は $\frac{2}{3}$

(2) ① から $\quad a_{n+2}=\frac{1}{3}b_{n+1}+\frac{2}{3}c_{n+1} \quad \cdots\cdots ④$

④ に ②, ③ を代入して
$$a_{n+2}=\frac{1}{3}\left(\frac{1}{3}c_n+\frac{2}{3}a_n\right)+\frac{2}{3}\left(\frac{1}{3}a_n+\frac{2}{3}b_n\right)=\frac{4}{9}(a_n+b_n)+\frac{1}{9}c_n$$

$a_n+b_n+c_n=1$ より，$a_n+b_n=1-c_n$ であるから

$$a_{n+2}=\frac{4}{9}(1-c_n)+\frac{1}{9}c_n \qquad \text{よって} \qquad a_{n+2}=-\frac{1}{3}c_n+\frac{4}{9}$$

(3) (2)と同様に考えて，b_{n+2} を a_n, c_{n+2} を b_n を用いて表すと
$$b_{n+2}=-\frac{1}{3}a_n+\frac{4}{9}, \quad c_{n+2}=-\frac{1}{3}b_n+\frac{4}{9}$$

よって $$a_{n+6}=-\frac{1}{3}c_{n+4}+\frac{4}{9}=-\frac{1}{3}\left(-\frac{1}{3}b_{n+2}+\frac{4}{9}\right)+\frac{4}{9}$$
$$=\frac{1}{9}b_{n+2}+\frac{8}{27}=\frac{1}{9}\left(-\frac{1}{3}a_n+\frac{4}{9}\right)+\frac{8}{27}$$
$$=-\frac{1}{27}a_n+\frac{28}{81}$$

← a_{n+6} は(2)の結果で，n を $n+4$ とすればよい。

(4) (3)の結果から $\quad a_{6k+7}=-\frac{1}{27}a_{6k+1}+\frac{28}{81}$

この式を変形すると $\quad a_{6k+7}-\frac{1}{3}=-\frac{1}{27}\left(a_{6k+1}-\frac{1}{3}\right)$

また $\quad a_1-\frac{1}{3}=0-\frac{1}{3}=-\frac{1}{3}$

数列 $\left\{a_{6k+1}-\frac{1}{3}\right\}$ は初項 $-\frac{1}{3}$，公比 $-\frac{1}{27}$ の等比数列で，$k\geqq 0$ であるから

$$a_{6k+1}-\frac{1}{3}=-\frac{1}{3}\left(-\frac{1}{27}\right)^k \qquad \text{よって} \qquad a_{6k+1}=-\frac{1}{3}\left(-\frac{1}{27}\right)^k+\frac{1}{3}$$

← $c=-\frac{1}{27}c+\frac{28}{81}$ を満たす c は $\quad c=\frac{1}{3}$

← $k=0$ からなので，$-\frac{1}{3}\left(-\frac{1}{27}\right)^{k-1}$ ではない。

指針 138 〈累乗数の和の公式〉

(2) 与えられた恒等式の両辺に $k=1, 2, \cdots\cdots, n$ を代入し，辺々の和をとる。
(3) 恒等式 $k^4(k+1)^4-(k-1)^4k^4=8k^7+8k^5$ を利用する。

(1) $S_d(n)=1^d+2^d+\cdots\cdots+n^d$ のとき，すべての正の整数 n について
$$S_3(n)=\frac{n^2(n+1)^2}{4}$$
が成り立つことを数学的帰納法により示す。
$$1^3+2^3+\cdots\cdots+n^3=\frac{n^2(n+1)^2}{4} \quad \cdots\cdots ①$$
とする。

[1] $n=1$ のとき
  (① の左辺) $=1^3=1$
  (① の右辺) $=\dfrac{1^2\cdot 2^2}{4}=1$
  よって，$n=1$ のとき ① は成り立つ。

[2] $n=k$ のとき，① が成り立つと仮定すると
$$1^3+2^3+\cdots\cdots+k^3=\frac{k^2(k+1)^2}{4}$$
$n=k+1$ のときを考えると
$$1^3+2^3+\cdots\cdots+k^3+(k+1)^3=\frac{k^2(k+1)^2}{4}+(k+1)^3$$
$$=\frac{(k+1)^2\{k^2+4(k+1)\}}{4}=\frac{(k+1)^2(k+2)^2}{4}$$
$$=\frac{(k+1)^2\{(k+1)+1\}^2}{4}$$
よって，① は $n=k+1$ のときも成り立つ。

[1], [2] から，すべての正の整数 n に対して
$$S_3(n)=\frac{n^2(n+1)^2}{4}$$
が成り立つ。

(2) 恒等式 $k^3(k+1)^3-(k-1)^3k^3=6k^5+2k^3$ の両辺に $k=1, 2, \cdots\cdots, n$ を代入し，辺々の和をとると
$$\sum_{k=1}^{n}\{k^3(k+1)^3-(k-1)^3k^3\}=\sum_{k=1}^{n}(6k^5+2k^3)$$
ここで $\sum_{k=1}^{n}\{k^3(k+1)^3-(k-1)^3k^3\}$
$$=\{(1\cdot 2)^3-(0\cdot 1)^3\}+\{(2\cdot 3)^3-(1\cdot 2)^3\}$$
$$\qquad +\cdots\cdots+[\{n(n+1)\}^3-\{(n-1)n\}^3]$$
$$=n^3(n+1)^3$$
$$\sum_{k=1}^{n}(6k^5+2k^3)=6S_5(n)+2S_3(n)$$
$$=6S_5(n)+2\cdot\frac{n^2(n+1)^2}{4}=6S_5(n)+\frac{1}{2}n^2(n+1)^2$$
よって $n^3(n+1)^3=6S_5(n)+\dfrac{1}{2}n^2(n+1)^2$

← $(0\cdot 1)^3$ と $n^3(n+1)^3$ だけが残る。

←(1)より

したがって　　$6S_5(n) = n^3(n+1)^3 - \dfrac{1}{2}n^2(n+1)^2$

$= \dfrac{1}{2}n^2(n+1)^2\{2n(n+1)-1\}$

$= \dfrac{1}{2}n^2(n+1)^2(2n^2+2n-1)$

ゆえに　　$S_5(n) = \dfrac{1}{12}n^2(n+1)^2(2n^2+2n-1)$

(3) 恒等式 $k^4(k+1)^4 - (k-1)^4 k^4 = 8k^7 + 8k^5$ の両辺に $k=1, 2, \cdots, n$ を代入し，辺々の和をとると

$$\sum_{k=1}^{n}\{k^4(k+1)^4 - (k-1)^4 k^4\} = \sum_{k=1}^{n}(8k^7 + 8k^5)$$

ここで　$\displaystyle\sum_{k=1}^{n}\{k^4(k+1)^4 - (k-1)^4 k^4\}$

$= \{(1 \cdot 2)^4 - (0 \cdot 1)^4\} + \{(2 \cdot 3)^4 - (1 \cdot 2)^4\}$
$\qquad\qquad + \cdots + \{n^4(n+1)^4 - (n-1)^4 n^4\}$

$= n^4(n+1)^4$ ←$(0 \cdot 1)^4$ と $n^4(n+1)^4$ だけが残る。

$\displaystyle\sum_{k=1}^{n}(8k^7 + 8k^5) = 8S_7(n) + 8S_5(n)$

$= 8S_7(n) + 8 \cdot \dfrac{1}{12}n^2(n+1)^2(2n^2+2n-1)$ ←(2)より

$= 8S_7(n) + \dfrac{2}{3}n^2(n+1)^2(2n^2+2n-1)$

よって　　$n^4(n+1)^4 = 8S_7(n) + \dfrac{2}{3}n^2(n+1)^2(2n^2+2n-1)$

ゆえに　　$8S_7(n) = n^4(n+1)^4 - \dfrac{2}{3}n^2(n+1)^2(2n^2+2n-1)$

$= \dfrac{1}{3}n^2(n+1)^2\{3n^2(n+1)^2 - 2(2n^2+2n-1)\}$

$= \dfrac{1}{3}n^2(n+1)^2(3n^4+6n^3-n^2-4n+2)$

よって　　$24S_7(n) = n^2(n+1)^2(3n^4+6n^3-n^2-4n+2)$

したがって，すべての正の整数 n に対して，$24S_7(n)$ は $n^2(n+1)^2$ で割り切れる。

指針 139 〈群数列〉

(2) $\dfrac{36}{23}$ が第 n 群に含まれるとすると，分母の定義から $2n+1=23$ が成り立つ。

第 k 群の項は k 個あるから，もとの数列の初項から第 k 群の末項までの項数は $\dfrac{1}{2}k(k+1)$

(3) 第 n 群の項の分子の総和は　$n^2 + (n-1)^2 + \cdots + 1^2 = \displaystyle\sum_{k=1}^{n}k^2$

(4) $\dfrac{1}{2} \cdot 27 \cdot 28 = 378$ であるから，第 376 項は第 27 群の末項から 3 番目の項である。

(1) 第 n 群の最初の項は　$\dfrac{n^2}{2n+1}$

(2) $2n+1=23$ より $n=11$ であるから，$\dfrac{36}{23}$ は第 11 群の項である。

124　数学重要問題集（理系）

第11群は $\dfrac{11^2}{23},\ \dfrac{10^2}{23},\ \cdots\cdots,\ \dfrac{1^2}{23}$ であるから，$\dfrac{36}{23}$ すなわち $\dfrac{6^2}{23}$ は**第11群の6番目の項**となる。

第k群の項はk個あるから，もとの数列の初項から第10群の末項までの項数は $\dfrac{1}{2}\cdot 10\cdot 11=55$

よって，$55+6=61$ から，$\dfrac{36}{23}$ は**第61項**である。

←もとの数列の初項から第k群の末項までの項数は $\dfrac{1}{2}k(k+1)$

(3) $S_n=\dfrac{n^2+(n-1)^2+\cdots\cdots+1^2}{2n+1}=\dfrac{1}{2n+1}\sum_{k=1}^{n}k^2$

$\qquad =\dfrac{1}{2n+1}\cdot\dfrac{1}{6}n(n+1)(2n+1)=\dfrac{1}{6}n(n+1)$

よって $S=\sum_{k=1}^{n}S_k=\sum_{k=1}^{n}\dfrac{1}{6}k(k+1)$

$\qquad =\dfrac{1}{6}\left\{\dfrac{1}{6}n(n+1)(2n+1)+\dfrac{1}{2}n(n+1)\right\}$

$\qquad =\dfrac{1}{36}n(n+1)\{(2n+1)+3\}=\boldsymbol{\dfrac{1}{18}n(n+1)(n+2)}$

←$S=\dfrac{1}{6}\sum_{k=1}^{n}(k^2+k)$

(4) もとの数列の初項から第27群の末項までの項数は $\dfrac{1}{2}\cdot 27\cdot 28=378$

よって，第376項は**第27群の末項から3番目の項**である。第27群の分母は $2\cdot 27+1=55$ であるから，求める和は

$\sum_{k=1}^{27}S_k-\left(\dfrac{2^2}{55}+\dfrac{1^2}{55}\right)=\dfrac{1}{18}\cdot 27\cdot 28\cdot 29-\dfrac{5}{55}=\boldsymbol{\dfrac{13397}{11}}$

←もとの数列の初項から第k群の末項までの項数は $\dfrac{1}{2}k(k+1)$

指針 140 〈図形と漸化式〉

(2) 2つの円 C_n，C_{n+1} の中心間の距離と半径の関係から，数列 $\{a_n\}$ の漸化式を導く。
2つの円が外接するとき　（中心間の距離）＝（2つの円の半径の和）

(3) (2)から求められる漸化式は $a_{n+1}=\dfrac{a_n}{pa_n+q}$ の形。漸化式の両辺の逆数をとる。

(1) 条件Pを満たす円Cの中心の座標を $(X,\ Y)$ とする。

C は円 $x^2+(y-1)^2=1$ に外接し，x軸と接する円で中心のx座標が正のものであるから，右の図より

　　$X>0$，$Y>0$，円Cの半径はY

また，円 $x^2+(y-1)^2=1$ と C は外接するから，中心間の距離について

$\qquad X^2+(Y-1)^2=(1+Y)^2$　　整理して　$Y=\dfrac{1}{4}X^2$

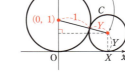

ゆえに，条件Pを満たす円の中心は，曲線 $y=\overset{ア}{\boxed{\dfrac{1}{4}}}x^2\ (x>0)$ 上にある。

また，C_1 の中心のy座標は9であるから　　$9=\dfrac{1}{4}a_1{}^2$

←（中心間の距離）^{2} ＝（2つの円の半径の和）^{2}

$a_1 > 0$ より　　$a_1 = {}^ア6$

(2) (1) より，円 C_n の中心の座標は
$\left(a_n, \dfrac{1}{4}a_n^2\right)$，半径は $\dfrac{1}{4}a_n^2$

C_1 の半径が円 $x^2+(y-1)^2=1$ の半径 1 より大きいことと，円 C_n ($n \geq 2$) に関する条件より，円 C_{n+1} は，右の図の 2 つの円のそれぞれの実線部分および x 軸と接する。

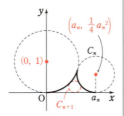

←円 C_n の中心は，曲線
$y=\dfrac{1}{4}x^2$ ($x>0$) 上にある。

よって　　$a_{n+1} < a_n$

円 C_n と C_{n+1} は外接するから，中心間の距離について

$$(a_n-a_{n+1})^2+\left(\dfrac{1}{4}a_n^2-\dfrac{1}{4}a_{n+1}^2\right)^2 = \left(\dfrac{1}{4}a_n^2+\dfrac{1}{4}a_{n+1}^2\right)^2$$

←(中心間の距離)²
　=(2 つの円の半径の和)²

変形して　　$(a_n-a_{n+1})^2 = \dfrac{1}{4}a_n^2 a_{n+1}^2$

$a_n>0$, $a_{n+1}>0$, $a_n > a_{n+1}$ から　　$a_n-a_{n+1} = \dfrac{1}{2}a_n a_{n+1}$

←$a_n > a_{n+1}$ から
$a_n - a_{n+1} > 0$
$a_n > 0$, $a_{n+1} > 0$ から
$a_n a_{n+1} > 0$

ゆえに　　$(a_n+2)a_{n+1} = 2a_n$

$a_n+2 \neq 0$ であるから　　$\boldsymbol{a_{n+1} = \dfrac{2a_n}{a_n+2}}$ ……①

(3) すべての自然数 n に対して $a_n \neq 0$ であるから，①の両辺の逆数をとると　　$\dfrac{1}{a_{n+1}} = \dfrac{1}{a_n} + \dfrac{1}{2}$

←逆数をとるため，a_{n+1}, a_n が 0 でないことを確認する。

ゆえに，数列 $\left\{\dfrac{1}{a_n}\right\}$ は，初項 $\dfrac{1}{a_1} = \dfrac{1}{6}$，公差 $\dfrac{1}{2}$ の等差数列であるから

$$\dfrac{1}{a_n} = \dfrac{1}{6} + (n-1) \cdot \dfrac{1}{2}$$

よって　　$\dfrac{1}{a_n} = \dfrac{3n-2}{6}$　　　したがって　　$a_n = \dfrac{6}{3n-2}$

141 〈連立漸化式で表される 2 つの数列〉

指針　操作を n 回行ったとき，容器 A と容器 B に入っている砂糖の量はそれぞれ
$$100 \times \dfrac{a_n}{100} = a_n \text{(g)}, \quad 100 \times \dfrac{b_n}{100} = b_n \text{(g)}$$
(イ) $a_n + b_n$ は操作を n 回行ったとき，容器 A と容器 B に入っている砂糖の量の合計である。

操作を n 回行ったとき，容器 A と容器 B に入っている砂糖の量はそれぞれ　　$100 \times \dfrac{a_n}{100} = a_n \text{(g)}, \quad 100 \times \dfrac{b_n}{100} = b_n \text{(g)}$

操作を 1 回行ったとき，容器 A に入っている砂糖の量 a_1 は
$$a_1 = 60 \times \dfrac{5}{100} + 40 \times \dfrac{x}{100} = 3 + \dfrac{2}{5}x$$

$a_1 = 15$ より　　$3 + \dfrac{2}{5}x = 15$　　　よって　　$x = {}^ア30$

操作を n 回繰り返しても，容器 A と容器 B に入っている砂糖の量の合計は変わらない。

$x=30$ より，最初の状態では，

 容器Aには砂糖が $100 \times \dfrac{5}{100} = 5$ (g)，

 容器Bには砂糖が $100 \times \dfrac{30}{100} = 30$ (g)

入っているから，容器Aと容器Bに入っている砂糖の量の合計は
 $5+30 = 35$ (g)

したがって $a_n + b_n = {}^{イ}35$ ……①

また，操作を $(n+1)$ 回行ったとき，容器Aに入っている砂糖の量 a_{n+1} は $a_{n+1} = 60 \times \dfrac{a_n}{100} + 40 \times \dfrac{b_n}{100}$

よって $a_{n+1} = \dfrac{3}{5}a_n + \dfrac{2}{5}b_n$ ……②

同様にして，操作を $(n+1)$ 回行ったとき，容器Bに入っている砂糖の量 b_{n+1} は $b_{n+1} = 60 \times \dfrac{b_n}{100} + 40 \times \dfrac{a_n}{100}$

よって $b_{n+1} = \dfrac{3}{5}b_n + \dfrac{2}{5}a_n$ ……③

③－② より $b_{n+1} - a_{n+1} = \dfrac{1}{5}(b_n - a_n)$

したがって，数列 $\{b_n - a_n\}$ は，初項
 $b_1 - a_1 = (35 - a_1) - a_1 = 35 - 2a_1 = 5$，公比 $\dfrac{1}{5}$ の等比数列であるから

$$b_n - a_n = 5 \cdot \left(\dfrac{1}{5}\right)^{n-1}$$
$$= {}^{ウ}\left(\dfrac{1}{5}\right)^{n-2} \quad \cdots\cdots ④$$

←$a_1+b_1=35$ より $b_1 = 35 - a_1$

①－④ より $2a_n = 35 - \left(\dfrac{1}{5}\right)^{n-2}$

ゆえに $a_n = {}^{エ}\dfrac{1}{2}\left\{35 - \left(\dfrac{1}{5}\right)^{n-2}\right\}$

←①，④を a_n，b_n の連立方程式とみて解く。

指針 142 〈数学的帰納法を利用した証明〉

(2) 次の [1]，[2] を示す数学的帰納法を利用する。
 [1] $n=1, 2$ のとき成り立つ。
 [2] $n=k, k+1$ のとき成り立つと仮定すると，$n=k+2$ のときも成り立つ。
 [2] の $n=k, k+1$ のときの仮定では，$\alpha^k + \beta^k = 2A$，$\alpha^{k+1} + \beta^{k+1} = 2B$ （A，B は整数）と表せることを利用する。

(3) (2) より $\alpha^n + \beta^n = 2C$ （C は整数）と表せる。なお，$\beta = 2-\sqrt{3}$ から $0 < \beta^n < 1$

(1) 解と係数の関係から $\alpha + \beta = 4$，$\alpha\beta = 1$
 よって $\boldsymbol{\alpha^2 + \beta^2} = (\alpha+\beta)^2 - 2\alpha\beta = 4^2 - 2 \cdot 1 = \boldsymbol{14}$
   $\boldsymbol{\alpha^3 + \beta^3} = (\alpha+\beta)(\alpha^2 - \alpha\beta + \beta^2) = 4(14-1) = \boldsymbol{52}$

(2) 「$\alpha^n + \beta^n$ は偶数になる」 ……① とする。
 ① を数学的帰納法を用いて証明する。
 [1] $n=1, 2$ のとき

←$\alpha^3 + \beta^3 = (\alpha^2+\beta^2)(\alpha+\beta) - \alpha\beta(\alpha+\beta)$ とも変形できることに注意。

数学重要問題集（理系） 127

$$\alpha+\beta=4, \quad \alpha^2+\beta^2=14$$
よって，$n=1$，2 のとき，① は成り立つ．

[2] $n=k$，$k+1$ のとき

① が成り立つと仮定すると，$\alpha^k+\beta^k=2A$，$\alpha^{k+1}+\beta^{k+1}=2B$
（A，B は整数）と表される．
$n=k+2$ のときを考えると
$$\alpha^{k+2}+\beta^{k+2}=(\alpha^{k+1}+\beta^{k+1})(\alpha+\beta)-\alpha\beta(\alpha^k+\beta^k)$$
$$=2B\cdot 4-1\cdot 2A=2(4B-A)$$
$4B-A$ は整数であるから，$\alpha^{k+2}+\beta^{k+2}$ は偶数である．
よって，$n=k+2$ のときにも ① は成り立つ．

[1]，[2] から，すべての自然数 n に対して ① は成り立つ．

← $\alpha^{k+2}+\beta^{k+2}$ を
$\alpha^{k+1}+\beta^{k+1}$ と $\alpha^k+\beta^k$，
$\alpha+\beta$，$\alpha\beta$ で表す等式．

(3) $x^2-4x+1=0$ を解くと $\quad x=2\pm\sqrt{3}$

$\alpha>\beta$ より $\beta=2-\sqrt{3}$ であるから $\quad 0<\beta<1$
よって $\quad 0<\beta^n<1$
(2) より，$\alpha^n+\beta^n=2C$（C は整数）と表せるから $\quad \alpha^n=2C-\beta^n$
$0<\beta^n<1$ であるから $\quad 2C-1<\alpha^n<2C$
よって $\quad [\alpha^n]=2C-1$
したがって，すべての自然数 n に対して，$[\alpha^n]$ は奇数になる．

← $-1<-\beta^n<0$ から
$2C-1<2C-\beta^n<2C$

指針 143 〈確率と漸化式〉

整数が 3 で割り切れる $\iff$ 各位の数の和が 3 で割り切れる

n の値によって確率が変わるので，n 桁の数が 3 で割り切れる確率を p_n で表して，数列 $\{p_n\}$ の漸化式を作る．n 桁の数を X_n，X_n を 3 で割って 1 余る確率を q_n，3 で割って 2 余る確率を r_n で表すと解答が書きやすい．なお，$p_n+q_n+r_n=1$ を利用すると q_n，r_n が消去できる．

---

n 桁の数を X_n とし，X_n が 3 で割り切れる確率を p_n，3 で割って 1 余る確率を q_n，3 で割って 2 余る確率を r_n とする．
箱を 1 個追加して $(n+1)$ 桁の数 X_{n+1} を作るとき，X_{n+1} が 3 で割り切れるのは，次の 3 つの場合がある．

[1] X_n が 3 で割り切れて，次に 3 を取り出すとき
[2] X_n が 3 で割ると 1 余る数で，次に 2 または 5 を取り出すとき
[3] X_n が 3 で割ると 2 余る数で，次に 1 または 4 を取り出すとき

よって $\quad p_{n+1}=\dfrac{1}{5}p_n+\dfrac{2}{5}q_n+\dfrac{2}{5}r_n=\dfrac{1}{5}p_n+\dfrac{2}{5}(q_n+r_n)$

$p_n+q_n+r_n=1$ であるから，$q_n+r_n=1-p_n$ を代入すると
$$p_{n+1}=\dfrac{1}{5}p_n+\dfrac{2}{5}(1-p_n)$$

変形すると $\quad p_{n+1}-\dfrac{1}{3}=-\dfrac{1}{5}\left(p_n-\dfrac{1}{3}\right)$

また $\quad p_1-\dfrac{1}{3}=\dfrac{1}{5}-\dfrac{1}{3}=-\dfrac{2}{15}$

よって，数列 $\left\{p_n-\dfrac{1}{3}\right\}$ は初項 $-\dfrac{2}{15}$，公比 $-\dfrac{1}{5}$ の等比数列であるから $\quad p_n-\dfrac{1}{3}=-\dfrac{2}{15}\left(-\dfrac{1}{5}\right)^{n-1} \quad$ ゆえに $\quad p_n=\dfrac{2}{3}\left(-\dfrac{1}{5}\right)^n+\dfrac{1}{3}$

← 指針の同値関係を利用している．

← $p_{n+1}=-\dfrac{1}{5}p_n+\dfrac{2}{5}$
$c=-\dfrac{1}{5}c+\dfrac{2}{5}$ を満たす
c は $\quad c=\dfrac{1}{3}$

128　数学重要問題集（理系）

指針 144 〈格子点の個数〉

格子点の個数を求める問題では，直線 $x=k$ または $y=k$（k は整数）上の格子点の個数を求めて，それらを足し合わせることを考える。
グラフを図示すると，求める格子点の個数は，直線 $y=nx$ と放物線 $y=2n^2-x^2$ で囲まれた領域の周および内部にある格子点の個数と等しい。
領域内の直線 $x=k$ 上には $(2n^2-k^2)-nk+1$ 個の格子点がある。

直線 $y=nx$ と放物線 $y=2n^2-x^2$ の
交点の x 座標は，方程式
$nx=2n^2-x^2$ の実数解である。
$nx=2n^2-x^2$ から $x^2+nx-2n^2=0$
すなわち $(x-n)(x+2n)=0$
これを解いて $x=-2n, n$
求める格子点の個数は，直線 $y=nx$ と
放物線 $y=2n^2-x^2$ で囲まれた領域の周および内部にある格子点の
個数と等しい。

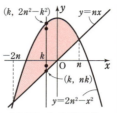

したがって，求める格子点の個数は $\displaystyle\sum_{k=-2n}^{n}\{(2n^2-k^2)-nk+1\}$

ここで $k=i-2n$ とすると，$-2n \leqq k \leqq n$ より $0 \leqq i \leqq 3n$

よって $\displaystyle\sum_{k=-2n}^{n}\{(2n^2-k^2)-nk+1\}$

$=\displaystyle\sum_{i=0}^{3n}\{2n^2-(i-2n)^2-n(i-2n)+1\}=\sum_{i=0}^{3n}(-i^2+3ni+1)$

$=-\dfrac{1}{6}\cdot 3n(3n+1)(6n+1)+3n\cdot\dfrac{1}{2}\cdot 3n(3n+1)+(3n+1)$

$=\dfrac{1}{2}(3n+1)\{-n(6n+1)+9n^2+2\}=\dfrac{1}{2}(3n+1)(3n^2-n+2)$

←直線 $x=k$ 上にある領域内の格子点の個数は
$(2n^2-k^2)-(nk-1)$
と計算できる。
$-2n \leqq k \leqq n$ であるが，
$k=i-2n$ $(0 \leqq i \leqq 3n)$
とおき換えることで，和の公式が使える。

←$\displaystyle\sum_{i=0}^{3n}1=3n+1$ に注意。

指針 145 〈場合の数と漸化式〉

(4) 一般に，$pa_{n+2}+qa_{n+1}+ra_n=0$ の形の漸化式（隣接3項間の漸化式）に対して，2次方程式 $px^2+qx+r=0$ の2つの解を α, β $(\alpha \neq \beta)$ とすると，漸化式を次の2通りに表すことができる。
$a_{n+2}-\alpha a_{n+1}=\beta(a_{n+1}-\alpha a_n), \quad a_{n+2}-\beta a_{n+1}=\alpha(a_{n+1}-\beta a_n)$ ……Ⓐ
等比数列 $\{a_{n+1}-\alpha a_n\}, \{a_{n+1}-\beta a_n\}$ の一般項を n の式で表し，連立方程式を解く要領で a_n が求められる。

(1) 1枚目はどの色でもよいから $a_1=3$
タイルを2枚並べる並べ方は $3^2=9$（通り）
このうち，赤色と黄色が隣り合う並べ方は2通りあるから
$a_2=9-2=7$

(2) $n+1$ 枚目が赤色のとき，n 枚目は赤色または青色であるから
$b_{n+1}=b_n+d_n$
$n+1$ 枚目が黄色のとき，n 枚目は黄色または青色であるから
$c_{n+1}=c_n+d_n$

←赤色と黄色は隣り合わないから，黄色以外の色。

←黄色と赤色は隣り合わないから，赤色以外の色。

数学重要問題集（理系） 129

$n+1$ 枚目が青色のとき，n 枚目はどの色でもよいから
$$d_{n+1} = b_n + c_n + d_n$$
(3) $a_n = b_n + c_n + d_n$ であるから，(2) より
$$\begin{aligned}a_{n+2} &= b_{n+2} + c_{n+2} + d_{n+2}\\&= (b_{n+1} + d_{n+1}) + (c_{n+1} + d_{n+1}) + (b_{n+1} + c_{n+1} + d_{n+1})\\&= 2(b_{n+1} + c_{n+1} + d_{n+1}) + d_{n+1}\\&= 2a_{n+1} + (b_n + c_n + d_n) = 2a_{n+1} + a_n\end{aligned}$$
よって $\boldsymbol{a_{n+2} = 2a_{n+1} + a_n}$

(4) (3) より $a_{n+2} - 2a_{n+1} - a_n = 0$

変形すると
$$a_{n+2} - (1+\sqrt{2})a_{n+1} = (1-\sqrt{2})\{a_{n+1} - (1+\sqrt{2})a_n\} \quad \cdots\cdots ①$$
$$a_{n+2} - (1-\sqrt{2})a_{n+1} = (1+\sqrt{2})\{a_{n+1} - (1-\sqrt{2})a_n\} \quad \cdots\cdots ②$$

← $x^2 - 2x - 1 = 0$ を解くと $x = 1 \pm \sqrt{2}$
$\alpha = 1+\sqrt{2},\ \beta = 1-\sqrt{2}$ として指針 Ⓐ を利用する。

① から，数列 $\{a_{n+1} - (1+\sqrt{2})a_n\}$ は，
初項 $a_2 - (1+\sqrt{2})a_1 = 4 - 3\sqrt{2}$，公比 $1-\sqrt{2}$
の等比数列であるから
$$a_{n+1} - (1+\sqrt{2})a_n = (4-3\sqrt{2})(1-\sqrt{2})^{n-1} \quad \cdots\cdots ③$$

← $a_2 = 7,\ a_1 = 3$

② から数列 $\{a_{n+1} - (1-\sqrt{2})a_n\}$ は，
初項 $a_2 - (1-\sqrt{2})a_1 = 4 + 3\sqrt{2}$，公比 $1+\sqrt{2}$
の等比数列であるから
$$a_{n+1} - (1-\sqrt{2})a_n = (4+3\sqrt{2})(1+\sqrt{2})^{n-1} \quad \cdots\cdots ④$$

← $a_2 = 7,\ a_1 = 3$

④ − ③ から
$$2\sqrt{2}\,a_n = (4+3\sqrt{2})(1+\sqrt{2})^{n-1} - (4-3\sqrt{2})(1-\sqrt{2})^{n-1}$$
すなわち $2\sqrt{2}\,a_n = \sqrt{2}(1+\sqrt{2})^{n+1} + \sqrt{2}(1-\sqrt{2})^{n+1}$
よって $\boldsymbol{a_n = \dfrac{(1+\sqrt{2})^{n+1} + (1-\sqrt{2})^{n+1}}{2}}$

← $4+3\sqrt{2} = \sqrt{2}(1+\sqrt{2})^2$
$4-3\sqrt{2} = -\sqrt{2}(1-\sqrt{2})^2$

11 データの分析・統計的な推測

指針 146 〈データの平均値，分散，標準偏差〉

分散は，次の [1]，[2] いずれの方法でも求めることができる。
　　[1]　偏差（データの値と平均値の差）の 2 乗の平均
　　[2]　（2 乗の平均値）−（平均値）^{2}

1 回目の小テストの成績の分散は $\quad 2^2 = {}^{ア}\boldsymbol{4}$
2 回目の小テストの成績が 1 回目と変わらなかった 3 人の成績の合計を A 点とすると，1 回目の成績の平均点が 5 点であるから
$$\frac{1}{10}(3 \times 3 + 5 \times 2 + 7 \times 2 + A) = 5$$
よって　$33 + A = 50$　　　ゆえに　$A = 17$
よって，2 回目の小テストの成績の平均は
$$\frac{1}{10}(5 \times 3 + 8 \times 2 + 6 \times 2 + A) = \frac{43 + 17}{10} = {}^{イ}\boldsymbol{6}\,(\text{点})$$

←（分散）＝（標準偏差）^{2}

また，1回目と2回目で成績の変わらなかった3人の成績の2乗の和を B とすると，1回目の成績の分散が4であることから
$$\frac{1}{10}(3^2 \times 3 + 5^2 \times 2 + 7^2 \times 2 + B) - 5^2 = 4$$

←（2乗の平均値）−（平均値）^{2} ＝（分散）

ゆえに　　$175 + B = 10(4 + 25)$
よって　　$B = 115$
よって，2回目の小テストの成績の分散は
$$\frac{1}{10}(5^2 \times 3 + 8^2 \times 2 + 6^2 \times 2 + B) - 6^2 = \frac{275 + 115}{10} - 36 = 3$$

したがって，2回目の小テストの成績の標準偏差は　　　$^{\text{ウ}}\sqrt{3}$（点）

147 〈箱ひげ図の作図，合格者と入学者の分析〉

(1) $x' = x - 84$, $y' = y - 84$ とおいて，平均値，分散の式から，x', y' の方程式を立てる。
(2) 箱ひげ図の作図のためには，次の5つの値が必要。
　　[1] 最大値　[2] 最小値　[3] 中央値　[4] 第1四分位数　[5] 第3四分位数
(3) 入学しなかった1人の数学の点数を b, K の数学の点数を b' とおき，もとの10名，あとの10名それぞれの平均値，分散の式から，b, b' の方程式を立てる。

(1) $x' = x - 84$, $y' = y - 84$ とおくと，x', y' はともに整数で，$x' > y'$ である。
10名の数学の点数の偏差を順に計算すると
　　　　$11, -14, 4, 0, 7, -5, -1, -3, x', y'$
これらの平均が0であるから
$$11 - 14 + 4 + 0 + 7 - 5 - 1 - 3 + x' + y' = 0$$
ゆえに　　$x' + y' = 1$　……①
偏差の2乗の平均が分散であるから
$$11^2 + (-14)^2 + 4^2 + 0^2 + 7^2 + (-5)^2 + (-1)^2$$
$$+ (-3)^2 + (x')^2 + (y')^2 = 53.0 \times 10$$
すなわち　　$(x')^2 + (y')^2 = 113$
よって　　$(x' + y')^2 - 2x'y' = 113$
これに ① を代入して　　$1 - 2x'y' = 113$
ゆえに　　$x'y' = -56$　……②
①，② から，x', y' は t の2次方程式 $t^2 - t - 56 = 0$ の2つの解である。左辺は $(t+7)(t-8)$ と因数分解されるから，$x' > y'$ に注意して　　$x' = 8$, $y' = -7$
これらはともに整数であるから，条件を満たす。
したがって，受験者 I の数学の点数は　　$x = x' + 84 = {}^{\text{ア}}92$

←（データの値）−（平均値）＝（偏差）

←偏差の平均値は常に0

←解と係数の関係を用いる。

(2) $y = y' + 84 = 77$

10人の数学の点数を小さい方から順に
並べて　　70, 77, 79, 81, 83,
　　　　　84, 88, 91, 92, 95

よって中央値は　$\dfrac{83+84}{2} = 83.5$

第1四分位数は 79, 第3四分位数は 91
よって箱ひげ図は右のようである。

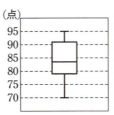

←データの大きさが10であるから、データを小さい順に並べたとき5番目と6番目の値の平均が中央値。
第1四分位数は下位5つのデータの中央値。
第3四分位数は上位5つのデータの中央値。

(3) AからJの中で入学した9人の数学
の点数を $a_1, \ldots, a_9$ とおき、入学しなかった1人の数学の点数
を b, K の数学の点数を b' とおく。

もとの10名、あとの10名の数学の点数の合計を考えて

$$\sum_{k=1}^{9} a_k + b = 84 \times 10,$$

$$\sum_{k=1}^{9} a_k + b' = 83 \times 10$$

辺々引いて　　$b - b' = 10$ ……③

もとの10名、あとの10名の数学の点数の分散を考えて

$$\dfrac{1}{10}\left(\sum_{k=1}^{9} a_k^2 + b^2\right) - 84^2 = 53,$$

$$\dfrac{1}{10}\left\{\sum_{k=1}^{9} a_k^2 + (b')^2\right\} - 83^2 = 62$$

辺々引いて整理すると　　$b^2 - (b')^2 = 1580$
すなわち　　$(b+b')(b-b') = 1580$ ……④
③を④に代入して　　$10(b+b') = 1580$
すなわち　　$b + b' = 158$ ……⑤
③, ⑤から　　$b = 84, \ b' = 74$
b, b' はともに整数であるから、条件を満たす。
よって、入学しなかった受験者は　$^{\text{イ}}\mathbf{D}$
受験者 K の数学の点数は　$^{\text{ウ}}\mathbf{74}$点

←(2乗の平均値)−(平均値)^2
　=(分散)

指針 148 〈偏差値〉

この問題で分散 v は　　$v = \dfrac{1}{n}\{(100-\bar{x})^2 + (99-\bar{x})^2 \times (n-1)\}$

偏差値 t_1 は　　$t_1 = 50 + \dfrac{10(100-\bar{x})}{\sqrt{v}}$

平均 $\bar{x}$ と分散 v は

$$\bar{x} = \dfrac{1}{n}\{100 + 99(n-1)\} = 99 + \dfrac{1}{n}$$

$$v = \dfrac{1}{n}\left[\left\{100-\left(99+\dfrac{1}{n}\right)\right\}^2 + \left\{99-\left(99+\dfrac{1}{n}\right)\right\}^2(n-1)\right]$$

$$= \dfrac{1}{n}\left\{\left(1-\dfrac{1}{n}\right)^2 + \dfrac{n-1}{n^2}\right\} = \dfrac{n-1}{n^2}$$

よって　　$(\bar{x}, v) = {}^{\text{ア}}\left(99 + \dfrac{1}{n}, \ \dfrac{n-1}{n^2}\right)$

このとき　　$t_1 = 50 + 10\left\{100 - \left(99 + \dfrac{1}{n}\right)\right\} \cdot \sqrt{\dfrac{n^2}{n-1}}$　　　　←$\dfrac{1}{\sqrt{v}} = \sqrt{\dfrac{n^2}{n-1}}$

　　　　　　　$= 50 + 10\sqrt{n-1}$

$t_1 \geqq 100$ のとき　　　$50 + 10\sqrt{n-1} \geqq 100$

整理すると　　　$\sqrt{n-1} \geqq 5$　　　すなわち　　$n \geqq 26$　　　←$n-1 \geqq 5^2$ より $n \geqq 26$
　　　　　　　　　　　　　　　　　　　　　　　　　　　　　　　　（nは自然数）
よって，t_1 が 100 以上となる最小の n は　$^イ 26$

指針 149 〈変量の変換〉

変量 x のデータから $y = ax + b$（a, b は定数）によって新しい変量 y のデータが得られるとき，x, y のデータの平均値をそれぞれ $\bar{x}$, $\bar{y}$, 分散をそれぞれ s_x^2, s_y^2 とすると
$$\bar{y} = a\bar{x} + b, \quad s_y^2 = a^2 s_x^2$$

$y = ax + b$ の変換により，A 組と B 組の得点の平均値と分散がそれぞれ一致するとすると
$$\bar{x}_A = a\bar{x}_B + b \ \cdots\cdots ①, \ s_A^2 = a^2 s_B^2 \ \cdots\cdots ②$$

が成り立つ。

② において，$s_B^2 \neq 0$，$a > 0$ であるから　　$a = \sqrt{\dfrac{s_A^2}{s_B^2}} = {}^ア\dfrac{s_A}{s_B}$　　　←s_A^2 と s_B^2 について，s_A，s_B は標準偏差を表すから，$s_A > 0$，$s_B > 0$ である。

これを ① に代入して整理すると　　　$b = {}^イ\bar{x}_A - \dfrac{s_A}{s_B}\bar{x}_B$

指針 150 〈変量変換後の分散，共分散と相関係数〉

平均，分散，共分散を和の記号 $\sum$ を用いて表すと
$$\bar{z} = \dfrac{1}{n}\sum_{i=1}^{n} z_i = \dfrac{1}{n}\sum_{i=1}^{n}(x_i + y_i) = \dfrac{1}{n}\sum_{i=1}^{n} x_i + \dfrac{1}{n}\sum_{i=1}^{n} y_i = \bar{x} + \bar{y}, \ 同様にして \ \bar{w} = \bar{x} - \bar{y}$$
$$s_z^2 = \dfrac{1}{n}\sum_{i=1}^{n}(z_i - \bar{z})^2, \quad s_w^2 = \dfrac{1}{n}\sum_{i=1}^{n}(w_i - \bar{w})^2, \quad s_{zw} = \dfrac{1}{n}\sum_{i=1}^{n}(z_i - \bar{z})(w_i - \bar{w})$$

相関係数 r_{zw} は　　$r_{zw} = \dfrac{s_{zw}}{s_z s_w}$

$\bar{x} = \dfrac{11}{2}$，$\bar{y} = 11$ から

$\quad \bar{z} = \dfrac{1}{n}\sum_{i=1}^{n} z_i = \dfrac{1}{n}\sum_{i=1}^{n}(x_i + y_i)$

$\quad\quad = \dfrac{1}{n}\sum_{i=1}^{n} x_i + \dfrac{1}{n}\sum_{i=1}^{n} y_i$　　　　　　　　　　　　　←$\bar{x} = \dfrac{1}{n}\sum_{i=1}^{n} x_i$，$\bar{y} = \dfrac{1}{n}\sum_{i=1}^{n} y_i$

$\quad\quad = \bar{x} + \bar{y} = \dfrac{11}{2} + 11 = {}^ア\dfrac{33}{2}$

$\quad \bar{w} = \dfrac{1}{n}\sum_{i=1}^{n} w_i = \dfrac{1}{n}\sum_{i=1}^{n}(x_i - y_i) = \dfrac{1}{n}\sum_{i=1}^{n} x_i - \dfrac{1}{n}\sum_{i=1}^{n} y_i$

$\quad\quad = \bar{x} - \bar{y} = \dfrac{11}{2} - 11 = {}^イ -\dfrac{11}{2}$

この計算から，$\bar{z} = \bar{x} + \bar{y}$, $\bar{w} = \bar{x} - \bar{y}$ である。

また，$s_x^2 = \dfrac{33}{4}$, $s_y^2 = 33$, $s_{xy} = \dfrac{33}{2}$ から

$$s_z{}^2 = \frac{1}{n}\sum_{i=1}^{n}(z_i-\overline{z})^2 = \frac{1}{n}\sum_{i=1}^{n}\{(x_i+y_i)-(\overline{x}+\overline{y})\}^2$$
$$= \frac{1}{n}\sum_{i=1}^{n}\{(x_i-\overline{x})+(y_i-\overline{y})\}^2$$
$$= \frac{1}{n}\sum_{i=1}^{n}\{(x_i-\overline{x})^2+2(x_i-\overline{x})(y_i-\overline{y})+(y_i-\overline{y})^2\}$$
$$= \frac{1}{n}\sum_{i=1}^{n}(x_i-\overline{x})^2+2\cdot\frac{1}{n}\sum_{i=1}^{n}(x_i-\overline{x})(y_i-\overline{y})+\frac{1}{n}\sum_{i=1}^{n}(y_i-\overline{y})^2$$
$$= s_x{}^2+2s_{xy}+s_y{}^2 = \frac{33}{4}+2\cdot\frac{33}{2}+33 = {}^{\text{ウ}}\frac{297}{4}$$

⬅ $\frac{1}{n}\sum_{i=1}^{n}(x_i-\overline{x})(y_i-\overline{y})$ は x と y の共分散 s_{xy} を表す式である。

$$s_w{}^2 = \frac{1}{n}\sum_{i=1}^{n}(w_i-\overline{w})^2 = \frac{1}{n}\sum_{i=1}^{n}\{(x_i-y_i)-(\overline{x}-\overline{y})\}^2$$
$$= \frac{1}{n}\sum_{i=1}^{n}\{(x_i-\overline{x})-(y_i-\overline{y})\}^2$$
$$= \frac{1}{n}\sum_{i=1}^{n}\{(x_i-\overline{x})^2-2(x_i-\overline{x})(y_i-\overline{y})+(y_i-\overline{y})^2\}$$
$$= \frac{1}{n}\sum_{i=1}^{n}(x_i-\overline{x})^2-2\cdot\frac{1}{n}\sum_{i=1}^{n}(x_i-\overline{x})(y_i-\overline{y})+\frac{1}{n}\sum_{i=1}^{n}(y_i-\overline{y})^2$$
$$= s_x{}^2-2s_{xy}+s_y{}^2 = \frac{33}{4}-2\cdot\frac{33}{2}+33 = {}^{\text{エ}}\frac{33}{4}$$

⬅ $\frac{1}{n}\sum_{i=1}^{n}(x_i-\overline{x})(y_i-\overline{y})$ は x と y の共分散 s_{xy} を表す式である。

$$s_{zw} = \frac{1}{n}\sum_{i=1}^{n}(z_i-\overline{z})(w_i-\overline{w})$$
$$= \frac{1}{n}\sum_{i=1}^{n}\{(x_i+y_i)-(\overline{x}+\overline{y})\}\{(x_i-y_i)-(\overline{x}-\overline{y})\}$$
$$= \frac{1}{n}\sum_{i=1}^{n}\{(x_i-\overline{x})+(y_i-\overline{y})\}\{(x_i-\overline{x})-(y_i-\overline{y})\}$$
$$= \frac{1}{n}\sum_{i=1}^{n}\{(x_i-\overline{x})^2-(y_i-\overline{y})^2\} = \frac{1}{n}\sum_{i=1}^{n}(x_i-\overline{x})^2-\frac{1}{n}\sum_{i=1}^{n}(y_i-\overline{y})^2$$
$$= s_x{}^2-s_y{}^2 = \frac{33}{4}-33 = {}^{\text{オ}}-\frac{99}{4}$$

$$(r_{zw})^2 = \frac{(s_{zw})^2}{s_z{}^2 s_w{}^2} = \left(-\frac{99}{4}\right)^2 \div \left(\frac{297}{4}\times\frac{33}{4}\right) = {}^{\text{カ}}1$$

参考 $z=ax+by$ (a, b は定数) によって変量の変換をするとき，次のことが成り立つ。
$$\overline{z} = a\overline{x}+b\overline{y}, \quad s_z{}^2 = a^2 s_x{}^2 + 2ab s_{xy} + b^2 s_y{}^2$$

指針 151 〈正規分布を利用した確率の計算〉

(2) 事象 A が起こる回数は二項分布に従い，試行回数が多いとき，二項分布 $B(n, p)$ は近似的に正規分布 $N(np, npq)$ $(q=1-p)$ に従う。
さらに，確率変数 X が正規分布 $N(m, \sigma^2)$ に従うとき，$Z = \dfrac{X-m}{\sigma}$ とおくと，確率変数 Z は標準正規分布 $N(0, 1)$ に従う。

(1) 確率変数 X のとりうる値は 1, 2, 3, 4 である。
各値について，X がその値をとる確率を求めると
$$P(X=1) = \frac{{}_8\mathrm{C}_5}{{}_9\mathrm{C}_6} = \frac{56}{84} \qquad P(X=2) = \frac{{}_7\mathrm{C}_5}{{}_9\mathrm{C}_6} = \frac{21}{84}$$
$$P(X=3) = \frac{{}_6\mathrm{C}_5}{{}_9\mathrm{C}_6} = \frac{6}{84} \qquad P(X=4) = \frac{{}_5\mathrm{C}_5}{{}_9\mathrm{C}_6} = \frac{1}{84}$$

よって，X の確率分布は，右の表のようになる。

X	1	2	3	4	計
P	$\frac{56}{84}$	$\frac{21}{84}$	$\frac{6}{84}$	$\frac{1}{84}$	1

ゆえに，X の期待値は
$$1 \cdot \frac{56}{84} + 2 \cdot \frac{21}{84} + 3 \cdot \frac{6}{84} + 4 \cdot \frac{1}{84} = \frac{120}{84} = \boldsymbol{\frac{10}{7}}$$

X の分散は
$$\left(1^2 \cdot \frac{56}{84} + 2^2 \cdot \frac{21}{84} + 3^2 \cdot \frac{6}{84} + 4^2 \cdot \frac{1}{84}\right) - \left(\frac{10}{7}\right)^2 = \frac{210}{84} - \frac{100}{49} = \frac{45}{98}$$

←（2乗の期待値）−（期待値）^{2} ＝（分散）

したがって，X の標準偏差は $\sqrt{\frac{45}{98}} = \boldsymbol{\frac{3\sqrt{10}}{14}}$

(2) 事象 A が起こる回数を Y とする。

最小のものが 1 である確率は $\frac{56}{84} = \frac{2}{3}$ で，Y は二項分布 $B\left(200, \frac{2}{3}\right)$ に従い，その期待値 m と標準偏差 σ は
$$m = 200 \cdot \frac{2}{3} = \frac{400}{3}, \quad \sigma = \sqrt{200 \cdot \frac{2}{3} \cdot \frac{1}{3}} = \frac{20}{3}$$

←二項分布 $B(n, p)$ に従うとき，$q = 1-p$ とすると $m = np$, $\sigma = \sqrt{npq}$

よって，$Z = \dfrac{Y - \dfrac{400}{3}}{\dfrac{20}{3}}$ とすると，Z は近似的に標準正規分布 $N(0, 1)$ に従う。

したがって $P(Y \leqq 125) = P\left(Z \leqq \dfrac{125 - \dfrac{400}{3}}{\dfrac{20}{3}}\right) = P(Z \leqq -1.25)$
$$= P(Z \geqq 1.25) = 0.5 - p(1.25)$$
$$= 0.5 - 0.3944 = \boldsymbol{0.1056}$$

指針 152 〈相関係数 r について $-1 \leqq r \leqq 1$ であることの証明〉

変量 x, y の標準偏差をそれぞれ s_x, s_y, x と y の共分散を s_{xy} とすると
$$\frac{1}{n}\sum_{k=1}^{n}(x_k - \overline{x})^2 = s_x{}^2, \quad \frac{1}{n}\sum_{k=1}^{n}(x_k - \overline{x})(y_k - \overline{y}) = s_{xy}, \quad \frac{1}{n}\sum_{k=1}^{n}(y_k - \overline{y})^2 = s_y{}^2$$

また $r = \dfrac{s_{xy}}{s_x s_y}$

変量 x, y の標準偏差をそれぞれ s_x, s_y, x と y の共分散を s_{xy} とすると
$$f(t) = \frac{1}{n}\sum_{k=1}^{n}(x_k - \overline{x})^2 t^2 - \frac{2}{n}\sum_{k=1}^{n}(x_k - \overline{x})(y_k - \overline{y})t + \frac{1}{n}\sum_{k=1}^{n}(y_k - \overline{y})^2$$
$$= s_x{}^2 t^2 - 2s_{xy}t + s_y{}^2$$

←$\dfrac{1}{n}\sum_{k=1}^{n}(x_k - \overline{x})^2$
$= \dfrac{1}{n}\{(x_1-\overline{x})^2 + (x_2-\overline{x})^2$
  $+ \cdots\cdots + (x_n-\overline{x})^2\}$
$= s_x{}^2$

すべての実数 t について $f(t) \geqq 0$ が成り立つから，
$s_x{}^2 t^2 - 2s_{xy}t + s_y{}^2 = 0$ の判別式について $s_{xy}{}^2 - s_x{}^2 s_y{}^2 \leqq 0$

よって $\left(\dfrac{s_{xy}}{s_x s_y}\right)^2 \leqq 1$

ここで，$r = \dfrac{s_{xy}}{s_x s_y}$ であるから $r^2 = \left(\dfrac{s_{xy}}{s_x s_y}\right)^2 \leqq 1$

したがって $-1 \leqq r \leqq 1$

153 〈確率密度関数,信頼区間〉

(1), (2) 連続型確率変数 X のとる値の範囲が $\alpha \leq X \leq \beta$ で,その確率密度関数が $f(x)$ のとき

$$\int_\alpha^\beta f(x)dx = 1, \quad 期待値\ E(X) = m = \int_\alpha^\beta x f(x)dx, \quad 分散\ V(X) = \int_\alpha^\beta (x-m)^2 f(x)dx$$

(3) 母平均 m,母標準偏差 σ をもつ母集団から抽出された大きさ n の無作為標本の標本平均を $\overline{X}$ とすると,母平均 m に対する信頼度 95% の信頼区間は

$$\left[\overline{X} - 1.96 \cdot \frac{\sigma}{\sqrt{n}},\ \overline{X} + 1.96 \cdot \frac{\sigma}{\sqrt{n}}\right]$$

(1) $\int_0^1 f(x)dx = \int_0^1 (-ax^2 + ax)dx = \left[-\frac{a}{3}x^3 + \frac{a}{2}x^2\right]_0^1 = \frac{a}{6}$

$\int_0^1 f(x)dx = 1$ であるから $\quad \frac{a}{6} = 1$

よって $\quad a = 6$

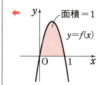

(2) $E(X) = \int_0^1 x f(x)dx = \int_0^1 (-6x^3 + 6x^2)dx = \left[-\frac{3}{2}x^4 + 2x^3\right]_0^1 = \frac{1}{2}$

また $\quad V(X) = \int_0^1 \left(x - \frac{1}{2}\right)^2 f(x)dx = \int_0^1 \left(x^2 - x + \frac{1}{4}\right)(-6x^2 + 6x)dx$

$= \int_0^1 \left(-6x^4 + 12x^3 - \frac{15}{2}x^2 + \frac{3}{2}x\right)dx$

$= \left[-\frac{6}{5}x^5 + 3x^4 - \frac{5}{2}x^3 + \frac{3}{4}x^2\right]_0^1 = \frac{1}{20}$

よって $\quad E(Y) = 10E(X) - 25 = -20, \quad V(Y) = 10^2 V(X) = 5$

← $Y = aX + b$ のとき
$E(Y) = aE(X) + b$
$V(Y) = a^2 V(X)$

(3) 求める信頼度 95% の信頼区間は

$$\left[-20 - 1.96 \times \frac{\sqrt{5}}{\sqrt{25}},\ -20 + 1.96 \times \frac{\sqrt{5}}{\sqrt{25}}\right]$$

$1.96 \times \frac{\sqrt{5}}{\sqrt{25}} = \frac{1.96 \times \sqrt{5}}{5} = 0.876\cdots\cdots$ であるから

← $\sqrt{5} = 2.23\cdots\cdots$

$[-20.88,\ -19.12]$

154 〈仮説検定〉

(3) 仮説検定の手順
① 事象が起こった状況や原因を推測し,仮説を立てる。
② 有意水準 α を定め,仮説に基づいて棄却域を求める。
③ 標本から得られた確率変数の値が棄却域に入れば,仮説を棄却し,棄却域に入らなければ仮説を棄却しない。

(1) 目の和が 14 になる場合は $(5, 9)$, $(6, 8)$, $(7, 7)$, $(8, 6)$, $(9, 5)$ の 5 通りある。

よって,求める確率は $\quad \dfrac{5}{10^2} = \dfrac{1}{20}$

(2) 確率変数 X のとりうる値は 0, 1, ……, 9 である。
各値について,X がその値をとる確率を求めると

$$P(X=0) = \frac{10}{100},$$
$$P(X=k) = \frac{2(10-k)}{100}$$
$$(k=1, 2, \cdots\cdots, 9)$$
よって，X の確率分布は，右の表のようになる。

X	0	1	2	3	4
P	$\frac{10}{100}$	$\frac{18}{100}$	$\frac{16}{100}$	$\frac{14}{100}$	$\frac{12}{100}$
5	6	7	8	9	計
$\frac{10}{100}$	$\frac{8}{100}$	$\frac{6}{100}$	$\frac{4}{100}$	$\frac{2}{100}$	1

← 例えば，$k=7$ のとき，出る目の差が7になる場合は $(0, 7), (1, 8), (2, 9),$ $(7, 0), (8, 1), (9, 2)$ の6通り。

ゆえに
$$E(X) = 0 \cdot \frac{10}{100} + \sum_{k=1}^{9} k \cdot \frac{2(10-k)}{100} = \frac{1}{50}\sum_{k=1}^{9}(10k - k^2)$$
$$= \frac{1}{50}\left(10 \cdot \frac{1}{2} \cdot 9 \cdot 10 - \frac{1}{6} \cdot 9 \cdot 10 \cdot 19\right) = \frac{33}{10}$$
$$V(X) = E(x^2) - \{E(x)\}^2 = 0^2 \cdot \frac{10}{100} + \sum_{k=1}^{9} k^2 \cdot \frac{2(10-k)}{100} - \left(\frac{33}{10}\right)^2$$

← (2乗の期待値)−(期待値)² =(分散)

$$= \frac{1}{50}\sum_{k=1}^{9}(10k^2 - k^3) - \left(\frac{33}{10}\right)^2$$
$$= \frac{1}{50}\left\{10 \cdot \frac{1}{6} \cdot 9 \cdot 10 \cdot 19 - \left(\frac{1}{2} \cdot 9 \cdot 10\right)^2\right\} - \left(\frac{33}{10}\right)^2 = \frac{561}{100}$$

← $\sum_{k=1}^{n}k^3 = \left\{\frac{1}{2}n(n+1)\right\}^2$

(3) 9の目の出る確率を p とする。

9の目の出る確率が $\frac{1}{10}$ でなければ，$p \neq \frac{1}{10}$ である。

ここで，「9の目の出る確率は $\frac{1}{10}$ である」，すなわち $p = \frac{1}{10}$ という仮説を立てる。

仮説が正しいとするとき，200回のうち9の目の出る回数 X は，二項分布 $B\left(200, \frac{1}{10}\right)$ に従う。

X の期待値 m と標準偏差 σ は
$$m = 200 \times \frac{1}{10} = 20, \quad \sigma = \sqrt{200 \times \frac{1}{10} \times \left(1 - \frac{1}{10}\right)} = 3\sqrt{2}$$

← 二項分布 $B(n, p)$ に従うとき，$q=1-p$ とすると $m=np, \sigma=\sqrt{npq}$

よって，$Z = \dfrac{X-20}{3\sqrt{2}}$ は近似的に標準正規分布 $N(0, 1)$ に従う。

正規分布表から $P(-1.96 \leqq Z \leqq 1.96) \fallingdotseq 0.95$ であるから，有意水準5%の棄却域は $Z \leqq -1.96, 1.96 \leqq Z$

$X=30$ のとき $Z = \dfrac{30-20}{3\sqrt{2}} = \dfrac{5}{3}\sqrt{2} \fallingdotseq 2.36$ であり，この値は棄却域に入るから，仮説を棄却できる。

したがって，有意水準5%では，9の目の出る確率が $\dfrac{1}{10}$ ではないと判断してよい。

また，$P(-2.58 \leqq Z \leqq 2.58) \fallingdotseq 0.99$ であるから，有意水準1%の棄却域は $Z \leqq -2.58, 2.58 \leqq Z$

$X=30$ のとき $Z \fallingdotseq 2.36$ であり，この値は棄却域に入らないから，仮説を棄却できない。

したがって，有意水準1%では，9の目の出る確率が $\dfrac{1}{10}$ ではないとは判断できない。

← 9の目が出る確率が $\frac{1}{10}$ であると判断できるわけではないことに注意。

12 ベクトル

指針 155 〈ベクトルの等式と三角形の面積比・四面体の体積比〉

(1) $a\overrightarrow{PA} + b\overrightarrow{PB} + c\overrightarrow{PC} = \vec{0}$ の形
  ➡ すべてのベクトルを始点 A のベクトルで表して式変形
(2) 三角形 ABC の面積を S として,三角形 PAB,PBC の面積を S で表す。
(3) 四面体 ABCD の体積を V として,四面体 QABC,QBCD の体積を V で表す。

(1) $4\overrightarrow{PA} + 5\overrightarrow{PB} + 6\overrightarrow{PC} = \vec{0}$ から

　　　$4(-\overrightarrow{AP}) + 5(\overrightarrow{AB} - \overrightarrow{AP}) + 6(\overrightarrow{AC} - \overrightarrow{AP}) = \vec{0}$

　よって　$15\overrightarrow{AP} = 5\overrightarrow{AB} + 6\overrightarrow{AC}$ ……①

　ゆえに　$\overrightarrow{AP} = \dfrac{5\overrightarrow{AB} + 6\overrightarrow{AC}}{15} = \dfrac{1}{3}\overrightarrow{AB} + \dfrac{2}{5}\overrightarrow{AC}$

←始点 A のベクトルで表す。

(2) (1)から　$\overrightarrow{AP} = \dfrac{11}{15} \times \dfrac{5\overrightarrow{AB} + 6\overrightarrow{AC}}{11}$

ここで,辺 BC を 6:5 に内分する点
を E とすると　$\overrightarrow{AE} = \dfrac{5\overrightarrow{AB} + 6\overrightarrow{AC}}{11}$ で

あるから　$\overrightarrow{AP} = \dfrac{11}{15}\overrightarrow{AE}$

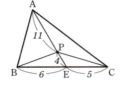

←$\overrightarrow{AP} = k \times \dfrac{n\overrightarrow{AB} + m\overrightarrow{AC}}{m+n}$
の形に変形する。

よって,点 P は線分 AE を 11:4 に内分する点である。
三角形 ABC の面積を S とすると

　　$\triangle PAB = \dfrac{11}{15} \times \triangle ABE = \dfrac{11}{15} \times \dfrac{6}{11} \times \triangle ABC = \dfrac{2}{5}S$

　　$\triangle PBC = \dfrac{4}{15}\triangle ABC = \dfrac{4}{15}S$

←2つの三角形の面積比は
　同じ高さならば底辺の比
　同じ底辺ならば高さの比
　である。

よって,三角形 PAB と三角形 PBC の面積比は

$\dfrac{2}{5}S : \dfrac{4}{15}S = \mathbf{3 : 2}$

(3) $4\overrightarrow{QA} + 5\overrightarrow{QB} + 6\overrightarrow{QC} + 7\overrightarrow{QD} = \vec{0}$ から

　　$4(-\overrightarrow{AQ}) + 5(\overrightarrow{AB} - \overrightarrow{AQ}) + 6(\overrightarrow{AC} - \overrightarrow{AQ}) + 7(\overrightarrow{AD} - \overrightarrow{AQ}) = \vec{0}$

よって　$22\overrightarrow{AQ} = 5\overrightarrow{AB} + 6\overrightarrow{AC} + 7\overrightarrow{AD}$
①から　$22\overrightarrow{AQ} = 15\overrightarrow{AP} + 7\overrightarrow{AD}$

ゆえに　$\overrightarrow{AQ} = \dfrac{15\overrightarrow{AP} + 7\overrightarrow{AD}}{22}$

←始点 A のベクトルで表す。

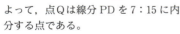

よって,点 Q は線分 PD を 7:15 に内
分する点である。
ここで,四面体 ABCD の体積を V と
すると,四面体 QABC の体積は　$\dfrac{7}{22}V$

また,四面体 QBCD の体積は

$\dfrac{15}{22} \times$ (四面体 PBCD の体積) $= \dfrac{15}{22} \times \dfrac{4}{15} \times V = \dfrac{2}{11}V$

←2つの四面体の体積比は
　同じ底面ならば高さの比
　同じ高さならば
　　底面の面積比
　である。

したがって,四面体 QABC と四面体 QBCD の体積比は

$\dfrac{7}{22}V : \dfrac{2}{11}V = \mathbf{7 : 4}$

138　数学重要問題集(理系)

指針 156 〈正六角形とベクトルのなす角〉

(1) 正六角形に外接する円の中心をOとして各頂点と結び，平行な線分に注目する。

(2) 正六角形 ABCDEF は対角線 AD に関して対称であるから，△ADG の面積は正六角形 ABCDEF の面積の $\dfrac{1}{6}$ となる。△ADG の面積を 2 通りに表すことを考える。

(3) $\cos\theta = \dfrac{\overrightarrow{AG}\cdot\overrightarrow{AH}}{|\overrightarrow{AG}||\overrightarrow{AH}|}$

(1) 正六角形に外接する円の中心をOとする。

$\overrightarrow{AO} = \vec{a} + \vec{b}$

よって $\overrightarrow{AC} = \overrightarrow{AB} + \overrightarrow{BC}$
$= \overrightarrow{AB} + \overrightarrow{AO} = 2\vec{a} + \vec{b}$
$\overrightarrow{AD} = 2\overrightarrow{AO} = 2\vec{a} + 2\vec{b}$
$\overrightarrow{AE} = \overrightarrow{AF} + \overrightarrow{FE} = \overrightarrow{AF} + \overrightarrow{AO}$
$= \vec{a} + 2\vec{b}$

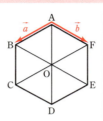

←四角形 ABOF は平行四辺形。

←四角形 ABCO, AOEF は平行四辺形であるから $\overrightarrow{BC}=\overrightarrow{AO},\ \overrightarrow{FE}=\overrightarrow{AO}$

(2) 正六角形 ABCDEF の面積は

$6 \times \triangle OAB = 6 \times \dfrac{1}{2} \times 1 \times 1 \times \sin 60° = \dfrac{3\sqrt{3}}{2}$

ここで，正六角形 ABCDEF は対角線 AD に関して対称であるから，△ADG の面積は正六角形 ABCDEF の面積の $\dfrac{1}{6}$ となる。

よって $\dfrac{1}{2} \times DA \times DG \times \sin 60° = \dfrac{1}{6} \times \dfrac{3\sqrt{3}}{2}$

すなわち $\dfrac{1}{2} \times 2 \times DG \times \dfrac{\sqrt{3}}{2} = \dfrac{\sqrt{3}}{4}$ ゆえに $DG = \dfrac{1}{2}$

したがって，点 G は線分 CD の中点であるから

$\overrightarrow{AG} = \dfrac{\overrightarrow{AC} + \overrightarrow{AD}}{2} = \dfrac{1}{2}(2\vec{a}+\vec{b}) + \dfrac{1}{2}(2\vec{a}+2\vec{b})$
$= 2\vec{a} + \dfrac{3}{2}\vec{b}$

同様に，図形の対称性から，点 H は線分 DE の中点である。

よって $\overrightarrow{AH} = \dfrac{\overrightarrow{AD}+\overrightarrow{AE}}{2} = \dfrac{1}{2}(2\vec{a}+2\vec{b}) + \dfrac{1}{2}(\vec{a}+2\vec{b})$
$= \dfrac{3}{2}\vec{a} + 2\vec{b}$

←△ADG の面積は
$\dfrac{1}{2}\times DA \times DG \times \sin\angle ADG$
$\dfrac{1}{6}\times$（正六角形の面積）
の 2 通りに表すことができる。

(3) $|\vec{a}|=|\vec{b}|=1,\ \vec{a}\cdot\vec{b}=|\vec{a}||\vec{b}|\cos 120° = -\dfrac{1}{2}$

よって $|\overrightarrow{AG}|^2 = \left|2\vec{a}+\dfrac{3}{2}\vec{b}\right|^2 = 4|\vec{a}|^2 + 6\vec{a}\cdot\vec{b} + \dfrac{9}{4}|\vec{b}|^2$
$= 4\times 1^2 + 6\times\left(-\dfrac{1}{2}\right) + \dfrac{9}{4}\times 1^2 = \dfrac{13}{4}$

$|\overrightarrow{AG}| > 0$ であるから $|\overrightarrow{AG}| = \dfrac{\sqrt{13}}{2}$

図形の対称性から $|\overrightarrow{AH}| = |\overrightarrow{AG}| = \dfrac{\sqrt{13}}{2}$

←$|\overrightarrow{AG}|,\ |\overrightarrow{AH}|,\ \overrightarrow{AG}\cdot\overrightarrow{AH}$ の値を求めるために，$|\vec{a}|,$ $|\vec{b}|,\ \vec{a}\cdot\vec{b}$ を求めている。

さらに $\vec{AG} \cdot \vec{AH} = \left(2\vec{a}+\dfrac{3}{2}\vec{b}\right)\cdot\left(\dfrac{3}{2}\vec{a}+2\vec{b}\right) = 3|\vec{a}|^2 + \dfrac{25}{4}\vec{a}\cdot\vec{b} + 3|\vec{b}|^2$

$\qquad\qquad\qquad = 3\times 1^2 + \dfrac{25}{4}\times\left(-\dfrac{1}{2}\right) + 3\times 1^2 = \dfrac{23}{8}$

したがって $\cos\theta = \dfrac{\vec{AG}\cdot\vec{AH}}{|\vec{AG}||\vec{AH}|} = \dfrac{\dfrac{23}{8}}{\dfrac{\sqrt{13}}{2}\times\dfrac{\sqrt{13}}{2}} = \mathbf{\dfrac{23}{26}}$

指針 157 〈ベクトルの等式からベクトルの成分を求める〉

(1) まず, $\vec{OA}$ と $\vec{OB}$ の内積を求める。

(2) $\triangle OAB = \dfrac{1}{2}|\vec{OA}||\vec{OB}|\sin 4\alpha$

(3) $4\vec{OA} - 12\vec{OE} = -3\vec{OB}$ の両辺の大きさをとり 2 乗して整理すると, $\vec{OA}\cdot\vec{OE}$ が求められる。$\vec{OA} = (x, y)$ とおいて, 条件から x, y が満たす関係式を導く。

(1) $|\vec{OA}| = 3, |\vec{OB}| = 4$ であり, $\vec{OA}, \vec{OB}$ のなす角が $\dfrac{2}{3}\pi$ であるから

$\qquad \vec{OA}\cdot\vec{OB} = |\vec{OA}||\vec{OB}|\cos\dfrac{2}{3}\pi = 3\times 4\times\left(-\dfrac{1}{2}\right) = -6$

したがって $|\vec{OA}+2\vec{OB}|^2 = |\vec{OA}|^2 + 4\vec{OA}\cdot\vec{OB} + 4|\vec{OB}|^2$
$\qquad\qquad\qquad\qquad = 3^2 + 4\times(-6) + 4\times 4^2 = 49$

$|\vec{OA}+2\vec{OB}| \geqq 0$ であるから $|\vec{OA}+2\vec{OB}| = \mathbf{7}$

(2) $\sin\alpha = \dfrac{1}{4}$ より $\sin 4\alpha = 2\sin 2\alpha \cos 2\alpha$
$\qquad\qquad\qquad\qquad = 4\sin\alpha\cos\alpha(1-2\sin^2\alpha)$

ここで, $0 < \alpha < \dfrac{\pi}{2}$ から $\cos\alpha = \sqrt{1-\sin^2\alpha} = \dfrac{\sqrt{15}}{4}$

よって $\sin 4\alpha = 4\times\dfrac{1}{4}\times\dfrac{\sqrt{15}}{4}\times\left(1-2\times\dfrac{1}{16}\right) = \dfrac{7\sqrt{15}}{32}$

したがって $\triangle OAB = \dfrac{1}{2}|\vec{OA}||\vec{OB}|\sin 4\alpha$
$\qquad\qquad\qquad = \dfrac{1}{2}\times 3\times 4\times\dfrac{7\sqrt{15}}{32} = \mathbf{\dfrac{21\sqrt{15}}{16}}$

←$\sin 4\alpha = \sin(2\cdot 2\alpha)$
$\quad = 2\sin 2\alpha \cos 2\alpha$

別解 $\sin\alpha = \dfrac{1}{4}$ より $\cos 4\alpha = 2\cos^2 2\alpha - 1 = 2(1-2\sin^2\alpha)^2 - 1$
$\qquad\qquad\qquad = 2\left(1-2\times\dfrac{1}{16}\right)^2 - 1 = \dfrac{17}{32}$

よって $\vec{OA}\cdot\vec{OB} = |\vec{OA}||\vec{OB}|\cos 4\alpha = 3\times 4\times\dfrac{17}{32} = \dfrac{51}{8}$

したがって $\triangle OAB = \dfrac{1}{2}\sqrt{|\vec{OA}|^2|\vec{OB}|^2 - (\vec{OA}\cdot\vec{OB})^2}$
$\qquad\qquad\qquad = \dfrac{1}{2}\sqrt{3^2\times 4^2 - \left(\dfrac{51}{8}\right)^2} = \mathbf{\dfrac{21\sqrt{15}}{16}}$

(3) $4\vec{OA} + 3\vec{OB} - 12\vec{OE} = \vec{0}$ より $4\vec{OA} - 12\vec{OE} = -3\vec{OB}$
よって $|4\vec{OA} - 12\vec{OE}| = 3|\vec{OB}| = 12$
ゆえに $|\vec{OA} - 3\vec{OE}| = 3$ したがって $|\vec{OA} - 3\vec{OE}|^2 = 3^2$

←$|4\vec{OA} - 12\vec{OE}| = |-3\vec{OB}|$
で, $|-3\vec{OB}| = 3|\vec{OB}|$

140 数学重要問題集（理系）

すなわち $|\overrightarrow{OA}|^2-6\overrightarrow{OA}\cdot\overrightarrow{OE}+9|\overrightarrow{OE}|^2=9$
$|\overrightarrow{OE}|^2=1^2+0^2=1$ であるから $3^2-6\overrightarrow{OA}\cdot\overrightarrow{OE}+9\times1=9$

← $\overrightarrow{OE}=(1,\ 0)$ から。

よって $\overrightarrow{OA}\cdot\overrightarrow{OE}=\dfrac{3}{2}$ …… ①

ここで,$\overrightarrow{OA}=(x,\ y)$ とおく。

① より $x\times1+y\times0=\dfrac{3}{2}$ よって $x=\dfrac{3}{2}$

また,$|\overrightarrow{OA}|^2=3^2$ から $x^2+y^2=9$

← $\dfrac{9}{4}+y^2=9$ から $y^2=\dfrac{27}{4}$

これに $x=\dfrac{3}{2}$ を代入して $y=\pm\dfrac{3\sqrt{3}}{2}$

したがって $\overrightarrow{OA}=\left(\dfrac{3}{2},\ \pm\dfrac{3\sqrt{3}}{2}\right)$

よって $\overrightarrow{OB}=4\overrightarrow{OE}-\dfrac{4}{3}\overrightarrow{OA}=(4,\ 0)-(2,\ \pm2\sqrt{3})$
$=(2,\ \mp2\sqrt{3})$ (複号同順)

したがって $\overrightarrow{OA}=\left(\dfrac{3}{2},\ \pm\dfrac{3\sqrt{3}}{2}\right),\ \overrightarrow{OB}=(2,\ \mp2\sqrt{3})$ (複号同順)

指針 158 〈ベクトルの内積と大きさの最小値〉

$2\vec{a}+3\vec{b}+4\vec{c}=\vec{0}$ より $2\vec{a}+3\vec{b}=-4\vec{c}$ であるから,$|2\vec{a}+3\vec{b}|=|-4\vec{c}|$ である。両辺を2乗して,$|2\vec{a}+3\vec{b}|^2=4|\vec{a}|^2+12\vec{a}\cdot\vec{b}+9|\vec{b}|^2$ を利用すると内積 $\vec{a}\cdot\vec{b}$ が求められる。
$|\vec{a}+\vec{b}+t\vec{c}|$ の最小値は,$|\vec{a}+\vec{b}+t\vec{c}|^2$ の最小値から求める。

$2\vec{a}+3\vec{b}+4\vec{c}=\vec{0}$ ……① から $2\vec{a}+3\vec{b}=-4\vec{c}$
ゆえに $|2\vec{a}+3\vec{b}|=|-4\vec{c}|$
両辺を2乗して $4|\vec{a}|^2+12\vec{a}\cdot\vec{b}+9|\vec{b}|^2=16|\vec{c}|^2$
これに $|\vec{a}|=|\vec{b}|=|\vec{c}|=1$ を代入して $4+12\vec{a}\cdot\vec{b}+9=16$
よって $\vec{a}\cdot\vec{b}=$ ᵃ$\dfrac{1}{4}$

← $|2\vec{a}+3\vec{b}|^2$
$=(2\vec{a}+3\vec{b})\cdot(2\vec{a}+3\vec{b})$

同様に,① から $3\vec{b}+4\vec{c}=-2\vec{a}$,$2\vec{a}+4\vec{c}=-3\vec{b}$ として計算すると
$\vec{b}\cdot\vec{c}=-\dfrac{7}{8}$,$\vec{a}\cdot\vec{c}=-\dfrac{11}{16}$

← $9|\vec{b}|^2+24\vec{b}\cdot\vec{c}+16|\vec{c}|^2$
$=4|\vec{a}|^2$ から
$24\vec{b}\cdot\vec{c}=-21$
$4|\vec{a}|^2+16\vec{a}\cdot\vec{c}+16|\vec{c}|^2$
$=9|\vec{b}|^2$ から
$16\vec{a}\cdot\vec{c}=-11$

ゆえに $|\vec{a}+\vec{b}+t\vec{c}|^2=|\vec{a}|^2+|\vec{b}|^2+t^2|\vec{c}|^2+2\vec{a}\cdot\vec{b}+2t\vec{b}\cdot\vec{c}+2t\vec{a}\cdot\vec{c}$
$=1+1+t^2+2\times\dfrac{1}{4}+2t\times\left(-\dfrac{7}{8}\right)+2t\times\left(-\dfrac{11}{16}\right)$
$=t^2-\dfrac{25}{8}t+\dfrac{5}{2}=\left(t-\dfrac{25}{16}\right)^2+\dfrac{15}{256}$

よって,$|\vec{a}+\vec{b}+t\vec{c}|^2$ は $t=\dfrac{25}{16}$ で最小値 $\dfrac{15}{256}$ をとる。

$|\vec{a}+\vec{b}+t\vec{c}|\geqq0$ であるから,このとき $|\vec{a}+\vec{b}+t\vec{c}|$ も最小となる。

したがって,$t=$ ᶦ$\dfrac{25}{16}$ のとき,最小値 $\sqrt{\dfrac{15}{256}}=$ ᵂ$\dfrac{\sqrt{15}}{16}$ をとる。

数学重要問題集（理系） 141

指針 159 〈三角形の内心，外心と位置ベクトル〉

三角形の内心は内角の二等分線が交わる点，外心は各辺の垂直二等分線が交わる点である。
(1) 直線 AI が辺 BC と交わる点を D とすると　BD : DC = AB : AC
(2) 辺 AB の中点を M とすると　OM⊥AB　すなわち　$\vec{OM} \cdot \vec{AB} = 0$

(1) △ABC の ∠A の二等分線と辺 BC
の交点を D とすると
$$BD : DC = AB : AC = c : b$$
$$\vec{AD} = \frac{b}{b+c}\vec{AB} + \frac{c}{b+c}\vec{AC}$$

また，$BD = a \times \frac{c}{b+c} = \frac{ac}{b+c}$ より

$AI : ID = BA : BD = c : \frac{ac}{b+c} = (b+c) : a$

よって　$\vec{AI} = \frac{b+c}{(b+c)+a}\vec{AD} = \frac{b+c}{a+b+c}\left(\frac{b}{b+c}\vec{AB} + \frac{c}{b+c}\vec{AC}\right)$

$= \frac{b}{a+b+c}\vec{AB} + \frac{c}{a+b+c}\vec{AC}$

したがって　$r = \dfrac{b}{a+b+c}$, $s = \dfrac{c}{a+b+c}$

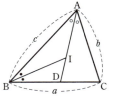

←AD : AI
　= {(b+c)+a} : (b+c)

(2) 辺 AB の中点を M とすると
$$\vec{OM} = \vec{AM} - \vec{AO} = \left(\frac{1}{2} - t\right)\vec{AB} - u\vec{AC}$$

OM⊥AB より，$\vec{OM} \cdot \vec{AB} = 0$ であるから

$\left\{\left(\dfrac{1}{2} - t\right)\vec{AB} - u\vec{AC}\right\} \cdot \vec{AB} = 0$

よって　$\left(\dfrac{1}{2} - t\right)|\vec{AB}|^2 - u\vec{AB} \cdot \vec{AC} = 0$

ここで　$|\vec{AB}|^2 = c^2$

また，$\angle BAC = \dfrac{\pi}{3}$ であるから　$\vec{AB} \cdot \vec{AC} = |\vec{AB}||\vec{AC}|\cos\dfrac{\pi}{3} = \dfrac{bc}{2}$

ゆえに　$\left(\dfrac{1}{2} - t\right)c^2 - u \times \dfrac{bc}{2} = 0$

両辺を c で割って整理すると　　$2ct + bu = c$　……①

また，辺 AC の中点を N とすると

$\vec{ON} = \vec{AN} - \vec{AO} = -t\vec{AB} + \left(\dfrac{1}{2} - u\right)\vec{AC}$

ON⊥AC より，$\vec{ON} \cdot \vec{AC} = 0$ であるから

$\left\{-t\vec{AB} + \left(\dfrac{1}{2} - u\right)\vec{AC}\right\} \cdot \vec{AC} = 0$

よって　$-t \times \dfrac{bc}{2} + \left(\dfrac{1}{2} - u\right)b^2 = 0$

両辺を b で割って整理すると　$ct + 2bu = b$　……②

①，②を解いて　$t = \dfrac{2c-b}{3c}$, $u = \dfrac{2b-c}{3b}$

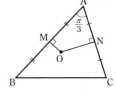

←$\vec{AB} \cdot \vec{AC} = \dfrac{bc}{2}$, $|\vec{AC}|^2 = b^2$

160 〈3点が一直線上にあることの証明〉

(2) 直線の垂直を示すには，内積を利用する。(内積)＝0 ⟺ 垂直か $\vec{0}$
例えば，$\overrightarrow{BC} \neq \vec{0}$ かつ $\overrightarrow{AH} \cdot \overrightarrow{BC} = 0$ のとき $\overrightarrow{AH} \perp \overrightarrow{BC}$ または $\overrightarrow{AH} = \vec{0}$

(3) E，G，H が一直線上にあり EG：GH ＝ 1：2 ⟺ $\overrightarrow{EH} = 3\overrightarrow{EG}$

(1) 点 G は △ABC の重心であるから

$$\overrightarrow{AG} = \frac{1}{3}(\overrightarrow{AB} + \overrightarrow{AC})$$

このとき
$\overrightarrow{GA} + \overrightarrow{GB} + \overrightarrow{GC}$
$= -\overrightarrow{AG} + (\overrightarrow{AB} - \overrightarrow{AG}) + (\overrightarrow{AC} - \overrightarrow{AG})$
$= (\overrightarrow{AB} + \overrightarrow{AC}) - 3\overrightarrow{AG} = \vec{0}$

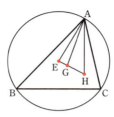

(2) $\overrightarrow{AH} = \overrightarrow{EH} - \overrightarrow{EA} = \overrightarrow{EB} + \overrightarrow{EC}$

また，外接円の中心 E について $|\overrightarrow{EA}| = |\overrightarrow{EB}| = |\overrightarrow{EC}|$
よって
$\overrightarrow{AH} \cdot \overrightarrow{BC} = (\overrightarrow{EB} + \overrightarrow{EC}) \cdot (\overrightarrow{EC} - \overrightarrow{EB}) = |\overrightarrow{EC}|^2 - |\overrightarrow{EB}|^2 = 0$
$\overrightarrow{BC} \neq \vec{0}$ であるから $\overrightarrow{AH} \perp \overrightarrow{BC}$ または $\overrightarrow{AH} = \vec{0}$
同様にして
$\overrightarrow{BH} \cdot \overrightarrow{CA} = (\overrightarrow{EH} - \overrightarrow{EB}) \cdot (\overrightarrow{EA} - \overrightarrow{EC}) = (\overrightarrow{EA} + \overrightarrow{EC}) \cdot (\overrightarrow{EA} - \overrightarrow{EC})$
$= |\overrightarrow{EA}|^2 - |\overrightarrow{EC}|^2 = 0$
$\overrightarrow{CA} \neq \vec{0}$ であるから $\overrightarrow{BH} \perp \overrightarrow{CA}$ または $\overrightarrow{BH} = \vec{0}$
$\overrightarrow{CH} \cdot \overrightarrow{AB} = (\overrightarrow{EH} - \overrightarrow{EC}) \cdot (\overrightarrow{EB} - \overrightarrow{EA}) = (\overrightarrow{EB} + \overrightarrow{EA}) \cdot (\overrightarrow{EB} - \overrightarrow{EA})$
$= |\overrightarrow{EB}|^2 - |\overrightarrow{EA}|^2 = 0$
$\overrightarrow{AB} \neq \vec{0}$ であるから $\overrightarrow{CH} \perp \overrightarrow{AB}$ または $\overrightarrow{CH} = \vec{0}$

⟵ $\overrightarrow{EA} + \overrightarrow{EB} + \overrightarrow{EC} = \overrightarrow{EH}$ より
$\overrightarrow{EH} - \overrightarrow{EA} = \overrightarrow{EB} + \overrightarrow{EC}$

$\overrightarrow{AH} = \vec{0}$ のとき，A と H は一致する。
このとき，$\overrightarrow{EA} + \overrightarrow{EB} + \overrightarrow{EC} = \overrightarrow{EH}$ より
$\overrightarrow{EA} + \overrightarrow{EB} + \overrightarrow{EC} = \overrightarrow{EA}$ すなわち $\overrightarrow{EB} = -\overrightarrow{EC}$
よって，E は辺 BC の中点である。
したがって，辺 BC は外接円 E の直径であるから，∠A ＝ 90°となり，A(H) は △ABC の垂心となる。
同様にして，$\overrightarrow{BH} = \vec{0}$ のときは B(H) が △ABC の垂心，$\overrightarrow{CH} = \vec{0}$ のときは C(H) が △ABC の垂心となる。
$\overrightarrow{AH} = \vec{0}$，$\overrightarrow{BH} = \vec{0}$，$\overrightarrow{CH} = \vec{0}$ のいずれでもないときは
$\overrightarrow{AH} \perp \overrightarrow{BC}$，$\overrightarrow{BH} \perp \overrightarrow{CA}$，$\overrightarrow{CH} \perp \overrightarrow{AB}$
であるから，H は △ABC の垂心である。

(3) $\overrightarrow{EH} = \overrightarrow{EA} + \overrightarrow{EB} + \overrightarrow{EC} = (\overrightarrow{EG} + \overrightarrow{GA}) + (\overrightarrow{EG} + \overrightarrow{GB}) + (\overrightarrow{EG} + \overrightarrow{GC})$
$= 3\overrightarrow{EG}$

⟵ (1) より
$\overrightarrow{GA} + \overrightarrow{GB} + \overrightarrow{GC} = \vec{0}$

よって，E，G，H は一直線上にあり EG：GH ＝ 1：2

参考 三角形の外心，重心，垂心を通る直線（この問題の直線 EGH）を**オイラー線**という。ただし，正三角形は除く。

数学重要問題集（理系） **143**

指針 161 〈交点の位置ベクトル〉

(2) 点Eが直線AD上にあること，直線BC上にあることから，$\overrightarrow{OE}$を2通りに表して，係数を比較する。
(3) 点Fは直線OE上にあるから，$\overrightarrow{OF} = k\overrightarrow{OE}$ (kは実数) とおける。更に，$\overrightarrow{OF}$を $\overrightarrow{OF} = \bigcirc\vec{a} + \square\vec{b}$ の形に表し，点Fが直線AB上にあることから
$\bigcirc + \square = 1$ (係数の和が1)

(1) $\overrightarrow{OC} = \dfrac{2}{5}\vec{a}$, $\overrightarrow{OD} = t\vec{b}$ であるから
$\overrightarrow{AD} = \overrightarrow{OD} - \overrightarrow{OA} = -\vec{a} + t\vec{b}$
$\overrightarrow{BC} = \overrightarrow{OC} - \overrightarrow{OB} = \dfrac{2}{5}\vec{a} - \vec{b}$

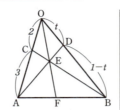

(2) $AE : ED = r : (1-r)$,
$BE : EC = s : (1-s)$ とすると
$\overrightarrow{OE} = (1-r)\overrightarrow{OA} + r\overrightarrow{OD}$
$\quad = (1-r)\vec{a} + tr\vec{b}$

また $\overrightarrow{OE} = s\overrightarrow{OC} + (1-s)\overrightarrow{OB} = \dfrac{2}{5}s\vec{a} + (1-s)\vec{b}$

よって $(1-r)\vec{a} + tr\vec{b} = \dfrac{2}{5}s\vec{a} + (1-s)\vec{b}$

$\vec{a} \neq \vec{0}$, $\vec{b} \neq \vec{0}$, $\vec{a} \not\parallel \vec{b}$ であるから $1-r = \dfrac{2}{5}s$, $tr = 1-s$　　←$\vec{a}$, $\vec{b}$ が $\vec{0}$ でないことに加え，$\vec{a}$ と $\vec{b}$ が平行でないことも必ず確認する。

これを解いて $r = \dfrac{3}{5-2t}$, $s = \dfrac{5(1-t)}{5-2t}$

したがって $\overrightarrow{OE} = \dfrac{2(1-t)}{5-2t}\vec{a} + \dfrac{3t}{5-2t}\vec{b}$　　←$0 < t < 1$ より $5-2t \neq 0$

(3) 点Fは直線OE上にあるから，
$\overrightarrow{OF} = k\overrightarrow{OE} = \dfrac{2(1-t)}{5-2t}k\vec{a} + \dfrac{3t}{5-2t}k\vec{b}$ (kは実数) と表される。

また，点Fは直線AB上にあるから $\dfrac{2(1-t)}{5-2t}k + \dfrac{3t}{5-2t}k = 1$　　←係数の和が1

よって $k = \dfrac{5-2t}{2+t}$　　ゆえに $\overrightarrow{OF} = \dfrac{2(1-t)}{2+t}\vec{a} + \dfrac{3t}{2+t}\vec{b}$　　←$0 < t < 1$ より $2+t \neq 0$

(4) $\angle AEB = \dfrac{\pi}{2}$ であるから $AD \perp BC$

すなわち $\overrightarrow{AD} \cdot \overrightarrow{BC} = 0$

(1)の結果から $(-\vec{a} + t\vec{b}) \cdot \left(\dfrac{2}{5}\vec{a} - \vec{b}\right) = 0$

すなわち $-\dfrac{2}{5}|\vec{a}|^2 + \left(1 + \dfrac{2}{5}t\right)\vec{a} \cdot \vec{b} - t|\vec{b}|^2 = 0$　　←左辺を計算する。

辺OAと辺OBの長さが等しいから $|\vec{a}| = |\vec{b}|$
また，$\vec{a} \cdot \vec{b} = |\vec{a}||\vec{b}|\cos\theta$ であるから
$-\dfrac{2}{5}|\vec{a}|^2 + \left(1 + \dfrac{2}{5}t\right)|\vec{a}|^2\cos\theta - t|\vec{a}|^2 = 0$

すなわち $\left\{-\dfrac{2}{5} - t + \left(1 + \dfrac{2}{5}t\right)\cos\theta\right\}|\vec{a}|^2 = 0$

$\vec{a} \neq \vec{0}$ より $|\vec{a}| \neq 0$ であるから，両辺を $|\vec{a}|^2$ で割って

$$-\frac{2}{5}-t+\left(1+\frac{2}{5}t\right)\cos\theta = 0 \quad \text{したがって} \quad \cos\theta = \frac{2+5t}{5+2t}$$

⬅ $0 < t < 1$ より $5+2t \neq 0$

参考 (2) の $\overrightarrow{OE}$, (3) の $\overrightarrow{OF}$ を求めるのに，メネラウスの定理やチェバの定理を利用することもできる．

(2) 三角形 BOC と直線 AD にメネラウスの定理を適用して

$$\frac{BD}{DO} \times \frac{OA}{AC} \times \frac{CE}{EB} = 1 \quad \text{すなわち} \quad \frac{1-t}{t} \times \frac{5}{3} \times \frac{CE}{EB} = 1$$

よって，$BE : EC = 5(1-t) : 3t$ であるから

$$\overrightarrow{OE} = \frac{3t\overrightarrow{OB}+5(1-t)\overrightarrow{OC}}{5(1-t)+3t} = \frac{3t\vec{b}+5(1-t)\times\frac{2}{5}\vec{a}}{5-2t}$$

$$= \frac{2(1-t)}{5-2t}\vec{a} + \frac{3t}{5-2t}\vec{b}$$

(3) 三角形 OAB にチェバの定理を適用して

$$\frac{OC}{CA} \times \frac{AF}{FB} \times \frac{BD}{DO} = 1 \quad \text{すなわち} \quad \frac{2}{3} \times \frac{AF}{FB} \times \frac{1-t}{t} = 1$$

よって，$AF : FB = 3t : 2(1-t)$ であるから

$$\overrightarrow{OF} = \frac{2(1-t)\overrightarrow{OA}+3t\overrightarrow{OB}}{3t+2(1-t)} = \frac{2(1-t)}{2+t}\vec{a} + \frac{3t}{2+t}\vec{b}$$

指針 162 〈三角形の面積の公式，3つの空間ベクトルの関係〉

(1) $S = \frac{1}{2}|\overrightarrow{OA}||\overrightarrow{OB}|\sin\theta$ $(\theta = \angle AOB)$ を $\sin^2\theta + \cos^2\theta = 1$ とベクトルの内積の定義を用いて変形する．

(2) $\overrightarrow{OA}\cdot\overrightarrow{OP}$, $\overrightarrow{OB}\cdot\overrightarrow{OP}$, $|\overrightarrow{OP}|$ の値を求める．

(1) $\angle AOB = \theta$ $(0° < \theta < 180°)$ とすると

$$S = \frac{1}{2}|\overrightarrow{OA}||\overrightarrow{OB}|\sin\theta$$

$\sin\theta > 0$ であるから $\sin\theta = \sqrt{1-\cos^2\theta}$

よって $S = \frac{1}{2}|\overrightarrow{OA}||\overrightarrow{OB}|\sin\theta = \frac{1}{2}|\overrightarrow{OA}||\overrightarrow{OB}|\sqrt{1-\cos^2\theta}$

$$= \frac{1}{2}\sqrt{|\overrightarrow{OA}|^2|\overrightarrow{OB}|^2 - |\overrightarrow{OA}|^2|\overrightarrow{OB}|^2\cos^2\theta}$$

$$= \frac{1}{2}\sqrt{|\overrightarrow{OA}|^2|\overrightarrow{OB}|^2 - (\overrightarrow{OA}\cdot\overrightarrow{OB})^2}$$

⬅ $\overrightarrow{OA}\cdot\overrightarrow{OB} = |\overrightarrow{OA}||\overrightarrow{OB}|\cos\theta$

(2), (3) $\overrightarrow{OP}\cdot\overrightarrow{OA} = a_1 a_2 b_3 - a_1 a_3 b_2 + a_2 a_3 b_1 - a_1 a_2 b_3 + a_1 a_3 b_2 - a_2 a_3 b_1$
$= 0$

$\overrightarrow{OP}\cdot\overrightarrow{OB} = a_2 b_1 b_3 - a_3 b_1 b_2 + a_3 b_1 b_2 - a_1 b_2 b_3 + a_1 b_2 b_3 - a_2 b_1 b_3$
$= 0$

ここで $|\overrightarrow{OP}|^2 = (a_2 b_3 - a_3 b_2)^2 + (a_3 b_1 - a_1 b_3)^2 + (a_1 b_2 - a_2 b_1)^2$

$= a_2^2 b_3^2 + a_3^2 b_2^2 + a_3^2 b_1^2 + a_1^2 b_3^2 + a_1^2 b_2^2 + a_2^2 b_1^2$
$\qquad - 2a_2 a_3 b_2 b_3 - 2a_3 a_1 b_3 b_1 - 2a_1 a_2 b_1 b_2$

$= (a_1^2 + a_2^2 + a_3^2)(b_1^2 + b_2^2 + b_3^2)$
$\qquad - (a_1 b_1 + a_2 b_2 + a_3 b_3)^2$

よって $|\overrightarrow{OP}| = 2S > 0$

ゆえに，$\overrightarrow{OP}$ は $\overrightarrow{OA}$, $\overrightarrow{OB}$ の両方と垂直である．

数学重要問題集（理系） 145

よって (2) **イ**

参考 ア，エとなることはない。
また，常に $|\overrightarrow{OA}|=|\overrightarrow{OB}|$ となるわけではないから，ウでもない。

参考 $\overrightarrow{OP}$ を $\overrightarrow{OA}$ と $\overrightarrow{OB}$ の外積という。

指針 163 〈座標空間における四面体の体積と内接する球の半径〉

(1) 点Hは平面 ABC 上にあるから，$\overrightarrow{AH}=s\overrightarrow{AB}+t\overrightarrow{AC}$ （s, t は実数）と表される。
原点Oから平面 ABC に下ろした垂線 OH について，次の関係が成り立つ。
$$\overrightarrow{OH}\perp\overrightarrow{AB},\ \overrightarrow{OH}\perp\overrightarrow{AC}$$
これと $\overrightarrow{OH}=\overrightarrow{OA}+\overrightarrow{AH}$ を利用すると，$\overrightarrow{OH}$ の成分，すなわち点Hの座標が求められる。

(2) 四面体 OABC に内接する球の中心を I として，四面体 OABC を四面体 IOAB，四面体 IOBC，四面体 IOAC，四面体 IABC に分けて体積を考える。

内接する球の半径を r とすると，四面体 IABC の体積は $\dfrac{1}{3}\times\triangle ABC\times r$

また $\triangle ABC=\dfrac{1}{2}\sqrt{|\overrightarrow{AB}|^2|\overrightarrow{AC}|^2-(\overrightarrow{AB}\cdot\overrightarrow{AC})^2}$

(1) 点Hは平面 ABC 上にあるから，実数 s, t を用いて $\overrightarrow{AH}=s\overrightarrow{AB}+t\overrightarrow{AC}$ と表される。
よって $\overrightarrow{OH}=\overrightarrow{OA}+\overrightarrow{AH}$
$=\overrightarrow{OA}+s\overrightarrow{AB}+t\overrightarrow{AC}$

$\overrightarrow{AB}=(-3,\ 2,\ 0)$, $\overrightarrow{AC}=(-3,\ 0,\ 1)$ であるから
$\overrightarrow{OH}=(3,\ 0,\ 0)+s(-3,\ 2,\ 0)+t(-3,\ 0,\ 1)$
$=(-3s-3t+3,\ 2s,\ t)$

$\overrightarrow{OH}\perp$（平面 ABC）であるから $\overrightarrow{OH}\perp\overrightarrow{AB},\ \overrightarrow{OH}\perp\overrightarrow{AC}$

← OH⊥（平面 ABC）であるから，OH は平面 ABC 上のすべての直線に垂直。

$\overrightarrow{OH}\perp\overrightarrow{AB}$ から $\overrightarrow{OH}\cdot\overrightarrow{AB}=0$
ゆえに $(-3s-3t+3)\times(-3)+2s\times 2+t\times 0=0$
よって $13s+9t=9$ …… ①

$\overrightarrow{OH}\perp\overrightarrow{AC}$ から $\overrightarrow{OH}\cdot\overrightarrow{AC}=0$
ゆえに $(-3s-3t+3)\times(-3)+2s\times 0+t\times 1=0$
よって $9s+10t=9$ …… ②

①，② を解いて $s=\dfrac{9}{49}$, $t=\dfrac{36}{49}$

← ①×10－②×9 から $49s=9$

ゆえに $\overrightarrow{OH}=\left(\dfrac{12}{49},\ \dfrac{18}{49},\ \dfrac{36}{49}\right)$

したがって，点Hの座標は $\left(^\text{ア}\dfrac{12}{^\text{イ}49},\ ^\text{ウ}\dfrac{18}{^\text{エ}49},\ ^\text{オ}\dfrac{36}{^\text{カ}49}\right)$

(2) 四面体 OABC に内接する球の中心を I とする。
四面体 OABC，四面体 IOAB，四面体 IOBC，四面体 IOAC，四面体 IABC の体積を，それぞれ V, V_1, V_2, V_3, V_4 とすると
$V=V_1+V_2+V_3+V_4$ …… ③

ここで $V=\dfrac{1}{3}\times\triangle OAB\times CO=\dfrac{1}{3}\times 3\times 1=1$

また，内接する球の半径を r とすると

$$V_1 = \frac{1}{3} \times \triangle OAB \times r = r, \quad V_2 = \frac{1}{3} \times \triangle OBC \times r = \frac{r}{3},$$

$$V_3 = \frac{1}{3} \times \triangle OAC \times r = \frac{r}{2}, \quad V_4 = \frac{1}{3} \times \triangle ABC \times r = \frac{r}{3}\triangle ABC$$

← $\triangle OAB = 3$, $\triangle OBC = 1$, $\triangle OAC = \frac{3}{2}$

ここで，$\vec{AB} = (-3, 2, 0)$, $\vec{AC} = (-3, 0, 1)$ であるから

$$\triangle ABC = \frac{1}{2}\sqrt{|\vec{AB}|^2|\vec{AC}|^2 - (\vec{AB} \cdot \vec{AC})^2} = \frac{1}{2}\sqrt{13 \times 10 - 9^2} = \frac{7}{2}$$

← $|\vec{AB}|^2 = (-3)^2 + 2^2 = 13$
$|\vec{AC}|^2 = (-3)^2 + 1^2 = 10$
$\vec{AB} \cdot \vec{AC} = -3 \times (-3) = 9$

ゆえに　　$V_4 = \frac{7}{6}r$

よって，③ から　　$1 = r + \frac{r}{3} + \frac{r}{2} + \frac{7}{6}r$　　ゆえに　　$r = \frac{1}{3}$

したがって，四面体 OABC に内接する球の半径は $\frac{1}{3}$ である。

[参考]　点 $A(x_1, y_1, z_1)$ を通り，ベクトル $\vec{n} = (a, b, c)$ に垂直な平面の方程式は $a(x - x_1) + b(y - y_1) + c(z - z_1) = 0$ と表される。$\vec{n}$ は平面の **法線ベクトル** という。これを利用して，点 H の座標を求めることもできる。

　　平面 ABC の法線ベクトルを $\vec{n} = (a, b, c)$ $(\vec{n} \neq \vec{0})$ とする。
　　$\vec{n} \perp \vec{AB}$, $\vec{n} \perp \vec{AC}$ であるから　　$\vec{n} \cdot \vec{AB} = 0$, $\vec{n} \cdot \vec{AC} = 0$
　　$\vec{AB} = (-3, 2, 0)$, $\vec{AC} = (-3, 0, 1)$ から
　　　　$-3a + 2b = 0,$　　$-3a + c = 0$
　　よって　　$b = \frac{3}{2}a$, $c = 3a$　　ゆえに　　$\vec{n} = \frac{a}{2}(2, 3, 6)$
　　$\vec{n} \neq \vec{0}$ より $a \neq 0$ であるから，$\vec{n} = (2, 3, 6)$ とする。
　　平面 ABC は，点 $A(3, 0, 0)$ を通り $\vec{n} = (2, 3, 6)$ に垂直であるから，その方程式は　　$2(x - 3) + 3y + 6z = 0$
　　すなわち　　$2x + 3y + 6z - 6 = 0$ ……①
　　$\vec{OH} \parallel \vec{n}$ であるから，$\vec{OH} = k\vec{n}$ (k は実数) と表せる。
　　$H(x, y, z)$ とすると　　$(x, y, z) = k(2, 3, 6)$ ……②
　　よって　　$x = 2k$, $y = 3k$, $z = 6k$
　　① に代入すると　　$2 \times 2k + 3 \times 3k + 6 \times 6k - 6 = 0$
　　これを解くと　　$k = \frac{6}{49}$
　　② に代入して，点 H の座標は　　$\left(\frac{12}{49}, \frac{18}{49}, \frac{36}{49}\right)$

←計算しやすいように $\vec{n}$ の成分を定めている。一般に法線ベクトルは無数にある。

←$\vec{OH} \perp$ (平面 ABC) かつ $\vec{n} \perp$ (平面 ABC) から $\vec{OH} \parallel \vec{n}$

←点 H は平面 ABC 上の点。

[指針] **164** 〈座標空間内の2直線の交点と三角形の面積比〉

(1)　$A(-3, 1, 1)$, $\vec{AB} = (9, 6, -3) = 3(3, 2, -1)$ から，直線 AB 上の点の座標は，実数 s を用いて $(-3 + 3s, 1 + 2s, 1 - s)$ と表される。
同様に，直線 CD 上の点の座標は実数 t を用いて表し，2つの座標が一致するような s, t の組がただ1つ存在することを示す。

(2)　$\triangle APC : \triangle APD = PC : DP$ を利用する。

(1)　　$\vec{AB} = (9, 6, -3) = 3(3, 2, -1)$
　　から，直線 AB 上の点の座標は実数 s を用いて

数学重要問題集（理系）　　147

$(-3, 1, 1) + s(3, 2, -1)$

すなわち　　$(-3+3s, 1+2s, 1-s)$ …… ①

と表される。また
$\overrightarrow{CD} = (-5, 15, -20) = 5(-1, 3, -4)$
から，直線 CD 上の点の座標は実数 t を用いて

$(6, -4, 11) + t(-1, 3, -4)$

すなわち　　$(6-t, -4+3t, 11-4t)$ …… ②

と表される。
直線 AB と直線 CD が 1 点で交わるための条件は，① と ② が一致するような実数 s，t の組がただ 1 つ存在することであるから
$$-3+3s = 6-t, \quad 1+2s = -4+3t, \quad 1-s = 11-4t$$
すなわち　　$3s+t = 9$ …… ③，　　$2s-3t = -5$ …… ④，
　　　　　　$-s+4t = 10$ …… ⑤

③，④ を解いて　　$s = 2, \ t = 3$

これは ⑤ も満たすから，このとき直線 AB と直線 CD は 1 点で交わる。その交わる点 P の座標は，① に $s=2$ を代入して
$$P(3, 5, -1)$$

(2) (1) から，直線 AB と直線 CD は同じ平面上にある。
よって　　$\triangle APC : \triangle APD = PC : DP$
ここで
$\overrightarrow{PC} = (3, -9, 12)$
　　　$= 3(1, -3, 4)$
$\overrightarrow{DP} = (2, -6, 8)$
　　　$= 2(1, -3, 4)$
であるから　　$PC : DP = 3 : 2$
したがって　　$\triangle APC : \triangle APD = \mathbf{3 : 2}$

←点 $A(\vec{a})$ を通り，$\vec{d}$ に平行な直線上の点を $P(\vec{p})$ とするとき，この直線のベクトル方程式
　　$\vec{p} = \vec{a} + s\vec{d}$ （s は実数）
の成分表示を利用。

←交わる 2 直線は同じ平面上にある。
←$\triangle APC$ と $\triangle APD$ は高さが共通であるから，面積比は PC : DP になる。

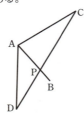

←$2\overrightarrow{PC} = 3\overrightarrow{DP}$

---

165 〈球面のベクトル方程式，2 つの球面の交円〉

(1) 点 $A(\vec{a})$ を中心とする半径 r の球面上の点を $Q(\vec{q})$ とすると，球面のベクトル方程式は
$$|\vec{q} - \vec{a}| = r$$
(2) 2 つの球面の方程式を連立させて，x^2, y^2, z^2 を消去すると，交円を含む平面の方程式となる。

---

(1) 点 $Q(\vec{q})$ は，点 $A(\vec{a})$ を中心とする半径 3 の球面上の点であるから
$|\vec{q} - {}^{\mathcal{P}}\mathbf{1}\vec{a}| = {}^{\mathcal{A}}\mathbf{3}$ を満たす。
また，線分 OQ の中点が P であるから，$\overrightarrow{OQ} = 2\overrightarrow{OP}$ すなわち
$\vec{q} = {}^{\mathcal{D}}\mathbf{2}\vec{p}$ である。

よって　　$|2\vec{p} - \vec{a}| = 3$　　すなわち　$\left|\vec{p} - {}^{\mathcal{I}}\dfrac{\mathbf{1}}{\mathbf{2}}\vec{a}\right| = {}^{\mathcal{A}}\dfrac{\mathbf{3}}{\mathbf{2}}$

$\dfrac{1}{2}\vec{a} = \dfrac{1}{2}(0, 6, 0) = (0, 3, 0)$ であるから，点 P は半径 ${}^{\mathcal{D}}\dfrac{\mathbf{3}}{\mathbf{2}}$，中心
の座標 ${}^{\mathcal{F}}\mathbf{(0, 3, 0)}$ の球面上を動く。

(2) 中心が点 $(0, 6, 0)$，半径が 3 の球面 S_1 の方程式は
${}^{\mathcal{D}}\mathbf{x^2 + (y-6)^2 + z^2 = 9}$ …… ①

中心が点 $(0, 3, 0)$, 半径が $\dfrac{3}{2}$ の球面 S_2 の方程式は

$$^{ケ}x^2+(y-3)^2+z^2=\dfrac{9}{4} \quad \cdots\cdots ②$$

①－② より $\quad -6y+\dfrac{81}{4}=0 \quad$ これを解くと $\quad y=\dfrac{27}{8}$

② に代入して整理すると $\quad x^2+z^2=\dfrac{135}{64}$

よって, 円 C_1 を含む平面の方程式は $\quad ^{コ}y=\dfrac{27}{8}$

また, 円 C_1 の中心の座標は $^{サ}\left(0, \dfrac{27}{8}, 0\right)$, 半径は $^{シ}\dfrac{3\sqrt{15}}{8}$ である.

点 U, V の位置ベクトルをそれぞれ $\vec{u}$, $\vec{v}$ とすると $\quad \vec{v}=\dfrac{\vec{u}+\vec{q}}{2}$

すなわち $\quad \vec{q}=2\vec{v}-\vec{u}$

$|\vec{q}-\vec{a}|=3$ に代入すると $\quad |2\vec{v}-\vec{u}-\vec{a}|=3$

すなわち $\quad \left|\vec{v}-\dfrac{\vec{u}+\vec{a}}{2}\right|=\dfrac{3}{2}$

$\dfrac{\vec{u}+\vec{a}}{2}=\dfrac{1}{2}\{(0, -1, 0)+(0, 6, 0)\}=\left(0, \dfrac{5}{2}, 0\right)$

であるから, 点 V は中心の座標 $\left(0, \dfrac{5}{2}, 0\right)$, 半径 $\dfrac{3}{2}$ の球面上を動く.

よって, 球面 S_3 の方程式は $\quad x^2+\left(y-\dfrac{5}{2}\right)^2+z^2=\dfrac{9}{4} \quad \cdots\cdots ③$

①－③ より $\quad -7y+23=0 \quad$ これを解くと $\quad y=\dfrac{23}{7}$

① に代入して整理すると $\quad x^2+z^2=\dfrac{80}{49}$

よって, 円 C_2 の中心の座標は $^{ス}\left(0, \dfrac{23}{7}, 0\right)$, 半径は $^{セ}\dfrac{4\sqrt{5}}{7}$ である.

←①, ② を連立させて, x^2, y^2, z^2 を消去.

←すなわち
$x^2+z^2=\dfrac{135}{64}$, $y=\dfrac{27}{8}$ が
円 C_1 の方程式である.

←円 C_2 の方程式は
$x^2+z^2=\dfrac{80}{49}$, $y=\dfrac{23}{7}$

指針 166 〈2円の共通接線のベクトル方程式〉

(2) 直線 ℓ に垂直で大きさが 2 のベクトルを $\vec{q}$, 求める接点の位置ベクトルを $\vec{r}$ とすると, $\vec{r}=\vec{c_1}+\vec{q}$ であるから, $\vec{q}$ の成分を求める.

(3) 円 C_1, C_2 の中心をそれぞれ O_1, O_2 とすると, 直線 m は線分 O_1O_2 の中点を通る. m と C_1 との接点を R とすると, $\overrightarrow{MR}\perp\overrightarrow{O_1R}$ であることと, R が円 C_1 上の点であることから, 点 R の座標が求まる.

(1) 直線 ℓ 上の任意の点 P に対し, $\overrightarrow{OP}=\vec{p}$ とする.
このとき, 直線 ℓ のベクトル方程式は
$\vec{p}=(1-t)\vec{c_1}+t\vec{c_2}$ (t は実数)

(2) 円 C_1, C_2 の中心をそれぞれ O_1, O_2 とすると $\overrightarrow{O_1O_2}=\vec{c_2}-\vec{c_1}=(4, 2)$
$\overrightarrow{O_1O_2}$ に垂直で, 大きさが 2 のベクトルを $\vec{q}=(a, b)$ とすると, $\overrightarrow{O_1O_2}\perp\vec{q}$ であるから $\quad \overrightarrow{O_1O_2}\cdot\vec{q}=0$

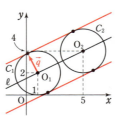

よって　　$4a+2b=0$
ゆえに　　$b=-2a$　……①
また，$|\vec{q}|=2$ であるから　　$a^2+b^2=4$　……②
① を ② に代入して　　$a^2+(-2a)^2=4$
よって　　$a^2=\dfrac{4}{5}$　　ゆえに　　$a=\pm\dfrac{2\sqrt{5}}{5}$
① から　　$b=\mp\dfrac{4\sqrt{5}}{5}$　（複号同順）

したがって　　$\vec{q}=\left(\pm\dfrac{2\sqrt{5}}{5},\ \mp\dfrac{4\sqrt{5}}{5}\right)$

求める接点の位置ベクトルを $\vec{r}$ とすると
$$\vec{r}=\vec{c_1}+\vec{q}=\left(1\pm\dfrac{2\sqrt{5}}{5},\ 2\mp\dfrac{4\sqrt{5}}{5}\right)$$

以上から，求める接点の座標は
$$\left(1\pm\dfrac{2\sqrt{5}}{5},\ 2\mp\dfrac{4\sqrt{5}}{5}\right)\quad\text{（複号同順）}$$

(3) 線分 O_1O_2 の中点を M とすると
点 M の座標は　　$(3, 3)$
円 C_1，C_2 の半径は等しいから，
線分 O_1O_2 と，ℓ と平行でない
接線との交点は，線分 O_1O_2 の
中点 M に等しい。

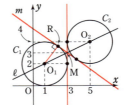

m と C_1 との接点を $R(c,\ d)$ とすると
　　$\overrightarrow{MR}=(c-3,\ d-3)$,　$\overrightarrow{O_1R}=(c-1,\ d-2)$
$\overrightarrow{MR}\perp\overrightarrow{O_1R}$ であるから　　$\overrightarrow{MR}\cdot\overrightarrow{O_1R}=0$
よって　　$(c-3)(c-1)+(d-3)(d-2)=0$　……③
また，点 R は円 C_1 上の点であるから
　　$(c-1)^2+(d-2)^2=4$　……④
④-③ より　　$d=-2c+8$　……⑤
⑤ を ④ に代入して整理すると　　$(c-3)(5c-11)=0$
したがって　　$c=3,\ \dfrac{11}{5}$

[1]　$c=3$ のとき　　$d=2$
　　このとき，接線の方向ベクトルが $(0,\ 1)$ となるから，
　　不適である。
[2]　$c=\dfrac{11}{5}$ のとき　　$d=\dfrac{18}{5}$
　　このとき，$\overrightarrow{MR}=\left(-\dfrac{4}{5},\ \dfrac{3}{5}\right)$ より，接線の方向ベクトルは
　　　　$(-4,\ 3)$

以上から，m と C_1 との接点は　　点 $\left(\dfrac{11}{5},\ \dfrac{18}{5}\right)$
　　m の方向ベクトルは　　$(-4,\ 3)$

← m と C_2 との接点を S とするとき　$O_1R=O_2S$
また，$\angle O_1RS=O_2SR$ より錯角が等しいから
　　$O_1R \mathbin{/\!/} O_2S$
よって，四角形 O_1RO_2S は平行四辺形であり，O_1O_2，RS は対角線となる。

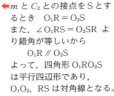

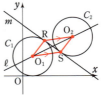

← m の方向ベクトルを $\vec{x}$ とすると $\overrightarrow{MR} \mathbin{/\!/} \vec{x}$ であるから，求めた c, d の値を $\overrightarrow{MR}=(c-3,\ d-3)$ に代入して方向ベクトルを調べる。

← $(-4k,\ 3k)$（k は 0 以外の実数）の形であればよい。

指針 167 〈ベクトルの終点の存在範囲の面積〉

$\overrightarrow{OP} = s\overrightarrow{OA} + t\overrightarrow{OB}$ で表された点Pの存在範囲について，$s+t$ の値の範囲が与えられている場合は，$s+t=k$ とおいて，まず k を固定して考える。

(1) 余弦定理により $\cos\angle AOB = \dfrac{5^2+8^2-7^2}{2\times 5\times 8} = \dfrac{1}{2}$

ゆえに $\angle AOB = \dfrac{\pi}{3}$

これより $\sin\angle AOB = \dfrac{\sqrt{3}}{2}$

よって $\triangle OAB = \dfrac{1}{2}\times OA\times OB\times \sin\angle AOB$

$= \dfrac{1}{2}\times 5\times 8\times \dfrac{\sqrt{3}}{2} = {}^{ア}\mathbf{10\sqrt{3}}$

(2) $s+t=k\ (1\leqq k\leqq 2)$ とおくと

$\dfrac{s}{k}+\dfrac{t}{k}=1,\ \dfrac{s}{k}\geqq 0,\ \dfrac{t}{k}\geqq 0$

また $\overrightarrow{OP} = \dfrac{s}{k}(k\overrightarrow{OA}) + \dfrac{t}{k}(k\overrightarrow{OB})$

よって，k を定数とみて，$k\overrightarrow{OA}=\overrightarrow{OA_k}$，$k\overrightarrow{OB}=\overrightarrow{OB_k}$ とすると，PはABに平行な線分 A_kB_k 上を動く。
$2\overrightarrow{OA}=\overrightarrow{OA'},\ 2\overrightarrow{OB}=\overrightarrow{OB'}$ とすると，
$1\leqq k\leqq 2$ の範囲で k が変わるとき，点Pが存在しうる部分は台形 $AA'B'B$ の周および内部である。
$\triangle OAB \backsim \triangle OA'B'$ であり，その相似比は $1:2$ であるから，求める面積は

$\triangle OA'B' - \triangle OAB = 2^2\triangle OAB - \triangle OAB$
$= 3\triangle OAB$

よって，点Pの存在しうる領域の面積は $\triangle OAB$ の面積の ${}^{イ}\mathbf{3}$ 倍である。

(3) $s+2t\geqq 2$ より，$\dfrac{s}{2}+t\geqq 1$ であるから，$\dfrac{s}{2}=s'$ とおくと

$\overrightarrow{OP} = s'(2\overrightarrow{OA}) + t\overrightarrow{OB}\quad (s'\geqq 0,\ t\geqq 0,\ s'+t\geqq 1)$

また，$2s+t\leqq 2$ より，$s+\dfrac{t}{2}\leqq 1$ であるから，$\dfrac{t}{2}=t'$ とおくと

$\overrightarrow{OP} = s\overrightarrow{OA} + t'(2\overrightarrow{OB})\quad (s\geqq 0,\ t'\geqq 0,\ s+t'\leqq 1)$

よって，(2)と同様に $2\overrightarrow{OA}=\overrightarrow{OA'}$，
$2\overrightarrow{OB}=\overrightarrow{OB'}$ となる点 $A',\ B'$ をとり，線分 $A'B$ と線分 AB' の交点をCとすると，点Pが存在しうる部分は，右の図の $\triangle BB'C$ の周および内部である。
$\triangle ABC \backsim \triangle B'A'C$ であるから
$\quad AC:B'C = AB:B'A' = 1:2$
また，Bは線分 OB' の中点であるから $\triangle B'AB = \triangle OAB$

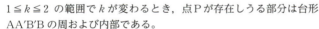

← $\overrightarrow{OP} = \dfrac{s}{k}\overrightarrow{OA_k} + \dfrac{t}{k}\overrightarrow{OB_k}$，
$\dfrac{s}{k}+\dfrac{t}{k}=1,\ \dfrac{s}{k}\geqq 0,$
$\dfrac{t}{k}\geqq 0$

← A_k は線分 AM 上，B_k は線分 BN' 上を $AB \parallel A_kB_k$ となるように動く。

← $\triangle OA'B,\ \triangle OAB'$ に着目。

したがって，△BB'C の面積は
$$\triangle BB'C = \frac{2}{3}\triangle B'AB = \frac{2}{3}\triangle OAB$$
よって，点 P の存在しうる領域の面積は △OAB の面積の $\dfrac{{}^{\text{エ}}2}{{}^{\text{オ}}3}$ 倍である。

指針 168 〈四面体と位置ベクトル〉

点 R は直線 DF 上の点であり，かつ直線 PQ 上の点でもある。
➡ $\overrightarrow{OR}$ を 2 通りに表して，係数を比較する。

$\overrightarrow{OA} = \vec{a},\ \overrightarrow{OB} = \vec{b},\ \overrightarrow{OC} = \vec{c}$ とする。
D は辺 OA を 2:1 に外分する点であるから
　　$\overrightarrow{OD} = 2\vec{a}$
E は辺 OB を 3:2 に外分する点であるから
　　$\overrightarrow{OE} = 3\vec{b}$
F は辺 OC を 4:3 に外分する点であるから
　　$\overrightarrow{OF} = 4\vec{c}$

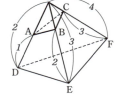

P は辺 AB の中点であるから　$\overrightarrow{OP} = \dfrac{\vec{a}+\vec{b}}{2}$　……①

Q は線分 EC 上にあるから，EQ:QC $= s:(1-s)$ とおくと
　　$\overrightarrow{OQ} = (1-s)\overrightarrow{OE} + s\overrightarrow{OC}$
すなわち　$\overrightarrow{OQ} = 3(1-s)\vec{b} + s\vec{c}$　……②

R は直線 DF 上にあるから，実数 t を用いて $\overrightarrow{DR} = t\overrightarrow{DF}$ と表される。
ゆえに　$\overrightarrow{OR} = (1-t)\overrightarrow{OD} + t\overrightarrow{OF}$
すなわち　$\overrightarrow{OR} = 2(1-t)\vec{a} + 4t\vec{c}$　……③

　　　　　　　　　　　　　　　　　　　　← $\overrightarrow{OR} - \overrightarrow{OD} = t(\overrightarrow{OF} - \overrightarrow{OD})$

また，3 点 P, Q, R が一直線上にあるとき，実数 k を用いて
$\overrightarrow{PR} = k\overrightarrow{PQ}$ と表される。
ゆえに　$\overrightarrow{OR} = (1-k)\overrightarrow{OP} + k\overrightarrow{OQ}$

　　　　　　　　　　　　　　　　　　　　← $\overrightarrow{OR} - \overrightarrow{OP} = k(\overrightarrow{OQ} - \overrightarrow{OP})$

右辺に ①，② を代入して整理すると
　　$\overrightarrow{OR} = \dfrac{1}{2}(1-k)\vec{a} + \dfrac{1}{2}(1+5k-6ks)\vec{b} + sk\vec{c}$　……④

4 点 O, A, B, C は同一平面上にないから，③，④ より
　　$2(1-t) = \dfrac{1}{2}(1-k),\ 0 = \dfrac{1}{2}(1+5k-6ks),\ 4t = sk$

これを解くと　$s = \dfrac{14}{17},\ t = -\dfrac{7}{2},\ k = -17$

よって　　EQ:QC $= 14:3$

　　　　　　　　　　　　　　　　　　　　← $s = \dfrac{14}{17}$ より
　　　　　　　　　　　　　　　　　　　　EQ:QC $= \dfrac{14}{17} : \left(1 - \dfrac{14}{17}\right)$

また，$\overrightarrow{PR} = -17\overrightarrow{PQ}$ から　　$\overrightarrow{QR} - \overrightarrow{QP} = 17\overrightarrow{QP}$
ゆえに　　$\overrightarrow{QR} = 18\overrightarrow{QP}$
したがって　　PQ:QR $= 1:18$

指針 169 〈球面で反射される光線〉

k を正の実数として $\vec{AB} = k\vec{u}$ と表せることと，B が球面 $x^2+y^2+z^2=(\sqrt{5})^2$ 上にあることを用いて，まずは点Bの座標を求める。
次に線分 AD と線分 OB が直交するように，線分 BC 上に点Dをとり，線分 AD と線分 OB の交点をEとする。このとき，$\vec{BE}$ は $\vec{BA}$ の直線 BO 上への **正射影** となり，D は線分 AE を 2：1 に外分する点であるから，点Dの座標が求まる。

与えられた条件から，k を正の実数として
$$\vec{OB} = \vec{OA} + k\vec{u} = (1,\ 1+k,\ 1-k)$$
よって，点Bの座標は $(1,\ 1+k,\ 1-k)$
Bは球面 S 上にあるから
$$1^2 + (1+k)^2 + (1-k)^2 = 5$$
ゆえに $k^2 = 1$
$k > 0$ であるから $k = 1$
したがって，Bの座標は $(1,\ 2,\ 0)$
ここで，線分 AD と 線分 OB が直交するように，線分 BC 上に点Dをとる。また，線分 AD と 線分 OB の交点をEとする。
このとき $|\vec{BE}| = |\vec{BA}|\cos\angle ABO$
$$= |\vec{BA}| \times \frac{\vec{BA}\cdot\vec{BO}}{|\vec{BA}||\vec{BO}|}$$
$$= \frac{\vec{BA}\cdot\vec{BO}}{|\vec{BO}|}$$
ゆえに $\vec{BE} = \dfrac{|\vec{BE}|}{|\vec{BO}|}\vec{BO} = \dfrac{\vec{BA}\cdot\vec{BO}}{|\vec{BO}|^2}\vec{BO}$
$|\vec{BO}| = \sqrt{5}$，$\vec{BA}\cdot\vec{BO} = 2$ であるから
$$\vec{BE} = \frac{2}{5}\vec{BO} = \left(-\frac{2}{5},\ -\frac{4}{5},\ 0\right)$$
Dは線分 AE を 2：1 に外分する点であるから
$$\vec{BD} = \frac{-\vec{BA} + 2\vec{BE}}{2-1} = \left(-\frac{4}{5},\ -\frac{3}{5},\ -1\right)$$
よって，正の実数 m を用いて
$$\vec{OC} = \vec{OB} + m\vec{BD} = \left(1 - \frac{4}{5}m,\ 2 - \frac{3}{5}m,\ -m\right)$$
よって，点Cの座標は $\left(1 - \dfrac{4}{5}m,\ 2 - \dfrac{3}{5}m,\ -m\right)$
Cは球面 S 上にあるから $\left(1-\dfrac{4}{5}m\right)^2 + \left(2-\dfrac{3}{5}m\right)^2 + (-m)^2 = 5$
ゆえに $m(m-2) = 0$
$m > 0$ であるから $m = 2$
したがって，点Cの座標は $\left(-\dfrac{3}{5},\ \dfrac{4}{5},\ -2\right)$

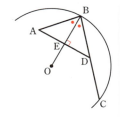

← 球面 S の方程式
$x^2+y^2+z^2=(\sqrt{5})^2$
の $x,\ y,\ z$ にそれぞれ代入する。

← $\vec{BE}$ を，$\vec{BA}$ の直線 BO 上への **正射影** という。

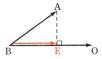

← 点Cは直線 BD 上にあるから $\vec{BC} = m\vec{BD}$ （m は実数）

170 〈平面に垂直な単位ベクトル〉

(1) $\vec{n}$ は単位ベクトルであるから　　$n_1{}^2+n_2{}^2+n_3{}^2=1$
　　$\vec{n}\perp$（平面 α）であるから　　$\vec{n}\perp\overrightarrow{AB}$, $\vec{n}\perp\overrightarrow{AC}$

(2) $\overrightarrow{OH}$ の成分表示を次の2通りの方法で求めて，成分を比較する。
　① $\overrightarrow{OH}=\overrightarrow{OA}+\overrightarrow{AH}=\overrightarrow{OA}+s\overrightarrow{AB}+t\overrightarrow{AC}$ （s, t は実数）
　② $\overrightarrow{OH}/\!/\vec{n}$ より，$\vec{m}=(bc,\ ca,\ ab)$ とすると　$\overrightarrow{OH}/\!/\vec{m}$
　　よって　$\overrightarrow{OH}=k\vec{m}$（$k$ は実数）

(3) 四面体 OABC の体積を，△ABC を底面と考えたとき，△OBC を底面と考えたときの2通りの方法で表す。

---

(1) $\vec{n}$ は単位ベクトルであるから　　$n_1{}^2+n_2{}^2+n_3{}^2=1$　……①
また，$\vec{n}\perp$（平面 α）であるから　　$\vec{n}\perp\overrightarrow{AB}$, $\vec{n}\perp\overrightarrow{AC}$
ゆえに　　$\vec{n}\cdot\overrightarrow{AB}=0$,　$\vec{n}\cdot\overrightarrow{AC}=0$
ここで　　$\overrightarrow{AB}=(-a,\ b,\ 0)$,　$\overrightarrow{AC}=(-a,\ 0,\ c)$
よって　　$\vec{n}\cdot\overrightarrow{AB}=-an_1+bn_2=0$　$\vec{n}\cdot\overrightarrow{AC}=-an_1+cn_3=0$
$b>0$, $c>0$ より　　$n_2=\dfrac{a}{b}n_1$,　$n_3=\dfrac{a}{c}n_1$　……②

これらを①に代入して　　$n_1{}^2+\left(\dfrac{a}{b}n_1\right)^2+\left(\dfrac{a}{c}n_1\right)^2=1$

よって　　$(a^2b^2+b^2c^2+c^2a^2)n_1{}^2=b^2c^2$

ゆえに　　$n_1{}^2=\dfrac{b^2c^2}{a^2b^2+b^2c^2+c^2a^2}$

$n_1>0$, $b>0$, $c>0$ より　　$n_1=\dfrac{bc}{\sqrt{a^2b^2+b^2c^2+c^2a^2}}$

これを②に代入して

$n_2=\dfrac{ca}{\sqrt{a^2b^2+b^2c^2+c^2a^2}}$,　$n_3=\dfrac{ab}{\sqrt{a^2b^2+b^2c^2+c^2a^2}}$

よって　　$\vec{n}=\dfrac{1}{\sqrt{a^2b^2+b^2c^2+c^2a^2}}(bc,\ ca,\ ab)$

(2) 点 H は平面 α 上にあるから，s, t を実数として $\overrightarrow{AH}=s\overrightarrow{AB}+t\overrightarrow{AC}$ と表される。
よって
$\overrightarrow{OH}=\overrightarrow{OA}+\overrightarrow{AH}=\overrightarrow{OA}+s\overrightarrow{AB}+t\overrightarrow{AC}$
　　$=(a,\ 0,\ 0)+(-sa,\ sb,\ 0)$
　　　　　　$+(-ta,\ 0,\ tc)$
　　$=((1-s-t)a,\ sb,\ tc)$　……③

また，$\overrightarrow{OH}\perp$（平面 α）であるから　$\overrightarrow{OH}/\!/\vec{n}$
ここで，$\vec{m}=(bc,\ ca,\ ab)$ とすると
　　$\vec{m}=\sqrt{a^2b^2+b^2c^2+c^2a^2}\,\vec{n}$　……④
よって　$\vec{m}/\!/\vec{n}$　　ゆえに　$\overrightarrow{OH}/\!/\vec{m}$
したがって，k を実数として $\overrightarrow{OH}=k\vec{m}$ と表される。
よって　$\overrightarrow{OH}=(kbc,\ kca,\ kab)$　……⑤

③，⑤より　　$(1-s-t)a=kbc$,　$sb=kca$,　$tc=kab$
$(1-s-t)a=kbc$ を bc 倍して　$(1-s-t)abc=kb^2c^2$　……⑥
$sb=kca$ を ca 倍して　　$sabc=kc^2a^2$　……⑦

←単位ベクトルとは大きさが1であるベクトルのことである。

←計算を簡単にするため $\vec{m}$ を導入する。

$tc = kab$ を ab 倍して $tabc = ka^2b^2$ ……⑧

⑥+⑦+⑧ より $abc = k(a^2b^2 + b^2c^2 + c^2a^2)$ ← s, t を消去。

よって $k = \dfrac{abc}{a^2b^2 + b^2c^2 + c^2a^2}$

したがって $\overrightarrow{OH} = k\vec{m} = \dfrac{abc}{a^2b^2 + b^2c^2 + c^2a^2}(bc, ca, ab)$

また、④ より $\overrightarrow{OH} = k\sqrt{a^2b^2 + b^2c^2 + c^2a^2}\,\vec{n}$

$= \dfrac{abc}{\sqrt{a^2b^2 + b^2c^2 + c^2a^2}}\,\vec{n}$

$|\vec{n}| = 1$ であるから $|\overrightarrow{OH}| = \dfrac{abc}{\sqrt{a^2b^2 + b^2c^2 + c^2a^2}}$ ← 単位ベクトルの大きさは 1 である。

(3) 四面体 OABC の体積を V とする。 ← 四面体 OABC の体積を 2 通りの方法で表す。

△ABC を底面と考えると

$V = \dfrac{1}{3} \times △ABC \times |\overrightarrow{OH}| = \dfrac{1}{3} \times S \times \dfrac{abc}{\sqrt{a^2b^2 + b^2c^2 + c^2a^2}}$ ……⑨

△OBC を底面と考えると ← OA⊥(平面 OBC)

$V = \dfrac{1}{3} \times △OBC \times |\overrightarrow{OA}| = \dfrac{1}{3} \times S_1 \times a$ ……⑩

⑨, ⑩ より $\dfrac{1}{3} \times S \times \dfrac{abc}{\sqrt{a^2b^2 + b^2c^2 + c^2a^2}} = \dfrac{1}{3} \times S_1 \times a$

よって $S_1 = \dfrac{bc}{\sqrt{a^2b^2 + b^2c^2 + c^2a^2}} \times S = n_1 S$

指針 171 〈球に内接する四面体の体積〉

(1) OP = OA であることから与えられた等式が証明される。
(2) B, C, Q についても(1)と同様に等式 $\vec{b} \cdot \vec{b} = 2\vec{b} \cdot \vec{p}$, $\vec{c} \cdot \vec{c} = 2\vec{c} \cdot \vec{p}$, $\overrightarrow{PQ} \cdot \overrightarrow{PQ} = 2\overrightarrow{PQ} \cdot \vec{p}$ が成り立つことを利用する。
(3) (2)の結果に $k = 3$ を代入すると $\vec{a} \cdot \vec{b} + \vec{b} \cdot \vec{c} + \vec{c} \cdot \vec{a} = 0$ が得られる。$\vec{a} \cdot \vec{b}$, $\vec{b} \cdot \vec{c}$, $\vec{c} \cdot \vec{a}$ の正負を考える。
(4) (2), (3)より PQ の長さが求まる。また、これより $\vec{p}$ が定まるので、等式 $\vec{a} \cdot \vec{a} = 2\vec{a} \cdot \vec{p}$, $\vec{b} \cdot \vec{b} = 2\vec{b} \cdot \vec{p}$, $\vec{c} \cdot \vec{c} = 2\vec{c} \cdot \vec{p}$ に代入することで、$\vec{a}, \vec{b}, \vec{c}$ の関係がわかる。

---

(1) $\overrightarrow{OA} = \overrightarrow{OP} + \overrightarrow{PA} = -\overrightarrow{PO} + \overrightarrow{PA}$
$= -\vec{p} + \vec{a}$

2 点 P, A はともに球面 S 上の点であるから OP = OA

よって $|\overrightarrow{PO}| = |\overrightarrow{OA}|$

すなわち $|\vec{p}| = |-\vec{p} + \vec{a}|$

両辺を 2 乗すると $|\vec{p}|^2 = |-\vec{p} + \vec{a}|^2$

ゆえに $|\vec{p}|^2 = |\vec{p}|^2 - 2\vec{a} \cdot \vec{p} + |\vec{a}|^2$

整理すると $|\vec{a}|^2 = 2\vec{a} \cdot \vec{p}$ したがって $\vec{a} \cdot \vec{a} = 2\vec{a} \cdot \vec{p}$

(2) 3 点 B, C, Q はいずれも球面 S 上の点であるから、 ← PO = OB = OC

(1)と同様にして $\vec{b} \cdot \vec{b} = 2\vec{b} \cdot \vec{p}$, $\vec{c} \cdot \vec{c} = 2\vec{c} \cdot \vec{p}$ ……① ← PO = OQ

$\overrightarrow{PQ} \cdot \overrightarrow{PQ} = 2\overrightarrow{PQ} \cdot \vec{p}$ ……②

ここで、点 G は △ABC の重心であるから $\overrightarrow{PG} = \dfrac{\vec{a} + \vec{b} + \vec{c}}{3}$

よって　　$\vec{PQ} = \dfrac{k}{3}\vec{a} + \dfrac{k}{3}\vec{b} + \dfrac{k}{3}\vec{c}$

ゆえに　　$\vec{PQ}\cdot\vec{PQ} = \left|\dfrac{k}{3}\vec{a} + \dfrac{k}{3}\vec{b} + \dfrac{k}{3}\vec{c}\right|^2 = \dfrac{k^2}{9}|\vec{a}+\vec{b}+\vec{c}|^2$　……③

また，(1) と ① より

$$2\vec{PQ}\cdot\vec{p} = 2\left(\dfrac{k}{3}\vec{a} + \dfrac{k}{3}\vec{b} + \dfrac{k}{3}\vec{c}\right)\cdot\vec{p}$$

$$= \dfrac{k}{3}\times 2\vec{a}\cdot\vec{p} + \dfrac{k}{3}\times 2\vec{b}\cdot\vec{p} + \dfrac{k}{3}\times 2\vec{c}\cdot\vec{p}$$

$$= \dfrac{k}{3}(\vec{a}\cdot\vec{a} + \vec{b}\cdot\vec{b} + \vec{c}\cdot\vec{c})$$

$$= \dfrac{k}{3}(|\vec{a}|^2 + |\vec{b}|^2 + |\vec{c}|^2)\ \ \cdots\cdots ④$$

←(1)，① の式を代入する。

②，③，④ より　　$\dfrac{k^2}{9}|\vec{a}+\vec{b}+\vec{c}|^2 = \dfrac{k}{3}(|\vec{a}|^2+|\vec{b}|^2+|\vec{c}|^2)$

2点 G，Q は点 P と異なるから　　$k \neq 0$

また $|\vec{a}+\vec{b}+\vec{c}| \neq 0$　　したがって　　$k = \dfrac{3(|\vec{a}|^2+|\vec{b}|^2+|\vec{c}|^2)}{|\vec{a}+\vec{b}+\vec{c}|^2}$

(3)　PG:PQ = 1:3 であるとき，$\vec{PQ} = 3\vec{PG}$ であるから

$$\dfrac{3(|\vec{a}|^2+|\vec{b}|^2+|\vec{c}|^2)}{|\vec{a}+\vec{b}+\vec{c}|^2} = 3$$

したがって　　$|\vec{a}|^2+|\vec{b}|^2+|\vec{c}|^2 = |\vec{a}+\vec{b}+\vec{c}|^2$

整理すると　　$2(\vec{a}\cdot\vec{b} + \vec{b}\cdot\vec{c} + \vec{c}\cdot\vec{a}) = 0$

すなわち　　$\vec{a}\cdot\vec{b} + \vec{b}\cdot\vec{c} + \vec{c}\cdot\vec{a} = 0$　……⑤

←$|\vec{a}+\vec{b}+\vec{c}|^2$
　$= |\vec{a}|^2+|\vec{b}|^2+|\vec{c}|^2$
　$+2(\vec{a}\cdot\vec{b}+\vec{b}\cdot\vec{c}+\vec{c}\cdot\vec{a})$

このとき，次のいずれかが成り立つ。

[1]　$\vec{a}\cdot\vec{b},\ \vec{b}\cdot\vec{c},\ \vec{c}\cdot\vec{a}$ の少なくとも 1 つは正で，
　　　少なくとも 1 つは負である。

[2]　$\vec{a}\cdot\vec{b} = \vec{b}\cdot\vec{c} = \vec{c}\cdot\vec{a} = 0$

$\vec{a}\neq\vec{0},\ \vec{b}\neq\vec{0},\ \vec{c}\neq\vec{0}$ であるから，次のいずれかが成り立つ。

・3つの角のうち，少なくとも 1 つは鋭角，
　少なくとも 1 つは鈍角である。
・3つの角はすべて直角である。

←$\vec{a}$ と $\vec{b}$ のなす角を θ とすると，$\vec{a}\cdot\vec{b} > 0$ のとき
$\cos\theta > 0$ であるから
$0 < \theta < 90°$
$\vec{a}\cdot\vec{b} = 0$ のとき $\cos\theta = 0$
であるから $\theta = 90°$
$\vec{a}\cdot\vec{b} < 0$ のとき $\cos\theta < 0$
であるから $90° < \theta < 180°$

(4)　(2)，(3) より

$$\vec{PQ} = \vec{a} + \vec{b} + \vec{c}$$

$$|\vec{a}+\vec{b}+\vec{c}|^2 = |\vec{a}|^2 + |\vec{b}|^2 + |\vec{c}|^2$$

$$= \left(\dfrac{2}{\sqrt{3}}\right)^2 + \left(\dfrac{2}{\sqrt{3}}\right)^2 + \left(\dfrac{2}{\sqrt{3}}\right)^2 = 4$$

$|\vec{a}+\vec{b}+\vec{c}| \geq 0$ であるから　$|\vec{a}+\vec{b}+\vec{c}| = 2$　よって　PQ = **2**

また　　$\vec{p} = \dfrac{1}{2}\vec{PQ} = \dfrac{1}{2}\vec{a} + \dfrac{1}{2}\vec{b} + \dfrac{1}{2}\vec{c}$　……⑥

(1) と ⑥ より　　$\vec{a}\cdot\vec{a} = 2\vec{a}\cdot\left(\dfrac{1}{2}\vec{a} + \dfrac{1}{2}\vec{b} + \dfrac{1}{2}\vec{c}\right)$

整理すると　　$\vec{a}\cdot\vec{b} + \vec{c}\cdot\vec{a} = 0$　……⑦

⑤，⑦ より　　$\vec{b}\cdot\vec{c} = 0$　同様にして　$\vec{a}\cdot\vec{b} = 0,\ \vec{c}\cdot\vec{a} = 0$

よって，$\vec{a},\ \vec{b},\ \vec{c}$ は互いに直交する。

←$\vec{b}\cdot\vec{b} = 2\vec{b}\cdot\vec{p},\ \vec{c}\cdot\vec{c} = 2\vec{c}\cdot\vec{p}$
の $\vec{p}$ にそれぞれ ⑥ を代入する。

ゆえに，四面体 PABC の体積は　$\dfrac{1}{3}\times\left(\dfrac{1}{2}\text{PA}\times\text{PB}\right)\times\text{PC} = \dfrac{4\sqrt{3}}{27}$

指針 172 〈空間における直線上の点と三角形の面積の最小値〉

点Rは直線BC上にあるから $\vec{OR} = \vec{OB} + s\vec{BC}$ (s は実数)，点Hが直線OA上にあるとき $\vec{OH} = t\vec{OA}$ (t は実数) と表せることを利用する。
△PQRの面積は，PQを底辺，頂点Rから辺PQに下ろした垂線RHの長さを高さにとり，RHの最小値は，$|\vec{RH}|^2$ の成分表示を利用して考える。なお，△PQRが正三角形なので，RH：PH $= \sqrt{3} : 1$ であることが利用できる。

点Rから直線 ℓ に垂線RHを下ろす。
△PQRの面積が最小となるのは，RHの長さが最小になるときである。
点Rは直線 m 上にあるから，実数 s を用いて
$\vec{OR} = \vec{OB} + s\vec{BC}$
$= (0, 2, 1) + s(-2, 0, -4)$
$= (-2s, 2, -4s+1)$
と表される。
また，点Hは ℓ 上にあるから，実数 t を用いて
$\vec{OH} = t\vec{OA} = t(0, -1, 1) = (0, -t, t)$
と表される。
$\vec{RH} = \vec{OH} - \vec{OR} = (2s, -t-2, t+4s-1)$ であるから
$|\vec{RH}|^2 = (2s)^2 + (-t-2)^2 + (t+4s-1)^2$
$= 2t^2 + (8s+2)t + 20s^2 - 8s + 5$
$= 2\left(t + \dfrac{4s+1}{2}\right)^2 + 12s^2 - 12s + \dfrac{9}{2}$
$= 2\left(t + \dfrac{4s+1}{2}\right)^2 + 12\left(s - \dfrac{1}{2}\right)^2 + \dfrac{3}{2}$

よって，$|\vec{RH}|^2$ は，$t + \dfrac{4s+1}{2} = 0$，$s - \dfrac{1}{2} = 0$ のとき，すなわち
$t = -\dfrac{3}{2}$，$s = \dfrac{1}{2}$ のとき最小値 $\dfrac{3}{2}$ をとる。
$|\vec{RH}| \geq 0$ であるから，$|\vec{RH}|$ は

$t = -\dfrac{3}{2}$, $s = \dfrac{1}{2}$ のとき，最小値 $\sqrt{\dfrac{3}{2}} = \dfrac{\sqrt{6}}{2}$

をとる。このとき $\vec{OR} = (-1, 2, -1)$，$\vec{OH} = \left(0, \dfrac{3}{2}, -\dfrac{3}{2}\right)$
また，△PQRは正三角形であるから，点Hは辺PQの中点で，直角三角形PHRにおいて RH：PH $= \sqrt{3} : 1$
RH $= \dfrac{\sqrt{6}}{2}$ であるから

PH $=$ HQ $= \dfrac{1}{\sqrt{3}} \cdot \dfrac{\sqrt{6}}{2} = \dfrac{\sqrt{2}}{2}$

また，$|\vec{OA}| = \sqrt{2}$ であるから，
$\vec{d} = \dfrac{\vec{OA}}{\sqrt{2}} = \dfrac{1}{\sqrt{2}}(0, -1, 1)$

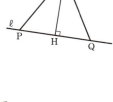

←RHの長さが最小なら，PHの長さも最小で，△PQRの面積も最小。

←直線 m とは，直線BCのこと。

←直線 ℓ とは，直線OAのこと。

←まず，t の2次式とみて平方完成。次に，s の2次式を平方完成。

←PH $= \dfrac{1}{\sqrt{3}}$ RH

←$|\vec{OA}| = \sqrt{0^2 + (-1)^2 + 1^2}$

は, 直線 ℓ に平行な単位ベクトルの1つである。

よって, $\overrightarrow{OP}$, $\overrightarrow{OQ}$ は, $\overrightarrow{OH} \pm \dfrac{\sqrt{2}}{2}\vec{d}$ で与えられる。ここで

$$\overrightarrow{OH} + \dfrac{\sqrt{2}}{2}\vec{d} = \left(0, \dfrac{3}{2}, -\dfrac{3}{2}\right) + \dfrac{\sqrt{2}}{2} \times \dfrac{1}{\sqrt{2}}(0, -1, 1)$$
$$= (0, 1, -1)$$

$$\overrightarrow{OH} - \dfrac{\sqrt{2}}{2}\vec{d} = \left(0, \dfrac{3}{2}, -\dfrac{3}{2}\right) - \dfrac{\sqrt{2}}{2} \times \dfrac{1}{\sqrt{2}}(0, -1, 1)$$
$$= (0, 2, -2)$$

であるから, 求める座標は

P$(0, 1, -1)$, Q$(0, 2, -2)$, R$(-1, 2, -1)$

または

P$(0, 2, -2)$, Q$(0, 1, -1)$, R$(-1, 2, -1)$

← 一方が $\overrightarrow{OP}$, 他方が $\overrightarrow{OQ}$ ということ。P, Q の位置関係は, 図と逆の場合もある。

13 複素数平面

指針 173 〈複素数の絶対値〉

(1) 複素数 $z = a + bi$ (a, b は実数) に対して $|z| = \sqrt{z\bar{z}} = \sqrt{a^2 + b^2}$
(2) $|z - \alpha| = r$ は点 α を中心とする半径 r の円を表す。

$|z| = 1$ のとき, $z\bar{z} = |z|^2 = 1$ から $\dfrac{1}{z} = \bar{z}$ であること, $\dfrac{z + \bar{z}}{2}$ は z の実部であることを利用する。

(1) $z^2 = -3 + 4i$ より $|z^2| = \sqrt{(-3)^2 + 4^2} = 5$
よって, $|z|^2 = |z^2| = 5$ であるから $|z| = {}^{\mathcal{P}}\sqrt{5}$
$|z|^2 = 5$ より $z\bar{z} = 5$ すなわち $\bar{z} = {}^{\mathcal{A}}\dfrac{5}{z}$
また $(z + \bar{z})^2 = z^2 + 2z\bar{z} + (\bar{z})^2 = z^2 + 2|z|^2 + \overline{z^2}$
$= -3 + 4i + 2 \cdot 5 + (-3 - 4i) = {}^{\mathcal{D}}4$

← $|zw| = |z||w|$ から $|z^2| = |z|^2$
← $|z|^2 = z\bar{z}$

← $z + \bar{z}$ は z の実部の2倍で, 実数になる。

(2) $|z| = 1$ を満たすとき, 点 z は右の図のように, 原点を中心とする半径1の円上にある。
また, $|z - 2|$ は2点 z, 2 間の距離を表す。
よって, $|z - 2|$ は $z = -1$ のとき最大値 ${}^{\mathcal{P}}3$ をとる。
また, $|z| = 1$ から $z\bar{z} = |z|^2 = 1$
すなわち $\dfrac{1}{z} = \bar{z}$
よって $\left|z + \dfrac{1}{z} + 3\right| = |z + \bar{z} + 3| = \left|2 \cdot \dfrac{z + \bar{z}}{2} + 3\right|$

$\dfrac{z + \bar{z}}{2}$ は複素数 z の実部であるから, $\dfrac{z + \bar{z}}{2}$ のとりうる値の範囲は
$-1 \leqq \dfrac{z + \bar{z}}{2} \leqq 1$

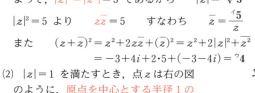

← $z = a + bi$ (a, b は実数) のとき
$z + \bar{z} = (a + bi) + (a - bi)$
$= 2a$

したがって，$\left|z+\dfrac{1}{z}+3\right|$ は $\dfrac{z+\bar{z}}{2}=1$ のとき最大値 5 をとる。

別解 (2) 後半

$z=\cos\theta+i\sin\theta\ (0\leqq\theta<2\pi)$ とすると
$$\left|z+\dfrac{1}{z}+3\right|=|z+\bar{z}+3|=|\cos\theta+i\sin\theta+\cos\theta-i\sin\theta+3|$$
$$=|2\cos\theta+3|$$

$-1\leqq\cos\theta\leqq 1$ から $1\leqq 2\cos\theta+3\leqq 5$

よって，$\left|z+\dfrac{1}{z}+3\right|$ は $\cos\theta=1$ すなわち $z=1$ のとき，最大値 5 をとる。

指針 174 〈複素数を含む式の値〉

(1) 絶対値の性質　$|\alpha\beta|=|\alpha||\beta|,\ \ |\alpha^n|=|\alpha|^n$ など

$\dfrac{\beta}{\alpha}=x+yi\ (y>0)$ として，条件から $x,\ y$ の満たす等式を 2 つ作る。

複素数の n 乗の計算 ➡ 複素数を極形式で表して，次のド・モアブルの定理を使う。

n が整数のとき　$(\cos\theta+i\sin\theta)^n=\cos n\theta+i\sin n\theta$

---

(1) $|\alpha-\beta|=1$ から $\left|\alpha\left(1-\dfrac{\beta}{\alpha}\right)\right|=1$ すなわち $|\alpha|\left|1-\dfrac{\beta}{\alpha}\right|=1$

$|\alpha|=1$ であるから $\left|1-\dfrac{\beta}{\alpha}\right|=1$

$x,\ y$ を実数として，$\dfrac{\beta}{\alpha}=x+yi\ (y>0)$ とすると

$\quad|1-(x+yi)|=1$　よって　$|(1-x)-yi|^2=1$

ゆえに　$(1-x)^2+(-y)^2=1$

整理すると　$x^2+y^2-2x=0$ ……①

また，$\left|\dfrac{\beta}{\alpha}\right|=\dfrac{|\beta|}{|\alpha|}=\sqrt{2}$ より　$x^2+y^2=2$ ……②

$y>0$ であるから，①，② を解くと　$x=1,\ y=1$

したがって　$\dfrac{\beta}{\alpha}=1+i$

また　$\dfrac{\beta}{\alpha}=\sqrt{2}\left(\dfrac{1}{\sqrt{2}}+\dfrac{1}{\sqrt{2}}i\right)=\sqrt{2}\left(\cos\dfrac{\pi}{4}+i\sin\dfrac{\pi}{4}\right)$

よって，ド・モアブルの定理により

$\left(\dfrac{\beta}{\alpha}\right)^8=(\sqrt{2})^8\left(\cos\dfrac{\pi}{4}+i\sin\dfrac{\pi}{4}\right)^8$

$\quad=16\left(\cos\dfrac{8}{4}\pi+i\sin\dfrac{8}{4}\pi\right)$

$\quad=16(\cos 2\pi+i\sin 2\pi)=\mathbf{16}$

(2) (1) より $\beta=(1+i)\alpha$ であるから

$|\alpha+\beta|=|\alpha+(1+i)\alpha|=|2+i||\alpha|$
$\quad=\sqrt{2^2+1^2}\cdot 1=\sqrt{5}$

⬅ $\dfrac{\beta}{\alpha}$ を作るため，α でくくる。

⬅ $|a+bi|^2=a^2+b^2$

⬅ $\left(\dfrac{\beta}{\alpha}\right)^8$ の計算は，$\dfrac{\beta}{\alpha}$ を極形式で表して，ド・モアブルの定理を用いる。

⬅ 複素数の絶対値の性質を利用する。
$|(2+i)\alpha|=|2+i||\alpha|,$
$|\alpha^n|=|\alpha|^n$ など。

(3) $|\alpha^n+\beta^n| = \left|\left\{1+\left(\dfrac{\beta}{\alpha}\right)^n\right\}\alpha^n\right| = \left|1+\left(\dfrac{\beta}{\alpha}\right)^n\right||\alpha^n|$

$= \left|1+\left\{\sqrt{2}\left(\cos\dfrac{\pi}{4}+i\sin\dfrac{\pi}{4}\right)\right\}^n\right||\alpha|^n$

$= \left|1+(\sqrt{2})^n\left(\cos\dfrac{\pi}{4}+i\sin\dfrac{\pi}{4}\right)^n\right|$

$= \left|1+2^{\frac{n}{2}}\left(\cos\dfrac{n}{4}\pi+i\sin\dfrac{n}{4}\pi\right)\right|$

← 極形式は(1)の結果を利用している。

← (1)と同様に,ド・モアブルの定理を利用している。

n が 8 で割ると 1 余る整数のとき,整数 k を用いて $n=8k+1$ と表せるから $\cos\dfrac{n}{4}\pi = \cos\left(2k\pi+\dfrac{\pi}{4}\right) = \cos\dfrac{\pi}{4} = \dfrac{1}{\sqrt{2}}$

$\sin\dfrac{n}{4}\pi = \sin\left(2k\pi+\dfrac{\pi}{4}\right) = \sin\dfrac{\pi}{4} = \dfrac{1}{\sqrt{2}}$

よって $|\alpha^n+\beta^n| = \left|1+2^{\frac{n}{2}}\left(\dfrac{1}{\sqrt{2}}+\dfrac{1}{\sqrt{2}}i\right)\right|$

$= |(1+2^{\frac{n-1}{2}})+2^{\frac{n-1}{2}}i|$

$= \sqrt{(1+2^{\frac{n-1}{2}})^2+(2^{\frac{n-1}{2}})^2} = \boldsymbol{\sqrt{2^n+2^{\frac{n+1}{2}}+1}}$

← $\dfrac{1}{\sqrt{2}} = 2^{-\frac{1}{2}}$ であるから

$2^{\frac{n}{2}}\cdot\dfrac{1}{\sqrt{2}} = 2^{\frac{n-1}{2}}$

別解 (1) 前半

複素数平面上で,原点 O と点 A(α),B(β) を考えると

$\quad$ OA $= |\alpha| = 1$, OB $= |\beta| = \sqrt{2}$,
$\quad$ AB $= |\beta-\alpha| = |\alpha-\beta| = 1$

ゆえに,$\triangle$OAB は OB を斜辺とする右の図のような直角二等辺三角形であるから

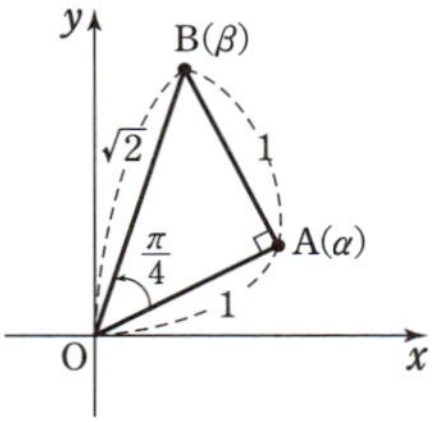

$\quad \arg\dfrac{\beta}{\alpha} = \angle\text{AOB} = \dfrac{\pi}{4}$

また,$\left|\dfrac{\beta}{\alpha}\right| = \dfrac{|\beta|}{|\alpha|} = \sqrt{2}$ から

$\dfrac{\beta}{\alpha} = \sqrt{2}\left(\cos\dfrac{\pi}{4}+i\sin\dfrac{\pi}{4}\right) = \sqrt{2}\left(\dfrac{1}{\sqrt{2}}+\dfrac{1}{\sqrt{2}}i\right) = \boldsymbol{1+i}$

指針 175 〈複素数のべき乗の和と三角関数の等式〉

(2) ド・モアブルの定理を利用。
(3) (1),(2)の結果を利用して,S を 2 通りに表す。

---

(1) $z^{-1}S = z^{-2n-1}+z^{-2n+1}+\cdots\cdots+z^{2n-3}+z^{2n-1}$
$\quad zS = z^{-2n+1}+z^{-2n+3}+\cdots\cdots+z^{2n-1}+z^{2n+1}$
よって $\quad z^{-1}S-zS = \boldsymbol{z^{-2n-1}-z^{2n+1}}$

(2) $z = \cos\theta+i\sin\theta$ のとき
$\quad z^{-k}+z^k = \cos(-k\theta)+i\sin(-k\theta)+\cos k\theta+i\sin k\theta$
$\qquad\qquad = 2\cos k\theta$

よって,$z^{-k}+z^k$ の実部は $\quad \boldsymbol{2\cos k\theta}$

また $\quad z^{-k}-z^k = \cos(-k\theta)+i\sin(-k\theta)-(\cos k\theta+i\sin k\theta)$
$\qquad\qquad = -2i\sin k\theta$

よって,$z^{-k}-z^k$ の虚部は $\quad \boldsymbol{-2\sin k\theta}$

← ド・モアブルの定理

← ド・モアブルの定理

(3) (2)より $1+2\sum_{k=1}^{n}\cos 2k\theta = 1+\sum_{k=1}^{n}(z^{-2k}+z^{2k})$

$= z^{-2n}+z^{-2n+2}+\cdots\cdots+z^{2n-2}+z^{2n}$

$= S$ ……①

また，(1)より $(z^{-1}-z)S = z^{-2n-1}-z^{2n+1}$

(2)より，$z^{-k}-z^k = -2i\sin k\theta$ であるから

$-2i\sin\theta\cdot S = -2i\sin(2n+1)\theta$

$\sin\theta \neq 0$ であるから $S = \dfrac{\sin(2n+1)\theta}{\sin\theta}$ ……②

よって，①，②から $1+2\sum_{k=1}^{n}\cos 2k\theta = \dfrac{\sin(2n+1)\theta}{\sin\theta}$

← $z^{-k}+z^k = -2i\sin k\theta$ において $k=1, 2n+1$ として代入する。

指針 176 〈1の7乗根〉

$\cos\dfrac{2\pi}{n}+i\sin\dfrac{2\pi}{n}$ は1のn乗根

(1) $z^7=1$ を利用する。

(2) $|z|=1 \to |z|^2=1 \to z\bar{z}=1 \to \bar{z}=\dfrac{1}{z} \to \overline{z^k}=\dfrac{1}{z^k}=z^{7-k}$ を利用すると

$\bar{\alpha} = \overline{z+z^2+z^4} = z^6+z^5+z^3$

(3) $\beta = (1-z)(1-z^2)(1-z^4)$ とおくと，与式 $= \beta\bar{\beta}$

(2)の結果を利用し，β の値を求める。

---

(1) ド・モアブルの定理から $z^7 = \cos 2\pi + i\sin 2\pi = 1$

よって，$z^7-1=0$ から $(z-1)(z^6+z^5+z^4+z^3+z^2+z+1)=0$

$z \neq 1$ であるから $z^6+z^5+z^4+z^3+z^2+z+1=0$

ゆえに $z+z^2+z^3+z^4+z^5+z^6 = -1$

← z^7
$= \cos\left(7\times\dfrac{2\pi}{7}\right)+i\sin\left(7\times\dfrac{2\pi}{7}\right)$
$= \cos 2\pi + i\sin 2\pi$

(2) $|z|^2 = z\bar{z} = 1$ であるから $\bar{z} = \dfrac{1}{z}$

ゆえに，$k=1, 2, \cdots\cdots, 6$ に対し

$\overline{z^k} = (\bar{z})^k = \left(\dfrac{1}{z}\right)^k = \dfrac{1}{z^k} = \dfrac{z^7}{z^k} = z^{7-k}$

が成り立つ。

よって $\bar{\alpha} = \overline{z+z^2+z^4} = \bar{z}+\overline{z^2}+\overline{z^4} = z^6+z^5+z^3$

ゆえに

$\alpha + \bar{\alpha} = (z+z^2+z^4)+(z^6+z^5+z^3) = z+z^2+z^3+z^4+z^5+z^6$
$= -1$

$\alpha\bar{\alpha} = (z+z^2+z^4)(z^6+z^5+z^3)$
$= z^7+z^8+z^{10}+z^6+z^7+z^9+z^4+z^5+z^7$
$= 1+z+z^3+z^6+1+z^2+z^4+z^5+1$
$= 3+z+z^2+z^3+z^4+z^5+z^6 = 3-1 = \mathbf{2}$

← $z^8 = z^7\cdot z = 1\cdot z = z$
$z^9 = z^7\cdot z^2 = z^2$
$z^{10} = z^7\cdot z^3 = z^3$

よって，解と係数の関係から，$\alpha, \bar{\alpha}$ は2次方程式 $x^2+x+2=0$ の解である。これを解くと $x = \dfrac{-1\pm\sqrt{7}i}{2}$

ここで，α の虚部は

$$\sin\frac{2}{7}\pi+\sin\frac{4}{7}\pi+\sin\frac{8}{7}\pi=\sin\frac{2}{7}\pi+\sin\frac{4}{7}\pi-\sin\frac{\pi}{7}$$

$\sin\frac{2}{7}\pi>\sin\frac{\pi}{7}$, $\sin\frac{4}{7}\pi>0$ であるから

$$\sin\frac{2}{7}\pi+\sin\frac{4}{7}\pi-\sin\frac{\pi}{7}>0$$

ゆえに $\quad \alpha=\dfrac{-1+\sqrt{7}\,i}{2}$

←ド・モアブルの定理から，α の虚部は
$$\sin\frac{2\pi}{7}+\sin\left(2\times\frac{2\pi}{7}\right)$$
$$+\sin\left(4\times\frac{2\pi}{7}\right)$$

(3) $\beta=(1-z)(1-z^2)(1-z^4)$ とおくと
$\overline{\beta}=(1-\overline{z})(1-\overline{z^2})(1-\overline{z^4})=(1-z^6)(1-z^5)(1-z^3)$
ゆえに $(1-z)(1-z^2)(1-z^3)(1-z^4)(1-z^5)(1-z^6)=\beta\overline{\beta}$
ここで $\beta=\{1-(z+z^2+z^4)+(z^3+z^6+z^5)-z^7\}$
$\qquad =-\alpha+\overline{\alpha}=-\dfrac{-1+\sqrt{7}\,i}{2}+\dfrac{-1-\sqrt{7}\,i}{2}=-\sqrt{7}\,i$
よって $\overline{\beta}=\sqrt{7}\,i$
したがって，求める値は $\beta\overline{\beta}=(-\sqrt{7}\,i)\cdot\sqrt{7}\,i=\mathbf{7}$

別解 z^k $(k=1,\ 2,\ \cdots\cdots,\ 6)$ は，方程式
$\quad x^7=1$ すなわち $(x-1)(x^6+x^5+x^4+x^3+x^2+x+1)=0$
の解である。特に $k=1,\ 2,\ \cdots\cdots,\ 6$ のとき $z^k\ne1$ で，各 z^k はすべて異なるから
$\quad x^6+x^5+x^4+x^3+x^2+x+1$
$=(x-z)(x-z^2)(x-z^3)(x-z^4)(x-z^5)(x-z^6)$
これに $x=1$ を代入して
$\quad(1-z)(1-z^2)(1-z^3)(1-z^4)(1-z^5)(1-z^6)$
$=1+1+1+1+1+1+1=\mathbf{7}$

←一般に，自然数 n に対して，1 の n 乗根は，次の n 個の複素数である。
$$z_k=\cos\frac{2k\pi}{n}+i\sin\frac{2k\pi}{n}$$
$(k=0,\ 1,\ 2,\ \cdots\cdots,\ n-1)$

指針 177 〈方程式の解，$w=f(z)$ の表す図形〉

(1) 方程式 $z^n=\alpha$ の解は，次の手順で考える。
　① 解を $z=r(\cos\theta+i\sin\theta)$ $(r>0)$ とする。
　② 方程式の左辺と右辺を極形式で表す。
　③ 両辺の絶対値と偏角を比較する。
　④ z の絶対値 r と偏角 θ の値を求める。θ は $0\le\theta<2\pi$ の範囲にあるものを書き上げる。
(2) $|z-\beta|=\sqrt{2}\,|z-\alpha|$ の両辺を 2 乗して，$|z-\bigcirc|^2=\square$ の形に変形する。
(3) w を z で表し，(2) の結果を利用する。

(1) 方程式の解 z の極形式を $z=r(\cos\theta+i\sin\theta)$ とすると
$$z^4=r^4(\cos 4\theta+i\sin 4\theta)$$
$-1=\cos\pi+i\sin\pi$ であるから
$$r^4(\cos 4\theta+i\sin 4\theta)=\cos\pi+i\sin\pi$$
両辺の絶対値と偏角を比較すると
$$r^4=1,\ 4\theta=\pi+2k\pi\ (k\text{ は整数})$$
$r>0$ であるから $\quad r=1$
また $\quad \theta=\dfrac{\pi}{4}+\dfrac{k}{2}\pi$

←ド・モアブルの定理。

162　数学重要問題集（理系）

$0 \leq \theta < 2\pi$ の範囲で考えると,$k=0$, 1, 2, 3 であるから
$$\theta = \frac{\pi}{4},\ \frac{3}{4}\pi,\ \frac{5}{4}\pi,\ \frac{7}{4}\pi$$
よって,求める解は
$$z = \frac{\sqrt{2}+\sqrt{2}i}{2},\ \frac{-\sqrt{2}+\sqrt{2}i}{2},\ \frac{-\sqrt{2}-\sqrt{2}i}{2},\ \frac{\sqrt{2}-\sqrt{2}i}{2}$$

(2) $|z-\beta| = \sqrt{2}|z-\alpha|$ の両辺を2乗すると
$$|z-\beta|^2 = 2|z-\alpha|^2$$
よって $(z-\beta)(\overline{z}-\overline{\beta}) = 2(z-\alpha)(\overline{z}-\overline{\alpha})$
整理すると $|z|^2 - \overline{(2\alpha-\beta)}z - (2\alpha-\beta)\overline{z} + 2|\alpha|^2 - |\beta|^2 = 0$
変形すると $\{z-(2\alpha-\beta)\}\{\overline{z}-\overline{(2\alpha-\beta)}\} = |2\alpha-\beta|^2 - 2|\alpha|^2 + |\beta|^2$
すなわち $|z-(2\alpha-\beta)|^2 = |2\alpha-\beta|^2 - 2|\alpha|^2 + |\beta|^2$ …… ①
点 z は原点を中心とする円上を動くから $2\alpha - \beta = 0$
すなわち $\beta = 2\alpha$
このとき,① は $|z|^2 = -2|\alpha|^2 + |2\alpha|^2$ すなわち $|z|^2 = 2|\alpha|^2$ となる。
また,(1) の結果より $|\alpha| = 1$ であるから,① は
$$|z|^2 = 2 \quad \text{よって} \quad |z| = \sqrt{2} \quad \cdots\cdots ②$$
となり,点 z は原点を中心とする半径 $\sqrt{2}$ の円上を動く。
よって $\beta = 2\alpha$

← $\beta = 2\alpha$ を ① に代入し,z の方程式 ① が円を表すかどうかを確認する。

(3) $w = \frac{i+z}{2}$ より $z = 2w - i$

これを ② に代入すると $|2w - i| = \sqrt{2}$ よって $\left|w - \frac{i}{2}\right| = \frac{\sqrt{2}}{2}$
ゆえに,点 w は点 $\frac{i}{2}$ を中心とする半径 $\frac{\sqrt{2}}{2}$ の円を描く。

← $|2w-i| = \sqrt{2}$ から
$\left|w - \frac{i}{2}\right| = \frac{\sqrt{2}}{2}$

指針 178 〈円周上を動く点 z と $w = f(z)$ の表す図形〉

(1) $w = \dfrac{z-1}{z-i}$ から z を w で表して,$|z| = \sqrt{2}$ に代入する。

(2) 回転後も円の半径は同じなので,回転後の円の中心を求める。複素数平面上で,点 α を原点 O を中心に $\dfrac{\pi}{6}$ だけ回転して点 β に移動するとき $\beta = \alpha\left(\cos\dfrac{\pi}{6} + i\sin\dfrac{\pi}{6}\right)$

(1) 点 z は原点を中心とする半径 $\sqrt{2}$ の円周上を動くから,
$|z| = \sqrt{2}$ が成り立つ。
$w = \dfrac{z-1}{z-i}$ から $w(z-i) = z-1$
すなわち $z = \dfrac{i(w+i)}{w-1} \quad (w \neq 1)$
$|z| = \sqrt{2}$ に代入して $\left|\dfrac{i(w+i)}{w-1}\right| = \sqrt{2}$
すなわち $\dfrac{|w+i|}{|w-1|} = \sqrt{2}$ より $|w+i| = \sqrt{2}|w-1|$
両辺を2乗して $|w+i|^2 = 2|w-1|^2$
$(w+i)\overline{(w+i)} = 2(w-1)\overline{(w-1)}$

← $wz - iw = z - 1$ より
$(w-1)z = iw - 1 = iw + i^2$
$= i(w+i)$
← $z - 1 \neq z - i$ なので $w \neq 1$

← 複素数の絶対値の性質 $|\alpha|^2 = \alpha\overline{\alpha}$ を利用。

ゆえに $w\overline{w}-(2-i)w-(2+i)\overline{w}+1=0$
$w\overline{w}-\overline{(2+i)}w-(2+i)\overline{w}+1=0$
$|w-(2+i)|^2=4$
よって $|w-(2+i)|=2$
これは $w \neq 1$ を満たす。
したがって，点 w の描く図形は，
点 $2+i$ を中心とする半径 2 の円
であり，右の図のようになる。

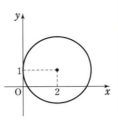

(2) (1)の円の中心は点 $2+i$ を原点を中心に $\dfrac{\pi}{6}$ だけ回転させた点に移り，半径は変わらない。回転後の円の中心は

$$(2+i)\left(\cos\dfrac{\pi}{6}+i\sin\dfrac{\pi}{6}\right)=(2+i)\left(\dfrac{\sqrt{3}}{2}+\dfrac{1}{2}i\right)$$

$$=\dfrac{-1+2\sqrt{3}}{2}+\dfrac{2+\sqrt{3}}{2}i$$

よって，求める図形は点 $\dfrac{-1+2\sqrt{3}}{2}+\dfrac{2+\sqrt{3}}{2}i$ を中心とする半径 2 の円である。

[参考] $|w+i|=\sqrt{2}|w-1|$ は $|w-(-i)|:|w-1|=\sqrt{2}:1$ であり，複素数平面上で考えると，点 w の描く図形は 2 点 $-i$, 1 を通る直線上に直径がある円となる。
一般に，2 点 A，B からの距離の比が $m:n$ である点 P の軌跡は，$m \neq n$ のとき円になる。この円をアポロニウスの円という。

指針 179 〈1の9乗根と3次方程式の決定〉

(1) $z=\cos\dfrac{2\pi}{9}+i\sin\dfrac{2\pi}{9}$ は 1 の 9 乗根 ➡ $z^9=1$ ➡ $z^8=\dfrac{1}{z}=z^{-1}$

ド・モアブルの定理により $z^{-1}=\cos\left(-\dfrac{2\pi}{9}\right)+i\sin\left(-\dfrac{2\pi}{9}\right)$

3 次方程式であるから，3 倍角の公式 $\cos 3\theta=4\cos^3\theta-3\cos\theta$ の利用を考える。

(2) 3 次方程式の 2 つの解から残りの解を求めるには，解と係数の関係が利用できる。

(1) $z^9=1$ であるから
$\alpha=z+z^8=z+z^{-1}$
$=\cos\dfrac{2\pi}{9}+i\sin\dfrac{2\pi}{9}+\cos\left(-\dfrac{2\pi}{9}\right)+i\sin\left(-\dfrac{2\pi}{9}\right)$
$=\cos\dfrac{2\pi}{9}+i\sin\dfrac{2\pi}{9}+\cos\dfrac{2\pi}{9}-i\sin\dfrac{2\pi}{9}=2\cos\dfrac{2\pi}{9}$ ……①

ここで，3 倍角の公式から
$\cos\left(3\times\dfrac{2\pi}{9}\right)=4\cos^3\dfrac{2\pi}{9}-3\cos\dfrac{2\pi}{9}$ ……②

すなわち $-\dfrac{1}{2}=4\cos^3\dfrac{2\pi}{9}-3\cos\dfrac{2\pi}{9}$

両辺に 2 を掛けて整理すると $8\cos^3\dfrac{2\pi}{9}-6\cos\dfrac{2\pi}{9}+1=0$

ゆえに，①から $\alpha^3-3\alpha+1=0$ ……③

← $\cos\dfrac{2\pi}{n}+i\sin\dfrac{2\pi}{n}$ は 1 の n 乗根。$n=9$ の場合。

← $z=\cos\theta+i\sin\theta$ のとき $z+z^{-1}=2\cos\theta$ となる。

← $\cos\dfrac{2\pi}{3}=-\dfrac{1}{2}$ であるから，$\cos\left(3\times\dfrac{2\pi}{9}\right)$ として 3 倍角の公式を適用。

よって，$f(x) = x^3 - 3x + 1$ とおくと，$f(x)$ は整数係数の3次多項式で，3次の係数が1であり，かつ $f(\alpha) = 0$ を満たす。
したがって $\boldsymbol{f(x) = x^3 - 3x + 1}$

(2) ② と同様に，3倍角の公式から
$$\cos\left(3 \times \frac{4\pi}{9}\right) = 4\cos^3 \frac{4\pi}{9} - 3\cos \frac{4\pi}{9}$$

すなわち $-\dfrac{1}{2} = 4\cos^3 \dfrac{4\pi}{9} - 3\cos \dfrac{4\pi}{9}$

両辺に2を掛けて整理すると $8\cos^3 \dfrac{4\pi}{9} - 6\cos \dfrac{4\pi}{9} + 1 = 0$

よって，$x = 2\cos \dfrac{4\pi}{9}$ は方程式 $f(x) = 0$ の解である。

① から $2\cos \dfrac{4\pi}{9} = 2\cos\left(2 \times \dfrac{2\pi}{9}\right) = 2\left(2\cos^2 \dfrac{2\pi}{9} - 1\right)$
$= 4\cos^2 \dfrac{2\pi}{9} - 2 = \left(2\cos \dfrac{2\pi}{9}\right)^2 - 2 = \alpha^2 - 2$

3次方程式 $f(x) = 0$ の残りの解を β とすると，解と係数の関係より
$\alpha + (\alpha^2 - 2) + \beta = 0$ よって $\beta = -\alpha^2 - \alpha + 2$

以上から，方程式 $f(x) = 0$ の α 以外の2つの解は
$\boldsymbol{\alpha^2 - 2,\ -\alpha^2 - \alpha + 2}$

[参考] $\cos \dfrac{8\pi}{3} = -\dfrac{1}{2}$ から，$x = 2\cos \dfrac{4\pi}{9}$ と同様に $x = 2\cos \dfrac{8\pi}{9}$ も方程式 $f(x) = 0$ の解である。また
$z^2 + z^7 = z^2 + z^{-2}$
$= \left(\cos \dfrac{4\pi}{9} + i\sin \dfrac{4\pi}{9}\right) + \left\{\cos\left(-\dfrac{4\pi}{9}\right) + i\sin\left(-\dfrac{4\pi}{9}\right)\right\} = 2\cos \dfrac{4\pi}{9}$
$z^4 + z^5 = z^4 + z^{-4}$
$= \left(\cos \dfrac{8\pi}{9} + i\sin \dfrac{8\pi}{9}\right) + \left\{\cos\left(-\dfrac{8\pi}{9}\right) + i\sin\left(-\dfrac{8\pi}{9}\right)\right\} = 2\cos \dfrac{8\pi}{9}$
よって，$z^2 + z^7$，$z^4 + z^5$ も方程式 $f(x) = 0$ の解である。

← $\cos \dfrac{4\pi}{3} = -\dfrac{1}{2}$ であるから，$\cos\left(3 \times \dfrac{4\pi}{9}\right)$ として3倍角の公式を適用。

← 3次方程式について
解の和 $= -\dfrac{x^2 \text{の係数}}{x^3 \text{の係数}}$
問題23の指針参照。

← $z^9 = 1$ から
$z^7 = \dfrac{1}{z^2} = z^{-2}$
$z^5 = \dfrac{1}{z^4} = z^{-4}$

指針 180 〈正三角形の頂点，3点が一直線上にあるための条件〉

(1) 正三角形 ALB $\iff$ 点Lは点Bを中心に点Aを $\dfrac{\pi}{3}$ だけ回転した点

一般に，点 β を点 α を中心に θ だけ回転して点 γ に移動するとき
$\gamma - \alpha = (\beta - \alpha)(\cos\theta + i\sin\theta)$

(2), (3) 異なる3点 $A(\alpha)$，$B(\beta)$，$C(\gamma)$ が一直線上にある
$\iff \gamma - \alpha = k(\beta - \alpha)$ を満たす実数 k がある $\iff \dfrac{\gamma - \alpha}{\beta - \alpha}$ が実数

---

(1) 3点 L，M，N を表す複素数をそれぞれ z_1，z_2，z_3 とする。△ALB は正三角形であるから，点Lは点Bを中心に点Aを $\dfrac{\pi}{3}$ だけ回転した点である。
よって

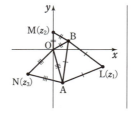

$$\begin{aligned}&z_1-(3+\sqrt{3}\,i)\\&=\{2-4\sqrt{3}\,i-(3+\sqrt{3}\,i)\}\times\left(\cos\frac{\pi}{3}+i\sin\frac{\pi}{3}\right)\end{aligned}$$

← 指針の公式を利用。

ゆえに $z_1=(-1-5\sqrt{3}\,i)\left(\dfrac{1}{2}+\dfrac{\sqrt{3}}{2}i\right)+3+\sqrt{3}\,i$
$=7-3\sqrt{3}\,i+3+\sqrt{3}\,i=\mathbf{10-2\sqrt{3}\,i}$

同様に考えて $z_2=(3+\sqrt{3}\,i)\left(\dfrac{1}{2}+\dfrac{\sqrt{3}}{2}i\right)=\mathbf{2\sqrt{3}\,i}$

← 点Mは原点Oを中心に点Bを $\dfrac{\pi}{3}$ だけ回転した点。

点 N は原点 O を中心に点 A を $-\dfrac{\pi}{3}$ だけ回転した点である。

← 回転の向きが時計回りなので，回転角は負である。

ゆえに $z_3=(2-4\sqrt{3}\,i)\left\{\cos\left(-\dfrac{\pi}{3}\right)+i\sin\left(-\dfrac{\pi}{3}\right)\right\}$
$=(2-4\sqrt{3}\,i)\left(\dfrac{1}{2}-\dfrac{\sqrt{3}}{2}i\right)$
$=\mathbf{-5-3\sqrt{3}\,i}$

(2) 点 P は直線 OL 上にあるから，P を表す複素数を w とすると，実数 k を用いて $w=k(10-2\sqrt{3}\,i)$ と表せる。

3 点 A，M，P は一直線上にあるから
$$\begin{aligned}\dfrac{k(10-2\sqrt{3}\,i)-2\sqrt{3}\,i}{2-4\sqrt{3}\,i-2\sqrt{3}\,i}&=\dfrac{5k-(k+1)\sqrt{3}\,i}{1-3\sqrt{3}\,i}\\&=\dfrac{14k+9}{28}+\dfrac{(14k-1)\sqrt{3}}{28}i\end{aligned}$$

← 3点 $A(\alpha)$, $M(z_2)$, $P(w)$ が一直線上にある $\iff \dfrac{w-z_2}{\alpha-z_2}$ が実数

は 実数である。

よって $14k-1=0$ すなわち $k=\dfrac{1}{14}$

← 複素数 $a+bi$ が実数 $\iff$ 虚部 $b=0$

したがって，P を表す複素数は $\dfrac{1}{14}(10-2\sqrt{3}\,i)=\dfrac{\mathbf{5-\sqrt{3}\,i}}{\mathbf{7}}$

(3) $w-(3+\sqrt{3}\,i)=-\dfrac{16+8\sqrt{3}\,i}{7}$, $z_3-(3+\sqrt{3}\,i)=-8-4\sqrt{3}\,i$

よって $\dfrac{w-(3+\sqrt{3}\,i)}{z_3-(3+\sqrt{3}\,i)}=-\dfrac{16+8\sqrt{3}\,i}{7(-8-4\sqrt{3}\,i)}=\dfrac{8(2+\sqrt{3}\,i)}{28(2+\sqrt{3}\,i)}=\dfrac{2}{7}$

$\dfrac{w-(3+\sqrt{3}\,i)}{z_3-(3+\sqrt{3}\,i)}$ が実数であるから，3 点 B, P, N は一直線上にある。

指針 181 〈複素数が実数となる条件と $|z-w|$ の最小値〉

(2) 次のことを利用する。
① α が実数 $\iff \alpha=\bar{\alpha}$　　② 複素数 z について $z\bar{z}=|z|^2$
(3) $|w-\beta|=r$ を満たす複素数 w $\iff$ 点 w は点 β を中心とする半径 r の円上の点
$|z-w|$ は 2 点 z, w 間の距離　➡　図示して距離が最小となる場合を考える。

(1) $z+\dfrac{1}{z}=\sqrt{3}$ の両辺に z を掛けて整理すると
$\quad z^2-\sqrt{3}\,z+1=0$
よって $z=\dfrac{\sqrt{3}\pm i}{2}$ （これは $z\neq 0$ を満たす）

ゆえに，$z = \cos\left(\pm\dfrac{\pi}{6}\right) + i\sin\left(\pm\dfrac{\pi}{6}\right)$（複号同順）であるから

$\alpha = z^{100} + z^{-100}$

$= \left\{\cos\left(\pm\dfrac{\pi}{6}\right) + i\sin\left(\pm\dfrac{\pi}{6}\right)\right\}^{100} + \left\{\cos\left(\pm\dfrac{\pi}{6}\right) + i\sin\left(\pm\dfrac{\pi}{6}\right)\right\}^{-100}$

$= \left\{\cos\left(\pm\dfrac{50}{3}\pi\right) + i\sin\left(\pm\dfrac{50}{3}\pi\right)\right\} + \left\{\cos\left(\mp\dfrac{50}{3}\pi\right) + i\sin\left(\mp\dfrac{50}{3}\pi\right)\right\}$

$= \left(\cos\dfrac{50}{3}\pi \pm i\sin\dfrac{50}{3}\pi\right) + \left(\cos\dfrac{50}{3}\pi \mp i\sin\dfrac{50}{3}\pi\right)$

$= 2\cos\dfrac{50}{3}\pi = 2\cos\dfrac{2}{3}\pi = 2\cdot\left(-\dfrac{1}{2}\right) = \boldsymbol{-1}$ （すべて複号同順）

(2) $z + \dfrac{1}{z}$ が実数となるためには，$z \neq 0$ であり

$$\overline{z + \dfrac{1}{z}} = \overline{z + \dfrac{1}{z}} \quad\text{すなわち}\quad z + \dfrac{1}{z} = \overline{z} + \dfrac{1}{\overline{z}}$$

が成り立つことが必要十分条件である。

両辺に $z\overline{z}$ すなわち $|z|^2$ を掛けて $\quad z|z|^2 + \overline{z} = \overline{z}|z|^2 + z$

よって $\quad |z|^2(z - \overline{z}) - (z - \overline{z}) = 0 \quad$ すなわち $\quad (z - \overline{z})(|z|^2 - 1) = 0$

ゆえに $\quad z = \overline{z}$ または $|z| = 1$

すなわち $\quad z$ は実数 または $|z| = 1$

したがって，複素数 z が表す複素数平面上の点全体は

　　実軸および原点を中心とする半径 1 の円

　　ただし，原点を除く

(3) 複素数平面上で，点 w は点 $\dfrac{8}{3} + 2i$ を中心とする半径 $\dfrac{2}{3}$ の円上にある。この中心を A とする。

また，$|z - w|$ は 2 点 z, w 間の距離を表す。

[1] z が原点を除いた実軸上にあるとき

$|z - w|$ が最小となるのは，点 z, w が下の図 [1] の位置にあるときで，このとき $\quad |z - w| = 2 - \dfrac{2}{3} = \dfrac{4}{3}$

[2] z が原点を中心とする半径 1 の円上にあるとき

$|z - w|$ が最小となるのは，点 z, w が線分 OA 上にあるときで，

$$\text{OA} = \sqrt{\left(\dfrac{8}{3}\right)^2 + 2^2} = \sqrt{\dfrac{100}{9}} = \dfrac{10}{3}$$

であるから，このとき $\quad |z - w| = \dfrac{10}{3} - \left(1 + \dfrac{2}{3}\right) = \dfrac{5}{3}$

[1], [2] から，$|z - w|$ の最小値は $\quad \boldsymbol{\dfrac{4}{3}}$

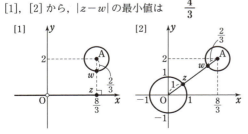

←$z \neq 0$ の確認は必要。

←α が実数 $\Longleftrightarrow \alpha = \overline{\alpha}$

←$z\overline{z} = |z|^2$

←$|z|^2 = 1 \Longleftrightarrow |z| = 1$

←$\alpha = \overline{\alpha} \Longleftrightarrow \alpha$ は実数

←$z \neq 0$ であるから原点を除く。

←点 β を中心とする半径 r の円 $|w - \beta| = r$ において $\beta = \dfrac{8}{3} + 2i$, $r = \dfrac{2}{3}$

←最小値は OA－(半径の和)

指針 182 〈3点が正三角形，直角三角形の頂点となる条件〉

(2) 異なる3点 $A(\alpha)$, $B(\beta)$, $C(\gamma)$ について
$$AB \perp AC \iff \frac{\gamma - \alpha}{\beta - \alpha} \text{ が純虚数}$$

(1) 3点 $A(1)$, $B(z)$, $C(z^2)$ が三角形の3つの頂点となるとき
$$z \neq 1, \quad z^2 \neq 1, \quad z^2 \neq z$$
すなわち $z \neq \pm 1, 0$

さらに，点 A, B, C が正三角形の3つの頂点となるとき，点Bを点Aを中心として $\pm \frac{\pi}{3}$ だけ回転した点が点Cになるから

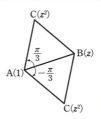

$$\frac{z^2 - 1}{z - 1} = \cos\left(\pm \frac{\pi}{3}\right) + i \sin\left(\pm \frac{\pi}{3}\right) \quad \text{（複号同順）}$$

ゆえに，$z + 1 = \frac{1}{2} \pm \frac{\sqrt{3}}{2} i$ から $z = -\frac{1}{2} \pm \frac{\sqrt{3}}{2} i$

これは，$z \neq \pm 1, 0$ を満たす。 したがって $z = -\frac{1}{2} \pm \frac{\sqrt{3}}{2} i$

(2) (1)より，3点 $A(1)$, $B(z)$, $C(z^2)$ が異なるための条件は $z \neq \pm 1, 0$

[1] $\angle A$ が直角のとき

$\frac{z^2 - 1}{z - 1}$ すなわち $z + 1$ が純虚数であるから，z の実部は -1 である。

ただし，$z \neq -1$ である。

◀ w が純虚数
$\iff w \neq 0$ かつ w の実部が 0

[2] $\angle B$ が直角のとき

$\frac{z^2 - z}{1 - z}$ すなわち $-z$ が純虚数であるから，z は純虚数である。

◀ w が純虚数
$\iff -w$ が純虚数

[3] $\angle C$ が直角のとき

$\frac{z - z^2}{1 - z^2}$ すなわち $\frac{z}{1 + z}$ が純虚数であるから

$$\frac{z}{1 + z} + \overline{\left(\frac{z}{1 + z}\right)} = 0$$

よって，$\frac{z}{1+z} + \frac{\bar{z}}{1+\bar{z}} = 0$ から $z(1 + \bar{z}) + \bar{z}(1 + z) = 0$

すなわち $z\bar{z} + \frac{1}{2}z + \frac{1}{2}\bar{z} = 0$

ゆえに $\left(z + \frac{1}{2}\right)\left(\bar{z} + \frac{1}{2}\right) = \frac{1}{4}$

よって $\left(z + \frac{1}{2}\right)\overline{\left(z + \frac{1}{2}\right)} = \frac{1}{4}$

したがって $\left|z + \frac{1}{2}\right|^2 = \frac{1}{4}$

$\left|z + \frac{1}{2}\right| \geq 0$ であるから $\left|z + \frac{1}{2}\right| = \frac{1}{2}$

これは，点 $-\frac{1}{2}$ を中心とする半径 $\frac{1}{2}$ の円を表す。

◀ w が純虚数
$\iff w \neq 0$ かつ $w + \bar{w} = 0$

ただし，$z \neq -1, 0$ である。
[1]～[3] より，求める条件は，$z+1$，z，
$\dfrac{z}{1+z}$ のいずれかが純虚数になることで
ある。
この条件を満たす点 z 全体を図示すると，
右の図の太線部分のようになる。

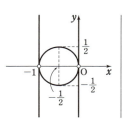

← $z \neq -1, 0$ に注意。

183 〈直線上を動く点 z と $w = f(z)$ の表す図形〉

(1) 2 点 $A(\alpha)$, $B(\beta)$ を結ぶ線分 AB の垂直二等分線上の点 z は，$|z-\alpha|=|z-\beta|$ を満たす。

(2) 1 の n 乗根を表す複素数 z_k は $\quad z_k = \cos\dfrac{2k\pi}{n} + i\sin\dfrac{2k\pi}{n} \quad (k = 0, 1, 2, \cdots\cdots, n-1)$

1 の 3 乗根で虚数は $\quad \cos\dfrac{2\pi}{3} + i\sin\dfrac{2\pi}{3}$ と $\cos\dfrac{4\pi}{3} + i\sin\dfrac{4\pi}{3} \quad \left(\sin\dfrac{4}{3}\pi < 0\right)$

(1) 直線 L は点 α と原点 O を結ぶ線分の垂直二等分線であるから，
L 上の点 z は，次の等式を満たす。
$$|z-0| = |z-\alpha| \quad \text{すなわち} \quad |z| = |z-\alpha|$$
$|z| \neq 0$ であるから，両辺を $|z|$ で割ると $\quad 1 = \left|1 - \dfrac{\alpha}{z}\right|$

$w = \dfrac{1}{z}$ を代入して $\quad |1 - \alpha w| = 1$

$|\alpha| \neq 0$ より $\quad |\alpha|\left|w - \dfrac{1}{\alpha}\right| = 1$

すなわち $\quad \left|w - \dfrac{1}{\alpha}\right| = \dfrac{1}{|\alpha|} \quad \cdots\cdots ①$

ゆえに，点 w の軌跡は円 ① から
原点 O を除いたものである。
よって，円 ① の中心と半径から，
中心 $\dfrac{1}{\alpha}$，半径 $\dfrac{1}{|\alpha|}$

← L 上に原点はないから $|z| \neq 0$

← $|\alpha w - 1| = 1$ から $\left|\alpha\left(w - \dfrac{1}{\alpha}\right)\right| = 1$

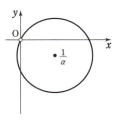

← $w \neq 0$ であるから，点 w は原点 O に一致しない。

(2) β は 1 の 3 乗根で，虚部が正であるから
$$\beta = \cos\dfrac{2}{3}\pi + i\sin\dfrac{2}{3}\pi = -\dfrac{1}{2} + \dfrac{\sqrt{3}}{2}i$$
$$\beta^2 = \cos\dfrac{4}{3}\pi + i\sin\dfrac{4}{3}\pi = -\dfrac{1}{2} - \dfrac{\sqrt{3}}{2}i$$

よって，2 点 β, β^2 を結ぶ線分上
の点 z は，実部が $-\dfrac{1}{2}$ の複素数
で，その絶対値は 1 以下である。
ゆえに，点 z は点 -1 と原点 O
を結ぶ線分の垂直二等分線上にあ
るから，(1) で $\alpha = -1$ とすると，
点 w は中心 -1，半径 1 の円から
原点 O を除いた図形上にある。

← $x^3 = 1$ の虚数解は，$x^2 + x + 1 = 0$ の解。これから求めてもよい。β^2 も 1 の 3 乗根。

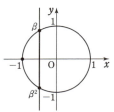

← 原点 O と線分上の点 z の距離は，円の半径以下。

← 垂直二等分線に気づけば，(1) の結果が利用できる。

数学重要問題集（理系） 169

一方，$|z| \leqq 1$ であるから

$\left|\dfrac{1}{w}\right| \leqq 1$　すなわち　$|w| \geqq 1$

したがって，求める点 w の軌跡は，中心 -1，半径 1 の円のうち，$|w| \geqq 1$ を満たす部分で，右の図の太線部分のようになる。

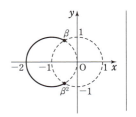

14 式と曲線

指針 184 〈楕円に引いた 2 本の接線が直交する点の軌跡〉

(1) 直線が楕円に接するための条件は，2 つの方程式から y を消去して得られる x の 2 次方程式の判別式 D について，$D=0$ が成り立つことである。

(2) (1)の結果を利用して，m の 2 次方程式の 2 つの解の積が -1 になることを示す。2 つの解の積の値には，2 次方程式の解と係数の関係が利用できる。

(3) 接線が x 軸に垂直な場合もあるので，交点を $\mathrm{P}(p, q)$ とおき，$p \neq \pm 1$ と $p = \pm 1$ で場合分けして求める。

(1) $x^2 + \dfrac{y^2}{4} = 1$ から　$4x^2 + y^2 = 4$

これと $y = mx + n$ から y を消去して整理すると
$$(m^2+4)x^2 + 2mnx + n^2 - 4 = 0$$
この x の 2 次方程式の判別式を D とすると
$$\dfrac{D}{4} = (mn)^2 - (m^2+4)(n^2-4) = 4(m^2 - n^2 + 4)$$
直線と楕円が接するための必要十分条件は $D = 0$ である。

よって　　$m^2 - n^2 + 4 = 0$

(2) 直線 $x = 2$ は接線でないから，接線の方程式は $y = m(x-2) + 1$
すなわち $y = mx - 2m + 1$ とおける。

よって，(1)において $n = -2m + 1$ とすると
$$m^2 - (-2m+1)^2 + 4 = 0 \quad\text{すなわち}\quad 3m^2 - 4m - 3 = 0$$
この 2 次方程式の 2 つの解を α，β とすると，α，β は 2 つの接線の傾きを表す。

解と係数の関係により　　$\alpha\beta = -1$

したがって，2 つの接線は直交する。

(3) 2 つの接線の交点を $\mathrm{P}(p, q)$ とおく。

[1] $p \neq \pm 1$ のとき

点 P を通り直交する接線は x 軸に垂直ではないから，接線の方程式は $y = m(x-p) + q$ すなわち $y = mx - mp + q$ とおける。

(1)において $n = -mp + q$ とすると　$m^2 - (-mp + q)^2 + 4 = 0$

すなわち　　$(1-p^2)m^2 + 2pqm - q^2 + 4 = 0$

この m の 2 次方程式の 2 つの解が，2 つの接線の傾きを表す。

2 つの接線が直交するから，解と係数の関係により
$$\dfrac{-q^2+4}{1-p^2} = -1 \quad\text{よって}\quad p^2 + q^2 = 5 \quad \cdots\cdots ①$$

←(1)の結果が利用できる。

←$\alpha\beta = \dfrac{-3}{3} = -1$

←x，y は接線の方程式に使うので，$\mathrm{P}(x, y)$ とおかない。

←(2)の方針が利用できる。

[2] $p = \pm 1$ のとき

$p = 1$ のとき,直交する2つの接線は $x = 1$ と $y = \pm 2$ で,交点の座標は (1, ± 2)

$p = -1$ のとき,直交する2つの接線は $x = -1$ と $y = \pm 2$ で,交点の座標は (-1, ± 2)

これらはいずれも ① を満たす。

[1], [2] から,求める軌跡は　円 $x^2 + y^2 = 5$

←点 (p, q) は,円の方程式 $x^2 + y^2 = 5$ を満たす。

185 〈2つの楕円に関する図形の面積〉

(1) 2つの楕円は直線 $y = x$ に関して対称であるから,2つの楕円の第1象限における交点は,一方の楕円と直線 $y = x$ との交点でもあることを利用する。

(2) 面積が求めやすくなるように,領域を変形する。

(1) 2つの楕円 $\dfrac{x^2}{a^2} + \dfrac{y^2}{b^2} = 1$, $\dfrac{x^2}{b^2} + \dfrac{y^2}{a^2} = 1$ は,直線 $y = x$ に関して対称である。

よって,2つの楕円の第1象限における交点は,楕円 $\dfrac{x^2}{a^2} + \dfrac{y^2}{b^2} = 1$ と直線 $y = x$ との第1象限における交点に等しいから,y を消去すると　$\dfrac{x^2}{a^2} + \dfrac{x^2}{b^2} = 1$　よって　$(a^2 + b^2)x^2 = a^2 b^2$

$a > 0$, $b > 0$ であるから　$x^2 = \dfrac{a^2 b^2}{a^2 + b^2}$

よって　$x = \pm \dfrac{ab}{\sqrt{a^2 + b^2}}$

したがって,第1象限における交点の x 座標は　$x = \dfrac{ab}{\sqrt{a^2 + b^2}}$

ゆえに　$c = \dfrac{ab}{\sqrt{a^2 + b^2}}$

←$\dfrac{x^2}{a^2} + \dfrac{y^2}{b^2} = 1$ において x と y を入れ替えると $\dfrac{x^2}{b^2} + \dfrac{y^2}{a^2} = 1$ 逆も同様。

(2) $a > b$ と仮定しても一般性は失われない。領域 D_1, D_2 は,右の図のようになる。

ここで,領域 D_2 を直線 $y = x$ に関して対称に移動させた領域を D_3 とすると,領域 D_1, D_3 は,右の図のようになる。

よって,$S_1 + S_2$ は,楕円 $\dfrac{x^2}{a^2} + \dfrac{y^2}{b^2} = 1$ の面積の $\dfrac{1}{4}$ と,1辺の長さが c の正方形の面積の和で表されるから

$S_1 + S_2 = \dfrac{1}{4} \cdot \pi ab + c^2$

$= \dfrac{\pi}{4} ab + \dfrac{a^2 b^2}{a^2 + b^2}$

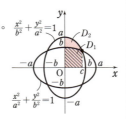

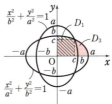

←楕円 $\dfrac{x^2}{a^2} + \dfrac{y^2}{b^2} = 1$ で囲まれた領域の面積は πab

参考　本問では,楕円 $\dfrac{x^2}{a^2} + \dfrac{y^2}{b^2} = 1$ の面積 S は πab であることを利用した。

指針 186 〈双曲線と漸近線に切り取られる線分の性質〉

(1) 双曲線と直線の方程式から y を消去して得られる x の方程式について,実数解の個数が 2 つであるとき,双曲線と直線は異なる 2 つの共有点をもつ。
x^2 の係数が 0 となる場合にも注意する。

(1) C と ℓ が異なる 2 つの共有点をもつための条件は,
$4x^2-(px+1)^2=1$ すなわち $(p^2-4)x^2+2px+2=0$ …… ① が異なる 2 つの実数解をもつことである。
方程式 ① が異なる 2 つの実数解をもつとき,① は 2 次方程式であるから $\quad p^2-4\neq 0 \quad$ すなわち $\quad p\neq \pm 2$ …… ②
① の判別式を D とすると $\quad \dfrac{D}{4}=p^2-(p^2-4)\cdot 2=-p^2+8$
$D>0$ であるから $\quad -p^2+8>0$
これを解くと $\quad -2\sqrt{2}<p<2\sqrt{2}$ …… ③
②,③ の共通範囲を求めて
$$-2\sqrt{2}<p<-2,\ -2<p<2,\ 2<p<2\sqrt{2}$$

←C と ℓ の方程式から y を消去して得られる方程式

←$p=\pm 2$ のとき ① は 1 次方程式となり,実数解を 1 つしかもたない。

(2) x_1,x_2 は ① の異なる実数解であるから,解と係数の関係により
$$\dfrac{x_1+x_2}{2}=-\dfrac{p}{p^2-4}$$
また,P_1,P_2 は ℓ 上の点であるから
$$\dfrac{y_1+y_2}{2}=p\cdot\dfrac{x_1+x_2}{2}+1=-\dfrac{p^2}{p^2-4}+1=-\dfrac{4}{p^2-4}$$
よって,線分 P_1P_2 の中点の座標は $\quad \left(-\dfrac{p}{p^2-4},\ -\dfrac{4}{p^2-4}\right)$

(3) C の漸近線の方程式は $2x\pm y=0$ すなわち $y=\pm 2x$ であるから,それぞれの漸近線と ℓ との交点の x 座標は,$\pm 2x=px+1$ を解くと $\quad x=-\dfrac{1}{p\pm 2}$
よって $\quad \dfrac{x_3+x_4}{2}=\dfrac{1}{2}\left\{\left(-\dfrac{1}{p+2}\right)+\left(-\dfrac{1}{p-2}\right)\right\}=-\dfrac{p}{p^2-4}$
$$\dfrac{y_3+y_4}{2}=p\cdot\dfrac{x_3+x_4}{2}+1=-\dfrac{p^2}{p^2-4}+1=-\dfrac{4}{p^2-4}$$
よって,線分 Q_1Q_2 の中点の座標は $\quad \left(-\dfrac{p}{p^2-4},\ -\dfrac{4}{p^2-4}\right)$

(4) (2),(3) により,線分 P_1P_2,Q_1Q_2 の中点は一致する。この点を M とすると
$$P_1M=P_2M,\ Q_1M=Q_2M$$
P_1,P_2,Q_1,Q_2,M はすべて ℓ 上にあり,
$x_1<x_2$,$x_3<x_4$ より $x_1<-\dfrac{p}{p^2-4}<x_2$,
$x_3<-\dfrac{p}{p^2-4}<x_4$ であるから,P_1 と Q_1,P_2 と Q_2 は M に関して同じ側にある。
よって $\quad P_1Q_1=|P_1M-Q_1M|=|P_2M-Q_2M|=P_2Q_2$

指針 187 〈双曲線の回転移動〉

座標平面上の点 (a, b) の回転移動を，複素数平面上の点 $z = a + bi$ の回転移動として考える。複素数平面上で，点 z を原点の周りに θ だけ回転した点は　点 $(\cos\theta + i\sin\theta)z$

(1) i を虚数単位とし，複素数平面上での点の移動を考える。

点 $x + yi$ を原点の周りに $\dfrac{\pi}{4}$ だけ回転して得られる点を $x' + y'i$ とすると

$$x' + y'i = \left(\cos\dfrac{\pi}{4} + i\sin\dfrac{\pi}{4}\right)(x + yi)$$

$$= \dfrac{1}{\sqrt{2}}(1+i)(x+yi) = \dfrac{x-y}{\sqrt{2}} + \dfrac{x+y}{\sqrt{2}}i$$

$x,\ y,\ x',\ y'$ は実数であるから　$x' = \dfrac{x-y}{\sqrt{2}},\ y' = \dfrac{x+y}{\sqrt{2}}$

← 座標平面上の点 (○, □) を，複素数平面上の点 ○+□i とみる。

(2) (1) より　$x - y = \sqrt{2}\,x',\ x + y = \sqrt{2}\,y'$ から

$$x = \dfrac{x' + y'}{\sqrt{2}},\ y = \dfrac{-x' + y'}{\sqrt{2}}$$

よって，$x^2 - y^2 = 1$ に代入して　$\left(\dfrac{x' + y'}{\sqrt{2}}\right)^2 - \left(\dfrac{-x' + y'}{\sqrt{2}}\right)^2 = 1$

整理して　$x'y' = \dfrac{1}{2}$　　ゆえに，求める方程式は　$xy = \dfrac{1}{2}$

指針 188 〈媒介変数表示・極方程式で表された曲線〉

(1) まずは媒介変数 t を $x,\ y$ を用いて表す。
(2) 極方程式で表された曲線 C_2 を直交座標で表す。極座標 (r, θ) と直交座標 (x, y) の変換には，次の関係式を用いる。
$$x = r\cos\theta,\ y = r\sin\theta,\ r^2 = x^2 + y^2$$
(3) (1), (2) より，$C_1,\ C_2$ はともに円を表す。（ただし，C_1 は原点を除く）
条件から，線分 OA は円 C_2 の直径になる。

(1) $x \neq 0$ であるから　$\dfrac{y}{x} = \dfrac{\dfrac{4t}{1+t^2}}{\dfrac{-4}{1+t^2}} = -t$　よって　$t = -\dfrac{y}{x}$

$x = \dfrac{-4}{1+t^2}$ に代入すると　$x = \dfrac{-4}{1 + \dfrac{y^2}{x^2}} = -\dfrac{4x^2}{x^2 + y^2}$

ゆえに　$1 = -\dfrac{4x}{x^2 + y^2}$　すなわち　$x^2 + y^2 = -4x$

したがって，曲線 C_1 の方程式は　$(x+2)^2 + y^2 = 4\ \ (x \neq 0)$

← $x \neq 0$ であることを忘れない。

(2) $r = 4\left(\cos\theta\cos\dfrac{\pi}{4} + \sin\theta\sin\dfrac{\pi}{4}\right) = 2\sqrt{2}\,(\cos\theta + \sin\theta)$

よって　$r^2 = 2\sqrt{2}\,r\cos\theta + 2\sqrt{2}\,r\sin\theta$

$r^2 = x^2 + y^2,\ r\cos\theta = x,\ r\sin\theta = y$ を代入すると

$$x^2 + y^2 = 2\sqrt{2}\,x + 2\sqrt{2}\,y$$

したがって，曲線 C_2 の直交座標に関する方程式は

$$(x - \sqrt{2})^2 + (y - \sqrt{2})^2 = 4$$

← $r^2\ (= x^2 + y^2)$ の形を導きだすために，両辺に r を掛ける。

← x, y それぞれで平方完成する。

(3) 曲線 C_1 は点 $(-2, 0)$ を中心とする半径 2 の円から原点を除いたものを表し、曲線 C_2 は点 $(\sqrt{2}, \sqrt{2})$ を中心とする半径 2 の円を表す。
原点 O は円 C_2 上の点であるから、点 A が原点から最も遠い円 C_2 上の点であるとき、線分 OA は円 C_2 の直径となる。
よって、点 A の座標は $(2\sqrt{2}, 2\sqrt{2})$

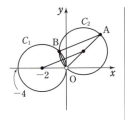

2 つの円 C_1, C_2 は半径が等しいから、それらの中心を結ぶ線分の中点 $\left(\dfrac{-2+\sqrt{2}}{2}, \dfrac{\sqrt{2}}{2}\right)$ は線分 OB の中点と一致する。

よって、点 B の座標は $(-2+\sqrt{2}, \sqrt{2})$
$\overrightarrow{\mathrm{OA}} = (2\sqrt{2}, 2\sqrt{2})$, $\overrightarrow{\mathrm{OB}} = (-2+\sqrt{2}, \sqrt{2})$ であるから

$$\triangle \mathrm{OAB} = \dfrac{1}{2}|2\sqrt{2}\cdot\sqrt{2} - 2\sqrt{2}(-2+\sqrt{2})| = \mathbf{2\sqrt{2}}$$

←$\overrightarrow{\mathrm{OA}} = (a_1, b_1)$,
$\overrightarrow{\mathrm{OB}} = (a_2, b_2)$ のとき
$\triangle \mathrm{OAB} = \dfrac{1}{2}|a_1 b_2 - a_2 b_1|$

指針 189 〈放物線上の 4 点と焦点を結ぶ線分の長さで表された式の値〉

(1) 放物線 $y^2 = 4px$ $(p > 0)$ の焦点は点 $(p, 0)$、準線は直線 $x = -p$ である。
点 A の x 座標を a として、放物線の定義から AF と a, p, θ の関係式を導く。

(2) (1)と同様にして、BF, CF, DF の長さを p, θ を用いて表し、$\dfrac{1}{\mathrm{AF}\cdot\mathrm{CF}} + \dfrac{1}{\mathrm{BF}\cdot\mathrm{DF}}$ に代入する。

---

(1) 条件から、4 点 A, B, C, D の位置関係は右の図のようになり、θ の範囲は $0 < \theta < \dfrac{\pi}{2}$

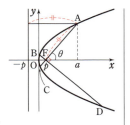

点 A の x 座標を a とすると、放物線の定義から $\mathrm{AF} = a - (-p) = a + p$
すなわち $a = \mathrm{AF} - p$ ……①

$\cos\theta = \dfrac{a - p}{\mathrm{AF}}$ であるから、① を代入して

$$\cos\theta = \dfrac{(\mathrm{AF}-p)-p}{\mathrm{AF}} = \dfrac{\mathrm{AF}-2p}{\mathrm{AF}}$$

よって $(1-\cos\theta)\mathrm{AF} = 2p$

$0 < \theta < \dfrac{\pi}{2}$ から $1 - \cos\theta \neq 0$

ゆえに $\mathbf{AF} = \dfrac{2p}{1-\cos\theta}$

←放物線上の点 (A) について、焦点との距離 (AF) と、準線との距離 $(a-(-p))$ が等しい。

(2) (1)と同様にして

$$\mathrm{BF} = \dfrac{2p}{1-\cos\left(\theta+\dfrac{\pi}{2}\right)} = \dfrac{2p}{1+\sin\theta},$$

$$\mathrm{CF} = \dfrac{2p}{1-\cos(\theta+\pi)} = \dfrac{2p}{1+\cos\theta},$$

←$\overrightarrow{\mathrm{FB}}$, $\overrightarrow{\mathrm{FC}}$, $\overrightarrow{\mathrm{FD}}$ が x 軸の正の方向となす角は、順に $\theta+\dfrac{\pi}{2}$, $\theta+\pi$, $\theta+\dfrac{3}{2}\pi$

$$DF = \frac{2p}{1-\cos\left(\theta+\frac{3}{2}\pi\right)} = \frac{2p}{1-\sin\theta}$$

ゆえに $\quad \dfrac{1}{\text{AF}\cdot\text{CF}} + \dfrac{1}{\text{BF}\cdot\text{DF}}$

$$= \frac{1}{4p^2}\{(1-\cos\theta)(1+\cos\theta)+(1+\sin\theta)(1-\sin\theta)\}$$

$$= \frac{1}{4p^2}(1-\cos^2\theta+1-\sin^2\theta) = \frac{1}{4p^2} \quad \text{(一定)}$$

← $\cos\left(\theta+\frac{3}{2}\pi\right)$
$= \cos\left(\pi+\left(\theta+\frac{\pi}{2}\right)\right)$
$= -\cos\left(\theta+\frac{\pi}{2}\right) = \sin\theta$

← θ に無関係な値。

指針 190 〈楕円の法線の性質〉

(2) 法線 n と x 軸の交点を Q として，AP：BP ＝ AQ：BQ であることを示す。
2 点 A，B は楕円 C の焦点であるから AP＋BP ＝ $2a$ が成り立つことを利用する。

(1) 点 P における C の接線 ℓ の方程式は $\quad \dfrac{p_1 x}{a^2} + \dfrac{p_2 y}{b^2} = 1$

また，法線 n は接線 ℓ に垂直で，点 P を通るから，その方程式は

$$\frac{p_2}{b^2}(x-p_1) - \frac{p_1}{a^2}(y-p_2) = 0$$

すなわち $\quad a^2 p_2 x - b^2 p_1 y = (a^2-b^2)p_1 p_2 \quad \cdots\cdots ①$

← 点 (x_1, y_1) を通り，直線 $ax+by+c=0$ に垂直な直線の方程式は
$b(x-x_1) - a(y-y_1) = 0$

(2) $p_1 = 0$ のとき，法線 n は直線 $x=0$ であり，2 点 A，B は直線 $x=0$ に関して対称であるから，法線 n は $\angle APB$ の二等分線である。

C は x 軸と y 軸に関して対称であり，$p_2 \neq 0$ であるから，点 P が第 1 象限にあるときについて示せばよい。

以下，$p_1 > 0$，$p_2 > 0$ とする。
法線 n と x 軸との交点を Q とするとき，
法線 n が $\angle APB$ の二等分線であることを示すには，AP：BP ＝ AQ：BQ であることを示せばよい。

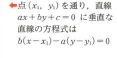

$$AP^2 = (\sqrt{a^2-b^2}-p_1)^2 + p_2^2$$
$$= a^2-b^2-2p_1\sqrt{a^2-b^2}+p_1^2+p_2^2$$

点 P は C 上にあるから $\quad \dfrac{p_1^2}{a^2} + \dfrac{p_2^2}{b^2} = 1$

よって $\quad p_2^2 = b^2 - \dfrac{b^2}{a^2}p_1^2$

ゆえに $\quad AP^2 = a^2-b^2-2p_1\sqrt{a^2-b^2}+p_1^2+b^2-\dfrac{b^2}{a^2}p_1^2$

$$= a^2 - 2p_1\sqrt{a^2-b^2} + \frac{a^2-b^2}{a^2}p_1^2 = \left(a - \frac{\sqrt{a^2-b^2}}{a}p_1\right)^2$$

$p_1 < a$，$\dfrac{\sqrt{a^2-b^2}}{a} < 1$ であるから $\quad a > \dfrac{\sqrt{a^2-b^2}}{a}p_1$

すなわち $\quad a - \dfrac{\sqrt{a^2-b^2}}{a}p_1 > 0$

よって $\quad AP = a - \dfrac{\sqrt{a^2-b^2}}{a}p_1$

2点A，BはCの焦点であるから　　AP＋BP＝2a　　←楕円の定義

ゆえに　BP＝2a－AP＝2a－$\left(a-\dfrac{\sqrt{a^2-b^2}}{a}p_1\right)=a+\dfrac{\sqrt{a^2-b^2}}{a}p_1$

また，① に $y=0$ を代入すると　　$a^2p_2x=(a^2-b^2)p_1p_2$

$a>0$，$p_2>0$ であるから　　$x=\dfrac{a^2-b^2}{a^2}p_1$

よって，点Qの座標は　　$\left(\dfrac{a^2-b^2}{a^2}p_1,\ 0\right)$

ゆえに　AQ＝$\sqrt{a^2-b^2}-\dfrac{a^2-b^2}{a^2}p_1$

$=\dfrac{\sqrt{a^2-b^2}}{a}\left(a-\dfrac{\sqrt{a^2-b^2}}{a}p_1\right)=\dfrac{\sqrt{a^2-b^2}}{a}\text{AP}$

BQ＝$\dfrac{a^2-b^2}{a^2}p_1-(-\sqrt{a^2-b^2})=\sqrt{a^2-b^2}+\dfrac{a^2-b^2}{a^2}p_1$

$=\dfrac{\sqrt{a^2-b^2}}{a}\left(a+\dfrac{\sqrt{a^2-b^2}}{a}p_1\right)=\dfrac{\sqrt{a^2-b^2}}{a}\text{BP}$

よって　　AQ：BQ＝$\dfrac{\sqrt{a^2-b^2}}{a}$AP：$\dfrac{\sqrt{a^2-b^2}}{a}$BP＝AP：BP

すなわち　　AP：BP＝AQ：BQ

したがって，法線 n は ∠APB の二等分線である。

指針 191 〈複素数と2次曲線〉

(1) 複素数 w は絶対値が R であるから，$w=R(\cos\theta+i\sin\theta)$ $(0\leqq\theta<2\pi)$ とおける。条件から $\cos\theta$，$\sin\theta$ を x，y，R で表し，$\sin^2\theta+\cos^2\theta=1$ に代入すれば，θ が消去できる。

(2) $w=r(\cos\alpha+i\sin\alpha)$ $\left(r>0,\ 0<\alpha<\dfrac{\pi}{2}\right)$ とおき，r，$\dfrac{1}{r}$ を x，y，$\cos\alpha$，$\sin\alpha$ で表し，$r\cdot\dfrac{1}{r}=1$ に代入すれば r が消去できる。

---

(1)　$w=R(\cos\theta+i\sin\theta)$ $(0\leqq\theta<2\pi)$ とおくと

$$\dfrac{1}{w}=\dfrac{1}{R(\cos\theta+i\sin\theta)}=\dfrac{1}{R}(\cos\theta-i\sin\theta)$$

←$\dfrac{1}{\cos\theta+i\sin\theta}$ $=\cos\theta-i\sin\theta$

よって　　$w+\dfrac{1}{w}=\left(R+\dfrac{1}{R}\right)\cos\theta+i\left(R-\dfrac{1}{R}\right)\sin\theta$

$w+\dfrac{1}{w}=x+yi$ であるから，実部と虚部を比較して

$$x=\left(R+\dfrac{1}{R}\right)\cos\theta,\ y=\left(R-\dfrac{1}{R}\right)\sin\theta$$

←複素数の相等。実部と虚部が，それぞれ等しい。

$R>1$ であるから　　$R+\dfrac{1}{R}\neq 0$，$R-\dfrac{1}{R}\neq 0$

←両辺を文字で割るときは，0でないことを断る。

ゆえに　　$\cos\theta=\dfrac{x}{R+\dfrac{1}{R}}$，$\sin\theta=\dfrac{y}{R-\dfrac{1}{R}}$

$\cos^2\theta+\sin^2\theta=1$ であるから，求める軌跡は

←θ が消去できる。

楕円　$\dfrac{x^2}{\left(R+\dfrac{1}{R}\right)^2}+\dfrac{y^2}{\left(R-\dfrac{1}{R}\right)^2}=1$

←楕円であることを断る。

(2) $w = r(\cos\alpha + i\sin\alpha)$ $\left(r > 0,\ 0 < \alpha < \dfrac{\pi}{2}\right)$ とおく。

(1)と同様にして $\quad x = \left(r + \dfrac{1}{r}\right)\cos\alpha,\ y = \left(r - \dfrac{1}{r}\right)\sin\alpha$

$0 < \alpha < \dfrac{\pi}{2}$ であるから $\quad \cos\alpha \neq 0,\ \sin\alpha \neq 0$

よって $\quad r + \dfrac{1}{r} = \dfrac{x}{\cos\alpha},\ r - \dfrac{1}{r} = \dfrac{y}{\sin\alpha}$

ゆえに $\quad r = \dfrac{1}{2}\left(\dfrac{x}{\cos\alpha} + \dfrac{y}{\sin\alpha}\right),\ \dfrac{1}{r} = \dfrac{1}{2}\left(\dfrac{x}{\cos\alpha} - \dfrac{y}{\sin\alpha}\right)$

$r \cdot \dfrac{1}{r} = 1$ であるから $\quad \dfrac{1}{2}\left(\dfrac{x}{\cos\alpha} + \dfrac{y}{\sin\alpha}\right) \cdot \dfrac{1}{2}\left(\dfrac{x}{\cos\alpha} - \dfrac{y}{\sin\alpha}\right) = 1$

したがって $\quad \dfrac{x^2}{(2\cos\alpha)^2} - \dfrac{y^2}{(2\sin\alpha)^2} = 1$

また,$r > 0$ であるから
$\quad \dfrac{x}{\cos\alpha} + \dfrac{y}{\sin\alpha} > 0,\ \dfrac{x}{\cos\alpha} - \dfrac{y}{\sin\alpha} > 0$

このとき,$x \geqq 2\cos\alpha$ であるから,求める軌跡は

双曲線 $\dfrac{x^2}{(2\cos\alpha)^2} - \dfrac{y^2}{(2\sin\alpha)^2} = 1$ の $x \geqq 2\cos\alpha$ の部分

←r が消去できる。

←双曲線ではあるが,2本の漸近線を境界線とすると連立不等式の表す領域を満たすのは,点 $(2\cos\alpha,\ 0)$ を頂点とする方の曲線である。

指針 192 〈内サイクロイドの媒介変数表示〉

(1) ベクトルを利用して,$\overrightarrow{OP_n} = \overrightarrow{OO_n} + \overrightarrow{O_nP_n}$ と考える。
 $\overrightarrow{OO_n},\ \overrightarrow{O_nP_n}$ を,それぞれ成分表示するとき,線分 OO_n,O_nP_n が x 軸の正の方向となす角を t,n で表す。このとき,$\overparen{AS_n} = \overparen{P_nS_n}$ であることに着目する。

(2) (1)の結果に $n = 2,\ 3$ を代入する。
 $n = 2$ のとき $0 \leqq t \leqq 4\pi$,$n = 3$ のとき $0 \leqq t \leqq 6\pi$ であり,t を変数変換することにより示す。

---

(1) $A(5,\ 0)$,$\angle S_nO_nP_n = \alpha_n$ とすると,円 C_n が滑ることなく回転するから
$\quad \overparen{AS_n} = \overparen{P_nS_n}$
よって $\quad 5t = n\alpha_n \quad$ ゆえに $\quad \alpha_n = \dfrac{5t}{n}$
ここで
$\overrightarrow{OP_n} = \overrightarrow{OO_n} + \overrightarrow{O_nP_n}$
$= ((5-n)\cos t,\ (5-n)\sin t)$
$\quad + (n\cos(t - \alpha_n),\ n\sin(t - \alpha_n))$
$= \left((5-n)\cos t + n\cos\left(t - \dfrac{5t}{n}\right),\ (5-n)\sin t + n\sin\left(t - \dfrac{5t}{n}\right)\right)$

したがって
$P_n\left((5-n)\cos t + n\cos\left(t - \dfrac{5t}{n}\right),\ (5-n)\sin t + n\sin\left(t - \dfrac{5t}{n}\right)\right)$

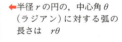

←半径 r の円の,中心角 θ (ラジアン)に対する弧の長さは $r\theta$

(2) 円 C_n の中心が円 C の内部を反時計回りに n 周するから
$n = 2$ のとき $\quad P_2\left(3\cos t + 2\cos\dfrac{3}{2}t,\ 3\sin t - 2\sin\dfrac{3}{2}t\right)$,
$\quad 0 \leqq t \leqq 4\pi$

$n=3$ のとき　$P_3\left(2\cos t+3\cos\dfrac{2}{3}t,\ 2\sin t-3\sin\dfrac{2}{3}t\right)$,
　　　　　　$0 \leqq t \leqq 6\pi$

ここで, $n=2$ に対し $t=4\pi-\dfrac{2}{3}u$ とおくと

$3\cos\left(4\pi-\dfrac{2}{3}u\right)+2\cos\dfrac{3}{2}\left(4\pi-\dfrac{2}{3}u\right)=3\cos\dfrac{2}{3}u+2\cos u$,　　←$P_2$ の x 座標

$3\sin\left(4\pi-\dfrac{2}{3}u\right)-2\sin\dfrac{3}{2}\left(4\pi-\dfrac{2}{3}u\right)=-3\sin\dfrac{2}{3}u+2\sin u$,　　←$P_2$ の y 座標

　$0 \leqq t \leqq 4\pi$ のとき　　$0 \leqq u \leqq 6\pi$

であるから　$P_2\left(2\cos u+3\cos\dfrac{2}{3}u,\ 2\sin u-3\sin\dfrac{2}{3}u\right)$,

$0 \leqq u \leqq 6\pi$　と表せる。

よって, 点 P_2 の描く曲線と点 P_3 の描く曲線は一致する。

参考　点 P_2, P_3 の描く曲線は右の図のようになる。

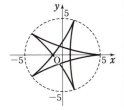

←曲線の媒介変数による表示の仕方は, 一通りではない。

指針 193 〈極方程式で表された曲線〉

(1) 極座標 $(r,\ \theta)$ と直交座標 $(x,\ y)$ の変換には, 次の関係式を用いる。
　　　$x=r\cos\theta,\ y=r\sin\theta,\ r^2=x^2+y^2$

(1) 曲線 C 上の点 P の極座標を $(r,\ \theta)$, 直交座標を $(x,\ y)$ とする。

極方程式 $r=\dfrac{1}{1+\cos\theta}$ を変形すると　　$r+r\cos\theta=1$

$r\cos\theta=x$ を代入すると　$r+x=1$　　すなわち　$r=1-x$

両辺を 2 乗して　　$r^2=(1-x)^2$　　　　←$r^2(=x^2+y^2)$ の形を導き出すために, 両辺を 2 乗する。

$r^2=x^2+y^2$ より　　$x^2+y^2=(1-x)^2$

整理すると　$y^2=-2x+1$

すなわち　　$y^2=-2\left(x-\dfrac{1}{2}\right)$

また, $r>0$ より　　$1-x>0$

すなわち　　$x<1$

よって, 曲線 C の概形は右の図のようになる。

(2) $0<\theta<\dfrac{\pi}{2}$ のとき, $\cos\theta>0$, $\sin\theta>0$ であるから
　　$x>0,\ y>0$

$y^2=-2x+1$ の両辺を x について微分すると　　$2y\cdot\dfrac{dy}{dx}=-2$

$y>0$ であるから　　$\dfrac{dy}{dx}=-\dfrac{1}{y}$

よって, 点 P における C の接線の傾きは
　　$-\dfrac{1}{y}=-\dfrac{1}{r\sin\theta}=-\dfrac{1+\cos\theta}{\sin\theta}$　　←$y=r\sin\theta$

(3) (2)より，点PにおけるCの接線の傾きは $-\dfrac{1+\cos\theta}{\sin\theta}$ であるから，

∠OPH の二等分線の傾きが $\dfrac{\sin\theta}{1+\cos\theta}$ であることを示せばよい。

Q$\left(\dfrac{1}{2}, 0\right)$ とし，∠OPH の二等分線と x
軸との交点をRとする。
Pの極座標は (r, θ) であるから
$$\angle POQ = \theta$$
∠HPR = ∠ORP，∠OPR + ∠ORP = θ
より

$$\angle ORP = \dfrac{\theta}{2}$$

よって，∠OPH の二等分線の傾きは $\tan\dfrac{\theta}{2}$

ここで $\tan^2\dfrac{\theta}{2} = \dfrac{1-\cos\theta}{1+\cos\theta}$ ←半角の公式

$$= \dfrac{(1-\cos\theta)(1+\cos\theta)}{(1+\cos\theta)^2}$$

$$= \dfrac{1-\cos^2\theta}{(1+\cos\theta)^2} = \dfrac{\sin^2\theta}{(1+\cos\theta)^2}$$

$0 < \theta < \dfrac{\pi}{2}$ より，$\sin\theta > 0$，$\tan\dfrac{\theta}{2} > 0$ であるから

$$\tan\dfrac{\theta}{2} = \dfrac{\sin\theta}{1+\cos\theta}$$

よって，∠OPH の二等分線と点PにおけるCの接線は直交する。

[参考] 極方程式 $r = \dfrac{ea}{1+e\cos\theta}$ は，2次曲線を表し

$0 < e < 1$ のとき楕円，$e = 1$ のとき放物線，
$1 < e$ のとき双曲線

である。e は離心率である。本問は $a = 1$，$e = 1$ の場合で放物線を表している。

15 関数

194 〈分数関数の決定，分数不等式〉

(ア) $g(x) = ax + b$ $(a \neq 0)$ とおいて，与えられた条件から a, b についての方程式を立てる。

(イ), (ウ) グラフをかいて，関数 $y = \dfrac{2x-1}{x-1}$ のグラフが直線 $y = x+1$ より上側にあるような x の値の範囲を求める。

$g(x) = ax + b$ $(a \neq 0)$ とおくと $y = \dfrac{ax+b}{x-1}$
このグラフが点 $(0, 1)$ を通るから $1 = -b$
よって $b = -1$

ゆえに $y = \dfrac{ax-1}{x-1} = \dfrac{a(x-1)+a-1}{x-1} = a + \dfrac{a-1}{x-1}$

直線 $y=2$ が漸近線であるから $a=2$

これは $a \neq 0$ を満たす。

したがって $g(x) = {}^{\mathcal{F}}\boldsymbol{2x-1}$

また,方程式 $\dfrac{2x-1}{x-1} = x+1$ の両辺に

$x-1$ を掛けて整理すると $x^2 - 2x = 0$

これを解くと $x = 0, 2$

求める解は,関数 $y = \dfrac{2x-1}{x-1}$ のグラフが

直線 $y = x+1$ より上側にあるような x の
値の範囲であるから $x < {}^{\mathcal{1}}\boldsymbol{0}$ または $1 < x < {}^{\mathcal{D}}\boldsymbol{2}$

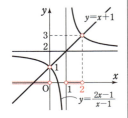

← $y = \dfrac{k}{x-p} + q$ $(k \neq 0)$ の漸近線は2直線 $x=p, y=q$

←(分母)$\neq 0$ であることに注意して,x の2次方程式に帰着させる。

← $x = 0, 2$ は $\dfrac{2x-1}{x-1}$ の分母を0としないから,方程式 $\dfrac{2x-1}{x-1} = x+1$ の解である。

別解 (後半) 不等式から $\dfrac{2x-1}{x-1} - (x+1) > 0$

ゆえに $\dfrac{-x^2+2x}{x-1} > 0$

よって $\dfrac{x(x-2)}{x-1} < 0$

左辺を P とし,P の符号を調べると右の表のようになる。

したがって,解は $x < {}^{\mathcal{1}}\boldsymbol{0}$ または $1 < x < {}^{\mathcal{D}}\boldsymbol{2}$

x	$\cdots$	0	$\cdots$	1	$\cdots$	2	$\cdots$
$x-2$	$-$	$-$	$-$	$-$	$-$	0	$+$
$x-1$	$-$	$-$	$-$	0	$+$	$+$	$+$
P	$-$	0	$+$	/	$-$	0	$+$

←分母・分子の因数 x, $x-2$, $x-1$ の符号をもとに P の符号を判断する。

←不等式の両辺に $(x-1)^2$ (>0) を掛ける方法もある。

指針 195 〈無理不等式,無理方程式〉

(1) 実数の範囲で考える場合,$\sqrt{A}$ について $A \geqq 0$,$\sqrt{A} \geqq 0$ である。
このことから,次の同値関係が成り立つ。

$\sqrt{A} < B \iff A \geqq 0, B > 0, A < B^2$
$\sqrt{A} > B \iff (A \geqq 0, B < 0)$ または $(B \geqq 0, A > B^2)$

(2) 両辺を2乗する操作を2回行い,$\sqrt{}$ をなくす。

---

(1) 根号内は0以上であるから $2x^2 + x - 6 \geqq 0$

すなわち $(x+2)(2x-3) \geqq 0$

よって $x \leqq -2, \dfrac{3}{2} \leqq x$ …… ①

左辺は0以上であるから $x+2 > 0$

よって $x > -2$ …… ②

①,② から $x \geqq \dfrac{3}{2}$ …… ③

このとき,不等式の両辺を2乗すると $(x+2)(2x-3) < (x+2)^2$

③ より $x+2 > 0$ であるから $2x - 3 < x + 2$

ゆえに $x < 5$ …… ④

③,④ の共通範囲を求めて $\dfrac{3}{2} \leqq x < 5$

(2) $x^2 - 2 \geqq 0$ から $x \leqq -\sqrt{2}, \sqrt{2} \leqq x$ …… ①

また,与えられた方程式の右辺は0以上であるから

$x \geqq 0$ …… ②

← $x+2 > 0$ であるから,不等式の両辺を $x+2$ で割っても不等号の向きは変わらない。

←($\sqrt{}$ の中)$\geqq 0$ である条件に注意。

①, ② から $x \geq \sqrt{2}$ ……③
方程式の両辺を 2 乗すると $x^2 = 2 + \sqrt{x^2 - 2}$
よって $x^2 - 2 = \sqrt{x^2 - 2}$
この右辺は 0 以上であるから $x^2 - 2 \geq 0$
③ より，これは成り立つ。
両辺を 2 乗すると $(x^2 - 2)^2 = x^2 - 2$
すなわち $(x^2 - 2)(x^2 - 3) = 0$
ゆえに $x^2 = 2, 3$
③ を満たす x の値は $x = \sqrt{2}, \sqrt{3}$

⇐ $(x^2-2)^2 - (x^2-2) = 0$ から
$(x^2-2)\{(x^2-2)-1\} = 0$
よって $(x^2-2)(x^2-3) = 0$

指針 196 〈無理関数のグラフと直線の共有点〉

グラフをかいて考える。
特に，直線 $y = x + a$ が曲線 $y = \sqrt{x+2}$ に接する場合や，直線 $y = x + a$ が点 $(-2, 0)$ を通る場合に着目する。

まず，直線 $y = x + a$ が曲線 $y = \sqrt{x+2}$ に接するときを考える。
$x + a = \sqrt{x+2}$ の両辺を 2 乗して整理すると $x^2 + (2a - 1)x + a^2 - 2 = 0$
この x についての 2 次方程式の判別式を D とすると
$D = (2a-1)^2 - 4 \cdot 1 \cdot (a^2 - 2) = -4a + 9$
$D = 0$ から $-4a + 9 = 0$
よって $a = \dfrac{9}{4}$

ゆえに，曲線 $y = \sqrt{x+2}$ と直線 $y = x + a$ が共有点をもつような定数 a のとりうる値の範囲は，図より $^\mathcal{P} a \leq \dfrac{9}{4}$

また，直線 $y = x + a$ が点 $(-2, 0)$ を通るとき $0 = -2 + a$
すなわち $a = 2$
したがって，共有点の数が 2 個でかつ，その共有点の y 座標がともに正であるとき，a のとりうる値の範囲は，図より $^\mathcal{4} 2 < a < \dfrac{9}{4}$

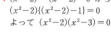

⇐ 直線 $y = x + a$ が曲線 $y = \sqrt{x+a}$ に接するときよりも下側にあれば，共有点をもつ。そこで接する場合について調べる。

⇐ 接する → 重解をもつ → $D = 0$

⇐ 直線が接する場合と点 $(-2, 0)$ を通る場合の間にあれば共有点は 2 個。

指針 197 〈無理関数とその逆関数を含む不等式〉

逆関数の性質 関数 $f(x)$ の逆関数 $f^{-1}(x)$ について
① $b = f(a) \iff a = f^{-1}(b)$
② $f(x)$ と $f^{-1}(x)$ とでは，定義域と値域が入れ替わる。
③ $y = f(x)$ と $y = f^{-1}(x)$ のグラフは，直線 $y = x$ に関して対称である。

(1) 関数 $y = \sqrt{7x - 3} - 1$ の定義域は $x \geq \dfrac{3}{7}$

値域は $y \geq -1$
また，$y = \sqrt{7x - 3} - 1$ から $y + 1 = \sqrt{7x - 3}$
両辺を 2 乗して $(y + 1)^2 = 7x - 3$

⇐ まず，与えられた関数の値域を調べる。

よって $x=\dfrac{1}{7}(y^2+2y+4)$

したがって，$f(x)$ の逆関数は
$$f^{-1}(x)=\dfrac{^{ア}1}{^{イ}7}(x^2+{}^{ウ}2x+{}^{エ}4) \quad (x\geqq {}^{オ}-1)$$

← 逆関数の定義域はもとの関数の値域である。

(2) $\sqrt{7x-3}-1=x$ とすると $\sqrt{7x-3}=x+1$ …… ①
$x+1\geqq 0$ であるから $x\geqq -1$ …… ②
① の両辺を 2 乗すると $7x-3=x^2+2x+1$
整理すると $x^2-5x+4=0$
すなわち $(x-1)(x-4)=0$ よって $x=1, 4$
これらは，ともに ② を満たす。
したがって，曲線 $y=f(x)$ と直線 $y=x$ の交点の座標は
$({}^{カ}1,\ {}^{キ}1),\ ({}^{ク}4,\ {}^{ケ}4)$

← $\sqrt{A}=B \Longleftrightarrow B\geqq 0,\ A=B^2$

(3) 曲線 $y=f(x)$ が曲線 $y=f^{-1}(x)$ の上側にある，または曲線 $y=f^{-1}(x)$ と共有点をもつような x の値の範囲を求める。 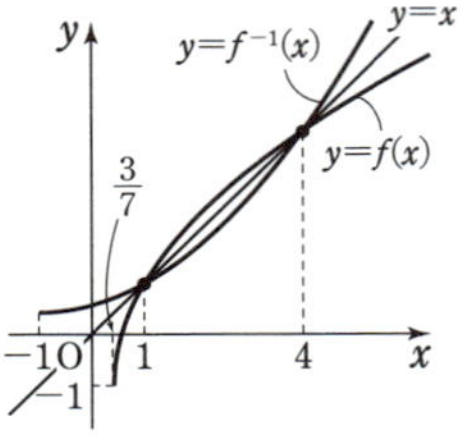
曲線 $y=f(x)$ と $y=f^{-1}(x)$ は直線 $y=x$ に関して対称であり，(2) より，曲線 $y=f(x)$ と直線 $y=x$ は 2 点 $(1, 1), (4, 4)$ で交わるから，2 つの曲線 $y=f(x),\ y=f^{-1}(x)$ の位置関係は右上の図のようになる。
したがって，求める不等式の解は ${}^{コ}1\leqq x\leqq {}^{サ}4$

← 指針 ③ の性質。

指針 198 〈逆関数がもとの関数と一致する分数関数の係数の関係式を求める〉

(2) $f^{-1}(x)=f(x)$ から $\dfrac{-dx+b}{cx-a}=\dfrac{ax+b}{cx+d}$

また，$f(x)\not\equiv x$ から $cx^2-(a-d)x-b\not\equiv 0$

---

(1) $y=\dfrac{ax+b}{cx+d}$ …… ① とおく。

[1] $c\neq 0$ のとき

$\dfrac{ax+b}{cx+d}=\dfrac{\dfrac{a}{c}(cx+d)+b-\dfrac{ad}{c}}{cx+d}=\dfrac{b-\dfrac{ad}{c}}{cx+d}+\dfrac{a}{c}$

$=\dfrac{bc-ad}{c(cx+d)}+\dfrac{a}{c}$ …… ②

$ad-bc\neq 0$ から，① の値域は $y\neq \dfrac{a}{c}$

← $y=\dfrac{ax+b}{cx+d}$ の定義域は $x\neq -\dfrac{d}{c}$，値域は $y\neq \dfrac{a}{c}$ である。

① から $y(cx+d)=ax+b$
ゆえに $x(cy-a)=-dy+b$
$y\neq \dfrac{a}{c}$ であるから $x=\dfrac{-dy+b}{cy-a}$

よって，① の逆関数は $f^{-1}(x)=\dfrac{-dx+b}{cx-a}$ …… ③

← $f(x)$ の値域が $y\neq \dfrac{a}{c}$ であるから，$f^{-1}(x)$ の定義域は $x\neq \dfrac{a}{c}$

[2] $c=0$ のとき

① から $\quad y = \dfrac{ax+b}{d}$ ...... ④

$ad \neq 0$ より，$a \neq 0$ かつ $d \neq 0$ であるから，④ の値域はすべての実数である。

④ から $\quad dy = ax+b \quad$ ゆえに $\quad ax = dy - b$

$a \neq 0$ であるから $\quad x = \dfrac{dy-b}{a}$

よって，④ の逆関数は $\quad y = \dfrac{dx-b}{a}$

ゆえに，③ は $c=0$ のときも成り立つ。

[1], [2] から，求める逆関数は $\quad f^{-1}(x) = \dfrac{-dx+b}{cx-a}$

(2) $f^{-1}(x) = f(x)$ から $\quad \dfrac{-dx+b}{cx-a} = \dfrac{ax+b}{cx+d}$

分母を払って $\quad (ax+b)(cx-a) + (cx+d)(dx-b) = 0$
整理すると $\quad (a+d)\{cx^2 - (a-d)x - b\} = 0$ ...... ⑤

ここで，$f(x) \neq x$ すなわち $\dfrac{ax+b}{cx+d} \neq x$ から

$\quad cx^2 - (a-d)x - b \neq 0$

したがって，⑤ から $\quad a+d = 0$
逆に，$a+d=0$ のとき $d=-a$ であるから

$$f(x) = \dfrac{ax+b}{cx+d} = \dfrac{ax+b}{cx-a}, \quad f^{-1}(x) = \dfrac{-dx+b}{cx-a} = \dfrac{ax+b}{cx-a}$$

よって，$f^{-1}(x) = f(x)$ を満たす。
さらに，$c \neq 0$ のとき，$f(x)$ は分数関数であるから $f(x) \neq x$ を満たす。

$c=0$ のときも $f(x) = \dfrac{ax+b}{cx-a} = -x - \dfrac{b}{a}$ から $f(x) \neq x$ を満たす。

以上から $\quad \boldsymbol{a+d = 0}$ （b, c は任意の実数）

指針 199 〈分数関数の合成関数〉

(2) (1) の結果から，分子の x の係数（分母の定数項）を a_n とすると，$f_n(x) = \dfrac{a_n x + (a_n - 1)}{(a_n - 1)x + a_n}$
となると推測される。まず数列 $\{a_n\}$ の一般項を推測し，最後にこの推測が正しいことを数学的帰納法で証明する。

(1) $f_2(x) = (f \circ f_1)(x) = f(f_1(x))$

$$= \dfrac{2f_1(x)+1}{f_1(x)+2} = \dfrac{2 \cdot \dfrac{2x+1}{x+2} + 1}{\dfrac{2x+1}{x+2} + 2} = \dfrac{2(2x+1) + x + 2}{2x+1 + 2(x+2)}$$

$$= \dfrac{5x+4}{4x+5}$$

←分母・分子に $x+2$ を掛ける。

同様にして $\quad f_3(x) = f(f_2(x)) = \dfrac{2f_2(x)+1}{f_2(x)+2} = \dfrac{14x+13}{13x+14}$

$\quad f_4(x) = f(f_3(x)) = \dfrac{2f_3(x)+1}{f_3(x)+2} = \dfrac{41x+40}{40x+41}$

(2) 4つの項からなる数列 $\{a_n\}$：2，5，14，41 を考える。
その階差数列を $\{b_n\}$ とすると $\{b_n\}$：3，9，27 であるから $b_n=3^n$
よって，$2 \leqq n \leqq 4$ のとき

$$a_n = 2 + \sum_{k=1}^{n-1} 3^k = 2 + \frac{3(3^{n-1}-1)}{3-1} = \frac{3^n+1}{2}$$

右辺に $n=1$ を代入すると $\dfrac{3^1+1}{2}=2$ であるから，これは $n=1$ のときにも成り立つ。

したがって $a_n = \dfrac{3^n+1}{2}$

←分子の x の係数からなる数列を考える。

これより，$f_n(x) = \dfrac{a_n x + a_n - 1}{(a_n - 1)x + a_n} = \dfrac{\dfrac{3^n+1}{2}x + \dfrac{3^n-1}{2}}{\dfrac{3^n-1}{2}x + \dfrac{3^n+1}{2}}$ すなわち

$$f_n(x) = \frac{(3^n+1)x + 3^n - 1}{(3^n-1)x + 3^n + 1} \quad \cdots\cdots ①$$

と推測できる。

$n=1$ のとき，$f_1(x) = \dfrac{4x+2}{2x+4} = \dfrac{2x+1}{x+2}$ から，① は成り立つ。

$n=k$ のとき，① が成り立つと仮定すると $f_k(x) = \dfrac{(3^k+1)x + 3^k - 1}{(3^k-1)x + 3^k + 1}$

よって $f_{k+1}(x) = f(f_k(x)) = \dfrac{2f_k(x)+1}{f_k(x)+2}$

$= \dfrac{2 \cdot \dfrac{(3^k+1)x + 3^k - 1}{(3^k-1)x + 3^k + 1} + 1}{\dfrac{(3^k+1)x + 3^k - 1}{(3^k-1)x + 3^k + 1} + 2}$

$= \dfrac{(3 \cdot 3^k + 1)x + 3 \cdot 3^k - 1}{(3 \cdot 3^k - 1)x + 3 \cdot 3^k + 1}$

$= \dfrac{(3^{k+1}+1)x + 3^{k+1} - 1}{(3^{k+1}-1)x + 3^{k+1} + 1}$

←分母・分子に $(3^k-1)x + 3^k + 1$ を掛ける。

したがって，$n=k+1$ のときにも，① は成り立つ。
ゆえに，すべての自然数 n に対して，① が成り立つ。

指針 200 〈逆関数の曲線上にある点と直線の距離の最小値〉

(1) $f(x)$ の値域が $g(x)$ の定義域となる。
(2) $y = 2x^2 + 2x + 1$ とおき，x について解く。
(3) 逆関数ともとの関数が $y=x$ に関して対称であることから，曲線 $y=g(x)$ 上の点と $y=2x-1$ の距離の最小値と，曲線 $y=f(x)$ 上の点と $x=2y-1$ の距離の最小値が等しいことを利用する。

(1) $f(x) = 2x^2 + 2x + 1 = 2\left(x + \dfrac{1}{2}\right)^2 + \dfrac{1}{2}$

$x \geqq -\dfrac{1}{2}$ であるから $f(x) \geqq \dfrac{1}{2}$

よって，$f(x)$ の逆関数 $g(x)$ の定義域は $x \geqq \dfrac{1}{2}$

←$f(x)$ の値域。

(2) $y = 2x^2 + 2x + 1 \left(x \geqq -\dfrac{1}{2}\right)$ とおくと $y = 2\left(x + \dfrac{1}{2}\right)^2 + \dfrac{1}{2}$

よって $\left(x + \dfrac{1}{2}\right)^2 = \dfrac{1}{2}\left(y - \dfrac{1}{2}\right)$

$x \geqq -\dfrac{1}{2}$ から $x + \dfrac{1}{2} \geqq 0$

よって $x + \dfrac{1}{2} = \sqrt{\dfrac{1}{2}\left(y - \dfrac{1}{2}\right)}$

すなわち $x = \sqrt{\dfrac{1}{2}\left(y - \dfrac{1}{2}\right)} - \dfrac{1}{2}$

したがって $g(x) = \sqrt{\dfrac{1}{2}\left(x - \dfrac{1}{2}\right)} - \dfrac{1}{2}$

← $2x^2 + 2x + 1 - y = 0$ を x の2次方程式として, 解の公式を用いてもよい。

(3) 曲線 $y = f(x)$ と曲線 $y = g(x)$ は直線 $y = x$ に関して対称であり, 曲線 $y = g(x)$ 上の点と直線 $y = 2x - 1$ の距離の最小値は, 曲線 $y = f(x)$ 上の点と直線 $x = 2y - 1$ の距離の最小値に一致する。
曲線 $y = f(x)$ 上に点 $P(t,\ 2t^2 + 2t + 1)$ をとる。
点Pと直線 $x = 2y - 1$ すなわち直線 $x - 2y + 1 = 0$ の距離を d とすると

$d = \dfrac{|t - 2(2t^2 + 2t + 1) + 1|}{\sqrt{1^2 + (-2)^2}} = \dfrac{1}{\sqrt{5}}|4t^2 + 3t + 1|$

$= \dfrac{1}{\sqrt{5}}\left\{4\left(t + \dfrac{3}{8}\right)^2 + \dfrac{7}{16}\right\}$

← 曲線 $y = f(x)$ と $y = g(x)$ は直線 $y = x$ に関して対称であることに着目する。

← $4t^2 + 3t + 1$
$= 4\left(t + \dfrac{3}{8}\right)^2 + \dfrac{7}{16} > 0$

$t \geqq -\dfrac{1}{2}$ であるから, d は $t = -\dfrac{3}{8}$ のとき最小値

$\dfrac{1}{\sqrt{5}} \cdot \dfrac{7}{16} = \dfrac{7\sqrt{5}}{80}$ をとる。

$t = -\dfrac{3}{8}$ のとき $P\left(-\dfrac{3}{8},\ \dfrac{17}{32}\right)$

よって, 求める距離の最小値は $\dfrac{7\sqrt{5}}{80}$ で, その最小値を与える

$y = g(x)$ 上の点は $\left(\dfrac{17}{32},\ -\dfrac{3}{8}\right)$

別解 曲線 $y = g(x)$ 上の点で, 直線 $y = 2x - 1$ との距離が最小となる点をPとする。
Pにおける曲線 $y = g(x)$ の接線の傾きは, 直線 $y = 2x - 1$ の傾きと等しく2である。

$g'(x) = \dfrac{\left\{\dfrac{1}{2}\left(x - \dfrac{1}{2}\right)\right\}'}{2\sqrt{\dfrac{1}{2}\left(x - \dfrac{1}{2}\right)}}$

$= \dfrac{1}{4\sqrt{\dfrac{1}{2}\left(x - \dfrac{1}{2}\right)}}$

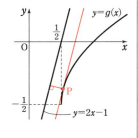

$\dfrac{1}{4\sqrt{\dfrac{1}{2}\left(x - \dfrac{1}{2}\right)}} = 2$ とすると $\sqrt{\dfrac{1}{2}\left(x - \dfrac{1}{2}\right)} = \dfrac{1}{8}$

数学重要問題集（理系） 185

これを解くと　　$x = \dfrac{17}{32}$

また　　$g\left(\dfrac{17}{32}\right) = \sqrt{\dfrac{1}{2}\left(\dfrac{17}{32} - \dfrac{1}{2}\right)} - \dfrac{1}{2} = -\dfrac{3}{8}$

よって，求める点は　　$\left(\dfrac{17}{32},\ -\dfrac{3}{8}\right)$

また，この点と $y = 2x - 1$ の距離が，求める最小値であり，その最小値は

$$\dfrac{\left|2 \cdot \dfrac{17}{32} - \left(-\dfrac{3}{8}\right) - 1\right|}{\sqrt{2^2 + (-1)^2}} = \dfrac{\left|\dfrac{7}{16}\right|}{\sqrt{5}} = \dfrac{7\sqrt{5}}{80}$$

指針 201 〈4点が同一円周上にあるための条件〉

(1) T は zx 平面上の直線 PQ と線分 AC の交点であり，S は yz 平面上の直線 PR と線分 BC の交点である。

(2) 方べきの定理とその逆より $PQ \cdot PT = PR \cdot PS$ である。
$PQ,\ PT,\ PR,\ PS$ を $a,\ b$ を用いて表し，$PQ \cdot PT = PR \cdot PS$ にそれぞれ代入する。

(1) 3点 P, Q, T は平面 H 上の点であり，zx 平面上の点でもある。

よって，P, Q, T は平面 H と zx 平面の交線上の点である。

ゆえに，3点 P, Q, T は同一直線上にあるから，点Tは直線 PQ と線分 AC の交点である。

直線 AC の方程式は　　$4x + 3z = 12,\ y = 0$

直線 PQ の方程式は　　$-2x + az = -2a,\ y = 0$

これらの連立方程式を解くと　　$x = \dfrac{9a}{2a+3},\ y = 0,\ z = -\dfrac{4(a-3)}{2a+3}$

よって，点 T の座標は　　$\left(\dfrac{9a}{2a+3},\ 0,\ -\dfrac{4(a-3)}{2a+3}\right)$

同様に，直線 PR は平面 H 上の直線で，yz 平面で線分 BC と交わるから，点 S は直線 PR と線分 BC の交点である。

直線 BC の方程式は　　$4y + 3z = 12,\ x = 0$

直線 PR の方程式は　　$-2y + bz = -2b,\ x = 0$

これらの連立方程式を解くと　　$x = 0,\ y = \dfrac{9b}{2b+3},\ z = -\dfrac{4(b-3)}{2b+3}$

よって，点 S の座標は　　$\left(0,\ \dfrac{9b}{2b+3},\ -\dfrac{4(b-3)}{2b+3}\right)$

(2) 4点 Q, R, S, T が同一円周上にあるための必要十分条件は，方べきの定理とその逆により　　$PQ \cdot PT = PR \cdot PS$

また　　$PQ = \sqrt{a^2 + (-2)^2} = \sqrt{a^2 + 4}$

$PT = \sqrt{\left(\dfrac{9a}{2a+3}\right)^2 + \left\{\left(-\dfrac{4(a-3)}{2a+3}\right) - (-2)\right\}^2}$

$= \dfrac{1}{2a+3}\sqrt{81a^2 + 18^2} = \dfrac{9\sqrt{a^2+4}}{2a+3}$

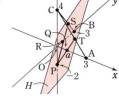

←点 T は線分 AC 上にあり，線分 AC は zx 平面上にある。

←方べきの定理の逆
　2つの線分 AB と CD，または AB の延長と CD の延長が点 P で交わるとき，$PA \cdot PB = PC \cdot PD$ が成り立つならば，4点 A, B, C, D は1つの円周上にある。

$$PR = \sqrt{b^2 + (-2)^2} = \sqrt{b^2 + 4}$$

$$PS = \sqrt{\left(\frac{9b}{2b+3}\right)^2 + \left\{\left(-\frac{4(b-3)}{2b+3}\right) - (-2)\right\}^2} = \frac{9\sqrt{b^2+4}}{2b+3}$$

よって　　　$\sqrt{a^2+4} \cdot \frac{9\sqrt{a^2+4}}{2a+3} = \sqrt{b^2+4} \cdot \frac{9\sqrt{b^2+4}}{2b+3}$　　　　←PQ·PT＝PR·PS に代入。

したがって　　$(a^2+4)(2b+3) = (b^2+4)(2a+3)$

整理すると　　$2ab(a-b) + 3(a+b)(a-b) - 8(a-b) = 0$

よって　　　$(a-b)(2ab + 3a + 3b - 8) = 0$

ゆえに　　　$b = a$　または　$2ab + 3a + 3b - 8 = 0$

$2ab + 3a + 3b - 8 = 0$ について　　$(2a+3)b = -(3a-8)$

$2a+3 > 0$ から　　$b = -\frac{3a-8}{2a+3} = \frac{25}{2(2a+3)} - \frac{3}{2}$　　　　←b について整理すると分数関数であることが分かる。

したがって，求める必要十分条件は

$$b = a, \quad b = -\frac{3a-8}{2a+3}$$

$$(0 < a < 3, \ 0 < b < 3)$$

また，条件を満たす点 (a, b) の範囲は，右の図の実線部分である。

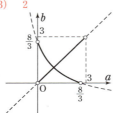

←a, b それぞれの値の範囲は必ず確認する。

16 極 限

指針 202 〈数列の極限，無限級数〉

(1)　アの無限級数は，部分分数分解を利用する。イの極限は，${}_n C_r = \frac{n!}{r!(n-r)!}$ を使って変形。分母も分子も n の 1 次式である分数に約分できるので，分母と分子を n で割れば極限値が求められる。

(2)　a の値で場合分けをするが，極限を直接求めることは難しい。$0 < a < 1$ のとき $1 < (1+a^n)^{\frac{1}{n}} < 2^{\frac{1}{n}}$ となることを見抜いて，次のはさみうちの原理を用いる。

　すべての n について $a_n \leq c_n \leq b_n$ で，$\lim_{n\to\infty} a_n = \lim_{n\to\infty} b_n = \alpha$ (収束) ならば

$$\lim_{n\to\infty} c_n = \alpha$$

(3)　$a^3 - b^3 = (a-b)(a^2+ab+b^2)$ を利用して，分子を有理化する。

(1)　${}_{n+1}C_2 = \frac{n(n+1)}{2}$ であるから，$\sum_{n=1}^{\infty} \frac{1}{{}_{n+1}C_2}$ の第 n 項までの部分和を S_n とすると

$$S_n = \sum_{k=1}^{n} \frac{1}{{}_{k+1}C_2} = \sum_{k=1}^{n} \frac{2}{k(k+1)} = 2 \sum_{k=1}^{n}\left(\frac{1}{k} - \frac{1}{k+1}\right)$$

←部分分数分解
$\frac{1}{k(k+1)} = \frac{1}{k} - \frac{1}{k+1}$

$$= 2\left\{\left(\frac{1}{1} - \frac{1}{2}\right) + \left(\frac{1}{2} - \frac{1}{3}\right) + \cdots\cdots + \left(\frac{1}{n} - \frac{1}{n+1}\right)\right\}$$

$$= 2\left(1 - \frac{1}{n+1}\right)$$

よって　　$\lim_{n\to\infty} S_n = \lim_{n\to\infty} 2\left(1 - \frac{1}{n+1}\right) = 2$

ゆえに　　$\displaystyle\sum_{n=1}^{\infty}\dfrac{1}{{}_{n+1}\mathrm{C}_2}={}^{\mathcal{P}}\mathbf{2}$

また　　$\displaystyle\lim_{n\to\infty}\dfrac{{}_{2n+2}\mathrm{C}_{n+1}}{{}_{2n}\mathrm{C}_n}$

$\displaystyle=\lim_{n\to\infty}\left\{\dfrac{(2n+2)!}{(n+1)!\{(2n+2)-(n+1)\}!}\times\dfrac{n!(2n-n)!}{(2n)!}\right\}$

$\displaystyle=\lim_{n\to\infty}\left\{\dfrac{(2n+2)!}{(n+1)!(n+1)!}\times\dfrac{n!n!}{(2n)!}\right\}$

$\displaystyle=\lim_{n\to\infty}\dfrac{(2n+2)(2n+1)}{(n+1)(n+1)}=\lim_{n\to\infty}\dfrac{2(2n+1)}{n+1}$

$\displaystyle=\lim_{n\to\infty}\dfrac{2\left(2+\dfrac{1}{n}\right)}{1+\dfrac{1}{n}}={}^{\mathcal{I}}\mathbf{4}$

⇐ ${}_n\mathrm{C}_r=\dfrac{n!}{r!(n-r)!}$

(2) [1] $0<a<1$ のとき

$0<a^n<1$ より $1<1+a^n<2$ であるから　$1<(1+a^n)^{\frac{1}{n}}<2^{\frac{1}{n}}$

$\displaystyle\lim_{n\to\infty}2^{\frac{1}{n}}=1$ であるから,はさみうちの原理により

$\displaystyle\lim_{n\to\infty}(1+a^n)^{\frac{1}{n}}=1$

[2] $a=1$ のとき

$\displaystyle\lim_{n\to\infty}(1+a^n)^{\frac{1}{n}}=\lim_{n\to\infty}2^{\frac{1}{n}}$
$=2^0=1$

[3] $1<a$ のとき

$(1+a^n)^{\frac{1}{n}}=\left[a^n\left\{\left(\dfrac{1}{a}\right)^n+1\right\}\right]^{\frac{1}{n}}$

$=a\left\{\left(\dfrac{1}{a}\right)^n+1\right\}^{\frac{1}{n}}$

$0<\dfrac{1}{a}<1$ から [1]と同様にして　$\displaystyle\lim_{n\to\infty}(1+a^n)^{\frac{1}{n}}=a$

[1]～[3]から　$\displaystyle\lim_{n\to\infty}(1+a^n)^{\frac{1}{n}}=\begin{cases}\mathbf{1}&(\mathbf{0<a\leqq 1})\\ \mathbf{a}&(\mathbf{1<a})\end{cases}$

⇐ $0<\dfrac{1}{a}<1$ から,[1]で示したことより
$\left\{\left(\dfrac{1}{a}\right)^n+1\right\}^{\frac{1}{n}}\to 1\ (n\to\infty)$

(3) $\sqrt[3]{n^9-n^6}-n^3=n^2(\sqrt[3]{n^3-1}-n)$

$=\dfrac{n^2(n^3-1-n^3)}{(\sqrt[3]{n^3-1})^2+n(\sqrt[3]{n^3-1})+n^2}$

$=\dfrac{-n^2}{(\sqrt[3]{n^3-1})^2+n(\sqrt[3]{n^3-1})+n^2}$

よって　$\displaystyle\lim_{n\to\infty}(\sqrt[3]{n^9-n^6}-n^3)$

$\displaystyle=\lim_{n\to\infty}\dfrac{-n^2}{(\sqrt[3]{n^3-1})^2+n(\sqrt[3]{n^3-1})+n^2}$

$\displaystyle=\lim_{n\to\infty}\dfrac{-1}{\left(\sqrt[3]{1-\dfrac{1}{n^3}}\right)^2+\sqrt[3]{1-\dfrac{1}{n^3}}+1}$

$=\dfrac{-1}{1+1+1}=-\dfrac{1}{3}$

⇐ 分母・分子に
$(\sqrt[3]{n^3-1})^2+n(\sqrt[3]{n^3-1})+n^2$
を掛ける。

指針 203 〈2次方程式の解と数列の極限〉

(1) 数学的帰納法で証明する。

(2) (1)から $(-\alpha)^n \sin(\alpha^n \pi)$ を β で表し，$\displaystyle\lim_{x \to 0} \frac{\sin x}{x} = 1$ が使える形にもちこむ。

---

(1) 「$\alpha^n + \beta^n$ は整数であり，さらに偶数である」を ① とする。

[1] $n = 1$ のとき，解と係数の関係から
$$\alpha + \beta = 2p, \quad \alpha\beta = -1$$
p は整数であるから，$\alpha + \beta$ は偶数である。
よって，① は成り立つ。

$n = 2$ のとき
$$\alpha^2 + \beta^2 = (\alpha + \beta)^2 - 2\alpha\beta$$
$$= 4p^2 + 2 = 2(2p^2 + 1)$$
p は整数であるから，$\alpha^2 + \beta^2$ は偶数である。
よって，① は成り立つ。

[2] $n = k,\ k+1$（k は正の整数）のとき，① が成り立つと仮定すると
$$\alpha^k + \beta^k = 2q \quad (q \text{ は整数}),$$
$$\alpha^{k+1} + \beta^{k+1} = 2r \quad (r \text{ は整数})$$
と表される。

$n = k+2$ のときを考えると
$$\alpha^{k+2} + \beta^{k+2} = (\alpha^{k+1} + \beta^{k+1})(\alpha + \beta) - \alpha^{k+1}\beta - \alpha\beta^{k+1}$$
$$= (\alpha^{k+1} + \beta^{k+1})(\alpha + \beta) - \alpha\beta(\alpha^k + \beta^k)$$
$$= 4pr + 2q$$
$$= 2(2pr + q)$$

$p,\ q,\ r$ は整数より，$\alpha^{k+2} + \beta^{k+2}$ は偶数である。
よって，$n = k+2$ のときにも ① は成り立つ。

[1], [2] から，すべての正の整数 n に対し，$\alpha^n + \beta^n$ は整数であり，さらに偶数である。

(2) すべての正の整数 n に対し，$S_n = \alpha^n + \beta^n$ とする。

$\alpha^n \pi = \pi(S_n - \beta^n)$，$-\alpha = \dfrac{1}{\beta}$，また，(1) より S_n は偶数であるから

$$(-\alpha)^n \sin(\alpha^n \pi) = \frac{\sin(S_n \pi - \beta^n \pi)}{\beta^n}$$
$$= \frac{\sin(-\beta^n \pi)}{\beta^n}$$
$$= -\pi \cdot \frac{\sin(\beta^n \pi)}{\beta^n \pi}$$

ここで，$|\alpha\beta| = 1$ より $|\beta| = \dfrac{1}{|\alpha|}$ であり，$|\alpha| > 1$ であるから
$$0 < |\beta| < 1$$
よって $\displaystyle\lim_{n \to \infty} \beta^n \pi = 0$

したがって $\displaystyle\lim_{n \to \infty} (-\alpha)^n \sin(\alpha^n \pi) = \lim_{n \to \infty}\left\{-\pi \cdot \frac{\sin(\beta^n \pi)}{\beta^n \pi}\right\}$
$$= -\pi$$

← 数学的帰納法を用いて示す。$\alpha^{k+1} + \beta^{k+1}$ を $\alpha^k + \beta^k$ で表そうとすると
$\alpha^{k+1} + \beta^{k+1}$
$= (\alpha^k + \beta^k)(\alpha + \beta)$
$\qquad - \alpha\beta(\alpha^{k-1} + \beta^{k-1})$
となる。そのため，$n = k+1$ のとき成り立つことを示すためには，$n = k$ だけでなく $n = k-1$ のときも成り立つと仮定する必要がある。
また，それに応じて，$n = 1$ のときだけでなく，$n = 2$ のときも成り立つことを示す必要がある。[2] の仮定で $n = k-1,\ k$ とすると，$k-1 \geqq 1$ の条件から $k \geqq 2$ としなければならないので，それを避けるため $n = k,\ k+1$ としている。

← この段階で，$\displaystyle\lim_{x \to 0} \frac{\sin x}{x} = 1$ が使える形にもちこむことを想定しておく。

← $n \to \infty$ のとき $\beta^n \pi \to 0$ であるから
$\displaystyle\lim_{n \to \infty} \frac{\sin(\beta^n \pi)}{\beta^n \pi} = 1$

指針 204 〈三角形の面積の和と無限級数〉

(1) 1つの角が共通である2つの三角形の面積比は，その角を挟む2辺の比から求められる。

(2) $\sum_{n=1}^{\infty} a_n$ は公比 $3t^2-3t+1$ の無限等比級数である。

(1) $\angle Q_n P_n R_n = \theta$ とすると $a_n = \dfrac{1}{2} \cdot P_n Q_n \cdot P_n R_n \cdot \sin\theta$

よって $\triangle P_n R_{n+1} Q_{n+1} = \dfrac{1}{2} \cdot P_n R_{n+1} \cdot P_n Q_{n+1} \cdot \sin\theta$

$= \dfrac{1}{2} \cdot t P_n Q_n \cdot (1-t) P_n R_n \cdot \sin\theta = \boldsymbol{t(1-t) a_n}$

←三角形の面積の公式
$S = \dfrac{1}{2} bc \sin A$

同様に考えると $\triangle Q_n P_{n+1} R_{n+1} = t(1-t) a_n$

$\triangle R_n Q_{n+1} P_{n+1} = t(1-t) a_n$

したがって

$\boldsymbol{a_{n+1}} = a_n - (\triangle P_n R_{n+1} Q_{n+1} + \triangle Q_n P_{n+1} R_{n+1} + \triangle R_n Q_{n+1} P_{n+1})$

$= a_n - 3t(1-t) a_n = \boldsymbol{(3t^2-3t+1) a_n}$

(2) (1)から，数列 $\{a_n\}$ は初項 a_1，公比 $3t^2-3t+1$ の等比数列である。

公比について $3t^2-3t+1 = 3\left(t - \dfrac{1}{2}\right)^2 + \dfrac{1}{4}$

$0 < t < 1$ であるから $\dfrac{1}{4} \leqq 3t^2-3t+1 < 1$

←|公比|<1 なので収束。
初項 a，公比 r ($|r|<1$) の無限等比級数の和は
$\dfrac{a}{1-r}$

よって，無限等比級数 $S = \sum_{n=1}^{\infty} a_n$ は収束し，その和は

$S = \dfrac{a_1}{1-(3t^2-3t+1)} = \dfrac{\boldsymbol{a_1}}{\boldsymbol{-3t^2+3t}}$

(3) (2)から，$a_1 = 1$ のとき $S = \dfrac{1}{-3t^2+3t}$

$-3t^2+3t = -3\left(t - \dfrac{1}{2}\right)^2 + \dfrac{3}{4}$

$0 < t < 1$ であるから $0 < -3t^2+3t \leqq \dfrac{3}{4}$

←$S = \dfrac{1}{t\,\mathcal{O}\,2 次式}$ の形であるから，分母のとりうる値の範囲を調べる。

したがって，S は $\boldsymbol{t = \dfrac{1}{2}}$ のとき最小値 $\boldsymbol{\dfrac{4}{3}}$ をとる。

指針 205 〈漸化式と極限〉

数列 $\{a_n+b_n\}$, $\{a_n-b_n\}$ の一般項を求め，それらから数列 $\{a_n\}$, $\{b_n\}$ の一般項を求める。

$\dfrac{a_n}{b_n}$ の分母・分子は，共通の無限等比数列 $\{cr^{n-1}\}$ $(-1<r<1)$ が現れるように式変形できる。

$a_{n+1} = \alpha a_n + \beta b_n$, $b_{n+1} = \beta a_n + \alpha b_n$ をそれぞれ ①，② とする。

① + ② より $a_{n+1} + b_{n+1} = (\alpha+\beta)(a_n+b_n)$

$a_1 + b_1 = a+b$ であるから，数列 $\{a_n+b_n\}$ は初項 $a+b$，公比 $\alpha+\beta$ の等比数列である。

よって $\boldsymbol{a_n + b_n = (a+b)(\alpha+\beta)^{n-1}}$ …… ③

① - ② より $a_{n+1} - b_{n+1} = (\alpha-\beta)(a_n-b_n)$

$a_1 - b_1 = a-b$ であるから，数列 $\{a_n-b_n\}$ は初項 $a-b$，公比 $\alpha-\beta$ の等比数列である。

よって　　$a_n - b_n = (a-b)(\alpha-\beta)^{n-1}$ ……④

(③+④)÷2 より　　$a_n = \dfrac{1}{2}\{(a+b)(\alpha+\beta)^{n-1} + (a-b)(\alpha-\beta)^{n-1}\}$　　←b_n を消去。

(③-④)÷2 より　　$b_n = \dfrac{1}{2}\{(a+b)(\alpha+\beta)^{n-1} - (a-b)(\alpha-\beta)^{n-1}\}$　　←a_n を消去。

ゆえに　　$\dfrac{a_n}{b_n} = \dfrac{(a+b)(\alpha+\beta)^{n-1} + (a-b)(\alpha-\beta)^{n-1}}{(a+b)(\alpha+\beta)^{n-1} - (a-b)(\alpha-\beta)^{n-1}}$

　　　　　　　$= \dfrac{(a+b)\left(\dfrac{\alpha+\beta}{\alpha-\beta}\right)^{n-1} + (a-b)}{(a+b)\left(\dfrac{\alpha+\beta}{\alpha-\beta}\right)^{n-1} - (a-b)}$

$\beta < 0 < \alpha$ から　　$-\alpha+\beta < \alpha+\beta < \alpha-\beta$
すなわち　　$-(\alpha-\beta) < \alpha+\beta < \alpha-\beta$

$\alpha-\beta > 0$ であるから　　$-1 < \dfrac{\alpha+\beta}{\alpha-\beta} < 1$

よって　　$\displaystyle\lim_{n\to\infty}\left(\dfrac{\alpha+\beta}{\alpha-\beta}\right)^{n-1} = 0$

したがって　　$\displaystyle\lim_{n\to\infty}\dfrac{a_n}{b_n} = -\dfrac{a-b}{a-b} = -1$　　←$-1 < r < 1$ のとき $r^{n-1} \to 0 \ (n \to \infty)$

指針 206 〈漸化式と極限〉

(1) 漸化式から，x_{n+1} と x_n の間に成り立つ不等式を導き，極限を求める。
(2) 数学的帰納法を利用する。
(3) 漸化式から，(1)とは異なる不等式を導き極限を求める。
　　$x_n + x_n^2 = x_n(x_n+1)$ から，漸化式の両辺の逆数をとり，数列 $\left\{\dfrac{1}{x_n}\right\}$ の極限を調べる。

(1) 与えられた漸化式より　　$x_{n+1} - x_n = x_n^2 \geqq 0$
　　よって　　$x_{n+1} \geqq x_n \geqq \cdots\cdots \geqq x_1 = a$
　　$a > 0$ であるから，すべての自然数 n に対して　　$x_n^2 \geqq a^2$
　　$x_{n+1} - x_n = x_n^2$ より，$n \geqq 2$ のとき
　　　　$x_n = x_1 + \displaystyle\sum_{k=1}^{n-1} x_k^2 \geqq a + \sum_{k=1}^{n-1} a^2 = a + (n-1)a^2$　　←数列 $\{x_n\}$ の階差数列の第 n 項は x_n^2

　　$\displaystyle\lim_{n\to\infty}\{a + (n-1)a^2\} = \infty$ であるから　　$\displaystyle\lim_{n\to\infty} x_n = \infty$
　　すなわち，数列 $\{x_n\}$ は発散する。

(2) $-1 < x_n < 0$ …… ① とする。
　　[1] $n = 1$ のとき
　　　　$-1 < a < 0$，$x_1 = a$ より，① は成り立つ。
　　[2] $n = k$ のとき，① が成り立つ，すなわち $-1 < x_k < 0$ と仮定する。$n = k+1$ のときを考えると
　　　　$x_{k+1} = x_k + x_k^2 = \left(x_k + \dfrac{1}{2}\right)^2 - \dfrac{1}{4}$　　←平方完成する。

　　よって，$-1 < x_k < 0$ のとき　　$-\dfrac{1}{4} \leqq x_{k+1} < 0$

　　したがって，$n = k+1$ のときにも ① は成り立つ。
　　[1]，[2] から，すべての正の整数 n に対して，① は成り立つ。

数学重要問題集（理系）　　191

(3) (2)より，$-1 < a < 0$ のとき，すべての正の整数 n に対して $-1 < x_n < 0$ が成り立つから，$x_{n+1} = x_n + x_n^2$ の両辺の逆数をとると

$$\frac{1}{x_{n+1}} = \frac{1}{x_n + x_n^2} = \frac{1}{x_n(x_n+1)} = \frac{1}{x_n} - \frac{1}{x_n+1}$$

ここで，$0 < x_n + 1 < 1$ より $\dfrac{1}{x_n+1} > 1$ であるから

$$\frac{1}{x_{n+1}} = \frac{1}{x_n} - \frac{1}{x_n+1} < \frac{1}{x_n} - 1$$

よって $\dfrac{1}{x_n} < \dfrac{1}{x_{n-1}} - 1 < \dfrac{1}{x_{n-2}} - 2 < \cdots\cdots < \dfrac{1}{x_1} - (n-1)$

$\displaystyle\lim_{n \to \infty}\left\{\dfrac{1}{x_1} - (n-1)\right\} = -\infty$ であるから $\displaystyle\lim_{n \to \infty}\dfrac{1}{x_n} = -\infty$

したがって $\displaystyle\lim_{n \to \infty} x_n = \lim_{n \to \infty}\dfrac{1}{\frac{1}{x_n}} = \mathbf{0}$

← 不等式を用いて極限を求める。(1), (2) より，任意の n に対して $x_{n+1} \geqq x_n$ かつ $-1 < x_n < 0$ であることがわかっているから，$n \to \infty$ のとき，数列 $\{x_n\}$ は収束することが予想できる。

指針 207 〈確率と極限〉

(2) チーム A, チーム B が勝つことをそれぞれ A, B で表すと，チーム A が優勝するのは，次の [1], [2] のどちらかの場合である。（k は 0 以上の整数）
 [1] AB が k 回続いたあと，AA と続く場合
 [2] 1 回目が B で，そのあと AB が k 回続き，さらに AA と続く場合
k は 0 以上のすべての整数値をとるから，求める確率は無限級数になる。

チーム A が勝つことを A，チーム B が勝つことを B で表し，例えば，1 回目にチーム A が勝ち，2 回目にチーム B が勝ち，3 回目にチーム A が勝つことを ABA で表す。

(1) チーム A が優勝するのは，AA, ABA, BAA のいずれかの場合である。
AA となる確率は q^2
ABA, BAA となる確率はともに $q^2(1-q)$
よって，チーム A が優勝する確率 $P_1(q)$ は
$$P_1(q) = q^2 + 2q^2(1-q) = \boldsymbol{q^2(3-2q)}$$

(2) k を 0 以上の整数とする。
チーム A が優勝するのは，次の [1], [2] のどちらかの場合である。
 [1] AB が k 回続いたあと，AA と続く場合
 [2] 1 回目が B で，そのあと AB が k 回続き，さらに AA と続く場合
[1] が起こる確率は $\{q(1-q)\}^k q^2$
[2] が起こる確率は $(1-q)\{q(1-q)\}^k q^2$
よって，チーム A が優勝する確率 $P_2(q)$ は

$$P_2(q) = \sum_{k=0}^{\infty}\{q(1-q)\}^k q^2 + \sum_{k=0}^{\infty}(1-q)\{q(1-q)\}^k q^2$$

ここで，$\displaystyle\sum_{k=0}^{\infty}\{q(1-q)\}^k q^2$ は初項 q^2，公比 $q(1-q)$ の無限等比級数である。

← 考え方としては，1 回目が A か B かで場合分けしている。

← k は 0 以上のすべての整数であるから，求める確率は無限級数になる。

公比について，$q(1-q) = q - q^2 = -\left(q - \dfrac{1}{2}\right)^2 + \dfrac{1}{4}$ であり，

$0 < q < 1$ であるから　　$0 < q(1-q) \leqq \dfrac{1}{4}$　……①

よって，$\sum\limits_{k=0}^{\infty} \{q(1-q)\}^k q^2$ は収束し

$$\sum_{k=0}^{\infty} \{q(1-q)\}^k q^2 = \dfrac{q^2}{1-q(1-q)}$$

また，$\sum\limits_{k=0}^{\infty} (1-q)\{q(1-q)\}^k q^2$ は初項 $(1-q)q^2$，公比 $q(1-q)$ の無限等比級数である。

①から，$\sum\limits_{k=0}^{\infty} (1-q)\{q(1-q)\}^k q^2$ は収束し

$$\sum_{k=0}^{\infty} (1-q)\{q(1-q)\}^k q^2 = \dfrac{(1-q)q^2}{1-q(1-q)}$$

したがって　　$P_2(q) = \dfrac{q^2}{1-q(1-q)} + \dfrac{(1-q)q^2}{1-q(1-q)}$

$$= \dfrac{(2-q)q^2}{q^2 - q + 1}$$

← 初項 a，公比 r の無限等比級数 $a + ar + ar^2 + \cdots\cdots$ について，$a \neq 0$ のとき $|r| < 1$ ならば収束し，その和は $\dfrac{a}{1-r}$
($a = 0$ のとき収束し，その和は 0)

(3) $P_1(q) \geqq P_2(q)$ とすると　　$q^2(3-2q) \geqq \dfrac{(2-q)q^2}{q^2 - q + 1}$

両辺を $q^2 (>0)$ で割ると　　$3 - 2q \geqq \dfrac{2-q}{q^2 - q + 1}$

$q^2 - q + 1 = \left(q - \dfrac{1}{2}\right)^2 + \dfrac{3}{4} > 0$ であるから，この不等式の両辺に $q^2 - q + 1$ を掛けると　　$(3-2q)(q^2 - q + 1) \geqq 2 - q$

左辺を展開して整理すると　　$2q^3 - 5q^2 + 4q - 1 \leqq 0$

すなわち　　$(q-1)^2 (2q-1) \leqq 0$

$(q-1)^2 > 0$ であるから　　$2q - 1 \leqq 0$

よって　　$q \leqq \dfrac{1}{2}$

ゆえに，求める条件は　　$0 < q \leqq \dfrac{1}{2}$

← 分数不等式では，分母を払うときなど，掛ける数の符号に注意する。

指針 208 〈関数の極限〉

(1) 通分して整理し，分子に無理式がある場合には，分子の有理化を考える。
$\lim\limits_{x \to 0} \dfrac{\sin x}{x} = 1$ が使える形にもちこむ。

(2) $\lim\limits_{t \to 0} (1+t)^{\frac{1}{t}} = e$ (e は自然対数の底) が使える形にもちこむ。

(1) $\lim\limits_{\theta \to 0} \dfrac{1}{\theta}\left(\dfrac{1}{3-\sin 2\theta} - \dfrac{1}{3+\sin 2\theta}\right)$

$= \lim\limits_{\theta \to 0} \dfrac{1}{\theta} \cdot \dfrac{3+\sin 2\theta - (3-\sin 2\theta)}{(3-\sin 2\theta)(3+\sin 2\theta)} = \lim\limits_{\theta \to 0} \dfrac{1}{\theta} \cdot \dfrac{2\sin 2\theta}{9 - \sin^2 2\theta}$

$= \lim\limits_{\theta \to 0} 4 \cdot \dfrac{\sin 2\theta}{2\theta} \cdot \dfrac{1}{9 - \sin^2 2\theta} = 4 \cdot 1 \cdot \dfrac{1}{9} = {}^{\mathcal{P}} \dfrac{4}{9}$

数学重要問題集（理系）　193

$$\lim_{\theta \to 0} \frac{1}{\theta^2} \left(\frac{1}{\sqrt{3-\sin^2 2\theta}} - \frac{1}{\sqrt{3+\sin^2 2\theta}} \right)$$

$$= \lim_{\theta \to 0} \frac{1}{\theta^2} \cdot \frac{\sqrt{3+\sin^2 2\theta} - \sqrt{3-\sin^2 2\theta}}{\sqrt{9-\sin^4 2\theta}}$$

$$= \lim_{\theta \to 0} \left\{ \frac{1}{\theta^2} \cdot \frac{3+\sin^2 2\theta - (3-\sin^2 2\theta)}{\sqrt{9-\sin^4 2\theta}} \times \frac{1}{\sqrt{3+\sin^2 2\theta} + \sqrt{3-\sin^2 2\theta}} \right\}$$　　←分子の有理化

$$= \lim_{\theta \to 0} \left(\frac{1}{\theta^2} \cdot \frac{2\sin^2 2\theta}{\sqrt{9-\sin^4 2\theta}} \times \frac{1}{\sqrt{3+\sin^2 2\theta} + \sqrt{3-\sin^2 2\theta}} \right)$$

$$= \lim_{\theta \to 0} \left\{ 8 \cdot \left(\frac{\sin 2\theta}{2\theta} \right)^2 \cdot \frac{1}{\sqrt{9-\sin^4 2\theta}} \times \frac{1}{\sqrt{3+\sin^2 2\theta} + \sqrt{3-\sin^2 2\theta}} \right\}$$

$$= 8 \cdot 1 \cdot \frac{1}{3(\sqrt{3}+\sqrt{3})} = {}^{\prime}\frac{4\sqrt{3}}{9}$$

(2) $\left(\dfrac{x+3}{x-3} \right)^x = \left(\dfrac{x-3+6}{x-3} \right)^x = \left(1 + \dfrac{6}{x-3} \right)^x$

$\dfrac{6}{x-3} = t$ とおくと　　$x = \dfrac{6}{t} + 3$　　$x \longrightarrow \infty$ のとき　$t \longrightarrow 0$　　←変数変換によって，指針(2)の式を使える形にもちこむ。

よって

$$\lim_{x \to \infty} \left(\frac{x+3}{x-3} \right)^x = \lim_{t \to 0}(1+t)^{\frac{6}{t}+3} = \lim_{t \to 0}(1+t)^3 \{(1+t)^{\frac{1}{t}}\}^6 = 1^3 \cdot e^6 = \boldsymbol{e^6}$$

指針 209 〈極限の等式から係数決定〉

分母 $\longrightarrow 0$ であるから，極限が有限な値であるためには，分子 $\longrightarrow 0$ でなければならない。

$\lim_{x \to 1} \dfrac{\sqrt{x^2+ax-1}-x-1}{x-1} = p$ が成り立つとする。

分母について，$\lim_{x \to 1}(x-1) = 0$ であるから，分子について

$\lim_{x \to 1}(\sqrt{x^2+ax-1}-x-1) = 0$ でなければならない。

よって　　$\sqrt{a}-2=0$　　すなわち　　$a=4$

このとき　$\lim_{x \to 1} \dfrac{\sqrt{x^2+ax-1}-x-1}{x-1} = \lim_{x \to 1} \dfrac{\sqrt{x^2+4x-1}-(x+1)}{x-1}$

$$= \lim_{x \to 1} \frac{\{\sqrt{x^2+4x-1}-(x+1)\}\{\sqrt{x^2+4x-1}+(x+1)\}}{(x-1)\{\sqrt{x^2+4x-1}+(x+1)\}}$$　　←分子の有理化

$$= \lim_{x \to 1} \frac{2(x-1)}{(x-1)\{\sqrt{x^2+4x-1}+(x+1)\}}$$

$$= \lim_{x \to 1} \frac{2}{\sqrt{x^2+4x-1}+(x+1)} = \frac{2}{2+2} = \frac{1}{2}$$

よって　　$a = {}^{\prime}\boldsymbol{4}$, $p = {}^{\prime}\dfrac{\boldsymbol{1}}{\boldsymbol{2}}$

←$a=4$ は与式の右辺が有限の値になるための必要条件だが，十分条件でもあることが確かめられた。

指針 210 〈円周上の動点と極限〉

(1) △OPQ に余弦定理を適用して，OQ を θ で表す。
(2) 三角関数を含む式の極限を計算する。分子の無理式を有理化してみる。
　　$\lim_{\theta \to 0} \dfrac{\sin \theta}{\theta} = 1$ が使える形にもちこむ。

(1) $OQ = x$ とおく。△OPQ において，余弦定理により

$$2^2 = 1^2 + x^2 - 2x\cos\theta$$
よって　$x^2 - 2(\cos\theta)x - 3 = 0$
ゆえに　$x = \cos\theta \pm \sqrt{\cos^2\theta + 3}$
$x > 0$ より　$x = \cos\theta + \sqrt{\cos^2\theta + 3}$
したがって　$\mathbf{OQ} = \cos\theta + \sqrt{\cos^2\theta + 3}$

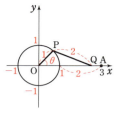

←余弦定理により
$PQ^2 = OP^2 + OQ^2 - 2OP\cdot OQ\cos\theta$

←$\cos\theta > -\sqrt{\cos^2\theta+3}$,
$\cos\theta < \sqrt{\cos^2\theta+3}$

(2) $A(3, 0)$ であるから
$$L = OA - OQ = 3 - (\cos\theta + \sqrt{\cos^2\theta + 3})$$
$$= 3 - \cos\theta - \sqrt{\cos^2\theta + 3}$$

よって　$\dfrac{L}{\theta^2} = \dfrac{3 - \cos\theta - \sqrt{\cos^2\theta + 3}}{\theta^2} = \dfrac{(3-\cos\theta)^2 - (\cos^2\theta + 3)}{\theta^2(3 - \cos\theta + \sqrt{\cos^2\theta + 3})}$

←分子を有理化。

$$= 6 \cdot \dfrac{1 - \cos\theta}{\theta^2(3 - \cos\theta + \sqrt{\cos^2\theta + 3})}$$
$$= 6 \cdot \dfrac{1 - \cos^2\theta}{\theta^2(3 - \cos\theta + \sqrt{\cos^2\theta + 3})(1 + \cos\theta)}$$
$$= 6 \cdot \left(\dfrac{\sin\theta}{\theta}\right)^2 \cdot \dfrac{1}{(3 - \cos\theta + \sqrt{\cos^2\theta + 3})(1 + \cos\theta)}$$

ゆえに　$\displaystyle\lim_{\theta \to 0} \dfrac{L}{\theta^2} = 6 \cdot 1 \cdot \dfrac{1}{(2+2)\cdot 2} = \dfrac{3}{4}$

指針 211 〈分数式で表された漸化式，不等式と極限〉

(1) 具体的な項をいくつか求め，一般項を推測し，数学的帰納法で証明する。
(2) $ka_k = k \cdot \dfrac{6k-1}{2k-1} = 3k + 1 + \dfrac{1}{2k-1}$ を利用して b_n を計算すると，$\sum_{k=1}^{n} \dfrac{1}{2k-1}$ を含む式になる。この値を不等式で評価する。
(3) はさみうちの原理を利用する。

(1) $a_1 = 5$,
$a_2 = \dfrac{4a_1 - 9}{a_1 - 2} = \dfrac{4\cdot 5 - 9}{5 - 2} = \dfrac{11}{3}$,
$a_3 = \dfrac{4a_2 - 9}{a_2 - 2} = \dfrac{4 \cdot \frac{11}{3} - 9}{\frac{11}{3} - 2} = \dfrac{17}{5}$,
$a_4 = \dfrac{4a_3 - 9}{a_3 - 2} = \dfrac{4 \cdot \frac{17}{5} - 9}{\frac{17}{5} - 2} = \dfrac{23}{7}$

よって，$a_n = \dfrac{6n-1}{2n-1}$ と推測できる。

すべての自然数 n に対し $a_n = \dfrac{6n-1}{2n-1}$ ……① が成り立つことを数学的帰納法を用いて証明する。

[1] $n = 1$ のとき
　①において，$n = 1$ とすると　$a_1 = \dfrac{6\cdot 1 - 1}{2\cdot 1 - 1} = 5$
　よって，$n = 1$ のとき①は成り立つ。

←$\dfrac{4a_n - 9}{a_n - 2} = 4 - \dfrac{1}{a_n - 2}$
$a_2 = 4 - \dfrac{1}{3}$, $a_3 = 4 - \dfrac{3}{5}$,
$a_4 = 4 - \dfrac{5}{7}$ から
$a_n = 4 - \dfrac{2n-3}{2n-1}$
と推測することもできる。

[2] $n=k$ のとき,① が成り立つと仮定すると $a_k = \dfrac{6k-1}{2k-1}$

$n=k+1$ のとき

$$a_{k+1} = \dfrac{4a_k-9}{a_k-2} = \dfrac{4 \cdot \dfrac{6k-1}{2k-1}-9}{\dfrac{6k-1}{2k-1}-2}$$

$$= \dfrac{4(6k-1)-9(2k-1)}{(6k-1)-2(2k-1)}$$

$$= \dfrac{6k+5}{2k+1} = \dfrac{6(k+1)-1}{2(k+1)-1}$$

よって,$n=k+1$ のときも ① が成り立つ。

← 分母と分子に $(2k-1)$ を掛ける。

[1],[2] から,すべての自然数 n に対し $a_n = \dfrac{6n-1}{2n-1}$ が成り立つ。

したがって,数列 $\{a_n\}$ の一般項は $\boldsymbol{a_n = \dfrac{6n-1}{2n-1}}$

(2) k を自然数とすると

$$ka_k = k \cdot \dfrac{6k-1}{2k-1} = \dfrac{6k^2-k}{2k-1} = \dfrac{(2k-1)(3k+1)+1}{2k-1}$$

$$= 3k+1+\dfrac{1}{2k-1}$$

よって $a_1 + 2a_2 + \cdots\cdots + na_n = \sum\limits_{k=1}^{n} ka_k = \sum\limits_{k=1}^{n}\left(3k+1+\dfrac{1}{2k-1}\right)$

$$= 3\sum\limits_{k=1}^{n} k + \sum\limits_{k=1}^{n} 1 + \sum\limits_{k=1}^{n} \dfrac{1}{2k-1} = \dfrac{3}{2}n(n+1) + n + \sum\limits_{k=1}^{n} \dfrac{1}{2k-1}$$

$$= \dfrac{1}{2}n(3n+5) + \sum\limits_{k=1}^{n} \dfrac{1}{2k-1}$$

また $1+2+\cdots\cdots+n = \dfrac{1}{2}n(n+1)$

よって $b_n = \dfrac{a_1+2a_2+\cdots\cdots+na_n}{1+2+\cdots\cdots+n} = \dfrac{\dfrac{1}{2}n(3n+5)+\sum\limits_{k=1}^{n}\dfrac{1}{2k-1}}{\dfrac{1}{2}n(n+1)}$

$$= \dfrac{3n+5}{n+1} + \dfrac{2}{n(n+1)}\sum\limits_{k=1}^{n}\dfrac{1}{2k-1}$$

$$= 3 + \dfrac{2}{n+1} + \dfrac{2}{n(n+1)}\sum\limits_{k=1}^{n}\dfrac{1}{2k-1} \quad \cdots\cdots ②$$

← $\dfrac{3n+5}{n+1} = \dfrac{3(n+1)+2}{n+1}$
$= 3 + \dfrac{2}{n+1}$

$\sum\limits_{k=1}^{n}\dfrac{1}{2k-1} = \dfrac{1}{1}+\dfrac{1}{3}+\cdots\cdots+\dfrac{1}{2n-1} \leqq 1+1+\cdots\cdots+1 = n$ である

から,② より $b_n \leqq 3 + \dfrac{2}{n+1} + \dfrac{2}{n(n+1)} \cdot n$

← 等号が成り立つのは $n=1$ のとき。

すなわち $b_n \leqq 3 + \dfrac{4}{n+1}$

(3) ② から $b_n > 3$

これと (2) から $3 < b_n \leqq 3 + \dfrac{4}{n+1}$

$\lim\limits_{n \to \infty}\left(3 + \dfrac{4}{n+1}\right) = 3$ であるから,はさみうちの原理より

$$\lim\limits_{n \to \infty} b_n = 3$$

212 〈格子点の個数と極限〉

(1) まず, x 軸上, y 軸上, 放物線上にある格子点の個数をそれぞれ m で表す。

(2) 図形内にある格子点の個数の総数は, 直線 $x=k$ ($k=0, 1, 2, \cdots, m$) 上にある個数を k で表し, $\sum_{k=0}^{m}$ (個数) を計算する。

(1) 放物線の式は $y=(x-m)^2$

m は正の整数であるから, 図形 D は右図の赤く塗った部分となる。ただし, 境界線を含む。

D の周上の格子点は,

　x 軸上に $(m+1)$ 個,
　y 軸上に (m^2+1) 個,
　放物線上に $(m+1)$ 個　ある。

よって, 重複に注意して D の周上の格子点の数 L_m を数えると
$L_m = (m+1)+(m^2+1)+(m+1)-3$
$ = m^2+2m$

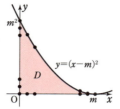

←重複する点は, 原点 O, 点 $(0, m^2)$, 点 $(m, 0)$ の 3 個。

(2) 直線 $x=k$ ($k=0, 1, \cdots, m$) 上にある D の周上および内部の格子点の数は, $\{(k-m)^2+1\}$ 個である。

よって, D の周上および内部の格子点の数 T_m は

$T_m = \sum_{k=0}^{m} \{(k-m)^2+1\} = \sum_{i=0}^{m}(i^2+1)$

$ = \sum_{i=1}^{m} i^2 + \sum_{i=0}^{m} 1 = \dfrac{1}{6}m(m+1)(2m+1)+(m+1)$

$ = \dfrac{1}{6}(m+1)(2m^2+m+6)$

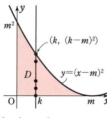

←直線 $x=k$ 上の格子点の数は, y 座標に x 軸上の 1 個を足して $(k-m)^2+1$

←$\sum$ の計算は, $(k-m)^2$ を展開すると面倒。この和は $m^2+(m-1)^2+\cdots+1+0$ であるから, $\sum_{i=1}^{m} i^2$ と同じ。

$\sum_{i=0}^{m} 1 = m+1$ に注意。

(3) $S_m = \int_0^m (x-m)^2 dx = \left[\dfrac{(x-m)^3}{3}\right]_0^m$

$ = -\dfrac{(-m)^3}{3} = \dfrac{m^3}{3}$

よって $\displaystyle\lim_{m\to\infty}\dfrac{T_m}{S_m} = \lim_{m\to\infty}\dfrac{\dfrac{1}{6}(m+1)(2m^2+m+6)}{\dfrac{m^3}{3}}$

$\phantom{よって \lim_{m\to\infty}\dfrac{T_m}{S_m}} = \lim_{m\to\infty}\dfrac{(m+1)(2m^2+m+6)}{2m^3}$

$\phantom{よって \lim_{m\to\infty}\dfrac{T_m}{S_m}} = \lim_{m\to\infty}\dfrac{\left(1+\dfrac{1}{m}\right)\left(2+\dfrac{1}{m}+\dfrac{6}{m^2}\right)}{2} = \dfrac{1\cdot 2}{2} = 1$

←分子は展開せずに, 分母, 分子を $m^3=m\cdot m^2$ で割る方が極限の計算は簡単。

213 〈漸化式と極限〉

(1) 不等式の $n \geqq 2$ の場合は, 二項定理を用いて証明する。
極限値は, 不等式の両辺の逆数をとり, はさみうちの原理を利用する。

(3) (1) の極限値を利用する。

(1) $x \geqq 0$ のとき，$0 \leqq k \leqq n$ において，${}_n C_k 1^{n-k} x^k \geqq 0$ であるから，二項定理により，

$n \geqq 2$ のとき
$$(1+x)^n = {}_n C_0 1^n x^0 + {}_n C_1 1^{n-1} x^1 + {}_n C_2 1^{n-2} x^2 + \cdots\cdots + {}_n C_n 1^0 x^n$$
$$\geqq {}_n C_0 1^n x^0 + {}_n C_1 1^{n-1} x^1 + {}_n C_2 1^{n-2} x^2$$
$$= 1 + nx + \frac{1}{2}n(n-1)x^2$$

←二項定理の展開式の2次以下の部分だけを残した。

これは $n=1$ のときも成り立つ。
また，$x=2$ のとき $3^n \geqq 1 + 2n + 2n(n-1) = 2n^2 + 1 \geqq 2n^2$

n は自然数であるから $0 \leqq \dfrac{n}{3^n} \leqq \dfrac{n}{2n^2} = \dfrac{1}{2n}$

←$3^n \geqq 2n^2$ の両辺の逆数をとって n を掛ける。

$\displaystyle\lim_{n\to\infty} \dfrac{1}{2n} = 0$ であるから，はさみうちの原理により $\displaystyle\lim_{n\to\infty} \dfrac{n}{3^n} = 0$

(2) $a_{n+1} = 3a_n - 6$ を変形すると $a_{n+1} - 3 = 3(a_n - 3)$
数列 $\{a_n - 3\}$ は初項 $5 - 3 = 2$，公比 3 の等比数列であるから
$$a_n - 3 = 2 \cdot 3^{n-1}$$
すなわち $\boldsymbol{a_n = 2 \cdot 3^{n-1} + 3}$

(3) $3b_{n+1}(a_n + n) = b_n(a_{n+1} + n + 1)$ を変形すると
$$\dfrac{b_{n+1}}{a_{n+1} + n + 1} = \dfrac{1}{3} \cdot \dfrac{b_n}{a_n + n}$$

数列 $\left\{\dfrac{b_n}{a_n + n}\right\}$ は初項 $\dfrac{2}{5+1} = \dfrac{1}{3}$，公比 $\dfrac{1}{3}$ の等比数列であるから
$$\dfrac{b_n}{a_n + n} = \left(\dfrac{1}{3}\right)^n$$

よって $b_n = (a_n + n)\left(\dfrac{1}{3}\right)^n$ すなわち $\boldsymbol{b_n = \dfrac{2}{3} + \dfrac{n}{3^n} + \dfrac{1}{3^{n-1}}}$

(1) より，$\displaystyle\lim_{n\to\infty} \dfrac{n}{3^n} = 0$ であるから
$$\lim_{n\to\infty} b_n = \lim_{n\to\infty}\left(\dfrac{2}{3} + \dfrac{n}{3^n} + \dfrac{1}{3^{n-1}}\right) = \dfrac{2}{3}$$

指針 214 〈漸化式と極限（無理式）〉

(1), (2) 数学的帰納法で示す。
(3) (1), (2) より $a_1^2 + a_2^2 + \cdots + a_n^2 > a_n^2 + a_n^2 + \cdots + a_n^2 = na_n^2$ がいえる。
(4) (3) の不等式から，はさみうちの原理を利用する。

(1) $0 < a_{n+1} < a_n$ …… ① とする。
 [1] $n=1$ のとき
  $a_1 = 1$ より $a_2 = \sqrt{2a_1 + 1} - 1 = \sqrt{3} - 1$
  $1 < \sqrt{3} < 2$ から $0 < \sqrt{3} - 1 < 1 = a_1$
  よって，$0 < a_2 < a_1$ より ① は成り立つ。
 [2] $n=k$ のとき
  ① が成り立つと仮定すると $0 < a_{k+1} < a_k$
  ここで $a_{k+2} = \sqrt{2a_{k+1} + 1} - 1 < \sqrt{2a_k + 1} - 1 = a_{k+1}$
  また $a_{k+2} = \sqrt{2a_{k+1} + 1} - 1 > \sqrt{2 \cdot 0 + 1} - 1 = 0$

←このとき
$0 < \sqrt{a_{k+1}} < \sqrt{a_k}$

ゆえに　　$0 < a_{k+2} < a_{k+1}$

よって，$n = k+1$ のときにも ① は成り立つ。

[1]，[2] から，すべての自然数 n について ① は成り立つ。

(2) $2a_n + \sum_{k=1}^{n} a_k^2 = 3$ …… ② とする。

　[1]　$n = 1$ のとき
　　　$2a_1 + a_1^2 = 2 \cdot 1 + 1^2 = 3$ より，② は成り立つ。

　[2]　$n = m$ のとき
　　　② が成り立つと仮定すると　　$2a_m + \sum_{k=1}^{m} a_k^2 = 3$

　　　$n = m+1$ のときを考えると

$$2a_{m+1} + \sum_{k=1}^{m+1} a_k^2 = 2a_{m+1} + a_{m+1}^2 + \sum_{k=1}^{m} a_k^2$$
$$= a_{m+1}^2 + 2a_{m+1} + (3 - 2a_m)$$
$$= (a_{m+1}+1)^2 + 2 - 2a_m$$
$$= (\sqrt{2a_m+1} - 1 + 1)^2 + 2 - 2a_m$$
$$= 2a_m + 1 + 2 - 2a_m = 3$$

　　　よって，$n = m+1$ のときにも ② は成り立つ。

[1]，[2] から，すべての自然数 n について ② は成り立つ。

⟵ $\sum_{k=1}^{m+1} a_k^2 = a_{m+1}^2 + \sum_{k=1}^{m} a_k^2$

⟵ 平方完成し，代入の回数を減らす。

(3) (1) より　　$0 < a_n < a_{n-1} < \cdots\cdots < a_2 < a_1$

よって，(2) より　　$3 = 2a_n + \sum_{k=1}^{n} a_k^2$
$$= 2a_n + (a_1^2 + a_2^2 + \cdots\cdots + a_n^2)$$
$$> 2 \cdot 0 + (a_n^2 + a_n^2 + \cdots\cdots + a_n^2)$$
$$= na_n^2$$

したがって　　$na_n^2 < 3$　　すなわち　　$a_n^2 < \dfrac{3}{n}$

$a_n > 0$ であるから　　$a_n < \sqrt{\dfrac{3}{n}}$

(4) (2) より　　$\sum_{k=1}^{n} a_k^2 = 3 - 2a_n$

(3) より，$0 < a_n < \sqrt{\dfrac{3}{n}}$ であり，$\lim_{n \to \infty} \sqrt{\dfrac{3}{n}} = 0$ であるから，

はさみうちの原理により　　$\lim_{n \to \infty} a_n = 0$

したがって　　$\sum_{n=1}^{\infty} a_n^2 = \lim_{n \to \infty} \sum_{k=1}^{n} a_k^2 = \lim_{n \to \infty} (3 - 2a_n) = 3$

指針 215 〈確率と極限〉

Z_n の偏角に着目する。
Z_n が実数となる確率が p_n であるとき，Z_n が実数でない確率は $1 - p_n$ である。Z_n について場合分けをして，p_n についての漸化式を作る。

1個のさいころを投げたとき，$X_k = 1$ となる確率は $\dfrac{1}{6}$，$X_k = -1$ となる確率は $\dfrac{1}{6}$，$X_k = 0$ となる確率は $\dfrac{2}{3}$ である。

$\arg Z_n = \dfrac{\pi}{3}\sum\limits_{k=1}^{n} X_k$ であるから，Z_n が実数であることと，$\sum\limits_{k=1}^{n} X_k$ が 3 の倍数であることは同値である。

また，Z_n が実数となる確率を p_n とし，Z_{n+1} が実数となる確率 p_{n+1} を考える。

[1] Z_n が実数であるとき

$X_{n+1}=0$ の場合に Z_{n+1} が実数になるから $\quad \dfrac{2}{3}p_n$

[2] Z_n が実数でないとき

　(a) $\sum\limits_{k=1}^{n} X_k$ が 3 で割って 1 余る数であるとき，$X_{n+1}=-1$ の場合に Z_{n+1} が実数になる。

　(b) $\sum\limits_{k=1}^{n} X_k$ が 3 で割って 2 余る数であるとき，$X_{n+1}=1$ の場合に Z_{n+1} が実数になる。

よって，(a)，(b) から，Z_{n+1} が実数になる確率は $\quad \dfrac{1}{6}(1-p_n)$

[1], [2] の場合は互いに排反であるから
$$p_{n+1} = \dfrac{2}{3}p_n + \dfrac{1}{6}(1-p_n) = \dfrac{1}{2}p_n + \dfrac{1}{6}$$

(1) $p_1 = \dfrac{2}{3}$ であるから $\quad p_2 = \dfrac{1}{2}\cdot\dfrac{2}{3} + \dfrac{1}{6} = \dfrac{1}{2}$

よって，求める確率は $\quad 1 - p_2 = 1 - \dfrac{1}{2} = \boldsymbol{\dfrac{1}{2}}$

(2) Z_n が実数でないとき，Z_{n+1} が実数となる確率は，[2] から $\quad \dfrac{1}{6}$

よって，Z_n が実数でないとき，Z_{n+1} も実数でない確率は
$$1 - \dfrac{1}{6} = \dfrac{5}{6}$$

したがって，求める確率は
$$(1-p_1)\left(\dfrac{5}{6}\right)^{n-1} = \left(1-\dfrac{2}{3}\right)\left(\dfrac{5}{6}\right)^{n-1} = \boldsymbol{\dfrac{1}{3}\cdot\left(\dfrac{5}{6}\right)^{n-1}}$$

(3) $p_{n+1} = \dfrac{1}{2}p_n + \dfrac{1}{6}$ であるから $\quad p_{n+1} - \dfrac{1}{3} = \dfrac{1}{2}\left(p_n - \dfrac{1}{3}\right)$

よって，数列 $\left\{p_n - \dfrac{1}{3}\right\}$ は初項 $p_1 - \dfrac{1}{3} = \dfrac{1}{3}$，公比 $\dfrac{1}{2}$ の等比数列であるから $\quad p_n - \dfrac{1}{3} = \dfrac{1}{3}\left(\dfrac{1}{2}\right)^{n-1}$

したがって $\quad \boldsymbol{p_n} = \dfrac{1}{3}\left(\dfrac{1}{2}\right)^{n-1} + \dfrac{1}{3} = \boldsymbol{\dfrac{1}{3}\left\{1+\left(\dfrac{1}{2}\right)^{n-1}\right\}}$

また $\quad \lim\limits_{n\to\infty} p_n = \lim\limits_{n\to\infty} \dfrac{1}{3}\left\{1+\left(\dfrac{1}{2}\right)^{n-1}\right\} = \boldsymbol{\dfrac{1}{3}}$

←$\arg Y_k = \dfrac{\pi}{3}X_k$ より
$\arg Z_n = \sum\limits_{k=1}^{n} \arg Y_k$
$\quad = \dfrac{\pi}{3}\sum\limits_{k=1}^{n} X_k$
$\sum\limits_{k=1}^{n} X_k$ が 3 の倍数であるとき，$\arg Z_n = m\pi$
　　　　　　(m は整数)

←(a), (b) いずれの場合においても $\dfrac{1}{6}(1-p_n)$ となる。

←余事象を考える。

←1 個のさいころを投げる n 回の試行は独立である。Z_1 が実数でない確率についても，余事象を考えると $1-p_1$ であることがわかる。

指針 216 〈複素数の数列と極限〉

(3) 項が複素数である数列の漸化式が与えられている問題。$z_{n+1}+b = a(z_n+b)$ を満たす数列 $\{z_n\}$ について，数列 $\{z_n+b\}$ は公比 a の等比数列と考えてよい。a は複素数なので，a^{n-1} の計算には (1) の結果とド・モアブルの定理を用いる。

(1) $a = \dfrac{1}{2}\left(\cos\dfrac{\pi}{2} + i\sin\dfrac{\pi}{2}\right)$ であるから

$$|a| = \dfrac{1}{2}, \quad \arg a = \dfrac{\pi}{2}$$

(2) $a(z_n+1) + b = a(z_n+b)$ から　　$a+b=ab$

よって　　$b = \dfrac{a}{a-1} = \dfrac{\dfrac{i}{2}}{\dfrac{i}{2}-1} = \dfrac{1}{5} - \dfrac{2}{5}i$

⬅ $\dfrac{i}{i-2} = \dfrac{i(i+2)}{(i-2)(i+2)}$
　　$= \dfrac{-1+2i}{-5}$

(3) 数列 $\{z_n+b\}$ は初項 $z_1+b=1+b$, 公比 a の等比数列であるから
$$z_n + b = (1+b)a^{n-1}$$

よって
$$z_n = \left(\dfrac{6}{5} - \dfrac{2}{5}i\right)\cdot\dfrac{1}{2^{n-1}}\left(\cos\dfrac{n-1}{2}\pi + i\sin\dfrac{n-1}{2}\pi\right) - \left(\dfrac{1}{5} - \dfrac{2}{5}i\right)$$
$$= \dfrac{1}{2^{n-1}}\left(\dfrac{6}{5}\cos\dfrac{n-1}{2}\pi + \dfrac{2}{5}\sin\dfrac{n-1}{2}\pi\right) - \dfrac{1}{5}$$
$$\quad + \left\{\dfrac{1}{2^{n-1}}\left(\dfrac{6}{5}\sin\dfrac{n-1}{2}\pi - \dfrac{2}{5}\cos\dfrac{n-1}{2}\pi\right) + \dfrac{2}{5}\right\}i$$

⬅ $1+b = \dfrac{6}{5} - \dfrac{2}{5}i$
a^{n-1} にはド・モアブルの定理を適用。

したがって　　$x_n = \dfrac{1}{2^{n-1}}\left(\dfrac{6}{5}\cos\dfrac{n-1}{2}\pi + \dfrac{2}{5}\sin\dfrac{n-1}{2}\pi\right) - \dfrac{1}{5}$

$y_n = \dfrac{1}{2^{n-1}}\left(\dfrac{6}{5}\sin\dfrac{n-1}{2}\pi - \dfrac{2}{5}\cos\dfrac{n-1}{2}\pi\right) + \dfrac{2}{5}$

(4) $\lim_{n\to\infty}\dfrac{1}{2^{n-1}}\sin\dfrac{n-1}{2}\pi = 0$, $\lim_{n\to\infty}\dfrac{1}{2^{n-1}}\cos\dfrac{n-1}{2}\pi = 0$ であるから

$$\lim_{n\to\infty}x_n = -\dfrac{1}{5}, \quad \lim_{n\to\infty}y_n = \dfrac{2}{5}$$

⬅ $\left|\sin\dfrac{n-1}{2}\pi\right| \leq 1$,
$\left|\cos\dfrac{n-1}{2}\pi\right| \leq 1$

指針 217 〈点の座標の極限〉

線分 AP_n の長さを a_n として，a_n についての漸化式を作る。
問題文の手順に従って，OA, OB, AB それぞれに垂線を下ろしてできる相似な三角形に注目する。

△OAB は 1辺の長さが 2 の正三角形である。
よって，△P_nBQ_n, △Q_nOR_n,
△R_nAP_{n+1} は相似な直角三角形であり，
$P_nB : BQ_n = Q_nO : OR_n = R_nA : AP_{n+1}$
　　　　　　　　$= 2 : 1$

が成り立つ。
 とすると
　$P_nB = AB - AP_n = 2 - a_n$

よって　　$BQ_n = \dfrac{1}{2}P_nB = 1 - \dfrac{1}{2}a_n$

同様に考えると
　　$Q_nO = 2 - BQ_n = 1 + \dfrac{1}{2}a_n$, $OR_n = \dfrac{1}{2}Q_nO = \dfrac{1}{2} + \dfrac{1}{4}a_n$,
　　$R_nA = 2 - OR_n = \dfrac{3}{2} - \dfrac{1}{4}a_n$, $AP_{n+1} = \dfrac{1}{2}R_nA = \dfrac{3}{4} - \dfrac{1}{8}a_n$

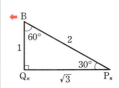

⬅ AP_{n+1} まで順に求めることで，a_n についての漸化式を作る。

したがって $a_{n+1} = -\dfrac{1}{8}a_n + \dfrac{3}{4}$

この漸化式を変形して $a_{n+1} - \dfrac{2}{3} = -\dfrac{1}{8}\left(a_n - \dfrac{2}{3}\right)$

数列 $\left\{a_n - \dfrac{2}{3}\right\}$ は，初項 $a_1 - \dfrac{2}{3}$，公比 $-\dfrac{1}{8}$ の等比数列であるから

$$a_n - \dfrac{2}{3} = \left(a_1 - \dfrac{2}{3}\right)\left(-\dfrac{1}{8}\right)^{n-1}$$

よって $a_n = \left(a_1 - \dfrac{2}{3}\right)\left(-\dfrac{1}{8}\right)^{n-1} + \dfrac{2}{3}$

ここで，P_1 は線分 AB 上にあり，A, B とは異なる点であるから
$$0 < a_1 < 2$$

$\left|-\dfrac{1}{8}\right| < 1$ であるから $\displaystyle\lim_{n \to \infty} a_n = \dfrac{2}{3}$

よって，$n \to \infty$ のとき，P_n が限りなく近づく点を P とすると
$$\mathrm{AP} = \lim_{n \to \infty} a_n = \dfrac{2}{3}, \quad \mathrm{BP} = 2 - \mathrm{AP} = \dfrac{4}{3}$$

ゆえに $\mathrm{AP} : \mathrm{BP} = \dfrac{2}{3} : \dfrac{4}{3} = 1 : 2$

したがって，点 P は線分 AB を $1:2$ に内分する点であるから，求める点の座標は $\left(\dfrac{2\cdot 2+1\cdot 1}{1+2},\ \dfrac{2\cdot 0+1\cdot\sqrt{3}}{1+2}\right)$ より $\left(\dfrac{5}{3},\ \dfrac{\sqrt{3}}{3}\right)$

←特性方程式 $\alpha = -\dfrac{1}{8}\alpha + \dfrac{3}{4}$
を解くと $\alpha = \dfrac{2}{3}$

←$\displaystyle\lim_{n\to\infty}\left(a_1 - \dfrac{2}{3}\right)\left(-\dfrac{1}{8}\right)^{n-1} = 0$

218 〈線分の和の極限〉

まず，点 O, P_0, P_1, P_2 までの図をかいてみる。$\triangle \mathrm{OP}_{k-1}\mathrm{P}_k \infty \triangle \mathrm{OP}_0\mathrm{P}_1$ $(2 \leq k \leq n)$ に着目。
極限の計算では，$\displaystyle\lim_{n \to \infty}\left(1+\dfrac{1}{n}\right)^n = e$, $\displaystyle\lim_{\theta \to 0}\dfrac{\sin\theta}{\theta} = 1$ が使える形に変形する。

$\triangle \mathrm{OP}_0\mathrm{P}_1$ において余弦定理により
$$a_1^2 = 1^2 + \left(1+\dfrac{1}{n}\right)^2 - 2\cdot 1 \cdot\left(1+\dfrac{1}{n}\right)\cos\dfrac{\pi}{n}$$
よって
$$a_1 = \sqrt{2\left(1+\dfrac{1}{n}\right) + \dfrac{1}{n^2} - 2\left(1+\dfrac{1}{n}\right)\cos\dfrac{\pi}{n}}$$
$$= \sqrt{\dfrac{1}{n^2} + 2\left(1+\dfrac{1}{n}\right)\left(1-\cos\dfrac{\pi}{n}\right)}$$

また，条件 (A) から $\triangle \mathrm{OP}_{k-1}\mathrm{P}_k \infty \triangle \mathrm{OP}_0\mathrm{P}_1$ $(2 \leq k \leq n)$

ゆえに，$\triangle \mathrm{OP}_{k-1}\mathrm{P}_k$ において $\mathrm{OP}_k = \left(1+\dfrac{1}{n}\right)\mathrm{OP}_{k-1}$ $(1 \leq k \leq n)$

よって $\mathrm{OP}_{k-1} = \left(1+\dfrac{1}{n}\right)^{k-1}\mathrm{OP}_0 = \left(1+\dfrac{1}{n}\right)^{k-1}$

ゆえに $a_k = \mathrm{OP}_{k-1}\times a_1 = \left(1+\dfrac{1}{n}\right)^{k-1}a_1$

数列 $\{a_k\}$ は初項 a_1，公比 $1+\dfrac{1}{n}$ $(\neq 1)$ の等比数列であるから
$$s_n = \sum_{k=1}^{n} a_k = a_1 \cdot \dfrac{\left(1+\dfrac{1}{n}\right)^n - 1}{\left(1+\dfrac{1}{n}\right) - 1}$$

←$a_1 = \mathrm{P}_0\mathrm{P}_1$ を求める。

←$\mathrm{OP}_{k-1} = \left(1+\dfrac{1}{n}\right)\mathrm{OP}_{k-2}$
$= \left(1+\dfrac{1}{n}\right)^2\mathrm{OP}_{k-3}$
$= \cdots\cdots$
$= \left(1+\dfrac{1}{n}\right)^{k-1}\mathrm{OP}_0$

$\dfrac{a_k}{a_1} = \dfrac{\mathrm{P}_{k-1}\mathrm{P}_k}{\mathrm{P}_0\mathrm{P}_1} = \dfrac{\mathrm{OP}_{k-1}}{\mathrm{OP}_0}$

$$= n\left\{\left(1+\frac{1}{n}\right)^n - 1\right\}\sqrt{\frac{1}{n^2} + 2\left(1+\frac{1}{n}\right)\left(1-\cos\frac{\pi}{n}\right)}$$

$$= \left\{\left(1+\frac{1}{n}\right)^n - 1\right\}\sqrt{1 + 2\left(1+\frac{1}{n}\right)\cdot\frac{1-\cos\frac{\pi}{n}}{\left(\frac{1}{n}\right)^2}}$$

ここで，$\frac{1}{n} = h$ とおくと，$n \longrightarrow \infty$ のとき $h \longrightarrow 0$ であるから

$$\lim_{n\to\infty}\left(1+\frac{1}{n}\right)^n = \lim_{h\to 0}(1+h)^{\frac{1}{h}} = e,$$

$$\lim_{n\to\infty}\frac{1-\cos\frac{\pi}{n}}{\left(\frac{1}{n}\right)^2} = \lim_{h\to 0}\frac{1-\cos h\pi}{h^2} = \lim_{h\to 0}\left(\frac{\sin h\pi}{h\pi}\right)^2 \cdot \frac{\pi^2}{1+\cos h\pi} = \frac{\pi^2}{2}$$

したがって $\displaystyle\lim_{n\to\infty} s_n = (e-1)\sqrt{1+\pi^2}$

17 微分法

219 〈関数の微分〉

積の微分，商の微分，合成関数の微分の公式などを使って微分する。
(4) $x^{g(x)}$ の形の関数は，対数をとってから微分する（対数微分法）。

(1) $y' = (x)' \cdot e^{2x} + x \cdot (e^{2x})'$
$= e^{2x} + 2xe^{2x}$
$= (1+2x)e^{2x}$

(2) $f'(x) = \dfrac{(x)'\cdot\sin^2 x - x\cdot(\sin^2 x)'}{(\sin^2 x)^2} = \dfrac{\sin^2 x - x\cdot 2\sin x\cos x}{\sin^4 x}$
$= \dfrac{\sin x - 2x\cos x}{\sin^3 x}$

(3) $y' = \dfrac{1}{x+\sqrt{x^2+1}}\left(1 + \dfrac{2x}{2\sqrt{x^2+1}}\right) = \dfrac{1}{x+\sqrt{x^2+1}}\cdot\dfrac{\sqrt{x^2+1}+x}{\sqrt{x^2+1}}$
$= \dfrac{1}{\sqrt{x^2+1}}$

(4) $y = x^{\sqrt{x}}$ の両辺は正であるから，両辺の対数をとると
$\log y = \sqrt{x}\log x$

両辺を x で微分すると $\dfrac{y'}{y} = \dfrac{\log x}{2\sqrt{x}} + \sqrt{x}\cdot\dfrac{1}{x} = \dfrac{\log x + 2}{2\sqrt{x}}$

よって $y' = \dfrac{x^{\sqrt{x}}(\log x + 2)}{2\sqrt{x}}$

←導関数の計算
積 $(uv)' = u'v + uv'$
商 $\left(\dfrac{u}{v}\right)' = \dfrac{u'v - uv'}{v^2}$
合成関数の微分
$y = f(u)$, $u = g(x)$ のとき
$\dfrac{dy}{dx} = \dfrac{dy}{du}\cdot\dfrac{du}{dx}$
$= f'(u)g'(x)$
$\log f(x)$ の微分
$\{\log f(x)\}' = \dfrac{f'(x)}{f(x)}$

←対数をとるには，正であることが前提。

220 〈極限の計算〉

関数 $f(x)$ が $x = a$ で微分可能であるとき

(A) $\displaystyle\lim_{h\to 0}\frac{f(a+h)-f(a)}{h} = f'(a)$, (B) $\displaystyle\lim_{x\to a}\frac{f(x)-f(a)}{x-a} = f'(a)$

(1) は公式 (A) が使える形に変形する。
(2), (3) は公式 (A), (B) のいずれかが使えるように関数を定める。

(1) $f(a+3h)g(a+5h)-f(a)g(a)$
$= f(a+3h)g(a+5h) - f(a+3h)g(a) + f(a+3h)g(a) - f(a)g(a)$

よって
$$\frac{f(a+3h)g(a+5h)-f(a)g(a)}{h}$$
$$= f(a+3h) \cdot \frac{g(a+5h)-g(a)}{5h} \cdot 5 + g(a) \cdot \frac{f(a+3h)-f(a)}{3h} \cdot 3$$

ゆえに $\lim_{h \to 0} \dfrac{f(a+3h)g(a+5h)-f(a)g(a)}{h}$
$= \boldsymbol{5f(a)g'(a) + 3f'(a)g(a)}$

◀指針の公式を利用するため分子を変形する。

◀$h \to 0$ のとき $5h \to 0$, $3h \to 0$

(2) $f(x) = e^{(x+1)^2} - e^{x^2+1}$ とおくと
$f(0) = 0$, $f'(x) = (2x+2)e^{(x+1)^2} - 2xe^{x^2+1}$

ゆえに $\lim_{h \to 0} \dfrac{e^{(h+1)^2}-e^{h^2+1}}{h} = \lim_{h \to 0} \dfrac{f(0+h)-f(0)}{h} = f'(0) = \boldsymbol{2e}$

◀$f'(0) = 2e^{1^2} - 2 \cdot 0 \cdot e^1 = 2e$

別解 $\lim_{h \to 0} \dfrac{e^{(h+1)^2}-e^{h^2+1}}{h} = \lim_{h \to 0}\left(e^{h^2+1} \cdot \dfrac{e^{2h}-1}{h}\right)$
$= \lim_{h \to 0}\left(2e^{h^2+1} \cdot \dfrac{e^{2h}-1}{2h}\right)$

ここで, $f(x) = e^x$ とおくと $f(0) = 1$, $f'(x) = e^x$

ゆえに (与式) $= \lim_{h \to 0}\left(2e^{h^2+1} \cdot \dfrac{f(0+2h)-f(0)}{2h}\right) = 2e \cdot f'(0) = \boldsymbol{2e}$

◀$h \to 0$ のとき $2h \to 0$

(3) $\lim_{x \to \frac{1}{4}} \dfrac{\tan(\pi x)-1}{4x-1} = \lim_{x \to \frac{1}{4}} \dfrac{1}{4} \cdot \dfrac{\tan(\pi x)-1}{x-\frac{1}{4}}$

◀$h = 4x-1$ とおいて,指針の公式 (A) を利用することもできる。

ここで, $f(x) = \tan(\pi x)$ とおくと $f\left(\dfrac{1}{4}\right) = \tan\dfrac{\pi}{4} = 1$, $f'(x) = \dfrac{\pi}{\cos^2(\pi x)}$

ゆえに $\lim_{x \to \frac{1}{4}} \dfrac{\tan(\pi x)-1}{4x-1} = \lim_{x \to \frac{1}{4}} \dfrac{1}{4} \cdot \dfrac{f(x)-f\left(\frac{1}{4}\right)}{x-\frac{1}{4}}$
$= \dfrac{1}{4} f'\left(\dfrac{1}{4}\right) = \dfrac{1}{4} \cdot 2\pi = \boldsymbol{\dfrac{\pi}{2}}$

◀$f'\left(\dfrac{1}{4}\right) = \dfrac{\pi}{\cos^2\frac{\pi}{4}} = 2\pi$

指針 221 ⟨$(x-a)^2$ で割ったときの余りと微分⟩

商を $Q(x)$, 余りを $mx+n$ とおくと, $f(x) = (x-a)^2 Q(x) + mx + n$ と表せる。この等式を利用して, m, n を a, $f(a)$, $f'(a)$ で表す。

$f(x)$ を $(x-a)^2$ で割ったときの商を $Q(x)$, 余りを $mx+n$ とおくと
$$f(x) = (x-a)^2 Q(x) + mx + n \quad \cdots\cdots ①$$

① の両辺を x で微分すると
$$f'(x) = 2(x-a)Q(x) + (x-a)^2 Q'(x) + m \quad \cdots\cdots ②$$

① で $x = a$ を代入すると $f(a) = ma + n$
② で $x = a$ を代入すると $f'(a) = m$

よって $m = f'(a)$, $n = f(a) - af'(a)$

求める余りは $f'(a)x + f(a) - af'(a)$

すなわち $\boldsymbol{(x-a)f'(a) + f(a)}$

◀多項式を2次多項式で割ったときの余りは,1次以下の多項式である。

◀$f(a)$, $f'(a)$ を調べる。

204 数学重要問題集(理系)

指針 222 〈逆関数と第2次導関数〉

$x = \cos y$ から $\dfrac{dx}{dy} = -\sin y$ を得る。よって，$\dfrac{dy}{dx} = -\dfrac{1}{\sin y}$ であり，これをさらに x で微分するが，このとき $\dfrac{d^2y}{dx^2} = \dfrac{d}{dx}\left(\dfrac{dy}{dx}\right) = \dfrac{d}{dy}\left(\dfrac{dy}{dx}\right) \cdot \dfrac{dy}{dx}$ とする。

$y = \cos x$ $(0 \leqq x \leqq \pi)$ の逆関数が $y = f(x)$ であるから
$\quad x = \cos y$ $(0 \leqq y \leqq \pi)$ …… ①

よって，$0 < y < \pi$ のとき，$\dfrac{dx}{dy} = -\sin y$ より $\dfrac{dy}{dx} = -\dfrac{1}{\sin y}$

ゆえに $\dfrac{d^2y}{dx^2} = \dfrac{d}{dx}\left(\dfrac{dy}{dx}\right) = \dfrac{d}{dy}\left(\dfrac{dy}{dx}\right) \cdot \dfrac{dy}{dx} = \dfrac{d}{dy}\left(-\dfrac{1}{\sin y}\right) \cdot \left(-\dfrac{1}{\sin y}\right)$

$\qquad = \dfrac{\cos y}{\sin^2 y} \cdot \left(-\dfrac{1}{\sin y}\right) = -\dfrac{\cos y}{\sin^3 y}$

ここで，① に $x = \dfrac{\sqrt{3}}{2}$ を代入すると $\dfrac{\sqrt{3}}{2} = \cos y$ $(0 \leqq y \leqq \pi)$

これを満たす y の値は $y = \dfrac{\pi}{6}$

したがって $f''\left(\dfrac{\sqrt{3}}{2}\right) = -\dfrac{\cos\dfrac{\pi}{6}}{\sin^3\dfrac{\pi}{6}} = -\dfrac{\dfrac{\sqrt{3}}{2}}{\left(\dfrac{1}{2}\right)^3} = -4\sqrt{3}$

←逆関数の微分
$\dfrac{dy}{dx} = \dfrac{1}{\dfrac{dx}{dy}}$

←$\dfrac{\sqrt{3}}{2} = \cos y$ $(0 \leqq y \leqq \pi)$ のとき，
$\sin y = \sqrt{1-\cos^2 y} = \dfrac{1}{2}$
として，$\dfrac{d^2y}{dx^2} = -\dfrac{\cos y}{\sin^3 y}$ に代入してもよい。

指針 223 〈媒介変数表示と第2次導関数〉

$\dfrac{dy}{dx} = \dfrac{\dfrac{dy}{d\theta}}{\dfrac{dx}{d\theta}}$ であるから，まず，$\dfrac{dx}{d\theta}$，$\dfrac{dy}{d\theta}$ を求める。また，$\dfrac{dy}{dx}$ は θ の関数となるから

$\dfrac{d^2y}{dx^2} = \dfrac{d}{dx}\left(\dfrac{dy}{dx}\right) = \dfrac{d}{d\theta}\left(\dfrac{dy}{dx}\right) \cdot \dfrac{d\theta}{dx} = \dfrac{d}{d\theta}\left(\dfrac{dy}{dx}\right) \cdot \dfrac{1}{\dfrac{dx}{d\theta}}$

(1) $\dfrac{dx}{d\theta} = \sin\theta$, $\dfrac{dy}{d\theta} = 1 - \cos\theta$

よって $\dfrac{dy}{dx} = \dfrac{\dfrac{dy}{d\theta}}{\dfrac{dx}{d\theta}} = \dfrac{1-\cos\theta}{\sin\theta}$

また $\dfrac{d^2y}{dx^2} = \dfrac{d}{dx}\left(\dfrac{dy}{dx}\right) = \dfrac{d}{dx}\left(\dfrac{1-\cos\theta}{\sin\theta}\right) = \dfrac{d}{d\theta}\left(\dfrac{1-\cos\theta}{\sin\theta}\right) \cdot \dfrac{1}{\dfrac{dx}{d\theta}}$

$\qquad = \dfrac{\sin\theta\sin\theta - (1-\cos\theta)\cos\theta}{\sin^2\theta} \cdot \dfrac{1}{\sin\theta} = \dfrac{1-\cos\theta}{\sin^3\theta}$

(2) $\cos\theta = 2\cos^2\dfrac{\theta}{2} - 1 = \dfrac{2}{1+\tan^2\dfrac{\theta}{2}} - 1 = -\dfrac{3}{5}$

←$\dfrac{d^2y}{dx^2} = \dfrac{\dfrac{d^2y}{d\theta^2}}{\dfrac{d^2x}{d\theta^2}}$ としてはいけない。

←$\tan\dfrac{\theta}{2} = 2$ から，$\cos\theta$，$\sin\theta$ の値を求める。2倍角の公式を利用。

数学重要問題集（理系） 205

$$\tan\theta = \frac{2\tan\frac{\theta}{2}}{1-\tan^2\frac{\theta}{2}} = -\frac{4}{3}$$ であるから $$\sin\theta = \cos\theta\tan\theta = \frac{4}{5}$$

よって $$\frac{dy}{dx} = \frac{1-\left(-\frac{3}{5}\right)}{\frac{4}{5}} = 2, \quad \frac{d^2y}{dx^2} = \frac{1-\left(-\frac{3}{5}\right)}{\left(\frac{4}{5}\right)^3} = \frac{25}{8}$$

指針 224 〈微分係数の定義と微分可能性〉

微分係数の定義 $f'(a) = \lim\limits_{h\to 0} \dfrac{f(a+h)-f(a)}{h}$

微分可能性

  $f(x)$ は $x=a$ で微分可能 $\iff \lim\limits_{h\to +0} \dfrac{f(a+h)-f(a)}{h} = \lim\limits_{h\to -0} \dfrac{f(a+h)-f(a)}{h}$ （=有限値）

---

(1) $f(x)$ の $x=a$ における微分係数は
$$f'(a) = \lim_{h\to 0}\frac{f(a+h)-f(a)}{h} = \lim_{h\to 0}\frac{(a+h)^4-a^4}{h}$$
$$= \lim_{h\to 0}\frac{4a^3h+6a^2h^2+4ah^3+h^4}{h}$$
$$= \lim_{h\to 0}(4a^3+6a^2h+4ah^2+h^3) = \boldsymbol{4a^3}$$

←二項定理により
$(a+h)^4 = a^4+4a^3h+6a^2h^2$
$\qquad\qquad +4ah^3+h^4$

(2) $\lim\limits_{h\to +0}\dfrac{g(0+h)-g(0)}{h} = \lim\limits_{h\to +0}\dfrac{|h|\sqrt{h^2+1}-0}{h} = \lim\limits_{h\to +0}\dfrac{h\sqrt{h^2+1}}{h}$
$$= \lim_{h\to +0}(\sqrt{h^2+1}) = 1$$

←h で約分する。

$\lim\limits_{h\to -0}\dfrac{g(0+h)-g(0)}{h} = \lim\limits_{h\to -0}\dfrac{|h|\sqrt{h^2+1}-0}{h} = \lim\limits_{h\to -0}\dfrac{-h\sqrt{h^2+1}}{h}$
$$= \lim_{h\to -0}(-\sqrt{h^2+1}) = -1$$

$\lim\limits_{h\to +0}\dfrac{g(0+h)-g(0)}{h} \neq \lim\limits_{h\to -0}\dfrac{g(0+h)-g(0)}{h}$ であるから,

$\lim\limits_{h\to 0}\dfrac{g(0+h)-g(0)}{h}$ は存在しない。

よって，$g(x)$ は $x=0$ で微分可能ではない。

指針 225 〈不等式から微分係数を求める〉

$1+2x-3x^2 \leqq f(x) \leqq 1+2x+3x^2$ のように，$f(x)$ が2つの多項式で両側から挟まれていることから，はさみうちの原理を使って微分係数を求める方針が思いつく。

$1+2x-3x^2 \leqq f(x) \leqq 1+2x+3x^2$ に $x=0$ を代入すると
  $1 \leqq f(0) \leqq 1$ よって $f(0) = 1$
ゆえに $2x-3x^2 \leqq f(x)-f(0) \leqq 2x+3x^2$ ……①
$x>0$ のとき，①の各辺を x で割ると
$$2-3x \leqq \frac{f(x)-f(0)}{x-0} \leqq 2+3x$$
$\lim\limits_{x\to +0}(2-3x) = \lim\limits_{x\to +0}(2+3x) = 2$ であるから，はさみうちの原理により

←$f'(0) = \lim\limits_{x\to 0}\dfrac{f(x)-f(0)}{x-0}$
であるから，$\dfrac{f(x)-f(0)}{x-0}$
を不等式で評価することを考える。

206 数学重要問題集（理系）

$$\lim_{x \to +0} \frac{f(x)-f(0)}{x-0} = 2 \quad \cdots\cdots ②$$

また，$x<0$ のとき，① の各辺を x で割ると

$$2+3x \leqq \frac{f(x)-f(0)}{x-0} \leqq 2-3x$$

← $x<0$ から，各辺を x で割ると不等号の向きが変わることに注意。

$\lim\limits_{x \to -0}(2+3x) = \lim\limits_{x \to -0}(2-3x) = 2$ であるから，はさみうちの原理により

$$\lim_{x \to -0} \frac{f(x)-f(0)}{x-0} = 2 \quad \cdots\cdots ③$$

②，③ から $\quad f'(0) = \lim\limits_{x \to 0} \dfrac{f(x)-f(0)}{x-0} = \mathbf{2}$

指針 226 〈関数方程式と微分係数〉

(2) $f'(-x) = f'(x)$ であることを示す。

(3) $u = \dfrac{u+v}{2} + \dfrac{u-v}{2}$, $v = \dfrac{u+v}{2} - \dfrac{u-v}{2}$ であることに着目する。

(4) $\lim\limits_{h \to 0} \dfrac{f'(x+h)-f'(x)}{h}$ が有限確定値 $-f(x)$ をとることを示す。

$$\begin{aligned}
f(-x) &= -f(x) & \cdots\cdots ① \\
\{f(x)\}^2 + \{f'(x)\}^2 &= 1 & \cdots\cdots ② \\
f'(x+y) &= f'(x)f'(y) - f(x)f(y) & \cdots\cdots ③ \\
f'(0) &= 1 & \cdots\cdots ④
\end{aligned}$$
とする。

(1) ① に $x=0$ を代入すると $\quad f(0) = -f(0)$
よって $\quad f(0) = \mathbf{0}$

(2) $f'(-x) = f'(x)$ であることを示す。
① の両辺を微分すると $\quad f'(-x) \cdot (-x)' = -f'(x)$
すなわち $\quad f'(-x) = f'(x)$
よって，$f'(x)$ は偶関数である。

(3) $f'(u) = f'\left(\dfrac{u+v}{2} + \dfrac{u-v}{2}\right)$, $f'(v) = f'\left(\dfrac{u+v}{2} - \dfrac{u-v}{2}\right)$

ゆえに，③ から

$$f'(u) = f'\left(\dfrac{u+v}{2}\right)f'\left(\dfrac{u-v}{2}\right) - f\left(\dfrac{u+v}{2}\right)f\left(\dfrac{u-v}{2}\right),$$

$$f'(v) = f'\left(\dfrac{u+v}{2}\right)f'\left(-\dfrac{u-v}{2}\right) - f\left(\dfrac{u+v}{2}\right)f\left(-\dfrac{u-v}{2}\right)$$

$$= f'\left(\dfrac{u+v}{2}\right)f'\left(\dfrac{u-v}{2}\right) + f\left(\dfrac{u+v}{2}\right)f\left(\dfrac{u-v}{2}\right)$$

したがって $\quad f'(u) - f'(v) = -2f\left(\dfrac{u+v}{2}\right)f\left(\dfrac{u-v}{2}\right)$

(4) ④ から $\quad \lim\limits_{h \to 0} \dfrac{f(0+h)-f(0)}{h} = 1$

(1) より $f(0)=0$ であるから $\quad \lim\limits_{h \to 0} \dfrac{f(h)}{h} = 1 \quad \cdots\cdots ⑤$

← ② に $x=0$ を代入しても求められる。

← 関数 $f(x)$ において
常に $f(-x) = f(x)$
$\iff f(x)$ は偶関数
常に $f(-x) = -f(x)$
$\iff f(x)$ は奇関数
また，$f(-x)$ の微分は合成関数の微分法
$\dfrac{dy}{dx} = \dfrac{dy}{du} \cdot \dfrac{du}{dx}$
を用いる。

← (2) から
$f'\left(-\dfrac{u-v}{2}\right) = f'\left(\dfrac{u-v}{2}\right)$
① から
$f\left(-\dfrac{u-v}{2}\right) = -f\left(\dfrac{u-v}{2}\right)$

数学重要問題集（理系） **207**

(3) から　　　$\displaystyle\lim_{h\to 0}\frac{f'(x+h)-f'(x)}{h}=\lim_{h\to 0}\frac{-2f\left(x+\dfrac{h}{2}\right)f\left(\dfrac{h}{2}\right)}{h}$

$\displaystyle\qquad\qquad\qquad\qquad\qquad\qquad =\lim_{h\to 0}\left\{-f\left(x+\dfrac{h}{2}\right)\dfrac{f\left(\dfrac{h}{2}\right)}{\dfrac{h}{2}}\right\}$

◀(3) で示した式に
　$u=x+h$, $v=x$
をそれぞれ代入する。

◀$\displaystyle\lim_{h\to 0}f\left(x+\dfrac{h}{2}\right)=f(x)$,
　$\displaystyle\lim_{h\to 0}\dfrac{f\left(\dfrac{h}{2}\right)}{\dfrac{h}{2}}=1$

よって，⑤ から　　$\displaystyle\lim_{h\to 0}\frac{f'(x+h)-f'(x)}{h}=-f(x)$

したがって，$f'(x)$ には導関数が存在し，微分可能である。
また，$f''(x)=-f(x)$ である。

指針 227 〈ライプニッツの公式〉

(2) 数学的帰納法で示す。$n=k$ ($k=1$, 2, 3, ……) の場合の公式から両辺を x で微分して $F^{(k+1)}(x)$ を求める。このとき，$f^{(k+1-j)}(x)g^{(j)}(x)$ ($j=1$, ……, k) の係数が ${}_k\mathrm{C}_{j-1}+{}_k\mathrm{C}_j$ になるから，これが ${}_{k+1}\mathrm{C}_j$ に等しいことを示す。

(1)　$\displaystyle\{f(x)g(x)\}'=\lim_{h\to 0}\frac{f(x+h)g(x+h)-f(x)g(x)}{h}$

$\displaystyle\qquad\qquad\qquad =\lim_{h\to 0}\left\{\frac{f(x+h)-f(x)}{h}\cdot g(x+h)+f(x)\cdot\frac{g(x+h)-g(x)}{h}\right\}$

$g(x)$ は実数全体で微分可能であるから，実数全体で連続である。
よって　　$\displaystyle\lim_{h\to 0}g(x+h)=g(x)$

これと　$\displaystyle\lim_{h\to 0}\frac{f(x+h)-f(x)}{h}=f'(x)$，$\displaystyle\lim_{h\to 0}\frac{g(x+h)-g(x)}{h}=g'(x)$

◀導関数の定義

により　　$\{f(x)g(x)\}'=f'(x)g(x)+f(x)g'(x)$

(2) 示すべき公式を ① とおく。
　[1]　$n=1$ のとき
　　(1) から　$F^{(1)}(x)=f'(x)g(x)+f(x)g'(x)$
　　また
　　$\displaystyle\sum_{j=0}^{1}{}_1\mathrm{C}_j f^{(1-j)}(x)g^{(j)}(x)={}_1\mathrm{C}_0 f^{(1-0)}(x)g^{(0)}(x)+{}_1\mathrm{C}_1 f^{(1-1)}(x)g^{(1)}(x)$
　　$\qquad\qquad\qquad\qquad\qquad =f'(x)g(x)+f(x)g'(x)$
　　よって，① は成り立つ。
　[2]　$n=k$ ($k=1$, 2, 3, ……) のとき
　　① が成り立つ，すなわち
　　　$\displaystyle F^{(k)}(x)=\sum_{j=0}^{k}{}_k\mathrm{C}_j f^{(k-j)}(x)g^{(j)}(x)$　……②
　　が成り立つと仮定する。
　　② の両辺を x で微分すると
　　　$\displaystyle F^{(k+1)}(x)=\sum_{j=0}^{k}{}_k\mathrm{C}_j\{f^{(k-j)}(x)g^{(j)}(x)\}'$　……③

◀$F^{(k+1)}(x)=\{F^{(k)}(x)\}'$

　　(1) から
　　　$\{f^{(k-j)}(x)g^{(j)}(x)\}'=f^{(k+1-j)}(x)g^{(j)}(x)+f^{(k-j)}(x)g^{(j+1)}(x)$

よって，③ の右辺は $f^{(k+1-j)}(x)g^{(j)}(x)$ $(j=0, 1, \ldots, k+1)$ の項で表され，係数を a_j とすると
$$a_0 = {}_k C_0 = 1 = {}_{k+1} C_0, \quad a_{k+1} = {}_k C_k = 1 = {}_{k+1} C_{k+1}$$
また，$j=1, \ldots, k$ のとき $\quad a_j = {}_k C_{j-1} + {}_k C_j$

X を含む異なる $(k+1)$ 個から j 個選ぶとき，X が選ばれる方法が ${}_k C_{j-1}$ 通り，X が選ばれない方法が ${}_k C_j$ 通りあり，合わせて ${}_{k+1} C_j$ 通りある。

よって $\quad a_j = {}_{k+1} C_j$

← 場合の数における和の法則

ゆえに $F^{(k+1)}(x) = \sum_{j=0}^{k+1} {}_{k+1} C_j f^{(k+1-j)}(x)g^{(j)}(x)$ となり，① は $n=k+1$ のときにも成り立つ。

[1], [2] から，数学的帰納法により，① はすべての自然数 n に対して成り立つ。

18 微分法の応用

指針 228 〈2つの曲線の交点における接線〉

2 つの曲線 $y=f(x), y=g(x)$ の交点における接線が直交するとき，交点の x 座標を t とすると $\quad f'(t) \times g'(t) = -1$

$f(x) = x^3 - 5x, \ g(x) = ax^2 - 5x$ とする。
$x^3 - 5x = ax^2 - 5x$ とすると $\quad x^2(x-a) = 0 \quad$ よって $\quad x = 0, \ a$
2 つの曲線は 2 つの交点をもつから $\quad a \neq 0$
ここで $\quad f'(x) = 3x^2 - 5, \ g'(x) = 2ax - 5$
$f'(0) = -5, \ g'(0) = -5$ であるから，点 $(0, 0)$ における各接線は直交しない。
ゆえに $\quad f'(a) \times g'(a) = -1 \quad$ よって $\quad (3a^2-5)(2a^2-5) = -1$
すなわち $\quad 6a^4 - 25a^2 + 26 = 0 \quad$ ゆえに $\quad (a^2-2)(6a^2-13) = 0$
よって $\quad a = \pm\sqrt{2}, \ \pm\dfrac{\sqrt{78}}{6} \quad$ これらは $a \neq 0$ を満たす。

したがって，求める a の値は $\quad a = \pm\sqrt{2}, \ \pm\dfrac{\sqrt{78}}{6}$

← 曲線 $y=f(x), y=g(x)$ の接線の傾き。

← 2 本の直線が直交 $\iff$ (傾きの積)$=-1$

← $a \neq 0$ であることを必ず確認する。

指針 229 〈4次関数のグラフ上の2点で接する直線〉

求める直線の方程式を $y = ax+b$ とおき，2 つの方程式から y を消去して x の 4 次方程式を作る。異なる 2 点で接するから，その接点の x 座標を $\alpha, \beta \ (\alpha < \beta)$ とすると，この 4 次方程式は $4(x-\alpha)^2(x-\beta)^2 = 0$ の形にも表される。

曲線 $y = 4x^4 - 12x^3 + 13x^2 + 7x + 18$ を C，求める直線を $\ell : y = ax+b$ とおく。
これらの式から y を消去すると
$$4x^4 - 12x^3 + 13x^2 + 7x + 18 = ax+b$$
すなわち $\quad 4x^4 - 12x^3 + 13x^2 + (7-a)x + (18-b) = 0 \quad \cdots\cdots ①$

曲線 C と直線 ℓ が異なる 2 点で接するから，その接点の x 座標を α, β $(\alpha < \beta)$ とする。
このとき，4 次方程式 ① は $4(x-\alpha)^2(x-\beta)^2 = 0$ と表される。
左辺を展開し，整理すると
$$4x^4 - 8(\alpha+\beta)x^3 + 4(\alpha^2+4\alpha\beta+\beta^2)x^2 - 8\alpha\beta(\alpha+\beta)x + 4\alpha^2\beta^2 = 0$$
この方程式の左辺と ① の左辺の各項の係数を比較すると
$-8(\alpha+\beta) = -12$ ……②, $4(\alpha^2+4\alpha\beta+\beta^2) = 13$ ……③
$-8\alpha\beta(\alpha+\beta) = 7-a$ ……④, $4\alpha^2\beta^2 = 18-b$ ……⑤

② より $\alpha + \beta = \dfrac{3}{2}$

③ より $(\alpha+\beta)^2 + 2\alpha\beta = \dfrac{13}{4}$ よって $\alpha\beta = \dfrac{1}{2}$

これらを ④, ⑤ に代入すると
$$-8 \cdot \dfrac{1}{2} \cdot \dfrac{3}{2} = 7-a, \quad 4 \cdot \left(\dfrac{1}{2}\right)^2 = 18-b$$
よって $a = 13$, $b = 17$
したがって，求める直線の方程式は $y = {}^{\mathcal{P}}13x + {}^{\mathcal{A}}17$

[参考] $\alpha + \beta = \dfrac{3}{2}$, $\alpha\beta = \dfrac{1}{2}$ から α, β は 2 次方程式 $t^2 - \dfrac{3}{2}t + \dfrac{1}{2} = 0$

すなわち $2t^2 - 3t + 1 = 0$ の解である。これを解くと $t = \dfrac{1}{2}$, 1

よって，接点の x 座標は $x = \dfrac{1}{2}$, $x = 1$ である。

← $4\{(x-\alpha)(x-\beta)\}^2 = 0$ として展開するとよい。

← 恒等式の係数比較法を用いている。

← $\alpha + \beta = \dfrac{3}{2}$ を代入すると $2\alpha\beta = \dfrac{13}{4} - \dfrac{9}{4} = 1$

指針 230 〈増減，極値，漸近線，グラフの概形〉

$\lim\limits_{x \to \infty}\{f(x)-(ax+b)\} = 0$ または $\lim\limits_{x \to -\infty}\{f(x)-(ax+b)\} = 0$ $\Longrightarrow$ 直線 $y = ax+b$ は漸近線

(1) $\lim\limits_{x \to \infty} \dfrac{f(x)}{x} = \lim\limits_{x \to \infty} \dfrac{x}{\sqrt{x^2+6x+10}} = \lim\limits_{x \to \infty} \dfrac{1}{\sqrt{1+\dfrac{6}{x}+\dfrac{10}{x^2}}} = 1$

(2) (1)より，$a = 1$ であるから
$$\lim\limits_{x \to \infty}\{f(x)-ax\} = \lim\limits_{x \to \infty}\left(\dfrac{x^2}{\sqrt{x^2+6x+10}} - x\right)$$
$$= \lim\limits_{x \to \infty} \dfrac{x(x-\sqrt{x^2+6x+10})}{\sqrt{x^2+6x+10}}$$
$$= \lim\limits_{x \to \infty} \dfrac{x(x-\sqrt{x^2+6x+10})(x+\sqrt{x^2+6x+10})}{\sqrt{x^2+6x+10}(x+\sqrt{x^2+6x+10})}$$
$$= \lim\limits_{x \to \infty} \dfrac{-6x^2-10x}{\sqrt{x^2+6x+10}(x+\sqrt{x^2+6x+10})}$$
$$= \lim\limits_{x \to \infty} \dfrac{-6-\dfrac{10}{x}}{\sqrt{1+\dfrac{6}{x}+\dfrac{10}{x^2}}\left(1+\sqrt{1+\dfrac{6}{x}+\dfrac{10}{x^2}}\right)}$$
$$= \dfrac{-6}{2} = -3$$

← 分子の有理化

(3) $f'(x) = \dfrac{2x\sqrt{x^2+6x+10} - x^2 \cdot \dfrac{2x+6}{2\sqrt{x^2+6x+10}}}{x^2+6x+10}$

$= \dfrac{2x(x^2+6x+10) - x^2(x+3)}{(x^2+6x+10)^{\frac{3}{2}}} = \dfrac{x(x+4)(x+5)}{(x^2+6x+10)^{\frac{3}{2}}}$

$f'(x) = 0$ とすると $x = 0, -4, -5$

$f(x)$ の増減表は次のようになる。

x	…	-5	…	-4	…	0	…
$f'(x)$	$-$	0	$+$	0	$-$	0	$+$
$f(x)$	↘	極小 $5\sqrt{5}$	↗	極大 $8\sqrt{2}$	↘	極小 0	↗

よって，$f(x)$ は $x = -5$ で極小値 $5\sqrt{5}$，$x = -4$ で極大値 $8\sqrt{2}$，$x = 0$ で極小値 0 をとる。

また，(2) より $\displaystyle\lim_{x \to \infty}\{f(x) - (x-3)\} = 0$

よって，直線 $y = x - 3$ は曲線 C の漸近線である。

$x \to -\infty$ のとき，$t = -x$ とすると，(1)，(2) と同様に考えて

$\displaystyle\lim_{x \to -\infty} \dfrac{f(x)}{x} = \lim_{x \to -\infty} \dfrac{x}{\sqrt{x^2+6x+10}} = \lim_{t \to \infty} \dfrac{-t}{\sqrt{t^2-6t+10}} = -1$

$\displaystyle\lim_{x \to -\infty}\{f(x) - (-x)\}$

$= \displaystyle\lim_{x \to -\infty}\left(\dfrac{x^2}{\sqrt{x^2+6x+10}} + x\right) = \lim_{t \to \infty}\left(\dfrac{t^2}{\sqrt{t^2-6t+10}} - t\right)$

$= \displaystyle\lim_{t \to \infty} \dfrac{6t^2 - 10t}{\sqrt{t^2-6t+10}\,(t + \sqrt{t^2-6t+10})}$

$= \displaystyle\lim_{t \to \infty} \dfrac{6 - \dfrac{10}{t}}{\sqrt{1-\dfrac{6}{t}+\dfrac{10}{t^2}}\left(1 + \sqrt{1-\dfrac{6}{t}+\dfrac{10}{t^2}}\right)} = \dfrac{6}{2} = 3$

←$\displaystyle\lim_{x \to \infty}\{f(x) - (x-3)\}$
$= \displaystyle\lim_{x \to \infty}\{(f(x) - x) + 3\}$
$= -3 + 3 = 0$

したがって

$\displaystyle\lim_{x \to -\infty}\{f(x) - (-x+3)\} = 0$

よって，直線 $y = -x + 3$ は曲線 C の漸近線である。

以上から，曲線 C の概形は右の図のようになる。

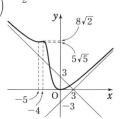

指針 231 〈極値から係数決定〉

(3) $x = 1$ で極小値 $-2 \implies f'(1) = 0, f(1) = -2$

しかし，$f'(1) = 0$ であるからといって，$x = 1$ で極小になるとは限らない。そこで，解答の「逆に」以降のように，題意に適する ($x = 1$ で極小になる) ことの確認を行う。

(1) $f'(x) = \dfrac{(2ax+b) \cdot (2x^2+1) - (ax^2+bx) \cdot 4x}{(2x^2+1)^2}$

$= \dfrac{-2bx^2 + 2ax + b}{(2x^2+1)^2}$

←$\left(\dfrac{u}{v}\right)' = \dfrac{u'v - uv'}{v^2}$

(2) $\displaystyle\lim_{x\to\infty} f(x) = \lim_{x\to\infty} \frac{ax^2+bx}{2x^2+1} = \lim_{x\to\infty} \frac{a+\dfrac{b}{x}}{2+\dfrac{1}{x^2}} = \dfrac{a}{2}$

　←分母の極限が有限な値となるように分母と分子を x^2 で割る。

(3) $f(x)$ が $x=1$ で極小値 -2 をとるための必要条件は
$$f'(1)=0, \quad f(1)=-2$$

$f'(1)=0$ から　　$\dfrac{2a-b}{9}=0$　　よって　$b=2a$　……①

$f(1)=-2$ から　$\dfrac{a+b}{3}=-2$　　よって　$a+b=-6$　……②

①, ② を解くと　$a=-2,\ b=-4$

逆に, $a=-2,\ b=-4$ のとき
$$f(x)=\dfrac{-2x^2-4x}{2x^2+1},\quad f'(x)=\dfrac{8x^2-4x-4}{(2x^2+1)^2}=\dfrac{4(2x+1)(x-1)}{(2x^2+1)^2}$$

よって, $f(x)$ の増減表は, 右のようになる。

ゆえに, $f(x)$ は $x=1$ で極小値 -2 をとる。

したがって　$\boldsymbol{a=-2,\ b=-4}$

　←$f(x)$ は微分可能であるから
　　$x=1$ で極値をもつ
　　　$\implies f'(1)=0$

　←$a=-2,\ b=-4$ は必要条件から求められたので, このとき題意を満たす ($x=1$ で極小になる) かどうかの確認をしなければならない。

x	$\cdots$	$-\dfrac{1}{2}$	$\cdots$	1	$\cdots$
$f'(x)$	$+$	0	$-$	0	$+$
$f(x)$	↗	極大 1	↘	極小 -2	↗

(4) (3) の増減表より, $f(x)$ は $x=-\dfrac{1}{2}$ で極大値 1 をとる。

指針 232 〈3 次方程式が異なる 3 つの実数解をもつ条件〉

3 次方程式 $f(x)=0$ が相異なる 3 つの実数解をもつのは, $f(x)$ が極大値と極小値をもち, (極大値)×(極小値)<0 となるときである。2 次方程式 $f'(x)=0$ の判別式を D とすると, $D>0$ ならば $y=f(x)$ は極大値と極小値をもつ。

(1) $f(x)=x^3-3x^2-3kx-1$ から
$$f'(x)=3x^2-6x-3k$$
$f(x)$ を $f'(x)$ で割ると, 右のようになる。

よって　商は　　$\dfrac{1}{3}x-\dfrac{1}{3}$

　　　　余りは　　$-2(k+1)x-k-1$

$$\begin{array}{r}\dfrac{1}{3}x-\dfrac{1}{3}\\ 3x^2-6x-3k\overline{)x^3-3x^2-3kx-1}\\ \underline{x^3-2x^2-kx}\\ -x^2-2kx-1\\ \underline{-x^2+2x+k}\\ -2(k+1)x-k-1\end{array}$$

(2) (1) から　$f(x)=(3x^2-6x-3k)\left(\dfrac{1}{3}x-\dfrac{1}{3}\right)-2(k+1)x-k-1$
$$=(x^2-2x-k)(x-1)-2(k+1)x-k-1$$

条件より, $x=\alpha,\ \beta$ は 2 次方程式 $f'(x)=0$ すなわち $x^2-2x-k=0$ の解であるから

$$f(\alpha)=-2(k+1)\alpha-k-1,\quad f(\beta)=-2(k+1)\beta-k-1$$

よって　$f(\alpha)f(\beta)=4(k+1)^2\alpha\beta+2(k+1)^2(\alpha+\beta)+(k+1)^2$
$$=(k+1)^2\{2(\alpha+\beta)+4\alpha\beta+1\}$$

ここで, 2 次方程式 $x^2-2x-k=0$ の解と係数の関係より
$\alpha+\beta=2,\ \alpha\beta=-k$ であるから
$$\boldsymbol{f(\alpha)f(\beta)}=(k+1)^2(2\cdot 2-4k+1)=\boldsymbol{-(k+1)^2(4k-5)}$$

　←$\alpha^2-2\alpha-k=0,$
　　$\beta^2-2\beta-k=0$

　←$\alpha+\beta,\ \alpha\beta$ の式で表す。

(3) 2次方程式 $f'(x)=0$ すなわち $x^2-2x-k=0$ の判別式を D と

すると　　$\dfrac{D}{4}=(-1)^2-1\cdot(-k)=k+1$

よって，$k>0$ のとき $D>0$ であるから，3次関数 $y=f(x)$ は極大値と極小値をもつ。

ゆえに，方程式 $f(x)=0$ が相異なる 3 つの実数解をもつのは，$f(\alpha)f(\beta)<0$ が成り立つときである。

よって，(2) から　　$-(k+1)^2(4k-5)<0$

ゆえに　$(k+1)^2(4k-5)>0$

$k>0$ より $(k+1)^2>0$ であるから　　$4k-5>0$

したがって　　$k>\dfrac{5}{4}$　　これは $k>0$ を満たす。

← $f'(x)=0$ は異なる 2 つの実数解をもつ。

233 〈図形の計量と最大値〉

(1) 立体に内接する球の半径は，球の中心を通る平面で切った断面で考える。
円錐の頂点，底面の円の中心，球の中心を通る平面で切ると，断面では二等辺三角形に円が内接している。

三角形の内接円の半径を r とすると，三角形の面積は　$\dfrac{1}{2}r\times(3\text{辺の長さの和})$

(2) 関数の最大値を求めるには，変数のとる値の範囲に注意して増減表を利用する。

(1) 円錐の頂点を A，底面の円の中心を D，球の中心を O とすると，点 A, O, D は一直線上にある。
この 3 点を通る平面で円錐を切ったときの断面は，右の図のようになり，△ABC において　　BC＝2×DC＝2

　　AB＝AC＝l

　　AD＝$\sqrt{AC^2-DC^2}=\sqrt{l^2-1}$

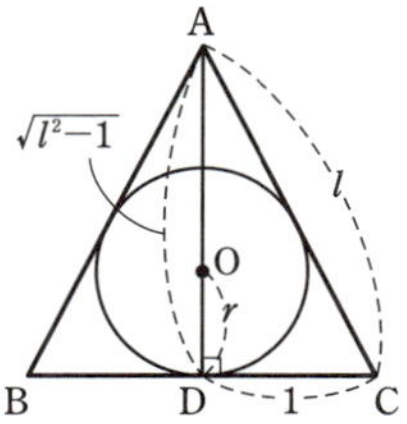

△ABC の面積を 2 通りに表すと　　$\dfrac{1}{2}r(l+l+2)=\sqrt{l^2-1}$

よって　　$r=\dfrac{\sqrt{l^2-1}}{l+1}=\sqrt{\dfrac{l-1}{l+1}}$

(2) S の表面積は　　$4\pi r^2=4\pi\left(\sqrt{\dfrac{l-1}{l+1}}\right)^2=\dfrac{4\pi(l-1)}{l+1}$　……①

円錐の展開図における扇形の中心角を θ ラジアンとする。
扇形の弧の長さと，底面の円周の長さは等しいから　　$l\theta=2\pi\cdot 1=2\pi$

ゆえに，この扇形の面積は

　　$\dfrac{1}{2}l\theta\cdot l=\dfrac{1}{2}\cdot 2\pi\cdot l=\pi l$

よって，V の表面積は

　　$\pi l+\pi\cdot 1^2=\pi(l+1)$　……②

←△ABC の面積は
$\dfrac{1}{2}r(AB+BC+CA)$
（r は内接円の半径）
この公式を使うために，3 辺の長さを求めている。

←$\dfrac{\sqrt{l^2-1}}{l+1}$
$=\sqrt{\dfrac{(l+1)(l-1)}{(l+1)^2}}$

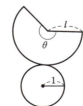

←弧度法を用いると，扇形の弧の長さは
　（半径）×（中心角）
面積は
　$\dfrac{1}{2}\times(\text{弧の長さ})\times(\text{半径})$

①, ② から $\dfrac{S \text{の表面積}}{V \text{の表面積}} = \dfrac{\dfrac{4\pi(l-1)}{l+1}}{\pi(l+1)} = \dfrac{4(l-1)}{(l+1)^2}$

$f(l) = \dfrac{4(l-1)}{(l+1)^2}$ とおくと

$$f'(l) = \dfrac{4(l+1)^2 - 4(l-1) \cdot 2(l+1)}{(l+1)^4} = \dfrac{4(3-l)}{(l+1)^3}$$

$f'(l) = 0$ とすると $l = 3$

l のとりうる値の範囲は $l > 1$ であり，$l > 1$ における $f(l)$ の増減表は右のようになる。

l	1	$\cdots$	3	$\cdots$
$f'(l)$		+	0	−
$f(l)$		↗	$\dfrac{1}{2}$	↘

← $\left(\dfrac{u}{v}\right)' = \dfrac{u'v - uv'}{v^2}$

←母線の長さ l は底面の半径 1 より大きいから $l > 1$

← $f(3) = \dfrac{4(3-1)}{(3+1)^2} = \dfrac{1}{2}$

よって，$\dfrac{S \text{の表面積}}{V \text{の表面積}}$ は $l = 3$ で最大値 $\dfrac{1}{2}$ をとる。

指針 234 〈3 次関数のグラフと異なる 3 点で交わる直線の存在〉

直線 $y = px + q$ が 3 次関数 $y = g(x)$ のグラフと異なる 3 点で交わる
$\iff$ 3 次方程式 $g(x) - (px + q) = 0$ が相異なる 3 つの実数解をもつ
$\iff$ 3 次関数 $f(x) = g(x) - (px + q)$ の極大値と極小値の符号が異なる
$\iff$ (極大値)×(極小値) < 0

(1) 点 P の座標を (a, b) とおく。

点 P を通る傾き m の直線 $y = m(x-a) + b$ と曲線 C の共有点の x 座標は，方程式

$$x^3 - x = m(x-a) + b$$

すなわち $x^3 - (m+1)x + am - b = 0$ ……①

の実数解である。

① が相異なる 3 つの実数解をもつとき，直線 ℓ と曲線 C は相異なる 3 点で交わるから，任意の実数 a, b に対して，① が相異なる 3 つの実数解をもつような m が存在することを示す。

① の左辺を $f(x)$ とおくと $f'(x) = 3x^2 - (m+1)$

$m > -1$ のとき，$\alpha = \sqrt{\dfrac{m+1}{3}}$ とおくと，$f'(x) = 0$ の解は $x = \pm\alpha$ と表せる。

このとき，$f(x)$ の増減表は右のようになる。ここで，x の多項式 $f(x)$ を $f'(x)$ で割ると，商は $\dfrac{1}{3}x$，余りは $-\dfrac{2}{3}(m+1)x + am - b$ であるから

x	$\cdots$	$-\alpha$	$\cdots$	α	$\cdots$
$f'(x)$	+	0	−	0	+
$f(x)$	↗	極大	↘	極小	↗

$$f(x) = f'(x) \cdot \dfrac{1}{3}x - \dfrac{2}{3}(m+1)x + am - b$$

$f'(\alpha) = f'(-\alpha) = 0$ であるから

$$f(\alpha) = -\frac{2}{3}(m+1)\alpha + am - b, \quad f(-\alpha) = \frac{2}{3}(m+1)\alpha + am - b$$

$f(x)$ は 3 次関数であるから，① が相異なる 3 つの実数解をもつための必要十分条件は $\quad f(\alpha)f(-\alpha) < 0$

すなわち $\quad \left\{-\frac{2}{3}(m+1)\alpha + am - b\right\}\left\{\frac{2}{3}(m+1)\alpha + am - b\right\} < 0$

よって $\quad -\frac{4}{9}(m+1)^2\alpha^2 + (am-b)^2 < 0$

$\alpha = \sqrt{\dfrac{m+1}{3}}$ を代入すると

$$-\frac{4}{27}(m+1)^3 + (am-b)^2 < 0 \quad \cdots\cdots ②$$

② の左辺は m の 3 次式で，m^3 の係数の符号は負である。
ゆえに，任意の実数 a, b に対して，m を十分に大きくとれば，② が成り立ち，① は相異なる 3 つの実数解をもつ。
したがって，座標平面上のすべての点Pが条件 (i) を満たす。

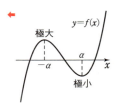

←② の左辺は，
$-m^3\left\{\dfrac{4}{27}\left(1+\dfrac{1}{m}\right)^3 - \dfrac{1}{m}\left(a-\dfrac{b}{m}\right)^2\right\}$
と表され，$m \to \infty$ のとき $-\infty$ に発散することからも説明できる。

指針 235 〈方程式の実数解の個数〉

$f(x) = a$ の形に変形して，$y = f(x)$ のグラフと直線 $y = a$ の共有点の問題に帰着。

$x = 3$ は方程式 $e^{-\frac{1}{4}x^2} = a(x-3)$ の解ではないから，両辺を $x-3$ で割って $\quad \dfrac{e^{-\frac{x^2}{4}}}{x-3} = a$

$f(x) = \dfrac{e^{-\frac{x^2}{4}}}{x-3}$ とすると $\quad f'(x) = \dfrac{-\dfrac{x}{2}e^{-\frac{x^2}{4}} \cdot (x-3) - e^{-\frac{x^2}{4}}}{(x-3)^2}$

$$= -\frac{(x-1)(x-2)}{2(x-3)^2}e^{-\frac{x^2}{4}}$$

$f'(x) = 0$ とすると $\quad x = 1, 2 \quad$ $f(x)$ の増減表は次のようになる。

x	$\cdots$	1	$\cdots$	2	$\cdots$	3	$\cdots$
$f'(x)$	$-$	0	$+$	0	$-$	/	$-$
$f(x)$	$\searrow$	$-\dfrac{1}{2}e^{-\frac{1}{4}}$	$\nearrow$	$-e^{-1}$	$\searrow$	/	$\searrow$

また $\quad \displaystyle\lim_{x \to 3-0} f(x) = -\infty, \quad \lim_{x \to 3+0} f(x) = \infty,$
$\displaystyle\lim_{x \to \pm\infty} f(x) = 0$

ゆえに，$y = f(x)$ のグラフは右の図のようになる。
与えられた方程式の異なる実数解の個数は，関数 $y = \dfrac{e^{-\frac{x^2}{4}}}{x-3}$ のグラフと直線 $y = a$ の共有点の個数に一致する。
したがって，異なる実数解の個数は

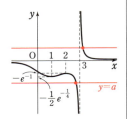

←$\displaystyle\lim_{x\to\pm\infty} e^{-\frac{x^2}{4}} = 0, \quad \lim_{x\to\pm\infty} \dfrac{1}{x-3} = 0$
より $\quad \displaystyle\lim_{x\to\pm\infty} \dfrac{e^{-\frac{x^2}{4}}}{x-3} = 0$

←直線 $y = a$ を上下に動かして，$y = f(x)$ のグラフとの共有点の個数を調べる。

$a=0$ のとき 0 個；
$a<-\dfrac{1}{2}e^{-\frac{1}{4}}$, $-e^{-1}<a<0$, $0<a$ のとき 1 個；
$a=-\dfrac{1}{2}e^{-\frac{1}{4}}$, $a=-e^{-1}$ のとき 2 個；
$-\dfrac{1}{2}e^{-\frac{1}{4}}<a<-e^{-1}$ のとき 3 個

指針 236 〈不等式の証明〉

$f(x)=\dfrac{x^2}{2}-(1-\cos x)$ とおき，$f(x)$ の増減を調べる。$f'(x)=x-\sin x$ だけではわからないので，さらに $f''(x)$ を調べる。

$f(x)=\dfrac{x^2}{2}-(1-\cos x)$ とおくと

$$f'(x)=x-\sin x,\ f''(x)=1-\cos x$$

$1-\cos x \geqq 0$ より $f''(x)\geqq 0$ であるから，$f'(x)$ は $x\geqq 0$ で単調に増加し

$$f'(x)\geqq f'(0)=0$$

よって，$f(x)$ は $x\geqq 0$ で単調に増加し　　$f(x)\geqq f(0)=0$

したがって　　$1-\cos x \leqq \dfrac{x^2}{2}$

また，$g(x)=1-\cos x-\left(\dfrac{x^2}{2}-\dfrac{x^4}{24}\right)$ とおくと

$$g'(x)=\sin x-\left(x-\dfrac{x^3}{6}\right),\ g''(x)=\cos x-\left(1-\dfrac{x^2}{2}\right)$$

$x\geqq 0$ において，$g''(x)=f(x)\geqq 0$ であるから，$g'(x)$ は単調に増加し

$$g'(x)\geqq g'(0)=0$$

よって，$g(x)$ は $x\geqq 0$ で単調に増加し　　$g(x)\geqq g(0)=0$

したがって　　$\dfrac{x^2}{2}-\dfrac{x^4}{24}\leqq 1-\cos x$

以上より　　$\dfrac{x^2}{2}-\dfrac{x^4}{24}\leqq 1-\cos x \leqq \dfrac{x^2}{2}$

←$\cos x \leqq 1$ であるから
$1-\cos x \geqq 0$
よって $f''(x)\geqq 0$

指針 237 〈不等式の成立条件〉

(3) $f'(x)=6(x-1)(x-a)$ から $f(x)$ の増減を調べるには，次のように場合分けをする。
　　[1] $0<a<1$ のとき　　[2] $a=1$ のとき　　[3] $a>1$ のとき
[2] の場合は，$f'(x)=6(x-1)^2\geqq 0$ となるから，$f(x)$ は単調に増加する。
$x\geqq 0$ において $f(x)\geqq 0$ となる　➡　$x\geqq 0$ における $f(x)$ の最小値が 0 以上

(1) $f'(x)=6x^2-6(a+1)x+6a$
(2) $a=0$ のとき　$f(x)=2x^3-3x^2,\ f'(x)=6x^2-6x=6x(x-1)$
　　$f'(x)=0$ とすると　　$x=0,\ 1$
　　$f(x)$ の増減表は次のようになる。

x	$\cdots$	0	$\cdots$	1	$\cdots$
$f'(x)$	$+$	0	$-$	0	$+$
$f(x)$	↗	極大	↘	極小	↗

$x=0$ のとき　極大値 $f(0)=0$
$x=1$ のとき　極小値 $f(1)=-1$
よって, 関数 $y=f(x)$ のグラフは右の図のようになる。

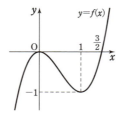

← $f(x)=x^2(2x-3)$

(3)　$f'(x)=6x^2-6(a+1)x+6a=6(x-1)(x-a)$
(2)の結果から, $a=0$ のときは不適。

[1]　**$0<a<1$ のとき**

$x\geqq 0$ における $f(x)$ の増減表は右のようになる。

x	0	$\cdots$	a	$\cdots$	1	$\cdots$
$f'(x)$		$+$	0	$-$	0	$+$
$f(x)$		↗	極大	↘	極小	↗

　$f(0)=a\geqq 0$
　$f(1)=2\cdot 1^3-3(a+1)\cdot 1^2+6a\cdot 1+a$
　　　$=4a-1$

← $f(0)$ も最小値の可能性があるので, その値を調べる必要がある。

よって, $x\geqq 0$ において $f(x)\geqq 0$ となるのは
　$4a-1\geqq 0$　すなわち　$a\geqq \dfrac{1}{4}$
のときである。これと $0\leqq a<1$ の共通範囲は
　$\dfrac{1}{4}\leqq a<1$

[2]　**$a=1$ のとき**
　$f'(x)=6(x-1)^2\geqq 0$
よって, $f(x)$ は単調に増加する。
$f(0)=1$ より, $x\geqq 0$ において $f(x)\geqq 1$ であり, $a=1$ は条件を満たす。

←最小値は $f(0)$ である。

[3]　**$a>1$ のとき**

$x\geqq 0$ における $f(x)$ の増減表は右のようになる。

x	0	$\cdots$	1	$\cdots$	a	$\cdots$
$f'(x)$		$+$	0	$-$	0	$+$
$f(x)$		↗	極大	↘	極小	↗

　$f(0)=a\geqq 0$
　$f(a)=2\cdot a^3-3(a+1)\cdot a^2+6a\cdot a+a$
　　　$=-a^3+3a^2+a$
　　　$=-a(a^2-3a-1)$

← $f(0)$ も最小値の可能性があるので, その値を調べる必要がある。

$a>0$ であるから, $x\geqq 0$ において $f(a)\geqq 0$ となるのは
　$a^2-3a-1\leqq 0$　すなわち　$\dfrac{3-\sqrt{13}}{2}\leqq a\leqq \dfrac{3+\sqrt{13}}{2}$
のときである。これと $a>1$ の共通範囲は
　$1<a\leqq \dfrac{3+\sqrt{13}}{2}$

[1], [2], [3] から, 求める a の値の範囲は
　$\dfrac{1}{4}\leqq a\leqq \dfrac{3+\sqrt{13}}{2}$

関数ツールで確認!!

指針 238 〈三角形の角と不等式〉

三角形の角度に関する条件から，辺の長さに関する不等式を示す。
⟹ 三角比を用いて，辺の長さを表す。
不等式 $f(x) > 0$ を示すとき，$y = f(x)$ の増減を調べる。

$\angle ABC = \theta$ とおくと　　$\angle ACB = n\theta$
$\theta > 0$ かつ $\theta + n\theta < \pi$ より

$$0 < \theta < \frac{\pi}{n+1}$$

正弦定理により　　$\dfrac{b}{\sin \theta} = \dfrac{c}{\sin n\theta}$

すなわち　　$c = \dfrac{\sin n\theta}{\sin \theta} b$

よって　　$nb - c = nb - \dfrac{\sin n\theta}{\sin \theta} b = \dfrac{n \sin \theta - \sin n\theta}{\sin \theta} b$

← 3点 A, B, C が三角形をなすためには $\theta > 0$ が必要であり，△ABC の2つの内角の和が 180° より小さくなることから，θ のとりうる値の範囲が定まる。

ここで，$0 < \theta < \dfrac{\pi}{n+1} < \pi$ であるから　$\sin \theta > 0$　また　$b > 0$

ゆえに，$n \sin \theta - \sin n\theta > 0$ を示す。

$f(\theta) = n \sin \theta - \sin n\theta \ \left(0 < \theta < \dfrac{\pi}{n+1}\right)$ とおくと

$$f'(\theta) = n \cos \theta - n \cos n\theta = n(\cos \theta - \cos n\theta)$$

ここで，n は 2 以上の自然数であるから　　$\theta < n\theta$

また，$0 < \theta < \dfrac{\pi}{n+1}$ より　　$0 < n\theta < \dfrac{n\pi}{n+1} < \pi$

ゆえに　　$\cos \theta - \cos n\theta > 0$　　すなわち　　$f'(\theta) > 0$

よって，$0 < \theta < \dfrac{\pi}{n+1}$ において $f(\theta)$ は単調に増加する。

また，$f(0) = 0$ であるから，$0 < \theta < \dfrac{\pi}{n+1}$ において　$f(\theta) > 0$

よって　　$nb - c > 0$　　したがって　　$c < nb$

← n は 2 以上の整数であるから　$\dfrac{\pi}{n+1} \leqq \dfrac{\pi}{3} < \pi$

← $\dfrac{n}{n+1} < 1$ より　$\dfrac{n\pi}{n+1} < \pi$

参考　$n \sin \theta - \sin n\theta > 0$ の証明には数学的帰納法を用いることもできる。

指針 239 〈方程式を満たす自然数の組〉

(2) 一般に，a^b と b^a の値を比較する問題では，関数 $f(x) = \dfrac{\log x}{x}$ において $f(a)$ と $f(b)$ の値を比較するとよい。

$a > 0,\ b > 0$ について　$\dfrac{\log a}{a} = \dfrac{\log b}{b} \iff \log a^b = \log b^a \iff a^b = b^a$

(1)　$f'(x) = \dfrac{\dfrac{1}{x} \cdot x - (\log x) \cdot 1}{x^2} = \dfrac{1 - \log x}{x^2}$

$f''(x) = \dfrac{-\dfrac{1}{x} \cdot x^2 - (1 - \log x) \cdot 2x}{x^4} = \dfrac{2 \log x - 3}{x^3}$

← $\left(\dfrac{u}{v}\right)' = \dfrac{u'v - uv'}{v^2}$

218　数学重要問題集（理系）

$f'(x)=0$ とすると　　$1-\log x=0$
よって　　$x=e$
$f''(x)=0$ とすると
　　　　$2\log x-3=0$
よって　　$x=e\sqrt{e}$
$f(x)$ の増減，曲線 $y=f(x)$
の凹凸は右の表のようになる。

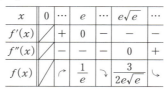

よって，関数 $f(x)$ は $x=e$ で極大値 $\dfrac{1}{e}$ をとる。

また，曲線 $y=f(x)$ の変曲点の座標
は $\left(e\sqrt{e},\ \dfrac{3}{2e\sqrt{e}}\right)$ である。
$\displaystyle\lim_{x\to+0}f(x)=-\infty,\ \lim_{x\to\infty}f(x)=0$ であ
るから，曲線 $y=f(x)$ の漸近線は
x 軸，y 軸である。
したがって，曲線 $y=f(x)$ の概形は
右の図のようになる。

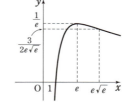

(2)　$m^n=n^m$ の両辺の自然対数をとると
　　　　　$\log m^n=\log n^m$
よって　　$n\log m=m\log n$
ゆえに　$\dfrac{\log m}{m}=\dfrac{\log n}{n}$
すなわち　$f(m)=f(n)$
$m<n$ であり，グラフの概形から，
m は $1<m<e$ を満たす。
m は自然数であるから　　$m=2$
ここで　　$f(4)=\dfrac{\log 4}{4}=\dfrac{\log 2}{2}$
となり，$f(2)=f(4)$ を満たす。
$f(x)$ は $x>e$ で単調に減少するから，$f(2)=f(n)$ を満たす 3 以
上の自然数 n は 4 のみである。
したがって，求める自然数の組は　　$m=2,\ n=4$

←$m^n>0,\ n^m>0$ に注意。

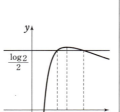

240 〈不等式の証明と不定形の極限〉

(1)　$f(x)=2\sqrt{x}-(\log x+2)$ とおき，$f(x)$ の増減を調べる。

(2)　$x\to\infty$ のとき $\dfrac{\log x}{x}$ の分母も分子も ∞ に発散する（不定形の極限）。そこで，(1) の不等
式とはさみうちの原理を利用して，間接的に極限値を求める。

(1)　$f(x)=2\sqrt{x}-(\log x+2)$ とする。
　$f'(x)=\dfrac{1}{\sqrt{x}}-\dfrac{1}{x}=\dfrac{\sqrt{x}-1}{x}$ であるから，$f'(x)=0$ とすると
　　$x=1$

よって，$x>0$ における $f(x)$ の増減表は右のようになる。

したがって，$x>0$ において $f(x) \geqq 0$ であるから　　$2\sqrt{x} \geqq \log x + 2$

(2) (1)より，$x>0$ のとき　　$\log x \leqq 2\sqrt{x} - 2$

よって，$x>1$ のとき　　$0 < \dfrac{\log x}{x} \leqq \dfrac{2\sqrt{x}-2}{x}$

$\displaystyle\lim_{x\to\infty} \dfrac{2\sqrt{x}-2}{x} = \lim_{x\to\infty}\left(\dfrac{2}{\sqrt{x}} - \dfrac{2}{x}\right) = 0$ であるから　はさみうちの原理

により　　$\displaystyle\lim_{x\to\infty} \dfrac{\log x}{x} = 0$

←$x\to\infty$ のときの極限値を求めるから，$x>1$ の場合を考えれば十分。

指針 241 〈座標平面上を運動する点の速度〉

(1) $\vec{v} = \left(\dfrac{dx}{dt},\ \dfrac{dy}{dt}\right)$, $|\vec{v}| = \sqrt{\left(\dfrac{dx}{dt}\right)^2 + \left(\dfrac{dy}{dt}\right)^2}$　　(3) $\cos\theta = \dfrac{\vec{v}\cdot\overrightarrow{OP}}{|\vec{v}||\overrightarrow{OP}|}$ を調べる。

(1) $\dfrac{dx}{dt} = e^t \cos t - e^t \sin t = e^t(\cos t - \sin t)$

$\dfrac{dy}{dt} = e^t \sin t + e^t \cos t = e^t(\sin t + \cos t)$

よって　　$\vec{v} = (e^t(\cos t - \sin t),\ e^t(\sin t + \cos t))$

したがって　　$|\vec{v}| = \sqrt{\{e^t(\cos t - \sin t)\}^2 + \{e^t(\sin t + \cos t)\}^2}$
$= \sqrt{e^{2t}(1 - 2\sin t \cos t) + e^{2t}(1 + 2\sin t \cos t)}$
$= \sqrt{2e^{2t}} = \sqrt{2}\,e^t$

←$e^t > 0$ より
$\sqrt{e^{2t}} = \sqrt{(e^t)^2} = e^t$

(2) $t = \dfrac{\pi}{2}$ のとき

$\vec{v} = (-e^{\frac{\pi}{2}},\ e^{\frac{\pi}{2}}) = e^{\frac{\pi}{2}}(-1,\ 1)$

$\vec{u} = (-1,\ 1)$ とおくと，$\vec{u}$ が x 軸の正の向きとのなす角は，右の図から　$\dfrac{3}{4}\pi$

$e^{\frac{\pi}{2}} > 0$ であるから　　$\alpha = \dfrac{3}{4}\pi$

(3) $\overrightarrow{OP} = (e^t\cos t,\ e^t\sin t)$, $|\overrightarrow{OP}| = \sqrt{(e^t\cos t)^2 + (e^t\sin t)^2} = e^t$

したがって
$\cos\theta = \dfrac{\vec{v}\cdot\overrightarrow{OP}}{|\vec{v}||\overrightarrow{OP}|} = \dfrac{e^{2t}(\cos t - \sin t)\cos t + e^{2t}(\sin t + \cos t)\sin t}{\sqrt{2}\,e^t \cdot e^t}$
$= \dfrac{\cos^2 t + \sin^2 t}{\sqrt{2}} = \dfrac{1}{\sqrt{2}}$

←$\vec{0}$ でない2つのベクトル $\vec{a}$, $\vec{b}$ のなす角を θ とすると
$\cos\theta = \dfrac{\vec{a}\cdot\vec{b}}{|\vec{a}||\vec{b}|}$

$0 \leqq \theta \leqq \pi$ であるから　　$\theta = \dfrac{\pi}{4}$

よって，$\vec{v}$ と $\overrightarrow{OP}$ のなす角 θ は一定である。

指針 242 〈法線に関する線分の長さの極限値〉

(1) ℓ_1, ℓ_2 の方程式を連立させて Q の x 座標を求める。

(2) 微分係数の定義 $\displaystyle\lim_{x\to a}\dfrac{f(x)-f(a)}{x-a} = f'(a)$ を利用する。

(1) $y' = \dfrac{1}{x}$ であるから，$A(a, \log a)$ における法線 ℓ_1 の傾きは $-a$

よって，ℓ_1 の方程式は
$$y - \log a = -a(x - a)$$
すなわち $\quad y = -ax + a^2 + \log a \quad$ ……①

同様にして，ℓ_2 の方程式は
$$y = -tx + t^2 + \log t \quad \text{……②}$$

①，② から y を消去すると $\quad -ax + a^2 + \log a = -tx + t^2 + \log t$

整理すると $\quad (t-a)x = (t+a)(t-a) + (\log t - \log a)$

よって $\quad x = t + a + \dfrac{\log t - \log a}{t-a}$

ℓ_1 の傾きは $-a$ であるから
$$d = \sqrt{a^2+1}\left|\left(t + a + \dfrac{\log t - \log a}{t-a}\right) - a\right|$$
$$= \sqrt{a^2+1}\left(t + \dfrac{\log t - \log a}{t-a}\right)$$

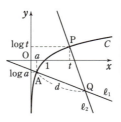

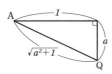

(2) $f(t) = \log t$ とおくと
$$\lim_{t \to a} \dfrac{\log t - \log a}{t - a} = f'(a)$$

ここで，$f'(t) = \dfrac{1}{t}$ であるから $\quad f'(a) = \dfrac{1}{a}$

よって $\quad r = \lim_{t \to a} d = \lim_{t \to a} \sqrt{a^2+1}\left(t + \dfrac{\log t - \log a}{t-a}\right)$
$$= \sqrt{a^2+1}\left(a + \dfrac{1}{a}\right) = \dfrac{(a^2+1)^{\frac{3}{2}}}{a}$$

(3) $r' = \dfrac{3a(a^2+1)^{\frac{1}{2}} \cdot a - (a^2+1)^{\frac{3}{2}} \cdot 1}{a^2} = \dfrac{(2a^2-1)\sqrt{a^2+1}}{a^2}$

$a > 0$ において $r' = 0$ とすると
$$a = \dfrac{1}{\sqrt{2}}$$

$a > 0$ における r の増減表は右のようになる。したがって，r は $a = \dfrac{1}{\sqrt{2}}$ で最小値 $\dfrac{3\sqrt{3}}{2}$ をとる。

a	0	$\cdots$	$\dfrac{1}{\sqrt{2}}$	$\cdots$
r'	/	$-$	0	$+$
r	/	$\searrow$	極小 $\dfrac{3\sqrt{3}}{2}$	$\nearrow$

← 点 A における接線の傾きは $\dfrac{1}{a}$
法線の傾きを m とすると
$m \times \dfrac{1}{a} = -1$

← $t > 0$,
$\dfrac{\log t - \log a}{t-a} > 0$

← $\lim_{t \to a} \dfrac{f(t) - f(a)}{t-a} = f'(a)$

指針 243 〈4次関数が極大値をもつ条件〉

$f'(x)$ の値が正から負に変わるような x が存在することが必要十分条件。そのような x が存在するのは，$f'(x)$ が減少する区間である。

$f(x)$ が極大値をもつための必要十分条件は，x の値が増加するとき，$f'(x)$ の値が正から負に変わるような x が存在することである。
$g(x) = f'(x) = 4x^3 - 2ax + b$ とおくと
$\quad g'(x) = 12x^2 - 2a = 2(6x^2 - a)$

[1] $a \leqq 0$ のとき

このとき,常に $g'(x) \geqq 0$ となるから,$g(x)$ は単調に増加する。
よって,$f'(x)$ の値が正から負に変わるような x は存在しない。

[2] $a > 0$ のとき

$g'(x) = 0$ とすると $x = \pm\sqrt{\dfrac{a}{6}}$

$g(x)$ の増減表は右のようになる。
$g(x) = f'(x)$ の値が正から負に変わるような x が存在するためには,極大値と極小値が異符号であればよい。

x	$\cdots$	$-\sqrt{\dfrac{a}{6}}$	$\cdots$	$\sqrt{\dfrac{a}{6}}$	$\cdots$
$g'(x)$	$+$	0	$-$	0	$+$
$g(x)$	↗	極大	↘	極小	↗

←$g(x)$ が正から負に変わる x が存在するとすれば,それは $g(x)$ が減少する区間においてである。

すなわち $g\left(-\sqrt{\dfrac{a}{6}}\right) \cdot g\left(\sqrt{\dfrac{a}{6}}\right) < 0$

よって $\left(\dfrac{2\sqrt{6}}{9}a\sqrt{a} + b\right)\left(-\dfrac{2\sqrt{6}}{9}a\sqrt{a} + b\right) < 0$

ゆえに $b^2 < \dfrac{8}{27}a^3$

[1],[2] から $a > 0$ かつ $b^2 < \dfrac{8}{27}a^3$

$b^2 \geqq 0$ より,$b^2 < \dfrac{8}{27}a^3$ のとき,常に $a > 0$ が成り立つから,求める条件は $b^2 < \dfrac{8}{27}a^3$

関数ツールで確認!!

244 〈極大値の列が作る無限級数の和〉

$f'(x) = 0$ となる x の値は $x = \dfrac{\pi}{6} + k\pi$($k$ は 0 以上の整数)

極大値をとるのは $k = 0, 2, 4, \cdots\cdots$ のとき。

(1) $f'(x) = e^{-\sqrt{3}x} \cdot (-\sqrt{3}) \cdot \sin x + e^{-\sqrt{3}x} \cdot \cos x$
$= e^{-\sqrt{3}x}(-\sqrt{3}\sin x + \cos x) = 2e^{-\sqrt{3}x}\sin\left(x + \dfrac{5}{6}\pi\right)$

$f'(x) = 0$ とすると $\sin\left(x + \dfrac{5}{6}\pi\right) = 0$

$x \geqq 0$ のとき,これを満たす x は

$x = \dfrac{\pi}{6} + k\pi$($k$ は 0 以上の整数) ……①

① において,$k = 0$ とすると $x = \dfrac{\pi}{6}$

$x = \dfrac{\pi}{6}$ の前後で $f'(x)$ の符号は正から負に変わるから,$f(x)$ は $x = \dfrac{\pi}{6}$ で極大値をとる。よって $a_1 = \dfrac{\pi}{6}$

x	0	$\cdots$	$\dfrac{\pi}{6}$	$\cdots$	$\dfrac{7}{6}\pi$	$\cdots$	$\dfrac{13}{6}\pi$	$\cdots$
$f'(x)$	$+$		0	$-$	0	$+$	0	$-$
$f(x)$		↗	極大	↘		↗	極大	↘

←三角関数の合成
$-\sqrt{3}\sin x + \cos x$
$= 2\sin\left(x + \dfrac{5}{6}\pi\right)$

←$x \geqq 0$ より $x + \dfrac{5}{6}\pi \geqq \dfrac{5}{6}\pi$
よって,$\sin\left(x + \dfrac{5}{6}\pi\right) = 0$ より
$x + \dfrac{5}{6}\pi = \pi, 2\pi, 3\pi, \cdots$
したがって
$x = \dfrac{\pi}{6}, \dfrac{7}{6}\pi, \dfrac{13}{6}\pi, \cdots$
すなわち $x = \dfrac{\pi}{6} + k\pi$
(k は 0 以上の整数)

(2) (1)と同様に考えると，$x=\dfrac{\pi}{6}$ の次に $f(x)$ が極大値をとるのは，

① において $k=2$ としたとき，すなわち $x=\dfrac{\pi}{6}+2\pi$ のときである。

よって　　　$a_2=\dfrac{\pi}{6}+2\pi$

以下，同様に考えると　　$a_n=\dfrac{\pi}{6}+2(n-1)\pi$

したがって　　$f(a_n)=e^{-\sqrt{3}\left\{\frac{\pi}{6}+2(n-1)\pi\right\}}\sin\left\{\dfrac{\pi}{6}+2(n-1)\pi\right\}$

$=e^{-\sqrt{3}\left\{\frac{\pi}{6}+2(n-1)\pi\right\}}\cdot\dfrac{1}{2}=\dfrac{1}{2}e^{-\frac{\sqrt{3}}{6}\pi}(e^{-2\sqrt{3}\pi})^{n-1}$

$|e^{-2\sqrt{3}\pi}|<e^0=1$ であるから

$$\sum_{n=1}^{\infty}f(a_n)=\dfrac{\dfrac{1}{2}e^{-\frac{\sqrt{3}}{6}\pi}}{1-e^{-2\sqrt{3}\pi}}=\dfrac{e^{-\frac{\sqrt{3}}{6}\pi}}{2(1-e^{-2\sqrt{3}\pi})}$$

←数列 $\{f(a_n)\}$ は，初項 $\dfrac{1}{2}e^{-\frac{\sqrt{3}}{6}\pi}$，公比 $e^{-2\sqrt{3}\pi}$ の等比数列。

←初項 a，公比 r ($|r|<1$) の無限等比級数の和は $\dfrac{a}{1-r}$

指針 245 〈条件つきの最大・最小〉

$-2x^3+y^2+z^2$ は 3 変数の関数であるから，2 文字を消去して 1 変数の関数にしたい。条件の等式をよく見ると，$y+z$，yz が x の式で表されることがわかる。また，$-2x^3+y^2+z^2=-2x^3+(y+z)^2-2yz$ と変形できる。これにより x の関数にできる。x のとりうる値の範囲は，2 次方程式 $t^2-(y+z)t+yz=0$ が実数解をもつ条件から。

条件から　　$y+z=-4x$，$yz=6x^2-18$

よって，y，z は t についての 2 次方程式

$t^2+4xt+6x^2-18=0$ ……①

の 2 つの解である。方程式 ① の判別式を D とすると

$\dfrac{D}{4}=(2x)^2-(6x^2-18)=-2(x+3)(x-3)$

y，z は実数であるから $D\geqq 0$　　よって　$^{\text{ア}}-3\leqq x\leqq {}^{\text{イ}}3$

また　　$-2x^3+y^2+z^2=-2x^3+(y+z)^2-2yz$

$=-2x^3+(-4x)^2-2(6x^2-18)$

$=-2x^3+4x^2+36$

この式を $f(x)$ とすると　　$f'(x)=-6x^2+8x=-2x(3x-4)$

$f'(x)=0$ とすると　　$x=0$，$\dfrac{4}{3}$

$-3\leqq x\leqq 3$ における $f(x)$ の増減表は次のようになる。

x	-3	$\cdots$	0	$\cdots$	$\dfrac{4}{3}$	$\cdots$	3
$f'(x)$		$-$	0	$+$	0	$-$	
$f(x)$	126	$\searrow$	36	$\nearrow$	極大	$\searrow$	18

したがって，$x={}^{\text{ウ}}3$ のとき最小値 ${}^{\text{カ}}18$ をとる。

このとき，① は　　$t^2+12t+36=0$　すなわち　$(t+6)^2=0$

y，z はこの方程式の 2 つの解であるから　　$y={}^{\text{エ}}-6$，$z={}^{\text{オ}}-6$

←y，z を 2 つの解とする 2 次方程式は
$t^2-(y+z)t+yz=0$

←y，z が条件 $4x+y+z=0$，$6x^2-yz-18=0$ を満たす実数である
$\iff$ ① が実数解をもつ
$\iff$ $D\geqq 0$

数学重要問題集（理系）　223

指針 246 〈係数と定義域に文字を含む関数の最大値〉

$f(x)$ の増減を調べ，$f(x)$ の極大値と $f(2s)$ の値を比較する。

$f(x) = 2x^3 - 3(s+1)x^2 + 6sx + 1$ とおくと
$\quad f'(x) = 6x^2 - 6(s+1)x + 6s = 6(x-s)(x-1)$

$f'(x) = 0$ とすると $x = s, 1$

$s < 1$ のとき，$f(x)$ の増減表は右のようになる。

x	$\cdots$	s	$\cdots$	1	$\cdots$
$f'(x)$	$+$	0	$-$	0	$+$
$f(x)$	↗	$-s^3+3s^2+1$	↘	$3s$	↗

よって，$f(x)$ は $x=s$ で極大値 $-s^3+3s^2+1$ をとり，$x=1$ で極小値 $3s$ をとる。

次に，$0 < s < 1$ のとき，区間 $0 \leq x \leq 2s$ における最大値を考える。

← $f(x)$ の最大値となりうるのは $f(s)$ または $f(2s)$

[1] $2s \leq 1$ すなわち $0 < s \leq \dfrac{1}{2}$ のとき

$f(x)$ は $x=s$ で最大値 $-s^3+3s^2+1$ をとる。

[2] $1 < 2s$ すなわち $\dfrac{1}{2} < s < 1$ のとき

$\quad f(2s) = 2(2s)^3 - 3(s+1) \cdot (2s)^2 + 6s \cdot 2s + 1$
$\quad\quad\quad = 4s^3 + 1$

よって $f(2s) - f(s)$
$\quad\quad = (4s^3+1) - (-s^3+3s^2+1)$
$\quad\quad = 5s^3 - 3s^2 = s^2(5s-3)$

← $f(s), f(2s)$ の値を比較するため，差をとる。

(i) $\dfrac{1}{2} < s \leq \dfrac{3}{5}$ のとき

$f(2s) \leq f(s)$ であるから，$f(x)$ は $x=s$ で最大値 $-s^3+3s^2+1$ をとる。

← $5s-3 \leq 0$ のとき

(ii) $\dfrac{3}{5} < s < 1$ のとき

$f(2s) > f(s)$ であるから，$f(x)$ は $x=2s$ で最大値 $4s^3+1$ をとる。

← $5s-3 > 0$ のとき

(i) 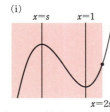   (ii)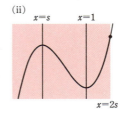

[1], [2] から，$f(x)$ は

$\quad 0 < s \leq \dfrac{3}{5}$ のとき，$x=s$ で最大値 $-s^3+3s^2+1$

$\quad \dfrac{3}{5} < s < 1$ のとき，$x=2s$ で最大値 $4s^3+1$

をとる。

247 〈角の大きさを最小にする値〉

(1) （直線 AP の傾き）$= \tan\alpha$，（直線 BP の傾き）$= \tan\beta$
(2) $\angle$APB を α，β を用いて表す。正接の加法定理を利用する。

(1) 直線 AP の傾きは $\dfrac{t^3-(-1)}{t-(-1)} = \dfrac{(t+1)(t^2-t+1)}{t+1} = t^2-t+1$

よって　$\tan\alpha = t^2-t+1$

直線 BP の傾きは $\dfrac{t^3-1}{t-1} = \dfrac{(t-1)(t^2+t+1)}{t-1} = t^2+t+1$

よって　$\tan\beta = t^2+t+1$

(2) 直線 BP において，P に対して B と
反対側に点 C をとると
　　$\angle$APC $= \beta - \alpha$
よって　$\angle$APB $= \pi - \angle$APC
　　　　　　　　$= \pi - (\beta - \alpha)$
したがって
$\tan\angle\text{APB} = \tan(\pi - (\beta - \alpha))$
$= -\tan(\beta - \alpha)$
$= -\dfrac{\tan\beta - \tan\alpha}{1 + \tan\alpha\tan\beta}$
$= -\dfrac{(t^2+t+1)-(t^2-t+1)}{1+(t^2-t+1)(t^2+t+1)} = -\dfrac{2t}{t^4+t^2+2}$

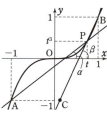

←$\tan(\pi-\theta) = -\tan\theta$

←正接の加法定理

(3) $t > 0$ より，$\tan\angle\text{APB} = -\dfrac{2t}{t^4+t^2+2} < 0$ であるから，$\angle$APB は鈍角である。

よって，$\tan\angle$APB が最小であるとき，$\angle$APB も最小である。

$f(t) = -\dfrac{2t}{t^4+t^2+2}$ とすると

$f'(t) = -\dfrac{2\cdot(t^4+t^2+2) - 2t\cdot(4t^3+2t)}{(t^4+t^2+2)^2} = \dfrac{6t^4+2t^2-4}{(t^4+t^2+2)^2}$

$= \dfrac{2(t^2+1)(3t^2-2)}{(t^4+t^2+2)^2}$

$0 < t < 1$ において $f'(t) = 0$ とすると　$t = \dfrac{\sqrt{6}}{3}$

$0 < t < 1$ における $f(t)$ の増減表は
右のようになる。

したがって，$f(t)$ は $t = \dfrac{\sqrt{6}}{3}$ で最小
値をとる。

ゆえに，$\angle$APB が最小となるとき　$t = \dfrac{\sqrt{6}}{3}$

←$y = \tan\theta \left(\dfrac{\pi}{2} < \theta < \pi\right)$ のグラフ

t	0	$\cdots$	$\dfrac{\sqrt{6}}{3}$	$\cdots$	1
$f'(t)$		$-$	0	$+$	
$f(t)$		$\searrow$	極小	$\nearrow$	

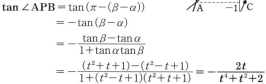

248 〈三角関数を含む方程式の実数解が 3 つとなる条件〉

(2) $\sin 2\theta \,(= 2\sin\theta\cos\theta)$ は，$(\sin\theta+\cos\theta)^2$ を計算すると t で表せる。また，$\sin 3\theta - \cos 3\theta$ には，次の 3 倍角の公式を利用する。
$$\sin 3\theta = 3\sin\theta - 4\sin^3\theta \qquad \cos 3\theta = 4\cos^3\theta - 3\cos\theta$$

(3) $f(\theta)$ は t の関数になるから，これを $g(t)$ として増減とグラフを調べる。$-\dfrac{\pi}{2} \leqq \theta \leqq \dfrac{\pi}{4}$ のときの方程式 $f(\theta)=k$ の実数解の個数と，(1)で求めた t の範囲における曲線 $y=g(t)$ と直線 $y=k$ の共有点の個数が等しいことを利用する。

---

(1) $t = \sin\theta + \cos\theta = \sqrt{2}\sin\left(\theta+\dfrac{\pi}{4}\right)$ 　　◀三角関数の合成

$-\dfrac{\pi}{2} \leqq \theta \leqq \dfrac{\pi}{4}$ であるから　$-\dfrac{\pi}{4} \leqq \theta+\dfrac{\pi}{4} \leqq \dfrac{\pi}{2}$ 　　◀$\theta+\dfrac{\pi}{4}$ の範囲を確認することで，$\sin\left(\theta+\dfrac{\pi}{4}\right)$ の範囲がわかる。

よって　$-\dfrac{1}{\sqrt{2}} \leqq \sin\left(\theta+\dfrac{\pi}{4}\right) \leqq 1$

ゆえに　$-1 \leqq t \leqq \sqrt{2}$　……①

(2) $t^2 = 1 + 2\sin\theta\cos\theta$ より

$$\sin\theta\cos\theta = \dfrac{t^2-1}{2},\ \sin 2\theta = 2\sin\theta\cos\theta = t^2-1$$

また　$\sin 3\theta - \cos 3\theta = (3\sin\theta - 4\sin^3\theta) - (4\cos^3\theta - 3\cos\theta)$
$= 3(\sin\theta + \cos\theta) - 4(\sin^3\theta + \cos^3\theta)$

ここで　$\sin^3\theta + \cos^3\theta = (\sin\theta+\cos\theta)(\sin^2\theta - \sin\theta\cos\theta + \cos^2\theta)$ 　　◀$a^3+b^3 = (a+b)(a^2-ab+b^2)$
$= t\left(1 - \dfrac{t^2-1}{2}\right) = -\dfrac{1}{2}t^3 + \dfrac{3}{2}t$

よって　$\sin 3\theta - \cos 3\theta = 3t - 4\left(-\dfrac{1}{2}t^3 + \dfrac{3}{2}t\right) = 2t^3 - 3t$

ゆえに　$f(\theta) = 2t^3 - 3t - 3(t^2-1) + 3t = \boldsymbol{2t^3 - 3t^2 + 3}$

(3) $g(t) = 2t^3 - 3t^2 + 3$ とすると　$g'(t) = 6t^2 - 6t = 6t(t-1)$

$g'(t) = 0$ とすると　$t = 0,\ 1$

$g(-1) = 2\cdot(-1)^3 - 3\cdot(-1)^2 + 3 = -2$

$g(\sqrt{2}) = 2(\sqrt{2})^3 - 3(\sqrt{2})^2 + 3 = 4\sqrt{2} - 3$

$g(0) = 3$,

$g(1) = 2\cdot 1^3 - 3\cdot 1^2 + 3 = 2$

よって，① における $g(t)$ の増減表は次のようになる。 　　◀t のとる値の範囲① に注意して増減表を作る。

t	-1	$\cdots$	0	$\cdots$	1	$\cdots$	$\sqrt{2}$
$g'(t)$		$+$	0	$-$	0	$+$	
$g(t)$	-2	↗	極大 3	↘	極小 2	↗	$4\sqrt{2}-3$

$-\dfrac{\pi}{2} \leqq \theta \leqq \dfrac{\pi}{4}$ のときの方程式 $f(\theta) = k$ の実数解の個数と，$-1 \leqq t \leqq \sqrt{2}$ における曲線 $y = g(t)$ と直線 $y = k$ の共有点の個数は等しい。

よって，右の図から，求める k の値の範囲は

$$2 < k \leqq 4\sqrt{2} - 3$$

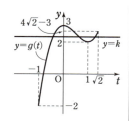

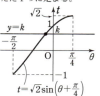

←下の図のように，t の値が 1 つに定まると，θ の値もただ 1 つに定まる。

指針 249 〈接線が 3 本存在するための条件〉

(2) 3 次関数のグラフについて，接点の x 座標が異なれば接線は異なるから，次のことが成り立つ。

点 (p, q) から曲線 $y = f(x)$ に 3 本の接線を引くことができる
 $\iff$ 接点の x 座標 t が満たすべき方程式が異なる 3 つの実数解をもつ

(1) $f'(x) = 3x^2 - 1$

曲線 $y = f(x)$ 上の点 $(t, t^3 - t)$ における接線の方程式は
$$y - (t^3 - t) = (3t^2 - 1)(x - t)$$
すなわち $\quad y = (3t^2 - 1)x - 2t^3$ ……①

この直線が，直線 $y = m(x - p) + q$ すなわち $y = mx - mp + q$ に一致するとすると $\quad m = 3t^2 - 1 \quad$ ……②
$$-mp + q = -2t^3 \quad \text{……③}$$

② より $\quad t^2 = \dfrac{m+1}{3}$ ……④

③ より $\quad t^3 = \dfrac{mp - q}{2}$

これらより，t を消去すると $\quad \left(\dfrac{m+1}{3}\right)^3 = \left(\dfrac{mp - q}{2}\right)^2$ ……⑤

④ より，$m \geqq -1$ であるが，⑤ のとき $m \geqq -1$ であるから，⑤ が求める条件である。

←直線が一致
→ 方程式の係数が等しい

←$t^2 \geqq 0$ より $\dfrac{m+1}{3} \geqq 0$ から $m \geqq -1$

(2) 曲線 $y = f(x)$ の接線 ① が点 (p, q) を通るとき
$$q = (3t^2 - 1)p - 2t^3$$
すなわち $\quad 2t^3 - 3pt^2 + p + q = 0 \quad$ ……⑥

3 次関数のグラフでは，接点が異なれば接線も異なる。

よって，点 (p, q) から曲線 $y = f(x)$ に 3 本の接線を引くことができるための条件は，3 次方程式 ⑥ が異なる 3 つの実数解をもつことである。

それは，$g(t) = 2t^3 - 3pt^2 + p + q$ とおくと，$g(t)$ が極大値と極小値をもち，それらの符号が異なる（積が負になる）ことと同値である。

$$g'(t) = 6t^2 - 6pt = 6t(t - p)$$

よって，$g(t)$ が極値をもつための条件は $\quad p \neq 0$
このとき，$g(0)$，$g(p)$ が極値となるから $\quad g(0) \cdot g(p) < 0$
すなわち $\quad (p + q)(-p^3 + p + q) < 0 \quad$ ……⑦

←3 本の接線を引くことができる
→ 点 (p, q) を通る接線が 3 本ある
→ 接点が 3 つある
→ ⑥ を満たす実数 t の値が 3 つある

数学重要問題集（理系） 227

⑦ が成り立つとき，$p \neq 0$ も成り立つから求める条件は
$$(p+q)(-p^3+p+q) < 0$$

← ⑦において，$p=0$ とすると $q^2<0$ となり不適であるから $p \neq 0$

(3) $(p+q)(-p^3+p+q) < 0$ より

$$\begin{cases} p+q > 0 \\ -p^3+p+q < 0 \end{cases} \text{または} \begin{cases} p+q < 0 \\ -p^3+p+q > 0 \end{cases}$$

すなわち $\begin{cases} q > -p \\ q < p^3-p \end{cases}$ または $\begin{cases} q < -p \\ q > p^3-p \end{cases}$

← q を p の関数とみる。

$q = p^3-p$ について $q' = 3p^2-1$

$q' = 0$ とすると $p = \pm \dfrac{\sqrt{3}}{3}$

q の増減表は次のようになる。

p	$\cdots$	$-\dfrac{\sqrt{3}}{3}$	$\cdots$	$\dfrac{\sqrt{3}}{3}$	$\cdots$
q'	$+$	0	$-$	0	$+$
q	↗	$\dfrac{2\sqrt{3}}{9}$	↘	$-\dfrac{2\sqrt{3}}{9}$	↗

また，$p=0$ のとき，$q'=-1$ であるから，曲線 $q=p^3-p$ は原点において直線 $q=-p$ に接する。

したがって，(2)の条件を満たす点 (p, q) の範囲は右の図の斜線部分である。ただし，境界線を含まない。

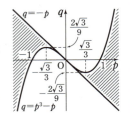

指針 250 〈共通接線の本数〉

曲線 C_1 上の点 $(t, t\log t)$ における接線が曲線 C_2 に接する条件を考える。この条件を満たす t の個数が，接線の本数となる。

関数 $y = x\log x$ の定義域は $x > 0$
$y = x\log x$ より $y' = \log x + 1$ であるから，曲線 C_1 上の点 $(t, t\log t)$ における接線の方程式は $y - t\log t = (\log t + 1)(x - t)$
すなわち $y = (\log t + 1)x - t$
この直線が曲線 C_2 にも接するための条件は，$ax^2 = (\log t + 1)x - t$
すなわち $ax^2 - (\log t + 1)x + t = 0$ …… ① が重解をもつことである。
①の判別式を D とおくと $D = 0$ よって $(\log t + 1)^2 - 4at = 0$
$4t \neq 0$ であるから $a = \dfrac{(\log t + 1)^2}{4t}$ …… ②

曲線 C_1 に異なる2点で接する直線は存在しないから，曲線 C_1 と曲線 C_2 の両方に接する直線の本数は，**② を満たす実数 $t\,(t>0)$ の個数**に等しい。

$f(t) = \dfrac{(\log t + 1)^2}{4t}$ とおくと

$f'(t) = \dfrac{1}{4} \cdot \dfrac{2t(\log t + 1) \cdot \dfrac{1}{t} - (\log t + 1)^2}{t^2} = -\dfrac{(\log t + 1)(\log t - 1)}{4t^2}$

← 直線 $y = (\log t + 1)x - t$ が曲線 $y = ax^2$ に接する → y を消去した2次方程式が重解をもつ

← 曲線 C_1 の接線の方程式 $y = (\log t + 1)x - t$ から，t の値が異なれば切片の値が異なる。すなわち直線が異なる。

$f'(t)=0$ とすると $t=e,\ \dfrac{1}{e}$

よって，$f(t)$ の増減表は右のようになる。

また $\displaystyle\lim_{t\to +0}f(t)=\infty$，

$\displaystyle\lim_{t\to\infty}f(t)$
$=\displaystyle\lim_{t\to\infty}\left\{\dfrac{1}{4}\cdot\dfrac{(\log t)^2}{t}\cdot\left(1+\dfrac{1}{\log t}\right)^2\right\}=0$

t	0	$\cdots$	$\dfrac{1}{e}$	$\cdots$	e	$\cdots$
$f'(t)$		$-$	0	$+$	0	$-$
$f(t)$		$\searrow$	0	$\nearrow$	$\dfrac{1}{e}$	$\searrow$

ゆえに，$y=f(t)$ のグラフは次の図のようになる。
曲線 C_1 と曲線 C_2 の両方に接する直線の本数，すなわち ② の実数解の個数は，$y=f(t)$ のグラフと直線 $y=a$ の共有点の個数に等しいから

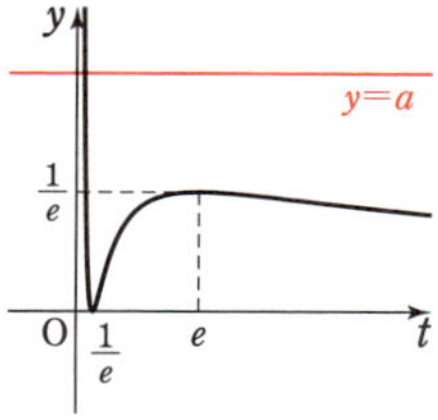

$0<a<\dfrac{1}{e}$ のとき　3本，

$a=\dfrac{1}{e}$ のとき　2本，

$a>\dfrac{1}{e}$ のとき　1本

←曲線 $y=f(t)$ と直線 $y=a$ の共有点の個数を知るためには，$t\to +0$，$t\to\infty$ のときの $f(t)$ の様子を知る必要がある。

←$\displaystyle\lim_{t\to\infty}f(t)=0$ なので，$0<a<\dfrac{1}{e}$ のとき3本

指針 251 〈e^x に関する不等式〉

(2) $n=k+1$ の場合を調べるとき，$g(x)=e^x-\left\{1+\dfrac{x}{1!}+\dfrac{x^2}{2!}+\cdots\cdots+\dfrac{x^{k+1}}{(k+1)!}\right\}$ とおいてこれを微分すると，$n=k$ のときの式が使える。

(3) 求める極限値が 0 であることを知っていると方針が立てやすい。(2) の不等式から任意の自然数 n に対して $e^x>\dfrac{x^{n+1}}{(n+1)!}$ が成り立つことを使う。

---

(1) $f(x)=e^x-(1+x)$ とする。$f'(x)=e^x-1$
$x>0$ のとき，$e^x>1$ であるから　$f'(x)>0$
よって，$f(x)$ は $x>0$ で単調に増加する。
さらに，$f(0)=0$ であるから，$x>0$ のとき
$f(x)>0$　すなわち　$e^x>1+x$

(2) 以下，$x>0$ とする。
$e^x-\left(1+\dfrac{x}{1!}+\dfrac{x^2}{2!}+\cdots\cdots+\dfrac{x^n}{n!}\right)>0$ ……① が成り立つことを n に関する数学的帰納法を用いて証明する。

[1] $n=1$ のとき
　① は　$e^x-(1+x)>0$
　(1)から，この不等式は成り立つ。

[2] $n=k$ のとき
　① が成り立つと仮定すると
$$e^x-\left(1+\dfrac{x}{1!}+\dfrac{x^2}{2!}+\cdots\cdots+\dfrac{x^k}{k!}\right)>0$$
$g(x)=e^x-\left\{1+\dfrac{x}{1!}+\dfrac{x^2}{2!}+\cdots\cdots+\dfrac{x^{k+1}}{(k+1)!}\right\}$ とおくと

←$x>0$ のとき $f'(x)>0$，$f(x)$ は連続であるから $x>0$ のとき $f(x)>f(0)$

$$g'(x) = (e^x)' - \left\{1 + \frac{x}{1!} + \frac{x^2}{2!} + \cdots\cdots + \frac{x^{k+1}}{(k+1)!}\right\}'$$
$$= e^x - \left(1 + \frac{x}{1!} + \frac{x^2}{2!} + \cdots\cdots + \frac{x^k}{k!}\right) > 0$$

←$g(x)$ を微分すると，$n=k$ のときの式が出てくる。

よって，$g(x)$ は単調に増加する。
$g(0)=0$ であるから　$g(x)>0$
すなわち　$e^x - \left\{1 + \frac{x}{1!} + \frac{x^2}{2!} + \cdots\cdots + \frac{x^{k+1}}{(k+1)!}\right\} > 0$
よって，$n=k+1$ のときも ① は成り立つ。
[1]，[2] から，すべての自然数 n に対して ① は成り立つ。
したがって，$x>0$ のとき $e^x > 1 + \frac{x}{1!} + \frac{x^2}{2!} + \cdots\cdots + \frac{x^n}{n!}$ が成り立つ。

(3) $x>0$ のとき，(2) から
$$e^x > 1 + \frac{x}{1!} + \frac{x^2}{2!} + \cdots\cdots + \frac{x^{n+1}}{(n+1)!} > \frac{x^{n+1}}{(n+1)!}$$

←① は任意の自然数 n に対して成り立つから，n を $n+1$ におき換えても成り立つ。

よって　$\frac{e^x}{x^n} > \frac{x}{(n+1)!} > 0$　　ゆえに　　$0 < \frac{x^n}{e^x} < \frac{(n+1)!}{x}$
$\lim_{x \to \infty} \frac{(n+1)!}{x} = 0$ であるから，はさみうちの原理により
$$\lim_{x \to \infty} \frac{x^n}{e^x} = 0$$

指針 252 〈中間値の定理・平均値の定理〉

(1) $f(x) = x$ から $f(x) - x = 0$
$h(x) = f(x) - x$ とおいて，$h(x) = 0$ になる x の値が少なくとも 1 つ存在することを示す。
(2) $g(x) = x$ を満たす実数 x が 2 つ以上存在すると仮定し，矛盾を導く。
平均値の定理により，$\frac{g(b) - g(a)}{b - a} = g'(c)$ $(a < c < b)$ を満たす実数 c が存在する。

(1) $h(x) = f(x) - x$ とおくと，$h(x)$ は $0 \leqq x \leqq 1$ で連続であり
$h(0) = f(0) = 1 > 0$, $h(1) = f(1) - 1 = -1 < 0$
よって，方程式 $h(x) = 0$ は $0 < x < 1$ の範囲に少なくとも 1 つの実数解をもつから，$f(x) = x$ を満たす x が $0 < x < 1$ の範囲に少なくとも 1 つ存在する。

←中間値の定理を利用するために，$h(x)$ の値が正になる x，負になる x を見つける。

(2) $g(x) = x$ を満たす実数 x が 2 つ以上存在すると仮定する。
$g(a) = a$, $g(b) = b$ $(a < b)$ を満たす実数 a, b に対して，
$g(x)$ は $a < x < b$ で微分可能であるから，平均値の定理により
$$\frac{g(b) - g(a)}{b - a} = g'(c),\ a < c < b$$
を満たす実数 c が存在する。
$\frac{g(b) - g(a)}{b - a} = \frac{b - a}{b - a} = 1$ であるから　$g'(c) = 1$
これはすべての実数 x に対して $g'(x) \neq 1$ であることに矛盾する。
よって，$g(x) = x$ を満たす実数 x は 2 つ以上存在しない。

253 〈方程式 $f(x)=x$ の解と数列の極限〉

(1) $g(x)=f(x)-x$ とおいて，$x>0$ のとき $g(x)$ が単調減少することを示す。
(2) 平均値の定理を利用。
(3) (2)の結果より，$0<x_n<\alpha$ ならば $0<\dfrac{\alpha-x_{n+1}}{\alpha-x_n}<\dfrac{1}{x_n+1}$ である。与えられた不等式を示すためには，$\alpha-x_n>0$，$\dfrac{1}{x_n+1}\leqq\dfrac{1}{2}$ すなわち $1\leqq x_n<\alpha$ を示せばよい（このとき，$0<x_n<\alpha$ も成り立つ）。これを数学的帰納法で示す。
(4) (3)の結果とはさみうちの原理を利用。

(1) $f(x)=x$ を変形すると $\log(x+1)-x+1=0$ ……①
①が $x>0$ の範囲にただ1つの解をもつことを示せばよい。
$g(x)=\log(x+1)-x+1$ とおく。
このとき $g'(x)=\dfrac{1}{x+1}-1=\dfrac{-x}{x+1}$
よって，$x>0$ のとき $g'(x)<0$ であるから，$g(x)$ は $x>0$ で単調に減少する。
さらに $g(0)=1>0$，$g(3)=\log 4-2=2(\log 2-\log e)$
$2<e$ より $g(3)<0$
したがって，①は $0<x<3$ の範囲でただ1つの解をもつ。

←$g(x)$ が単調減少で，$g(a)>0$，$g(b)<0$，$0<a<b$ となる a, b があれば，$g(x)=0$ は $x>0$ の範囲にただ1つの解をもつ。

(2) $f(t)=\log(t+1)+1$ は，$t>0$ で連続かつ微分可能である。
よって，$0<x<\alpha$ を満たす実数 x に対し，$x<t<\alpha$ において平均値の定理により $\dfrac{f(\alpha)-f(x)}{\alpha-x}=f'(c)$，$x<c<\alpha$ を満たす実数 c が存在する。

←平均値の定理の条件

$f'(t)=\dfrac{1}{t+1}$ より $f'(c)=\dfrac{1}{c+1}$
$0<x<c$ より $0<\dfrac{1}{c+1}<\dfrac{1}{x+1}$
したがって $0<\dfrac{f(\alpha)-f(x)}{\alpha-x}<f'(x)$
また，α は $f(x)=x$ の解より $f(\alpha)=\alpha$
ゆえに $0<\dfrac{\alpha-f(x)}{\alpha-x}<f'(x)$

(3) まず，すべての自然数 n に対して $1\leqq x_n<\alpha$ が成り立つことを数学的帰納法により示す。
[1] $n=1$ のとき
$x_1=1$ より $1\leqq x_1$
また，(1)の $g(x)$ について $g(1)=\log 2>0$
よって，$1<\alpha$ であるから $x_1<\alpha$
したがって，$1\leqq x_1<\alpha$ は成り立つ。
[2] $n=k$ のとき
$1\leqq x_k<\alpha$ が成り立つと仮定する。
このとき $x_{k+1}=\log(x_k+1)+1\geqq\log 2+1>1$
よって $1\leqq x_{k+1}$ ……②

また，$x_k < \alpha$，$\log(\alpha+1)+1 = \alpha$ より
$$x_{k+1} = \log(x_k+1)+1 < \log(\alpha+1)+1 = \alpha$$
したがって $x_{k+1} < \alpha$ ……③
②，③より $1 \leq x_{k+1} < \alpha$
ゆえに，$n = k+1$ のときにも成り立つ。
以上より，すべての自然数 n に対して $1 \leq x_n < \alpha$ が成り立つ。
よって，$0 < x_n < \alpha$ であるから区間 $x_n < x < \alpha$ において(2)の結果を用いると
$$0 < \frac{\alpha - f(x_n)}{\alpha - x_n} < \frac{1}{x_n+1}$$
$1 \leq x_n$ であるから $\dfrac{1}{x_n+1} \leq \dfrac{1}{2}$

また，$f(x_n) = x_{n+1}$ より $0 < \dfrac{\alpha - x_{n+1}}{\alpha - x_n} < \dfrac{1}{2}$

したがって，$\alpha - x_n > 0$ より $\alpha - x_{n+1} < \dfrac{1}{2}(\alpha - x_n)$

← このように分母を払うため，$x_n < \alpha$ を示した。

(4) (3)の不等式より $\alpha - x_n \leq (\alpha - x_1) \cdot \left(\dfrac{1}{2}\right)^{n-1}$

さらに，$x_1 = 1$ であり，(3)の議論により $\alpha - x_n > 0$ であるから
$$0 < \alpha - x_n < (\alpha-1) \cdot \left(\dfrac{1}{2}\right)^{n-1}$$

$\displaystyle\lim_{n\to\infty}(\alpha-1)\cdot\left(\dfrac{1}{2}\right)^{n-1} = 0$ であるから，はさみうちの原理により
$$\lim_{n\to\infty}(\alpha - x_n) = 0$$
よって $\displaystyle\lim_{n\to\infty} x_n = \alpha$

指針 254 〈関数の値の範囲，上に凸であることの証明〉

(1) $f(x) = 1$ にも $f(x) = -1$ にも決してならないことを示す。そうすると，$f(0) = 0$ であることと $f(x)$ の連続性から，$-1 < f(a) < 1$ がいえる。

(2) $x > 0$ のとき $f'(x) > 0$ かつ $f''(x) < 0$ であることを示す。まず，
$$f'(x) = \lim_{h\to 0}\frac{f(x+h)-f(x)}{h}$$
を $f'(0) = 1$ が使えるように変形していく。$\displaystyle\lim_{h\to 0}\dfrac{f(h)}{h}$ が出てくれば，$f(0) = 0$ により，$\displaystyle\lim_{h\to 0}\dfrac{f(h)}{h} = \lim_{h\to 0}\dfrac{f(h)-f(0)}{h-0} = f'(0)$ とできる。

(1) $f(a+b) = \dfrac{f(a)+f(b)}{1+f(a)f(b)}$ ……① とする。

ある実数 x_1 について $f(x_1) = 1$ と仮定する。
①に $a = x_1$，$b = -x_1$ を代入すると
$$f(0) = \frac{f(x_1)+f(-x_1)}{1+f(x_1)f(-x_1)} = \frac{1+f(-x_1)}{1+f(-x_1)} = 1$$
これは $f(0) = 0$ に矛盾する。
よって，すべての実数 x について $f(x) \neq 1$
ある実数 x_2 について $f(x_2) = -1$ と仮定する。
①に $a = x_2$，$b = -x_2$ を代入すると

←「すべての x について $f(x) \neq 1$」であることを示すために，その否定「ある x について $f(x) = 1$」が成り立つと仮定して矛盾を導く。

$$f(0) = \frac{f(x_2) + f(-x_2)}{1 + f(x_2)f(-x_2)} = \frac{-1 + f(-x_2)}{1 - f(-x_2)} = -1$$

これは $f(0) = 0$ に矛盾する。ゆえに，すべての実数 x について
$$f(x) \neq -1$$
すべての実数 x について $f(x)$ は連続であり，$f(0) = 0$ であるから，任意の実数 a に対して $-1 < f(a) < 1$

(2) $f'(x) = \lim_{h \to 0} \dfrac{f(x+h) - f(x)}{h} = \lim_{h \to 0} \dfrac{1}{h}\left\{\dfrac{f(x) + f(h)}{1 + f(x)f(h)} - f(x)\right\}$

$= \lim_{h \to 0}\left\{\dfrac{1}{h} \cdot \dfrac{f(h) - \{f(x)\}^2 f(h)}{1 + f(x)f(h)}\right\} = \lim_{h \to 0}\left\{\dfrac{f(h)}{h} \cdot \dfrac{1 - \{f(x)\}^2}{1 + f(x)f(h)}\right\}$

$= \lim_{h \to 0}\left\{\dfrac{f(h) - f(0)}{h - 0} \cdot \dfrac{1 - \{f(x)\}^2}{1 + f(x)f(h)}\right\}$

$= f'(0) \cdot \dfrac{1 - \{f(x)\}^2}{1 + f(x)f(0)} = 1 - \{f(x)\}^2$

よって $f''(x) = -2f(x)f'(x)$ ……②
ここで，(1) より $0 \leq \{f(x)\}^2 < 1$ であるから $f'(x) > 0$ ……③
ゆえに，$f(x)$ は単調に増加する。
$f(0) = 0$ であるから $f(x) > 0$ $(x > 0)$ ……④
②，③，④ から，$x > 0$ のとき $f''(x) < 0$
したがって，$y = f(x)$ のグラフは $x > 0$ で上に凸である。

←$f'(x) > 0$, $f(x)$ は連続であるから
$x > 0$ のとき $f(x) > f(0)$

19 積分法

指針 255 〈積分に関する条件から関数を決定〉

両辺の最高次の項にだけ着目して条件の等式を利用する。
$P(x)$ の最高次の項を ax^n として，$\int_0^x \{P(t)\}^m dt$ と $P(x^3) - P(0)$ について，最高次の項の次数と係数を比較する。それにより，正の整数 n, m が決まる。

$P(x)$ は x の整式で表されているから，最高次の項を ax^n とする。
このとき，$\int_0^x \{P(t)\}^m dt$ の最高次の項は

$$\int_0^x (at^n)^m dt = \int_0^x a^m t^{mn} dt = \left[\dfrac{a^m}{mn+1} t^{mn+1}\right]_0^x = \dfrac{a^m}{mn+1} x^{mn+1}$$

また，$P(x^3) - P(0)$ の最高次の項は ax^{3n} であるから，これらの次数と係数を比較すると
$$mn + 1 = 3n \quad \cdots\cdots ①, \qquad \dfrac{a^m}{mn+1} = a \quad \cdots\cdots ②$$

① から $(3 - m)n = 1$
これを満たす正の整数 m, n は $m = 2$, $n = 1$
よって，② から $\dfrac{a^2}{2 \cdot 1 + 1} = a$ すなわち $a(a - 3) = 0$
$a \neq 0$ であるから $a = 3$
$n = 1$ より $P(x)$ は 1 次式であるから，$P(x) = 3x + b$ と表せる。
また，$m = 2$ より

←$a \neq 0$ で，n は正の整数

←1 の正の約数は 1 だけであるから
$3 - m = 1$, $n = 1$

$$\int_0^x \{P(t)\}^m dt = \int_0^x (3t+b)^2 dt = \int_0^x (9t^2+6bt+b^2) dt$$
$$= \Big[3t^3+3bt^2+b^2t\Big]_0^x = 3x^3+3bx^2+b^2x$$

また　　$P(x^3)-P(0)=(3x^3+b)-b=3x^3$
よって　　$3x^3+3bx^2+b^2x=3x^3$
係数を比較すると　　$3b=0,\ b^2=0$　　よって　　$b=0$
したがって　　$P(x)=3x$

256 〈不定積分〉

(1) $(\sin x\ \text{の式})\times\cos x$ の形に変形する。$\sin x=t$ と置換。
(2) 半角の公式を用いて $\sin^2 x$ を1次の形にする。$\int e^{-x}\cos 2x\,dx$ の計算では，部分積分を繰り返し行うと，同じ不定積分が現れる。

(1) $\dfrac{\cos^3 x}{\sin^2 x}=\dfrac{\cos^2 x\cos x}{\sin^2 x}=\dfrac{(1-\sin^2 x)\cos x}{\sin^2 x}$

$\sin x=t$ とおくと　　$\cos x\,dx=dt$
したがって $\int\dfrac{\cos^3 x}{\sin^2 x}dx=\int\dfrac{1-t^2}{t^2}dt=\int\left(\dfrac{1}{t^2}-1\right)dt$
$$=-\dfrac{1}{t}-t+C$$
$$=-\dfrac{1}{\sin x}-\sin x+C\ (C\text{は積分定数})$$

(2) $e^{-x}\sin^2 x=e^{-x}\cdot\dfrac{1-\cos 2x}{2}=\dfrac{1}{2}e^{-x}-\dfrac{1}{2}e^{-x}\cos 2x$　　←$\sin^2 x=\dfrac{1-\cos 2x}{2}$

ここで　$\int e^{-x}dx=-e^{-x}+C_1\ (C_1\text{は積分定数})$　……①

また　$\int e^{-x}\cos 2x\,dx$
$=-e^{-x}\cos 2x-\int 2e^{-x}\sin 2x\,dx$
$=-e^{-x}\cos 2x+2e^{-x}\sin 2x-\int 4e^{-x}\cos 2x\,dx$
$=-e^{-x}\cos 2x+2e^{-x}\sin 2x-4\int e^{-x}\cos 2x\,dx$

←部分積分を繰り返す。
$\int e^{-x}\cos 2x\,dx$
$=\int(-e^{-x})'\cos 2x\,dx$

よって　$\int e^{-x}\cos 2x\,dx=\dfrac{1}{5}(-e^{-x}\cos 2x+2e^{-x}\sin 2x)+C_2$
　　　　　　　　　　　　　　　$(C_2\text{は積分定数})$　……②

①，② より　$\int e^{-x}\sin^2 x\,dx$
$=\dfrac{1}{2}\cdot(-e^{-x})-\dfrac{1}{2}\cdot\dfrac{1}{5}(-e^{-x}\cos 2x+2e^{-x}\sin 2x)+C$
$=\dfrac{1}{10}e^{-x}(\cos 2x-2\sin 2x-5)+C\ (C\text{は積分定数})$

←積分定数は1つにまとめて C とする。

指針 257 〈定積分の計算〉

(1) $\sqrt{1+2\sqrt{x}} = t$ とおくと $x = \dfrac{1}{4}(t^4 - 2t^2 + 1)$

(2) まず, 部分積分を行う。$\int_1^{\sqrt{3}} \dfrac{1}{1+x^2} dx$ の計算では $x = \tan\theta$ と置換。

(3) $\sqrt{1-\cos 4x} = \sqrt{2\sin^2 2x} = \sqrt{2}|\sin 2x|$ と変形。$\sin 2x \geqq 0$, $\sin 2x \leqq 0$ で積分区間を分けて計算する。

(4) 三角関数の合成により, $3\sin x + 4\cos x = 5\sin(x+\alpha)$ と変形する。

---

(1) $\sqrt{1+2\sqrt{x}} = t$ とおく。両辺を 2 乗すると

$$1 + 2\sqrt{x} = t^2 \quad \text{よって} \quad \sqrt{x} = \dfrac{1}{2}(t^2-1)$$

x	$0 \longrightarrow 1$
t	$1 \longrightarrow \sqrt{3}$

さらに, 両辺を 2 乗すると

$$x = \dfrac{1}{4}(t^4 - 2t^2 + 1) \quad \text{したがって} \quad dx = (t^3 - t)dt$$

ゆえに $\displaystyle\int_0^1 \sqrt{1+2\sqrt{x}}\, dx = \int_1^{\sqrt{3}} t \cdot (t^3 - t)\, dt = \int_1^{\sqrt{3}} (t^4 - t^2)\, dt$

$$= \left[\dfrac{t^5}{5} - \dfrac{t^3}{3}\right]_1^{\sqrt{3}} = \left(\dfrac{9\sqrt{3}}{5} - \sqrt{3}\right) - \left(\dfrac{1}{5} - \dfrac{1}{3}\right) = \dfrac{4\sqrt{3}}{5} + \dfrac{2}{15}$$

← $1 + 2\sqrt{x} = t$ とおいてもよい。
$x = \dfrac{1}{4}(t-1)^2$
$dx = \dfrac{1}{2}(t-1)$
$\displaystyle\int_0^1 \sqrt{1+2\sqrt{x}}\, dx$
$= \displaystyle\int_1^{\sqrt{3}} \sqrt{t} \cdot \dfrac{1}{2}(t-1)\, dt$

(2) $\displaystyle\int_1^{\sqrt{3}} \dfrac{1}{x^2} \log\sqrt{1+x^2}\, dx = \dfrac{1}{2} \int_1^{\sqrt{3}} \left(-\dfrac{1}{x}\right)' \log(1+x^2)\, dx$

$= \dfrac{1}{2}\left\{\left[-\dfrac{1}{x} \log(1+x^2)\right]_1^{\sqrt{3}} - \int_1^{\sqrt{3}} \left(-\dfrac{1}{x}\right) \cdot \dfrac{2x}{1+x^2}\, dx\right\}$

$= \left(\dfrac{1}{2} - \dfrac{1}{\sqrt{3}}\right) \log 2 + \displaystyle\int_1^{\sqrt{3}} \dfrac{1}{1+x^2}\, dx$

x	$1 \longrightarrow \sqrt{3}$
θ	$\dfrac{\pi}{4} \longrightarrow \dfrac{\pi}{3}$

ここで, $x = \tan\theta$ とおくと $dx = \dfrac{1}{\cos^2\theta} d\theta$

よって

$\displaystyle\int_1^{\sqrt{3}} \dfrac{1}{1+x^2}\, dx = \int_{\pi/4}^{\pi/3} \dfrac{1}{1+\tan^2\theta} \cdot \dfrac{1}{\cos^2\theta}\, d\theta = \int_{\pi/4}^{\pi/3} d\theta = \left[\theta\right]_{\pi/4}^{\pi/3} = \dfrac{\pi}{12}$

したがって $\displaystyle\int_1^{\sqrt{3}} \dfrac{1}{x^2} \log\sqrt{1+x^2}\, dx = \left(\dfrac{1}{2} - \dfrac{1}{\sqrt{3}}\right)\log 2 + \dfrac{\pi}{12}$

← $1 + \tan^2\theta = \dfrac{1}{\cos^2\theta}$

(3) $\dfrac{1-\cos 4x}{2} = \sin^2 2x$ であるから $1 - \cos 4x = 2\sin^2 2x$

よって $\sqrt{1-\cos 4x} = \sqrt{2\sin^2 2x} = \sqrt{2}|\sin 2x|$

$0 \leqq x \leqq \dfrac{\pi}{2}$ のとき $\sin 2x \geqq 0$ であり, $\dfrac{\pi}{2} \leqq x \leqq \dfrac{3}{4}\pi$ のとき $\sin 2x \leqq 0$ であるから

$\displaystyle\int_0^{3\pi/4} \sqrt{1-\cos 4x}\, dx$

$= \sqrt{2} \displaystyle\int_0^{3\pi/4} |\sin 2x|\, dx = \sqrt{2}\left\{\int_0^{\pi/2} \sin 2x\, dx + \int_{\pi/2}^{3\pi/4} (-\sin 2x)\, dx\right\}$

$= \sqrt{2}\left(\left[-\dfrac{1}{2}\cos 2x\right]_0^{\pi/2} + \left[\dfrac{1}{2}\cos 2x\right]_{\pi/2}^{3\pi/4}\right) = \sqrt{2}\left(1 + \dfrac{1}{2}\right) = \dfrac{3\sqrt{2}}{2}$

← $\sqrt{A^2} = |A|$

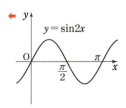

(4) α を $\sin\alpha = \dfrac{4}{5}$, $\cos\alpha = \dfrac{3}{5}$ を満たす鋭角とすると

$$\int_0^{\frac{\pi}{2}} \dfrac{dx}{3\sin x + 4\cos x} = \int_0^{\frac{\pi}{2}} \dfrac{dx}{5\sin(x+\alpha)} = \dfrac{1}{5}\int_0^{\frac{\pi}{2}} \dfrac{\sin(x+\alpha)}{\sin^2(x+\alpha)} dx$$

$$= \dfrac{1}{5}\int_0^{\frac{\pi}{2}} \dfrac{\sin(x+\alpha)}{1-\cos^2(x+\alpha)} dx$$

←分母, 分子に $\sin(x+\alpha)$ を掛ける。

ここで, $\cos(x+\alpha) = t$ とおくと
$-\sin(x+\alpha)dx = dt$

したがって

x	$0 \longrightarrow \dfrac{\pi}{2}$
t	$\dfrac{3}{5} \longrightarrow -\dfrac{4}{5}$

←$x=0$ のとき
$\cos(x+\alpha) = \cos\alpha = \dfrac{3}{5}$
$x = \dfrac{\pi}{2}$ のとき
$\cos(x+\alpha) = \cos\left(\alpha + \dfrac{\pi}{2}\right)$
$= -\sin\alpha = -\dfrac{4}{5}$

$\dfrac{1}{5}\int_{\frac{3}{5}}^{-\frac{4}{5}} \dfrac{-dt}{1-t^2} = \dfrac{1}{5}\int_{-\frac{4}{5}}^{\frac{3}{5}} \dfrac{dt}{(1-t)(1+t)}$

$= \dfrac{1}{5} \cdot \dfrac{1}{2}\int_{-\frac{4}{5}}^{\frac{3}{5}} \left(\dfrac{1}{1-t} + \dfrac{1}{1+t}\right) dt$

$= \dfrac{1}{10}\Big[-\log|1-t| + \log|1+t|\Big]_{-\frac{4}{5}}^{\frac{3}{5}} = \dfrac{1}{5}\log 6$

指針 258 〈工夫して定積分を求める〉

(2) (1)の等式を使うことを考え, I_1 において $x = \dfrac{\pi}{2} - t$ とおく。

(3) I_1 において $\cos^2 x = 1 - \sin^2 x$ とする。

(1) $g\left(\dfrac{\pi}{2} - x\right) = f\left(\left(\dfrac{\pi}{2} - x\right) - \dfrac{\pi}{4}\right) + f\left(\dfrac{\pi}{4} - \left(\dfrac{\pi}{2} - x\right)\right)$

$= f\left(\dfrac{\pi}{4} - x\right) + f\left(x - \dfrac{\pi}{4}\right) = g(x)$

(2) I_1 において, $x = \dfrac{\pi}{2} - t$ とおくと　　$dx = -dt$

$I_1 = \int_0^{\frac{\pi}{2}} g(x)\cos^2 x\, dx$

$= -\int_{\frac{\pi}{2}}^0 g\left(\dfrac{\pi}{2} - t\right)\cos^2\left(\dfrac{\pi}{2} - t\right) dt$

$= \int_0^{\frac{\pi}{2}} g\left(\dfrac{\pi}{2} - t\right)\cos^2\left(\dfrac{\pi}{2} - t\right) dt$

x	$0 \longrightarrow \dfrac{\pi}{2}$
t	$\dfrac{\pi}{2} \longrightarrow 0$

←定積分の性質を利用。
$\int_a^0 f(x)dx = -\int_0^a f(x)dx$

ここで, (1)より, $g\left(\dfrac{\pi}{2} - t\right) = g(t)$ であるから

$\int_0^{\frac{\pi}{2}} g\left(\dfrac{\pi}{2} - t\right)\cos^2\left(\dfrac{\pi}{2} - t\right) dt = \int_0^{\frac{\pi}{2}} g(t)\cos^2\left(\dfrac{\pi}{2} - t\right) dt$

したがって　　$I_1 = \int_0^{\frac{\pi}{2}} g(t)\cos^2\left(\dfrac{\pi}{2} - t\right) dt = \int_0^{\frac{\pi}{2}} g(t)\sin^2 t\, dt = I_2$

←$\cos\left(\dfrac{\pi}{2} - t\right) = \sin t$

(3) $\int_0^{\frac{\pi}{2}} g(x)\,dx = \int_0^{\frac{\pi}{2}} (e^{x-\frac{\pi}{4}} + e^{\frac{\pi}{4}-x}) dx = \Big[e^{x-\frac{\pi}{4}} - e^{\frac{\pi}{4}-x}\Big]_0^{\frac{\pi}{2}}$

$= 2(e^{\frac{\pi}{4}} - e^{-\frac{\pi}{4}})$

また　　$I_1 = \int_0^{\frac{\pi}{2}} g(x)(1-\sin^2 x)\,dx = \int_0^{\frac{\pi}{2}} g(x)\,dx - I_2$

←$\int_0^{\frac{\pi}{2}} g(x)\sin^2 x\, dx = I_2$

(2)より, $I_1 = I_2$ であるから　　$I_1 = \dfrac{1}{2}\int_0^{\frac{\pi}{2}} g(x)\,dx = e^{\frac{\pi}{4}} - e^{-\frac{\pi}{4}}$

指針 259 〈定積分 $\int_0^{\frac{\pi}{2}} \sin^n x\, dx$〉

$I_n = \int_0^{\frac{\pi}{2}} \sin^n x\, dx$ に部分積分を行うと，I_n の漸化式が導かれる。

$$I_{n+2} = \int_0^{\frac{\pi}{2}} \sin^{n+2} x\, dx = \int_0^{\frac{\pi}{2}} \sin x \sin^{n+1} x\, dx = \int_0^{\frac{\pi}{2}} (-\cos x)' \sin^{n+1} x\, dx$$

$$= \left[-\cos x \sin^{n+1} x\right]_0^{\frac{\pi}{2}} + (n+1)\int_0^{\frac{\pi}{2}} \cos^2 x \sin^n x\, dx$$

$$= (n+1)\int_0^{\frac{\pi}{2}} (1-\sin^2 x) \sin^n x\, dx$$

$$= (n+1)\left(\int_0^{\frac{\pi}{2}} \sin^n x\, dx - \int_0^{\frac{\pi}{2}} \sin^{n+2} x\, dx\right) = (n+1)(I_n - I_{n+2})$$

よって　　$(n+2)I_{n+2} = (n+1)I_n$　　ゆえに　　$I_{n+2} = {}^{\mathcal{P}}\dfrac{n+1}{n+2} I_n$

また　　$I_0 = \int_0^{\frac{\pi}{2}} dx = \left[x\right]_0^{\frac{\pi}{2}} = {}^{\mathcal{I}}\dfrac{\pi}{2}$

ゆえに　　$I_2 = \dfrac{0+1}{0+2} I_0 = \dfrac{1}{2} \cdot \dfrac{\pi}{2} = \dfrac{\pi}{4}$, $\quad I_4 = \dfrac{2+1}{2+2} I_2 = \dfrac{3}{4} \cdot \dfrac{\pi}{4} = {}^{\mathcal{\dot{\mathcal{}}}}\dfrac{3}{16}\pi$,

$\qquad\qquad I_6 = \dfrac{4+1}{4+2} I_4 = \dfrac{5}{6} \cdot \dfrac{3}{16}\pi = {}^{\mathcal{I}}\dfrac{5}{32}\pi$

← 部分積分を行うため，
$\sin^{n+2} x = \sin x \sin^{n+1} x$ と変形する。

← 部分積分を行う。
$(\sin^{n+1} x)'$
$= (n+1)\sin^n x \cos x$

← $I_{n+2} = \dfrac{n+1}{n+2} I_n$ という関係を繰り返し使う。

指針 260 〈定積分で表された関数から成る数列の極限〉

$\int_0^1 f_n(t)\, dt$ は定数であるからこれを c_n とおくと　　$f_n(x) = \sum_{k=1}^n \dfrac{x^k}{k} - 2c_n$

$c_n = \int_0^1 f_n(t)\, dt$ から c_n についての方程式を導くことができる。

$\int_0^1 f_n(t)\, dt = c_n$　……①　とおくと　　$f_n(x) = \sum_{k=1}^n \dfrac{x^k}{k} - 2c_n$

よって，①から

$$c_n = \int_0^1 f_n(t)\, dt = \int_0^1 \left(\sum_{k=1}^n \dfrac{t^k}{k} - 2c_n\right) dt$$

$$= \int_0^1 \sum_{k=1}^n \dfrac{t^k}{k}\, dt - \int_0^1 2c_n\, dt = \sum_{k=1}^n \dfrac{1}{k} \int_0^1 t^k\, dt - \left[2c_n t\right]_0^1$$

$$= \sum_{k=1}^n \dfrac{1}{k} \left[\dfrac{1}{k+1} t^{k+1}\right]_0^1 - 2c_n = \sum_{k=1}^n \left(\dfrac{1}{k} \cdot \dfrac{1}{k+1}\right) - 2c_n$$

$$= \left\{\left(\dfrac{1}{1} - \dfrac{1}{2}\right) + \left(\dfrac{1}{2} - \dfrac{1}{3}\right) + \cdots + \left(\dfrac{1}{n} - \dfrac{1}{n+1}\right)\right\} - 2c_n$$

$$= 1 - \dfrac{1}{n+1} - 2c_n$$

ゆえに　　$c_n = \dfrac{1}{3}\left(1 - \dfrac{1}{n+1}\right)$

よって　　$f_n(x) = \sum_{k=1}^n \dfrac{x^k}{k} - \dfrac{2}{3}\left(1 - \dfrac{1}{n+1}\right)$

これより　　$f_n(0) = -\dfrac{2}{3}\left(1 - \dfrac{1}{n+1}\right)$

したがって　　$\lim_{n \to \infty} f_n(0) = -\dfrac{2}{3}$

← $\int_0^1 \sum_{k=1}^n \dfrac{t^k}{k}\, dt$
$= \int_0^1 \left(t + \dfrac{t^2}{2} + \cdots + \dfrac{t^n}{n}\right) dt$
$= \int_0^1 t\, dt + \dfrac{1}{2}\int_0^1 t^2\, dt$
$\quad + \cdots + \dfrac{1}{n}\int_0^1 t^n\, dt$
$= \sum_{k=1}^n \dfrac{1}{k} \int_0^1 t^k\, dt$

← $\lim_{n \to \infty} \dfrac{1}{n+1} = 0$

数学重要問題集（理系）

指針 261 〈定積分で表された関数〉

x, y は定数として，まず定積分を計算する。そうすると x, y についての 2 次式が得られる。x, y についての 2 次式の最小を考えるから，平方完成できないかと考える。

$$\int_0^1 (\sin(2n\pi t) - xt - y)^2 dt = \int_0^1 \{\sin(2n\pi t) - (xt+y)\}^2 dt$$
$$= \int_0^1 \{\sin^2(2n\pi t) - 2(xt+y)\sin(2n\pi t) + (xt+y)^2\} dt$$
$$= \int_0^1 \sin^2(2n\pi t) dt - 2\int_0^1 (xt+y)\sin(2n\pi t) dt + \int_0^1 (xt+y)^2 dt$$
$$= \int_0^1 \sin^2(2n\pi t) dt - 2x\int_0^1 t\sin(2n\pi t) dt - 2y\int_0^1 \sin(2n\pi t) dt + \int_0^1 (xt+y)^2 dt$$

ここで，$\sin(2n\pi) = 0$, $\cos(2n\pi) = 1$ から

$$\int_0^1 \sin^2(2n\pi t) dt = \int_0^1 \frac{1-\cos(4n\pi t)}{2} dt$$
$$= \frac{1}{2}\left[t - \frac{1}{4n\pi}\sin(4n\pi t)\right]_0^1 = \frac{1}{2} \quad \cdots\cdots ①$$

$$\int_0^1 t\sin(2n\pi t) dt = \left[t\cdot\left\{-\frac{1}{2n\pi}\cos(2n\pi t)\right\}\right]_0^1 + \frac{1}{2n\pi}\int_0^1 \cos(2n\pi t) dt$$
$$= -\frac{1}{2n\pi} + \frac{1}{2n\pi}\left[\frac{1}{2n\pi}\sin(2n\pi t)\right]_0^1$$
$$= -\frac{1}{2n\pi} \quad \cdots\cdots ②$$

$$\int_0^1 \sin(2n\pi t) dt = \left[-\frac{1}{2n\pi}\cos(2n\pi t)\right]_0^1 = 0 \quad \cdots\cdots ③$$

$$\int_0^1 (xt+y)^2 dt = \int_0^1 (x^2t^2 + 2xyt + y^2) dt = \left[\frac{1}{3}x^2t^3 + xyt^2 + y^2t\right]_0^1$$
$$= \frac{1}{3}x^2 + xy + y^2 \quad \cdots\cdots ④$$

←半角の公式
$$\sin^2 x = \frac{1-\cos 2x}{2}$$
を利用する。

←$\sin(2n\pi t)$
$= \left\{-\frac{1}{2n\pi}\cos(2n\pi t)\right\}'$ から，部分積分する。

ゆえに，①〜④から

$$\int_0^1 (\sin(2n\pi t) - xt - y)^2 dt = \frac{1}{2} + \frac{x}{n\pi} + \left(\frac{1}{3}x^2 + xy + y^2\right)$$
$$= y^2 + xy + \frac{1}{3}x^2 + \frac{x}{n\pi} + \frac{1}{2} = \left(y + \frac{1}{2}x\right)^2 + \frac{1}{12}x^2 + \frac{x}{n\pi} + \frac{1}{2}$$
$$= \left(y + \frac{1}{2}x\right)^2 + \frac{1}{12}\left(x + \frac{6}{n\pi}\right)^2 - \frac{3}{(n\pi)^2} + \frac{1}{2}$$

←x, y について，それぞれ平方完成する。

よって，定積分 $\int_0^1 (\sin(2n\pi t) - xt - y)^2 dt$ は，

$x = -\dfrac{6}{n\pi}$, $y = -\dfrac{1}{2}x = \dfrac{3}{n\pi}$ のとき最小値をとるから

$I_n = -\dfrac{3}{(n\pi)^2} + \dfrac{1}{2}$ したがって $\displaystyle\lim_{n\to\infty} I_n = \dfrac{1}{2}$

指針 262 〈定積分で表された関数〉

$F'(t) = t\sin t$ とすると $f(x) = \int_{-x}^{2x} t\sin t\, dt = F(2x) - F(-x)$

よって $f'(x) = F'(2x)\cdot(2x)' - F'(-x)\cdot(-x)' = 2F'(2x) + F'(-x)$

238 数学重要問題集（理系）

(1) $F'(t) = t\sin t$ とすると
$$f'(x) = 2F'(2x) + F'(-x) = 2\cdot 2x\sin 2x + (-x)\sin(-x)$$
$$= 4x\sin 2x + x\sin x$$

←$f'(x)$ の計算は指針を参照。

(2) $f'(x) = 8x\sin x\cos x + x\sin x = x\sin x(8\cos x + 1)$

←$\sin 2x = 2\sin x\cos x$

$0 < x < \pi$ のとき，$f'(x) = 0$ となる x の値は $\cos x = -\dfrac{1}{8}$ を満たし，

$0 < x < \pi$ にただ 1 つ存在する。
それを β とおくと，$0 \leqq x \leqq \pi$ における $f(x)$ の増減表は右のようになる。

x	0	$\cdots$	β	$\cdots$	π
$f'(x)$		$+$	0	$-$	
$f(x)$		↗	極大	↘	

←$\cos\beta = -\dfrac{1}{8}$

よって，$\alpha = \beta$ であるから $\cos\alpha = \cos\beta = -\dfrac{1}{8}$

←最大値をとる x の値が α

(3) $f(0) = \displaystyle\int_0^0 t\sin t\,dt = 0$

←増減表から最小値は $f(0)$ または $f(\pi)$ であるから，両者の値を比較する。

$f(\pi) = \displaystyle\int_{-\pi}^{2\pi} t\sin t\,dt = \Big[-t\cos t\Big]_{-\pi}^{2\pi} + \int_{-\pi}^{2\pi} \cos t\,dt$

$= -2\pi + \pi + \Big[\sin t\Big]_{-\pi}^{2\pi} = -\pi$

したがって，求める $f(x)$ の最小値は $-\pi$

指針 263 〈定積分と級数〉

$\displaystyle\lim_{n\to\infty} \dfrac{1}{n}\sum_{k=1}^{n} f\left(\dfrac{k}{n}\right) = \int_0^1 f(x)\,dx$ を使う。

(2) $\left(1+\dfrac{1}{n}\right)\left(1+\dfrac{2}{n}\right)\cdots\cdots\left(1+\dfrac{n}{n}\right)$ と積が続いている式は，対数をとると和の形になる。

(1) (与式) $= \displaystyle\lim_{n\to\infty} \dfrac{1}{n}\left(\dfrac{1}{n}e^{\frac{1}{n}} + \dfrac{2}{n}e^{\frac{2}{n}} + \dfrac{3}{n}e^{\frac{3}{n}} + \cdots\cdots + \dfrac{n}{n}e^{\frac{n}{n}}\right)$

$= \displaystyle\lim_{n\to\infty} \dfrac{1}{n}\sum_{k=1}^{n} \dfrac{k}{n}e^{\frac{k}{n}} = \int_0^1 xe^x\,dx = \Big[xe^x\Big]_0^1 - \int_0^1 e^x\,dx$

←$\displaystyle\int_0^1 xe^x\,dx$ は部分積分法で求める。

$= e - \Big[e^x\Big]_0^1 = e - (e-1) = 1$

(2) $a_n = \sqrt[n]{\left(1+\dfrac{1}{n}\right)\left(1+\dfrac{2}{n}\right)\cdots\cdots\left(1+\dfrac{n}{n}\right)}$ より

$\displaystyle\lim_{n\to\infty} \log a_n = \lim_{n\to\infty} \log\sqrt[n]{\left(1+\dfrac{1}{n}\right)\left(1+\dfrac{2}{n}\right)\cdots\cdots\left(1+\dfrac{n}{n}\right)}$

$= \displaystyle\lim_{n\to\infty} \dfrac{1}{n}\log\left(1+\dfrac{1}{n}\right)\left(1+\dfrac{2}{n}\right)\cdots\cdots\left(1+\dfrac{n}{n}\right)$

←$\log\sqrt[n]{M} = \log M^{\frac{1}{n}}$
$= \dfrac{1}{n}\log M$
←$\log MN = \log M + \log N$

$= \displaystyle\lim_{n\to\infty} \dfrac{1}{n}\left\{\log\left(1+\dfrac{1}{n}\right) + \log\left(1+\dfrac{2}{n}\right) + \cdots\cdots + \log\left(1+\dfrac{n}{n}\right)\right\}$

$= \displaystyle\lim_{n\to\infty} \dfrac{1}{n}\sum_{k=1}^{n} \log\left(1+\dfrac{k}{n}\right) = \int_0^1 \log(1+x)\,dx$

$= \Big[(1+x)\log(1+x)\Big]_0^1 - \int_0^1 dx$

$= 2\log 2 - \Big[x\Big]_0^1 = \mathbf{2\log 2 - 1}$

指針 264 〈定積分と不等式〉

区間 $[a,\ b]$ で $f(x) \geq g(x)$ ならば $\int_a^b f(x)\,dx \geq \int_a^b g(x)\,dx$

等号は，常に $f(x)=g(x)$ であるときに限って成り立つ．

定積分と絶対値については，$\left|\int_a^b f(x)\,dx\right| \leq \int_a^b |f(x)|\,dx$ が成り立つ．

等号は，区間 $[a,\ b]$ で常に $f(x) \geq 0$ または常に $f(x) \leq 0$ のときに限って成り立つ．

(1) $x^n - 1 = (x-1)(x^{n-1}+x^{n-2}+\cdots+1)$ であるから

$$\int_0^a \frac{x^n}{x-1}\,dx = \int_0^a \left(\frac{x^n-1}{x-1}+\frac{1}{x-1}\right)dx$$

$$= \int_0^a (x^{n-1}+x^{n-2}+\cdots+1)\,dx + \int_0^a \frac{1}{x-1}\,dx$$

$$= \left[\frac{x^n}{n}+\frac{x^{n-1}}{n-1}+\cdots+x\right]_0^a + \Big[\log|x-1|\Big]_0^a$$

$a<1$ より $\int_0^a \dfrac{x^n}{x-1}\,dx = \sum_{k=1}^n \dfrac{a^k}{k}+\log(1-a) = S_n(a)+\log(1-a)$

← $a<1$ のとき $\log|a-1|=\log(1-a)$

(2) $0<a<1$ のとき，(1)の結果から

$$\left|S_n(a)-\log\frac{1}{1-a}\right| = |S_n(a)+\log(1-a)|$$

$$= \left|\int_0^a \frac{x^n}{x-1}\,dx\right| \leq \int_0^a \left|\frac{x^n}{x-1}\right|dx$$

$$= \int_0^a \frac{|x^n|}{|x-1|}\,dx$$

← 絶対値の性質 $\left|\dfrac{B}{A}\right|=\dfrac{|B|}{|A|}$

$0 \leq x \leq a < 1$ においては $x^n > 0$, $|x-1|=1-x$

← $x<1$ より $x-1<0$

また，$\dfrac{1}{1-x} \leq \dfrac{1}{1-a}$ であるから

$$\int_0^a \frac{|x^n|}{|x-1|}\,dx = \int_0^a \frac{x^n}{1-x}\,dx \leq \frac{1}{1-a}\int_0^a x^n\,dx$$

← $\dfrac{1}{1-x} \leq \dfrac{1}{1-a}$ より $\int_0^a \dfrac{x^n}{1-x}\,dx \leq \int_0^a \dfrac{x^n}{1-a}\,dx$

$$= \frac{1}{1-a}\left[\frac{x^{n+1}}{n+1}\right]_0^a = \frac{a^{n+1}}{(n+1)(1-a)}$$

よって $\left|S_n(a)-\log\dfrac{1}{1-a}\right| \leq \dfrac{a^{n+1}}{(n+1)(1-a)}$

(3) $a<0$ のとき，(2)と同様にして

$$\left|S_n(a)-\log\frac{1}{1-a}\right| = \left|\int_0^a \frac{x^n}{x-1}\,dx\right|$$

$$= \left|\int_a^0 \frac{x^n}{1-x}\,dx\right| \leq \int_a^0 \left|\frac{x^n}{1-x}\right|dx$$

$$= \int_a^0 \frac{|x^n|}{|1-x|}\,dx$$

← $a<0$ なので上端と下端を入れ替える．

$a \leq x \leq 0$ においては $|x^n|=(-x)^n$, $|1-x|=1-x$

← $x \leq 0$ のとき $|x^n|=|x|^n=(-x)^n$

また，$\dfrac{1}{1-x} \leq 1$ であるから

$$\int_a^0 \frac{|x^n|}{|1-x|}\,dx = \int_a^0 \frac{(-x)^n}{1-x}\,dx \leq \int_a^0 (-x)^n\,dx$$

$$= \left[-\frac{(-x)^{n+1}}{n+1}\right]_a^0 = \frac{(-a)^{n+1}}{n+1}$$

よって $\left|S_n(a)-\log\dfrac{1}{1-a}\right| \leq \dfrac{(-a)^{n+1}}{n+1}$

指針 265 〈定積分と不等式〉

(1) $\sum_{k=1}^{n} \int_{\frac{k-1}{n}}^{\frac{k}{n}} f(x)dx = \int_{0}^{1} f(x)dx$ が成り立つことを利用する。そのためには，まず

$\dfrac{1}{n}f\left(\dfrac{k-1}{n}\right) \leqq \int_{\frac{k-1}{n}}^{\frac{k}{n}} f(x)dx \leqq \dfrac{1}{n}f\left(\dfrac{k}{n}\right)$ を示し，$k=1, 2, \cdots\cdots, n$ とした不等式の辺々を足す。なお，区間 $[a, b]$ で連続な関数 $f(x), g(x)$ について

$$f(x) \leqq g(x) \quad \text{ならば} \quad \int_{a}^{b} f(x)dx \leqq \int_{a}^{b} g(x)dx$$

(2) (1)において，$f(x) = x^a$ とする。

---

(1) 関数 $f(x)$ は区間 $\left[\dfrac{k-1}{n}, \dfrac{k}{n}\right]$ ($k=1, 2, \cdots\cdots, n$) で増加するから

$$f\left(\dfrac{k-1}{n}\right) \leqq f(x) \leqq f\left(\dfrac{k}{n}\right)$$

よって $\displaystyle\int_{\frac{k-1}{n}}^{\frac{k}{n}} f\left(\dfrac{k-1}{n}\right)dx \leqq \int_{\frac{k-1}{n}}^{\frac{k}{n}} f(x)dx \leqq \int_{\frac{k-1}{n}}^{\frac{k}{n}} f\left(\dfrac{k}{n}\right)dx$

ゆえに $\dfrac{1}{n}f\left(\dfrac{k-1}{n}\right) \leqq \displaystyle\int_{\frac{k-1}{n}}^{\frac{k}{n}} f(x)dx \leqq \dfrac{1}{n}f\left(\dfrac{k}{n}\right)$

$k=1, 2, \cdots\cdots, n$ として，辺々を足すと

$$\dfrac{1}{n}\sum_{k=1}^{n} f\left(\dfrac{k-1}{n}\right) \leqq \int_{0}^{1} f(x)dx \leqq \dfrac{1}{n}\sum_{k=1}^{n} f\left(\dfrac{k}{n}\right)$$

(2) a は正の有理数であるから，x^a は区間 $[0, 1]$ で増加する。(1)において，$f(x)=x^a$ とすると

$$\dfrac{1}{n}\sum_{k=1}^{n} \left(\dfrac{k-1}{n}\right)^a \leqq \int_{0}^{1} x^a dx \leqq \dfrac{1}{n}\sum_{k=1}^{n} \left(\dfrac{k}{n}\right)^a$$

よって $\dfrac{1}{n^{a+1}}\displaystyle\sum_{k=1}^{n}(k-1)^a \leqq \dfrac{1}{a+1} \leqq \dfrac{1}{n^{a+1}}\sum_{k=1}^{n} k^a$

$a+1 > 0, n^{a+1} > 0$ であるから，各辺に $(a+1)n^{a+1}$ を掛けると

$$(a+1)\sum_{k=1}^{n}(k-1)^a \leqq n^{a+1} \leqq (a+1)\sum_{k=1}^{n} k^a$$

$(a+1)\displaystyle\sum_{k=1}^{n}(k-1)^a \leqq n^{a+1}$ より

$$(a+1)\sum_{k=1}^{n+1}(k-1)^a \leqq (n+1)^{a+1}$$

ここで $\displaystyle\sum_{k=1}^{n+1}(k-1)^a = \sum_{k=0}^{n} k^a = \sum_{k=1}^{n} k^a$

よって $(a+1)\displaystyle\sum_{k=1}^{n} k^a \leqq (n+1)^{a+1}$

ゆえに $n^{a+1} \leqq (a+1)\displaystyle\sum_{k=1}^{n} k^a \leqq (n+1)^{a+1}$

← $f\left(\dfrac{k-1}{n}\right)$ は x に無関係な定数であるから

$\displaystyle\int_{\frac{k-1}{n}}^{\frac{k}{n}} f\left(\dfrac{k-1}{n}\right)dx$
$= f\left(\dfrac{k-1}{n}\right)\left[x\right]_{\frac{k-1}{n}}^{\frac{k}{n}}$
$= f\left(\dfrac{k-1}{n}\right)\cdot\dfrac{1}{n}$

← 不等式の各辺に文字式を掛けるときは，掛ける式の符号を確認する。

← n を $n+1$ におき換える。

← $k=0$ のとき $k^a = 0$

266 〈逆関数の定積分〉

(1) $a < b$ ならば $f(a) < f(b)$ であることを示すには，$f(x)$ がすべての実数 x で単調に増加すること，すなわち常に $f'(x) > 0$ を示せばよい。

(2) $g(x)$ が $f(x)$ の逆関数 → $t = g(x)$ とおくと $x = f(t)$, $dx = f'(t)dt$

(1) $f(x) = \dfrac{2e^{3x}}{e^{2x}+1}$ から

$$f'(x) = \dfrac{6e^{3x}(e^{2x}+1) - 2e^{3x} \cdot 2e^{2x}}{(e^{2x}+1)^2} = \dfrac{2e^{5x}+6e^{3x}}{(e^{2x}+1)^2} > 0$$

よって，$f(x)$ は単調に増加する。
ゆえに，$a < b$ ならば $f(a) < f(b)$ が成り立つ。

また $f(\log\sqrt{3}) = \dfrac{2e^{3\log\sqrt{3}}}{e^{2\log\sqrt{3}}+1} = \dfrac{2 \cdot 3\sqrt{3}}{3+1} = \dfrac{3\sqrt{3}}{2}$

←$e^{\log p} = p$ より
$e^{2\log\sqrt{3}} = e^{\log 3} = 3$
また
$e^{3\log\sqrt{3}} = e^{\log 3\sqrt{3}} = 3\sqrt{3}$

(2) $g(x)$ は $f(x)$ の逆関数であるから，
$t = g(x)$ とおくと $x = f(t)$
よって $dx = f'(t)dt$
また，$f(0) = 1$ であるから，(1) より

x	$1 \longrightarrow \dfrac{3\sqrt{3}}{2}$
t	$0 \longrightarrow \log\sqrt{3}$

$$\int_1^{\frac{3\sqrt{3}}{2}} g(x)dx = \int_0^{\log\sqrt{3}} tf'(t)dt = \Big[tf(t)\Big]_0^{\log\sqrt{3}} - \int_0^{\log\sqrt{3}} f(t)dt$$

←部分積分を行う。

$$= \dfrac{3\sqrt{3}}{2}\log\sqrt{3} - \int_0^{\log\sqrt{3}} \dfrac{2e^{3t}}{e^{2t}+1}dt$$

ここで，$u = e^t$ とおくと $du = e^t dt$
よって

t	$0 \longrightarrow \log\sqrt{3}$
u	$1 \longrightarrow \sqrt{3}$

$$\int_0^{\log\sqrt{3}} \dfrac{2e^{3t}}{e^{2t}+1}dt = \int_0^{\log\sqrt{3}} \dfrac{2e^{2t}}{e^{2t}+1} \cdot e^t dt$$

←$e^t dt$ を作ると $e^t dt = du$ とおき換えられる。

$$= 2\int_1^{\sqrt{3}} \dfrac{u^2}{u^2+1}du = 2\int_1^{\sqrt{3}}\left(1 - \dfrac{1}{u^2+1}\right)du$$

$$= 2\int_1^{\sqrt{3}} du - 2\int_1^{\sqrt{3}} \dfrac{1}{u^2+1}du = 2\Big[u\Big]_1^{\sqrt{3}} - 2\int_1^{\sqrt{3}}\dfrac{1}{u^2+1}du$$

$$= 2(\sqrt{3}-1) - 2\int_1^{\sqrt{3}}\dfrac{1}{u^2+1}du$$

$\int_1^{\sqrt{3}} \dfrac{1}{u^2+1}du$ について $u = \tan\theta$ と

おくと $du = \dfrac{1}{\cos^2\theta}d\theta$

u	$1 \longrightarrow \sqrt{3}$
θ	$\dfrac{\pi}{4} \longrightarrow \dfrac{\pi}{3}$

←置換積分を行う。

←$(\tan\theta)' = \dfrac{1}{\cos^2\theta}$

よって $\int_1^{\sqrt{3}} \dfrac{1}{u^2+1}du = \int_{\frac{\pi}{4}}^{\frac{\pi}{3}} \dfrac{1}{\tan^2\theta+1} \cdot \dfrac{1}{\cos^2\theta}d\theta$

←$\tan^2\theta + 1 = \dfrac{1}{\cos^2\theta}$

$$= \int_{\frac{\pi}{4}}^{\frac{\pi}{3}} d\theta = \Big[\theta\Big]_{\frac{\pi}{4}}^{\frac{\pi}{3}} = \dfrac{\pi}{3} - \dfrac{\pi}{4} = \dfrac{\pi}{12}$$

したがって $\int_1^{\frac{3\sqrt{3}}{2}} g(x)dx = \dfrac{3\sqrt{3}}{2}\log\sqrt{3} - \left\{2(\sqrt{3}-1) - 2 \cdot \dfrac{\pi}{12}\right\}$

$$= \dfrac{3\sqrt{3}}{4}\log 3 - 2\sqrt{3} + 2 + \dfrac{\pi}{6}$$

242 数学重要問題集（理系）

指針 267 〈定積分で表された関数の最小値〉

被積分関数に絶対値が付いている → 積分区間を分けて絶対値を外す。

$F(a) = \int_0^1 |(x-a)\{x-(a+2)\}| dx$ と変形できる。

a, $a+2$ が積分区間 $0 \leq x \leq 1$ の範囲にあれば，そこで $(x-a)\{x-(a+2)\}$ の符号が変化する。
$a < 0$ すなわち $-1 \leq a < 0$ のとき，$1 \leq a+2 < 2$ であるから，a も $a+2$ も積分区間には含まれない。
$a \geq 0$ すなわち $0 \leq a \leq 1$ のとき，a のみ積分区間に含まれる。

$x^2 - (2a+2)x + a^2 + 2a = 0$ から $(x-a)\{x-(a+2)\} = 0$
よって $x = {}^{\mathcal{P}}\boldsymbol{a}, \boldsymbol{a+2}$
$f(x) = (x-a)\{x-(a+2)\} = (x-a)^2 - 2(x-a)$ とおく。

[1] $-1 \leq a < 0$ のとき
$1 \leq a+2 < 2$ より，$0 \leq x \leq 1$ の範囲で $f(x) \leq 0$ であるから

$\displaystyle F(a) = -\int_0^1 f(x)\,dx$
$\displaystyle = -\int_0^1 \{(x-a)^2 - 2(x-a)\}\,dx$
$\displaystyle = -\left[\frac{1}{3}(x-a)^3 - (x-a)^2\right]_0^1$
$= {}^{\mathcal{I}}\boldsymbol{-a^2 - a + \dfrac{2}{3}}$

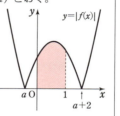

← $f(x) = (x-a)^2 - 2(x-a)$ のように変形しておくと，後の積分計算がしやすくなる。

[2] $0 \leq a \leq 1$ のとき
$0 \leq x \leq a$ の範囲で $f(x) \geq 0$，$a \leq x \leq 1$ の範囲で $f(x) \leq 0$ であるから

$\displaystyle F(a) = \int_0^a f(x)\,dx - \int_a^1 f(x)\,dx$
$\displaystyle = \int_0^a f(x)\,dx + \int_1^a f(x)\,dx$
$\displaystyle = 2\int_0^a f(x)\,dx - \int_0^1 f(x)\,dx$
$\displaystyle = 2\left[\frac{1}{3}(x-a)^3 - (x-a)^2\right]_0^a - \left(a^2 + a - \frac{2}{3}\right)$
$\displaystyle = 2\left(\frac{1}{3}a^3 + a^2\right) - \left(a^2 + a - \frac{2}{3}\right) = {}^{\mathcal{D}}\dfrac{\boldsymbol{2}}{\boldsymbol{3}}\boldsymbol{a^3 + a^2 - a + \dfrac{2}{3}}$

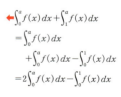

← $\displaystyle \int_0^a f(x)\,dx + \int_1^a f(x)\,dx$
$\displaystyle = \int_0^a f(x)\,dx$
$\displaystyle \quad + \int_0^a f(x)\,dx - \int_0^1 f(x)\,dx$
$\displaystyle = 2\int_0^a f(x)\,dx - \int_0^1 f(x)\,dx$

$-1 \leq a < 0$ のとき $F(a) = -a^2 - a + \dfrac{2}{3} = -\left(a + \dfrac{1}{2}\right)^2 + \dfrac{11}{12}$

したがって，このとき $F(a) \geq F(-1) = \dfrac{2}{3}$

また，$0 \leq a \leq 1$ のとき，$F'(a) = 2a^2 + 2a - 1$ となるから，
$F'(a) = 0$ とすると $a = \dfrac{-1 + \sqrt{3}}{2}$

← $F'(a) = 0$ より
$a = \dfrac{-1 \pm \sqrt{3}}{2}$
このうち，$0 \leq a \leq 1$ を満たすのは $a = \dfrac{-1 + \sqrt{3}}{2}$

$0 \leq a \leq 1$ における $F(a)$ の増減表は次のようになる。

a	0	$\cdots$	$\dfrac{-1+\sqrt{3}}{2}$	$\cdots$	1
$F'(a)$		$-$	0	$+$	
$F(a)$	$\dfrac{2}{3}$	$\searrow$	極小	$\nearrow$	$\dfrac{4}{3}$

よって，$F(a)$ は $a = \dfrac{-1+\sqrt{3}}{2}$ で極小値をとる。

$F(a) = \dfrac{1}{6}(2a+1)F'(a) - a + \dfrac{5}{6}$ であるから

$$F\left(\dfrac{-1+\sqrt{3}}{2}\right) = 0 - \dfrac{-1+\sqrt{3}}{2} + \dfrac{5}{6} = \dfrac{8-3\sqrt{3}}{6}$$

$F(-1) = \dfrac{2}{3}$ であるから $F(-1) - F\left(\dfrac{-1+\sqrt{3}}{2}\right) = \dfrac{3\sqrt{3}-4}{6} > 0$

すなわち $F(-1) > F\left(\dfrac{-1+\sqrt{3}}{2}\right)$

よって，a が $-1 \leq a \leq 1$ の範囲を動くとき，
$F(a)$ は $a = {}^{エ}\dfrac{-1+\sqrt{3}}{2}$ で最小値 ${}^{オ}\dfrac{8-3\sqrt{3}}{6}$ をとる。

←$F'\left(\dfrac{-1+\sqrt{3}}{2}\right) = 0$ を利用して $F\left(\dfrac{-1+\sqrt{3}}{2}\right)$ の値を求めるために，$F(a)$ を $F'(a)$ で割って，割り算の等式を作る。

指針 268 〈定積分で表された関数の等式の証明〉

左辺と右辺の両方を計算して，同じ式を導く。$x - t = s$ とおくのがポイント。
左辺では積の微分の公式，右辺では部分積分法を利用する。

$x - t = s$ とすると $-dt = ds$
t と s の対応は，右のようになる。

t	$0 \longrightarrow x$
s	$x \longrightarrow 0$

よって

$$\int_0^x e^{-t} f(x-t)\,dt = \int_x^0 e^{s-x} f(s) \cdot (-ds) = e^{-x} \int_0^x e^s f(s)\,ds$$

であるから

$$\dfrac{d}{dx}\left(\int_0^x e^{-t} f(x-t)\,dt\right) = \dfrac{d}{dx}\left(e^{-x} \int_0^x e^s f(s)\,ds\right)$$

$$= -e^{-x} \int_0^x e^s f(s)\,ds + e^{-x} e^x f(x)$$

$$= f(x) - e^{-x} \int_0^x e^s f(s)\,ds \quad \cdots\cdots ①$$

また，$f(0) = 0$ であるから

$$\int_0^x e^{-t} f'(x-t)\,dt = \int_x^0 e^{s-x} f'(s) \cdot (-ds) = e^{-x} \int_0^x e^s f'(s)\,ds$$

$$= e^{-x} \left[e^s f(s)\right]_0^x - e^{-x} \int_0^x (e^s)' f(s)\,ds$$

$$= f(x) - e^{-x} \int_0^x e^s f(s)\,ds \quad \cdots\cdots ②$$

よって，①，② から $\dfrac{d}{dx}\left(\int_0^x e^{-t} f(x-t)\,dt\right) = \int_0^x e^{-t} f'(x-t)\,dt$

←e^{-x} も $\int_0^x e^s f(s)\,ds$ も x の関数であるから，積の微分の公式を適用する。

←部分積分を行う。

指針 269 〈定積分と極限値〉

(1) 定積分に部分積分を 2 回行うと，$f(x)$ を定義する定積分が現れる。
(2) 微分可能な関数 $f(x)$ について $f(0)=0$ のとき
$$\lim_{x \to 0} \frac{f(x)}{x} = \lim_{x \to 0} \frac{f(x)-f(0)}{x-0} = f'(0)$$

(1) $f(x) = \left[e^{t-x}\sin(t+x) \right]_0^x - \int_0^x e^{t-x}\cos(t+x)dt$ 　←部分積分を行う。

$\quad = (\sin 2x - e^{-x}\sin x) - \int_0^x e^{t-x}\cos(t+x)dt$

ここで $\int_0^x e^{t-x}\cos(t+x)dt$ 　←部分積分を行う。

$\quad = \left[e^{t-x}\cos(t+x) \right]_0^x - \int_0^x e^{t-x}\{-\sin(t+x)\}dt$

$\quad = (\cos 2x - e^{-x}\cos x) + \int_0^x e^{t-x}\sin(t+x)dt$ 　←$\int_0^x e^{t-x}\sin(t+x)dt = f(x)$

よって
$$f(x) = (\sin 2x - e^{-x}\sin x) - \{(\cos 2x - e^{-x}\cos x) + f(x)\}$$

ゆえに $f(x) = \dfrac{1}{2}(\sin 2x - \cos 2x) - \dfrac{1}{2}e^{-x}(\sin x - \cos x)$

(2) (1) から，関数 $f(x)$ はすべての実数 x で微分可能で
$f(0) = \dfrac{1}{2}\{0-1-1\cdot(0-1)\} = 0$ であるから
$$\lim_{x \to 0} \frac{f(x)}{x} = \lim_{x \to 0} \frac{f(x)-f(0)}{x-0} = f'(0)$$
←微分係数の定義
$f'(a) = \lim_{x \to a} \dfrac{f(x)-f(a)}{x-a}$
において，$a=0$ の場合。

ここで $f'(x) = \dfrac{1}{2}(2\cos 2x + 2\sin 2x) + \dfrac{1}{2}e^{-x}(\sin x - \cos x)$
$\qquad\qquad\qquad\qquad\qquad - \dfrac{1}{2}e^{-x}(\cos x + \sin x)$

$\qquad = \cos 2x + \sin 2x - e^{-x}\cos x$

よって　$f'(0) = 1+0-1\cdot 1 = 0$　したがって $\displaystyle\lim_{x \to 0}\frac{f(x)}{x} = 0$

指針 270 〈定積分と不等式〉

(5) $0 \leq x \leq 1$ において，（最小値）$\leq f(x) \leq$（最大値）であるから，各辺の $0 \leq x \leq 1$ における定積分を考える。

(1) $y = c^x$ とおく。
両辺の自然対数をとって　$\log y = x \log c$

両辺を x で微分して　$\dfrac{y'}{y} = \log c$

よって　$y' = y \log c = c^x \log c$ 　←対数微分法

(2) $f(x) = \dfrac{1}{2}\left\{ b\left(\dfrac{a}{b}\right)^x + a\left(\dfrac{b}{a}\right)^x \right\}$

(1) から　$\left\{ \left(\dfrac{a}{b}\right)^x \right\}' = \left(\dfrac{a}{b}\right)^x \log\dfrac{a}{b}$,　$\left\{ \left(\dfrac{b}{a}\right)^x \right\}' = \left(\dfrac{b}{a}\right)^x \log\dfrac{b}{a}$

数学重要問題集（理系）　245

よって　$f'(x) = \dfrac{1}{2}\left\{b\left(\dfrac{a}{b}\right)^x \log\dfrac{a}{b} + a\left(\dfrac{b}{a}\right)^x \log\dfrac{b}{a}\right\}$

$\qquad\qquad = \dfrac{1}{2}\left\{b\left(\dfrac{a}{b}\right)^x \log\dfrac{a}{b} - a\left(\dfrac{b}{a}\right)^x \log\dfrac{a}{b}\right\}$

$\qquad\qquad = \dfrac{1}{2}\left\{b\left(\dfrac{a}{b}\right)^x - a\left(\dfrac{b}{a}\right)^x\right\} \log\dfrac{a}{b}$

$f''(x) = \dfrac{1}{2}\left\{b\left(\dfrac{a}{b}\right)^x \log\dfrac{a}{b} - a\left(\dfrac{b}{a}\right)^x \log\dfrac{b}{a}\right\} \log\dfrac{a}{b}$

$\qquad = \dfrac{1}{2}\left\{b\left(\dfrac{a}{b}\right)^x \log\dfrac{a}{b} + a\left(\dfrac{b}{a}\right)^x \log\dfrac{a}{b}\right\} \log\dfrac{a}{b}$

$\qquad = \dfrac{1}{2}\left\{b\left(\dfrac{a}{b}\right)^x + a\left(\dfrac{b}{a}\right)^x\right\} \left(\log\dfrac{a}{b}\right)^2$

(3) $\log\dfrac{a}{b} \ne 0$ であるから，$f'(x)=0$ とすると

$$b\left(\dfrac{a}{b}\right)^x - a\left(\dfrac{b}{a}\right)^x = 0$$

よって　$\left(\dfrac{a}{b}\right)^{2x} = \dfrac{a}{b}$

$1<a<b$ より，$\dfrac{a}{b}>0$ であるから　$2x=1$

ゆえに　$x=\dfrac{1}{2}$

よって，$f(x)$ の増減表は右のようになる。
したがって，$f(x)$ は $x=0,\ 1$ で最大値 $\dfrac{a+b}{2}$，$x=1$ で最小値 $\sqrt{ab}$ をとる。

x	0	$\cdots$	$\dfrac{1}{2}$	$\cdots$	1
$f'(x)$		$-$	0	$+$	
$f(x)$	$\dfrac{a+b}{2}$	↘	$\sqrt{ab}$	↗	$\dfrac{a+b}{2}$

(4) $\displaystyle\int_0^1 f(x)\,dx = \dfrac{1}{2}\int_0^1\left\{b\left(\dfrac{a}{b}\right)^x + a\left(\dfrac{b}{a}\right)^x\right\}dx$

$\qquad = \dfrac{1}{2}\left[\dfrac{b}{\log\dfrac{a}{b}}\left(\dfrac{a}{b}\right)^x + \dfrac{a}{\log\dfrac{b}{a}}\left(\dfrac{b}{a}\right)^x\right]_0^1$

$\qquad = \dfrac{1}{2}\left(\dfrac{a}{\log\dfrac{a}{b}} + \dfrac{b}{\log\dfrac{b}{a}} - \dfrac{b}{\log\dfrac{a}{b}} - \dfrac{a}{\log\dfrac{b}{a}}\right)$

$\qquad = \dfrac{1}{2}\left(\dfrac{a-b}{\log\dfrac{a}{b}} + \dfrac{b-a}{\log\dfrac{b}{a}}\right)$

$\qquad = \dfrac{1}{2}\left(\dfrac{a-b}{\log a - \log b} + \dfrac{b-a}{\log b - \log a}\right)$

$\qquad = \dfrac{b-a}{\log b - \log a}$

(5) (3)から，$0 \leqq x \leqq 1$ のとき　$\sqrt{ab} \leqq f(x) \leqq \dfrac{a+b}{2}$

よって　$\displaystyle\int_0^1 \sqrt{ab}\,dx \leqq \int_0^1 f(x)\,dx \leqq \int_0^1 \dfrac{a+b}{2}\,dx$

(4)から　$\sqrt{ab} \leqq \dfrac{b-a}{\log b - \log a} \leqq \dfrac{a+b}{2}$

関数ツールで確認！！

← $\displaystyle\int_0^1 dx = \Big[x\Big]_0^1 = 1$

271 〈定積分と無限級数〉

(1) $1+\tan^2 x = \dfrac{1}{\cos^2 x} = (\tan x)'$ となることを利用する。
(2) $I_{n+2} > 0$ を示して(1)で求めた等式を不等式にする。
(3) 示したい等式の右辺に(1)の結果を代入する。
(4) はさみうちの原理を利用する。

(1) $\displaystyle I_n + I_{n+2} = \int_0^{\frac{\pi}{4}} (\tan^{n-1} x + \tan^{n+1} x)\, dx$

$\displaystyle \qquad = \int_0^{\frac{\pi}{4}} \tan^{n-1} x (1+\tan^2 x)\, dx$

$\displaystyle \qquad = \int_0^{\frac{\pi}{4}} \tan^{n-1} x \cdot \dfrac{1}{\cos^2 x}\, dx$

$\displaystyle \qquad = \int_0^{\frac{\pi}{4}} \tan^{n-1} x \cdot (\tan x)'\, dx$

$\displaystyle \qquad = \left[\dfrac{1}{n} \tan^n x \right]_0^{\frac{\pi}{4}} = \dfrac{1}{n}$

← $1+\tan^2 x = \dfrac{1}{\cos^2 x}$
　$(\tan x)' = \dfrac{1}{\cos^2 x}$

(2) $0 < x \leq \dfrac{\pi}{4}$ において，$\tan^{n+1} x > 0$ であるから

$$\int_0^{\frac{\pi}{4}} \tan^{n+1} x\, dx > 0$$

すなわち　$I_{n+2} > 0$

(1)より，$I_n + I_{n+2} = \dfrac{1}{n}$ であるから　$I_n < \dfrac{1}{n}$

(3) (1)より，$I_n + I_{n+2} = \dfrac{1}{n}$ であるから

(右辺) $= (I_1 + I_3) - (I_3 + I_5) + (I_5 + I_7) - (I_7 + I_9)$
$\qquad\qquad\qquad\qquad + \cdots\cdots + (-1)^{n-1}(I_{2n-1} + I_{2n+1})$
$= I_1 + (-1)^{n-1} I_{2n+1}$
$= I_1 - (-1)^n I_{2n+1} = $ (左辺)

(4) (2)から　$0 < I_{2n+1} < \dfrac{1}{2n+1}$

よって　$-\dfrac{1}{2n+1} < (-1)^{n-1} I_{2n+1} < \dfrac{1}{2n+1}$

$\displaystyle \lim_{n \to \infty} \dfrac{1}{2n+1} = 0$ であるから　$\displaystyle \lim_{n \to \infty} (-1)^{n-1} I_{2n+1} = 0$

また，$\displaystyle I_1 = \int_0^{\frac{\pi}{4}} dx = \dfrac{\pi}{4}$ より，(3)の等式の左辺の極限は

$$\lim_{n \to \infty} \{I_1 - (-1)^n I_{2n+1}\} = I_1 = \dfrac{\pi}{4}$$

したがって，(3)の等式の両辺について $n \to \infty$ の極限を考えると

$$\dfrac{\pi}{4} = \dfrac{1}{1} - \dfrac{1}{3} + \dfrac{1}{5} + \cdots\cdots + (-1)^{n-1} \dfrac{1}{2n-1} + \cdots\cdots$$

が成り立つ。

← n が奇数のとき
　$0 < (-1)^{n-1} I_{2n+1} < \dfrac{1}{2n+1}$
　n が偶数のとき
　$-\dfrac{1}{2n+1} < (-1)^{n-1} I_{2n+1}$
　$\qquad\qquad\qquad < 0$

272 〈自然対数の底 e の近似〉

(1) 数学的帰納法と部分積分法を用いる。
$\int_0^a \frac{(a-x)^k}{k!}e^x dx = \int_0^a \left\{-\frac{(a-x)^{k+1}}{(k+1)!}\right\}' e^x dx$ と考える。

(1) $n=1, 2, 3, \cdots\cdots$ に対して
$$f_n(a) = 1 + a + \frac{a^2}{2!} + \cdots\cdots + \frac{a^n}{n!} + \int_0^a \frac{(a-x)^n}{n!}e^x dx \quad \text{とする。}$$
$f_n(a) = e^a \cdots\cdots ①$ を数学的帰納法を用いて示す。

[1] $n=1$ のとき
$$f_1(a) = 1 + a + \int_0^a (a-x)e^x dx = 1 + a + \int_0^a (a-x)(e^x)' dx$$
$$= 1 + a + \Big[(a-x)e^x\Big]_0^a + \int_0^a e^x dx = 1 + a - a + \Big[e^x\Big]_0^a = e^a$$
　←部分積分法

よって，$n=1$ のとき ① は成り立つ。

[2] $n=k$ のとき，① が成り立つと仮定する。
ここで
$$\int_0^a \frac{(a-x)^k}{k!}e^x dx = \int_0^a \left\{-\frac{(a-x)^{k+1}}{(k+1)!}\right\}' e^x dx$$
$$= \left[-\frac{(a-x)^{k+1}}{(k+1)!}e^x\right]_0^a + \int_0^a \frac{(a-x)^{k+1}}{(k+1)!}e^x dx$$
$$= \frac{a^{k+1}}{(k+1)!} + \int_0^a \frac{(a-x)^{k+1}}{(k+1)!}e^x dx$$
　←部分積分法

よって，$n=k+1$ のときを考えると
$$f_{k+1}(a) = 1 + a + \frac{a^2}{2!} + \cdots\cdots + \frac{a^k}{k!}$$
$$\qquad\qquad + \frac{a^{k+1}}{(k+1)!} + \int_0^a \frac{(a-x)^{k+1}}{(k+1)!}e^x dx$$
$$= 1 + a + \frac{a^2}{2!} + \cdots\cdots + \frac{a^k}{k!} + \int_0^a \frac{(a-x)^k}{k!}e^x dx$$
$$= f_k(a) = e^a$$

よって，$n=k+1$ のときも ① が成り立つ。
[1], [2] から，すべての正の整数 n に対して，① が成り立つ。

(2) $0 \leq x \leq a$ のとき　　$1 \leq e^x \leq e^a$
また，$\dfrac{(a-x)^n}{n!} \geq 0$ であるから
$$\frac{(a-x)^n}{n!} \leq \frac{(a-x)^n}{n!}e^x \leq \frac{(a-x)^n}{n!}e^a$$
よって　$\int_0^a \dfrac{(a-x)^n}{n!}dx \leq \int_0^a \dfrac{(a-x)^n}{n!}e^x dx \leq \int_0^a \dfrac{(a-x)^n}{n!}e^a dx$
　←区間 $a \leq x \leq b$ で
$f(x) \leq g(x)$ ならば
$\int_a^b f(x)dx \leq \int_a^b g(x)dx$

ここで，$\int_0^a \dfrac{(a-x)^n}{n!}dx = \left[-\dfrac{(a-x)^{n+1}}{(n+1)!}\right]_0^a = \dfrac{a^{n+1}}{(n+1)!}$ であるから
$$\frac{a^{n+1}}{(n+1)!} \leq \int_0^a \frac{(a-x)^n}{n!}e^x dx \leq \frac{e^a a^{n+1}}{(n+1)!}$$

(3) $a=1$ のとき，(1) から
$$e - \left(1 + 1 + \frac{1}{2!} + \cdots\cdots + \frac{1}{n!}\right) = \int_0^1 \frac{(1-x)^n}{n!}e^x dx$$

また，$0 \leqq x \leqq 1$ において，$\dfrac{(1-x)^n}{n!}e^x \geqq 0$ であるから

$$\left|e-\left(1+1+\dfrac{1}{2!}+\cdots\cdots+\dfrac{1}{n!}\right)\right|=\int_0^1 \dfrac{(1-x)^n}{n!}e^x dx$$

よって，不等式 $\int_0^1 \dfrac{(1-x)^n}{n!}e^x dx < 10^{-3}$ …… ② を満たす最小の正の整数 n を求めればよい。

(2) より $\dfrac{1}{(n+1)!} \leqq \int_0^1 \dfrac{(1-x)^n}{n!}e^x dx \leqq \dfrac{e}{(n+1)!}$ であるから，② が

成り立つための必要条件は $\dfrac{1}{(n+1)!} < 10^{-3}$

すなわち $(n+1)! > 10^3$

よって，$6!=720$，$7!=5040$ であるから $n \geqq 6$

逆に，$n=6$ のとき $\int_0^1 \dfrac{(1-x)^6}{6!}e^x dx \leqq \dfrac{e}{7!} < \dfrac{3}{5040} < 10^{-3}$

したがって，求める最小の正の整数は $\boldsymbol{n=6}$

←逆の確認も忘れずに行う。

指針 273 〈定積分と無限級数〉

(2) 数学的帰納法により証明する。
(3) (2) より $\lim\limits_{n\to\infty} a_n = \lim\limits_{n\to\infty} b_n$ である。

極限の計算は区分求積法 $\lim\limits_{n\to\infty} \dfrac{1}{n}\sum\limits_{k=1}^n f\left(\dfrac{k}{n}\right)=\int_0^1 f(x)dx$ を利用する。

(1) $b_1 = \sum\limits_{j=1}^1 \dfrac{1}{1+j} = \dfrac{\boldsymbol{1}}{\boldsymbol{2}}$, $b_2 = \sum\limits_{j=1}^2 \dfrac{1}{2+j} = \dfrac{1}{3}+\dfrac{1}{4} = \dfrac{\boldsymbol{7}}{\boldsymbol{12}}$,

$b_3 = \sum\limits_{j=1}^3 \dfrac{1}{3+j} = \dfrac{1}{4}+\dfrac{1}{5}+\dfrac{1}{6} = \dfrac{\boldsymbol{37}}{\boldsymbol{60}}$

←与えられた式にそれぞれ $n=1$，2，3 を代入する。

(2) 数学的帰納法により証明する。

[1] $n=1$ のとき

$$a_1 = \sum_{j=1}^2 \dfrac{(-1)^{j-1}}{j} = 1-\dfrac{1}{2} = \dfrac{1}{2}$$

(1) より $b_1 = \dfrac{1}{2}$ であるから，$a_1=b_1$ が成り立つ。

[2] $n=k$ のとき，$a_k=b_k$ が成り立つと仮定すると

$$a_{k+1} = a_k + \dfrac{1}{2k+1} - \dfrac{1}{2k+2} = b_k + \dfrac{1}{2k+1} - \dfrac{1}{2(k+1)}$$

$$= \dfrac{1}{k+1}+\dfrac{1}{k+2}+\cdots\cdots+\dfrac{1}{k+k}$$
$$\quad +\dfrac{1}{2k+1}-\dfrac{1}{2(k+1)}$$

$$= \dfrac{1}{k+2}+\dfrac{1}{k+3}+\cdots\cdots+\dfrac{1}{k+k}+\dfrac{1}{2k+1}+\dfrac{1}{2k+2}$$

$$= \dfrac{1}{(k+1)+1}+\cdots\cdots+\dfrac{1}{(k+1)+k-1}$$
$$\qquad +\dfrac{1}{(k+1)+k}+\dfrac{1}{(k+1)+k+1}$$

$$= \sum_{j=1}^{k+1} \dfrac{1}{(k+1)+j} = b_{k+1}$$

←ここからいきなり b_{k+1} を導き出すのは難しい。一度 b_k をすべて書き出してから $\sum\limits_{j=1}^{k+1} \dfrac{1}{(k+1)+j}$ の形に式変形する。

←$\dfrac{1}{k+1}-\dfrac{1}{2(k+1)}=\dfrac{1}{2k+2}$

数学重要問題集（理系）　249

よって，$n=k+1$ のときも成り立つ。

[1]，[2] から，すべての自然数 n について $a_n=b_n$ が成り立つ。

(3) (2)から
$$\lim_{n\to\infty} a_n = \lim_{n\to\infty} b_n$$
$$= \lim_{n\to\infty} \frac{1}{n} \sum_{j=1}^{n} \frac{1}{1+\frac{j}{n}} = \int_0^1 \frac{1}{1+x} dx$$
$$= \Big[\log(1+x)\Big]_0^1 = \boldsymbol{\log 2}$$

← $\lim_{n\to\infty} \frac{1}{n} \sum_{k=1}^{n} f\left(\frac{k}{n}\right)$
$= \int_0^1 f(x) dx$ を利用する。

指針 274 〈定積分で表された2変数関数〉

(1) (前半) $x = \frac{\pi}{2} - t$ とおくと $\cos^m x \sin^n x = \sin^m t \cos^n t$

(3) $A(m, n+2)$ の $\sin^{n+2} x$ の指数を減らす方針を考える。部分積分を行う。

(4) (3)の結果を繰り返し用いて，$A(m, n)$ を m と n で表す。

---

(1) $x = \frac{\pi}{2} - t$ とすると
$$dx = -dt$$
x と t の対応は右のようになる。

x	$0 \longrightarrow \frac{\pi}{2}$
t	$\frac{\pi}{2} \longrightarrow 0$

← $\sin\left(\frac{\pi}{2}-x\right) = \cos x$,
$\cos\left(\frac{\pi}{2}-x\right) = \sin x$
の関係に着目する。

よって
$$A(m, n) = \int_{\frac{\pi}{2}}^{0} \cos^m\left(\frac{\pi}{2}-t\right) \sin^n\left(\frac{\pi}{2}-t\right) \cdot (-dt)$$
$$= \int_0^{\frac{\pi}{2}} \sin^m t \cos^n t \, dt = \int_0^{\frac{\pi}{2}} \cos^n t \sin^m t \, dt = A(n, m)$$

また
$$A(m+2, n) + A(m, n+2)$$
$$= \int_0^{\frac{\pi}{2}} \cos^{m+2} x \sin^n x \, dx + \int_0^{\frac{\pi}{2}} \cos^m x \sin^{n+2} x \, dx$$
$$= \int_0^{\frac{\pi}{2}} \cos^m x \sin^n x (\cos^2 x + \sin^2 x) \, dx$$
$$= \int_0^{\frac{\pi}{2}} \cos^m x \sin^n x \, dx = A(m, n)$$

(2) $A(m, 1) = \int_0^{\frac{\pi}{2}} \cos^m x \sin x \, dx = \int_0^{\frac{\pi}{2}} \cos^m x (-\cos x)' \, dx$
$$= \left[-\frac{1}{m+1} \cos^{m+1} x\right]_0^{\frac{\pi}{2}} = \boldsymbol{\frac{1}{m+1}}$$

← $\cos^{m+1} \frac{\pi}{2} = 0$,
$\cos^{m+1} 0 = 1$

(3) $A(m, n+2) = \int_0^{\frac{\pi}{2}} \cos^m x \sin^{n+2} x \, dx$
$$= \int_0^{\frac{\pi}{2}} \left(-\frac{1}{m+1} \cos^{m+1} x\right)' \sin^{n+1} x \, dx$$
$$= \left[-\frac{1}{m+1} \cos^{m+1} x \sin^{n+1} x\right]_0^{\frac{\pi}{2}}$$
$$\qquad + \int_0^{\frac{\pi}{2}} \frac{1}{m+1} \cos^{m+1} x \cdot (n+1) \sin^n x \cdot \cos x \, dx$$
$$= 0 + \frac{n+1}{m+1} \int_0^{\frac{\pi}{2}} \cos^{m+2} x \sin^n x \, dx = \boldsymbol{\frac{n+1}{m+1} A(m+2, n)}$$

← 部分積分を行って，$\sin^{n+2} x$ の指数を1だけ減らす。そうすると $\cos^{m+1} x$ の指数が1だけ増える。

(4) n が奇数のときを考える。
$n=1$ のとき，(2) から $A(m, 1)$ は有理数である。
$n \geqq 3$ のとき，(3) の結果を繰り返し用いると

$$A(m, n) = \frac{n-1}{m+1}A(m+2, n-2)$$
$$= \frac{n-1}{m+1} \cdot \frac{n-3}{m+3}A(m+4, n-4)$$
$$= \cdots\cdots$$
$$= \frac{n-1}{m+1} \cdot \frac{n-3}{m+3} \cdots\cdots \frac{2}{m+n-2}A(m+n-1, 1)$$
$$= \frac{n-1}{m+1} \cdot \frac{n-3}{m+3} \cdots\cdots \frac{2}{m+n-2} \cdot \frac{1}{m+n}$$

←(2) の結果から
$A(m+n-1, 1)$
$= \frac{1}{(m+n-1)+1}$
$= \frac{1}{m+n}$

よって，$A(m, n)$ は有理数である。
また，m が奇数のとき，$A(m, n)=A(n, m)$ から，$A(m, n)$ は有理数である。
したがって，m または n が奇数ならば，$A(m, n)$ は有理数である。

指針 275 〈定積分と極限〉

(2) (1) の結果を利用する。
(3) $I_n = \int_0^x t^n e^{-t} dt$ $(n=0, 1, 2, \cdots\cdots)$ とおくと
$I_n = \int_0^x t^n(-e^{-t})' dt = -x^n e^{-x} + nI_{n-1}$
これを繰り返し利用する。

(1) $f'(x) = (n+1)x^n e^{-x} - x^{n+1}e^{-x} = (n+1-x)x^n e^{-x}$
$x>0$ において，$f'(x)=0$ とすると $x=n+1$
$x \geqq 0$ における $f(x)$ の増減表は右のようになる。

x	0	$\cdots$	$n+1$	$\cdots$
$f'(x)$		$+$	0	$-$
$f(x)$	0	$\nearrow$	$\left(\frac{n+1}{e}\right)^{n+1}$	$\searrow$

よって，$x \geqq 0$ において，$f(x)$ は
$\boldsymbol{x=n+1}$ で最大値 $\left(\dfrac{\boldsymbol{n+1}}{\boldsymbol{e}}\right)^{\boldsymbol{n+1}}$ をとる。

(2) $x \longrightarrow \infty$ の極限を考えるから，$x>0$ として考えてもよい。
$x>0$ のとき，$0 < x^{n+1}e^{-x} \leqq \left(\dfrac{n+1}{e}\right)^{n+1}$ であり，各辺を $x(>0)$ で割ると $0 < x^n e^{-x} \leqq \dfrac{1}{x}\left(\dfrac{n+1}{e}\right)^{n+1}$

$\displaystyle\lim_{x \to \infty} \dfrac{1}{x}\left(\dfrac{n+1}{e}\right)^{n+1} = 0$ であるから，はさみうちの原理より

$$\lim_{x \to \infty} x^n e^{-x} = \boldsymbol{0}$$

(3) $I_n = \int_0^x t^n e^{-t} dt$ $(n=0, 1, 2, \cdots\cdots)$ とおく。
$n \geqq 1$ のとき $I_n = \int_0^x t^n(-e^{-t})' dt = \left[-t^n e^{-t}\right]_0^x + n\int_0^x t^{n-1}e^{-t} dt$
$= -x^n e^{-x} + nI_{n-1}$ ……①

←$e^{-t}=(-e^{-t})'$ として部分積分法を利用する。

したがって
$$I_n = -x^n e^{-x} + nI_{n-1}$$
$$= -x^n e^{-x} + n\{-x^{n-1}e^{-x} + (n-1)I_{n-2}\}$$
$$= -x^n e^{-x} - nx^{n-1}e^{-x} + n(n-1)I_{n-2}$$
$$= \cdots\cdots$$
$$= -x^n e^{-x} - nx^{n-1}e^{-x} - n(n-1)x^{n-2}e^{-x}$$
$$-\cdots\cdots - n(n-1)\cdots\cdots 2 \cdot xe^{-x} + n!I_0 \quad \cdots\cdots ②$$

←得られた①の式を繰り返し利用する。

(2) から $\displaystyle\lim_{x\to\infty} x^k e^{-x} = 0 \ (k=1, 2, \cdots\cdots, n)$

また,$I_0 = \int_0^x e^{-t}dt = \Big[-e^{-t}\Big]_0^x = -e^{-x}+1$ であるから

$$\lim_{x\to\infty} I_0 = 1$$

←$\displaystyle\lim_{x\to\infty}(-e^{-x}) = \lim_{x\to\infty}\left(-\frac{1}{e^x}\right)$
$= 0$

よって,②から $\displaystyle\lim_{x\to\infty} I_n = n!$

ゆえに,すべての自然数 n に対して $\displaystyle\lim_{x\to\infty}\int_0^x t^n e^{-t}dt = n!$

別解 $\displaystyle\lim_{x\to\infty} I_0$ は有限な値 1 であり,$I_1 = -xe^{-x} + I_0$ であるから,(2) の結果より,$\displaystyle\lim_{x\to\infty} I_1$ も有限な値である。

同様にして,すべての自然数 n に対して $\displaystyle\lim_{x\to\infty} I_n$ は有限な値であることがわかる。

よって,① と (2) から $\displaystyle\lim_{x\to\infty} I_n = n\lim_{x\to\infty} I_{n-1}$

ゆえに $\displaystyle\lim_{x\to\infty} I_n = n\lim_{x\to\infty} I_{n-1} = n(n-1)\lim_{x\to\infty} I_{n-2}$
$= \cdots\cdots = n!\lim_{x\to\infty} I_0 = n!$

したがって,すべての自然数 n に対して $\displaystyle\lim_{x\to\infty}\int_0^x t^n e^{-t}dt = n!$

←$\displaystyle\lim_{x\to\infty} I_{n-1}$ が有限な値でないと
$\displaystyle\lim_{x\to\infty} I_n$
$= \displaystyle\lim_{x\to\infty}(-x^n e^{-x} + nI_{n-1})$
$= \displaystyle\lim_{x\to\infty}(-x^n e^{-x}) + n\lim_{x\to\infty} I_{n-1}$
のように計算できない。そのための確認。

指針 276 〈線分の長さの和の極限〉

(2) $|\overrightarrow{AB}| = 7$ から $|\overrightarrow{OB} - \overrightarrow{OA}| = 7$ である。このことを利用し,まず $\overrightarrow{OA} \cdot \overrightarrow{OB}$ を求める。

(3) $\displaystyle\lim_{n\to\infty}\frac{1}{n}\sum_{k=1}^n f\left(\frac{k}{n}\right) = \int_0^1 f(x)dx$ を使う。

(1) $\overrightarrow{OP_k} = \dfrac{k}{n}\overrightarrow{OA}$, $\overrightarrow{OQ_k} = \dfrac{k}{n}\overrightarrow{OB}$

点 R_k は線分 AQ_k と線分 BP_k の交点であるから,実数 s, t を用いて
$AR_k : R_kQ_k = s : (1-s)$
$BR_k : R_kP_k = t : (1-t)$

とすると $\overrightarrow{OR_k} = (1-s)\overrightarrow{OA} + s\overrightarrow{OQ_k} = (1-s)\overrightarrow{OA} + \dfrac{ks}{n}\overrightarrow{OB}$

$\overrightarrow{OR_k} = t\overrightarrow{OP_k} + (1-t)\overrightarrow{OB} = \dfrac{kt}{n}\overrightarrow{OA} + (1-t)\overrightarrow{OB}$

よって $(1-s)\overrightarrow{OA} + \dfrac{ks}{n}\overrightarrow{OB} = \dfrac{kt}{n}\overrightarrow{OA} + (1-t)\overrightarrow{OB}$

$\overrightarrow{OA} \neq \vec{0}, \ \overrightarrow{OB} \neq \vec{0}, \ \overrightarrow{OA} \not\parallel \overrightarrow{OB}$ であるから

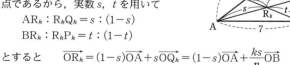

$$1-s=\frac{kt}{n}, \quad \frac{ks}{n}=1-t$$

これを解いて $\quad s=t=\dfrac{n}{n+k}$

したがって $\quad \overrightarrow{OR_k}=\dfrac{k}{n+k}(\overrightarrow{OA}+\overrightarrow{OB})$

(2) $|\overrightarrow{AB}|=7$ から $\quad |\overrightarrow{OB}-\overrightarrow{OA}|=7$
両辺を2乗すると $\quad |\overrightarrow{OB}-\overrightarrow{OA}|^2=49$
すなわち $\quad |\overrightarrow{OB}|^2-2\overrightarrow{OB}\cdot\overrightarrow{OA}+|\overrightarrow{OA}|^2=49$
$|\overrightarrow{OA}|=8$, $|\overrightarrow{OB}|=5$ であるから $\quad 25-2\overrightarrow{OA}\cdot\overrightarrow{OB}+64=49$
ゆえに $\quad \overrightarrow{OA}\cdot\overrightarrow{OB}=20$

よって $\quad |\overrightarrow{OR_k}|^2=\left(\dfrac{k}{n+k}\right)^2|\overrightarrow{OA}+\overrightarrow{OB}|^2$

$\qquad\qquad =\left(\dfrac{k}{n+k}\right)^2(|\overrightarrow{OA}|^2+2\overrightarrow{OA}\cdot\overrightarrow{OB}+|\overrightarrow{OB}|^2)$

$\qquad\qquad =\left(\dfrac{k}{n+k}\right)^2(64+2\times 20+25)=129\left(\dfrac{k}{n+k}\right)^2$

したがって $\quad |\overrightarrow{OR_k}|=\dfrac{\sqrt{129}\,k}{n+k}$

←△OAB において,余弦定理を用いても求めることができる。

(3) (1)の $\overrightarrow{OR_k}$ に $k=n$ を代入すると,$\overrightarrow{OR_n}=\dfrac{1}{2}(\overrightarrow{OA}+\overrightarrow{OB})$ となり,$k=n$ のときにも成り立つ。

よって,$|\overrightarrow{OR_k}|=\dfrac{\sqrt{129}\,k}{n+k}$ は $k=n$ のときにも成り立つ。

したがって

$$\lim_{n\to\infty}\frac{1}{n}\sum_{k=1}^{n}|\overrightarrow{OR_k}|=\lim_{n\to\infty}\frac{1}{n}\sum_{k=1}^{n}\frac{\sqrt{129}\,k}{n+k}=\lim_{n\to\infty}\frac{1}{n}\sum_{k=1}^{n}\frac{\sqrt{129}\cdot\dfrac{k}{n}}{1+\dfrac{k}{n}}$$

$$=\sqrt{129}\int_0^1\frac{x}{1+x}dx=\sqrt{129}\int_0^1\left(1-\frac{1}{1+x}\right)dx$$

$$=\sqrt{129}\Big[x-\log(1+x)\Big]_0^1=\sqrt{129}\,(1-\log 2)$$

←$f\left(\dfrac{k}{n}\right)$ の形になるように,$\dfrac{\sqrt{129}\,k}{n+k}$ の分母・分子を n で割る。

指針 277 〈正の整数の逆数の平方和に関する不等式〉

(1) 数学的帰納法で示す。

別解 階差数列の各項が1以上の値をとることを利用してもよい。

(2) $n-1\leqq x\leqq n$ のとき,$\dfrac{1}{n^2}\leqq\dfrac{1}{x^2}$ であり,等号は常には成り立たないから,

$\displaystyle\int_{n-1}^{n}\dfrac{dx}{n^2}<\int_{n-1}^{n}\dfrac{dx}{x^2}$ が成り立つ。

$n=3$, 4, ……, N として各辺を足し合わせ,右辺の積分を計算する。

---

(1) $a_n\geqq n$ ……① とする。

すべての正の整数 n に対して,① が成り立つことを数学的帰納法により示す。

数列 $\{a_n\}$ の各項は正の整数であるから $\quad a_1\geqq 1$

よって，$n=1$ のとき，① は成り立つ。
$n=k$ のとき，① すなわち $a_k \geq k$ が成り立つと仮定する。
このとき　$a_{k+1} > a_k \geq k$
a_{k+1} は整数であるから　$a_{k+1} \geq k+1$

←整数 $a,\ b$ に対して
$a > b$ ならば $a \geq b+1$

よって，$n=k+1$ のとき，① は成り立つ。
したがって，すべての正の整数 n に対して $a_n \geq n$ が成り立つ。

別解　$b_n = a_{n+1} - a_n$ とおくと，数列 $\{a_n\}$ の各項は正の整数であり，$a_{n+1} > a_n$ であるから　$b_n \geq 1$
よって，$n \geq 2$ のとき　$a_n = a_1 + \sum_{k=1}^{n-1} b_k \geq a_1 + (n-1)$
これと $a_1 \geq 1$ より　$a_n \geq n$
これは $n=1$ のときも成り立つ。
以上より，すべての正の整数 n に対して $a_n \geq n$ が成り立つ。

(2) (1) より　$a_n \geq n$
よって　$\dfrac{1}{a_n} \leq \dfrac{1}{n}$
したがって，自然数 N に対して
$$\sum_{n=1}^{N} \left(\dfrac{1}{a_n}\right)^2 \leq \sum_{n=1}^{N} \left(\dfrac{1}{n}\right)^2 = \sum_{n=1}^{N} \dfrac{1}{n^2}$$
ここで，$f(x) = \dfrac{1}{x^2}$ とおくと，$f(x)$ は $x > 0$ で単調に減少する。
したがって，$n \geq 3$ のとき，$n-1 \leq x \leq n$ において
$$f(n) \leq f(x)$$
また，等号は常には成り立たない。
よって　$\int_{n-1}^{n} f(n)\,dx < \int_{n-1}^{n} f(x)\,dx$
したがって　$\dfrac{1}{n^2} \int_{n-1}^{n} dx < \int_{n-1}^{n} f(x)\,dx$
ゆえに　$\dfrac{1}{n^2} < \int_{n-1}^{n} f(x)\,dx$

$n = 3,\ 4,\ \cdots\cdots,\ N$ として各辺を足し合わせると
$$\sum_{n=3}^{N} \dfrac{1}{n^2} < \int_{2}^{3} f(x)\,dx + \cdots\cdots + \int_{N-1}^{N} f(x)\,dx = \int_{2}^{N} f(x)\,dx$$
$$= \left[-\dfrac{1}{x}\right]_{2}^{N} = \dfrac{1}{2} - \dfrac{1}{N}$$

←$\int_{a}^{c} f(x)\,dx + \int_{c}^{b} f(x)\,dx$
$= \int_{a}^{b} f(x)\,dx$

したがって　$\sum_{n=1}^{N} \dfrac{1}{n^2} = 1 + \dfrac{1}{2^2} + \sum_{n=3}^{N} \dfrac{1}{n^2} < \dfrac{5}{4} + \left(\dfrac{1}{2} - \dfrac{1}{N}\right) = \dfrac{7}{4} - \dfrac{1}{N}$

以上より
$$\sum_{n=1}^{\infty} \left(\dfrac{1}{a_n}\right)^2 = \lim_{N \to \infty} \sum_{n=1}^{N} \left(\dfrac{1}{a_n}\right)^2 \leq \lim_{N \to \infty} \sum_{n=1}^{N} \dfrac{1}{n^2} \leq \lim_{N \to \infty} \left(\dfrac{7}{4} - \dfrac{1}{N}\right) = \dfrac{7}{4} < 2$$

20 積分法の応用

指針 278 〈2曲線と共通接線で囲まれた部分の面積〉
(2) C の接線 ℓ が曲線 C' に接する
$\iff$ 接線 ℓ, 曲線 C' の方程式から y を消去した x の2次方程式が重解をもつ
(3) 接線 ℓ は2つの放物線の下側にある。放物線の交点の x 座標を c とすると，求める面積は $\int_\alpha^c (x-\alpha)^2 dx + \int_c^\beta (x-\beta)^2 dx$ の形で表される。
(α, β はそれぞれの放物線と直線の接点の x 座標で $\alpha < \beta$)

(1) $y' = 2x$ から，点Pにおける C の接線 ℓ の方程式は
$$y - a^2 = 2a(x-a)$$
すなわち $\quad \boldsymbol{y = 2ax - a^2}$

(2) $(x+b)^2 - b^2 = 2ax - a^2$ とすると
$$x^2 + 2(b-a)x + a^2 = 0 \quad \cdots\cdots ①$$
直線 ℓ が曲線 C' に接するための条件は，2次方程式 ① が重解をもつことである。

①の判別式を D とすると $\quad \dfrac{D}{4} = (b-a)^2 - a^2 = b^2 - 2ab$

$D = 0$ から $\quad b^2 - 2ab = 0$
よって $\quad b(b-2a) = 0$
$b \neq 0$ であるから $\quad b = 2a$
接点Qの x 座標は，2次方程式 ① の重解であるから
$$x = -\dfrac{2(b-a)}{2 \cdot 1} = -b + a$$
$$= -2a + a = -a$$
$x = -a$ のとき $\quad y = 2a(-a) - a^2 = -3a^2$
したがって，点Qの座標は $\quad (\boldsymbol{-a,\ -3a^2})$

(3) C' の方程式は $\quad y = x^2 + 2bx$
$b = 2a$ から $\quad y = x^2 + 4ax$
$x^2 = x^2 + 4ax$ とすると $\quad x = 0$
よって，2曲線 C, C' の交点の x 座標は 0 である。
右の図から，求める面積は

$$\int_{-a}^{0} \{(x^2 + 4ax) - (2ax - a^2)\} dx$$
$$+ \int_{0}^{a} \{x^2 - (2ax - a^2)\} dx$$

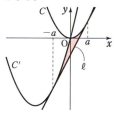

$$= \int_{-a}^{0} (x+a)^2 dx + \int_{0}^{a} (x-a)^2 dx$$
$$= \left[\dfrac{(x+a)^3}{3}\right]_{-a}^{0} + \left[\dfrac{(x-a)^3}{3}\right]_{0}^{a}$$
$$= \dfrac{a^3}{3} + \dfrac{a^3}{3} = \boldsymbol{\dfrac{2}{3} a^3}$$

←曲線 C' と接線 ℓ の2つの方程式から y を消去した x の2次方程式を求める。

←① は $\{x + (b-a)\}^2 = 0$ の形になる。

←2つの放物線の交点の x 座標を求めている。

←y 軸で2つの部分に分けて求める。

←$\int (x-\alpha)^2 dx = \dfrac{(x-\alpha)^3}{3} + C$ を利用。

指針 279 〈放物線と円で囲まれた部分の面積〉

(2) C_2 は y 軸に関して対称であるから，C_2 の方程式は $y=ax^2+b$ とおける。点Pにおける C_2 の接線の傾きが直線BPの傾きに一致することと，C_2 が点Pを通ることから，a，b を求める。

(4) 線分PQと放物線 C_2 で囲まれた部分の面積を S_0 とすると，求める面積 S は $\quad S=S_0+\triangle APQ-$(扇形 APQ)

(1) 直角三角形PABにおいて，
$\quad$ AB：AP＝2：1
であるから $\quad \angle$PAB$=\dfrac{\pi}{3}$
また $\quad$ OA＝AP＝1
よって，△OAPは1辺の長さが1の正三角形である。
ゆえに $\quad$ OP＝1
線分OPと x 軸の正の向きとのなす角は $\quad \dfrac{\pi}{2}-\dfrac{\pi}{3}=\dfrac{\pi}{6}$
ゆえに $\quad$ P$\left(\cos\dfrac{\pi}{6},\ \sin\dfrac{\pi}{6}\right)\quad$ すなわち $\quad$ P$\left(\dfrac{\sqrt{3}}{2},\ \dfrac{1}{2}\right)$
点Qは，点Pと y 軸に関して対称な点であるから $\quad$ Q$\left(-\dfrac{\sqrt{3}}{2},\ \dfrac{1}{2}\right)$

←∠APBが直角。

←∠PAO＝∠PAB＝$\dfrac{\pi}{3}$

別解 点B(0，−1)から引いた円 C_1 の接線の方程式を
$y=mx-1$ ……① （m は実数）とおく。
円 C_1 の方程式は $\quad x^2+(y-1)^2=1$ ……②
①を②に代入して整理すると $\quad (m^2+1)x^2-4mx+3=0$ ……③
③の判別式を D とすると $\quad \dfrac{D}{4}=(-2m)^2-(m^2+1)\cdot 3=m^2-3$
x についての2次方程式③が重解をもつから，$D=0$ より
$\quad m^2-3=0 \quad$ これを解くと $\quad m=\pm\sqrt{3}$
このとき，③の解は，それぞれ $\quad x=\dfrac{2m}{m^2+1}=\pm\dfrac{\sqrt{3}}{2}$ （複号同順）
また，①から，いずれの場合も $\quad y=\dfrac{1}{2}$
点Pの x 座標は正であるから $\quad$ P$\left(\dfrac{\sqrt{3}}{2},\ \dfrac{1}{2}\right)$，Q$\left(-\dfrac{\sqrt{3}}{2},\ \dfrac{1}{2}\right)$

←直線①と円②が接する $\iff$ ③が重解をもつ $\iff D=0$

(2) 放物線 C_2 は y 軸に関して対称であるから，その方程式は
$y=ax^2+b$ ……④ （a，b は実数）とおける。
④から $\quad y'=2ax$
放物線 C_2 が直線BPと点Pにおいて接するから，傾きについて
$\quad 2a\cdot\dfrac{\sqrt{3}}{2}=\dfrac{\dfrac{1}{2}-(-1)}{\dfrac{\sqrt{3}}{2}-0}\quad$ よって $\quad a=1$
放物線 C_2 は点Pを通るから $\quad \dfrac{1}{2}=1\cdot\left(\dfrac{\sqrt{3}}{2}\right)^2+b\quad$ ゆえに $\quad b=-\dfrac{1}{4}$

←（点Pにおける C_2 の接線の傾き）$=2a\cdot\dfrac{\sqrt{3}}{2}$，
（直線BPの傾き）$=\dfrac{\dfrac{1}{2}-(-1)}{\dfrac{\sqrt{3}}{2}-0}$

256　数学重要問題集（理系）

したがって，求める方程式は $y = x^2 - \dfrac{1}{4}$

(3) C_2 上の任意の点 $\mathrm{T}\left(t,\ t^2 - \dfrac{1}{4}\right)$ (t は実数) に対して

$\mathrm{AT}^2 = (t-0)^2 + \left\{\left(t^2 - \dfrac{1}{4}\right) - 1\right\}^2 = t^4 - \dfrac{3}{2}t^2 + \dfrac{25}{16} = \left(t^2 - \dfrac{3}{4}\right)^2 + 1 \geqq 1$

$\mathrm{AT} > 0$ であるから $\mathrm{AT} \geqq 1$

よって，点Aから放物線 C_2 上の各点までの距離は 1 以上である。

(4) (3)より，円 C_1 と放物線 C_2 の位置関係は右の図のようになり，求める面積 S は，右の図の赤く塗った部分の面積である。線分PQと放物線 C_2 で囲まれた部分の面積を S_0 とすると

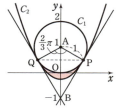

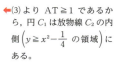

⬅(3)より $\mathrm{AT} \geqq 1$ であるから，円 C_1 は放物線 C_2 の内側 $\left(y \geqq x^2 - \dfrac{1}{4}\ \text{の領域}\right)$ にある。

$S_0 = \displaystyle\int_{-\frac{\sqrt{3}}{2}}^{\frac{\sqrt{3}}{2}} \left\{\dfrac{1}{2} - \left(x^2 - \dfrac{1}{4}\right)\right\} dx$

$= -\displaystyle\int_{-\frac{\sqrt{3}}{2}}^{\frac{\sqrt{3}}{2}} \left(x + \dfrac{\sqrt{3}}{2}\right)\left(x - \dfrac{\sqrt{3}}{2}\right) dx$

$= \dfrac{1}{6}\left\{\dfrac{\sqrt{3}}{2} - \left(-\dfrac{\sqrt{3}}{2}\right)\right\}^3 = \dfrac{1}{6} \cdot (\sqrt{3})^3 = \dfrac{\sqrt{3}}{2}$

⬅$\displaystyle\int_\alpha^\beta (x-\alpha)(x-\beta) dx = -\dfrac{1}{6}(\beta - \alpha)^3$

また，$\angle \mathrm{PAQ} = \dfrac{2}{3}\pi$ であるから，$\triangle \mathrm{APQ}$ の面積は

$\dfrac{1}{2} \cdot 1^2 \cdot \sin \dfrac{2}{3}\pi = \dfrac{\sqrt{3}}{4}$

原点Oを含む扇形 APQ の面積は $\dfrac{1}{2} \cdot 1^2 \cdot \dfrac{2}{3}\pi = \dfrac{\pi}{3}$

したがって，求める面積 S は

$S = S_0 + \triangle \mathrm{APQ} - (\text{扇形 APQ}) = \dfrac{\sqrt{3}}{2} + \dfrac{\sqrt{3}}{4} - \dfrac{\pi}{3} = \dfrac{3\sqrt{3}}{4} - \dfrac{\pi}{3}$

指針 280 〈4次関数のグラフとそのグラフと2点で接する直線で囲まれた部分の面積〉

接線の方程式を $y = mx + n$，2つの接点の x 座標をそれぞれ s，t とすると
$x^4 - 2x^3 + x^2 - 2x + 2 - (mx + n) = (x - s)^2 (x - t)^2$ と表せる。

参考 求める面積は，$t > s$ のとき $\displaystyle\int_s^t (x - s)^2 (x - t)^2 dx$

直線 ℓ の方程式を $y = mx + n$ とする。
曲線 C と直線 ℓ が $x = s$，$x = t$ ($s \neq t$) の点で接するとすると，次の x の恒等式が成り立つ。

$x^4 - 2x^3 + x^2 - 2x + 2 - (mx + n) = (x - s)^2 (x - t)^2$

(左辺) $= x^4 - 2x^3 + x^2 - (m+2)x - n + 2$

(右辺) $= \{(x-s)(x-t)\}^2 = \{x^2 - (s+t)x + st\}^2$
$= x^4 + (s+t)^2 x^2 + s^2 t^2 - 2(s+t)x^3 - 2(s+t)stx + 2stx^2$
$= x^4 - 2(s+t)x^3 + \{(s+t)^2 + 2st\}x^2 - 2(s+t)stx + s^2 t^2$

であるから，両辺の係数を比較して

$-2 = -2(s+t)$ ……①, $1 = (s+t)^2 + 2st$ ……②,

$-(m+2)=-2(s+t)st$ ……③, $-n+2=s^2t^2$ ……④
①から $s+t=1$ これと②から $st=0$
③から $m=-2$ ④から $n=2$
よって, 直線 ℓ の方程式は $y=-2x+2$
また, s, t は $u^2-u=0$ の解である。
これを解くと $u=0, 1$
ゆえに, 曲線 C と直線 ℓ は x 座標が $x=0, 1$ の点で接する。
求める面積は

$\displaystyle\int_0^1 \{x^4-2x^3+x^2-2x+2-(-2x+2)\}dx$
$=\displaystyle\int_0^1 (x^4-2x^3+x^2)dx = \left[\dfrac{x^5}{5}-\dfrac{x^4}{2}+\dfrac{x^3}{3}\right]_0^1$
$=\dfrac{1}{5}-\dfrac{1}{2}+\dfrac{1}{3}=\dfrac{1}{30}$

←$s+t=1$, $st=0$ であるから, 解と係数の関係を用いる。

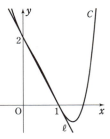

参考 一般に, $\displaystyle\int_\alpha^\beta (x-\alpha)^2(x-\beta)^2 dx = \dfrac{1}{30}(\beta-\alpha)^5$ が成り立つ。これを利用し, 次のように計算してもよい。

$\displaystyle\int_0^1 (x^4-2x^3+x^2)dx = \int_0^1 x^2(x-1)^2 dx = \dfrac{1}{30}(1-0)^5 = \dfrac{1}{30}$

281 〈点 $(xy, x+y)$ の存在する範囲の面積〉

指針 $p=xy$, $q=x+y$ とおき, p, q の満たす条件 (不等式) を求める。
ただし, x, y は t についての 2 次方程式 $t^2-qt+p=0$ の実数解であるから, 判別式 D について $D\geqq 0$ が成り立つ条件 $q^2-4p\geqq 0$ も必要であることに注意する。
それらの不等式から点 (p, q) の存在する範囲を図示して面積を計算する。
定積分の計算は, 変数を p, q のままで (pq 平面で) 行う。

$p=xy$, $q=x+y$ とおく。
$x^2+y^2\leqq 1$ から $(x+y)^2-2xy\leqq 1$
すなわち $q^2-2p\leqq 1$ よって $p\geqq \dfrac{1}{2}q^2-\dfrac{1}{2}$ ……①
また, x, y は t についての 2 次方程式 $t^2-qt+p=0$ の実数解であるから, 判別式を D とすると $D\geqq 0$
$D=q^2-4p$ より $q^2-4p\geqq 0$ よって $p\leqq \dfrac{1}{4}q^2$ ……②
①, ② を同時に満たす点 (p, q) の存在する範囲は, 右の図の赤く塗った部分である。ただし, 境界線を含む。
したがって, 求める面積は

$\displaystyle\int_{-\sqrt{2}}^{\sqrt{2}} \left\{\dfrac{1}{4}q^2-\left(\dfrac{1}{2}q^2-\dfrac{1}{2}\right)\right\}dq$
$=\displaystyle\int_{-\sqrt{2}}^{\sqrt{2}} \left(-\dfrac{1}{4}q^2+\dfrac{1}{2}\right)dq$
$=-\dfrac{1}{4}\displaystyle\int_{-\sqrt{2}}^{\sqrt{2}} (q+\sqrt{2})(q-\sqrt{2})dq = \dfrac{1}{24}\{\sqrt{2}-(-\sqrt{2})\}^3$
$=\dfrac{^{\mathcal{P}}2\sqrt{^{\mathcal{I}}2}}{^{\mathcal{P}}3}$

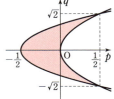

←放物線 $p=\dfrac{1}{2}q^2-\dfrac{1}{2}$ と放物線 $p=\dfrac{1}{4}q^2$ で囲まれる部分である。

←$\displaystyle\int_\alpha^\beta (x-\alpha)(x-\beta)dx = -\dfrac{(\beta-\alpha)^3}{6}$ を利用。

282 〈面積の極限値〉

(2) $f(x) > \dfrac{1}{x}$ は $x > 1 - e^{-x}$ と同値であるから，これを示す。

(3) (2)の不等式に注意して面積を求める。
極限値を求める際には，微分係数の定義を用いる。

(1) $f'(x) = \dfrac{e^x(e^x-1) - e^x \cdot e^x}{(e^x-1)^2} = -\dfrac{e^x}{(e^x-1)^2} < 0$

$f''(x) = \dfrac{-e^x(e^x-1)^2 - (-e^x) \cdot 2e^x(e^x-1)}{\{(e^x-1)^2\}^2}$

$= \dfrac{-e^x(e^x-1) + 2e^{2x}}{(e^x-1)^3} = \dfrac{e^{2x} + e^x}{(e^x-1)^3}$

$x > 0$ より $f''(x) > 0$

よって，$y = f(x)$ は $x > 0$ で単調に減少し，そのグラフは下に凸である。

また，$\dfrac{e^x}{e^x-1} = \dfrac{1}{1-e^{-x}}$ であるから

$\lim\limits_{x \to +0} f(x) = \lim\limits_{x \to +0} \dfrac{1}{1-e^{-x}} = \infty$

$\lim\limits_{x \to \infty} f(x) = \lim\limits_{x \to \infty} \dfrac{1}{1-e^{-x}} = \dfrac{1}{1} = 1$

したがって，$y = f(x)$ のグラフは右の図のようになる。

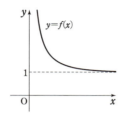

(2) $x > 0$ のとき，$\dfrac{e^x}{e^x-1} > \dfrac{1}{x}$ は $x > 1 - e^{-x}$ と同値であるから，これを示す。

$g(x) = x + e^{-x} - 1$ とおくと $g(0) = 0 + 1 - 1 = 0$, $g'(x) = 1 - e^{-x}$

よって，$x > 0$ のとき $g'(x) > 0$ であるから，$g(x)$ は $x \geqq 0$ で単調に増加する。

ゆえに，$x > 0$ のとき $g(x) > g(0) = 0$

したがって，$x > 1 - e^{-x}$ であるから $f(x) > \dfrac{1}{x}$

(3) (2)より，$t \leqq x \leqq 1$ において $f(x) > \dfrac{1}{x}$ であるから

$S(t) = \int_t^1 \left\{f(x) - \dfrac{1}{x}\right\} dx = \int_t^1 \dfrac{e^x}{e^x-1} dx - \int_t^1 \dfrac{1}{x} dx$

$= \int_t^1 \dfrac{(e^x-1)'}{e^x-1} dx - \int_t^1 \dfrac{1}{x} dx = \Big[\log|e^x-1|\Big]_t^1 - \Big[\log x\Big]_t^1$

$= \log(e-1) - \log(e^t-1) + \log t = \log \dfrac{(e-1)t}{e^t-1}$

←曲線 $y = f(x)$ は曲線 $y = \dfrac{1}{x}$ の上側にある。

ここで $\lim\limits_{t \to +0} \dfrac{e^t - 1}{t} = \lim\limits_{t \to +0} \dfrac{e^t - e^0}{t - 0} = e^0 = 1$

←微分係数の定義

したがって $\lim\limits_{t \to +0} S(t) = \lim\limits_{t \to +0} \log \dfrac{e-1}{\dfrac{e^t-1}{t}} = \boldsymbol{\log(e-1)}$

指針 283 〈x, y の方程式が表す曲線で囲まれた図形の面積〉

(2) 曲線 C の方程式から $y=x\pm\sqrt{x^2-x^4}$
$0\leqq x\leqq 1$ において,$f(x)=x+x\sqrt{1-x^2}$,$g(x)=x-x\sqrt{1-x^2}$ とすると $0\leqq g(x)\leqq f(x)$ であり,また,曲線 C は原点に関して対称であることから,$f(x)$ が最大となる点が,y 座標が最大となる点である。

(3) $f(1)=g(1)$,$0\leqq x\leqq 1$ において $0\leqq g(x)\leqq f(x)$ から,求める面積を S とすると
$$S=2\int_0^1\{f(x)-g(x)\}dx$$

(1) $x^4-2xy+y^2=0$ より $y^2-2xy+x^2=x^2-x^4$
$(y-x)^2=x^2-x^4$

これを満たす実数 y が存在するための必要十分条件は
$x^2-x^4=x^2(1-x^2)\geqq 0$

よって,x の値のとりうる範囲は $-1\leqq x\leqq 1$

このとき $y-x=\pm\sqrt{x^2-x^4}$ であるから $y=x\pm\sqrt{x^2-x^4}$

← $y^2-2xy+x^4=0$ を y の 2 次方程式とみて,実数解をもつための判別式の条件を利用すると
$(-x)^2-x^4\geqq 0$

(2) (1)から x 座標が最大となる点の x 座標は 1
このとき $y=1$ よって,x 座標が最大となる点は $(1,\ 1)$
また,点 $(x,\ y)$ が C 上にあるとすると,点 $(-x,\ -y)$ について
$(-x)^4-2(-x)(-y)+(-y)^2=x^4-2xy+y^2=0$

よって,点 $(-x,\ -y)$ も C 上にあるから,曲線 C は原点に関して対称である。

$0\leqq x\leqq 1$ のとき
$y=x\pm\sqrt{x^2-x^4}=x\pm x\sqrt{1-x^2}$
が成り立つ。
$f(x)=x+x\sqrt{1-x^2}$,$g(x)=x-x\sqrt{1-x^2}$
とおくと,$0\leqq x\leqq 1$ のとき $0\leqq g(x)\leqq f(x)$

$0<x<1$ のとき $f'(x)=\dfrac{\sqrt{1-x^2}+1-2x^2}{\sqrt{1-x^2}}$

$f'(x)=0$ のとき $\sqrt{1-x^2}+1-2x^2=0$

$\sqrt{1-x^2}=2x^2-1$ であるから,$f'(x)=0$ を満たす x は $2x^2-1\geqq 0$ を満たす。

$0\leqq x\leqq 1$ との共通部分を求めて $\dfrac{\sqrt{2}}{2}\leqq x\leqq 1$

このとき $1-x^2=(2x^2-1)^2$
$4x^4-3x^2=0$

よって $x=\dfrac{\sqrt{3}}{2}$

したがって,関数 $f(x)$ の $0\leqq x\leqq 1$ における増減表は右のようになる。

x	0	$\cdots$	$\dfrac{\sqrt{3}}{2}$	$\cdots$	1
$f'(x)$		$+$	0	$-$	
$f(x)$	0	↗	極大	↘	1

よって,$0\leqq x\leqq 1$ のとき関数 $f(x)$ は
$x=\dfrac{\sqrt{3}}{2}$ で極大かつ最大となり,最大値は $f\left(\dfrac{\sqrt{3}}{2}\right)=\dfrac{3\sqrt{3}}{4}$

曲線 C の対称性と,$0\leqq x\leqq 1$ のとき $0\leqq g(x)\leqq f(x)$ であるから,
y 座標が最大となる点は $\left(\dfrac{\sqrt{3}}{2},\ \dfrac{3\sqrt{3}}{4}\right)$

(3) 求める面積を S とすると，(2) と $f(1)=g(1)$ から

$$S=2\int_0^1\{f(x)-g(x)\}dx=2\int_0^1 2x\sqrt{1-x^2}\,dx$$
$$=-2\int_0^1(1-x^2)^{\frac{1}{2}}(1-x^2)'dx=-2\left[\frac{2}{3}(1-x^2)^{\frac{3}{2}}\right]_0^1=\frac{4}{3}$$

指針 284 〈媒介変数で表された曲線と面積〉

$\dfrac{dx}{dt}$, $\dfrac{dy}{dt}$ の符号から x, y の t に対する増減を調べる。t が増加するとき y は単調に増加する（x は単調でない）。よって，面積を求めるときは，x の y による積分を考え，置換積分法を利用するとよい。

(1) $0\leqq t\leqq\dfrac{\pi}{2}$ のとき

$$\frac{dx}{dt}=-3\sin t+3\sin 3t=-3\sin t+3(3\sin t-4\sin^3 t)$$
$$=6\sin t(1-2\sin^2 t)$$
$$\frac{dy}{dt}=3\cos t-3\cos 3t=3\cos t-3(4\cos^3 t-3\cos t)$$
$$=12\cos t(1-\cos^2 t)=12\cos t\sin^2 t\geqq 0$$

$0<t<\dfrac{\pi}{2}$ のとき，$\dfrac{dx}{dt}=0$ となる t の値は $t=\dfrac{\pi}{4}$

ゆえに，x, y の増減は次のようになる。

← $\dfrac{dx}{dt}=0$ とすると
$\sin^2 t=\dfrac{1}{2}$
すなわち $\sin t=\pm\dfrac{1}{\sqrt{2}}$
$0<t<\dfrac{\pi}{2}$ でこれを満たす
t の値は $t=\dfrac{\pi}{4}$

t	0	$\cdots$	$\dfrac{\pi}{4}$	$\cdots$	$\dfrac{\pi}{2}$
$\dfrac{dx}{dt}$		$+$	0	$-$	
x	2	↗	$2\sqrt{2}$	↘	0
$\dfrac{dy}{dt}$		$+$	$+$	$+$	
y	0	↗	$\sqrt{2}$	↗	4

したがって，増減表から曲線 C の概形は右の図のようになる。

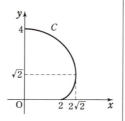

(2) 求める部分の面積を S とすると

$$S=\int_0^4 x\,dy=\int_0^{\frac{\pi}{2}}x\frac{dy}{dt}dt=\int_0^{\frac{\pi}{2}}(3\cos t-\cos 3t)(3\cos t-3\cos 3t)dt$$
$$=9\int_0^{\frac{\pi}{2}}\cos^2 t\,dt-12\int_0^{\frac{\pi}{2}}\cos t\cos 3t\,dt+3\int_0^{\frac{\pi}{2}}\cos^2 3t\,dt$$

← 置換積分法を利用して t の積分にする。

ここで $\displaystyle\int_0^{\frac{\pi}{2}}\cos^2 t\,dt=\int_0^{\frac{\pi}{2}}\frac{1+\cos 2t}{2}dt=\left[\frac{1}{2}t+\frac{1}{4}\sin 2t\right]_0^{\frac{\pi}{2}}=\frac{\pi}{4}$

$\displaystyle\int_0^{\frac{\pi}{2}}\cos t\cos 3t\,dt=\int_0^{\frac{\pi}{2}}\frac{1}{2}(\cos 4t+\cos 2t)dt$
$$=\left[\frac{1}{8}\sin 4t+\frac{1}{4}\sin 2t\right]_0^{\frac{\pi}{2}}=0$$

← 三角関数の積 → 和の公式
$\cos\alpha\cos\beta$
$=\dfrac{1}{2}\{\cos(\alpha+\beta)+\cos(\alpha-\beta)\}$

$\displaystyle\int_0^{\frac{\pi}{2}}\cos^2 3t\,dt=\int_0^{\frac{\pi}{2}}\frac{1+\cos 6t}{2}dt=\left[\frac{1}{2}t+\frac{1}{12}\sin 6t\right]_0^{\frac{\pi}{2}}=\frac{\pi}{4}$

よって　　$S = 9 \cdot \dfrac{\pi}{4} - 12 \cdot 0 + 3 \cdot \dfrac{\pi}{4} = 3\pi$

指針 285 〈面積の最小値〉

(2) 積分区間を $0 \leqq x \leqq 1-k$, $1-k \leqq x \leqq 1$, $1 \leqq x \leqq 1+k$ の3つに分けて計算してもよいが，次の公式が使える面積をうまく足し引きして求めると計算が楽である。
$$\int_\alpha^\beta (x-\alpha)(x-\beta)\,dx = -\dfrac{1}{6}(\beta-\alpha)^3$$

(1)　$y = |x(x-1)|$ ……①,
　　　$y = kx$ ……② とする。

①は $y = \begin{cases} x^2 - x & (x \leqq 0,\ 1 \leqq x\ \text{のとき}) \\ -x^2 + x & (0 < x < 1\ \text{のとき}) \end{cases}$

また，②は原点を通る傾き k の直線である。

よって，曲線①と直線②は右の図のようになる。

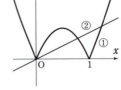

①と②が異なる3点を共有する条件は，$k > 0$ ……③
かつ，①と②が $0 < x < 1$, $1 < x$ の部分でそれぞれ1点ずつ交わることである。

←①と②は，常に原点Oを共有している。

$y = -x^2 + x$ と $y = kx$ の交点の x 座標は，方程式
　　　$-x^2 + x = kx$ すなわち $x\{x - (1-k)\} = 0$
の解である。$0 < x < 1$ に1つ解をもつことから
　　　$0 < 1 - k < 1$ すなわち $0 < k < 1$ ……④

$y = x^2 - x$ と $y = kx$ の交点の x 座標は，方程式
　　　$x^2 - x = kx$ すなわち $x\{x - (1+k)\} = 0$
の解である。$1 < x$ に1つ解をもつことから
　　　$1 < 1 + k$ すなわち $k > 0$ ……⑤

③，④，⑤から，k のとりうる値の範囲は　　$0 < k < 1$

(2) 右の図のように S_1, S_2, S_3 を定めると
$$S = S_1 + (S_1 + S_2 - 2S_3)$$
$$= 2S_1 + S_2 - 2S_3$$

ここで　$S_1 = \displaystyle\int_0^{1-k} \{(-x^2 + x) - kx\}\,dx$
$\qquad\qquad = -\displaystyle\int_0^{1-k} x\{x - (1-k)\}\,dx$
$\qquad\qquad = \dfrac{1}{6}(1-k)^3$

$\quad S_2 = \displaystyle\int_0^{1+k} \{kx - (x^2 - x)\}\,dx$
$\qquad\quad = -\displaystyle\int_0^{1+k} x\{x - (1+k)\}\,dx$
$\qquad\quad = \dfrac{1}{6}(1+k)^3$

$\quad S_3 = -\displaystyle\int_0^1 x(x-1)\,dx = \dfrac{1}{6}$

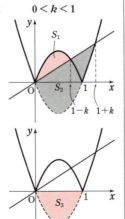

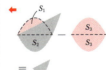

S_1, S_2, S_3 の面積は
$$\int_\alpha^\beta (x-\alpha)(x-\beta)\,dx$$
$$\qquad = -\dfrac{1}{6}(\beta-\alpha)^3$$
を使って計算できる。

よって　$S = 2 \cdot \dfrac{1}{6}(1-k)^3 + \dfrac{1}{6}(1+k)^3 - 2 \cdot \dfrac{1}{6}$

$= -\dfrac{1}{6}k^3 + \dfrac{3}{2}k^2 - \dfrac{1}{2}k + \dfrac{1}{6}$

(3) S を k で微分すると

$S' = -\dfrac{1}{2}k^2 + 3k - \dfrac{1}{2}$

$S' = 0$ とすると　　$k = 3 \pm 2\sqrt{2}$

$0 < k < 1$ における S の増減表は右のようになる。

k	0	$\cdots$	$3-2\sqrt{2}$	$\cdots$	1
S'		$-$	0	$+$	
S		↘	極小	↗	

関数ツールで確認!!

よって, S が最小となるときの k の値は　　$k = 3 - 2\sqrt{2}$

286 〈面積の最小値〉

(1) a の値によって曲線 $y = \log(x+1) - a$ と x 軸の上下関係が異なるため, 場合分けをする。

(2) $S(a)$ は a の関数なので, $S'(a)$ から $S(a)$ の増減を調べる。

(1) $0 \leq x \leq e-1$ において
$0 \leq \log(x+1) \leq 1$

[1] $0 \leq a \leq 1$ のとき
$S(a)$ は右の図の斜線部分の面積であるから

$S(a) = -\displaystyle\int_0^{e^a-1} \{\log(x+1) - a\} dx$
$\quad + \displaystyle\int_{e^a-1}^{e-1} \{\log(x+1) - a\} dx$

$= -\Big[(x+1)\log(x+1) - x - ax\Big]_0^{e^a-1}$
$\quad + \Big[(x+1)\log(x+1) - x - ax\Big]_{e^a-1}^{e-1}$

$= 2e^a - (e+1)a - 1$

[2] $a > 1$ のとき
$S(a)$ は右の図の斜線部分の面積であるから

$S(a) = -\displaystyle\int_0^{e-1} \{\log(x+1) - a\} dx$

$= -\Big[(x+1)\log(x+1) - x - ax\Big]_0^{e-1}$

$= (e-1)a - 1$

[1], [2] より

$S(a) = \begin{cases} 2e^a - (e+1)a - 1 & (0 \leq a \leq 1) \\ (e-1)a - 1 & (a > 1) \end{cases}$

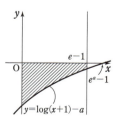

←各辺の自然対数をとる。曲線 $y = \log(x+1) - a$ と x 軸 (直線 $y=0$) の上下関係を調べるために必要な情報となる。

←曲線 $y = \log(x+1) - a$ と x 軸 (直線 $y=0$) の上下関係に注意する。
$0 \leq x \leq e^a-1$ の範囲では $\log(x+1) - a \leq 0$ となる。

←$\displaystyle\int_a^b \log(x+1) dx$
$= \displaystyle\int_a^b (x+1)' \log(x+1) dx$
として, 部分積分を行う。

←$a > 1$ のとき, $0 \leq x \leq e-1$ の範囲において $\log(x+1) - a \leq 0$ となる。

(2) (i) $0 \leq a \leq 1$ のとき

$S(a) = 2e^a - (e+1)a - 1$ であるから
$$S'(a) = 2e^a - (e+1) \quad (0 < a < 1)$$

$S'(a) = 0$ とすると，$2e^a - (e+1) = 0$ より $\quad a = \log\dfrac{e+1}{2}$

$\dfrac{1+1}{2} < \dfrac{e+1}{2} < \dfrac{e+e}{2}$ より $\quad 1 < \dfrac{e+1}{2} < e$

よって $\quad 0 < \log\dfrac{e+1}{2} < 1$

←$S(a)$ を a で微分する。

←$S'(a) = 0$ となるような a の値が $0 \leq a \leq 1$ を満たす範囲にあるかどうかを調べる。もし $0 \leq a \leq 1$ を満たさない場合，$0 \leq a \leq 1$ において $S(a)$ は単調に増加，または単調に減少する。

(ii) $a > 1$ のとき

$S(a) = (e-1)a - 1$ であるから $\quad S'(a) = e - 1 > 0$

(i), (ii) より，$S(a)$ の増減表は次のようになる。

a	0	$\cdots$	$\log\dfrac{e+1}{2}$	$\cdots$	1	$\cdots$
$S'(a)$		$-$	0	$+$		$+$
$S(a)$		$\searrow$	極小	$\nearrow$		$\nearrow$

よって $S(a)$ は $a = \log\dfrac{e+1}{2}$ のときに最小値をとり，その値は

$S\left(\log\dfrac{e+1}{2}\right) = 2 \cdot \dfrac{e+1}{2} - (e+1)\log\dfrac{e+1}{2} - 1$

$= e - (e+1)\log\dfrac{e+1}{2}$

関数ツールで確認!!

287 〈x 軸の周りの回転体の体積〉

(3) 図形が x 軸（回転軸）の上下に存在する
→ x 軸の下側の部分を折り返して，x 軸の上側に図形を集めて考える。
曲線 $y = f(x)$ を x 軸の周りに 1 回転させてできる回転体の体積 V は
$$V = \pi\int_a^b y^2 dx = \pi\int_a^b \{f(x)\}^2 dx$$

(1) $\cos 2x - \cos x = 0$ から $\quad 2\cos^2 x - \cos x - 1 = 0$
$\quad\quad (2\cos x + 1)(\cos x - 1) = 0$

よって $\quad \cos x = -\dfrac{1}{2},\ 1$

$0 \leq x \leq \pi$ であるから $\quad x = 0,\ \dfrac{2}{3}\pi$

(2) $S = \displaystyle\int_0^{\frac{2}{3}\pi} (\cos x - \cos 2x)\,dx$

$= \left[\sin x - \dfrac{1}{2}\sin 2x\right]_0^{\frac{2}{3}\pi}$

$= \dfrac{\sqrt{3}}{2} - \dfrac{1}{2}\left(-\dfrac{\sqrt{3}}{2}\right) = \dfrac{3\sqrt{3}}{4}$

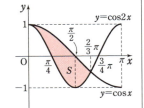

←$\cos 2x = 2\cos^2 x - 1$

←$\cos x = 1$ から $\quad x = 0$
$\cos x = -\dfrac{1}{2}$ から
$\quad x = \dfrac{2}{3}\pi$

←(1) より，2 曲線の交点の x 座標は $\quad 0,\ \dfrac{2}{3}\pi$

(3) 2曲線 $y=\cos 2x$ と $y=\cos x$ の $y \leqq 0$ の部分を x 軸に関して折り返すと，右の図のようになる。

V は，右の図の赤く塗った部分を x 軸の周りに1回転させてできる立体の体積である。

よって

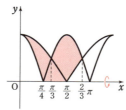

←直線 $x=\dfrac{\pi}{2}$ に関する対称性を考えると，2曲線を折り返したときの交点の x 座標は $\dfrac{\pi}{3}$ と $\dfrac{2}{3}\pi$

$$V = \pi \int_0^{\frac{\pi}{3}} \cos^2 x\, dx + \pi \int_{\frac{\pi}{3}}^{\frac{2}{3}\pi} (-\cos 2x)^2\, dx$$
$$- \pi \int_0^{\frac{\pi}{4}} \cos^2 2x\, dx - \pi \int_{\frac{\pi}{2}}^{\frac{2}{3}\pi} (-\cos x)^2\, dx$$

$$= \frac{\pi}{2} \int_0^{\frac{\pi}{3}} (1+\cos 2x)\, dx + \frac{\pi}{2} \int_{\frac{\pi}{3}}^{\frac{2}{3}\pi} (1+\cos 4x)\, dx$$
$$- \frac{\pi}{2} \int_0^{\frac{\pi}{4}} (1+\cos 4x)\, dx - \frac{\pi}{2} \int_{\frac{\pi}{2}}^{\frac{2}{3}\pi} (1+\cos 2x)\, dx$$

←$\cos^2 x = \dfrac{1+\cos 2x}{2}$, $\cos^2 2x = \dfrac{1+\cos 4x}{2}$ を使って次数を下げる。

$$= \frac{\pi}{2}\left[x+\frac{1}{2}\sin 2x\right]_0^{\frac{\pi}{3}} + \frac{\pi}{2}\left[x+\frac{1}{4}\sin 4x\right]_{\frac{\pi}{3}}^{\frac{2}{3}\pi}$$
$$- \frac{\pi}{2}\left[x+\frac{1}{4}\sin 4x\right]_0^{\frac{\pi}{4}} - \frac{\pi}{2}\left[x+\frac{1}{2}\sin 2x\right]_{\frac{\pi}{2}}^{\frac{2}{3}\pi}$$

$$= \frac{\pi}{2}\left(\frac{\pi}{3}+\frac{\sqrt{3}}{4}\right) + \frac{\pi}{2}\left(\frac{2}{3}\pi+\frac{\sqrt{3}}{8}-\frac{\pi}{3}+\frac{\sqrt{3}}{8}\right)$$
$$- \frac{\pi}{2}\cdot\frac{\pi}{4} - \frac{\pi}{2}\left(\frac{2}{3}\pi-\frac{\sqrt{3}}{4}-\frac{\pi}{2}\right)$$

$$= \frac{\pi}{2}\left(\frac{\pi}{4}+\frac{3\sqrt{3}}{4}\right) = \frac{\pi^2}{8}+\frac{3\sqrt{3}}{8}\pi$$

288 〈軸の周りの回転体の体積〉

(3) 曲線 $x=g(y)$ を y 軸の周りに1回転させてできる回転体の体積 V は
$$V = \pi \int_a^b x^2\, dy = \pi \int_a^b \{g(y)\}^2\, dy$$

曲線の方程式を変形すると，$x = 2 \pm 2\sqrt{1-y^2}$ となるから

$x = 2+2\sqrt{1-y^2}$ は曲線の $x \geqq 2$ の部分を表す。

$x = 2-2\sqrt{1-y^2}$ は曲線の $x \leqq 2$ の部分を表す。

曲線の $x \geqq 2$ の部分と y 軸，直線 $y=-1$, $y=1$ で囲まれた図形の回転体の体積から，余分な部分の体積を引く。

(1) $r = \dfrac{4\cos\theta}{4-3\cos^2\theta}$ より $r(4-3\cos^2\theta) = 4\cos\theta$

両辺に r を掛けて整理すると $4r^2 - 3(r\cos\theta)^2 = 4r\cos\theta$

$r^2 = x^2+y^2$, $r\cos\theta = x$ を代入すると $4(x^2+y^2) - 3x^2 = 4x$

すなわち $x^2 - 4x + 4y^2 = 0$ したがって $\dfrac{(x-2)^2}{4} + y^2 = 1$

←曲線 C は楕円を表す。

(2) (1)より，曲線 C の概形は右の図のようになる。

よって，求める体積を V_1 とすると

$$V_1 = \pi \int_0^4 y^2 dx$$

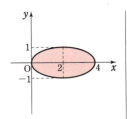

(1)より，$y^2 = -\dfrac{(x-2)^2}{4} + 1$ であるから

$$V_1 = \pi \int_0^4 \left\{ -\dfrac{(x-2)^2}{4} + 1 \right\} dx$$

$$= \pi \left[-\dfrac{(x-2)^3}{12} + x \right]_0^4 = \dfrac{8}{3}\pi$$

(3) (1)より，$x^2 - 4x + 4y^2 = 0$ であるから $x = 2 \pm 2\sqrt{1-y^2}$

$x_1 = 2 + 2\sqrt{1-y^2}$，$x_2 = 2 - 2\sqrt{1-y^2}$ とする。

このとき，求める体積を V_2 とすると

$$V_2 = \pi \int_{-1}^1 x_1^2 dy - \pi \int_{-1}^1 x_2^2 dy$$

$$= \pi \int_{-1}^1 (8 - 4y^2 + 8\sqrt{1-y^2}) dy$$

$$\qquad - \pi \int_{-1}^1 (8 - 4y^2 - 8\sqrt{1-y^2}) dy$$

$$= 16\pi \int_{-1}^1 \sqrt{1-y^2} dy$$

ここで，$\int_{-1}^1 \sqrt{1-y^2} dy$ は半径 1 の半円の面積を表すから

$$\int_{-1}^1 \sqrt{1-y^2} dy = \dfrac{\pi}{2}$$

したがって $V_2 = 16\pi \cdot \dfrac{\pi}{2} = 8\pi^2$

←赤く塗った部分を，(2)では x 軸の周りに，(3)では y 軸の周りに，それぞれ 1 回転させてできる回転体の体積を求める。

←$\{(x-2)^3\}' = 3(x-2)^2$ から展開せずに積分計算を行うことができる。

←x_1 は曲線の $x \geq 2$ の部分，x_2 は曲線の $x \leq 2$ の部分。

←$\pi \int_{-1}^1 x_1^2 dy$，$\pi \int_{-1}^1 x_2^2 dy$ は，それぞれ下の図の赤い部分を y 軸の周りに 1 回転させてできる回転体の体積を表す。

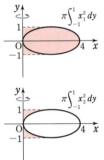

指針 289 〈媒介変数で表された曲線の回転体の体積〉

媒介変数表示された曲線 $x = u(t)$，$y = v(t)$ を y 軸の周りに 1 回転させてできる立体の体積 V も，基本的には公式 $V = \pi \int_a^b x^2 dy$ を使って求める。

その際，置換積分の要領で，$x^2 = \{u(t)\}^2$，$dy = v'(t) dt$ とする。

本問の場合，$0 \leq t \leq \dfrac{2}{3}\pi$ の範囲では t が増加すると y も増加するが，$\dfrac{2}{3}\pi \leq t \leq \pi$ の範囲では t が増加すると y は減少する。

曲線の $0 \leq t \leq \dfrac{2}{3}\pi$ に対応する部分と，$\dfrac{2}{3}\pi \leq t \leq \pi$ に対応する部分に分けて考える。

(1) $0 \leq t \leq \pi$ のとき

$$\dfrac{dx}{dt} = \cos t$$

$$\dfrac{dy}{dt} = 2\sin 2t + 2\sin t = 4\sin t \cos t + 2\sin t = 2\sin t (2\cos t + 1)$$

$0 \leqq t \leqq \pi$ のとき，$\dfrac{dx}{dt}=0$ または $\dfrac{dy}{dt}=0$ となる t の値は

$$t = 0, \ \dfrac{\pi}{2}, \ \dfrac{2}{3}\pi, \ \pi$$

(2) (1)より，増減表は次のようになる。

t	0	$\cdots$	$\dfrac{\pi}{2}$	$\cdots$	$\dfrac{2}{3}\pi$	$\cdots$	π
$\dfrac{dx}{dt}$		$+$	0	$-$	$-$	$-$	
x	0	↗	1	↘	$\dfrac{\sqrt{3}}{2}$	↘	0
$\dfrac{dy}{dt}$		$+$	$+$	$+$	0	$-$	
y	-4	↗	0	↗	$\dfrac{1}{2}$	↘	0

したがって，曲線 C の概形は右の図のようになる。

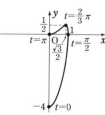

(3) 求める体積を V とし，$0 \leqq t \leqq \dfrac{2}{3}\pi$，$\dfrac{2}{3}\pi \leqq t \leqq \pi$ に対応する曲線を，それぞれ $x_1 = f(y)$，$x_2 = g(y)$ とすると

$$V = \pi \int_{-4}^{\frac{1}{2}} x_1^2 \, dy - \pi \int_{0}^{\frac{1}{2}} x_2^2 \, dy$$

$dy = 2\sin t(2\cos t + 1)dt$ であり

$\quad x^2 dy = \sin^2 t \cdot 2\sin t(2\cos t + 1)dt$
$\quad \quad = 2(1 - \cos^2 t)(2\cos t + 1)\sin t \, dt$
$\quad \quad = 2(2\cos^3 t + \cos^2 t - 2\cos t - 1)$
$\quad \quad \quad \quad \times (-\sin t)dt$

$h(t) = 2(2\cos^3 t + \cos^2 t - 2\cos t - 1)(-\sin t)$
とおくと，
$x^2 dy = h(t)dt$ であり

$$V = \pi \int_0^{\frac{2}{3}\pi} h(t) dt - \pi \int_\pi^{\frac{2}{3}\pi} h(t) dt$$
$$\quad = \pi \int_0^\pi h(t) dt$$

y	$-4 \longrightarrow \dfrac{1}{2}$
t	$0 \longrightarrow \dfrac{2}{3}\pi$

y	$0 \longrightarrow \dfrac{1}{2}$
t	$\pi \longrightarrow \dfrac{2}{3}\pi$

$\cos t = a$ とおくと $\quad -\sin t \, dt = da$

t	$0 \longrightarrow \pi$
a	$1 \longrightarrow -1$

よって $\quad V = \pi \displaystyle\int_1^{-1} 2(2a^3 + a^2 - 2a - 1) da$
$\quad \quad \quad = -4\pi \displaystyle\int_0^1 (a^2 - 1) da$
$\quad \quad \quad = -4\pi \left[\dfrac{1}{3}a^3 - a \right]_0^1 = \dfrac{8}{3}\pi$

指針 290 〈曲線の長さ〉

(4) 曲線 $y = f(x)$ $(a \leqq x \leqq b)$ の長さ L は
$$L = \int_a^b \sqrt{1 + \{f'(x)\}^2} \, dx$$

(1) $f'(u) = \dfrac{1}{\sqrt{u}-1} \cdot \dfrac{1}{2\sqrt{u}} - \dfrac{1}{\sqrt{u}+1} \cdot \dfrac{1}{2\sqrt{u}}$

$= \dfrac{1}{2\sqrt{u}}\left(\dfrac{1}{\sqrt{u}-1} - \dfrac{1}{\sqrt{u}+1}\right) = \dfrac{1}{2\sqrt{u}} \cdot \dfrac{2}{(\sqrt{u}-1)(\sqrt{u}+1)}$

$= \dfrac{1}{(u-1)\sqrt{u}}$

(2) $u = e^{2x}+1$ とおくと $F(x) = f(u)$

よって $F'(x) = \dfrac{df(u)}{du} \cdot \dfrac{du}{dx} = \dfrac{1}{(u-1)\sqrt{u}} \cdot 2e^{2x}$ ← 合成関数の微分

$= \dfrac{1}{e^{2x}\sqrt{e^{2x}+1}} \cdot 2e^{2x} = \dfrac{2}{\sqrt{e^{2x}+1}}$

(3) $\displaystyle\int \sqrt{e^{2x}+1}\,dx = \int \dfrac{e^{2x}}{\sqrt{e^{2x}+1}}\,dx + \int \dfrac{1}{\sqrt{e^{2x}+1}}\,dx$

ここで, (2) より $\displaystyle\int \dfrac{1}{\sqrt{e^{2x}+1}}\,dx = \dfrac{1}{2}\int F'(x)\,dx$

よって $\displaystyle\int \sqrt{e^{2x}+1}\,dx = \dfrac{1}{2}\int \dfrac{(e^{2x}+1)'}{\sqrt{e^{2x}+1}}\,dx + \dfrac{1}{2}\int F'(x)\,dx$

← $\displaystyle\int \dfrac{(e^{2x}+1)'}{\sqrt{e^{2x}+1}}\,dx$
$= \displaystyle\int (e^{2x}+1)^{-\frac{1}{2}}(e^{2x}+1)'dx$
$= 2(e^{2x}+1)^{\frac{1}{2}} + C_1$
(C_1 は積分定数)

$= \sqrt{e^{2x}+1} + \dfrac{1}{2}\log(\sqrt{e^{2x}+1}-1) - \dfrac{1}{2}\log(\sqrt{e^{2x}+1}+1) + C$

$= \sqrt{e^{2x}+1} + \dfrac{1}{2}\log \dfrac{\sqrt{e^{2x}+1}-1}{\sqrt{e^{2x}+1}+1} + C$ （C は積分定数）

(4) $y = e^x$ のとき $y' = e^x$ であるから, 求める曲線の長さは, (3) より

$\displaystyle\int_{\frac{1}{2}\log 8}^{\frac{1}{2}\log 24} \sqrt{1+(y')^2}\,dx = \int_{\frac{1}{2}\log 8}^{\frac{1}{2}\log 24} \sqrt{e^{2x}+1}\,dx$

$= \left[\sqrt{e^{2x}+1} + \dfrac{1}{2}\log \dfrac{\sqrt{e^{2x}+1}-1}{\sqrt{e^{2x}+1}+1}\right]_{\frac{1}{2}\log 8}^{\frac{1}{2}\log 24}$

$= (\sqrt{24+1} - \sqrt{8+1}) + \dfrac{1}{2}\left(\log \dfrac{\sqrt{24+1}-1}{\sqrt{24+1}+1} - \log \dfrac{\sqrt{8+1}-1}{\sqrt{8+1}+1}\right)$

$= 2 + \dfrac{1}{2}\log \dfrac{4}{3}$

指針 291 〈放物線と直線で囲まれた2つの図形の面積比〉

(2) $S_2 = \triangle PQ_1Q_2 - S_1$ から S_2 を求める。$\triangle PQ_1Q_2$ の面積は直線 $x = p$ と直線 Q_1Q_2 の交点をTとして, $\triangle PQ_1Q_2 = \triangle PQ_1T + \triangle PQ_2T$ と考えると求めやすい。

(1) $y = ax^2+2a$ から $y' = 2ax$
放物線 C 上の接点の座標を $(t,\ at^2+2a)$
とすると, 接線の方程式は
$\qquad y - (at^2+2a) = 2at(x-t)$
すなわち $\qquad y = 2atx - at^2+2a$
この直線が $P(p,\ 0)$ を通るから
$\qquad 0 = 2atp - at^2+2a$
整理すると $\qquad t^2 - 2pt - 2 = 0$ ……①
ゆえに $\qquad t = p \pm \sqrt{p^2+2}$
$q_1 < q_2$ であるから $\quad q_1 = p - \sqrt{p^2+2},\ q_2 = p + \sqrt{p^2+2}$

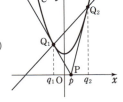

268 数学重要問題集（理系）

(2) 点 Q_1, 点 Q_2 の座標は，それぞれ $(q_1, aq_1{}^2+2a)$, $(q_2, aq_2{}^2+2a)$ で，$q_1 \neq q_2$ であるから，直線 Q_1Q_2 の傾きは
$$\frac{aq_2{}^2+2a-(aq_1{}^2+2a)}{q_2-q_1}=a(q_1+q_2)$$
よって，直線 Q_1Q_2 の方程式は $\quad y=a(q_1+q_2)(x-q_1)+aq_1{}^2+2a$
すなわち $\quad y=a(q_1+q_2)x-aq_1q_2+2a$ ……②
ここで，方程式 ① について，解と係数の関係により
$\quad\quad q_1+q_2=2p, \ q_1q_2=-2$ ……③
③ を ② に代入して，求める直線 Q_1Q_2 の方程式は $\boldsymbol{y=2apx+4a}$

⬅ $\dfrac{aq_2{}^2+2a-(aq_1{}^2+2a)}{q_2-q_1}$
$=\dfrac{a(q_2{}^2-q_1{}^2)}{q_2-q_1}$
$=\dfrac{a(q_2-q_1)(q_2+q_1)}{q_2-q_1}$
$=a(q_1+q_2)$

(3) (2) から $\quad S_1=\displaystyle\int_{q_1}^{q_2}\{(2apx+4a)-(ax^2+2a)\}dx$
$=\displaystyle\int_{q_1}^{q_2}(-ax^2+2apx+2a)dx$
$=-a\displaystyle\int_{q_1}^{q_2}(x-q_1)(x-q_2)dx=\dfrac{a}{6}(q_2-q_1)^3$
$=\dfrac{a}{6}(2\sqrt{p^2+2})^3=\dfrac{4}{3}a(\sqrt{p^2+2})^3$

また，直線 Q_1Q_2 と直線 $x=p$ の交点を T とすると，T の y 座標は
$\quad y=2ap\cdot p+4a=2a(p^2+2)$
よって $\quad \triangle PQ_1Q_2=\triangle PQ_1T+\triangle PQ_2T$
$=\dfrac{1}{2}(p-q_1)\cdot 2a(p^2+2)+\dfrac{1}{2}(q_2-p)\cdot 2a(p^2+2)$
$=\dfrac{1}{2}(q_2-q_1)\cdot 2a(p^2+2)=2a(\sqrt{p^2+2})^3$

ゆえに $\quad S_2=\triangle PQ_1Q_2-S_1$
$=2a(\sqrt{p^2+2})^3-\dfrac{4}{3}a(\sqrt{p^2+2})^3=\dfrac{2}{3}a(\sqrt{p^2+2})^3$

したがって $\quad \dfrac{S_1}{S_2}=\dfrac{\dfrac{4}{3}a(\sqrt{p^2+2})^3}{\dfrac{2}{3}a(\sqrt{p^2+2})^3}=2$

⬅ (1) の結果から
$q_2-q_1=2\sqrt{p^2+2}$

⬅ $\triangle PQ_1T$ について，底辺を PT とすると，高さは (P の x 座標)$-$(Q_1 の x 座標) となる。$\triangle PQ_2T$ についても同じように考える。

(4) 直線 PQ_1, PQ_2 の傾きは，それぞれ $2aq_1$, $2aq_2$ であるから，$PQ_1 \perp PQ_2$ となる条件は $\quad 2aq_1\cdot 2aq_2=-1$
③ から $\quad 4a^2\cdot(-2)=-1$
よって $\quad a^2=\dfrac{1}{8}$ $\quad a>0$ であるから $\quad a=\dfrac{1}{\sqrt{8}}=\dfrac{\sqrt{2}}{4}$

⬅ $y'=2ax$ を利用。

指針 292 〈面積の最小値〉

(4) 面積 $S(a)$ の増減を調べるには，$S(a)$ を a で微分する。

(1) $f'(x)=ae^{a(x+1)}-a=a\{e^{a(x+1)}-1\}$
$f'(x)=0$ とすると $\quad x=-1$
よって，$f(x)$ の増減表は右のようになる。
したがって，$f(x)$ は $x=-1$ のとき極小かつ最小で，求める最小値は $\quad f(-1)=\boldsymbol{1+a}$

x	$\cdots$	-1	$\cdots$
$f'(x)$	$-$	0	$+$
$f(x)$	↘	極小	↗

⬅ $e^{a(x+1)}-1=0$ から
$e^{a(x+1)}=1$
すなわち $a(x+1)=0$
$a>0$ から
$x<-1$ のとき $e^{a(x+1)}<1$
$x>-1$ のとき $e^{a(x+1)}>1$

(2) 接点の x 座標を t とおく。
このとき，接線の方程式は

$$y - \{e^{a(t+1)} - at\} = a\{e^{a(t+1)} - 1\}(x - t)$$

よって　　$y = a\{e^{a(t+1)} - 1\}x + (1 - at)e^{a(t+1)}$

これが原点を通るとき，$e^{a(t+1)} > 0$ から　$1 - at = 0$

ゆえに　　$t = \dfrac{1}{a}$

よって，求める接線の方程式は　　$\boldsymbol{y = a(e^{a+1} - 1)x}$

(3) (2)より接点の座標は $\left(\dfrac{1}{a},\ e^{a+1} - 1\right)$ で

あるから，求める面積 $S(a)$ は右の図の
赤く塗った部分の面積である。

よって　$S(\boldsymbol{a}) = \displaystyle\int_0^{\frac{1}{a}} \{e^{a(x+1)} - ax\}\,dx$

$\qquad\qquad - \dfrac{1}{2} \cdot \dfrac{1}{a} \cdot (e^{a+1} - 1)$

$\quad = \left[\dfrac{1}{a}e^{a(x+1)} - \dfrac{a}{2}x^2\right]_0^{\frac{1}{a}} - \dfrac{1}{2a}(e^{a+1} - 1)$

$\quad = \dfrac{1}{a}e^{a+1} - \dfrac{1}{2a} - \dfrac{1}{a}e^a - \dfrac{1}{2a}(e^{a+1} - 1) = \left(\dfrac{e}{2} - 1\right)\dfrac{e^a}{a}$

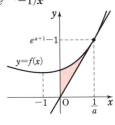

←$S(a)$
= (曲線 $y = f(x)$, 直線
$x = \dfrac{1}{a}$, x 軸, y 軸で囲まれた部分の面積)
−(接線, 直線 $x = \dfrac{1}{a}$, x 軸で囲まれた三角形の面積)

(4) (3)から

$$S'(a) = \left(\dfrac{e}{2} - 1\right) \cdot \dfrac{ae^a - e^a}{a^2} = \left(\dfrac{e}{2} - 1\right) \cdot \dfrac{(a-1)e^a}{a^2}$$

$S'(a) = 0$ とすると　$a - 1 = 0$
よって，$S(a)$ の増減表は右のようになる。
したがって，$S(a)$ は $a = 1$ のとき極小かつ最小であるから，求める最小値は

$S(1) = \dfrac{e^2}{2} - e$

a	0	$\cdots$	1	$\cdots$
$S'(a)$		−	0	+
$S(a)$		↘	極小	↗

関数ツールで確認!!

指針 293 〈面積と極限〉

(1) $\dfrac{1}{\{1 - f(t)\}f(t)} = \dfrac{1}{1 - f(t)} + \dfrac{1}{f(t)}$ に分解し，$\displaystyle\int_0^x \dfrac{f'(t)}{\{1 - f(t)\}f(t)}\,dt$ を計算する。

(2) $g(x) = \log(2 + e^x)$ とすると，$g(0) = \log 3$ であるから，極限 $\displaystyle\lim_{a \to +0} \dfrac{\log(2 + e^a) - \log 3}{a}$ の計算では，微分係数の定義が利用できる。

---

(1) $\displaystyle\int_0^x \dfrac{f'(t)}{\{1 - f(t)\}f(t)}\,dt$

$= \displaystyle\int_0^x \left\{\dfrac{1}{1 - f(t)} + \dfrac{1}{f(t)}\right\} \cdot f'(t)\,dt = \int_0^x \dfrac{f'(t)}{1 - f(t)}\,dt + \int_0^x \dfrac{f'(t)}{f(t)}\,dt$

$= -\displaystyle\int_0^x \dfrac{\{1 - f(t)\}'}{1 - f(t)}\,dt + \int_0^x \dfrac{f'(t)}{f(t)}\,dt$

$= \Big[-\log|1 - f(t)|\Big]_0^x + \Big[\log|f(t)|\Big]_0^x$

$= -\log|1 - f(x)| + \log|1 - f(0)| + \log|f(x)| - \log|f(0)|$

$= -\log\{1 - f(x)\} + \log\dfrac{2}{3} + \log f(x) - \log\dfrac{1}{3} = \log\dfrac{2f(x)}{1 - f(x)}$

←部分分数に分解する。

←$0 < f(x) < 1$ より
$1 - f(x) > 0$

よって　$\log\dfrac{2f(x)}{1-f(x)}=ax$　　　すなわち　　$\dfrac{2f(x)}{1-f(x)}=e^{ax}$　　　←$ax=\log e^{ax}$

整理すると　　$2f(x)=\{1-f(x)\}e^{ax}$
すなわち　　$(2+e^{ax})f(x)=e^{ax}$

$e^{ax}>0$ より $2+e^{ax}>0$ であるから　　$f(x)=\dfrac{e^{ax}}{2+e^{ax}}$　　　←$2+e^{ax}\ne 0$ であることを必ず確認する。

(2)　$0<f(x)<1$ であるから
$$S(a)=\int_0^1 f(x)dx=\int_0^1 \dfrac{e^{ax}}{2+e^{ax}}dx=\dfrac{1}{a}\int_0^1 \dfrac{(2+e^{ax})'}{2+e^{ax}}dx$$
$$=\dfrac{1}{a}\Big[\log(2+e^{ax})\Big]_0^1=\dfrac{\log(2+e^a)-\log 3}{a}$$

←被積分関数 $f(x)$ の正負を必ず確認する。

$g(x)=\log(2+e^x)$ とすると　$g'(x)=\dfrac{e^x}{2+e^x}$ であるから
$$\lim_{a\to +0}S(a)=\lim_{a\to +0}\dfrac{\log(2+e^a)-\log 3}{a}=\lim_{a\to +0}\dfrac{g(a)-g(0)}{a-0}$$
$$=g'(0)=\dfrac{e^0}{2+e^0}=\dfrac{1}{3}$$

←微分係数の定義
$\lim\limits_{x\to a}\dfrac{g(x)-g(a)}{x-a}=g'(a)$
を利用する。

指針 294 〈立体の体積，切り口の面積，側面積〉

(1)　断面積 $S(x)$ と立体の体積 V　　$V=\displaystyle\int_a^b S(x)dx$

底面の中心を原点 O，底面の 1 つの直径を x 軸に定め，点 P(x) を通り x 軸に垂直な平面で立体を切ると，その断面の △PQR は直角三角形である。（ここでは，R を底面上の点とする）

(2)　線分 PQ の長さを x で表すと，切り口の面積 A は　$A=\displaystyle\int_{-1}^1 \text{PQ}\,dx$ で与えられる。

(3)　底面の円周上に点 S をとり，OS と x 軸の正の部分とのなす角を θ とする。$0\leqq\theta\leqq\pi$ である。また，点 S を通り底面に垂直な直線と切り口との交点を T とすると，この線分 ST の長さは θ の関数で，側面積 B は　$B=\displaystyle\int_0^\pi \text{ST}\,d\theta$ で与えられる。

---

(1)　右の図のように，底面の中心を原点 O，1 つの直径 CD を x 軸にとる。また，x 軸上の点 P(x) を通り x 軸に垂直な平面でこの立体を切ったとき，その切り口の面積を $S(x)$ とする。
この切り口は直角三角形で，右の図のように，それを △PQR とする。

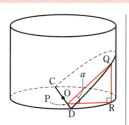

$\text{PR}=\sqrt{\text{OR}^2-\text{OP}^2}=\sqrt{1-x^2}$
$\text{QR}=\text{PR}\tan\alpha=\sqrt{1-x^2}\tan\alpha$

←三平方の定理により
$\text{PR}^2=\text{OR}^2-\text{OP}^2$

であるから　　$S(x)=\dfrac{1}{2}(\sqrt{1-x^2})^2\tan\alpha=\dfrac{1}{2}\tan\alpha(1-x^2)$

よって，求める体積 V は
$$V=\int_{-1}^1 S(x)dx=2\int_0^1 \dfrac{1}{2}\tan\alpha(1-x^2)dx=\tan\alpha\Big[x-\dfrac{x^3}{3}\Big]_0^1$$
$$=\dfrac{2}{3}\tan\alpha$$

←$S(x)$ は偶関数なので
$\displaystyle\int_{-1}^1 S(x)dx=2\int_0^1 S(x)dx$

(2) $PQ = \dfrac{PR}{\cos\alpha} = \dfrac{\sqrt{1-x^2}}{\cos\alpha}$ であるから，求める面積 A は

$$A = \int_{-1}^{1} \dfrac{\sqrt{1-x^2}}{\cos\alpha} dx = \dfrac{2}{\cos\alpha} \int_{0}^{1} \sqrt{1-x^2}\, dx$$

ここで，$\int_{0}^{1} \sqrt{1-x^2}\, dx$ は，半径1の四分円の面積 を表すから

$$A = \dfrac{2}{\cos\alpha} \cdot \dfrac{\pi}{4} = \dfrac{\pi}{2\cos\alpha}$$

←PQ は偶関数なので $\int_{-1}^{1} PQ\, dx = 2\int_{0}^{1} PQ\, dx$

(3) 右の図のように，底面の円周上に点Sをとり，$\angle SOD = \theta$ とすると，$0 \leqq \theta \leqq \pi$ である。
また，Sから直径CDに垂線SUを下ろすと　$SU = OS\sin\theta = \sin\theta$
点Sから底面に垂直に立てた切り口までの垂線STを考えると，
$\angle TUS = \alpha$ であるから
　　$ST = SU\tan\alpha = \tan\alpha \sin\theta$
$\overset{\frown}{DS} = \theta$ であるから，この立体の展開図の側面は右の図のようになる。
よって，求める側面積 B は

$$B = \int_{0}^{\pi} \tan\alpha \sin\theta\, d\theta$$
$$= \tan\alpha \Big[-\cos\theta\Big]_{0}^{\pi} = 2\tan\alpha$$

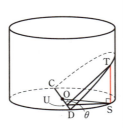

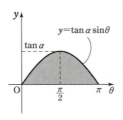

←半径 r，中心角 θ の扇形の弧の長さは $r\theta$ である。

指針 295 〈定積分の等式と回転体の体積〉

(1) $g(y) = g(f(x)) = (g \circ f)(x) = x$ が成り立つ。

(2) $\int_{a}^{b} x^2 f'(x)\, dx = \Big[x^2 f(x)\Big]_{a}^{b} - \int_{a}^{b} (x^2)' f(x)\, dx$ と計算できる。

(1) $y = f(x)$ より　　$dy = f'(x) dx$
また　$g(y) = g(f(x)) = (g \circ f)(x) = x$
よって　　$\int_{c}^{d} \{g(y)\}^2\, dy = \int_{a}^{b} x^2 f'(x)\, dx$

y	$c \longrightarrow d$
x	$a \longrightarrow b$

←置換積分法

(2) $\int_{a}^{b} x^2 f'(x)\, dx = \Big[x^2 f(x)\Big]_{a}^{b} - \int_{a}^{b} 2x f(x)\, dx$
　　　　$= b^2 f(b) - a^2 f(a) - 2\int_{a}^{b} x f(x)\, dx$
　　　　$= b^2 d - a^2 c - 2\int_{a}^{b} x f(x)\, dx$

←部分積分法

(3) $f(x) = \dfrac{1}{xe^x}$ とおくと，関数 $y = f(x)$ は逆関数をもち，それを $x = g(y)$ とする。
また　$f(1) = \dfrac{1}{e}$，$f(2) = \dfrac{1}{2e^2}$
求める体積を V とすると

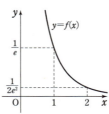

←$f(x)$ は減少関数であるから，逆関数をもつ。

$$V = \pi \int_{\frac{1}{2e^2}}^{\frac{1}{e}} \{g(y)\}^2 dy = \pi \int_2^1 x^2 f'(x) dx$$
$$= \left(1^2 \cdot \frac{1}{e} - 2^2 \cdot \frac{1}{2e^2}\right)\pi - 2\pi \int_2^1 xf(x) dx$$
$$= \left(\frac{1}{e} - \frac{2}{e^2}\right)\pi + 2\pi \int_1^2 e^{-x} dx = \left(\frac{1}{e} - \frac{2}{e^2}\right)\pi + 2\pi \left[-e^{-x}\right]_1^2$$
$$= \left(\frac{3}{e} - \frac{4}{e^2}\right)\pi$$

指針 296 〈直線 $y=-x$ の周りの回転体の体積〉

(2) 回転軸（直線 $y=-x$）にそって積分変数を設定し，回転軸に垂直な断面（円）の面積をその変数で表して積分する。図形 S 内で，放物線 $x=-y^2+2$ 上の点 $\text{P}(2-t^2, t)$ から直線 $y=-x$ に垂線 PH を下ろすと，PH が断面の円の半径である。積分変数は，放物線と直線 $y=-x$ の交点の 1 つ $\text{A}(-2, 2)$ をとって，$\text{AH}=h$ とする。
$0 \leq h \leq 3\sqrt{2}$ から $V = \pi \int_0^{3\sqrt{2}} \text{PH}^2 dh$ と表されるが，積分は t，dt で表して計算する。

(1) $\begin{cases} x+y^2 \leq 2 \\ x+y \geq 0 \\ x-y \leq 2 \end{cases} \Longleftrightarrow \begin{cases} x \leq -y^2+2 \\ y \geq -x \\ y \geq x-2 \end{cases}$

よって，図形 S は右の図の赤く塗った部分である。ただし，境界線を含む。

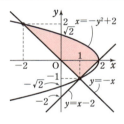

← 放物線と直線 $y=-x$ は 2 点 $(2, 0)$，$(1, -1)$ で交わる。点 $(1, -1)$ は 2 直線の交点でもある。

(2) 放物線 $x=-y^2+2$ と直線 $y=-x$ の 2 つの交点を $\text{A}(-2, 2)$，$\text{B}(1, -1)$ とする。
また，図形 S に含まれる放物線 $x=-y^2+2$ 上の点 $\text{P}(2-t^2, t)$ $(0 \leq t \leq 2)$ から直線 $y=-x$ に垂線 PH を下ろすと

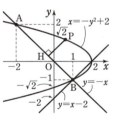

$$\text{PH} = \frac{|1 \cdot (2-t^2) + 1 \cdot t|}{\sqrt{1^2+1^2}}$$
$$= \frac{1}{\sqrt{2}}|-t^2+t+2|$$
$$= \frac{1}{\sqrt{2}}(-t^2+t+2)$$

また $\text{AB} = \sqrt{2}\{1-(-2)\} = 3\sqrt{2}$
よって，$\text{AH}=h$ とおくと $0 \leq h \leq 3\sqrt{2}$
また，点 P を通り直線 $y=-x$ に垂直な直線の方程式は
$y-t = x-(2-t^2)$ すなわち $y = x+t^2+t-2$
よって，点 H の x 座標は，$x+t^2+t-2 = -x$ から
$$x = \frac{1}{2}(-t^2-t+2)$$
ゆえに $h = \sqrt{2}\left\{\frac{1}{2}(-t^2-t+2)-(-2)\right\} = \frac{1}{\sqrt{2}}(-t^2-t+6)$

← $\text{P}(2, 0)$ のとき，H と B は一致するから，$0 \leq t \leq 2$ である。

← PH は，点 $(2-t^2, t)$ と直線 $x+y=0$ の距離。

← $-t^2+t+2 = -\left(t-\frac{1}{2}\right)^2 + \frac{9}{4} \geq 0$

← AB を直角二等辺三角形の斜辺と考える。

← AH を直角二等辺三角形の斜辺と考える。

よって $\quad dh = -\dfrac{1}{\sqrt{2}}(2t+1)dt$

h	$0 \to 3\sqrt{2}$
t	$2 \to 0$

したがって，求める体積 V は

$$\begin{aligned}V &= \pi\int_0^{3\sqrt{2}} \mathrm{PH}^2 dh \\ &= \pi\int_2^0 \left\{\dfrac{1}{\sqrt{2}}(-t^2+t+2)\right\}^2 \cdot \left\{-\dfrac{1}{\sqrt{2}}(2t+1)\right\}dt \\ &= \dfrac{\pi}{2\sqrt{2}}\int_0^2 (-t^2+t+2)^2(2t+1)dt \\ &= \dfrac{\pi}{2\sqrt{2}}\int_0^2 (2t^5-3t^4-8t^3+5t^2+12t+4)dt \\ &= \dfrac{\pi}{2\sqrt{2}}\left[\dfrac{1}{3}t^6-\dfrac{3}{5}t^5-2t^4+\dfrac{5}{3}t^3+6t^2+4t\right]_0^2 \\ &= \dfrac{\pi}{2\sqrt{2}}\cdot\dfrac{232}{15} = \dfrac{58\sqrt{2}}{15}\pi\end{aligned}$$

指針 297 〈球形の容器に水を注ぐときの水面の面積の増加する速度〉

球形の容器を，座標平面上の円を y 軸の周りに 1 回転して得られる回転体と考える。
(2) 単位時間あたりに a の割合で体積が増えることから，時刻を t として

$$a = \dfrac{dV}{dt} = \dfrac{dV}{dh}\cdot\dfrac{dh}{dt}$$

(1) 円 $x^2+(y-r)^2=r^2$ を y 軸の周りに 1 回転させると，半径 r の球形の容器になる。
よって，水の体積 V は

$$\begin{aligned}V &= \pi\int_0^h x^2 dy = \pi\int_0^h \{r^2-(y-r)^2\}dy \\ &= \pi\int_0^h (-y^2+2ry)dy = \pi\left[-\dfrac{1}{3}y^3+ry^2\right]_0^h \\ &= \pi\left(-\dfrac{h^3}{3}+rh^2\right)\end{aligned}$$

また，水面の面積 S は $\quad S = \pi\{r^2-(r-h)^2\} = \boldsymbol{\pi(2rh-h^2)}$

(2) $V = \pi\int_0^h (-y^2+2ry)dy$ より $\quad \dfrac{dV}{dh} = \pi(-h^2+2rh)$

← $\dfrac{d}{dx}\int_{x_0}^x f(t)dt = f(x)$
(x_0 は定数)

単位時間あたりに a の割合で体積が増えるから，$h = \dfrac{r}{2}$ のとき

$$a = \dfrac{dV}{dt} = \dfrac{dV}{dh}\cdot\dfrac{dh}{dt} = \pi\left\{-\left(\dfrac{r}{2}\right)^2+2r\cdot\dfrac{r}{2}\right\}\cdot v_1 = \dfrac{3}{4}\pi r^2 v_1$$

よって $\quad \boldsymbol{v_1 = \dfrac{4a}{3\pi r^2}}$

また，$\dfrac{dS}{dh} = \pi(2r-2h)$ より，$h = \dfrac{r}{2}$ のとき，水面の面積の増加する速度について

$$v_2 = \dfrac{dS}{dt} = \dfrac{dS}{dh}\cdot\dfrac{dh}{dt} = \pi\left(2r-2\cdot\dfrac{r}{2}\right)\cdot v_1 = \pi r\cdot\dfrac{4a}{3\pi r^2} = \boldsymbol{\dfrac{4a}{3r}}$$

指針 298 〈四面体を z 軸の周りに回転してできる立体の体積〉

(1) 空間における点の座標を求めるには，ベクトルの成分利用が有効である。$\overrightarrow{OQ} = \overrightarrow{OA} + \overrightarrow{AQ}$ で，Q は直線 AC 上にあるから，実数 k $(0 \leq k \leq 1)$ を用いて $\overrightarrow{AQ} = k\overrightarrow{AC}$ と表せる。

(2) 四面体の 4 つの頂点の関係から，この四面体は yz 平面および zx 平面に関して対称である。よって，平面 $z = t$ と四面体の辺 BC，BD，AD の交点を，それぞれ R，S，T とすると，四角形 QRST は長方形である。長方形の対角線の交点 P は z 軸上にあるから，長方形 QRST を，点 P を中心に 1 回転させてできる図形は半径 PQ の円になる。

(1) $\overrightarrow{OQ}$ は実数 k $(0 \leq k \leq 1)$ を用いて $\overrightarrow{OQ} = \overrightarrow{OA} + k\overrightarrow{AC}$ と表せる。 ← $\overrightarrow{OQ} = \overrightarrow{OA} + \overrightarrow{AQ}$ と $\overrightarrow{AQ} = k\overrightarrow{AC}$ から。

よって $\overrightarrow{OQ} = (1, 0, 0) + k(-1, 1, \sqrt{2}) = (1-k, k, \sqrt{2}k)$

点 Q は平面 $z = t$ 上にあるから，$\sqrt{2}k = t$ より $k = \dfrac{t}{\sqrt{2}}$

$0 \leq k \leq 1$ であるから $0 \leq t \leq \sqrt{2}$

したがって，$0 \leq t \leq \sqrt{2}$ のとき平面 $z = t$ は辺 AC と交わり，交点 Q の座標は $\left(1 - \dfrac{t}{\sqrt{2}}, \dfrac{t}{\sqrt{2}}, t\right)$

← $(1-k, k, \sqrt{2}k)$ に $k = \dfrac{t}{\sqrt{2}}$ を代入。

(2) 4 頂点 A，B，C，D の位置関係から，この四面体は yz 平面および zx 平面に関して対称である。

よって，辺 BC，BD，AD と平面 $z = t$ との交点をそれぞれ R，S，T とすると，Q と R は yz 平面に関して対称，Q と T は zx 平面に関して対称なので，四角形 QRST は長方形である。

ゆえに，四面体 ABCD を z 軸の周りに 1 回転させてできる立体を平面 $z = t$ で切った切り口は，長方形 QRST をこの平面上で対角線の交点 P を中心に回転させてできる図形であり，これは円である。

この円の半径は線分 PQ の長さに等しいから，この円の面積は

$$\pi\left\{\left(1 - \dfrac{t}{\sqrt{2}}\right)^2 + \left(\dfrac{t}{\sqrt{2}}\right)^2\right\} = \pi(t^2 - \sqrt{2}\,t + 1)$$

t のとりうる値の範囲は $0 \leq t \leq \sqrt{2}$ であるから，求める立体の体積は

$$\int_0^{\sqrt{2}} \pi(t^2 - \sqrt{2}\,t + 1)\,dt = \pi\left[\dfrac{t^3}{3} - \dfrac{\sqrt{2}}{2}t^2 + t\right]_0^{\sqrt{2}} = \dfrac{2\sqrt{2}}{3}\pi$$

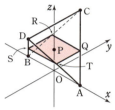

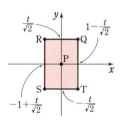

← この四面体は，6 本の辺の長さがすべて 2 であることから，正四面体であることがわかる。

← z 軸の周りに 1 回転させるので，平面 $z = t$ 上で点 P を中心に 1 回転させる。

← P からの距離の最大値が円の半径に等しい。

[参考] 図形の対称性を利用しないで，(1) と同様にして点 R，S，T の座標を t で表すと，次のようになる。

$R\left(\dfrac{t}{\sqrt{2}} - 1, \dfrac{t}{\sqrt{2}}, t\right)$, $S\left(\dfrac{t}{\sqrt{2}} - 1, -\dfrac{t}{\sqrt{2}}, t\right)$,

$T\left(1 - \dfrac{t}{\sqrt{2}}, -\dfrac{t}{\sqrt{2}}, t\right)$

このことからも，四角形 QRST が長方形であることがわかる。

← $\overrightarrow{OR} = \overrightarrow{OB} + \overrightarrow{BR}$
$= \overrightarrow{OB} + k\overrightarrow{BC}$
$= (k-1, k, \sqrt{2}k)$
$\overrightarrow{OS} = \overrightarrow{OB} + \overrightarrow{BS}$
$= \overrightarrow{OB} + k\overrightarrow{BD}$
$= (k-1, -k, \sqrt{2}k)$
$\overrightarrow{OT} = \overrightarrow{OA} + \overrightarrow{AT}$
$= \overrightarrow{OA} + k\overrightarrow{AD}$
$= (1-k, -k, \sqrt{2}k)$

指針 299 〈球の通過領域の体積〉

(1) 円の半径の大きさによっては，正方形 ABCD の内部で通過しない領域があるため，場合分けをする。
(2) 立体を平面 $z=t$ で切ったときの断面を調べる。断面積は (1) の結果を利用する。

(1) [1] $0<r<\dfrac{1}{2}$ のとき

円が通過する領域は右の図のようになる。

正方形 ABCD の内部で円が通過しない領域は，1辺が $1-2r$ の正方形であるから

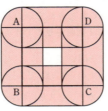

← r の値によっては，正方形 ABCD の内部で円が通過しない領域があることに注意し，場合分けをする。

$$S(r) = 4 \times \dfrac{1}{4}\pi r^2 + 4 \times 1 \cdot r + 1^2 - (1-2r)^2$$
$$= \pi r^2 + 4r + 1 - (1 - 4r + 4r^2)$$
$$= (\pi - 4)r^2 + 8r$$

← 四隅の四分円の面積の和は半径 r の円の面積に等しい。

[2] $r \geq \dfrac{1}{2}$ のとき

円が通過する領域は右の図のようになる。

よって $S(r) = 4 \times \dfrac{1}{4}\pi r^2 + 4 \times 1 \cdot r + 1^2$

$$= \pi r^2 + 4r + 1$$

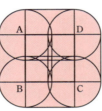

[1], [2] から

$0 < r < \dfrac{1}{2}$ のとき $S(r) = (\pi-4)r^2 + 8r$

$r \geq \dfrac{1}{2}$ のとき $S(r) = \pi r^2 + 4r + 1$

(2) 座標空間で考える。xy 平面上に正方形 ABCD があるとする。
中心が xy 平面上にある半径 1 の球と平面 $z=t$ の共通部分は，半径 $\sqrt{1-t^2}$ の円となる。

よって，点 P を中心とする半径 1 の球が通過する部分と平面 $z=t$ の共通部分の面積は，半径 $\sqrt{1-t^2}$ の円の中心が正方形 ABCD の辺の上を 1 周するときに，円が通過する部分の面積に等しいから，

(1) より $S(\sqrt{1-t^2})$

したがって，図形の対称性から $V = 2\displaystyle\int_0^1 S(\sqrt{1-t^2})\,dt$

$t \geq 0$ において，$\sqrt{1-t^2} = \dfrac{1}{2}$ を解くと $1 - t^2 = \dfrac{1}{4}$

すなわち $t^2 = \dfrac{3}{4}$

$t \geq 0$ から $t = \dfrac{\sqrt{3}}{2}$

したがって，(1) から

← (1) より，$r = \dfrac{1}{2}$ を境界として場合分けされるから，境界となる t の値を求める。

$$V = 2\int_0^{\frac{\sqrt{3}}{2}} \{\pi(1-t^2)+4\sqrt{1-t^2}+1\}dt$$
$$+ 2\int_{\frac{\sqrt{3}}{2}}^1 \{(\pi-4)(1-t^2)+8\sqrt{1-t^2}\}dt$$
$$= 2\Big[(\pi+1)t-\frac{\pi}{3}t^3\Big]_0^{\frac{\sqrt{3}}{2}} + 8\int_0^{\frac{\sqrt{3}}{2}} \sqrt{1-t^2}dt$$
$$+ 2\Big[(\pi-4)\Big(t-\frac{1}{3}t^3\Big)\Big]_{\frac{\sqrt{3}}{2}}^1 + 16\int_{\frac{\sqrt{3}}{2}}^1 \sqrt{1-t^2}dt$$
$$= \sqrt{3}(\pi+1) - \frac{\sqrt{3}}{4}\pi + 2(\pi-4)\Big(\frac{2}{3}-\frac{3\sqrt{3}}{8}\Big)$$
$$+ 8\int_0^1 \sqrt{1-t^2}dt + 8\int_{\frac{\sqrt{3}}{2}}^1 \sqrt{1-t^2}dt$$

ここで，$\int_0^1 \sqrt{1-t^2}dt$ は半径 1 の四分円の面積を表すから

$$\int_0^1 \sqrt{1-t^2}dt = \frac{\pi}{4}$$

また $\int_{\frac{\sqrt{3}}{2}}^1 \sqrt{1-t^2}dt = \frac{1}{2}\cdot 1^2 \cdot \frac{\pi}{6} - \frac{1}{2}\cdot\frac{\sqrt{3}}{2}\cdot\frac{1}{2} = \frac{\pi}{12} - \frac{\sqrt{3}}{8}$

したがって
$$V = \sqrt{3}(\pi+1) - \frac{\sqrt{3}}{4}\pi + 2(\pi-4)\Big(\frac{2}{3}-\frac{3\sqrt{3}}{8}\Big) + 8\cdot\frac{\pi}{4} + 8\Big(\frac{\pi}{12}-\frac{\sqrt{3}}{8}\Big)$$
$$= 4\pi + 3\sqrt{3} - \frac{16}{3}$$

← $0 \leq t \leq \frac{\sqrt{3}}{2}$ のとき
$\sqrt{1-t^2} \geq \frac{1}{2}$,
$\frac{\sqrt{3}}{2} < t \leq 1$ のとき
$0 \leq \sqrt{1-t^2} < \frac{1}{2}$

←上の図の赤く塗った部分の面積を表す。扇形の面積から直角三角形の面積を引く。

指針 300 〈座標平面上の動点が移動する距離〉

(2) (1)の結果から，点Bが描く曲線の媒介変数表示が得られる。

曲線 $x = f(\theta)$, $y = g(\theta)$ ($\alpha \leq \theta \leq \beta$) の長さは $\int_\alpha^\beta \sqrt{\Big(\frac{dx}{d\theta}\Big)^2 + \Big(\frac{dy}{d\theta}\Big)^2}d\theta$

(1) 円 C と円 C' の接点を P，点 $(3, 0)$ を Q とする。
C' は C に接しながら，滑ることなく C の周りを回るから
$\overset{\frown}{PA} = \overset{\frown}{PQ}$, $\overset{\frown}{PQ} = 3\theta$
ゆえに ∠PO'A = 3θ
よって，線分 O'B と x 軸の正の向きとのなす角は 4θ であるから
$\overrightarrow{OB} = \overrightarrow{OO'} + \overrightarrow{O'B} = (4\cos\theta, 4\sin\theta) + (\cos 4\theta, \sin 4\theta)$
$= (4\cos\theta + \cos 4\theta, 4\sin\theta + \sin 4\theta)$
したがって，点Bの座標は $(\mathbf{4\cos\theta + \cos 4\theta, 4\sin\theta + \sin 4\theta})$

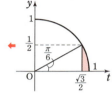

←弧度法では
(弧の長さ)
＝(半径)×(中心角の大きさ)

(2) $x = 4\cos\theta + \cos 4\theta$, $y = 4\sin\theta + \sin 4\theta$ とおくと
$\frac{dx}{d\theta} = -4(\sin\theta + \sin 4\theta)$, $\frac{dy}{d\theta} = 4(\cos\theta + \cos 4\theta)$

←点Pの描く曲線はエピサイクロイドといわれる曲線である。

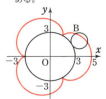

Bが描く曲線の長さを L とすると $L = \int_0^{2\pi} \sqrt{\left(\dfrac{dx}{d\theta}\right)^2 + \left(\dfrac{dy}{d\theta}\right)^2} d\theta$

ここで $\sqrt{\left(\dfrac{dx}{d\theta}\right)^2 + \left(\dfrac{dy}{d\theta}\right)^2}$

$= 4\sqrt{1 + 1 + 2\sin\theta\sin 4\theta + 2\cos\theta\cos 4\theta}$

$= 4\sqrt{2 + 2\cos(4\theta - \theta)} = 4\sqrt{2(1 + \cos 3\theta)}$

$= 4\sqrt{2 \cdot 2\cos^2\dfrac{3}{2}\theta} = 8\left|\cos\dfrac{3}{2}\theta\right|$

←加法定理による式変形で終えず, 半角の公式を利用しルートのない式まで変形する。

また $0 \leqq \theta \leqq \dfrac{\pi}{3}$, $\pi \leqq \theta \leqq \dfrac{5}{3}\pi$ のとき $\cos\dfrac{3}{2}\theta \geqq 0$

$\dfrac{\pi}{3} \leqq \theta \leqq \pi$, $\dfrac{5}{3}\pi \leqq \theta \leqq 2\pi$ のとき $\cos\dfrac{3}{2}\theta \leqq 0$

←積分計算をするため, $\cos\dfrac{3}{2}\theta$ の正負を調べる。

したがって

$L = 8\int_0^{2\pi}\left|\cos\dfrac{3}{2}\theta\right|d\theta$

$= 8\left(\int_0^{\frac{\pi}{3}}\cos\dfrac{3}{2}\theta\, d\theta - \int_{\frac{\pi}{3}}^{\pi}\cos\dfrac{3}{2}\theta\, d\theta + \int_{\pi}^{\frac{5}{3}\pi}\cos\dfrac{3}{2}\theta\, d\theta - \int_{\frac{5}{3}\pi}^{2\pi}\cos\dfrac{3}{2}\theta\, d\theta\right)$

$= \dfrac{16}{3}\left(\left[\sin\dfrac{3}{2}\theta\right]_0^{\frac{\pi}{3}} - \left[\sin\dfrac{3}{2}\theta\right]_{\frac{\pi}{3}}^{\pi} + \left[\sin\dfrac{3}{2}\theta\right]_{\pi}^{\frac{5}{3}\pi} - \left[\sin\dfrac{3}{2}\theta\right]_{\frac{5}{3}\pi}^{2\pi}\right)$

$= \dfrac{16}{3}(1 + 2 + 2 + 1) = \mathbf{32}$

指針 301 〈極方程式で表された曲線の長さ〉

(1) 曲線上の点の直交座標を (x, y) とすると, $x = r\cos\theta$, $y = r\sin\theta$, $r = 1 + \cos\theta$ であるから

$x = (1 + \cos\theta)\cos\theta$, $y = (1 + \cos\theta)\sin\theta$

(4) 曲線 C の長さは, 次の積分を計算して得られる。

$2\int_0^{\pi}\sqrt{\left(\dfrac{dx}{d\theta}\right)^2 + \left(\dfrac{dy}{d\theta}\right)^2} d\theta$

---

(1) $r = 1 + \cos\theta$ であるから $x = r\cos\theta = (1 + \cos\theta)\cos\theta$

$y = r\sin\theta = (1 + \cos\theta)\sin\theta$

ゆえに $\dfrac{dx}{d\theta} = -\sin\theta\cos\theta - (1 + \cos\theta)\sin\theta$

$= -\sin\theta(1 + 2\cos\theta)$

$\dfrac{dy}{d\theta} = -\sin^2\theta + (1 + \cos\theta)\cos\theta$

$= (2\cos\theta - 1)(\cos\theta + 1)$

よって, $\dfrac{dx}{d\theta} = 0$ となる θ の値は $\theta = 0, \dfrac{2}{3}\pi, \pi, \dfrac{4}{3}\pi, 2\pi$

したがって, $\dfrac{dx}{d\theta} = 0$ となる点の直交座標は

$(2, 0)$, $\left(-\dfrac{1}{4}, \dfrac{\sqrt{3}}{4}\right)$, $(0, 0)$, $\left(-\dfrac{1}{4}, -\dfrac{\sqrt{3}}{4}\right)$

←$1 + 2\cos\theta = 0$, $0 \leqq \theta \leqq 2\pi$ から $\theta = \dfrac{2}{3}\pi, \dfrac{4}{3}\pi$
$\sin\theta = 0$, $0 \leqq \theta \leqq 2\pi$ から $\theta = 0, \pi, 2\pi$

また，$\dfrac{dy}{d\theta}=0$ となる θ の値は $\theta=\dfrac{\pi}{3},\ \pi,\ \dfrac{5}{3}\pi$

したがって，$\dfrac{dy}{d\theta}=0$ となる点の直交座標は
$$\left(\dfrac{3}{4},\ \dfrac{3\sqrt{3}}{4}\right),\ (0,\ 0),\ \left(\dfrac{3}{4},\ -\dfrac{3\sqrt{3}}{4}\right)$$

⬅ $2\cos\theta-1=0,\ 0\leqq\theta\leqq 2\pi$
から $\theta=\dfrac{\pi}{3},\ \dfrac{5}{3}\pi$
$\cos\theta+1=0,\ 0\leqq\theta\leqq 2\pi$
から $\theta=\pi$

(2) $\dfrac{dy}{dx}=\dfrac{\dfrac{dy}{d\theta}}{\dfrac{dx}{d\theta}}=\dfrac{(2\cos\theta-1)(\cos\theta+1)}{-\sin\theta(1+2\cos\theta)}$

であるから $\displaystyle\lim_{\theta\to\pi}\dfrac{dy}{dx}=\lim_{\theta\to\pi}\dfrac{(2\cos\theta-1)(\cos\theta+1)}{-\sin\theta(1+2\cos\theta)}$

$=\displaystyle\lim_{\theta\to\pi}\left\{-\dfrac{(2\cos\theta-1)\sin^2\theta}{\sin\theta(1+2\cos\theta)(1-\cos\theta)}\right\}$

$=\displaystyle\lim_{\theta\to\pi}\left\{-\dfrac{(2\cos\theta-1)\sin\theta}{(1+2\cos\theta)(1-\cos\theta)}\right\}=\mathbf{0}$

(3) $x(\theta)=(1+\cos\theta)\cos\theta,\ y(\theta)=(1+\cos\theta)\sin\theta$ とすると
$x(2\pi-\theta)=x(\theta),\ y(2\pi-\theta)=-y(\theta)$

よって，曲線 C で $\pi\leqq\theta\leqq 2\pi$ に対応する曲線は $0\leqq\theta\leqq\pi$ に対応する曲線を x 軸に関して対称移動したものである。

(1) から，$0\leqq\theta\leqq\pi$ における増減表は次のようになる。

θ	0	$\cdots$	$\dfrac{\pi}{3}$	$\cdots$	$\dfrac{2}{3}\pi$	$\cdots$	π
$\dfrac{dx}{d\theta}$		$-$	$-$	$-$	0	$+$	0
x	2	↘	$\dfrac{3}{4}$	↘	$-\dfrac{1}{4}$	↗	0
$\dfrac{dy}{d\theta}$		$+$	0	$-$	$-$	$-$	0
y	0	↗	$\dfrac{3\sqrt{3}}{4}$	↘	$\dfrac{\sqrt{3}}{4}$	↘	0

したがって，(2) と合わせて，曲線 C の概形は右の図のようになる。

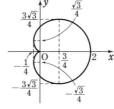

(4) $\dfrac{dx}{d\theta}=-\sin\theta-2\sin\theta\cos\theta=-\sin\theta-\sin 2\theta$,

$\dfrac{dy}{d\theta}=2\cos^2\theta+\cos\theta-1=\cos\theta+\cos 2\theta$

であるから
$\left(\dfrac{dx}{d\theta}\right)^2+\left(\dfrac{dy}{d\theta}\right)^2=(-\sin\theta-\sin 2\theta)^2+(\cos\theta+\cos 2\theta)^2$
$=2+2\cos\theta=4\cos^2\dfrac{\theta}{2}$

ゆえに，曲線 C の長さを l とすると

$l=2\displaystyle\int_0^\pi\sqrt{\left(\dfrac{dx}{d\theta}\right)^2+\left(\dfrac{dy}{d\theta}\right)^2}d\theta=4\int_0^\pi\left|\cos\dfrac{\theta}{2}\right|d\theta=4\int_0^\pi\cos\dfrac{\theta}{2}d\theta$

$=4\left[2\sin\dfrac{\theta}{2}\right]_0^\pi=\mathbf{8}$

●カバーデザイン
　株式会社遠藤デザイン

新課程 2024
実戦 数学重要問題集
　数学 I・II・III・A・B・C（理系）
解答編

※解答・解説は数研出版株式会社が作成したものです。

編　者　数研出版編集部
発行者　星野　泰也
発行所　**数研出版株式会社**
　　　　〒101-0052 東京都千代田区神田小川町2丁目3番地3
　　　　　　　　〔振替〕00140-4-118431
　　　　〒604-0861 京都市中京区烏丸通竹屋町上る大倉町205番地
　　　　　〔電話〕代表 (075)231-0161
　ホームページ　https://www.chart.co.jp
　印刷　寿印刷株式会社

乱丁本・落丁本はお取り替えいたします。　　　　　230901
本書の一部または全部を許可なく複写・複製すること、
および本書の解説書ならびにこれに類するものを無断
で作成することを禁じます。

複素数平面

47 共役な複素数の性質
- z が実数 $\iff \bar{z}=z$
- z が純虚数 $\iff \bar{z}=-z,\ z\neq 0$

48 複素数の絶対値の性質
$|z|=|a+bi|=\sqrt{a^2+b^2}$ (a, b は実数)
- $|z|=|-z|=|\bar{z}|$
- $z\bar{z}=|z|^2$

49 複素数の演算
$z_1=r_1(\cos\theta_1+i\sin\theta_1)$, $z_2=r_2(\cos\theta_2+i\sin\theta_2)$ のとき
- 乗法 $z_1z_2=r_1r_2\{\cos(\theta_1+\theta_2)+i\sin(\theta_1+\theta_2)\}$
- 除法 $\dfrac{z_1}{z_2}=\dfrac{r_1}{r_2}\{\cos(\theta_1-\theta_2)+i\sin(\theta_1-\theta_2)\}$

50 ド・モアブルの定理 (n は整数)
- $(\cos\theta+i\sin\theta)^n=\cos n\theta+i\sin n\theta$
- $z^n=\{r(\cos\theta+i\sin\theta)\}^n=r^n(\cos n\theta+i\sin n\theta)$

51 1の n 乗根
$z_k=\cos\dfrac{2k\pi}{n}+i\sin\dfrac{2k\pi}{n}$
$(k=0,\ 1,\ 2,\ \cdots\cdots,\ n-1)$

52 2点間の距離, 線分の分点
(2点 $A(\alpha)$, $B(\beta)$)
- 2点 A, B 間の距離は $|\beta-\alpha|$
- 線分 AB を $m:n$ の比に分ける点 $C(\gamma)$
$\gamma=\dfrac{n\alpha+m\beta}{m+n}$ ($m+n\neq 0$)

式と曲線

53 放物線・楕円・双曲線
(曲線上の点 (x_1, y_1) における接線)
- 放物線 $y^2=4px$ 接線 $y_1y=2p(x+x_1)$
- 楕円 $\dfrac{x^2}{a^2}+\dfrac{y^2}{b^2}=1$ 接線 $\dfrac{x_1x}{a^2}+\dfrac{y_1y}{b^2}=1$
- 双曲線 $\dfrac{x^2}{a^2}-\dfrac{y^2}{b^2}=1$ 接線 $\dfrac{x_1x}{a^2}-\dfrac{y_1y}{b^2}=1$

54 媒介変数表示
- 円 $(x-x_1)^2+(y-y_1)^2=r^2$
$\longrightarrow x=r\cos\theta+x_1,\ y=r\sin\theta+y_1$
- 楕円 $\dfrac{(x-x_1)^2}{a^2}+\dfrac{(y-y_1)^2}{b^2}=1$
$\longrightarrow x=a\cos\theta+x_1,\ y=b\sin\theta+y_1$
- 双曲線 $\dfrac{(x-x_1)^2}{a^2}-\dfrac{(y-y_1)^2}{b^2}=1$
$\longrightarrow x=\dfrac{a}{\cos\theta}+x_1,\ y=b\tan\theta+y_1$

55 極座標と極方程式
- 直交座標 (x, y), 極座標 (r, θ) とする。
$x=r\cos\theta,\ y=r\sin\theta$,
$x^2+y^2=r^2$
- 極方程式 $r=f(\theta)$ で表される曲線は
$x=f(\theta)\cos\theta,\ y=f(\theta)\sin\theta$

関数, 数列の極限

56 分数関数のグラフ
$y=\dfrac{ax+b}{cx+d}$ は $y=\dfrac{k}{x-p}+q$ と変形
- 漸近線 2直線 $x=p,\ y=q$

57 無理関数のグラフ
$y=k\sqrt{f(x)}$ は $y^2=k^2f(x)$ のグラフの
$k>0$ ならば x 軸の上半分
$k<0$ ならば x 軸の下半分

58 逆関数・合成関数
- $f(x)$ の逆関数を $f^{-1}(x)$ とすると
$b=f(a) \iff a=f^{-1}(b)$
- 合成関数 $(g\circ f)(x)=g(f(x))$

59 数列の極限
- 収束 $\lim\limits_{n\to\infty}a_n=\alpha$ (極限値が α)
- 発散 $\lim\limits_{n\to\infty}a_n=\infty$ (正の無限大に発散)
$\lim\limits_{n\to\infty}a_n=-\infty$ (負の無限大に発散)
振動 (極限はない)

60 重要な極限
- n^k $k>0$ のとき $\lim\limits_{n\to\infty}n^k=\infty$
$k<0$ のとき $\lim\limits_{n\to\infty}n^k=0$
- r^n $r>1$ のとき $\lim\limits_{n\to\infty}r^n=\infty$
$r=1$ のとき $\lim\limits_{n\to\infty}r^n=1$
$-1<r<1$ のとき $\lim\limits_{n\to\infty}r^n=0$
$r\leq -1$ のとき 振動

61 無限等比級数
$\sum\limits_{n=1}^{\infty}ar^{n-1}=a+ar+\cdots\cdots+ar^{n-1}+\cdots\cdots$
- $a\neq 0$ のとき
$|r|<1$ ならば 収束 和 $\dfrac{a}{1-r}$
$|r|\geq 1$ ならば 発散
- $a=0$ のとき 収束 和 0

関数の極限

62 関数の極限
・$\lim_{x \to a} f(x) = \alpha$, $\lim_{x \to a} g(x) = \beta$
  　　　　　　　　　(α, β は有限確定値) のとき
　$\lim_{x \to a} \{kf(x) + lg(x)\} = k\alpha + l\beta$　(k, l は定数)
　$\lim_{x \to a} f(x)g(x) = \alpha\beta$
　$\lim_{x \to a} \dfrac{f(x)}{g(x)} = \dfrac{\alpha}{\beta}$　(ただし, $\beta \neq 0$)

・右側極限・左側極限
　$\lim_{x \to a+0} f(x) = \lim_{x \to a-0} f(x) = \alpha$ のとき
　$\lim_{x \to a} f(x)$ は存在し, $\lim_{x \to a} f(x) = \alpha$

・不定形の極限の求め方
　$\dfrac{0}{0}$　分数式は約分, 無理式は有理化
　$\dfrac{\infty}{\infty}$　分母の最高次の項で, 分母・分子を割る
　$\infty - \infty$　整式は最高次の項をくくり出す　無理式は有理化

63 三角, 指数, 対数関数の極限
・$\lim_{x \to 0} \dfrac{\sin x}{x} = 1$　(x は弧度法)
・$a > 1$ のとき
　$\lim_{x \to \infty} a^x = \infty$,　　$\lim_{x \to -\infty} a^x = 0$
　$\lim_{x \to \infty} \log_a x = \infty$,　$\lim_{x \to +0} \log_a x = -\infty$
・$0 < a < 1$ のとき
　$\lim_{x \to \infty} a^x = 0$,　　　$\lim_{x \to -\infty} a^x = \infty$
　$\lim_{x \to \infty} \log_a x = -\infty$,　$\lim_{x \to +0} \log_a x = \infty$
・$\lim_{h \to 0} (1+h)^{\frac{1}{h}} = e = 2.718281\cdots$

64 関数の極限値の大小関係
$\lim_{x \to a} f(x) = \alpha$, $\lim_{x \to a} g(x) = \beta$ とする.
・x が a に近いとき, 常に $f(x) \leq g(x)$
　ならば　$\alpha \leq \beta$
・x が a に近いとき, 常に $f(x) \leq h(x) \leq g(x)$
　かつ $\alpha = \beta$ ならば　$\lim_{x \to a} h(x) = \alpha$

65 関数の連続性
$f(a)$ と $\lim_{x \to a} f(x)$ が存在し, かつ
$\lim_{x \to a} f(x) = f(a)$ のとき,
$f(x)$ は $x = a$ で連続

66 中間値の定理
関数 $f(x)$ が閉区間 $[a, b]$ で連続で, $f(a) \neq f(b)$ ならば, $f(a)$ と $f(b)$ の間の任意の値 k に対して, $f(c) = k$ を満たす c が, a と b の間に少なくとも1つある.

微分法とその応用

67 導関数・微分法　(c は定数)
・微分係数　$f'(a) = \lim_{h \to 0} \dfrac{f(a+h) - f(a)}{h}$
・導関数　　$f'(x) = \lim_{h \to 0} \dfrac{f(x+h) - f(x)}{h}$
・定数倍　$(cu)' = cu'$　　・和　$(u+v)' = u' + v'$
・積　$(uv)' = u'v + uv'$　・商　$\left(\dfrac{u}{v}\right)' = \dfrac{u'v - uv'}{v^2}$

68 微分可能と連続
関数 $f(x)$ が $x = a$ で微分可能ならば, $x = a$ で連続である.

69 基本的な関数の微分
・$(x^\alpha)' = \alpha x^{\alpha - 1}$　(α は実数)
・$(\sin x)' = \cos x$　　　$(\cos x)' = -\sin x$
　$(\tan x)' = \dfrac{1}{\cos^2 x}$
・$(\log |x|)' = \dfrac{1}{x}$,　$(\log_a |x|)' = \dfrac{1}{x \log a}$
・$(e^x)' = e^x$,　　$(a^x)' = a^x \log a$　($a > 0$, $a \neq 1$)

70 いろいろな関数の微分
・合成関数の微分　$y = f(u)$, $u = g(x)$ のとき
　$\dfrac{dy}{dx} = \dfrac{dy}{du} \cdot \dfrac{du}{dx} = f'(u)g'(x)$
・逆関数の微分　　$\dfrac{dy}{dx} = \dfrac{1}{\dfrac{dx}{dy}}$　$\left(\dfrac{dx}{dy} \neq 0\right)$
・媒介変数で表された関数の微分
　$x = f(t)$, $y = g(t)$ のとき
　$\dfrac{dy}{dx} = \dfrac{dy}{dt} \bigg/ \dfrac{dx}{dt} = \dfrac{g'(t)}{f'(t)}$　$\left(\dfrac{dx}{dt} \neq 0\right)$

71 関数の変化とグラフ
・増減
　$f'(x) > 0$ である区間で $f(x)$ は単調に増加
　$f'(x) < 0$ である区間で $f(x)$ は単調に減少
　$f'(x) = 0$ である区間で $f(x)$ は定数
・極大・極小
　極大　$f(x)$ が増加から減少に移る点
　極小　$f(x)$ が減少から増加に移る点
・凹凸
　$f''(x) > 0$ である区間で $y = f(x)$ は下に凸
　$f''(x) < 0$ である区間で $y = f(x)$ は上に凸
・変曲点
　$f(x)$ が下に凸から上に凸に変わる点
　または
　$f(x)$ が上に凸から下に凸に変わる点

実戦 数学重要問題集 数学Ⅰ・Ⅱ・Ⅲ・A・B・C (理系)
公 式 集

Ⅰ　数と式

❖ 等式

1. $a^3+b^3+c^3-3abc=(a+b+c)(a^2+b^2+c^2-ab-bc-ca)$

　例　$x^3+8y^3+6xy-1$ を因数分解すると
$$x^3+8y^3+6xy-1=x^3+(2y)^3+(-1)^3-3\cdot x\cdot 2y\cdot(-1)$$
$$=(x+2y-1)(x^2+4y^2+1-2xy+2y+x)$$
$$=(x+2y-1)(x^2-2xy+4y^2+x+2y+1)$$

2. $a^2+b^2+c^2-ab-bc-ca=\dfrac{1}{2}\{(a-b)^2+(b-c)^2+(c-a)^2\}$

　例　x, y, z を実数とするとき，$x^2+y^2+z^2\geqq xy+yz+zx$ を示す。
$$(左辺)-(右辺)=x^2+y^2+z^2-xy-yz-zx$$
$$=\dfrac{1}{2}\{(x-y)^2+(y-z)^2+(z-x)^2\}\geqq 0$$

　よって　　$x^2+y^2+z^2\geqq xy+yz+zx$

　注意　等号が成り立つのは　　$x-y=0$　かつ　$y-z=0$　かつ　$z-x=0$
　　　すなわち，$x=y=z$ のときである。

❖ 対称式，交代式

● 対称式

どの 2 つの文字を入れ替えても，もとの式と同じになる多項式を **対称式** という。

　例　$a+b$, $a^2-3ab+b^2$
　　　（a と b を入れ替えると，それぞれ $b+a$, $b^2-3ba+a^2$ となり，もとの式と同じ）
　　　$a^3+b^3+c^3-3abc$
　　　（a と b，b と c，c と a のうち，どの 2 つの文字を入れ替えてももとの式と同じ）

特に，対称式のうち **基本対称式** と呼ばれる式がある。

　　　a, b　　の基本対称式は　　$a+b$, ab
　　　a, b, c の基本対称式は　　$a+b+c$, $ab+bc+ca$, abc

対称式は基本対称式で表される ことが知られている。

　例　$a^2+b^2=(a+b)^2-2ab$,　　$a^3+b^3=(a+b)^3-3ab(a+b)$
　　　$a^2+b^2+c^2=(a+b+c)^2-2(ab+bc+ca)$
　　　$a^3+b^3+c^3-3abc=(a+b+c)(a^2+b^2+c^2-ab-bc-ca)$
　　　　　　　　　　　$=(a+b+c)\{(a+b+c)^2-3(ab+bc+ca)\}$

さらに，対称式について，次のことが知られている。

a, b, c の対称式は，$a+b$, $b+c$, $c+a$ のうちの1つが因数ならば，他の2つも因数である。

例　$a^2(b+c)+b^2(c+a)+c^2(a+b)+2abc=(a+b)(b+c)(c+a)$

● 交代式

どの2つの文字を入れ替えても符号だけが変わる式を **交代式** という。

交代式について，次のことが知られている。

1. a, b　の交代式は $a-b$ を因数にもつ。

2. a, b, c の交代式は $(a-b)(b-c)(c-a)$ を因数にもつ。

例　$a^2(b-c)+b^2(c-a)+c^2(a-b)=-(a-b)(b-c)(c-a)$

　　$a^3(b-c)+b^3(c-a)+c^3(a-b)=-(a-b)(b-c)(c-a)(a+b+c)$

※ 2重根号

$a>0$, $b>0$ のとき　　$\sqrt{(a+b)+2\sqrt{ab}}=\sqrt{a}+\sqrt{b}$

$a>b>0$ のとき　　$\sqrt{(a+b)-2\sqrt{ab}}=\sqrt{a}-\sqrt{b}$

例　$\sqrt{11+4\sqrt{7}}=\sqrt{11+2\sqrt{28}}=\sqrt{7}+\sqrt{4}=\sqrt{7}+2$

　　$\sqrt{4-\sqrt{15}}=\sqrt{\dfrac{8-2\sqrt{15}}{2}}=\dfrac{\sqrt{8-2\sqrt{15}}}{\sqrt{2}}=\dfrac{\sqrt{5}-\sqrt{3}}{\sqrt{2}}=\dfrac{\sqrt{10}-\sqrt{6}}{2}$

II　関数と方程式・不等式

※ ガウス記号

実数 x に対して，x を超えない最大の整数を $[x]$ で表すことがある。
この記号 $[\ ]$ を **ガウス記号** ということがある。

n を整数とすると　　$n \leqq x < n+1 \iff [x]=n$

例　$[2.8]=2$, $[0.16]=0$, $[-3.3]=-4$

関数 $y=[x]$ のグラフは右の図のようになる。

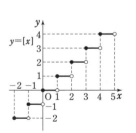

参考　実数 x に対し $[x]$ は x の整数部分であり，$x-[x]$ は x の小数部分である。また，n を整数とすると次の等式が成り立つ。

$$[x+n]=[x]+n$$

※ 1の3乗根

3乗して1になる数，すなわち，方程式 $x^3=1$ の解を **1の3乗根** という。

1の3乗根のうち，虚数であるものの1つを ω とするとき，次のことが成り立つ。

1. 1の3乗根は 1, ω, ω^2

2. $\omega^2+\omega+1=0$, $\omega^3=1$

※ n 次方程式の解とその個数

一般に，次のことが成り立つ。

1. n 次方程式は，k 重解を k 個と考えると，複素数の範囲でちょうど n 個の解をもつ。

2. p, q は実数とする。
   実数係数の n 次方程式が虚数解 $p+qi$ をもつと，共役な複素数 $p-qi$ も解である。
   3. p, $q(\neq 0)$, r は有理数，$\sqrt{r}$ は無理数とする。
   有理数係数の n 次方程式が $p+q\sqrt{r}$ を解にもつと，$p-q\sqrt{r}$ も解である。

III　式と証明

❖ 二項定理

● 二項係数に関する性質

1. $_nC_r = {_{n-1}}C_{r-1} + {_{n-1}}C_r$　（ただし　$1 \leq r \leq n-1$, $n \geq 2$）
例　$_8C_4 + {_8}C_3 + {_9}C_3 + {_{10}}C_3 = {_9}C_4 + {_9}C_3 + {_{10}}C_3 = {_{10}}C_4 + {_{10}}C_3 = {_{11}}C_4 = 330$

2. $k\,_nC_k = n\,_{n-1}C_{k-1}$　（ただし　$1 \leq k \leq n$）
※　$k\,_nC_k = k \cdot \dfrac{n!}{k!(n-k)!} = n \cdot \dfrac{(n-1)!}{(k-1)!(n-k)!} = n\,_{n-1}C_{k-1}$

3. $_nC_0 + {_n}C_1 + {_n}C_2 + \cdots\cdots + {_n}C_n = 2^n$
※　$(x+1)^n = {_n}C_0 x^n + {_n}C_1 x^{n-1} + {_n}C_2 x^{n-2} + \cdots\cdots + {_n}C_n$ に $x=1$ を代入すると得られる。

● 多項定理

$(a+b+c)^n$ の展開式の一般項は
$$\dfrac{n!}{p!\,q!\,r!}a^p b^q c^r \quad （ただし\quad p+q+r=n,\ p\geq 0,\ q\geq 0,\ r\geq 0）$$

例　$(x-3y+2z)^6$ の展開式における x^2yz^3 の係数を求める。展開式の一般項は
$$\dfrac{6!}{p!\,q!\,r!}x^p \cdot (-3y)^q \cdot (2z)^r = \dfrac{6!}{p!\,q!\,r!}(-3)^q \cdot 2^r \cdot x^p y^q z^r$$
$$（ただし\quad p+q+r=6,\ p\geq 0,\ q\geq 0,\ r\geq 0）$$
x^2yz^3 の項は $p=2$, $q=1$, $r=3$ のときで，その係数は
$$\dfrac{6!}{2!\,1!\,3!}(-3)^1 \cdot 2^3 = -1440$$

IV　整数の性質

❖ 倍数の判定法

2 の倍数	下1桁が偶数	4 の倍数	下2桁が4の倍数
5 の倍数	下1桁が0または5	25 の倍数	下2桁が25の倍数
3 の倍数	各位の数の和が3の倍数	9 の倍数	各位の数の和が9の倍数

[参考] 7 の倍数の判定法
　一の位から左へ3桁ごとに区切り，左から奇数番目の区画の和から，偶数番目の区画の和を引いた数が7の倍数である。
　例　87654322　　3桁ごとに区切ると，右の図から
　　　　　　　　　(①+③)−② = (87+322)−654 = −245 = −7×35
　　　　　　　　　よって，87654322 は 7 の倍数である。

```
87 | 654 | 322
 ①    ②    ③
```

公式集　3

❖ 約数の個数と総和

自然数 N の素因数分解が $N = p^a \cdot q^b \cdot r^c \cdots\cdots$ となるとき

N の正の約数の個数は　　$(a+1)(b+1)(c+1)\cdots\cdots$

N の正の約数の総和は　　$(1+p+\cdots+p^a)(1+q+\cdots+q^b)(1+r+\cdots+r^c)\cdots\cdots$

❖ 合同式

以下では，m は正の整数とし，a，b，c は整数とする。

● 合同式

$a-b$ が m の倍数であるとき，a，b は m を **法** として **合同** であるといい，式で $a \equiv b \pmod{m}$ と表す。このような式を **合同式** という。

　例　$23 = 3 \cdot 7 + 2$，$5 = 3 \cdot 1 + 2$ であるから　　$23 \equiv 5 \pmod{3}$

　　　$13 = 7 \cdot 1 + 6$，$-8 = 7 \cdot (-2) + 6$ であるから　　$13 \equiv -8 \pmod{7}$

● 合同式に関する性質 1

1. 反射律　　$a \equiv a \pmod{m}$

2. 対称律　　$a \equiv b \pmod{m}$ のとき　　$b \equiv a \pmod{m}$

3. 推移律　　$a \equiv b \pmod{m}$，$b \equiv c \pmod{m}$ のとき　　$a \equiv c \pmod{m}$

● 合同式に関する性質 2

$a \equiv b \pmod{m}$，$c \equiv d \pmod{m}$ のとき，次のことが成り立つ。

1. $a+c \equiv b+d \pmod{m}$　　**2.** $a-c \equiv b-d \pmod{m}$　　**3.** $ac \equiv bd \pmod{m}$

4. n を自然数とすると　　$a^n \equiv b^n \pmod{m}$

　例　13^{100} を 9 で割った余りを求める。

　　　$13 \equiv 4 \pmod{9}$ であり　　$4^2 \equiv 16 \equiv 7 \pmod{9}$，$4^3 \equiv 64 \equiv 1 \pmod{9}$

　　　ゆえに　　$4^{100} \equiv 4 \cdot (4^3)^{33} \equiv 4 \cdot 1^{33} \equiv 4 \pmod{9}$

　　　よって　　$13^{100} \equiv 4^{100} \equiv 4 \pmod{9}$

　　　したがって，求める余りは　　4

　注意　$a \equiv b \pmod{m}$，$b \equiv c \pmod{m}$ は $a \equiv b \equiv c \pmod{m}$ と書いてもよい。

❖ 互除法

次の操作を繰り返して，2 つの自然数 a，b の最大公約数を求める方法を **ユークリッドの互除法** または単に **互除法** という。

[1]　a を b で割ったときの余りを r とする。

[2]　$r=0$（すなわち割り切れる）ならば，b が a と b の最大公約数である。

　　　$r \neq 0$ ならば，a を b に，b を r に置き換えて，[1] に戻る。

同じ操作を繰り返して **余りが 0 になったときの割る数** が，2 数の最大公約数である。

　例　$731 = \underline{301} \cdot 2 + \underline{129}$　　　$301 = \underline{129} \cdot 2 + \underline{43}$　　　$129 = 43 \cdot 3 + 0$

　　　よって，731 と 301 の最大公約数は　　43

V 場合の数・確率

❖ 完全順列，重複組合せ

● 完全順列

$1 \sim n$ の数を1列に並べた順列のうち，どの k 番目の数も k でないものを **完全順列** という。
n 個の数 $1, 2, \cdots\cdots, n$ の順列の完全順列の個数を $W(n)$ とすると
$$W(1) = 0, \quad W(2) = 1, \quad W(n) = (n-1)\{W(n-1) + W(n-2)\} \quad (n \geq 3)$$

● 重複組合せ

異なる n 個のものから，重複を許して r 個取る組合せの総数は
$$_n\mathrm{H}_r = {}_{n+r-1}\mathrm{C}_r \quad (n < r \text{ でもよい})$$

例　$x + y + z = 9$, $x \geq 0$, $y \geq 0$, $z \geq 0$ を満たす整数 x, y, z の組 (x, y, z) の総数は
$$_3\mathrm{H}_9 = {}_{3+9-1}\mathrm{C}_9 = {}_{11}\mathrm{C}_9 = {}_{11}\mathrm{C}_2 = 55 \text{ (組)}$$

❖ 原因の確率

n 個の事象 $A_1, A_2, \cdots\cdots, A_n$ が互いに排反であり，そのうちの1つが必ず起こるものとする。このとき，任意の事象 B に対して次の等式が成り立つ。　参考　これを **ベイズの定理** という。
$$P_B(A_k) = \frac{P(A_k)P_{A_k}(B)}{P(A_1)P_{A_1}(B) + P(A_2)P_{A_2}(B) + \cdots\cdots + P(A_n)P_{A_n}(B)}$$

VI 図形の性質

❖ 中線定理

$\triangle \mathrm{ABC}$ の辺 BC の中点を M とすると　　$\mathbf{AB^2 + AC^2 = 2(AM^2 + BM^2)}$
注意　中線定理の逆は成り立たない。

❖ トレミーの定理

一般に，四角形 ABCD について

四角形 ABCD が円に内接する $\iff$ **AB·CD + AD·BC = AC·BD**

例　長さ 3 の線分 AB を直径とする円周上に，2 点 C, D がある。
AD = 2, BC = 1 のとき，線分 CD の長さを求める。
トレミーの定理により　　AB·CD + AD·BC = AC·BD
線分 AB は円の直径であるから　　$\angle \mathrm{ACB} = \angle \mathrm{ADB} = 90°$
$\triangle \mathrm{ABC}$ において，三平方の定理により　　$\mathrm{AC} = \sqrt{3^2 - 1^2} = 2\sqrt{2}$
$\triangle \mathrm{ABD}$ において，三平方の定理により　　$\mathrm{BD} = \sqrt{3^2 - 2^2} = \sqrt{5}$
よって　　$3 \cdot \mathrm{CD} + 2 \cdot 1 = 2\sqrt{2} \cdot \sqrt{5}$　　したがって　　$\mathrm{CD} = \dfrac{2\sqrt{10} - 2}{3}$

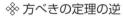

❖ 方べきの定理の逆

2つの線分 AB と CD，または AB の延長と CD の延長が点 P で交わるとき，
PA·PB = PC·PD が成り立つならば，4 点 A, B, C, D は 1 つの円周上にある。

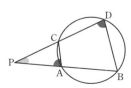

VII 図形と式

❖ 直線の方程式

● 異なる 2 点 (x_1, y_1), (x_2, y_2) を通る直線の方程式は
$(y_2-y_1)(x-x_1)-(x_2-x_1)(y-y_1)=0$　　特に, $x_1=x_2$ のとき　　$x=x_1$

● $ab \neq 0$ とする。2 点 $(a, 0)$, $(0, b)$ を通る直線の方程式は　　$\dfrac{x}{a}+\dfrac{y}{b}=1$　**[切片形]**

● 2 直線の平行・垂直

2 直線 $a_1x+b_1y+c_1=0$, $a_2x+b_2y+c_2=0$ について

2 直線が平行 $\iff a_1b_2-a_2b_1=0$　　　2 直線が垂直 $\iff a_1a_2+b_1b_2=0$

❖ 3 つの頂点の座標が与えられた場合の三角形の面積

3 点 $O(0, 0)$, $A(x_1, y_1)$, $B(x_2, y_2)$ を頂点とする $\triangle OAB$ の面積 S は　　$S=\dfrac{1}{2}|x_1y_2-x_2y_1|$

❖ 円と直線の位置関係

● 判別式の利用

円の方程式と直線の方程式から, y を消去して得られる x の 2 次方程式を $ax^2+bx+c=0$ とする。

この 2 次方程式の実数解の個数と, 円と直線の共有点の個数は一致する。よって, 2 次方程式 $ax^2+bx+c=0$ の判別式 $D=b^2-4ac$ を用いると, 次の表のようにまとめられる。

$D=b^2-4ac$ の符号	$D>0$	$D=0$	$D<0$
$ax^2+bx+c=0$ の実数解	異なる 2 つの実数解	重解 (ただ 1 つ)	なし
円と直線の位置関係	異なる 2 点で交わる	1 点で接する	共有点をもたない
共有点の個数	2 個	1 個	0 個

● 点と直線の距離の利用

円の半径を r, 円の中心と直線 ℓ の距離を d とするとき, 次の表のようにまとめられる。

d と r の大小関係	$d<r$	$d=r$	$d>r$
円と直線の位置関係	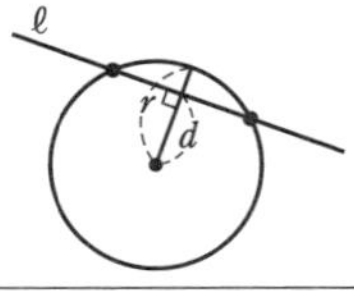	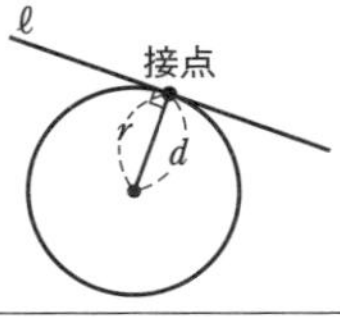	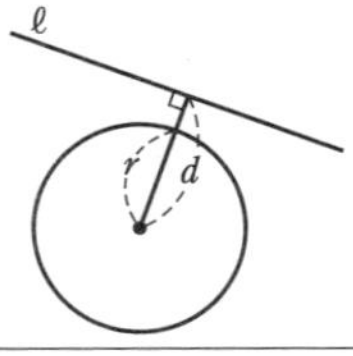
共有点の個数	2 個	1 個	0 個

❖ 2 曲線の交点を通る曲線の方程式

異なる 2 曲線 $f(x, y)=0$, $g(x, y)=0$ がいくつかの交点をもつとき, 方程式 $kf(x, y)+g(x, y)=0$ (k は定数) は, それらの交点すべてを通る曲線を表す (曲線 $f(x, y)=0$ を除く)。

ここで，2曲線 $f(x, y) = 0$, $g(x, y) = 0$ が次のようになるときを考える。

1. ともに 直線 の場合

交わる2直線 $a_1x + b_1y + c_1 = 0$, $a_2x + b_2y + c_2 = 0$ に対し
$$k(a_1x + b_1y + c_1) + a_2x + b_2y + c_2 = 0$$
は，2直線の交点を通る直線（直線 $a_1x + b_1y + c_1 = 0$ を除く）を表す。

2. ともに 円 の場合

異なる2点で交わる2円 $x^2 + y^2 + l_1x + m_1y + n_1 = 0$, $x^2 + y^2 + l_2x + m_2y + n_2 = 0$ に対し
$$k(x^2 + y^2 + l_1x + m_1y + n_1) + x^2 + y^2 + l_2x + m_2y + n_2 = 0$$
は ① $k = -1$ のとき　2つの交点を通る直線
　　② $k \neq -1$ のとき　2つの交点を通る円（円 $x^2 + y^2 + l_1x + m_1y + n_1 = 0$ を除く）
を表す。

❖ 媒介変数表示

平面上の曲線 C が1つの変数，例えば t によって $x = f(t)$, $y = g(t)$ の形に表されるとき，これを曲線 C の **媒介変数表示** といい，変数 t を **媒介変数**（パラメータ）という。

例　媒介変数表示 $x = -t + 5$, $y = -(t-3)^2$ $(t \geq 0)$ で表される曲線の概形

$x = -t + 5$ ……①，$y = -(t-3)^2$ ……② とする。

①より　$t = 5 - x$

これを②に代入すると　$y = -\{(5-x)-3\}^2 = -(x-2)^2$

$t \geq 0$ より　$5 - x \geq 0$　　よって　$x \leq 5$

したがって，曲線は放物線 $y = -(x-2)^2$ の $x \leq 5$ の部分であり，右の図の実線部分のようになる。

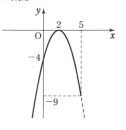

VIII　三角比・三角関数

❖ 三角形の成立条件

3つの正の数 a, b, c について

a, b, c を3辺の長さとする三角形が存在する $\iff$ $|b - c| < a < b + c$

❖ 面積

● ヘロンの公式

$\triangle ABC$ の面積を S，3辺の長さを a, b, c とし，$2s = a + b + c$ とすると
$$S = \sqrt{s(s-a)(s-b)(s-c)}$$

例　$a = 6$, $b = 5$, $c = 4$ であるような $\triangle ABC$ の面積 S を求める。

ヘロンの公式により，$s = \dfrac{6+5+4}{2} = \dfrac{15}{2}$ であるから

$$S = \sqrt{\dfrac{15}{2}\left(\dfrac{15}{2} - 6\right)\left(\dfrac{15}{2} - 5\right)\left(\dfrac{15}{2} - 4\right)} = \sqrt{\dfrac{15 \cdot 3 \cdot 5 \cdot 7}{2^4}} = \dfrac{15\sqrt{7}}{4}$$

● ブラーマグプタの公式（円に内接する四角形の面積）

円に内接する四角形の4辺の長さを a, b, c, d とし，$2s = a + b + c + d$ とすると，この四角形の面積 S は　$S = \sqrt{(s-a)(s-b)(s-c)(s-d)}$

❖ 3倍角の公式
$$\sin 3\alpha = 3\sin\alpha - 4\sin^3\alpha, \quad \cos 3\alpha = -3\cos\alpha + 4\cos^3\alpha$$

❖ 三角関数の合成
$$a\sin\theta + b\cos\theta = \sqrt{a^2+b^2}\sin(\theta+\alpha) \quad \text{ただし} \quad \sin\alpha = \frac{b}{\sqrt{a^2+b^2}},\ \cos\alpha = \frac{a}{\sqrt{a^2+b^2}}$$

注意 $a\sin\theta + b\cos\theta$ の形の式は，$\sqrt{a^2+b^2}\cos(\theta+\beta)$ の形に変形することもできる。

❖ 三角関数の和積の公式

● 積→和

$$\sin\alpha\cos\beta = \frac{1}{2}\{\sin(\alpha+\beta) + \sin(\alpha-\beta)\}$$
$$\cos\alpha\sin\beta = \frac{1}{2}\{\sin(\alpha+\beta) - \sin(\alpha-\beta)\}$$
$$\cos\alpha\cos\beta = \frac{1}{2}\{\cos(\alpha+\beta) + \cos(\alpha-\beta)\}$$
$$\sin\alpha\sin\beta = -\frac{1}{2}\{\cos(\alpha+\beta) - \cos(\alpha-\beta)\}$$

● 和→積

$$\sin A + \sin B = 2\sin\frac{A+B}{2}\cos\frac{A-B}{2}$$
$$\sin A - \sin B = 2\cos\frac{A+B}{2}\sin\frac{A-B}{2}$$
$$\cos A + \cos B = 2\cos\frac{A+B}{2}\cos\frac{A-B}{2}$$
$$\cos A - \cos B = -2\sin\frac{A+B}{2}\sin\frac{A-B}{2}$$

IX 指数関数・対数関数

❖ 対数とその性質

● 指数と対数の関係

$a > 0,\ a \neq 1$ で $M > 0$ とすると $\quad M = a^p \iff \log_a M = p \quad\quad a^{\log_a M} = M$

● 底の変換公式

$a,\ b,\ c$ は正の数で，$a \neq 1,\ b \neq 1,\ c \neq 1$ とするとき，次のことが成り立つ。
$$\log_a b = \frac{\log_c b}{\log_c a} \quad\quad \text{特に} \quad \log_a b = \frac{1}{\log_b a} \quad\quad \text{また} \quad \log_a b \cdot \log_b a = 1$$

❖ 正の数の整数部分の桁数，小数首位

N は正の数，k は正の整数とする。

1. N の整数部分が k 桁 $\iff k-1 \leq \log_{10} N < k$

2. N は小数第 k 位に初めて 0 でない数字が現れる $\iff -k \leq \log_{10} N < -k+1$

例 $\left(\dfrac{2}{3}\right)^{100}$ を小数で表したとき，小数第何位に初めて 0 でない数字が現れるかを求める。

ただし，$\log_{10} 2 = 0.3010,\ \log_{10} 3 = 0.4771$ とする。

$$\log_{10}\left(\frac{2}{3}\right)^{100} = 100(\log_{10} 2 - \log_{10} 3) = 100(0.3010 - 0.4771) = -17.61$$

ゆえに $\quad -18 < \log_{10}\left(\dfrac{2}{3}\right)^{100} < -17 \quad$ よって $\quad 10^{-18} < \left(\dfrac{2}{3}\right)^{100} < 10^{-17}$

したがって，小数第 18 位に初めて 0 でない数字が現れる。

X 数列

❖ 等差中項, 等比中項

● 等差数列をなす3つの数の表し方
1. **公差形**　初項 a, 公差 d として a, $a+d$, $a+2d$ と表す。
2. **対称形**　中央の項 a, 公差 d として $a-d$, a, $a+d$ と表す。
3. **平均形**　数列 a, b, c が等差数列 $\iff 2b=a+c$ を利用
　　　　　　この中央の項 b を **等差中項** という。

● 等比数列をなす3つの数の表し方
1. **公比形**　初項 a, 公比 r として a, ar, ar^2 と表す。
2. **対称形**　中央の項 a, 公比 r として ar^{-1}, a, ar と表す。
3. **平均形**　数列 a, b, c が等比数列 $\iff b^2=ac$ を利用
　　　　　　この中央の項 b を **等比中項** という。

❖ 種々の数列

● 数列の和の公式

1. $\sum_{k=1}^{n} k = \dfrac{1}{2}n(n+1)$　　2. $\sum_{k=1}^{n} k^2 = \dfrac{1}{6}n(n+1)(2n+1)$　　3. $\sum_{k=1}^{n} k^3 = \left\{\dfrac{1}{2}n(n+1)\right\}^2$

また $\sum_{k=1}^{n} c = nc$ （c は定数）　　特に $\sum_{k=1}^{n} 1 = n$

● いろいろな数列の和

1. **分数の数列**

   部分分数に分解して途中を消す。

   $$\dfrac{1}{(k+a)(k+b)} = \dfrac{1}{b-a}\left(\dfrac{1}{k+a} - \dfrac{1}{k+b}\right) \quad (a \ne b)$$

2. **(等差数列)×(等比数列) の数列**

   求める数列の和を S, 等比数列の公比を r として, まず $S-rS$ を計算する。

3. **群数列**

   数列 $\{a_n\}$ をある規則によって適当な群に分けた数列を **群数列** という。

   群数列を扱うときは, もとの **数列 $\{a_n\}$ の規則** と **群の分け方の規則** にまず注目する。

❖ 隣接2項間の漸化式から一般項を求める方法

p, q は定数, $p \ne 0$, $q \ne 0$ とする。

1. **等差数列**　$a_{n+1} = a_n + d$（公差 d）

   $\longrightarrow$　$a_n = a_1 + (n-1)d$

2. **等比数列**　$a_{n+1} = ra_n$（公比 r）

   $\longrightarrow$　$a_n = a_1 r^{n-1}$

3. **階差数列**　$a_{n+1} - a_n = f(n)$（$f(n)$ は n の式）

   $\longrightarrow$　$a_n = a_1 + \sum_{k=1}^{n-1} f(k)$　$(n \ge 2)$

4. $a_{n+1} = pa_n + q$ $(p \neq 1)$

① **特性方程式を利用する**

a_{n+1}, a_n の代わりに α とおいた方程式 (特性方程式) $\alpha = p\alpha + q$ から α を決定すると
$$a_{n+1} - \alpha = p(a_n - \alpha)$$
よって，数列 $\{a_n - \alpha\}$ は初項 $a_1 - \alpha$，公比 p の等比数列。 → **2.** へ

② **階差数列を利用する**

$a_{n+1} = pa_n + q$ ……(i) とすると $a_{n+2} = pa_{n+1} + q$ ……(ii)

(ii)−(i) から $a_{n+2} - a_{n+1} = p(a_{n+1} - a_n)$

よって，階差数列 $\{a_{n+1} - a_n\}$ は初項 $a_2 - a_1$，公比 p の等比数列。 → **3.** へ

③ **推測して証明する**

$n = 1, 2, 3, \cdots\cdots$ から a_n の一般項を推測し，その推測が正しいことを証明する。

5. $a_{n+1} = pa_n + f(n)$ $(p \neq 1,\ f(n)$ は n の多項式$)$

① **階差数列を利用する**（$f(n)$ が n の 1 次式の場合）

$a_{n+1} = pa_n + f(n)$ ……(i) とすると $a_{n+2} = pa_{n+1} + f(n+1)$ ……(ii)

(ii)−(i) から $a_{n+2} - a_{n+1} = p(a_{n+1} - a_n) + \{f(n+1) - f(n)\}$

$f(n+1) - f(n)$ は定数であるから，これを q とおく。

$a_{n+1} - a_n = b_n$（階差数列）とおくと $b_{n+1} = pb_n + q$ → **4.** へ

② $a_n - g(n)$ **を利用する**

$g(n)$ は $f(n)$ と同じ次数の n の多項式とする。

$a_{n+1} - g(n+1) = p\{a_n - g(n)\}$ とおき，漸化式に代入して $g(n)$ の係数を決定する。

数列 $\{a_n - g(n)\}$ は初項 $a_1 - g(1)$，公比 p の等比数列。 → **2.** へ

6. 特殊な漸化式

① $a_{n+1} = pa_n + q^n$ $\dfrac{a_n}{q^n} = b_n$ とおくと $b_{n+1} = \dfrac{p}{q}b_n + \dfrac{1}{q}$ → **4.** へ

② $a_{n+1} = \dfrac{a_n}{pa_n + q}$ $\dfrac{1}{a_n} = b_n$ $(a_n \neq 0)$ とおくと $b_{n+1} = p + qb_n$ → **4.** へ

③ $a_{n+1} = pa_n{}^q$ $\log_p a_n = b_n$ $(a_n > 0)$ とおくと $b_{n+1} = 1 + qb_n$ → **4.** へ

[参考] $a_n a_{n+1}$ **を含む漸化式の解法**

$a_n a_{n+1}$ のような積の形で表された隣接 2 項間の漸化式にも **両辺の対数をとる** 方法は有効である。

XI　データの分析・統計的な推測

❖ データの相関

2 つの変量 x, y があり，そのデータの大きさがともに n 個で，$x_1, x_2, \cdots\cdots, x_n$，$y_1, y_2, \cdots\cdots, y_n$ とする。

● **共分散** : s_{xy}

$$s_{xy} = \frac{1}{n}\{(x_1 - \overline{x})(y_1 - \overline{y}) + (x_2 - \overline{x})(y_2 - \overline{y}) + \cdots\cdots + (x_n - \overline{x})(y_n - \overline{y})\} = \frac{1}{n}\sum_{k=1}^{n}(x_k - \overline{x})(y_k - \overline{y})$$

● **相関係数**：r

相関関係の強弱をみる。x, y の標準偏差をそれぞれ s_x, s_y とすると

$$r = \frac{s_{xy}}{s_x s_y} = \frac{\sum_{k=1}^{n}(x_k - \overline{x})(y_k - \overline{y})}{\sqrt{\sum_{k=1}^{n}(x_k - \overline{x})^2 \sum_{k=1}^{n}(y_k - \overline{y})^2}} \quad (\text{ただし} \quad -1 \leq r \leq 1)$$

① 正の相関が強いほど，r の値は 1 に近づく。
② 負の相関が強いほど，r の値は -1 に近づく。
③ 相関がないとき，r の値は 0 に近い値をとる。

❖ 変量の変換

a, b は定数とし，変量 x のデータから $y = ax + b$ によって変量 y のデータが得られるとする。
また，変量 x の平均値を $\overline{x}$，分散を s_x^2，標準偏差を s_x とする。

● **平均値**：$\overline{y}$　　　　● **分散**：s_y^2　　　　● **標準偏差**：s_y
　$\overline{y} = a\overline{x} + b$　　　　　$s_y^2 = a^2 s_x^2$　　　　　$s_y = |a| s_x$

a, b, c, d は定数とし，2つの変量 x, y から $z = ax + b$, $w = cy + d$ によって変量 z, w が得られるとする。
また，x と y の共分散を s_{xy}，x と y の相関係数を r_{xy} とする。

● **共分散**：s_{zw}
　　$s_{zw} = ac s_{xy}$
● **相関係数**：r_{zw}
　　$ac > 0$ のとき　　$r_{zw} = r_{xy}$
　　$ac < 0$ のとき　　$r_{zw} = -r_{xy}$

❖ 正規分布

連続型確率変数 X の確率密度関数 $f(x)$ が $f(x) = \dfrac{1}{\sqrt{2\pi}\sigma} e^{-\frac{(x-m)^2}{2\sigma^2}}$ [m, σ は実数，$\sigma > 0$] で与えられるとき，X は **正規分布 $N(m, \sigma^2)$ に従う** といい，$y = f(x)$ のグラフを **正規分布曲線** という。X が正規分布 $N(m, \sigma^2)$ に従う確率変数であるとき

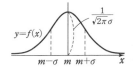

　　期待値 $E(X) = m$, **標準偏差** $\sigma(X) = \sigma$

注意 e は無理数で，その値は，$e = 2.71828\cdots\cdots$ である。

● **標準正規分布**

確率変数 X が正規分布 $N(m, \sigma^2)$ に従うとき，$Z = \dfrac{X-m}{\sigma}$ とおくと，確率変数 Z は **標準正規分布 $N(0, 1)$ に従う**。

❖ 推定
● 母平均の推定
標本の大きさ n が大きいとき，母平均 m に対する

信頼度 95% の信頼区間 は $\left[\overline{X}-1.96\cdot\dfrac{\sigma}{\sqrt{n}},\ \overline{X}+1.96\cdot\dfrac{\sigma}{\sqrt{n}}\right]$

信頼度 99% の信頼区間 は $\left[\overline{X}-2.58\cdot\dfrac{\sigma}{\sqrt{n}},\ \overline{X}+2.58\cdot\dfrac{\sigma}{\sqrt{n}}\right]$

● 母比率の推定
標本の大きさ n が大きいとき，標本比率を R とすると，母比率 p に対する

信頼度 95% の信頼区間 は $\left[R-1.96\sqrt{\dfrac{R(1-R)}{n}},\ R+1.96\sqrt{\dfrac{R(1-R)}{n}}\right]$

信頼度 99% の信頼区間 は $\left[R-2.58\sqrt{\dfrac{R(1-R)}{n}},\ R+2.58\sqrt{\dfrac{R(1-R)}{n}}\right]$

XII ベクトル

❖ 内積と三角形の面積
$\triangle$OAB において，$\overrightarrow{\text{OA}}=\vec{a}=(a_1,\ a_2)$，$\overrightarrow{\text{OB}}=\vec{b}=(b_1,\ b_2)$ とすると，$\triangle$OAB の面積 S は
$$S=\dfrac{1}{2}\sqrt{|\vec{a}|^2|\vec{b}|^2-(\vec{a}\cdot\vec{b})^2}=\dfrac{1}{2}|a_1b_2-a_2b_1|$$

❖ 分点に関するベクトルの等式と三角形の面積比
一般に，$\triangle$ABC と点 P に対し，$l\overrightarrow{\text{PA}}+m\overrightarrow{\text{PB}}+n\overrightarrow{\text{PC}}=\vec{0}$ を満たす正の数 l, m, n が存在するとき，次のことが成り立つ。

1. 点 P は $\triangle$ABC の内部にある。　　**2.** $\triangle$PBC : $\triangle$PCA : $\triangle$PAB $= l : m : n$

❖ ベクトル方程式
● ベクトルの終点の存在範囲
$\overrightarrow{\text{OA}}=\vec{a}$, $\overrightarrow{\text{OB}}=\vec{b}$, $\overrightarrow{\text{OP}}=\vec{p}$ とし，$\vec{a}\neq\vec{0}$, $\vec{b}\neq\vec{0}$, $\vec{a}\not\parallel\vec{b}$, $\vec{p}=s\vec{a}+t\vec{b}$ (s, t は実数の変数) とする。点 P の存在範囲と s, t が満たす条件は，次のようになる。

1. 直線 AB　　$s+t=1$　　　　　特に　**線分 AB**　　$s+t=1$, $s\geqq 0$, $t\geqq 0$

2. 三角形 OAB の周と内部　　$0\leqq s+t\leqq 1$, $s\geqq 0$, $t\geqq 0$

3. 平行四辺形 OACB の周と内部　　$0\leqq s\leqq 1$, $0\leqq t\leqq 1$　　ただし $\overrightarrow{\text{OC}}=\overrightarrow{\text{OA}}+\overrightarrow{\text{OB}}$

● 円のベクトル方程式
3 つの定点を $A(\vec{a})$, $B(\vec{b})$, $C(\vec{c})$ とし，円周上の任意の点を $P(\vec{p})$ とする。

1. 中心 C，半径 r の円　　　$|\vec{p}-\vec{c}|=r$　または　$(\vec{p}-\vec{c})\cdot(\vec{p}-\vec{c})=r^2$

2. 線分 AB を直径とする円　　$(\vec{p}-\vec{a})\cdot(\vec{p}-\vec{b})=0$

● 球面のベクトル方程式
3 つの定点を $A(\vec{a})$, $B(\vec{b})$, $C(\vec{c})$ とし，球面上の任意の点を $P(\vec{p})$ とする。

1. 中心 C，半径 r の球面　　　$|\vec{p}-\vec{c}|=r$　または　$(\vec{p}-\vec{c})\cdot(\vec{p}-\vec{c})=r^2$

2. 線分 AB を直径とする球面　　$(\vec{p}-\vec{a})\cdot(\vec{p}-\vec{b})=0$

❖ 共線・共点・共面であるための条件

● 共線条件
2点 $A(\vec{a})$, $B(\vec{b})$ が異なるとき
 点 $P(\vec{p})$ が直線 AB 上にある
 $\iff \overrightarrow{AP} = t\overrightarrow{AB}$ となる実数 t がある
 $\iff \overrightarrow{OP} = (1-t)\overrightarrow{OA} + t\overrightarrow{OB}$ となる実数 t がある
 $\iff \vec{p} = s\vec{a} + t\vec{b},\ s+t = 1$ となる実数 $s,\ t$ がある

● 共点条件
3直線 $\ell,\ m,\ n$ が一致しないとき
 3直線 $\ell,\ m,\ n$ が1点で交わる $\iff$ ℓ と m, m と n の交点が一致する

● 共面条件
3点 $A(\vec{a})$, $B(\vec{b})$, $C(\vec{c})$ が一直線上にないとき
 点 $P(\vec{p})$ が平面 ABC 上にある
 $\iff \overrightarrow{CP} = s\overrightarrow{CA} + t\overrightarrow{CB}$ となる実数 $s,\ t$ がある
 $\iff \vec{p} = s\vec{a} + t\vec{b} + u\vec{c},\ s+t+u = 1$ となる実数 $s,\ t,\ u$ がある

XIII 複素数平面

❖ 複素数と図形

● 方程式の表す図形
異なる2点 $A(\alpha)$, $B(\beta)$ に対して
① 方程式 $|z - \alpha| = |z - \beta|$ を満たす点 $P(z)$
 全体は   線分 AB の垂直二等分線
② 方程式 $|z - \alpha| = r\ (r > 0)$ を満たす点 $P(z)$
 全体は   点 α を中心とする半径 r の円

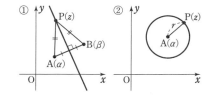

● 半直線のなす角,線分の平行・垂直などの条件
異なる4点を $A(\alpha)$, $B(\beta)$, $C(\gamma)$, $D(\delta)$ とし,偏角 θ を $-\pi < \theta \leq \pi$ で考えるとすると

① $\angle BAC = \left| \arg \dfrac{\gamma - \alpha}{\beta - \alpha} \right|$

② 3点 A, B, C が一直線上にある
  $\iff \dfrac{\gamma - \alpha}{\beta - \alpha}$ が実数 [偏角が $0,\ \pi$]

③ $AB \perp AC \iff \dfrac{\gamma - \alpha}{\beta - \alpha}$ が純虚数
  $\left[\text{偏角が} \pm \dfrac{\pi}{2}\right]$

④ $AB /\!/ CD \iff \dfrac{\delta - \gamma}{\beta - \alpha}$ が実数,
 $AB \perp CD \iff \dfrac{\delta - \gamma}{\beta - \alpha}$ が純虚数

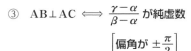
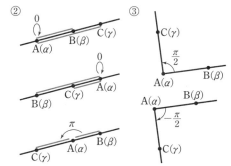

XIV 式と曲線

❖ 2次曲線の接線

$p \neq 0,\ a > 0,\ b > 0$ とする。曲線上の点 (x_1, y_1) における接線の方程式は，次のようになる。

1. 放物線 $y^2 = 4px$ $\longrightarrow$ $y_1 y = 2p(x + x_1)$

2. 楕円 $\dfrac{x^2}{a^2} + \dfrac{y^2}{b^2} = 1$ $\longrightarrow$ $\dfrac{x_1 x}{a^2} + \dfrac{y_1 y}{b^2} = 1$

3. ① 双曲線 $\dfrac{x^2}{a^2} - \dfrac{y^2}{b^2} = 1$ $\longrightarrow$ $\dfrac{x_1 x}{a^2} - \dfrac{y_1 y}{b^2} = 1$

   ② 双曲線 $\dfrac{x^2}{a^2} - \dfrac{y^2}{b^2} = -1$ $\longrightarrow$ $\dfrac{x_1 x}{a^2} - \dfrac{y_1 y}{b^2} = -1$

❖ サイクロイドの拡張

円（半径 a）が定直線（x 軸）に接しながら，滑ることなく回転するとき，円周上の定点 P が描く曲線を **サイクロイド** という。

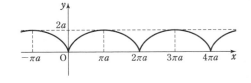

サイクロイドの媒介変数表示は
$$x = a(\theta - \sin\theta),\quad y = a(1 - \cos\theta)$$
となる。

サイクロイドに関連した曲線には次のようなものがある。

● トロコイド

半径 a の円が定直線（x 軸）に接しながら，滑ることなく回転するとき，円の中心から距離 b の位置にある定点 P が描く曲線を **トロコイド** という。特に，$a = b$ のとき，点 P は円周上にあり，P が描く曲線はサイクロイドである。

トロコイドの媒介変数表示は $x = a\theta - b\sin\theta,\ y = a - b\cos\theta$ となる。

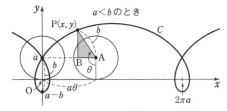 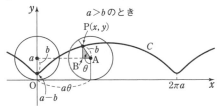

● エピサイクロイド，ハイポサイクロイド

半径 b の円 C が，原点を中心とする半径 a の定円に外接しながら滑ることなく回転するとき，円 C の周上の定点 P が描く曲線を **エピサイクロイド**（外サイクロイド）という。

エピサイクロイドの媒介変数表示は
$$\begin{cases} x = (a+b)\cos\theta - b\cos\dfrac{a+b}{b}\theta \\ y = (a+b)\sin\theta - b\sin\dfrac{a+b}{b}\theta \end{cases}$$
となる。

例 $a=b$, $a=2b$ のときのエピサイクロイドの概形は次のようになる。

$a=b$ のとき　　　　　　　　$a=2b$ のとき

参考 $a=b$ のときの曲線を **カージオイド** または **心臓形** という。

また，半径 b の円 C が原点を中心とする半径 a の定円に内接しながら滑ることなく回転するとき，円 C の周上の定点Pが描く曲線を **ハイポサイクロイド**（内サイクロイド）という。
ハイポサイクロイドの媒介変数表示は

$$\begin{cases} x=(a-b)\cos\theta+b\cos\dfrac{a-b}{b}\theta \\ y=(a-b)\sin\theta-b\sin\dfrac{a-b}{b}\theta \end{cases}$$

となる。

例 $a=3b$, $a=4b$ のときのハイポサイクロイドの概形は次のようになる。

$a=3b$ のとき　　　　　　　　$a=4b$ のとき

参考 $a=4b$ のときの曲線を **アステロイド** または **星芒形** という。

❖ 極方程式と離心率

極方程式 $r=\dfrac{ea}{1+e\cos\theta}$ $(a>0)$ は2次曲線を表し，

　　$0<e<1$ のとき **楕円**，　$e=1$ のとき **放物線**，　$e>1$ のとき **双曲線**

である。e は離心率である。

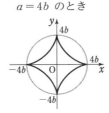

XV 関 数

❖ $y=f(x)$ のグラフと $y=f^{-1}(x)$ のグラフの共有点

$y=f(x)$ のグラフと $y=f^{-1}(x)$ のグラフは **直線 $y=x$ に関して対称** であるから，両者のグラフに共有点があれば，それは直線 $y=x$ 上にあることが予想できるが，共有点は直線 $y=x$ 上だけにあるとは限らない。

例　$y=\sqrt{-2x+4}$ ……① のグラフとその逆関数

$y=-\dfrac{1}{2}x^2+2$ $(x\geqq 0)$ ……② のグラフの共有点は，

直線 $y=x$ 上の点 $(\sqrt{5}-1,\ \sqrt{5}-1)$ 以外に，

点 $(2,\ 0)$，点 $(0,\ 2)$ がある。

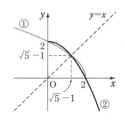

❖ 合成関数に関する交換法則と結合法則

一般に，関数の合成に関しては，
$$(g\circ f)(x)\neq (f\circ g)(x),\quad (h\circ(g\circ f))(x)=((h\circ g)\circ f)(x)$$
である。つまり，**交換法則は成り立たないが，結合法則は成り立つ。**

また，関数 $f(x)$ が逆関数 $f^{-1}(x)$ をもつとき，
$$(f^{-1}\circ f)(x)=(f\circ f^{-1})(x)=x$$
である。

XVI　極　限

❖ 数列の大小関係と極限

1. すべての n について $a_n\leqq b_n$ のとき　　$\lim\limits_{n\to\infty}a_n=\alpha$, $\lim\limits_{n\to\infty}b_n=\beta$ ならば $\alpha\leqq\beta$

2. すべての n について $a_n\leqq b_n$ のとき　　$\lim\limits_{n\to\infty}a_n=\infty$ ならば $\lim\limits_{n\to\infty}b_n=\infty$

3. すべての n について $a_n\leqq c_n\leqq b_n$ のとき　　$\lim\limits_{n\to\infty}a_n=\lim\limits_{n\to\infty}b_n=\alpha$ ならば $\lim\limits_{n\to\infty}c_n=\alpha$

これを **はさみうちの原理** といい，直接求めにくい極限を求める場合に有効である。

注意　条件の不等式がすべての n についてでなくても，n がある自然数 n_0 以上について成り立てば，上のことは成り立つ。

❖ 無限級数の収束，発散について

無限級数の収束・発散の判定やその極限，和を求めるには，一定の方針がなく，なかなか難しい。

(1) $\displaystyle\sum_{n=1}^{\infty}\dfrac{1}{n^2}=\dfrac{1}{1^2}+\dfrac{1}{2^2}+\dfrac{1}{3^2}+\cdots\cdots+\dfrac{1}{n^2}+\cdots\cdots$ 　　　$\left(\text{収束して和は }\dfrac{\pi^2}{6}\right)$

(2) $\displaystyle\sum_{n=1}^{\infty}\dfrac{(-1)^{n+1}}{n}=\dfrac{1}{1}-\dfrac{1}{2}+\dfrac{1}{3}-\cdots\cdots+\dfrac{(-1)^{n+1}}{n}+\cdots\cdots$ 　　（収束して和は $\log 2$）

この 2 つの無限級数は，ともに収束する。$\left(\text{和はそれぞれ }\dfrac{\pi^2}{6},\ \log 2\ \text{となるが，和を求めるのは難}\right.$
しい。）それぞれの特徴に応じた工夫をして，2 つの無限級数が収束することを示す。

(1) **部分和 S_n を求める手段がないから，部分和が求められる他の級数と比較する。**

$$S_n=\dfrac{1}{1^2}+\dfrac{1}{2^2}+\dfrac{1}{3^2}+\cdots\cdots+\dfrac{1}{n^2}<1+\dfrac{1}{1\cdot 2}+\dfrac{1}{2\cdot 3}+\cdots\cdots+\dfrac{1}{(n-1)n}\ (n\geqq 2)$$
$$=1+\left(\dfrac{1}{1}-\dfrac{1}{n}\right)=2-\dfrac{1}{n}$$

すなわち
$$S_1 < S_2 < S_3 < \cdots\cdots < S_n < S_{n+1} < \cdots\cdots < 2 \text{ (単調増加数列で,各項は2未満)}$$
よって,$\{S_n\}$ は収束して,極限値は 2 以下である。

[参考] $\displaystyle\sum_{n=1}^{\infty}\frac{1}{n^p}$ は $p>1$ のとき収束,$p \leqq 1$ のとき発散することが知られている。

(2) 部分和を $S_{2n} = \displaystyle\sum_{k=1}^{2n}\frac{(-1)^{k+1}}{k}$,$S_{2n-1} = \displaystyle\sum_{k=1}^{2n-1}\frac{(-1)^{k+1}}{k}$ に分けて考える。

[1] $S_{2n} = \dfrac{1}{1} - \dfrac{1}{2} + \cdots\cdots + \dfrac{1}{2n-1} - \dfrac{1}{2n}$

$\qquad < \dfrac{1}{1} - \dfrac{1}{2} + \cdots\cdots + \dfrac{1}{2n-1} - \dfrac{1}{2n} + \dfrac{1}{2n+1} - \dfrac{1}{2(n+1)}$

$\qquad = S_{2(n+1)}$

[2] $S_{2n} < 1 - \dfrac{1}{2} + \dfrac{1}{3} - \dfrac{1}{4} + \dfrac{1}{5} - \dfrac{1}{6} + \cdots\cdots + \dfrac{1}{2n-3} - \dfrac{1}{2n-2} + \dfrac{1}{2n-1}$

$\qquad < 1 - \dfrac{1}{2} + \dfrac{1}{2} - \dfrac{1}{4} + \dfrac{1}{4} - \dfrac{1}{6} + \cdots\cdots + \dfrac{1}{2n-4} - \dfrac{1}{2n-2} + \dfrac{1}{2n-2} = 1$

[1],[2] より,$\{S_{2n}\}$ は単調に増加し,1 未満であるから収束する。

また,$\displaystyle\lim_{n\to\infty} S_{2n-1} = \lim_{n\to\infty}\left(S_{2n} + \dfrac{1}{2n}\right) = \lim_{n\to\infty} S_{2n}$ であるから,$\{S_n\}$ は収束する。

❖ 連続関数の性質

1. 最大値・最小値の定理
閉区間で連続な関数は,その閉区間で,最大値および最小値をもつ。

2. 中間値の定理
関数 $f(x)$ が閉区間 $[a, b]$ で連続で,$f(a) \neq f(b)$ ならば,$f(a)$ と $f(b)$ の間の任意の値 k に対して $f(c) = k$ を満たす実数 c が,a と b の間に少なくとも 1 つある。

3. 関数 $f(x)$ が閉区間 $[a, b]$ で連続で,$f(a)$ と $f(b)$ が異符号ならば,方程式 $f(x) = 0$ は $a < x < b$ の範囲に少なくとも 1 つの実数解をもつ。

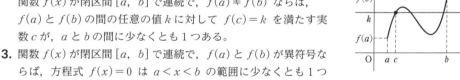

XVII 微分法

❖ e の定義について

$h \to 0$ のときの $(1+h)^{\frac{1}{h}}$ の極限値 $(2.71828\cdots\cdots)$ を e で表し,e を底とする対数 $\log_e x$ を **自然対数** という。一般に,$\log_e x$ は底 e を省略して $\log x$ と書く。

また,e については,次のような接線の傾きを利用した導入の仕方もある。

曲線 $y = a^x$ $(a>1)$ 上の点 $(0, 1)$ における接線の傾きが 1 となるときの a の値を e と定める。

すなわち $\displaystyle\lim_{h\to 0}\frac{e^h - 1}{h} = 1$

[参考] 自然対数の底 e を,**ネイピア数** ともいう。

❖ 対数微分法

関数の両辺の対数をとり，対数の性質を利用して微分する方法を **対数微分法** という。
y が x の関数であるとき，$\log|y|$ は次のように微分する。

$\log|y|$ の y は x の関数であるから $\quad (\log|y|)' = \dfrac{d}{dy}\log|y| \cdot \dfrac{dy}{dx} = \dfrac{1}{y} \cdot y' = \dfrac{y'}{y}$

例 $y = x^x$ $(x > 0)$ を微分する。

$x > 0$ であるから，$y > 0$ である。

両辺の自然対数をとって $\quad \log y = x \log x$

両辺を x で微分して $\quad \dfrac{y'}{y} = 1 \cdot \log x + x \cdot \dfrac{1}{x}$

よって $\quad y' = y(\log x + 1) = (\log x + 1)x^x$

❖ 陰関数 $F(x, y) = 0$ の導関数

$F(x, y) = 0$ の形で表された関数について，導関数 $\dfrac{dy}{dx}$ を求めるときは，「x の式で答えよ」といった断りがない場合，$F(x, y) = 0$ **の両辺を x で微分** し，合成関数の微分法を利用するとよい。

例 方程式 $x^2 - y^2 = 4$ で定められる x の関数 y について，$\dfrac{dy}{dx}$ を x と y を用いて表す。

$x^2 - y^2 = 4$ の両辺を x で微分すると $\quad 2x - 2y \cdot \dfrac{dy}{dx} = 0$

よって，$y \neq 0$ のとき $\quad \dfrac{dy}{dx} = \dfrac{x}{y}$

[参考] x の関数 y が $F(x, y) = 0$ の形で表されているとき，これを陰関数というのに対し，$y = f(x)$ の形で表された関数を陽関数ということがある。

XVIII 微分法の応用

❖ 接線

● 接線の方程式

曲線 $y = f(x)$ 上の点 $A(a, f(a))$ における接線の方程式は
$$y - f(a) = f'(a)(x - a)$$

● 法線の方程式

曲線上の点 A を通り，A におけるこの曲線の接線に垂直な直線を，点 A におけるこの曲線の **法線** という。
曲線 $y = f(x)$ 上の点 $A(a, f(a))$ における法線の方程式は

$f'(a) \neq 0$ のとき $\quad y - f(a) = -\dfrac{1}{f'(a)}(x - a)$

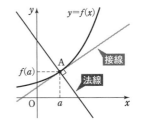

● $F(x, y) = 0$ や媒介変数で表される曲線の接線

曲線の方程式が，$F(x, y) = 0$ や t を媒介変数として $x = f(t)$, $y = g(t)$ で表されるとき，曲線上の点 (x_1, y_1) における接線の方程式は $\quad y - y_1 = m(x - x_1)$

ただし，m は導関数 $\dfrac{dy}{dx}$ に $x = x_1$, $y = y_1$ を代入して得られる値である。

❖ 2曲線が接する条件

2曲線 $y=f(x)$, $y=g(x)$ が $x=p$ の点で接するための条件は，次の2つが成り立つことである．

1. 接点を共有する $f(p)=g(p)$
2. 接線の傾きが一致する $f'(p)=g'(p)$

❖ 平均値の定理

● ロルの定理

関数 $f(x)$ が閉区間 $[a, b]$ で連続，開区間 (a, b) で微分可能で $f(a)=f(b)$ ならば

$$f'(c)=0, \ a<c<b$$

を満たす実数 c が存在する．

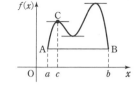

● 平均値の定理

① 関数 $f(x)$ が閉区間 $[a, b]$ で連続，開区間 (a, b) で微分可能ならば

$$\frac{f(b)-f(a)}{b-a}=f'(c), \ a<c<b$$

を満たす実数 c が存在する．

② 関数 $f(x)$ が閉区間 $[a, a+h]$ で連続，開区間 $(a, a+h)$ で微分可能ならば

$$f(a+h)=f(a)+hf'(a+\theta h), \ 0<\theta<1$$

を満たす実数 θ が存在する．

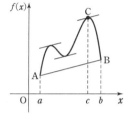

> **注意** 平均値の定理は，ロルの定理で条件 $f(a)=f(b)$ がない場合についての定理である．つまり，ロルの定理は平均値の定理の特別な場合である．

❖ ロピタルの定理

関数 $f(x)$, $g(x)$ が $x=a$ を含む区間で連続，$x=a$ 以外の区間で微分可能で，$\lim_{x\to a}f(x)=0$, $\lim_{x\to a}g(x)=0$, $g'(x) \neq 0$ のとき

$$\lim_{x\to a}\frac{f'(x)}{g'(x)}=l \ (有限確定値) \ ならば \ \lim_{x\to a}\frac{f(x)}{g(x)}=l$$

例 ロピタルの定理を用いて，$\lim_{x\to 0}\dfrac{x-\log(1+x)}{x^2}$ の極限値を求める．

$f(x)=x-\log(1+x)$, $g(x)=x^2$ とすると

$$f'(x)=1-\frac{1}{1+x}=\frac{x}{1+x}, \ g'(x)=2x$$

また $\lim_{x\to 0}\dfrac{f'(x)}{g'(x)}=\lim_{x\to 0}\dfrac{\dfrac{x}{1+x}}{2x}=\lim_{x\to 0}\dfrac{1}{2(1+x)}=\dfrac{1}{2}$

したがって $\lim_{x\to 0}\dfrac{x-\log(1+x)}{x^2}=\dfrac{1}{2}$

> **注意** ロピタルの定理は利用価値が高い定理であるが，高校数学の範囲外の内容であるため，試験の答案としてではなく，検算として使う方がよい．

❖ 3次関数のグラフの対称性
一般に，3次関数 $f(x)=ax^3+bx^2+cx+d$ について，次のことが成り立つ．

1. $y=f(x)$ のグラフは，**グラフ上の点 $M\left(-\dfrac{b}{3a},\ f\left(-\dfrac{b}{3a}\right)\right)$ に関して対称** である．

2. $y=f(x)$ が極値をもつならば，極大・極小となる2点を結んだ線分の中点がMである．

❖ 3次方程式の実数解の個数
3次関数 $f(x)$ について，$f'(x)=0$ が異なる2つの実数解 α，β をもつならば，$f(\alpha)$，$f(\beta)$ は極値である．
このとき，極値の積 $f(\alpha)f(\beta)$ の符号と3次方程式 $f(x)=0$ の実数解の個数について，次のことがいえる．

① **2つの極値が異符号**　　すなわち $f(\alpha)f(\beta)<0$ のとき　3個
② **どちらか一方の極値が0**　すなわち $f(\alpha)f(\beta)=0$ のとき　2個
③ **2つの極値が同符号**　　すなわち $f(\alpha)f(\beta)>0$ のとき　1個

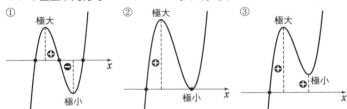

❖ 漸近線の求め方
一般に，関数 $y=f(x)$ のグラフに関して，次のことが成り立つ．

1. x 軸に平行な漸近線
$\displaystyle\lim_{x\to\infty}f(x)=a$ または $\displaystyle\lim_{x\to-\infty}f(x)=a$ $\Longrightarrow$ 直線 $y=a$ は漸近線

2. x 軸に垂直な漸近線
$\displaystyle\lim_{x\to b+0}f(x)=\infty$ または $\displaystyle\lim_{x\to b+0}f(x)=-\infty$ または $\displaystyle\lim_{x\to b-0}f(x)=\infty$ または $\displaystyle\lim_{x\to b-0}f(x)=-\infty$
$\Longrightarrow$ 直線 $x=b$ は漸近線

3. x 軸に平行でも垂直でもない漸近線
$\displaystyle\lim_{x\to\infty}\{f(x)-(ax+b)\}=0$ または $\displaystyle\lim_{x\to-\infty}\{f(x)-(ax+b)\}=0$ $\Longrightarrow$ 直線 $y=ax+b$ は漸近線

例　曲線 $f(x)=x+1+\dfrac{1}{x-1}$ の漸近線を求める．

$\displaystyle\lim_{x\to 1+0}f(x)=\infty,\ \lim_{x\to 1-0}f(x)=-\infty$ であるから，直線 $x=1$ は漸近線の1つである．

また，$f(x)-(x+1)=\dfrac{1}{x-1}$ であるから

$\displaystyle\lim_{x\to\infty}\{f(x)-(x+1)\}=0,\ \lim_{x\to-\infty}\{f(x)-(x+1)\}=0$

よって，直線 $y=x+1$ も漸近線である．

XIX 積分法

❖ シュワルツの不等式

$f(x)$, $g(x)$ はともに区間 $a \leq x \leq b$ $(a < b)$ で定義された連続な関数とする。このとき，次の不等式が成り立ち，これを **シュワルツの不等式** という。

$$\left\{\int_a^b f(x)g(x)\,dx\right\}^2 \leq \left(\int_a^b \{f(x)\}^2\,dx\right)\left(\int_a^b \{g(x)\}^2\,dx\right)$$

等号が成り立つのは，区間 $[a, b]$ で常に $f(x) = 0$ または $g(x) = 0$ または $f(x) = kg(x)$ となる定数 k が存在するときである。

例 関数 $f(x)$ が区間 $[0, 1]$ で連続で常に正であるとき，$\left\{\int_0^1 f(x)\,dx\right\}\left\{\int_0^1 \dfrac{1}{f(x)}\,dx\right\} \geq 1$ を証明する。

$f(x) > 0$ であることと，シュワルツの不等式により

$$\left(\int_0^1 \{\sqrt{f(x)}\}^2\,dx\right)\left(\int_0^1 \left\{\dfrac{1}{\sqrt{f(x)}}\right\}^2\,dx\right) \geq \left\{\int_0^1 \sqrt{f(x)} \cdot \dfrac{1}{\sqrt{f(x)}}\,dx\right\}^2$$

ゆえに $\left\{\int_0^1 f(x)\,dx\right\}\left\{\int_0^1 \dfrac{1}{f(x)}\,dx\right\} \geq \left(\int_0^1 dx\right)^2$

$\int_0^1 dx = \left[x\right]_0^1 = 1$ であるから $\left\{\int_0^1 f(x)\,dx\right\}\left\{\int_0^1 \dfrac{1}{f(x)}\,dx\right\} \geq 1$

等号は，$\sqrt{f(x)} = \dfrac{k}{\sqrt{f(x)}}$ すなわち $f(x)$ が定数のときに限り成り立つ。

XX 積分法の応用

❖ 放物線と直線で囲まれた図形の面積

$$\int_\alpha^\beta (x-\alpha)(x-\beta)\,dx = -\dfrac{1}{6}(\beta-\alpha)^3$$

例 放物線 $y = x^2 - x - 1$ と直線 $y = x + 2$ で囲まれた図形の面積 S を求める。

放物線と直線の交点の x 座標は $x^2 - x - 1 = x + 2$ を解くと $x = -1, 3$

よって $S = \int_{-1}^3 \{(x+2) - (x^2 - x - 1)\}\,dx = \int_{-1}^3 (-x^2 + 2x + 3)\,dx$

$= -\int_{-1}^3 (x+1)(x-3)\,dx = -\left(-\dfrac{1}{6}\right)\{3-(-1)\}^3 = \dfrac{32}{3}$

[参考] $S = \dfrac{1}{6}(\beta-\alpha)^3$ において，$(\beta-\alpha)^3$ の計算は解と係数の関係を使ってもよい。

この際，$(\beta-\alpha)^2 = (\alpha+\beta)^2 - 4\alpha\beta$ を利用する。

❖ 接線と図形の面積

曲線 $y = f(x)$ （$f(x)$ は多項式）と直線 $y = g(x)$ が $x = \alpha$ で接するとき，方程式 $f(x) - g(x) = 0$ は $x = \alpha$ を重解としてもち，このとき，$f(x) - g(x)$ は因数 $(x-\alpha)^2$ をもつ。このことを利用して接線に関する図形の面積を求めると，次のようになる。

● 放物線 $y=f(x)$（2次の係数がa）の2本の接線と面積比

2本の接線を ℓ, m とし，2つの接点のx座標を α, β $(\alpha<\beta)$ とすると，右の図の面積 S_1, S_2 は

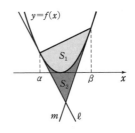

$$S_1 = \frac{|a|}{6}(\beta-\alpha)^3$$

$$S_2 = \frac{|a|}{12}(\beta-\alpha)^3$$

よって，S_1 と S_2 の面積比は

$$S_1 : S_2 = 2 : 1$$

● 3次関数 $y=f(x)$（3次の係数aが $a>0$）のグラフと接線 $y=g(x)$ で囲まれた図形の面積 S

右の図の場合

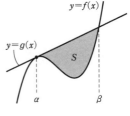

$$f(x)-g(x)=a(x-\alpha)^2(x-\beta)$$

となるから

$$S=\frac{a}{12}(\beta-\alpha)^4$$

例　曲線 $y=x^3-x$ とその曲線の接線 $y=2x+2$ で囲まれた図形の面積 S を求める。

$$(x^3-x)-(2x+2)=(x+1)^2(x-2)$$

となるから

$$S=\frac{1}{12}\{2-(-1)\}^4 = \frac{27}{4}$$

※ バウムクーヘン分割による体積の計算

y軸の周りの回転体の体積に関して，一般に次のことが成り立つ。

区間 $[a, b]$ $(0 \leq a < b)$ において $f(x) \geq 0$ であるとき，曲線 $y=f(x)$, x軸，直線 $x=a$, $x=b$ で囲まれた部分を y 軸の周りに1回転させてできる立体の体積 V は

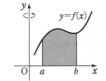

$$V = 2\pi \int_a^b x f(x)\,dx \quad \cdots\cdots ①$$

例　曲線 $y=-x^4+2x^2$ $(x \geq 0)$ と x軸で囲まれた部分を y軸の周りに1回転させてできる回転体の体積 V を求める。

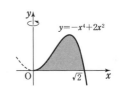

$-x^4+2x^2=0$ とすると　$x^2(x^2-2)=0$

$x \geq 0$ を満たす解は　$x=0$, $\sqrt{2}$

よって，①の公式を利用すると

$$V = 2\pi \int_0^{\sqrt{2}} x(-x^4+2x^2)\,dx = 2\pi \int_0^{\sqrt{2}} (-x^5+2x^3)\,dx$$

$$= 2\pi \left[-\frac{x^6}{6}+\frac{x^4}{2}\right]_0^{\sqrt{2}} = 2\pi\left(-\frac{4}{3}+2\right) = \frac{4}{3}\pi$$

❖ パップス-ギュルダンの定理

平面上に曲線で囲まれた図形 A と，A と交わらない直線 ℓ があるとき，直線 ℓ の周りに A を 1 回転させてできる回転体の体積 V について，次の関係が成り立つ。

$$V = (A\text{ の重心が描く円周の長さ}) \times (A\text{ の面積})$$

例 曲線 $y = \sin x$ $(0 \leqq x \leqq \pi)$ と x 軸で囲まれる図形 A を y 軸の周りに 1 回転させてできる回転体の体積 V を求める。

図形 A の面積 S は $\quad S = \int_0^\pi \sin x\, dx = \Big[-\cos x\Big]_0^\pi = 2$

図形 A は直線 $x = \dfrac{\pi}{2}$ に関して対称であるから，重心

G の x 座標は $x = \dfrac{\pi}{2}$ である。

よって $\quad V = \left(2\pi \cdot \dfrac{\pi}{2}\right) \times 2 = 2\pi^2$

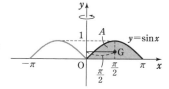

[参考] 定理を使わないで，体積を計算すると

$y = \sin x$ $(0 \leqq x \leqq \pi)$ のグラフの $0 \leqq x \leqq \dfrac{\pi}{2}$ の部分の x 座標を x_1 とし，$\dfrac{\pi}{2} \leqq x \leqq \pi$ の部分の x 座標を x_2 とする。

このとき，体積 V は $\quad V = \pi \int_0^1 x_2{}^2\, dy - \pi \int_0^1 x_1{}^2\, dy$

ここで，$y = \sin x$ から $\quad dy = \cos x\, dx$

積分区間の対応は　　　[1]　　　　　　　[2]

x_1 については [1]，

x_2 については [2]

のようになる。よって

y	$0 \longrightarrow 1$
x	$0 \longrightarrow \dfrac{\pi}{2}$

y	$0 \longrightarrow 1$
x	$\pi \longrightarrow \dfrac{\pi}{2}$

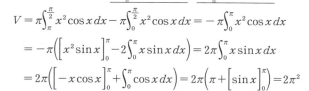

$V = \pi \int_\pi^{\frac{\pi}{2}} x^2 \cos x\, dx - \pi \int_0^{\frac{\pi}{2}} x^2 \cos x\, dx = -\pi \int_0^\pi x^2 \cos x\, dx$

$= -\pi\left(\Big[x^2 \sin x\Big]_0^\pi - 2\int_0^\pi x \sin x\, dx\right) = 2\pi \int_0^\pi x \sin x\, dx$

$= 2\pi\left(\Big[-x \cos x\Big]_0^\pi + \int_0^\pi \cos x\, dx\right) = 2\pi\left(\pi + \Big[\sin x\Big]_0^\pi\right) = 2\pi^2$

[注意] パップス-ギュルダンの定理は，覚えておくと検算に役立つことがある。

❖ 直線 $y = x$ の周りの回転体の体積

回転体の断面積や積分変数は回転軸（直線 $y = x$）に対応して考える。

例 不等式 $x^2 - x \leqq y \leqq x$ で表される座標平面上の領域を，直線 $y = x$ の周りに 1 回転させてできる回転体の体積 V を求める。

不等式の表す領域は，右の図の黒く塗った部分である。

放物線 $y = x^2 - x$ 上の点 $P(x,\ x^2 - x)$ $(0 \leqq x \leqq 2)$ から

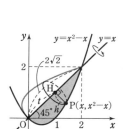

直線 $y=x$ に垂線 PH を引き,
$$PH=h, \quad OH=t \quad (0 \leq t \leq 2\sqrt{2})$$
とする。このとき
$$h=\frac{x-(x^2-x)}{\sqrt{2}}=\frac{2x-x^2}{\sqrt{2}}$$
$$t=\sqrt{2}x-h=\sqrt{2}x-\frac{2x-x^2}{\sqrt{2}}=\frac{x^2}{\sqrt{2}}$$

ゆえに $\quad dt=\sqrt{2}xdx$

t と x の対応は右のようになるから

t	0	$\longrightarrow$	$2\sqrt{2}$
x	0	$\longrightarrow$	2

$$V=\pi\int_0^{2\sqrt{2}}h^2dt=\pi\int_0^2\frac{(2x-x^2)^2}{2}\cdot\sqrt{2}xdx$$
$$=\frac{\pi}{\sqrt{2}}\int_0^2(4x^3-4x^4+x^5)dx=\frac{\pi}{\sqrt{2}}\left[x^4-\frac{4}{5}x^5+\frac{x^6}{6}\right]_0^2$$
$$=\frac{\pi}{\sqrt{2}}\cdot\frac{16}{15}=\frac{8\sqrt{2}}{15}\pi$$

この問題は次のような解き方もある。

[別解] x 軸に垂直な断面に注目して定積分にもち込む。(傘型分割による体積計算)

$0\leq t\leq 2$ とする。連立不等式 $0\leq x\leq t$, $x^2-x\leq y\leq x$
で表される領域を, 直線 $y=x$ の周りに1回転させてで
きる回転体の体積を $V(t)$ とし, $\Delta V=V(t+\Delta t)-V(t)$
とする。右の図のように点 P, Q, H をとると
$$PQ=t-(t^2-t)=2t-t^2$$
$$PH=\frac{PQ}{\sqrt{2}}=\frac{2t-t^2}{\sqrt{2}}$$

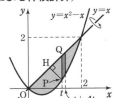

$\Delta t>0$ のとき, Δt が十分小さいとすると
$$\Delta V\fallingdotseq\frac{1}{2}\cdot PQ\cdot 2\pi PH\cdot\Delta t$$

($\frac{1}{2}\cdot PQ\cdot 2\pi PH$ は内側の円錐の展開図の扇
形の面積)

ゆえに $\quad\dfrac{\Delta V}{\Delta t}\fallingdotseq\dfrac{\pi}{\sqrt{2}}(2t-t^2)^2$ ……①

($\Delta t<0$ のときも成り立つ。)

上の図の濃い灰色の部分
($t\leq x\leq t+\Delta t$) の回転体

$\Delta t\longrightarrow 0$ のとき, ① の両辺の差は 0 に近づくから
$$V'(t)=\lim_{\Delta t\to 0}\frac{\Delta V}{\Delta t}=\frac{\pi}{\sqrt{2}}(2t-t^2)^2$$

よって $\quad V=V(2)=\int_0^2\dfrac{\pi}{\sqrt{2}}(2t-t^2)^2dt$ (以後の計算は省略)